DIE KULTURPFLANZE

MITTEILUNGEN

AUS DEM ZENTRALINSTITUT
FÜR GENETIK UND KULTURPFLANZENFORSCHUNG
DER
DEUTSCHEN AKADEMIE DER WISSENSCHAFTEN ZU BERLIN
IN GATERSLEBEN KRS. ASCHERSLEBEN

HERAUSGEGEBEN VON

H. BÖHME, S. DANERT, W. R. MÜLLER-STOLL, R. RIEGER,
A. RIETH, H. SAGROMSKY, H. STUBBE

SCHRIFTLEITUNG: S. DANERT

BAND XIX

MIT 185 ABBILDUNGEN, 5 TAFELN UND 18 TABELLEN

AKADEMIE-VERLAG · BERLIN
1972

Erschienen im Akademie-Verlag GmbH, 108 Berlin, Leipziger Straße 3–4

Lizenznummer: 202 · 100/592/72 Karten: P 398/71
Herstellung: IV/2/14 VEB Druckerei „Gottfried Wilhelm Leibniz", 445 Gräfenhainichen/DDR · 3744
Bestellnummer: 2052/19 · ES 18 G 2/22 D
EDV: 761 604 8
67,–
Printed in German Democratic Republic

Inhalt

I. Originalarbeiten

Content

Содержание

I. ORIGINALARBEITEN

Süßwasser-Algenarten in Einzeldarstellung

I. ÜBER „*PLAGIOSPERMUM TENUE* CLEVE 1868"[1]

von Alfred Rieth

(Eingegangen am 28. Dezember 1970)

Auf der kubanisch-deutschen „Alexander von Humboldt-Expedition I 1967/68" in Kuba (Rieth 1969) wurden auch Süßwasseralgen gesammelt. Außer fixiertem Material konnten ein paar Proben lebend mitgebracht werden. Von ihnen ausgehend angelegte Kulturen gestatteten einige Formen, die zum Teil bislang nur nach Zufallsfunden – meist lediglich nach fixierten Proben – beschrieben sind, genauer in verschiedenen Stadien ihres Entwicklungszyklus zu untersuchen und damit ihre Kenntnis zu vertiefen. Daneben war es im Verlauf der Unternehmung in den Standlagern möglich, Rohkulturen zu beobachten und gelegentlich auch steril gefundene Formen zur Sexualorganausbildung zu bringen. Über die Befunde wird in jeweils einer oder wenigen Arten gewidmeten Mitteilungen berichtet werden.

Meines Erachtens besteht eine Notwendigkeit zu umfassenden und sorgfältigen, auf neue Beobachtungen gestützten „monographischen" Beschreibungen und Revisionen von Einzelarten, denn: „Die Art ist nun einmal Grundeinheit der lebenden Natur" (Remane 1940) und: „Die Erfassung von Arten ist . . . die primäre Aufgabe der biologischen Systematik" (Müller 1968).

Für zahlreiche Spezies liegen bisher nur relativ dürftige Diagnosen und oft lediglich skizzenhaft flüchtige Abbildungen vor. Die Festlegung der Variabilitätsgrenzen einzelner, namentlich differential-diagnostisch wichtiger Merkmale durch Untersuchung eines ausreichend großen Materials in verschiedenen Entwicklungsstadien, wie es durch Kulturen zu gewinnen ist oder durch wiederholt am Standort entnommene lebende Proben beschafft werden kann, fehlt weithin. Es wirken hier die lange Zeit namentlich bei der Bearbeitung von Expeditionsmaterial ausschließlich übliche Verwendung fixierter Aufsammlungen und das Bestreben nach, möglichst viele „neue Taxa" aufgefunden zu haben. Eine gründliche Untersuchung, Beschreibung und Abgrenzung der Einzelart unterblieb vielfach, oft auch bedingt durch die Spärlichkeit des zur Verfügung stehenden Materials. So wurde der Tendenz zur weiteren Aufsplitterung in Varietäten und Formen – zuweilen auf ein einziges Exemplar gegründet – Vorschub geleistet.

Diese Erkenntnis wird durch die Feststellung nicht beeinträchtigt, daß es eine Reihe klassischer, auch heute noch beispielhafter, ausgezeichnet illustrierter Beschreibungen gibt. Sie stellen – gemessen an der Zahl „bekannter" Arten – jedoch fast Ausnahmen dar. In der Gegenwart ist die Ungleichwertigkeit in der Kenntnis über einzelne Algenarten noch größer geworden. So sind einige Laboratoriumsstämme und in Kulturen-

[1] Ergebnisse der 1. Kubanisch-Deutschen „Alexander-von-Humboldt-Expedition 1967/68", Nr. 20.

sammlungen leicht erhältliche Formen sorgfältig mit subtilen Methoden in verschiedener Richtung z. B. zytologisch, auf submikroskopischen Bau, auf stoffwechsel- und reizphysiologisches Verhalten und biochemisch untersucht. Eine Vertiefung der Artkenntnis ist bei diesen Arbeiten allerdings in der Regel nicht primäres Ziel. Sie ergibt sich vielmehr nebenbei durch die Nutzung von Algen als Versuchsobjekt bei der Bearbeitung physiologischer Fragen. Nicht selten ist das zu solchen Untersuchungen verwendete Material aber auch taxonomisch gar nicht eindeutig definiert und etwa nur der Gattungsname angegeben, so daß die Befunde für die Systematik (und selbst für die Physiologie!) von geringem Wert bleiben.

Daneben bemühen sich auch einige Arbeitskreise in Richtung der skizzierten Forderungen um eine kritische Beschreibung und Umgrenzung einzelner Formen und liefern ausgezeichnete, moderne Bearbeitungen. Im Vergleich zur Masse der erscheinenden algologischen Literatur ist die Anzahl solcher Untersuchungen jedoch gering. Für viele, man kann ohne besondere Übertreibung fast sagen, für die Mehrzahl der Taxa liegt daher auch zur Zeit noch lediglich ein von einer oft nur wenige Worte oder Sätze umfassenden „Diagnose" begleiteter Name vor.

Das Unbefriedigende dieses Zustandes wird durch die Tatsache noch weiter unterstrichen, daß die Forderungen, die heute an die Artenkenntnis gestellt werden, u. a. durch die fortschreitende Entwicklung soziologischer und ökologischer Forschungsrichtungen erheblich gewachsen sind. „. . . Die rein beschreibende Floristik ist mehr ökologisch-soziologischen Untersuchungen gewichen, die jedoch ohne gründliche Kenntnis der Formen wertlos sind; denn jede Art ist an ganz bestimmte Milieufaktoren gebunden, eine Fehlbestimmung führt zu falschen Ergebnissen" (Krieger 1937). Die Vernachlässigung der Bemühung um einen möglichst gleichmäßig über das ganze Organismenreich sich erstreckenden, den fortschreitenden Möglichkeiten und Anforderungen entsprechenden Ausbau des Wissens über die einzelnen Arten würde daher das Absägen des Astes bedeuten, auf dem auch die modernen Wissenszweige sitzen. Sorgfältige auf Beobachtung und Erfassung der in der Natur gegebenen Faktoren gegründete „Artmonographien" bilden auch die einzig sichere Grundlage zum Aufbau höherer systematischer Kategorien eines jeden Ordnungssystems ohne Unterschied, ob es sich dabei um „natürliche" oder „künstliche" Systeme handelt, um phylogenetisch oder numerisch orientierte Taxonomie.

Aus einem seichten Bachtümpel in den „Alturas de Trinidad", Provinz Las Villas, Cuba, etwa 4 km westlich Topes de Collantes, Höhenlage ungefähr 780 m, wurde am 20. 2. 68 eine Probe von üppig wachsenden *Vaucheria*-Rasen entnommen. Die Fundstelle liegt beschattet bei der Wasserstelle eines in der Nähe befindlichen, verlassenen Gehöfts, inmitten einer verwilderten sich am Hang hinziehenden Kaffee- und Bananenpflanzung. Das Material überstand lebend die Zeit bis zur Rückkehr nach Gatersleben (25. 3. 68). In den dann angelegten Rohkulturen entwickelten sich auch einige Zygnemataceen, die isoliert, in Petrischalen ∅ 10 cm und in Röhrchen 20 mm ∅ artrein weiter kultiviert wurden.[1] Sie kamen zum Teil im Laufe des Jahres 1968 zur Konju-

[1] Zunächst vom 17. 4. 1968 an in einem Gemisch folgender Zusammensetzung:
A) Grabenwasser (Aus einem Graben am Versuchsfeld des Zentralinstitutes für Genetik und Kulturpflanzenforschung der DAW zu Berlin in Gatersleben)
B) KNO_3 0,050 g; NaH_2PO_4 0,010 g; Lauberdedekokt + EDTA (siehe Rieth 1962, S. 171) 40 ml; Regenwasser ad 1000 ml; A u. B im Verhältnis 1 : 1 gemischt.
Ab 27. 9. 1968 wurde in Nährlösung nach Viala kultiviert.

gation und bildeten Zygosporen, so daß die Voraussetzungen zur Artbestimmung gegeben waren.

Unter den so isolierten Formen befand sich auch eine relativ feinfädige *Mougeotia,* die ohne sichtbaren Konjugationsvorgang anscheinend direkt in vegetativen Zellen Sporen bildet, die also zur Gruppe der sich ausschließlich durch „Aplanosporen" (Parthenosporen, Azygoten, siehe dazu S. 8) fortpflanzenden Arten zu gehören scheint. Dabei ist diese Sporulationsweise das ganze Jahr über in den Kulturen recht häufig, man kann sagen regelmäßig zu beobachten.

Fast in jeder Kulturschale finden sich wenigstens einige sporulierende Fadenabschnitte. Solange nur junge Sporenstadien vorlagen, ordnete ich das Material vorläufig der Art *Mougeotia majori* (G. S. West) Transeau 1926 zu, mit der es in den Dimensionen der vegetativen Zellen und auch in den Sporenmaßen, sehr bedingt aber nur hinsichtlich der Anzahl der Pyrenoide übereinstimmt. Die reifen Sporen unterschieden sich dann jedoch so charakteristisch, daß die vorliegende Form weder zu *Mougeotia majori* noch zu einer der übrigen bisher beschriebenen, ausschließlich Aplanosporen bildenden Arten gestellt werden kann. Nachdem über einen Zeitraum von zwei Jahren, von 1968 bis 1970 in den Kulturen keine andere Fortpflanzungsart (abgesehen von vegetativem Fadenzerfall) beobachtet wurde, schien die Beschreibung einer neuen

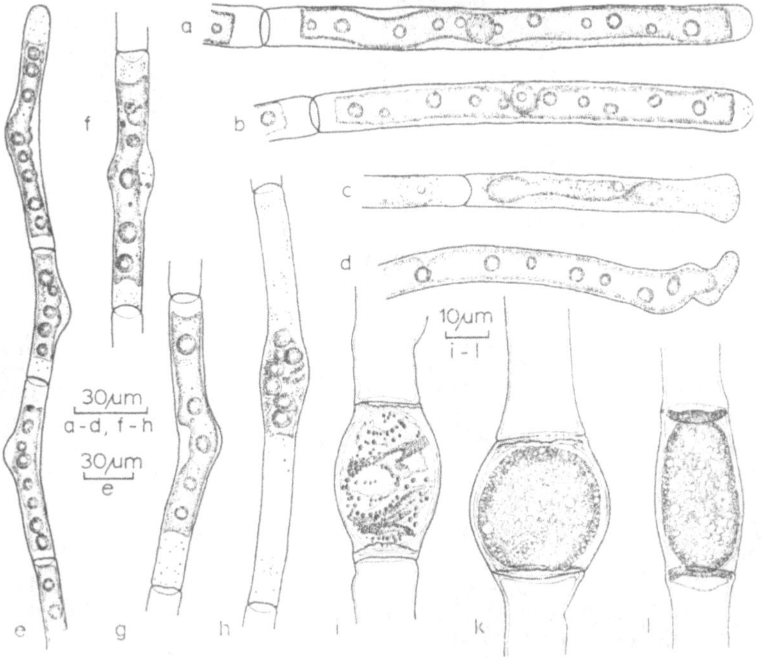

Abb. 1. *Mougeotia abnormis.* Vegetative Zellen und Parthenosporenbildung (n.lebendem Material)
Fig. a) u. b) vegetative Zellen; Fig. c) u. d) Basalzellen mit Hafteinrichtungen; Fig. e)–h) verschiedene Stadien der Parthenosporenbildung; Fig i)–l) fertig ausgebildete Parthenosporen

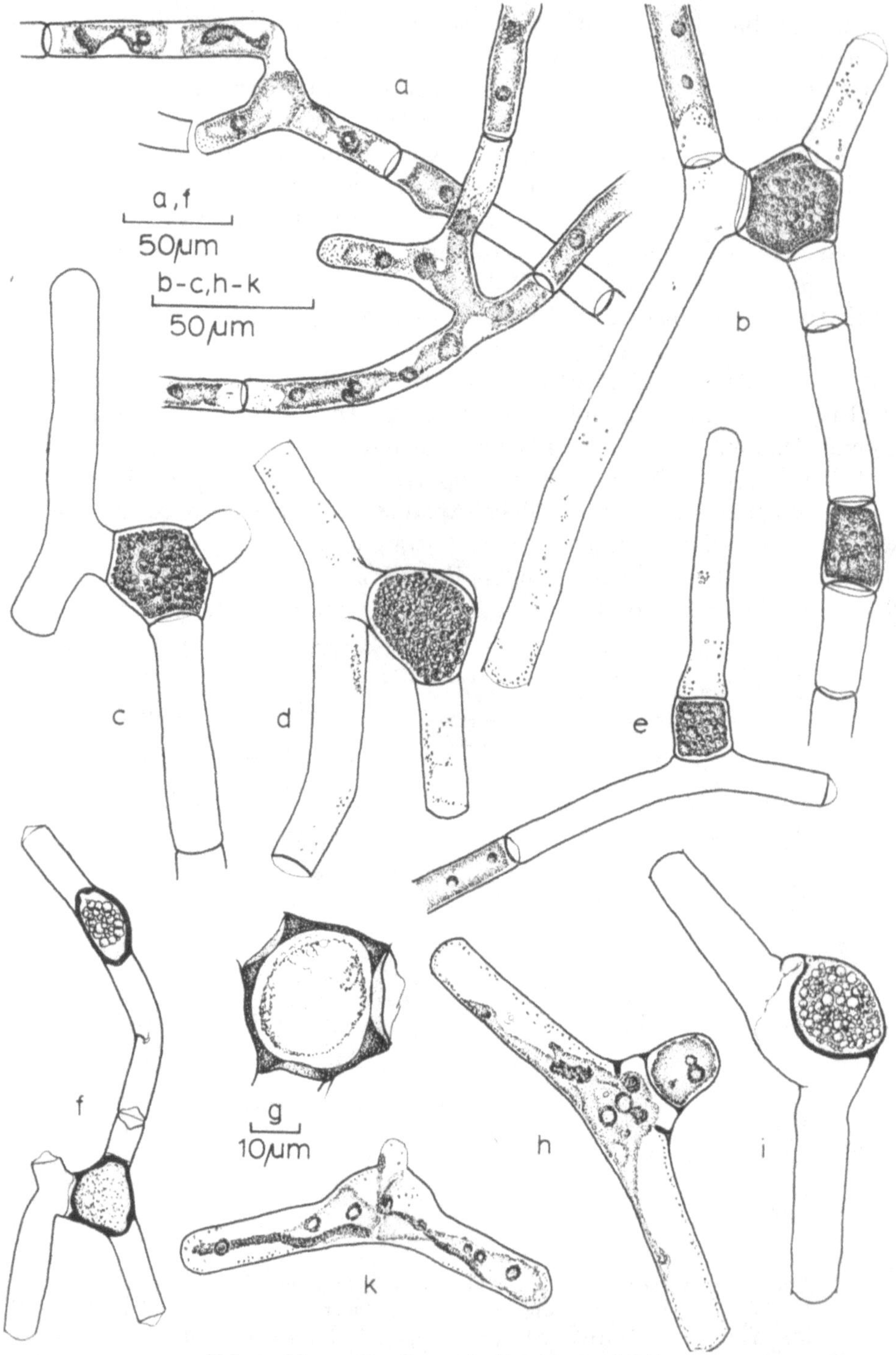

Abb. 2. *Mougeotia abnormis*. Zygosporenbildung
Fig. a) junge Konjugationsstadien. Unten: Normalfall; oben das ♂ Gametangium

Art gerechtfertigt. Während der Abfassung des Manuskripts fanden sich bei der routinemäßigen Übertragung in neue Lösung Ende Mai 1970 aber unerwartet Konjugationsstadien und Zygoten, auf Grund derer sofort die eindeutige Identifizierung möglich war. Eine ebenso klare, korrekte Namensgebung jedoch stößt, wie noch auszuführen sein wird, auf Schwierigkeiten.

Zunächst soll das Material an Hand unserer Beobachtungen kurz charakterisiert werden.

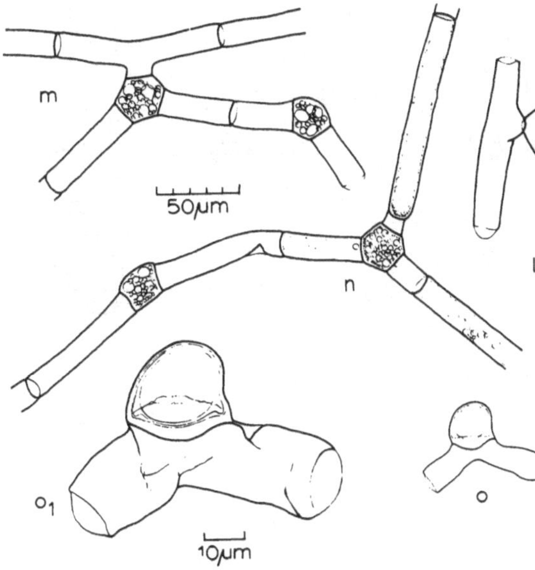

Abb. 2a. *Mougeotia abnormis*

Fig. l) junges Konjugationsstadium; Fig. m) u. n) konjugierende Fäden mit Parthenosporen in den ♀ Thalli. m) Normalfall; n) ♂ Gametangium mit einer seiner Stirnseiten Kontakt zum ♀ Partner aufnehmend, Zygospore sechseckig; Fig. o) u. o_1) seitlich gebildete Parthenosporen

DIE VEGETATIVE ZELLE

Die Form ist ausgezeichnet durch relativ dünne Fäden, deren Zellen, an einer Querwand gemessen, einen Durchmesser von 13,0 µm mit geringer Schwankungsbreite nach oben haben (13,0–18,0 µm; Abb. 3b, Fig. L; Abb. 3a,

---

heftet sich mit seiner Stirnseite direkt an das ♀ Gametangium an; Fig b) u. f) konjugierendes Fadenpaar, Parthenospore im ♀ Faden; Fig. c) u. d) junge Zygoten; Fig. e) Sonderfall: Das ♀ Gametangium vereinigt sich mittels einer freien Stirnseite mit dem ♂ Partner, Zygospore rechteckig; Fig. g) reife Zygospore; Fig. h) u. i) parthenogenetisch gebildete Sporen; Fig. k) ♀ Gametangium ohne Partner, mögliche Vorstufe parthenogenetischer Sporenbildung

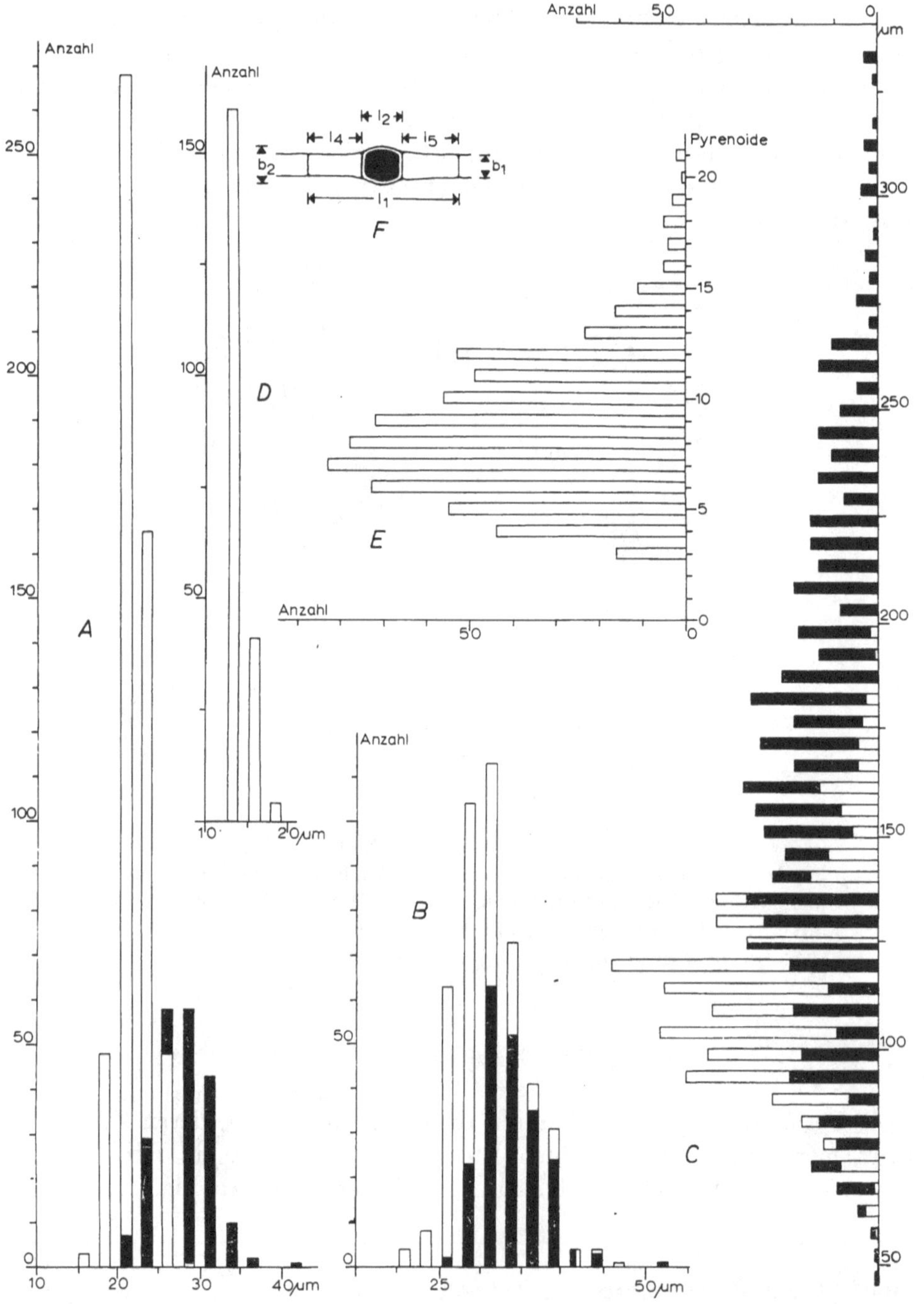

Abb. 3a. *Mougeotia abnormis*

Fig. A: Größter Durchmesser der Spore (b_2); junges Material (weiße Säulen); reife Sporen (schwarze Säulen). Fig. B: Länge der Spore (l_2); junges Material (weiße Säulen); reife Sporen (schwarze Säulen). Fig. C: Länge der vegetativen Zelle (l) (schwarze Säulen); Länge des junges Sporangiums (l_1) (weiße Säulen). Fig. D: Durchmesser des Sporangiums (mit reifen Sporen) an einer Querwand gemessen (b_1). Fig E: Anzahl der Pyrenoide je Zelle. Fig. F: Schema einer sporulierenden Zelle mit eingezeichneter Lage der Meßstrecken

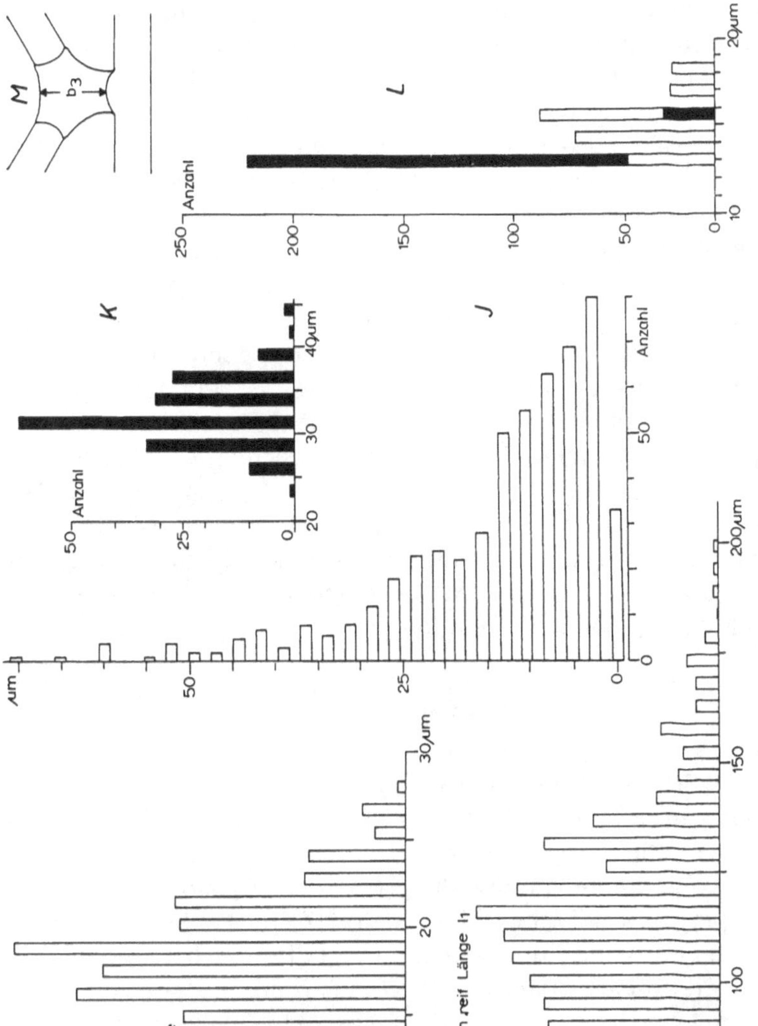

Abb. 3b. *Mougeotia abnormis*

Fig. G: Länge des reifen Sporangiums. Fig. H: Der auf 1 Pyrenoid entfallende Anteil der Zellänge. Fig. I: Längendifferenz zwischen den beiden leeren l_4 u. l_5 Hälften der sporulierenden Zelle links und rechts der Spore. Fig. K: Durchmesser der Zygote (b_3). Fig. L: Durchmesser vegetativer Zellen, über einer Querwand gemessen; aus Zellfäden in vegetativem Material (schwarze Säulen); aus Zellfäden in Zygoten enthaltendem Material (weiße Säulen). Fig. M: Schema einer Zygote mit eingezeichneter Lage der als „Durchmesser" bezeichneten Strecke (b_3)

Fig. D). [Im Hinblick auf später zu erörternde nomenklatorische Fragen ist es von einer gewissen Bedeutung, daß das gleiche Material in verschiedenen Entwicklungsstadien, zu verschiedenen Zeiten an Kulturen gemessen, nicht dieselbe Lage des Maximums der Zufallskurve der Zellbreite aufweist. Messungen von 1968 liefern ein Maximum bei 13 µm, die Werte von 1970 dagegen bei 15,0 µm (Abb. 3b, Fig. L)]. Die Zellänge dagegen zeigt stets eine weit größere

Variationsbreite[2] von 44,0–273,0 μm (vereinzelt bis 379,5 μm). Die Masse der Werte liegt jedoch zwischen 50,0 und 273,0 μm (Abb. 3a, Fig C). Das plattenförmige Chromatophor ist zuweilen in zwei Lappen gegliedert, zwischen denen zentral der Kern liegt (Taf. 3, Fig. A). Mehrfache schraubige Verdrehung der Platte wird nicht selten beobachtet. Das Chromatophor erstreckt sich recht verschieden weit über die Zellänge, in der Regel werden die Zellenden nicht erreicht, so daß dort chromatophorenfreie Zonen liegen. In alten Zellen nimmt der Plastid nur wenig mehr als das zentrale Drittel der Länge ein. Die Zahl der (recht großen) Pyrenoide pro Zelle beträgt je nach Zellänge 3–15 (–21), Mittelwert bei 8–9 (Abb. 3a, Fig. E). Eine Auswertung unserer Messungen ergab, daß ein Pyrenoid durchschnittlich auf eine Zellänge von 18 μm entfällt (Grenzwerte 6 und 28 μm) (Abb. 3b, Fig. H). Da die Zelle als Zylinder angesehen werden kann und die Zelldurchmesser recht konstant sind, läßt sich ein guter Annäherungswert für das einem Pyrenoid zuzuordnende Zellvolumen errechnen. Er liegt bei 2390 μm^3 [(800–) 1725–2390–3185 (– 3715) μm^3]. Die Fäden neigen zur Festheftung mit einem Ende, in Kulturen am Schalenboden oder an den Gefäßrändern. Dabei zeigt die jeweilige basale Zelle Ansätze zur Haftorganbildung, allerdings einfacher Art meist nur in Form einer Anschwellung oder eines „Fußes“ (Abb. 1, Fig. c und d).

2. SPOREN

Aplanosporen gleichende Gebilde finden sich, wie bereits erwähnt, in den Kulturen über das ganze Jahr hin zahlreich. Sie entstehen durch Kontraktion des Inhalts einer Zelle gegen die Mitte zu, wobei eine etwas asymmetrisch liegende, einseitig vorgewölbte Anschwellung entsteht, verbunden mit mehr oder minder ausgeprägter knieförmiger Biegung der Zelle, die meist innerhalb der Zellen des Fadenverbandes alternierend erfolgt. Bei reicher Sporulation zeigen die Fäden in diesen Fällen dann einen zickzackförmigen Habitus (Abb. 1, Fig. e). Die Biegung kann jedoch auch völlig fehlen. Abschließend grenzt sich die junge, wie aus Fig. I, Abb. 3b entnommen werden kann, normalerweise etwa in der Mitte der sie bildenden Zelle liegende Spore durch zwei Wände gegen die leeren Reste der Mutterzelle ab (Abb. 1, Fig. e–h) und umgibt sich mit zwei zusätzlichen Häuten. Die Hülle der reifen Spore setzt sich dann aus

[3] In neuerer Zeit führen manche Autoren (z. B. Krieger 1941) unter Hinweis auf die großen Schwankungen keine Werte für die Zellänge mehr auf. Nach unseren Erfahrungen läßt sich jedoch bei einer hinreichenden Zahl von Messungen durchaus eine gesicherte Angabe der Größenspanne von der kleinsten, soeben aus einer Teilung hervorgegangenen, bis zur größten unmittelbar vor der Teilung stehenden Zelle angeben. Die Lage des Maximums der über dieser Spanne stehenden Zufallskurve allerdings hängt ab vom Entwicklungszustand des Materials und damit – wir lange bekannt ist besteht eine Tagesperiodizität der Zellteilung – von der Tageszeit, zu der die Messung durchgeführt wird.

Teilen der alten Sporenmutterzellwand, einem bräunlich getönten, glatten Mesospor und einer Endosporschicht zusammen. Mit Kongorot färben sich beide Innenschichten, nicht aber der Mutterzellwandanteil. In Chlorzinkjod werden alle drei Häute (jedoch ohne Zellulosereaktion zu zeigen) gut sichtbar. Mesospor und Endospor tingieren sich zart bräunlichgelb. Eine Übersicht der Sporenformen bieten die Figuren i–l, auf Abb. 1; Fig. h, l, o, o_1, Abb. 2; sowie Fig. B–I, Taf. 1. Sie zeigen, daß trotz der asymmetrischen Frühstadien die vollentwickelte Spore oft rotationsellipsoidisch (Abb. 1, Fig. i–l; Abb. 2, Fig. p_1; Taf. 1, Fig. B) bis zylindrisch mit parallelen Endwänden (Taf. 1, Fig. F, G) sein kann. Daneben treten verbunden durch Zwischenformen (Taf. 1, Fig. D, E, I), einseitswendig angelegte Gebilde auf, in denen die beiden Endwände fast im rechten Winkel zueinander stehen (Abb. 5, Fig. b; Taf. 1, Fig. H). Gelegentlich entstehen die Sporen sogar mehr oder minder völlig außerhalb der Mutterzelle, ihr durch nur eine Wand getrennt seitlich ansitzend und sie daher nicht unterteilend (Abb. 2, Fig. h, i, o, o_1). In Fig. a–c, Abb. 5 sind schematisch die Lagebeziehungen zwischen Spore und Mutterzelle, von denen die geschilderten Sporenformen mit bedingt werden, zusammengestellt. Bei der Größenermittlung ist der Entwicklungszustand zu beachten. So fanden wir an jungem Material als größte Sporendurchmesser (b_2 in Fig. F, Abb. 3a): (15,5–) 22,5 (–28,5) μm bei Längen (l_2, Fig. F, Abb. 3a) von: (20,5–) 31 (–47,0) μm, während voll ausgebildete Sporen folgende Dimensionen zeigen: Durchmesser b_2: (20,5–) 26,0–28,5 (–41,5) μm Länge l_2: (26,0–) 32,5–44 (–52,0) μm (Abb. 3a, Fig. A u. Fig. B). Fäden in Sporulation haben eine große Neigung in wenigzellige Stücke oder in Einzelzellen zu zerfallen. So finden sich zur mikroskopischen Beobachtung in Lebendpräparaten gehaltene sporulierende Fäden nach einiger Zeit ohne äußere mechanische Beanspruchung in Einzelzellen aufgelöst. Von den beiden, aus den nicht in die Sporenbildung einbezogenen Aplanosporangienenden bestehenden Anhängen (l_4 u. l_5 in Fig. F, Abb. 3a) trennen sich die Sporen jedoch augenscheinlich nur schwer. Eine Keimung konnte bisher nicht beobachtet werden, es besteht etwas der Eindruck, daß die Sporen (vielleicht nur unter Kulturbedingungen) in der Masse nach einiger Zeit degenerieren.

3. ZYGOSPOREN

Wie bereits erwähnt, traten eindeutige Zygosporen in unserem Material erstmals nach zweijähriger Kultur im Sommer 1970 auf und zwar nur in einigen, keineswegs in allen Kulturschalen. Sie entstehen durch leiterförmige Konjugation in charakteristischer Weise. Zunächst verbinden sich Zellen der Partnerfäden, unter mehr oder minder deutlich ausgeprägter knieförmiger Knickung, durch eine breite, etwa trapezförmige, vornehmlich von einem der Gametangien gebildeten und ihm mit der breiten Basis aufsitzenden Konjugationsbrücke (Abb. 2, Fig. 1). Dann vereinigen sich die beiden Gameten im Kopulationskanal und dem angrenzenden Teil des ihn hauptsächlich bildenden, meist auch durch etwas stärkere Krümmung ausgezeichneten Gametangiums (Taf. 2, Fig. A) und grenzen sich durch drei neu entstehende Wände ab. So entsteht ein in der Aufsicht meist ziemlich regelmäßig sechseckiges Gebilde, dessen sechs Wände bestehen aus der Trennwand (α) zwischen Kopulationskanal und „abgebender" Zelle, zwei der Konjugationsbrücke entstammenden Wänden (γ, γ), zwei Trennwänden innerhalb des „aufnehmenden" Gametangiums (β, β) und einem Außenwandstück (δ, Fig. d, Abb. 5) dieses Gametangiums. In dem so umgrenzten Raum umgibt sich die junge Zygote mit einer weiteren verdickten Wand (Abb. 2, Fig. f, g; Taf. 2, Fig. E, F, G). Der Zygoteninnenraum ist dann kugelig. Soweit ich sah, verhalten sich die Zellen eines Fadens bei der Konjugation einheitlich, entweder sind alle „abgebend", nach dem Sexualvorgang leer und nicht in die Zygotenbildung einbezogen oder alle „aufnehmend", an der Zygotenbildung beteiligt, sie werden dabei durch die sich aus der Konjugationsbrücke in sie hinein erstreckende Zygote geteilt. Die Verbindung der Kopulationspartner erfolgt in der Regel nicht streng in der Mitte ihrer Länge, sondern asymmetrisch, gegen eines der Enden zu verschoben (Abb. 2, Fig. b, c, d, f, Taf. 2, Fig. B). Zygosporendurchmesser: (23,5–) 28,5–31,0–36,4 (–44,2) μm (Abb. 3b, Fig. K).

Als häufigste Abweichung von dieser typischen Normalentwicklung findet man Fälle, in denen sich ein Gametangium ohne Ausbildung des seitlichen Kopulationskanals direkt mit einem seiner Enden seitlich dem Partner anheftet (Abb. 2, Fig. a links oben!; Fig. e und n). Voraussetzung ist dabei natürlich, daß das betreffende Gametangium eine freie Endfläche hat, also entweder endständig im Fadenverband liegt oder sich ganz aus ihm trennte. Nach Wandauflösung kommt es dann entsprechend dem Ablauf im Normalfall zur Ausbildung der sechsseitigen Zygote (Abb. 2, Fig. a und n; Abb. 5, Fig. e). Nur einmal wurde bisher im Zuge dieses Vorganges eine vierseitige Zygote beobachtet (Abb. 2, Fig. e). Ihr Zustandekommen ist augenscheinlich dadurch zu erklären, daß das seitlich ansitzende, direkt, ohne eigentlichen Kopulationskanal konjugierende Gametangium nicht, wie es die Regel zu sein scheint, das „abgebende, das ♂ ist, sondern das „aufnehmende", das ♀ (Abb. 5, Fig. f).

Häufig finden sich in konjugierendem Material auch Sporen. Dabei ist bemerkenswert, daß sie, soweit ich bisher sah, stets in den Fäden auftreten, deren Zellen an der Zygotenbildung beteiligt sind, die sich also im Sexualprozeß „aufnehmend", weiblich verhielten. Interessanterweise sind bei Transeau 1926 Taf. V, Fig. 55 (Unsere Taf. 3, Fig. C) und 1951 auf Taf. XVII, Fig. 20 die gleichen Lagebeziehungen abgebildet, obgleich der Autor die uns hier interessierende Frage gar nicht behandelt. In der Literatur gehen die Ansichten, als was die ohne sichtbaren Sexualvorgang entstehenden Fortpflanzungskörper der Zygnemataceen aufzufassen sind, auseinander. Dies ergibt sich schon aus den unterschiedlichen Bezeichnungen: „Hypnosporen", „Azygosporen", „Azygoten", „Aplanosporen", „Parthenosporen", „Akineten", „Gonidien", die jeweils eine bestimmte Deutung beinhalten, ohne daß sie im Einzelnen bewiesen wurde. Es wäre daher zweckmäßig, neutral den Ausdruck „Spore" im allgemeinen Sinne von „... jede als solche frei werdende und zum neuen Bion direkt entwicklungsfähige Einzelzelle ohne Rücksicht auf Genesis und Homologie" (Linsbauer, 1917) zu verwenden. Dies umsomehr als möglicherweise die Meinungsverschiedenheiten darauf beruhen, daß die Dauerformen innerhalb der Zygnemataceen gar nicht nach einem einheitlichen Modus entstehen und daher ihre Natur im Einzelfall geprüft werden muß.

Bei unserer *Mougeotia* ist nach den geschilderten Befunden anzunehmen, daß die Sporen keine Aplanosporen sind wie Transeau (1951) schreibt, sondern Parthenosporen wie Krieger (1941) angibt, entstanden aus sich parthenogenetisch entwickelnden Gameten. Wenn unserer Beobachtungen an Kulturen verallgemeinert werden dürfen, liegt hier der besondere Fall vor, daß die Befähigung zur parthenogenetischen Entwicklung nur den weiblichen Gameten zukommt.

Auf der Basis dieser Feststellungen lassen sich auch unsere oben geschilderten Befunde zwanglos erklären. Beim Übergang von den mit Freilandmaterialproben angelegten Kulturen zur Artreinkultur diente als Kriterium für die in den Protokollen zunächst als „*Mougeotia* I" bezeichnete Form das Vorhandensein von Sporen. Es wurden daher nur sporulierende Fäden zur Weiterkultur übertragen und damit unbewußt – die Zusammenhänge waren uns damals ja nicht bekannt! – zugleich eine Selektion auf weibliche Thalli betrieben. Als Folge traten mangels männlicher Partner über zwei Jahre hin in den Artreinkulturen nur Parthenosporen auf. Durch ein – wie man jetzt sagen muß glückliches – Versehen gelangten unbeabsichtigt jedoch auch einmal nicht sporulierende und zugleich männliche Fadenstückchen oder Zellen in die Weiterkultur und zwar zunächst wahrscheinlich nur in eine Schale. Lediglich in den von dieser Schale sich herleitenden Ansätzen, es sind zwei, konnten jetzt Konjugation und Zygosporenbildung erfolgen.

4. ZUR TAXONOMIE

Solange nur Parthenosporen vorlagen, erwies sich die Form nach den verfügbaren Bestimmungsschlüsseln (z. B. Krieger 1941, Transeau 1951, Randhawa 1959) als undeterminierbar, weil sie alle mit der Alternative: „1a. Fortpflanzung durch Zygosporen (selten auch Aplanosporen vorhanden)" oder: „1b. Fortpflanzung durch Aplanosporen (Zygosporen selten oder unbekannt)" beginnen und man sich bei unserem Material eindeutig für 1b entscheiden mußte, streng genommen auch noch nachdem Zygoten gefunden waren, da sie durchaus als „selten" bezeichnet werden konnten. Lediglich die so charakteristische Ausbildung der Zygosporen zeigte – ohne Benützung eines Schlüssels – sofort, daß es sich um einen Vertreter der Sektion Plagiospermum (Cleve) Wittrock 1872 handelt.

In dieser Gruppe wird von neueren Autoren eine unterschiedliche Anzahl von Arten geführt. Während Transeau (1951) und Randhava (1959) 3 Species nennen: *M. transeaui* Collins 1912, *M. floridana* Transeau 1934 und *M. poinciana* Transeau 1934 erkennt Krieger (1941) nur zwei Arten an: *M. abnormis* Kisselev 1927 und (bedingt) *M. poinciana* Transeau. Er stellt *M. floridana* in die Synonymie von *M. abnormis,* Transeau jedoch lehnt den Namen *M. abnormis* – zitiert aber unrichtig „*abnorme*" – ab und verwendet an seiner Stelle *M. transeaui*.

Bei dieser Sachlage sind für uns drei Fragen zu behandeln:

a) Welcher Name ist für die unterschiedlich *Mougeotia tenuis, M. notabilis, M. abnormis, M. transeaui* genannte Typusart der Sektion zutreffend?

b) Können in der Sektion die drei, im wesentlichen nur auf Größenunterschiede gegründeten Arten aufrecht erhalten werden?

c) Welcher Art ist die von uns untersuchte Population zuzuordnen?

a) Die erste eindeutige Beschreibung und Abbildung eines Vertreters der heutigen Sektion Plagiospermum findet sich bei Cleve, der 1868 nach Material aus der Umgebung von Upsala eine neue Gattung *Plagiospermum* der Zygnemaceae (Section Mesocarpeae) mit der neuen Art *P. tenue* aufstellte. Seine Figur 6, Tafel X (unsere Taf. 3, Fig. D) zeigt klar Konjugationsstadien mit durch drei Wände in typischer Weise abgegrenztem Zygotenraum, in den allerdings eine lose in ihm liegende, kugelige Spore eingezeichnet ist. Auch im Text wird von „Sporae sphaericae" gesprochen. Schon ein Jahr später, 1869, fand Cornu bei Paris die gleiche Alge und beschrieb recht klar die Zygosporenbildung, wobei bereits betont ist, daß die Sporen stets nur in einem der konjugierenden Fäden (unter Einschluß des Kopulationskanals) entstehen. „La zygospore reste engagée, ..., â la fois dans l'une des cellules et dans le tube copulateur, ce qui lui donne une apparence trigone. Toutes les spores sont situées du même côte, dans un seul filament à l'exclusion de l'autre, ...". Cornu hatte zunächst keine Kenntnis der Arbeit Cleve's, fügt dann aber beim Druck seiner auf der Sitzung vom 25. Juni 1869 vorgetragenen Mitteilung eine Anmerkung bei, in der festgestellt wird, daß die in der Notiz behandelte Alge zweifellos identisch sei mit dem inzwischen beschriebenen *Plagiospermum tenue* Cleve. Er korrigiert zugleich die Ansicht von der Existenz einer kugeligen Spore unter Beifügung klarer Abbildungen. Cornu hat jedoch keine Varietät „*major*" beschrieben, wie das Czurda 1932 angibt.

1872 zog Wittrock die Gattung *Plagiospermum* als Sektion (Sect. 2. Mougeotia plagiospermicae) zu *Mougeotia,* ohne den vorliegenden Beschreibungen der einzigen Art *Mougeotia tenuis* (Cleve) Wittr. aber neue eigene Befunde hin-

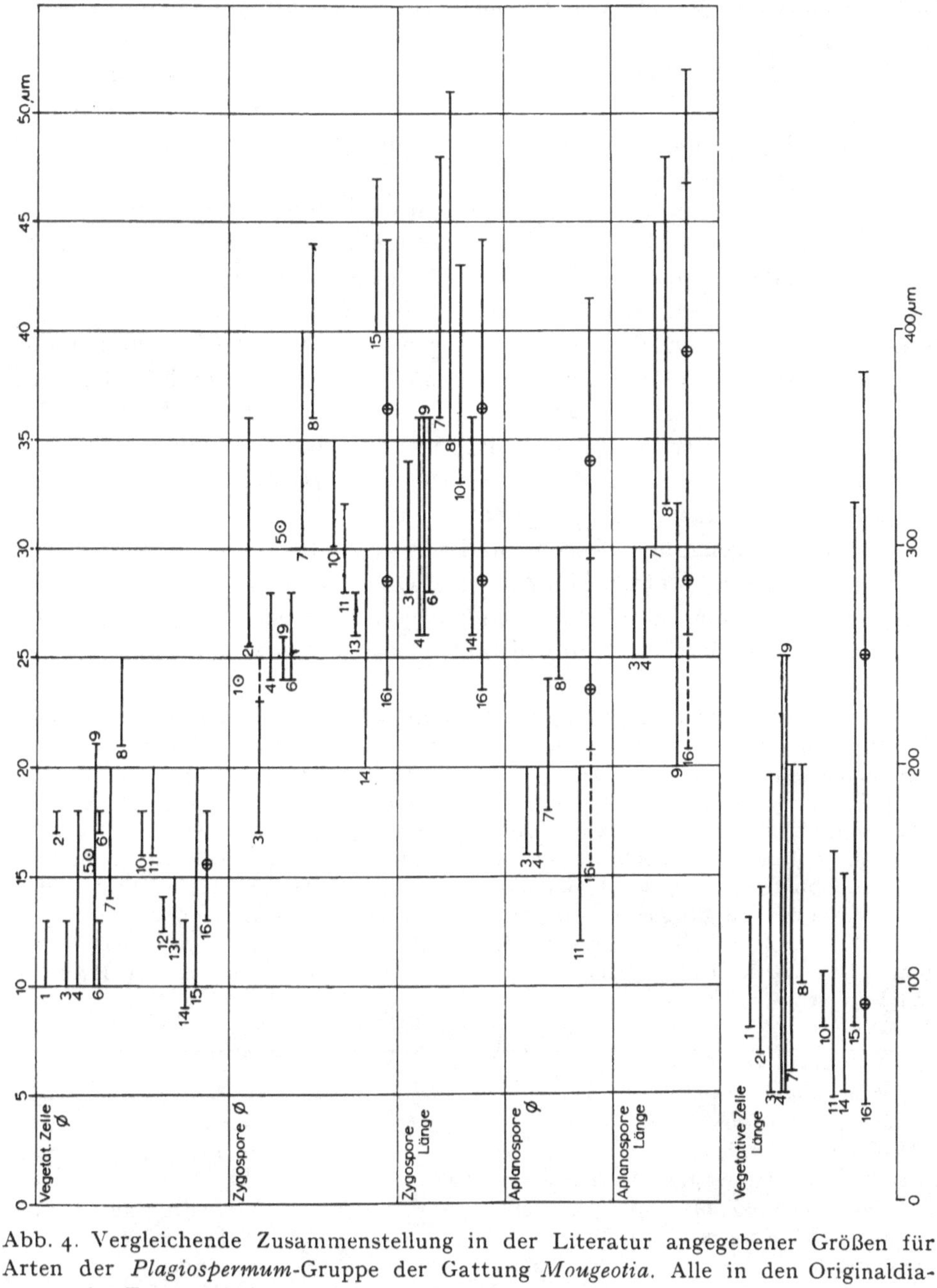

Abb. 4. Vergleichende Zusammenstellung in der Literatur angegebener Größen für Arten der *Plagiospermum*-Gruppe der Gattung *Mougeotia*. Alle in den Originaldiagnosen der Taxa enthaltenen Werte sind aufgenommen

1. *Plagiospermum tenue* n. Cleve 1868
2. *Plagiospermum tenue* var. *minor* n. Wolle 1887
3. *Mougeotia transeaui* n. Collins 1912
4. *Mougeotia notabilis* n. Transeau 1926
   (Tiffany 1937) gibt genau die gleichen Werte)

zuzufügen. Über 50 Jahre lang blieb diese eindeutige Benennung unangefochten.[4]

Verwirrung und Unklarheiten beginnen erst 1926 als Transeau den Namen „*Mougeotia notabilis* Hassal 1840“ für die Art verwendet und *M. tenuis* zusammen mit „*M. transeaui* Collins 1912“ in die Synonymie stellt. Dazu ist folgendes anzumerken:

1. Hassal beschrieb 1842 – nicht 1840 – ohne Abbildung und Größenangaben nach sporulierendem Material, ohne Konjugationsstadien oder Zygoten gefunden zu haben, eine „*Mougeotia notabilis*“, die dann 1845 als „*Mesocarpus notabilis*“ auch abgebildet ist. Die Sporen (Fig. 2) zeigen außer der Tatsache, daß sie in alternierend knieförmig gebogenen Fäden entstehen und in sich gekrümmt sind, keinerlei weiteren charakteristischen Besonderheiten. Aus Fig. 1 kann lediglich entnommen werden, daß die vegetative Zelle wohl 8 Pyrenoide enthält. Diese dürftigen Angaben sind jedoch keine tragfähige Basis für die Annahme, oder gar für einen Nachweis, Hassel's *M. notabilis* sei identisch mit *M. tenuis* auf die Transeau seine die Namensänderung begründende Überzeugung „There is no doubt about the identity of the species figured by Hassal.“ stützen könnte. Auch Czurda (1932) folgt Transeau's Vorgehen nicht, sondern führt *M. notabilis* getrennt[5], ebenso Krieger (1941), der sie, m. E. zu Recht, als unvollständig bekannte Art bezeichnet. Interes-

[4] Der Vollständigkeit halber sei erwähnt, daß Wolle (1882) – augenscheinlich ohne Kenntnis der von Wittrock vorgenommenen Umstellung – ohne Abbildung, Diagnose oder Maßangaben eine „var. *crassius*“ „beschrieb“ und 1887 eine Varietät „*minor*“ aufstellte, die zwar mit den typischen Charakteristika der Sektion abgebildet (die Zygoten sind jedoch wie bei Cleve kugelig gezeichnet)! und beschrieben ist, deren Abtrennung von der Art jedoch auf der versehentlichen Annahme beruht, Cleve habe eine Fadenbreite von „25–30 μ“ genannt, während in der Originaldiagnose tatsächlich „0,01–0,013 mm“ steht. Die beiden Varietäten sind daher einzuziehen.

[5] (gibt jedoch an, die Art sei bei Hassall (1843) als *Mesocarpus notabilis* genannt. In der zitierten Arbeit ist dieser Name nicht enthalten, er wird von Hassall erst 1845 gebraucht.)

5.	*Mougeotia abnormis*	n. Kiselev	1927
6.	*Mougeotia tenuis*	n. Czurda	1932
7.	*Mougeotia floridana* (Prescott (1951) gibt die gleichen Werte)	n. Transeau	1934
8.	*Mougeotia poinciana*	n. Transeau	1934
9.	*Mougeotia abnormis*	n. Prescott	1951
10.	*Mougeotia tenuis*	n. Rao	1937
11.	*Mougeotia floridana*	n. Randhawa	1938
12.	*Sirogonium notabile*	n. Kützing	1849
13.	*Mougeotia tenuis*	n. Randhawa	1938
14.	*Mougeotia transeaui*	n. Transeau	1951
15.	*Plagiospermum tenue*	n. Cornu	1869
16.	Kubanisches Material	Rieth	1970

santerweise ist *M. notabilis* bei Transeau selbst 1951 völlig verschwunden und nicht einmal in der Synonymie erwähnt!

2. Die gemeinsam mit *M. tenuis* in der Synonymie genannte *M. transeaui* Collins 1912 kann, wie die Abbildung bei Collins (Fig. 7, Taf. 1) (unsere Taf. 3, Fig. E u. F.) zeigt und auch der Originaldiagnose zu entnehmen ist, gar nicht in die Plagiospermumgruppe gehören, bildet sie doch durch Konjugation aus dem Fadenverband gelöster Einzelzellen rundlich quadratische Zygoten, die symmetrisch in beide Gametangien, diese teilend, hineinragen, außerdem zeigen die vegetativen Zellen nur 3 bzw. 4 Pyrenoide, während die typische Anzahl bei *M. tenuis* bei etwa 8 liegt. „... zygospores rotundate-quadrate, in side view ovate ... formed from detached cells, occupying the width of both cells; ..." Collins selbst erwähnt irgendwelche Beziehungen seiner neuen Art zu der ja damals lange bekannten und so charakteristischen *M. tenuis* nicht. Czurda (1932) lehnt zwar wie erwähnt, eine Identität von *M. notabilis* mit *M. tenuis* ab, führt aber *M. transeaui* im Verzeichnis der Synonyma, allerdings mit Fragezeichen, bei *M. tenuis*. Krieger (1941) nennt sie, wohl etwas zu weitgehend, unter den unvollständig beschriebenen und daher auszuschließenden Formen.

Ohne über die Existenz und Berechtigung einer *Mougeotia transeaui* zu urteilen sei hier nur festgestellt, daß auf Grund der vorliegenden Diagnose Collins, *M. tenuis* (Cleve) Wittr. keinesfalls mit ihr identisch sein kann. Wenn daher in den beiden neuesten Monographien der Zygnemaceae von Transeau (1951) und von Randhawa (1959) diese beiden Arten unter dem Namen *M. transeaui* zusammen gezogen werden, ist dem nicht zuzustimmen.

1934 entstand eine zusätzliche Unklarheit dadurch, daß bei Transeau, Tiffany, Taft und Li *M. tenuis* zusammen mit *M. genuflexa var. gracilis* Reinsch und *M. gracilis* Czurda, in der Synonymie der neu benannten *Mougeotia reinschii* Transeau genannt ist, die nach dem Text in Fig. 44 Taf. XX dargestellt sein soll. Die Tafelerklärung bezeichnet diese Figur jedoch (zu Recht!) als *Mougeotia tenuis* (Cleve) Wittrock. In einem mir vorliegenden Sonderdruck mit dem handschriftlichen Vermerk „Corrected copy from the authors" ist zwar *Mougeotia tenuis* (Cleve) Wittrock 1872 in der Synonymie von *M. reinschii* gestrichen nicht aber der Hinweis, daß diese Art auf Tafel XX, Fig. 44 dargestellt sei, dort findet man weiterhin, wie in der Tafelerklärung angegeben, *M. tenuis*.

Inzwischen hatte Kisselev (1927) nach Material vom Aralsee eine neue Art, *Mougeotia abnormis* aufgestellt, die nach der in russischer Sprache gegebenen Beschreibung zweifellos identisch ist mit *M. tenuis*. Die kurze deutsch gefaßte Diagnose läßt das nicht so klar erkennen. Auf der Abbildung Fig. 6 sind zwei konjugierende Zellen mit einer sehr jungen, noch nicht durch Wände abgegrenzten Zygote wiedergegeben. Transeau (1951) bestreitet daher die Zusammengehörigkeit mit *M. tenuis*. „The figure in Kisselev's publication of 1927 is probably of some other species, since the first structures formed after conjugation are the 3 sporangial walls, and this figure has no sporangial walls." Er übersah dabei aber die Angaben im russischen Text und die Tatsache, daß Kisselev in einer zweiten Publikation 1931 sowohl auf Taf. 4, Fig. 36 als auch auf Taf. 8, Fig. 6, (unsere Taf. 3, Fig. K) ältere Stadien mit den typisch durch drei Wände gegen die Gametangien abgegrenzten Zygosporen abbildet. Allerdings diskutiert Kisselev selbst die Stellung und Abgrenzung seiner neuen Art zu *M. tenuis* gar nicht. Augenscheinlich war ihm deren Existenz entgangen.

Trotz dieses 1926 beginnenden Umbenennungsdurcheinanders blieb der alte eindeutige Name *M. tenuis* (Cleve) Wittr. in Gebrauch. So bei Rao (1937) und bei Randhawa (1938), die Vorkommen in Indien nachweisen. Küster, der die Alge neu für Deutschland in Hessen fand[6], führt sie 1936 unter der Bezeichnung *Plagiospermum tenue* Cleve, gibt aber irrenderweise an „Wittrocks Gattung *Plagiospermum*, die von Czurda . . . als Untergattung von *Mougeotia* behandelt wird."

Ein auf Grund bestehender Nomenklatur-Regeln berechtigter Einwand gegen das damals fast 75 Jahre übliche Epitheton kam 1941 von Krieger, der als erster darauf hinwies, daß es sich um ein jüngeres Homonym handle, weil bereits seit 1849 ein auf Kützing zurückgehender Name *Mougeotia tenuis* existiere. Tatsächlich hat Kützing in „Species algarum" 1849, S. 434 No. 7 eine so benannte Art aufgestellt und 1855 auf Taf. 3, Fig. II auch abgebildet. Die Charakterisierung erfolgte jedoch nur nach vegetativem Material, Zygoten oder Sporen wurden nicht beobachtet. Die Form ist daher als unvollständig bekannt und nicht eindeutig definiert auszuschließen[7]. Überdies war das Epitheton „*tenuis*" bereits 1849 ein jüngeres Homonym einer 1835 von Brébisson beschriebenen *Mougeotia tenuis*, ein Tatbestand, der Kützing bekannt gewesen sein muß, denn in demselben Band, in dem auf Seite 434 *Mougeotia tenuis* behandelt wird, findet sich einige Blätter weiter, Seite 446, No. 9 eine „*Mougeotia tenuis* Bréb." in der Synonymie von *Zygogonium tenue* Kg. (das übrigens 1855 mit dem Hinweis wieder eingezogen wird: „*Z. tenue* Kg. l. c. No. 9 ist nicht von *Z. Ralfsii* verschieden."). Korrekterweise muß daher die Existenz des von Brébisson geprägten Namens, der im ursprünglichen Sinne nie Bedeutung und Verbreitung gefunden hatte, als Grund dafür genannt werden, daß entsprechend den Nomenklatur-Regeln nun ein fast 75 Jahre praktisch eindeutig verwendetes Epitheton aufgegeben werden mußte. Welcher Bezeichnung aber kommt nun die Priorität zu? Aus der eben geschilderten

[6] Da als Fundort „ein Warmwasserbecken des Gießener Botanischen Gartens" „zum großen Teil an einem *Nelumbium*-Stiele" genannt wird, bleibt die Frage offen, ob die Art etwa nur eingeschleppt und im Freiland nicht eingebürgert ist. Von einem „Nachweis für Deutschland" kann also streng genommen nicht gesprochen werden.

[7] Daß sie in die Synonymie von *M. scalaris* Hassal 1842 gehört, wie Transeau (1951) und Czurda (1932) (mit Fragezeichen!) angeben, ist nach der Kützing'schen Charakterisierung nicht beweisbar.

Sachlage ist abzuleiten, daß entsprechend dem Vorgehen Kriegers (1941), dem Prescott (1951) gefolgt ist, nur das von Kisselev verwendete Epitheton „*abnormis*“ infrage kommt, nicht aber „*transeaui*,“ das in den beiden neuesten Monographien von Transeau und von Randhawa gebraucht wird. Der korrekte Namen der Typusart der Sektion Plagiospermum ist daher „*Mougeotia abnormis* Kisselev 1927“.

Die Problematik ist neuerdings von Gauthier-Lièvre[8] durch eine weitere Variante verwirrt worden, auf die noch kurz eingegangen sei, obgleich unsere

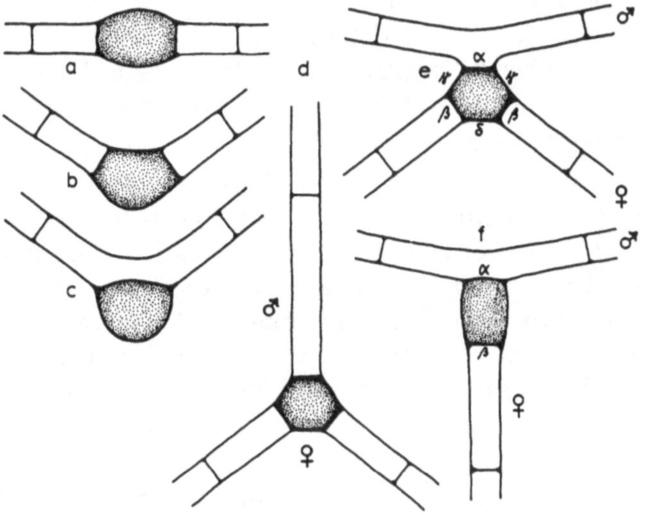

Abb. 5. Parthenosporen- und Zygosporenbildung: Lageschema
Fig. a)–c) verschiedene Typen der Parthenosporenlage; Fig. d)–f) Typen der Zygosporenentstehung: e) normale leiterförmige Konjugation; d) u. f) Konjugation durch direkten Kontakt ohne Konjugationsbrückenbildung: d) ♂ Gametangium sitzt seitlich dem ♀ an; f) ♀ Gametangium sitzt seitlich dem ♂ an

Feststellung des korrekten Namens davon nicht betroffen ist. Die Autorin bringt 1965 *M. abnormis* in Beziehung zu *M. floridana*, behält daneben aber auch *M. transeaui* als eigene Art bei. Seite 31 heißt es unter *M. floridana:* „Kolkwitz et Krieger 1944, p. 170; fig. 110–111 (sous le nom de *M. abnormis* Kisselev). – Transeau 1951, p. 104. – Randhawa 1959, p. 154; fig. 77.“

[8] Gauthier-Lièvre folgt damit Bourrelly, der 1957 und 1961 Formen, die, wie aus den Abbildungen Fig. 174, Taf. 20 (1957) und Fig. 5, Taf. 24 (1961) klar hervorgeht, zu *Plagiospermum tenue* gehören (und somit zu *Mougeotia abnormis*), ohne nähere Begründung als *Mougeotia floridana* Transeau anführt. Diese Zuordnung erfolgte wahrscheinlich lediglich auf Grund des Fadendurchmessers, den er für Material aus dem Sudan (1957) mit 15 µm, für die Probe aus dem Gebiet der Elfenbeinküste als 18 µm (ohne Mitteilung der Variationsbreite!) angibt.

(„fig. 77" ist irrig, es muß „fig. 74" heißen) und Seite 32 bei *M. transeaui* findet sich: „Transeau 1951, p. 104; Pl. XVII, fig. 19–20) (ces deux fig. sont celles qui sont reproduites in Krieger pour *M. abnormis*)."

Dazu ist folgendes festzustellen:

1. Die Figuren 110–111 bei Kolkwitz und Krieger (1941–1944) sind eine Reproduktion nach Fig. 55 u. Fig. 56, Taf. V, in Transeau's *Mougeotia* Monographie von 1926, dort als *M. notabilis* bezeichnet. Im Text stellt Transeau *M. tenuis* (Cleve) Wittr. und *M. transeaui* Collins in die Synonymie dieser *M. notabilis*. Wenn man demnach *M. floridana* und *M. transeaui* als getrennte Arten anerkennt, müssen die strittigen Figuren eindeutig *M. transeaui* zugeordnet werden, in deren Synonymie *M. notabilis* und *M. abnormis* gehören, nicht aber *M. floridana*, deren erste Abbildung von Randhawa (1938) stammt (Fig. B, auf unserer Taf. 3).

2. Während die Figuren 110–111 bei Krieger von Gauthier-Lièvre zunächst für *M. floridana* zitiert werden (S. 31), sind sie auf der nächsten Seite (S. 32) unter *M. transeaui* genannt und zwar als identisch mit Fig. 19–20, Taf. XVII bei Transeau (1951). Ein genauer Vergleich zeigt jedoch, daß eine solche Identität nicht besteht. Die Figuren bei Transeau (1951) sind verschieden von denen, die der Autor 1926 (und Krieger 1941–1944) geben Allerdings sind sie sehr ähnlich. Das bedeutet aber, daß Gauthier-Lièvre im Prinzip fast gleiche Abbildungen einmal für *M. floridana*, dann für *M. transeaui* in Anspruch nimmt.

b) Nach dieser Klärung der nomenklatorischen Situation ist zu prüfen, welche weiteren Arten berechtigterweise in der Sektion zu führen sind. Von Transeau wurden 1934 zwei Species, *Mougeotia floridana* und *M. poinciana* neu beschrieben und hierhergestellt. In den Diagnosen finden sich jedoch weder 1934 noch 1951 die beiden Arten untereinander und gegen *M. abnormis* klar abgrenzende Merkmale. Die Angaben über die drei Arten stimmen vielmehr, wie aus unserer tabellarischen Übersicht (Tab. 1) hervorgeht, fast wortwörtlich überein. Lediglich in den Größenverhältnissen bestehen Verschiedenheiten (Tab. 2). Transeau (1951) sagt in der Tafelerklärung S. 278 bezüglich *M. poinciana* selbst. „Differs from the preceding only in having larger dimensions." (Mit der „vorhergehenden" ist *M. transeaui* gemeint.) Vergleicht man jedoch eine Gesamtzusammenstellung der in der Literatur genannten Meßwerte, einschließend unsere eigenen umfangreichen Messungen an Kulturmaterial, so bleibt als einzig herausfallender Wert die Breite der vegetativen Zelle von *M. poinciana*, während alle anderen Dimensionen auch dieser Form sich innerhalb der Gesamtvariationsbreite aller drei Arten bewegen (Abb. 4). Größenunterschiede allein aber können m. E. bei den Zygnemaceen nicht auf Artebene Ausdruck finden, sondern bestenfalls eine infraspezifische Gliederung bedingen. Krieger hat zwar 1941 *M. floridana* zu *M. abnormis* gezogen, *M. poinciana* aber beibehalten. Sowohl bei Transeau (1951), als auch

Tabelle 1

Charakterisierung der Arten der Sektion Plagiospermum
(nach den Angaben bei Transeau [1951])
(Wortgetreu gleich bei Randhawa [1959!])

	Anzahl der Pyrenoide	Zygospore			Aplanospore		
		Lage	Form	Wand	Lage	Form	Wand
Mougeotia transeaui	4–8 „in a single row“	„occupying the middle portion of the receptive gametangium and the tube“	„globose to triangular ovoid“	„yellow, smooth“	„Formed at the middle of a straight or slightly angled cell“	„obliquely ovoid“	nicht angegeben
Mougeotia floridana	6–8 „in a single row“	„occupying the middle of the receptive gametangia and the tubes“	„globose to triangular-ovoid“	„yellow, smooth“	„occupying the middle part of the cell“	„obliquely ovoid“	„yellow, smooth“
Mougeotia poinciana	6–10 „in a single row“	„occupying the middle portion of the receptive gametangia and the tubes“	„triangular-ovoid to globose“	„yellow, smooth“	„occupying the middle part of the cell“	„obliquely ovoid“	nicht angegeben

Tabelle 2

Größenverhältnisse der Arten der Sektion Plagiospermum in µm (nach den Angaben bei Transeau [1951]) (identische Angaben bei Randhawa [1959])

	Vegetative Zelle	Zygospore	Aplanospore
Mougeotia transeaui	9–13 × 50–150	20–30 × 26–36	12–20 × 20–32
Mougeotia floridana	14–20 × 60–200	30–40 × 36–48	18–24 × 30–45
Mougeotia poinciana	21–25 × 100–200	36–44 × 35–51	24–30 × 32–48

bei Randhawa (1959) finden sich in der Sektion jedoch wieder drei selbständige Arten, ohne daß eine Begründung für dieses Vorgehen durch Angabe klar unterscheidender Merkmale erfolgt (siehe Tab. 1!). Die bisher publizierten Diagnosen enthalten, soweit ich sehe, keine Merkmale, die *M. abnormis*, *M. floridana* und *M. poinciana* zuverlässig und auf der Artebene hinreichend gegeneinander abzugrenzen gestatten. Diese Formen sollten beim derzeitigen Stand der Kenntnisse daher in einer Art, *M. abnormis* vereinigt bleiben. Populationen mit einem Zelldurchmesser von über 20 µm („*M. poinciana*") erhalten den Status einer Varietät „*major*".

„Nach dem derzeitigen Stand der Kenntnisse", denn bei einem Vergleich der vorliegenden Abbildungen bleiben einige offene Fragen, ohne daß zu entscheiden ist, ob sie nur der unterschiedlichen Qualität der Zeichnungen (Mikrofotographien sind nicht publiziert) entspringen oder auf tatsächlich vorhandenen Unterschieden beruhen.

a) Liegt die schon zwischen den Angaben von Cleve (1868) und denen von Cornu (1869) bestehende Differenz hinsichtlich der Sporenform – in einem Falle kugelförmige Zygoten in einem sechseckigen Sporangium, im anderen Falle sechseckige Zygoten mit einem kugeligen Innenraum – tatsächlich nur am unterschiedlichen Reifegrad des den Autoren verfügbar gewesenen Materials? Wolle (1887) z. B. stellt auf Taf. CXLVIII ebenfalls eindeutig kugelige, lose im Sporangienraum liegende Zygosporen dar. Ich selbst allerdings sah bei dem kubanischen Material, wie Zeichnungen und Mikrophotographien belegen (Abb. 2, Taf. 2), nur Zygosporen des von Cornu geschilderten Typs.

Gauthier-Lièvre (1965) bringt auf Taf. VII, Fig. d u. d' zwei Abbildungen für „*M. floridana*" einmal für Material aus dem Sudan (Fig. d) mit augenscheinlich kugelförmiger Spore in durch drei Querwände begrenztem Gametangium, dann nach Material von der Elfenbeinküste (Fig. d') mit sechseckiger, das ganze Sporangium erfüllender Zygospore (Fig. H und I unserer Taf. 3).

b) Randhawa, der 1968 die erste und bisher einzige bildliche Darstellung[9] von *M. floridana* veröffentlichte (Fig. B unserer Taf. 3) – Transeau's Originaldiagnose der Art 1934 und auch seine Monographie 1951 enthalten keine Abbildung – zeichnet eine eindeutig dreieckige Zygospore, die nicht klar erkennen läßt, ob sie einem durch drei Wände abgegrenzten Sporangium, das völlig ausgefüllt wird, entstammt oder ohne eine solche Abgrenzung gegen die Gametangien gebildet wird. Nach der Linienführung bei Randhawa (1938), Fig. 11 muß eher letzteres angenommen werden. Im Gegensatz zur Bildungsweise der Zygospore, wie sie von mehreren Autoren für *M. abnormis* geschildert ist und wie auch wir sie an unserem Material sahen, wären dann nicht von den Gametangienwänden ausgehend angelegte Querwände maßgeblich an der Hüllenbildung der Zygote beteiligt, sondern die Zygosporenwand entsteht, indem sich der junge Zygotenprotoplast frei im Raum von Konjugationsbrücke und ♀ Gametangium liegend mit einer völlig neuen (nach der Zeichnung zweischichtigen) Wand umgibt.

Im Text sind bei Randhawa weder 1938 noch 1959 darüber jedoch nähere Angaben zu finden.

c) Die unter c, c' und c'' auf Tafel VII von Gauthier-Lièvre gebrachten Abbildungen für „*M. transeaui*" mit ampullenartig aufgeblähten Ansatzstellen der drei den Sporenraum begrenzenden Querwände und augenscheinlich ohne Einbeziehung von Gametangien- und Kopulationskanalwandteilen entstandenen Zygosporen, die drei konkave und drei konvexe Wände zeigen, gehören im Typ zu der in der gleichen Arbeit neu beschriebenen *M. djalonensis*, die jedoch durch „gekrönte" Zygosporen klar charakterisiert ist, nicht aber zu bisher beschriebenen Formen, bei denen solch auffallend aufgetriebene Ansätze der Gametangien nicht beschrieben oder abgebildet sind (Fig. G, unsere Taf. 3).

Es wäre also immerhin möglich, daß sowohl Populationen existieren, die zwar der Charakteristik der Sektion entsprechen, aber von *Mougeotia abnormis* zu unterscheiden sind, als auch Formen, die sich durch eine zwar äußerlich ähnliche aber im Prinzip verschiedene Zygotenbildung auszeichnen. Der gesicherte Nachweis aber fehlt bisher.

Auf Grund der geschilderten Beobachtung, daß bei der Art Populationen vorkommen können, die über lange Zeit nur Parthenosporen bilden (auch Transeau (1951) erwähnt solches Material: „Other collections contain only aplanosporic filaments") und mit den üblichen Schlüsseln nicht bestimmbar sind, wäre dort eine Formulierung etwa folgender Art erforderlich

1. Mit Zygosporen (selten auch Alpanosporen vorkommend)

1a. Mit Aplanosporen (Zygosporen selten oder unbekannt) (Siehe aber auch *M. abnormis*!)

9 Ein einziges, isoliertes Gametangienpaar mit einer Zygospore, daneben ein kurzes aus drei sehr skizzenhaft erfaßten vegetativen Zellen bestehendes Fadenstück, in dem nicht einmal die Pyrenoide klar erkennbar sind!

Bei der geschilderten Sachlage dürften zwischen den publizierten Namen folgende Beziehungen bestehen:
Mougeotia abnormis Kisselev 1927 (= *Plagiospermum tenue* Cleve 1868 = *Mougeotia tenuis* (Cleve) Wittrock 1878 = *Mougeotia notabilis* sensu Transeau 1926 = *Mougeotia transeaui* sensu Transeau 1926, non sensu Collins 1912 = *Mougeotia floridana* Transeau 1926 = *Mougeotia floridana* sensu Gauthier-Lièvre 1965, non *Mougeotia transeaui* sensu Gauthier-Lièvre 1965.

Mougeotia abnormis var. *major* (= *Mougeotia poinciana* Transeau 1934).

In dem Nachweis von *Mougeotia abnormis* für Kuba liegt der bislang südlichste Fundort der Art in Amerika vor, die nur von der nördlichen Halbkugel bekannt ist und zwar aus: Schweden, Frankreich, USA (südlich bis einschließlich Florida), UdSSR (Südsibirien), Deutschland (?), Indien (Nordindien, Fyzabad), Nordwestafrika (südlichstes Vorkommen in der Alten Welt).

Zusammenfassung

Aus in Kuba gesammeltem Algenmaterial mit sterilen *Mougeotien* konnte in Kulturen eine durch reichliche Sporenbildung ausgezeichnete, zunächst unbestimmbare Form isoliert werden. Nach zweijähriger Kultur erst fand sich auch Zygosporenbildung, sie zeigte, daß *Mougeotia abnormis* Kisselev vorliegt, die damit erstmals in Kuba gefunden wurde. Die Beobachtungen legen eine Deutung der „Sporen" als Parthenosporen nahe, die aber bemerkenswerterweise nur aus weiblichen Gameten zu entstehen scheinen. Die korrekte Benennung der Typusart der Sektion wird diskutiert und durch umfangreiche Messungen die Größenvariabilität der vorliegenden Population geprüft. Aus einer kritischen Würdigung der für die drei bisher in der Sektion beschriebenen Arten *M. abnormis, M. floridana, M. poinciana* genannten Merkmale geht hervor, daß nur eine Art anerkannt werden sollte, innerhalb derer lediglich eine Varietät „*major*" durch dicke Fäden ausgezeichnet, unterschieden bleibt (= *M. poinciana* Transeau). Dazu kommt als zweite, gut charakterisierte Art *M. djalonensis* Gauthier-Lièvre 1965 aus Afrika.

Summary

Monographs of Freshwater Algae
I. On "*Plagiospermum tenue* Cleve 1868"

In cultures from Algae collected in Cuba 1968 we found *Mougeotia abnormis* Kisselev, new for the island. According to our observations the "asexual reproductive bodies" are Parthenospores. It is interesting to see that they are to be found in the female thalli, suggesting that in this species only the female gametes can undergo parthenogenetic development. A critical re-examination reveals that from the species described hitherto in the Sect. Plagiospermum: *M. abnormis*, *M. floridana*, *M. poinciana*, differing in no other features than in size, only one *M. abnormis* Kisselev, the type species of the Section should be maintained "*M. poinciana*" may be upheld as a variety "*major*" of *M. abnormis*. A second species, new described in 1965, *M. djalonensis* Gauthier-Lièvre from Africa is well characterized and not under consideration here.

Краткое содержание

Описания отдельных видов пресноводных водорослей. I. О „*Plagiospermum tenue* Cleve 1868"

Из собранного на Кубе материала со стерильными *Mougeotia* были изолированы формы, не поддававшиеся определению и отличавшиеся обильным спорообразованием. Только после двухлетней культивации началось образование зигоспор и изолированные формы были определены как *Mougeotia abnormis* Kisselev; это оказалось первой находкой вида на Кубе. Наблюдения дают право рассматривать „споры" как партеноспоры, которые однако происходят только от женских гамет. Обсуждается корректное наименование типового вида секции и оценивается изменчивость размеров индивидуумов популяции. Критический пересмотр всех трех видов секции, *M. abnormis*, *M. floridana* и *M. poinciana*, показывает, что все три формы можно отнести к одному виду, внутри которого только одна разновидность, „*major*", отличается толстыми нитями (= *M. poinciana* Transeau). Вторым, хорошо очерченным видом можно считать *M. djalonensis* Gauthier-Lièvre 1965 из Африки.

Literatur

Brébisson, A. de, 1835: Algues des environs de Falaise, Decrites et dessinées. 66 S., 8. Tab. col. – Falaise.

Bourrelly, P., 1957: Algues d'eau douce du Soudan Français région du Macina (A. O. E.). – Bulletin de l'institut français d'Afrique noire *XIX* (4), 1047–1102, 21 Taf. (S. 1056).

– 1961: Algues d'eau douce de la République de Côte d'Ivoire. – Ebenda *XXIII* (2), 283–374 24 Taf. (S. 324).

Cleve, P. Th., 1868: Försok till en monografi öfver de Svenska Arterna of algfamiljen Zygnemaceae. – Nova Acta Regiae Societatis Scientiarum Upsaliensis, Ser. 3, Bd. *6*, 1–38, 10 Taf. (S. 35–36, Taf. X, Fig. 6).

Collins, F. S., 1912: The Green Algae of North America, Supplementary paper. – Tufts College Studies *III* (2), 69–109, 2 Taf. (S. 77, Taf. 1, Fig. 7).

Cornu, M., 1869: Note sur un genre nouveau du groupe des Zygnemacées. – Bulletin de la Soc. bot. de France *16*, 239–241, 1 Taf. (Taf. 2, Fig. 1–2).

Czurda, V., 1932: Zygnemales. – In: A. Pascher: Die Süßwasser-Flora Mitteleuropas. Heft 9. – Jena.

De Toni, J. B., 1889: Sylloge Algarum. Bd. *6*. – Padua.

Gauthier-Lièvre, L., Zygnémacées africaines. 210 S., LXXIII Taf. – Beih. Nova Hedwigia *20*. Weinheim.

Hassal, A. H., 1842: Observations on the Genera *Zygnema*, *Tyndaridea*, and *Mougeotia*. – Annals and Magazine of Natural History. *10*, 34–47 (S. 46–47).

Hassal, A. H., 1845: A History of the British Freshwater Algae; Vol. *I*. – London. (S. 170; Taf. XLVI, Fig. 1 u. 2).

Kolkwitz, R. u. H. Krieger, 1941–1944: Zygnemales in: Dr. L. Rabenhorst's Kryptogamenflora, Bd. *XIII*, 2. Abt. – Leipzig. 499 S. (S. 170–172).

Küster, E., 1936: *Plagiospermum* in Hessen. – Berichte der Oberhessischen Ges. f. Natur- und Heilkunde zu Gießen *17*, 57–64.

Kützing, F. T., 1849: Species Algarum. – Lipsiae. 922 S. (S. 434, 446).

–, 1855: Tabulae phycologicae, V. Bd. – Nordhausen. (S. 1; Taf. 3, Fig. II; S. 4).

Krieger, H., 1941: Siehe Kolkwitz u. Krieger 1941–1944!

Krieger, W., 1937: Die Desmidiaceen Europas mit Berücksichtigung der außereuropäischen Arten. – Dr. L. Rabenhorst's Kryptogamen-Flora, 2. Aufl. XIII, 1. Abt. 1. Teil. Leipzig. (S. 2).

Kisselev, I. A., 1927: Zur Kenntnis der Algen des Aralsees. – Bull. Bureau of Applied Ichthyol. *5*, 270–305. (S. 287 u. 301; Fig. 6).

–, 1936: Materialien zur Hydrobiologischen Charakteristik einiger typischen Wasserbecken Mittelasiens. – Acta Univ. Asiae Mediae. Ser. XIIa, Geogr. Fasc. *9*. 1–85; 8 Taf. (S. 79; Taf. 4, Fig. 36 u. Taf. 8, Fig. 6).

Müller, H. J., 1968: Bedeutung und Aufgaben der Systematik in der modernen Biologie. – Sitzungsber. der Deutsch. Akad. der Wissensch. zu Berlin Klasse f. Chemie, Geologie u. Biologie Nr. 2. 3–20.

Prescott, G. W., 1951: Algae of the Western Great Lakes Area. – Bloomfield Hills, Mich. 946 S. (S. 299; Taf. 70, Fig. 3 u. 4).

Rao, C. B., 1937: The Zygnemoideae of the United Provinces, India – I. – Journ. Indian Bot. Soc. *16* (5), 269–288. (S. 287; Fig. 7, E–G).

Randhawa, M. S., 1938: Observations on some Zygnemales from Northern India – Part. I. – Proceed. Indian Acad. of Sci. Sect. B, *VIII* (3). 109–150. (S. 127 u. 128; Fig. 10 u. 11).

Randhawa, M. S., 1959: Tygnemaceae. – New Delhi. 478 S. (S. 152, 154 u. 155; Fig. 71, 74, 76).

Rieth, A., 1962: Weitere Beobachtungen an Kulturen von Porphyridium cruentum (Ag.) Naeg. mariner Herkunft. – Kulturpflanze *10*, 168–194. (S. 171).

–, 1969: Allgemeiner Bericht über die Kubanisch-Deutsche „Alexander-von-Humboldt-Expedition I 1967/68" in der Republik Kuba. – Kulturpflanze *17*, 67–86.

Transeau, E. N., 1926: The genus *Mougeotia*. – Ohio Journ. of Science *XXVI*, 311–331, plates I–VII. (S. 322–323; Taf. V, Fig. 55–59).

–, 1951: The Zygnemataceae. – Columbus. 327 S. (S. 104–105; Taf. XVII, Fig. 19 bis 21).

Transeau, E. N., Tiffany, L. H., Taft, C. E., and L. C. Li, 1934: New Species of Zygnemataceae. – Transact. of the Microscop. Soc. *53* (3), 208–230. (S. 224; Taf. XX, Fig. 44–46).

Wittrock, V. B., 1872: Om Gotlands och Ölands Sötvattens-Alger. – Bihang till kongl. Svenska Vetenskaps Akademiens Handlingar *1* (1), 3–72. 4 Taf. (S. 39).

–, 1878: On the Spore-Formation of the Mesocarpeae and especially of the new Genus *Gonatonema*. – Bihang till K. Svenska Vet. Akad. Handlingar *5* (5), 3–18, 1 Taf.

Wolle, F., 1883: Fresh-Water Algae. VII. – Bullet. Torrey Botanical Club *10* (2), 13–21; 1 Taf. (S. 15).

–, 1887: Fresh-Water Algae of the United States. – Bethlehem, Pa. 364 S. 167 Taf. (S. 233; Taf. CXLVIII, Fig. 11–15).

Tiffany, L. H., 1937: The Filamentous Algae of the West End of Lake Erie. – American Midland Naturalist *18*, (6), 911–951; 5 Taf. (S. 935; Taf. 4, Fig. 59).

Linsbauer, R., 1917: C. K. Schneiders illustriertes Handwörterbuch der Botanik. – Leipzig 824 S. (S. 655).

TAFEL 1

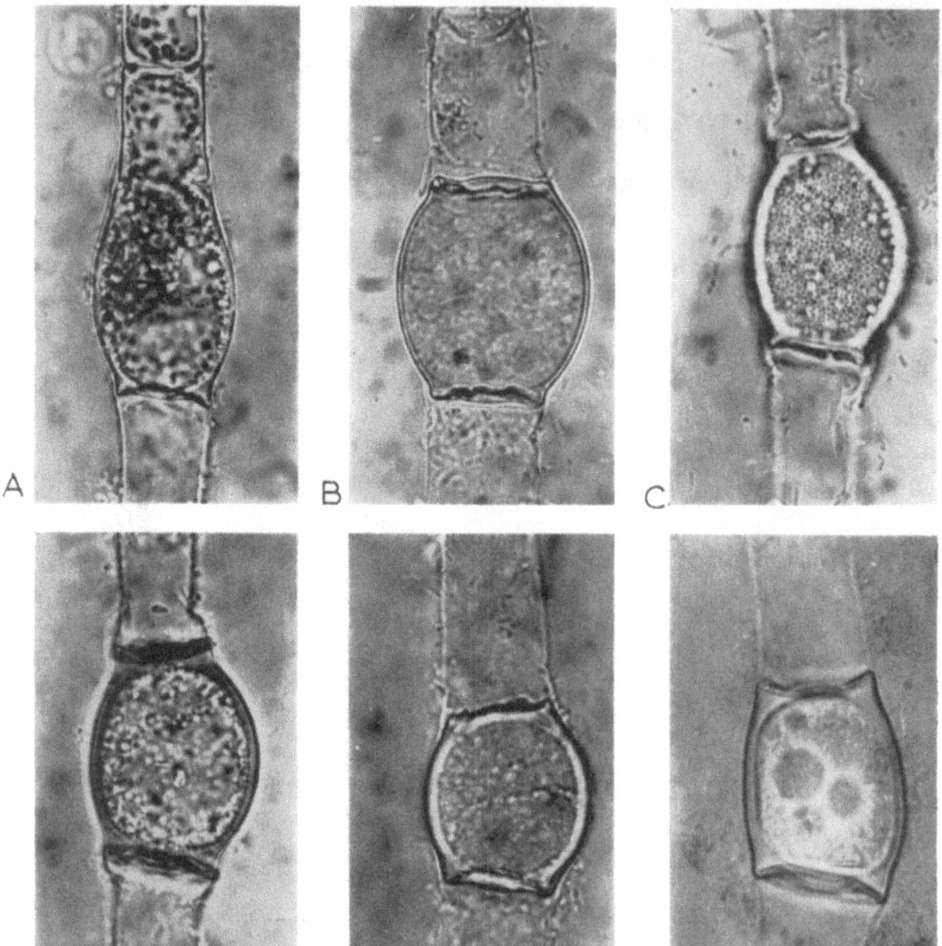

TAFEL 1. *Mougeotia abnormis* Parthenosporen
Fig. A) zeigt, daß die beiden die Spore abtrennenden Wände gelegentlich nicht synchron angelegt werden

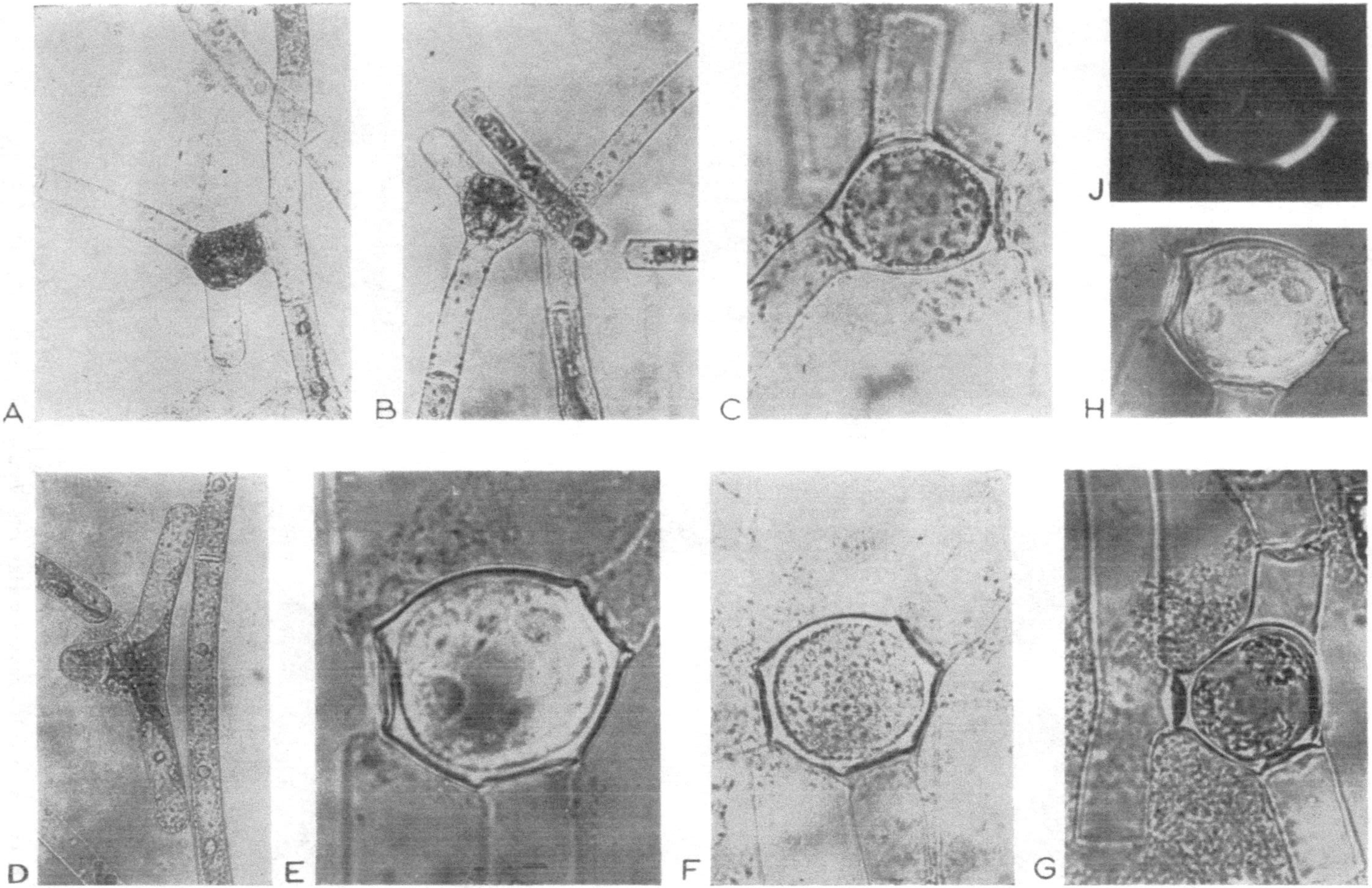

TAFEL 2. *Mougeotia abnormis* Zygosporen

Fig. A) u. B) junge Konjugationsstadien; in A) sind bereits die drei Trennwände angelegt, in B) fehlen sie noch. Fig C; E; F; G; H: Fertig ausgebildete Zygosporen. Fig. I: Zygospore im polarisierten Licht. Fig. D: ♀ Gametangium ohne Partner, beginnende Parthenosporenbildung

TAFEL 3

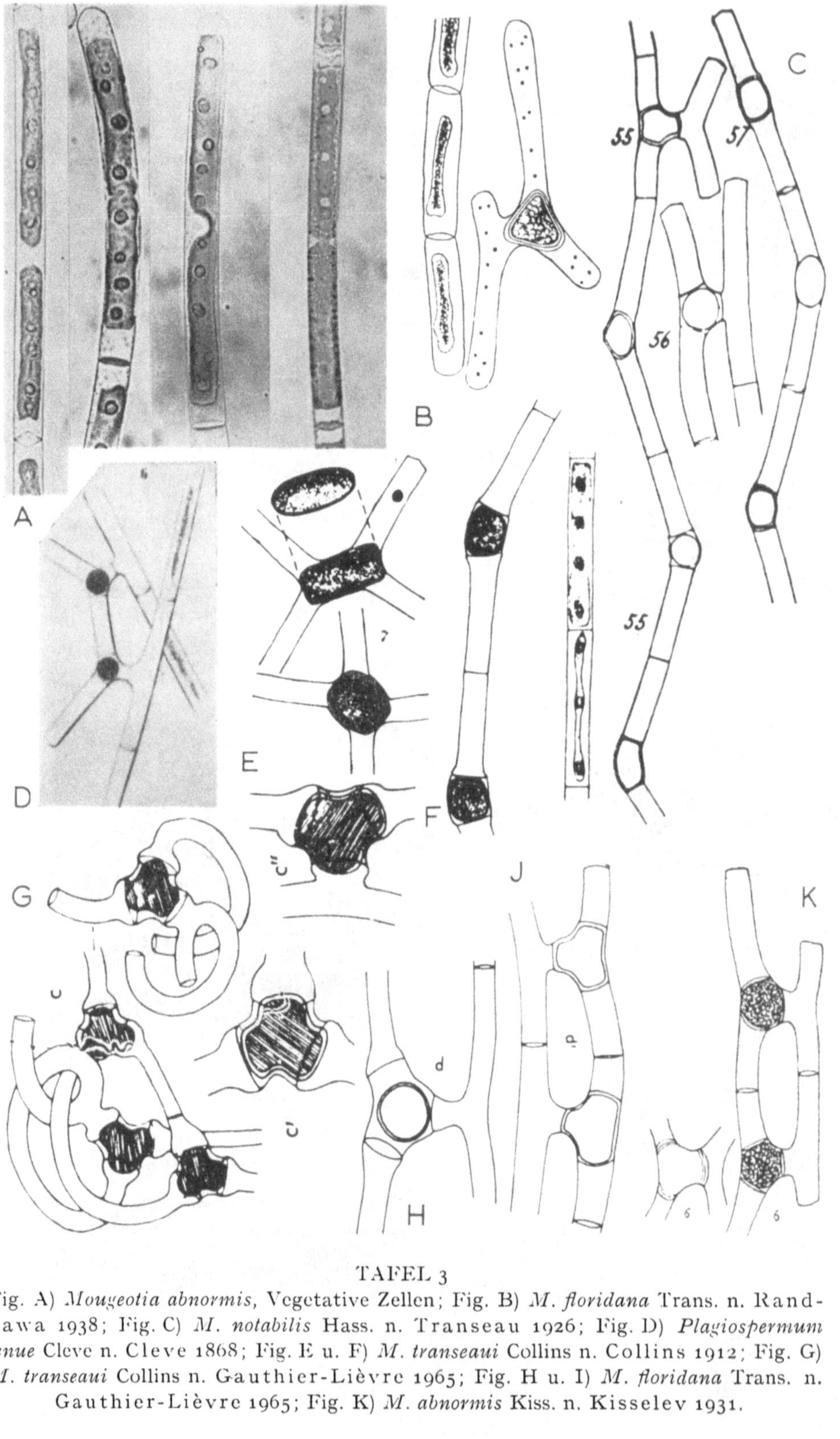

TAFEL 3

Fig. A) *Mougeotia abnormis*, Vegetative Zellen; Fig. B) *M. floridana* Trans. n. Randhawa 1938; Fig. C) *M. notabilis* Hass. n. Transeau 1926; Fig. D) *Plagiospermum tenue* Cleve n. Cleve 1868; Fig. E u. F) *M. transeaui* Collins n. Collins 1912; Fig. G) *M. transeaui* Collins n. Gauthier-Lièvre 1965; Fig. H u. I) *M. floridana* Trans. n. Gauthier-Lièvre 1965; Fig. K) *M. abnormis* Kiss. n. Kisselev 1931.

Eine automatisierte Anlage zur kontinuierlichen Kultivierung von einzelligen Algen im Labormaßstab

von Klaus Adler

(Eingegangen am 7. Januar 1971)

EINLEITUNG

Die Verwendung von einzelligen Grünalgen als vorteilhafte Objekte in physiologischen und biochemischen Untersuchungen macht deren Kultivierung in größeren Mengen erforderlich. In den meisten Fällen ist außerdem eine Reinkultur erwünscht oder sogar eine Voraussetzung für den erfolgreichen Versuchsablauf. Eine weitere Forderung ist die nach einem einheitlichen und täglich gleichförmigen Ausgangsmaterial für reproduzierbare Experimente. Mit den herkömmlichen Kultivierungsverfahren in Einzelkolben lassen sich alle diese Anforderungen nur schwer oder nur mit sehr hohem Aufwand verwirklichen. Aus diesem Grunde sind Anordnungen zur kontinuierlichen Kultur (Cook 1968, Myers 1960), zur automatisierten kontinuierlichen Kultur (Bassham und Calvin 1957, Miller et al. 1968) und zur kontinuierlichen Synchronkultur (Grob et al. 1970) entwickelt und beschrieben worden.

Die im folgenden dargestellte Anlage zeichnet sich durch relative Einfachheit aus, erntet das Zell-Material vollautomatisch und erfordert über längere Zeiträume kaum Wartungsarbeiten. Der Zeitpunkt des Erntevorganges kann programmiert und durch Anschluß eines Registriergerätes kontrolliert werden.

AUFBAU UND FUNKTION DES GERÄTES

In der Abbildung 1 ist ein Schema des Gerätes mit seinen wichtigsten Teilsystemen wiedergegeben. Das Kernstück bildet der Produktionsbehälter (1), der die Algensuspension enthält. Die Dichte der Suspension wird durch einen Photowiderstand (6) kontrolliert, der von der Leuchte (5) angestrahlt wird. Hat die Suspensionsdichte ihren Sollwert überschritten, so steigt der Widerstand des Photoempfängers (6) an und löst den Schaltvorgang des Steuergerätes (2) aus. Durch das Steuergerät wird ein Magnetventil (4) eingeschaltet, das solange frische Kulturlösung aus dem Vorratsbehälter (3) in den Produktionsbehälter fließen läßt, bis die Suspensionsdichte ihren Sollwert erreicht hat und der CdS-Photowiderstand durch Widerstandsabnahme das Magnetventil über das Steuergerät abschaltet.

Der Produktionsbehälter wird durch den Umwälzthermostaten (9) auf konstanter Temperatur gehalten und die in ihm enthaltene Algensuspension durch ein mit CO_2 angereichertes Luftgemisch begast. Die Mischung von Kohlendioxyd und Luft erfolgt in dem Behälter 7, von dem aus das Gemisch durch einen Wattefilter (8) gedrückt wird. Alle mit der Kulturlösung in Berührung kommende Teile (Produktionsbehälter, Magnetventil, Vorratsbehälter für die Kulturlösung, Schlauchverbindungen und Wattefilter) werden vor der Beimpfung im Autoklaven sterilisiert. Das Magnetventil mußte aus diesem Grunde aus zwei Teilen aufgebaut werden: aus dem sterilisierbaren Glas-Ventilkörper und der Spule mit der Drahtwicklung. Die konstruktiven Einzelheiten für Magnetventil und Produktionsbehälter sind aus der Abbildung 2 zu entnehmen.

Ein oft schwer zu lösendes Problem stellt die Umwälzung des Kulturmediums in Reinkulturen zur Verhinderung der Sedimentation der Zellen dar. In der Abbildung 2 zeigt der senkrechte Schnitt durch den Produktionsbehälter, daß die Austrittsdüse für den Gasstrom waagerecht abgewinkelt wurde. Der da-

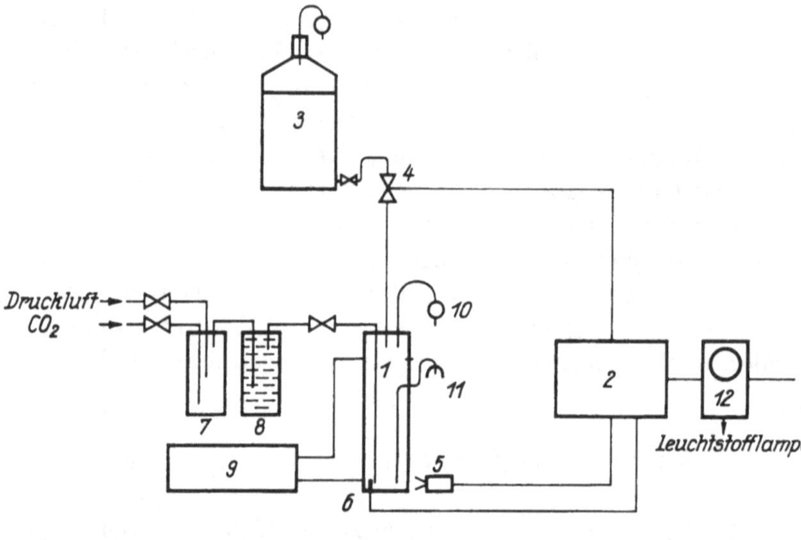

Abb. 1. Aufbau der Kultivierungsanlage (schematisch)
1 Produktionsbehälter, 2 Steuergerät; 3 Vorratsbehälter der Nährlösung; 4 Magnetventil; 5 Leuchte; 6 Photowiderstand; 7 Gasmischbehälter; 8 Wattefilter; 9 Umwälzthermostat; 10 Entlüftung; 11 Ernteausgang; 12 Schaltuhr

durch verursachte seitlich gerichtete Gasaustritt bringt die Algensuspension zur Rotation und wirbelt sie im oberen Teil des Produktionsbehälters durcheinander. Sedimentation und Algenansatz wird dadurch wirkungsvoll verhindert.

Der CdS-Photowiderstand ist in einem Plexiglas-Trägerstück montiert, das in ein blind endendes Rohrstück mit Normschliff von unten in den Produktionsbehälter eingesetzt wird. Er sitzt exzentrisch im Produktionsbehälter, um durch eine Drehung des Trägerstückes und eine Schwenkung der Lichtquelle unterschiedliche Schichtdicken der zu messenden Algensuspension einstellen zu können.

Aus der Abbildung 2 ist auch der Ablauf der automatischen Ernte der Zellen zu ersehen: Wenn durch einen Schaltvorgang frische Nährlösung aus dem Vorratsbehälter in den Produktionsbehälter läuft, steigt der Flüssigkeitsspiegel an und führt schließlich zu einem Überlaufen der Suspension aus dem Ernterohr. Da dieses bis auf den Boden des Produktionsbehälters reicht, wird

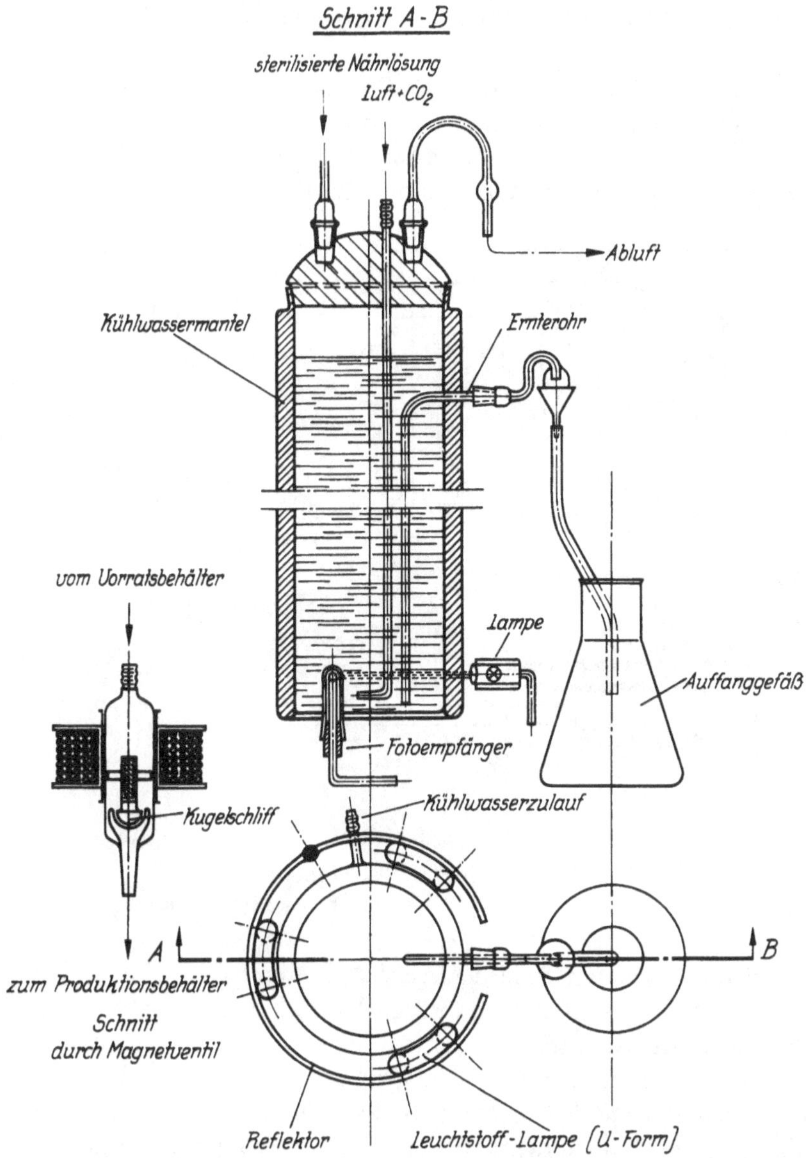

Abb. 2. Produktionsbehälter (schematisch)

nur die dichteste Algensuspension geerntet. Das Siphon-Prinzip am Ende des Ernterohres sorgt dafür, daß die Ernte nicht in einzelnen Tropfen erfolgt, sondern in Mengen von ca. 100 ml Suspension.

Der waagerechte Schnitt (Abbildung 2 unten) zeigt die Verteilung der U-förmigen Leuchtstoffröhren um den Produktionsbehälter und den um ein Scharnier klappbaren Reflektor.

ELEKTRISCHER AUFBAU DES STEUERGERÄTES

In Abbildung 3 ist der Schaltplan des transistorisierten Stuergerätes wiedergegeben. Der vom Photowiderstand (FW) geregelte Transistor T_1 steuert T_2 über den Festwiderstand R_4 und das Potentiometer P_1 an. Durch die Einstellung dieser beiden Widerstände kann der Ansprechwert geändert werden.

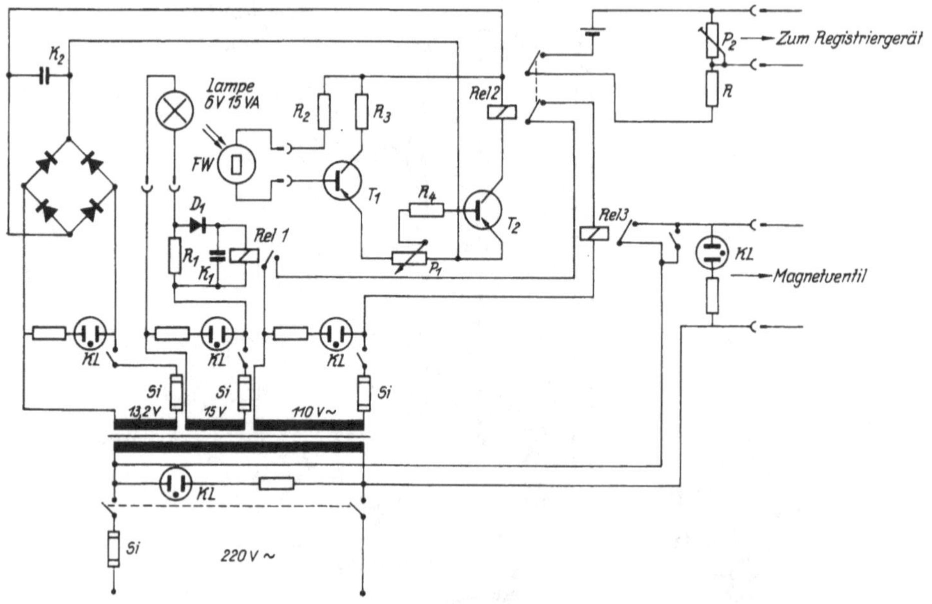

Abb. 3. Schaltplan des Steuergerätes
FW = Cd-S-Photowiderstand; KL = Kontrollampe

Der Transistor T_2 schaltet das Relais (Rel 2), wodurch das Relais Rel 3 das Magnetventil ein- oder ausschaltet. Ein Parallelkontakt von Relais 2 ermöglicht den Abgriff einer Kleinspannung zur Kontrollregistrierung der Schaltvorgänge auf einem Registriergerät. Ein Parallelabgriff zum Widerstand R_1 im Lampenstromkreis schaltet das Relais Rel 1, daß zur Sicherung der Anlage gegen ein Durchbrennen der Lampe dient. Bei Ausfall der Beleuchtung des Photowiderstandes würde sonst das Magnetventil geöffnet werden und die Nährlösung aus dem Vorratsbehälter restlos auslaufen. Die Sicherungsschaltung bewirkt dagegen, daß bei Lampenausfall das Relais 1 abfällt und dadurch ein Ansprechen von Relais 3 verhindert.

DURCHFÜHRBARE PRODUKTIONSPROGRAMME

Prinzipiell lassen sich mit dieser Anlage alle gewünschten Programme durchführen:

a) Kontinuierliche Produktion im Dauerlicht
b) Kontinuierliche Produktion bei unterschiedlichen Licht-Dunkelwechseln
c) Kontinuierliche Synchronkultur mit automatischer Verdünnung und Ernte zu beliebiger Tages- oder Nachtzeit (einschließlich Kontrolle durch Registrierung)

Daneben können Temperatur, Zusammensetzung des Begasungsgemisches und die Lichtintensität variiert werden.

In der Praxis hat es sich als ausreichend erwiesen, das Steuergerät durch die Uhr (12 in Abbildung 1) z. B. nur alle 30 Minuten für 1 Minute einzuschalten. Dadurch ergibt sich die Möglichkeit, mit einem Umschaltgerät mehrere Produktionsanlagen durch ein Steuergerät zu betreiben.

SUSPENSIONSDICHTE

Es erwies sich als zweckmäßig, die Dichte der geernteten Suspension nicht ins Extrem zu treiben, da dann eine geringere absolute Zellzahl produziert wird.

Unter den für *Chlorella pyrenoidosa* (Stamm 211–8b der Algensammlung am Pflanzenphysiologischen Institut der Universität Göttingen) gewählten Bedingungen (Licht-Dunkel-Wechsel von 16: 8 Std., Leuchtstofflampen Typ BGW „weiß“, 6500 Lux, Knop-Lösung, 24,5 °C, Begasung: Luft + ca. 4% CO_2) produziert die Anlage bei einem Volumen von einem Liter im Produktionsbehälter täglich ca. 1000 ml Suspension mit einer Zelldichte von ca. $9 \cdot 10^6$ Zellen pro ml.

Frl. R. Kilian möchte ich für die sorgfältige Herstellung der Zeichnungen danken.

Zusammenfassung

Es wird eine Anlage zur automatischen kontinuierlichen Kultur von einzelligen Algen beschrieben, die geeignet ist, mit relativ geringem technischem Aufwand Zellsuspensionen im Labormaßstab unter kontrollierten Bedingungen zu produzieren.

Summary

An automatic device for continuous culture of unicellular algae in laboratory scale

A simple and relativly inexpensive device for the sterile and continuous culture of unicellular algae under constant temperature-, light and degassing conditions is discribed. The cells are harvested automatically according the optical density of the suspension controlled by a CdS-photoresistor in connection with a transistorised control unit and a solenoid valve in the culture medium supply.

Краткое содержание

Автоматизированный прибор для непрерывной культуры одноклеточных водорослей в лабораторном масштабе

Описывается устройство для автоматической непрерывной культуры одноклеточных водорослей, дающее возможность при относительно малой затрате технических средств получать в контролируемых условиах суспензии клеток для лабораторной работы.

Literatur

Bassham, J. A., and M. Calvin, 1957: The Path of Carbon in Photosynthesis. – Englewood Cliffs.

Cook, J. R., 1968: A Continuous Culture Device for Protozoan Cells. – J. Protozool. (Utica) *15*, 452–455.

Grob, E. C., A. Boschetti und J. J. Morgenthaler, 1970: Automatische Apparatur zur kontinuierlichen Herstellung synchroner Algenkulturen. – Experientia (Basel) *26*, 1040–1042.

Miller, R. A., J. P. Shyluk, O. L. Gamborg und J. W. Kirkpatrick, 1968: Phytostat for Continuous Culture and Automatic Sampling of Plant-Cell Suspensions. – Science *159*, 540.

Myers, J., 1960: Culture of Unicellular algae. Manometric Techniques for Measuring Photosynthesis. – In: Ruhland, W. (Herausgeb.): Handbuch der Pflanzenphysiologie, V/1, 211 bis 233.

Zur Systematik von *Avena sativa* L. und zur Beurteilung von *Avena nuda* Höj.

von Siegfried Danert

(Eingegangen am 10. Januar 1971)

BISHER BESCHRIEBENE UNTERARTEN VON *AVENA SATIVA*

Mehrfach ist versucht worden, eine taxonomische Übersicht der infraspezifischen Mannigfaltigkeit von *Avena sativa* L., dem Saathafer, zu geben. Alefeld (1866) unterschied drei Varietätengruppen, in denen die Rispenhafer, die Fahnenhafer und die Nackthafer zusammengefaßt und in Varietäten untergliedert werden. Ascherson und Graebner (1898) führen Rispen- und Fahnenhafer in der Rangstufe einer Unterart. Dieser Auffassung schlossen sich Vavilov (1926) und Stanton (1955, 1961) an. Rispenhafer sind durch eine allseitige Ausbildung der Teilinfloreszenzen 1. Ordnung ausgezeichnet, während bei den Fahnenhafern die Rispenäste einseitig zur Entfaltung gelangen.

Malzew (1930) teilte *Avena sativa* in vier Unterarten auf der Grundlage der Halmknotenbehaarung, der Länge der Hüll- und Deckspelzen sowie der Form der Deckspelze. Dabei ist bemerkenswert, daß die verschiedenen Subspezies auf bestimmte geografische Räume konzentriert sind. Taborda de Marais (1936, 1937, 1939) räumte der Spelzenform besonderes Gewicht bei der Beurteilung von Abstammungsgruppen ein und faßte alle Sorten mit lanzettlichen Deckspelzen in einer Unterart zusammen (die Früchte sind relativ verlängert), während die Sippen mit eiförmig-lanzettlichen Deckspelzen, deren Körner stärker gedrungen sind, in einer zweiten Unterart vereinigt werden. Nur diese eine der von Malzew aufgestellten vier subspezies bleibt im System von Taborda de Marais im ursprünglichen Umfang erhalten (ssp. *praegravis* (Krause) Malz.), die anderen werden in der Unterart, für die lanzettliche Spelzen charakteristisch sind, zusammengefaßt. Mansfeld (1959) schloß sich der Auffassung von Taborda de Marais an.

Die Benutzbarkeit eines Systems ist bei züchterisch intensiv entwickelten Kulturpflanzen wesentlich von der eindeutigen Beurteilung diagnostisch wichtiger Merkmale abhängig. Die Infloreszenzform, die Spelzenlänge und die Form der Deckspelze sind in Extremfällen leicht zu erfassen, doch wird die Zuordnung wesentlich durch die große Zahl von Übergangsformen erschwert, die dann auf niederer Rangstufe auch die Eingliederung in eine Varietät unsicher macht. Hinzu kommt, daß es zweifelhaft sein muß, ob den diagnostischen Merkmalen, die zur Aufstellung der Unterarten geführt haben, eine so wesentliche Bedeutung für die Einschätzung der Phylogenie zukommt, daß damit tatsächlich echte Abstammungsgemeinschaften erfaßt werden. Wie in einer

Übersicht der genetischen Arbeiten an Kulturhafern von Jensen (1961) zu entnehmen ist, sind die genannten Merkmalsunterschiede durch relativ wenige Gene bedingt. Die Schlüsseleigenschaften der verschiedenen Systeme lassen sich übrigens durch Kreuzung beliebig kombinieren.

Auch *Avena fatua* L., die Wildsippe der hexaploiden Saathafer, ist mit *Avena sativa* L. kreuzbar, die Trennung der Früchte von der Ährchenachse ist dabei als wichtigstes Kriterium für die Artentrennung herangezogen worden. Die Konsequenz liegt nahe, beide Taxa in einer Art zu vereinigen, wie es Haussknecht (1885) und besonders nachdrücklich Thellung (1918) gefordert haben. Baum (1968, 1969) hat sich jedoch für die Beibehaltung von zwei Arten ausgesprochen unter Hinweis auf eine eigentümliche Ausbildung der Ligula und des Epiblasten in beiden Taxa. Möglicherweise ließen sich auch die gegenwärtig nur auf Einzelmerkmalen begründeten Unterarten durch die Auffindung von korrelierten, bisher übersehenen Merkmalen überzeugender umgrenzen.

Ähnlich wie die Beziehungen von *Avena fatua* zu *Avena sativa* ist auch der Status der hexaploiden Nackthafer noch nicht völlig geklärt. Die Anzahl der Blüten pro Ährchen, aber auch einige morphologische Merkmale (abgesehen von dem lockeren Spelzenschluß) lassen Zweifel aufkommen, ob diese Sippen unmittelbare evolutionsgenetische Beziehungen über *Avena sativa* L. zu *Avena fatua* L. aufweisen. Chromosomenmorphologische Studien könnten Aufschluß über die Identität der Genome geben. Nach den derzeitigen Kenntnissen dürfte es angebracht sein, sowohl *Avena fatua* als auch die hexaploiden Nackthafer vorerst nicht in *Avena sativa* einzubeziehen, wie es Thellung (1918) vorgeschlagen hat.

DIE INTERPRETATION VON *AVENA NUDA* HÖJER

Problematisch ist auch die Benennung der hexaploiden Nackthafer. Sie werden von Stanton (1955, 1961) unter *Avena nuda* Höjer[1] geführt und unter der Bezeichnung „Large Naked Ost" den diploiden Nackthafern (Small Naked Oat) gegenübergestellt, die in der Art *Avena nudibrevis* Vav. zusammengefaßt werden. Stanton stützt sich dabei auf Vavilov (1926). Jedoch hat bereits Malzew (1930) die Mißdeutungen von *Avena nuda* Höjer zu korrigieren versucht, die offensichtlich auf Alefeld zurückgehen, der alle Nackthafer, also sowohl jene, die man später als diploid erkannt hat, als auch die hexaploiden zu dieser Art stellte. Ascherson und Graebner (1898) sowie andere Autoren übernahmen diese Auffassung. Die Originaldiagnose (Höjer 1757) gibt als Merkmal das verlängerte Internodium zwischen der zweiten Hüllspelze und der ersten Deckspelze an, eine Eigenschaft, die für die diploiden Hafer cha-

[1] Bei Stanton unter *Avena nuda* L.

rakteristisch ist. Auch das Exsikkat aus dem Linné-Herbarium läßt, soweit das verfügbare Foto eine Beurteilung gestattet, diese Eigentümlichkeit erkennen. Wenn auch eine Klärung der morphologischen Merkmale nur durch Prüfung des Originals möglich ist, so deuten doch alle Anzeichen auf einen diploiden Nackthafer (Abb. 1).

Abb. 1

Die hexaploiden Nackthafer werden häufig unter dem Namen *Avena sativa* L. var. *chinensis* (Fisch.) Döll geführt. *Avena chinensis*, von Fischer 1808 als nomen nudum nicht gültig veröffentlicht und von Roemer und Schultes als infraspezifisches Taxon zu *Avena nuda* gestellt, charakterisiert aber im Sinne der Publikation ebenfalls einen diploiden Nackthafer. Mordvinkina (1936) faßt die hexaploiden Nackthafer unter *Avena sativa* grex *nudae* zusammen und unterscheidet mehrere Varietäten.

Solange *Avena nuda* Höjer als eigenständige Art angesehen wird, muß dieser Status wohl auch den hexaploiden Nackthafern zuerkannt werden.

TYPISIERUNG VON *AVENA SATIVA* L.

Die Diagnose von Linné (1753) für *Avena sativa* ist wenig aussagekräftig: „*Avena* calycibus dispermis, seminibus laevibus". Dieselbe Charakteristik, die für sehr viele infraspezifische Sippen zutrifft, findet sich im „Hortus Cliffortianus" (1737) und im „Hortus Upsaliensis" (1741). Unmittelbar unter *Avena sativa* zitiert Linné ferner „*Avena nigra*" Bauhin (Pinax theatri botanici, 1623), während unter „ß" eine weitere von Bauhin (1623) unterschiedene Sippe, „*Avena alba*" genannt wird. Offensichtlich bezieht sich dieses Differenzierungsmerkmal auf die Spelzenfarbe.

Versucht man die Frage zu klären, ob Linné nur zwei infraspezifische Taxa unterscheiden wollte, oder ob in der Beschreibung neben der durch das Signum „β" zu postulierenden Sippe „α" noch eine weitere in den zitierten Werken enthalten ist, so geben sowohl der „Hortus Cliffortianus" als auch der „Hortus Upsaliensis" einigen Aufschluß. In der Beschreibung von *Avena sativa* wird im erstgenannten Werk nur eine Sippe besonders unterschieden, bei der allein die vollständige Phrase „Avena vulgaris seu alba" von Bauhin (1623) zitiert wird. Auch hier sind die „schwarzen Hafer" unter der Artdiagnose genannt. Im „Hortus Upsaliensis" sind beide Sippen unter „α" (*Avena nigra*) und „β" (*Avena alba*) aufgeführt, außerdem wird einleitend die bereits erwähnte Diagnose „Avena calycibus dispermis, seminibus laevibus" als Phrase angegeben. Demnach hat Linné (1753) nur zwei infraspezifische Taxa unter *Avena sativa* erwähnt. Zur Typisierung bietet sich der Teil der Beschreibung an, der „*Avena nigra* Bauh." umfaßt. In diesem Sinne hat wohl auch Mansfeld (1959) die Angaben von Linné (1753) gedeutet, da er unter *Avena sativa* L. var. *sativa* zwei von Thellung (1914) aufgestellte infraspezifische Taxa in der Synonymie führt, für die in der Originalbeschreibung schwarze Grannen als charakteristisch angeführt werden. Zwar geht Linné nicht ausdrücklich auf die Begrannung ein, doch wird seit Körnicke übereinstimmend darauf hingewiesen, daß unter den Hafern mit schwarzen Deckspelzen nur unbegrannte Formen bekannt waren. In diesem Sinne soll auch der Typus der Art festgelegt werden, wenn auch das Exsikkat von *Avena sativa* aus dem Herbar von Linné begrannt ist (jedoch offenbar hellspelzig). Als *Avena sativa* var. *sativa* werden also dunkelspelzige, unbegrannte Hafer unterschieden. Die Auswahl des Typus im Hinblick auf andere Eigenschaften ist willkürlich, da die auswertbaren Unterlagen darüber keine Aussagen zulassen.

BESTIMMUNGSSCHLÜSSEL DER CONVARIETÄTEN UND VARIETÄTEN

Als Grundlage für die Aufstellung des Bestimmungsschlüssels dienten die Gliederungsübersichten von Alefeld (1866), Körnicke (1885), Ascherson und Graebner (1898), Malzew (1930) und Mordvinkina (1936). Die auch von Stanton (1961) für zweckmäßig angesehene Zusammenfassung der hexaploiden bespelzten Kultursorten in die Rispenhafer und die Fahnenhafer behalte ich bei, ziehe aber im Gegensatz zu Stanton die Rangstufe einer convarietas vor, um den Eindruck zu vermeiden, mit der Zweiteilung Abstammungsgemeinschaften zum Ausdruck bringen zu können.

Die weitere Untergliederung erfolgt nach der Begrannung der Spelzenfarbe und der Behaarung. Die Breite der Hüllspelzen die von manchen Autoren als Einteilungsbasis verwendet wird, ist nicht immer eindeutig zu beurteilen und bleibt in dieser Gliederung unberücksichtigt.

1a Rispe allseitswendig
convar. *sativa*
(*Avena sativa* convar. *patula* Alef.)
2a Deckspelzen auf dem Rücken behaart, braun
3a Deckspelzen begrannt
var. *hausskneсhtii* Vav. et Mordv.
3b Deckspelzen unbegrannt
var. *setosa* Körn.
2b Deckspelzen kahl
3a Deckspelzen weiß
4a Deckspelzen begrannt
var. *aristata* Körn.
4b Deckspelzen unbegrannt
var. *mutica* S. F. Gray
3b Deckspelzen gelb
4a Deckspelzen begrannt
var. *krausei* Körn.
4b Deckspelzen unbegrannt
var. *aurea* Körn.
3c Deckspelzen grau
4a Deckspelzen begrannt
var. *cinerea* Körn.
4b Deckspelzen unbegrannt
var. *grisea* Körn.
3d Deckspelzen braun
4a Deckspelzen begrannt
var. *montana* Alef.
4b Deckspelzen unbegrannt
var. *sativa*
(var. *nigra* Schrank; var. *brunnea* Körn.)
1b Rispe einseitswendig
convar. *orientalis* (Schreb.) Alef.
2a Deckspelzen auf dem Rücken behaart, braun
var. *unilateralis* Thell.
2b Deckspelzen kahl, weiß, gelb, grau oder braun
3a Deckspelzen weiß

4a Deckspelzen begrannt

var. *tatarica* Ard.

4b Deckspelzen unbegrannt

var. *obtusata* Alef.

3b Deckspelzen gelb

4a Deckspelzen begrannt

var. *ligulata* Vav. s. l.

4b Deckspelzen unbegrannt

var. *flava* Körn.

3c Deckspelzen grau

4a Deckspelzen begrannt

var. *armata* Petrop.

4b Deckspelzen unbegrannt

var. *borealis* Petrop.

3d Deckspelzen braun

4a Deckspelzen begrannt

var. *pugnax* Alef.

4b Deckspelzen unbegrannt

var. *tristis* Alef.

Zusammenfassung

Der Name *Avena nuda* Höjer ist sowohl zur Kennzeichnung der diploiden als auch der hexaploiden Nackthafer verwendet worden. Der nomenklatorische Typus von *A. sativa* L. wird diskutiert. Auf der Grundlage der Gliederungsübersichten von Alefeld, Körnicke, Ascherson und Graebner, Malzev, Mordvinkina und Stanton wird ein System vorgeschlagen, in dem zwei Convarietäten und 19 Varietäten unterschieden werden.

Summary

Taxonomy of *Avena sativa* L. and interpretation of *Avena nuda* Höjer

The name *Avena nuda* Höjer was used for characterizing as the diploid as the hexaploid nacked oats. The nomenclatorical type of *A. sativa* L. is discussed. On the basis of the divisions given by Alefeld, Körnicke, Ascherson and Graebner, Malzev, Mordvinkina and Stanton a system is proposed differentiating two convarieties and 19 varieties.

Краткое содержание

К вопросу о систематике *Avena sativa* L. и о таксономическом положении *Avena nuda* Höj.

Название *Avena nuda* Höjer употреблялось, как для обозначения диплоидных, так и гексаплоидных голозерных овсов. Обсуждается вопрос номенклатурного типа *A. sativa* L. На основании обзорных работ Алефельда, Кёрнике, Ашерсона и Гребнера, Мальцева, Мордвинкиной, а также Стэнтона предлагается система, в которой различаются 2 конвариации и 19 разновидностей.

Literatur

Alefeld, F., 1866: Landwirtschaftliche Flora. – Berlin.

Ascherson, P., und P. Graebner (1898–1902): Synopsis der mitteleuropäischen Flora, *2*. Bd., 1. Abt. – Leipzig.

Baum, B. R., 1968: Delimination of the genus *Avena* (Gramineae). – Canad. J. Botany *46* (1968) 121–132.

–, 1969: The role of the lodicule and epiblast in determining natural hybrids of *Avena sativa* × *fatua* in cultivated oats. – Canad. J. Botany *47*, 85–91.

Haussknecht, C., 1885: Über die Abstammung des Saathafers. – Mitt. Geogr. Ges. Thür. *3*, 231–242.

Jensen, N. F., 1961: Genetics and inheritance in oats. – In Coffmann, F. A. (edit.): Oats and oat improvement, 125–206. – Madison, Wisc.

Körnicke, F., 1885: Die Arten und Varietäten des Getreides. – Berlin.

Malzew, A. I., 1930: Wild and cultivated oats (sectio Euavena Griseb.). – Bull. appl. bot., gen. and pl. breeding, Suppl. 38.

Mansfeld, R., 1958: Zur Nomenklatur einiger Nutz- und Kulturpflanzen. II. – Kulturpflanze *6*, 237–242.

–, 1959: Vorläufiges Verzeichnis landwirtschaftlich oder gärtnerisch kultivierter Pflanzenarten. – Kulturpflanze, Beih. *2*.

Mordvinkina, A. L., 1936: *Avena*. In Wulf, E. V. (edit): Flora of cultivated plants II, 333–436.

Stanton, T. R., 1955: Oat identification and classification. – US-DA Techn. Bull. 1100, 1–206.

–, 1961: Classification of *Avena*. – In Coffmann, F. A. (edit.): Oats and oat improvement, 75–111. – Madison, Wisc.

Taborda de Marais, A., 1936: Estudos nas Aveias. I. As aveias Portugesas da secção Euavena Griseb. – Broteriana Soc. Bol. *V*/11, ser. 2, 49–88.

–, 1937: Qu'est-ce qu'avena agraria Brot. Son individualité et les forms voissines. – Broteriana Soc. Bol. *V*/12, ser. 2, 225–251.

–, 1939: Estudos nas Aveias. II. As aveias Portugesas da secção Euavena Griseb. – Broteriana Soc. Bol. *V*/13, ser. 2 (1938–1939) 573–709.

Thellung, A., 1918: Neuere Wege und Ziele der botanischen Systematik, erläutert am Beispiele unserer Getreidearten. – Naturwiss. Wochenschr. *33*, 449–458 und 465–474.

Vavilov, N. I., 1926: Studies on the origin of cultivated plants. – Bull. appl. bot. and pl. breeding *17*, 139–245.

Beitrag zur Morphologie der Infloreszenzen von *Setaria italica* (L.) Beauv.

von Joachim Kruse

(Eingegangen am 10. Januar 1971)

Setaria italica (L.) Beauv., deren Ursprungsgebiet in China vermutet wird (Vavilov, 1949/50; Chang, 1968), entwickelte sich bereits in vorgeschichtlicher Zeit zu einer wichtigen Kulturpflanze, die in der heutigen Zeit jedoch zunehmend an Bedeutung verliert. Diese Art hat im Laufe ihrer Entwicklungsgeschichte eine größere Anzahl von Formentypen hervorgebracht, die sich besonders im Hinblick aut die Gestaltung der reproduktiven Region unterscheiden. Neben der Farbe der Deck- und Vorspelzen sowie den für die Gattung *Setaria* charakteristischen Borsten ist es vor allem die Infloreszenzform, welche die Vielgestaltigkeit dieser Art widerspiegelt und deshalb als wichtiges Differenzierungsmerkmal den Ausgangspunkt für verschiedene infraspezifische Gliederungen bildet.

Körnicke (1885) verwendet bei der systematischen Gliederung von *Setaria italica* (L.) Beauv. die Ausprägung der Rispenform zur Unterscheidung der Convarietäten, während die unterschiedliche Farbe der Deck- und Vorspelzen sowie die Länge und Farbe der Borsten die Grundlage für die Unterscheidung der Varietäten bildet. Die drei letzteren Merkmalsgruppen, die, einzeln betrachtet, bei verschiedenen Varietäten die gleiche Ausprägung zeigen können, charakterisieren hier eine Sippe oft durch die typische Merkmalskombination.

Ein anderes System, das eine bedeutend stärkere systematische Differenzierung dieser Sippe anstrebt, wurde von Hubbard (1915) vorgeschlagen. Im Gegensatz zu dem System von Körnicke wird hier nur ein Merkmal in seinen verschiedenen Ausprägungsformen zur Charakterisierung einer Rangstufe benutzt, wobei die Farbe der Deck- und Vorspelzen zur Unterscheidung der Unterarten herangezogen wird, während die Gliederung in Varietäten auf den Unterschieden in der Borstenfarbe beruht. Die Form der Rispe dient hier zur Differenzierung der Untervarietäten. Die unterste Stufe dieses Systems bilden verschiedene Formen, die durch die relative Länge der Borsten festgelegt sind. Die Vertreter der von Körnicke (1885) unterschiedenen Convarietäten *maxima* (Alef.) Körn. und *moharia* (Alef.) Körn. sind dabei in diesem System in zahlreichen verschiedenen Sippen miteinander vereinigt. Diese Auffassung kommt jedoch einer phylogenetischen Betrachtungsweise der Formenvielfalt wenig entgegen, da außer den von Alefeld und Körnicke bevorzugten Rispenformmerkmalen auch Spelzenmerkmale gefunden wurden (Scholz, 1960), die ebenfalls die Unterscheidung der Convarietäten phylogenetisch begründet erscheinen lassen.

Ein weiteres System, das von Gricenko (1960) vorgeschlagen wurde, gliedert die Sippe *maxima* in vier Convarietäten, die jeweils eine größere Anzahl von Varietäten umfassen. Im Gegensatz zu den übrigen Systemen werden in dieser Gliederung vor allem geographische Gesichtspunkte übergeordnet und neben morphologischen insbesondere ökologische und landwirtschaftlich bedeutende Merkmale berücksichtigt, wobei Unterschiede im Infloreszenzaufbau sowohl zur Differenzierung der Convarietät als auch der Varietäten dienen.

Betrachtet man die Infloreszenzform von *Setaria viridis* (L.) Beauv., die allgemein als die Ausgangssippe der Kolbenhirse angesehen wird, so führten verschiedene, sowohl qualitative als auch quantitative Veränderungen zu den heute bekannten Rispenformen von *Setaria italica* (L.) Beauv., deren morphologischer Zusammenhang in dieser Untersuchung näher betrachtet werden soll.

Die Infloreszenzen von *Setaria italica* (L.) Beauv., die sich durch eine mehr oder weniger zylindrische Umrißform auszeichnen, zeigen einen rispenartigen Aufbau. Bei den aus der Blütenstandshauptachse hervorgehenden seitlichen Partialinfloreszenzen handelt es sich um mehrfach verzweigte Achsensysteme, deren Achsen zu einem Teil mit der Bildung eines Ährchens abschließen, während andere steril sind und als Borsten in Erscheinung treten. Die Größe der Partialinfloreszenzen, die bei einem Vergleich verschiedener Sippen, aber auch innerhalb einer Einzelinfloreszenz sehr unterschiedlich sein kann, wird sowohl durch die Anzahl der Seitenachsen 2. Ordnung als auch von dem Grad der weiteren Verzweigung dieser Achsenorgane bestimmt. Hierbei sind die Seitenachsen 2. Ordnung im unteren und teilweise im mittleren Bereich ihrer Mutterachsen, mit Ausnahme der basalen, die mehr oder weniger reduziert sein können, am stärksten verzweigt, während sie sich im distalen Bereich zunehmend vereinfachen. Die Ährchen und borstenartig entwickelten sterilen Sproßspitzen zeigen eine charakteristische Verteilung innerhalb der Gesamtinfloreszenz, was bereits bei der näheren Betrachtung eines kleineren Abschnittes des peripheren Infloreszenzbereiches deutlich wird.

Die übergeordneten Infloreszenzseitenachsen schließen ihre Entwicklung mit der Ausbildung einer Borste ab, während sich der oberste Seitentrieb dieser jeweiligen Mutterachse, der in der Regel unverzweigt ist, durch die Ausbildung eines endständigen Ährchens auszeichnet (Abb. 1, Fig. a; Abb. 2). Der in basaler Richtung nächstfolgende Seitentrieb ist dagegen meist verzweigt, wobei der neu hinzukommende Tochtersproß ebenfalls eine ährchenartige Ausbildung erfährt, während der übergeordnete Seitentrieb entweder unverändert erhalten bleibt, indem er seine Entwicklung mit einem endständigen Ährchen abschließt (Abb. 1, Fig. b_1; Abb. 2), oder aber zu einer

Borste reduziert wird (Abb. 1, Fig. b). Der letztere Fall, in dem das Ährchen aus einer borstenartigen Sproßachse hervorgeht, ist bei *Setaria italica* am häufigsten anzutreffen. Die folgenden Seitentriebe zeigen meist eine stärkere

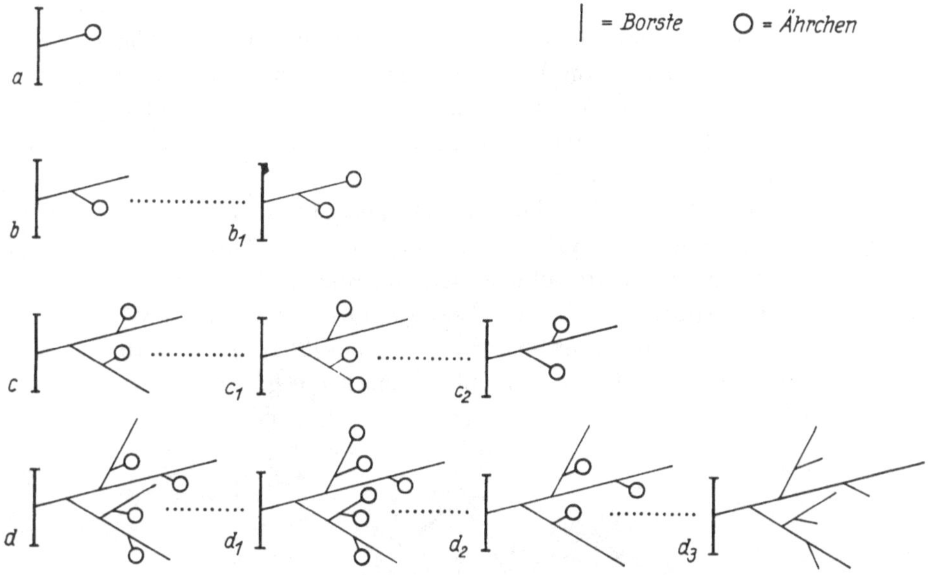

Abb. 1. Schematische Darstellung verschiedener Stufen der Infloreszenzverzweigung

Verzweigung, so daß sich neben einem Ährchen meist noch eine ährchentragende Borste entwickelt (Abb. 1, Fig. c), wobei jedoch in manchen Fällen auch, wie bereits oben erläutert, statt der Borste ein Ährchen ausgebildet sein kann (Abb. 1, Fig. c_1). Zwischen den beiden in Abb. 1 Fig. b und c dargestellten Verzweigungstypen vermitteln oft Formen mit mehreren unverzweigten Seitenachsen (Abb. 1, Fig. c_2). Mit zunehmender Entfernung von dem terminalen Bereich der Mutterachse wird die Anzahl sowie der Verzweigungsgrad der Tochterachsen 2. Ordnung erhöht (Abb. 1, Fig. d). Dabei können auch auf dieser Entwicklungsstufe teilweise Ährchen statt der Borsten ausgebildet sein (Abb. 1, Fig. d_1) oder aber einfachere Achsensysteme zu den nach oben sich anschließenden weniger verzweigten vermitteln (Abb. 1, Fig. d_2). Die an der Mutterachse in basipetaler Richtung folgenden Seitenachsen sind – auch was den Verzweigungsgrad betrifft – zunehmend stärker verzweigt, jedoch bleibt die charakteristische Zuordnung von Ährchen und Borsten auch in diesem Bereich im Prinzip erhalten. Erhebliche Veränderungen dieser im Frühstadium ausgeprägten Verzweigungsverhältnisse ergeben sich durch die Reduktion zahlreicher angelegter Ährchen während der weiteren Entwicklung. Darüber hinaus treten insbesondere im basalen und teilweise auch im distalen Bereich der Gesamtinfloreszenz sowie der Partialinfloreszenzen verschiedener

Ordnung mehr oder weniger stark verzweigte Achsensysteme auf, die sich ausschließlich aus borstenartigen Trieben zusammensetzen, so daß eine Ährchenbildung hier vollständig unterdrückt ist (Abb. 1, Fig. d_3).

Die Besonderheiten der Infloreszenzverzweigung von *Setaria italica* ergeben sich damit aus der basitonen bis mesotonen Förderung der Achsensysteme verschiedener Ordnung sowie aus der Tatsache, daß die letzte Sproßgeneration meist durch die Ausbildung von Ährchen charakterisiert ist, während die übergeordneten Infloreszenzachsen, mit Ausnahme der vorletzten Sproßgeneration, die in beiden Ausbildungsformen zu beobachten ist, ihre Entwicklung mit der Bildung einer Borste abschließen.

Der oben erläuterte grundsätzliche Infloreszenzaufbau ist bei der Kolbenhirse weitgehend einheitlich, während die Vielfalt der Infloreszenzformen vor allem durch quantitative Unterschiede, wie die Anzahl der Partialinfloreszenzen und deren quantitativ sehr variable Verzweigung sowie die relative Länge der Infloreszenzinternodien bestimmt wird. Diese quantitativen Merkmalsunterschiede werden jedoch nicht ausschließlich durch die genetische Variabilität

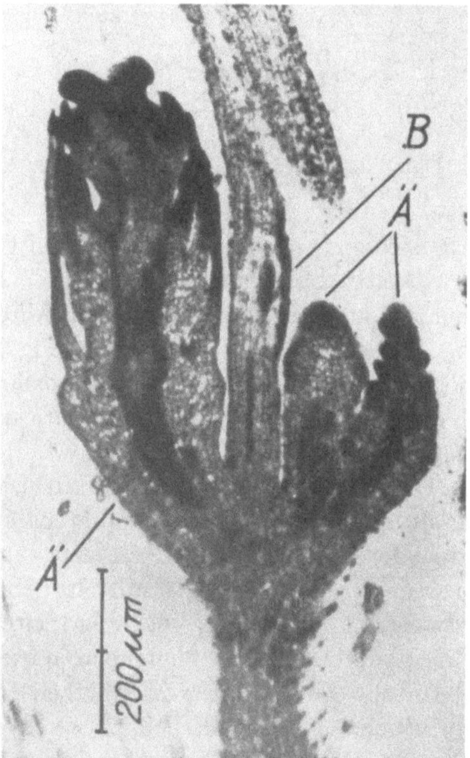

Abb. 2. Teilstück der peripheren Infloreszenzverzweigung
B = Borste, Ä = Ährchen

dieser Sippe bestimmt, sondern können in starkem Maße auch durch modifikative Veränderungen erreicht werden.

Frühere Bearbeiter wiesen bereits verschiedentlich auf modifikativ bedingte Unterschiede hin, die vor allem am reproduktiven Bereich von *Setaria italica* wahrgenommen wurden. So vermutete Ascherson (1864), daß die Rispenformenunterschiede zweier Exemplare von *Setaria italica* durch unterschiedliche Standortsbedingungen zu erklären seien. Körnicke (1885) stellte andererseits fest, daß sich die kräftigen Exemplare der Convarietät *moharia* im Hinblick auf ihre Rispenform von den schwachen Exemplaren der Convarietät *maxima* nicht unterscheiden lassen. So sah sich Körnicke (1885) veranlaßt, die von ihm zunächst zur Convarietät *moharia* gerechnete Varietät *californicum* Körn. infolge einer sich durch wechselnde Anbaubedingungen ergebenden veränderten Rispenformen der Convarietät *maxima* zuzuordnen. Darüber hinaus weist Körnicke bei der Varietät *mite* Alef. auf eine gewisse Abhängigkeit der Rispengliederung von der Rispengröße hin. Ebenso stellte Hubbard (1915) bei der zur Unterart *stramineofructa* Hubb. gehörigen Untervarietät *germanica* (Mill.) Hubb. fest, daß zuweilen zu beobachtende kleine Formen dieses Verwandtschaftskreises große Ähnlichkeit zu *Setaria viridis* aufweisen.

Ganz ähnliche Beobachtungen ergaben sich bei eigenen Anbauversuchen. Hierzu wurden fünf verschiedene Sippen der Convarietät *maxima*, die sich unter günstigen Anbaubedingungen durch die Bildung großer, stark gegliederter Rispen auszeichnet (Abb. 3, links), bei engem Stand in magerem Sandboden kultiviert. Die unter ungünstigen Kulturbedingungen aufgewachsenen Pflanzen bestätigten weitgehend die oben erwähnten Beobachtungen. Die kräftigsten der hierbei beobachteten Pflanzen zeigten die typische Rispenform der Convarietät *moharia* (Abb. 3, Mitte). Die Rispe ließ die charakteristische Gliederung der unter günstigen Bedingungen sich entwickelnden Vergleichsform vermissen, was vor allem auf der Verkleinerung der seitlichen Partialinfloreszenzen beruht. Ebenso zeigte der Blütenstand die typische Größe und aufrechte Haltung der Convarietät *moharia*. Auch Werner (1885) weist bei der Varietät *brevisetum* Döll auf eine gewisse Abhängigkeit der Rispenhaltung von der Rispengröße hin. Ähnliche Beobachtungen machte Gammie (1911) bei der von ihm beschriebenen Varietät *purpurea*.

Die Mehrzahl der Pflanzen unseres Versuchsanbaues war noch stärker reduziert und bedeutend kleiner (Abb. 3, rechts). Sie zeigten dabei in der äußeren Umrißform eine große Ähnlichkeit mit den Rispen der Wildsippe *Setaria viridis* (L.) Beauv., was außer in der Gesamtform auch in der Größe der Partialinfloreszenzen zum Ausdruck kam. Daneben erfuhr auch die Länge der Blütenstandsborsten teilweise eine erhebliche Einschränkung.

Die nachfolgende Tabelle gibt eine Übersicht über die durch unterschiedliche Kulturbedingungen hervorgerufenen Veränderungen in der Rispenentwicklung. Die Größe der Partialinfloreszenzen wird hier durch die Anzahl der fertilen Ährchen charakterisiert.

Abb. 3. Ausprägungsformen einer unter verschiedenen Standortsbedingungen kultivierten Sippe ($^1/_5$ nat. Gr.)

Wie der Anbauversuch zeigt, können bei *Setaria italica* potentiell vorhandene Besonderheiten des Infloreszenzaufbaus infolge des starken Einflusses von Standortsunterschieden auf den Differenzierungsablauf bei der Rispenbildung weitgehend verwischt oder vollständig verdeckt werden, so daß sich die Notwendigkeit ergibt, die Standortsfaktoren bei einer systematischen Bearbeitung dieses Formenkreises besonders in Betracht zu ziehen.

Als Ursprungsart von *Setaria italica* (L.) Beauv. wird allgemein *Setaria viridis* (L.) Beauv., die als Ackerunkraut weit verbreitet ist, betrachtet. Die Infloreszenz dieser Art erreicht nur eine Länge von annähernd 5 cm, wobei die einzelnen Partialinfloreszenzen so dicht aneinanderschließen, daß die Rispe einen ungegliederten, kolbenartig geschlossenen Eindruck vermittelt (Abb. 4; Taf. 1, Fig. 1). Dabei werden sämtliche Ährchen von den als Borsten ausgebildeten sterilen Seitenzweigen um ein beträchtliches überragt. Entsprechend der geringen Größe des Gesamtblütenstandes sind auch die Partialinfloreszen-

Sippe	Rispengröße	Anzahl der fertilen Ährchen einer Partialinfloreszenz [1]	Länge der Borsten
E 132	normal	30 – 50	10 – 15 mm
	klein	2 – 4	7 – 8 mm
E 137	normal	etwa 70	7 – 10 mm
	klein	2 – 3	
E 136	normal	etwa 70	7 – 10 mm
	klein	etwa 15 – 18	4 – 5 mm
E 133	normal	etwa 20 – 40	7 – 10 mm
	klein	3	6 mm
E 135	normal	etwa 170	4 – 5 mm
	mittel	20 – 25	5 mm
	klein	3 – 4	4 – 5 mm

zen, die nur annähernd 10 fertile Ährchen hervorbringen, sehr klein. An ihrer Basis und dem terminalen Ende ist die Rispe dagegen allmählich zugespitzt, wobei die in diesem Reduktionsbereich auftretenden Partialinfloreszenzen zunehmend verarmen und die Ährchenbildung bis zur vollständigen Sterilität eingeschränkt sein kann.

Eine hinsichtlich ihrer äußeren Morphologie der Wildart sehr nahestehende Form ist der Mohar, *Setaria italica* (L.) Beauv. convar. *moharia* (Alef.) Körn. Die etwa 8 cm lange Rispe dieser Sippe ist im Hinblick auf ihre Breite und Länge gegenüber *Setaria viridis* bedeutend vergrößert (Abb. 5; Taf. 1, Fig. 2), wobei die mittleren Partialinfloreszenzen etwa 20–30 fertile Ährchen hervorbringen. Die zahlreichen Partialinfloreszenzen des Mohars stehen infolge der kurzen Hauptachseninternodien und durch den geringen Durchmesser der Gesamtinfloreszenz, der die Verteilung der Partialinfloreszenzen nur auf einem relativ kleinen Kreisumfang gestattet, dicht gedrängt, so daß sie sich im peripheren Bereich kaum gegeneinander abgrenzen. Auch hier zeichnen sich im oberen und unteren Bereich der Rispe deutliche Reduktionszonen ab. Bereits bei dieser Sippe deutet sich jedoch ein Entwicklungsschritt an, der bei den höher entwickelten Formen mit zunehmender Deutlichkeit zu beobachten ist. Im Gegensatz zu der bei dem Mohar geschlossen entwickelten mittleren und oberen Region kann die Basis der Rispe schwach aufgelockert sein. Meist sind es nur wenige, teilweise sterile Partialinfloreszenzen, die sich durch die Verlängerung der basalen Hauptachseninternodien von der übrigen Infloreszenz absetzen.

Alefeld (1866) bezieht sich bei der Charakterisierung dieser Sippe vor allem auf die geringe Länge und ovale Form der Rispe sowie auf die geringe Wuchshöhe der Pflanze (2–3 Fuß), während der zweite Verwandtschaftskreis, *Setaria italica* (L.) Beauv. convar. *maxima* (Alef.) Körn. durch seine Größe

[1] Die Angaben beziehen sich auf die Partialinfloreszenzen des optimal ausgeprägten mittleren Bereiches der Rispe.

Abb. 4. Infloreszenz von *Setaria viridis* (L.) Beauv. (1/2 nat. Gr.)

Abb. 5. Infloreszenz von *Setaria italica* (L.) Beauv. convar. *moharia* (Alef.) Körn. (1/2 nat. Gr.)

(4–6 Fuß) und die sehr lange und fast gleichbreite Rispenform ausgezeichnet ist. Körnicke (1885) berücksichtigt in der Beschreibung dieser beiden Formenkreise ebenfalls die unterschiedliche Rispenlänge, erwähnt jedoch noch einige weitere Differenzierungsmerkmale. Danach zeichnen sich die Infloreszenzen der Convarietät *maxima* auf Grund ihrer bedeutenderen Größe durch eine mehr oder weniger überhängende Haltung, vor allem aber durch eine lappig erscheinende Gliederung der Rispe aus, während die Convarietät *moharia* durch annähernd aufrechte Rispen charakterisiert ist, die keine oder nur eine geringe Gliederung zeigen.

Die sich bereits teilweise bei dem Mohar im Basalbereich der Rispe andeutende Gliederung ist bei den Sippen der Convarietät *maxima* die Regel, wobei diese Veränderungen hier jedoch nicht nur auf die Basis beschränkt sind, sondern vor allem auch im mittleren und teilweise im distalen Bereich der Rispe sichtbar werden.

Die Gliederung des Blütenstandes von *Setaria italica* kann auf verschiedenen Wegen durch die Förderung unterschiedlicher Bereiche des Infloreszenzsystems erreicht werden. Ein wesentlicher Schritt, der zu einer äußerlich sichtbaren Gliederung der Infloreszenz führt, wird durch die Veränderung der Partialinfloreszenzen bewirkt. Dieses geschieht durch die Vergrößerung dieser Organe, die ausschließlich auf einer Verlängerung des distalen verzweigten

Abschnittes der Seitenachsen 1. Ordnung beruhen kann, so daß sich die Spitzen der Partialinfloreszenzen auf einem relativ großen Kreisumfang verteilen und auf diese Weise eine deutliche Gliederung der Rispe bedingen. Vielfach ist jedoch mit der Verlängerung gleichzeitig eine Verbreiterung der Partialinfloreszenzen verbunden. Da sich diese jedoch nicht in dem Maße verbreitern, wie der Infloreszenzumfang infolge ihrer Verlängerung zunimmt, wird auch in diesem Fall eine Gliederung erreicht.

Die in ihrer Entwicklung geförderten, verlängerten Partialinfloreszenzen sind auf der Dorsalseite durch die Anordnung der Ährchen konvex gewölbt, wobei das zugehörige Achsensystem von den hauptsächlich nach dieser Seite orientierten Ährchen vollständig verdeckt wird, während sie auf der nach oben gewandten Ventralseite eine mehr oder weniger flache Ausbildung erfahren, so daß hier die Hauptachse der Partialinfloreszenz deutlich erkennbar ist.

Den morphologischen Übergang von den ungegliederten zu den stärker differenzierten Infloreszenzen bilden solche Formen, die dem bereits erwähnten kolbenartig geschlossenen Infloreszenztyp des Mohars im Hinblick auf die breit walzenförmige Gestalt gleichen, die diesem gegenüber jedoch bedeutend vergrößert sind (etwa 16–18 cm) und deren Partialinfloreszenzen sich durch ihre Verlängerung bereits deutlich gegeneinander abheben (Abb. 6; Taf 1, Fig. 3), wobei die Gesamtinfloreszenz infolge einer leichten Krümmung schwach übergeneigt ist. Daneben finden sich zahlreiche Sippen, bei denen außer der Verlängerung vor allem eine starke Verbreiterung der Partialinfloreszenzen ausgeprägt ist.

Neben der allgemeinen Vergrößerung der Partialinfloreszenzen können weitere Veränderungen zu der fortschreitenden Differenzierung der Rispenformen beitragen. Wie bereits bei den relativ ungegliederten Rispen der Convarietät *moharia* beobachtet werden konnte, kann die Infloreszenz auch durch die Streckung der untersten Internodien ihrer Hauptachse eine gewisse Gliederung erfahren. Diese Streckung kann bei zahlreichen Sippen die gesamte Achse erfassen. Dabei zeigen sich diese Veränderungen vor allem im basalen und mittleren Bereich, während der Spitzenbereich nur unbedeutend oder auch gar nicht betroffen sein kann (Abb. 7; Taf. 1, Fig. 17). Beide Entwicklungsschritte, sowohl die Vergrößerung der Partialinfloreszenzen als auch die Verlängerung der Hauptachseninternodien werden häufig gleichzeitig wirksam und sind damit die gemeinsame Ursache für die Blütenstandsdifferenzierung. Wie bereits erwähnt, treten diese Veränderungen im distalen Bereich der Rispe nur wenig in Erscheinung, so daß gewöhnlich auch bei stärker differenzierten Blütenständen alle Übergänge zu einer ungegliederten Rispe beobachtet werden können. Die Partialinfloreszenzen, die in dichter Stellung annähernd waagerecht orientiert sind, zeigen bei den durch Streckung aufgelockerten Blütenstandstypen eine eindeutig akrovergente Orientierung, so daß die Hauptachse trotz der veränderten Stellungsverhältnisse nur an wenigen Stellen sichtbar wird.

Abb. 6. Infloreszenz von *Setaria italica* (L.) Beauv. convar. *maxima* (Alef.) Körn. (1/3 nat. Gr.)

Abb. 7. Verlängerte Infloreszenz mit gestreckten Hauptachseninternodien (1/3 nat. Gr.)

Weitere morphologische Veränderungen des Achsensystems bewirken eine Streckung des unteren, unverzweigten stielartigen Achsenabschnittes der Partialinfloreszenz, wobei sich der im Normalfall nur wenige Millimeter lange Stiel (Taf. 1, Fig. 3) auf 1 cm und mehr verlängert (Taf. 1, Fig. 17), was ebenfalls zu einer Gliederung der Rispe beiträgt.

Der eingangs erwähnte Blütenstandstyp (Abb. 6; Taf. 1, Fig. 3) zeigt infolge der proportionalen Vergrößerung seiner Infloreszenzhauptachse und der Partialinfloreszenzen trotz der stärkeren Gliederung die gleiche kurze walzenartige Umrißform, wie sie für die ungegliederten Formen charakteristisch ist. Die Beibehaltung der für die kleineren Formen charakteristischen Proportionen kann auch bei Sippen mit noch größeren Infloreszenzen beobachtet werden (Taf. 1, Fig. 16). Darüber hinaus kann jedoch auch die relative Verlängerung der Gesamtinfloreszenz in viel stärkerem Maße erfolgen als dieses bei der Vergrößerung der seitlichen Partialinfloreszenzen und damit der Zunahme des Infloreszenzdurchmessers der Fall ist, so daß die gesamte Rispe in ihrer Längenentwicklung stark gefördert wird und mehr oder weniger überhängt. Diese relative Verlängerung kann mit sehr unterschiedlichen Entwicklungsstufen der Infloreszenzbreite korreliert sein. Hierbei treten Formen auf, die der Convarietät *moharia* hinsichtlich der sehr schmalen Rispenform sehr nahe kommen oder auch vollständig gleichen, diese in der Länge aber um ein Mehrfaches übertreffen (Taf. 1, Fig. 5 und 6). Hierbei zeigen die verlängerten Rispenformen jedoch trotz ihrer geringen Breite die für die Convarietät *maxima* charakteristische Gliederung.

Auch unter den Sippen, deren Rispen bedeutend verbreitert sind, finden sich alle Übergänge zu extrem verlängerten Infloreszenztypen, so daß die Erscheinung einer zunehmenden Verlängerung auf allen Stufen einer Infloreszenzverbreiterung zu beobachten ist. Der letzterwähnte Formenkreis bringt die größten in dieser Art zu beobachtenden Infloreszenzen hervor, die eine Länge von 30–40 cm erreichen können (Tafel 1, Fig. 4). Die Partialinfloreszenzen derartiger Blütenstände können mehrere hundert fertile Ährchen ausbilden.

Weitere Differenzierungen in der Entwicklung der Rispenformen ergeben sich durch die unterschiedliche Förderung oder Reduktion der Partialinfloreszenzen in bestimmten Bereichen des Gesamtblütenstandes. Bereits jene Rispenformen, bei denen die ersten Anzeichen einer äußeren Gliederung zu erkennen sind, lassen, wie bereits erwähnt, eine unterschiedliche Längenentwicklung der Partialinfloreszenzen erkennen, die hier, wie auch bei zahlreichen anderen Sippen, besonders im mittleren und teilweise – zuweilen in abgeschwächter Form – auch im basalen Bereich der Gesamtinfloreszenz gefördert sind, während die Länge der Partialinfloreszenzen vor allem zum distalen Ende hin kontinuierlich abnimmt. Diese unterschiedliche Entwicklungstendenz innerhalb eines Blütenstandes erfährt bei verschiedenen Sippen eine zunehmende Steigerung, so daß sich durch eine verstärkte Verlängerung der mittleren Partialinfloreszenzen die Differenz zwischen dem mittleren und distalen Blütenstandsbereich weiter vergrößert (Abb. 8; Taf. 1, Fig. 9). Ähnliche Unterschiede entstehen bei anderen Sippen dadurch, daß der distale Teil der Infloreszenz einer zunehmenden Reduktion unterliegt. Dabei geht die für die meisten Formen typische Zuspitzung, die auf der kontinuierlichen Abnahme des Längenwachstums der oberen Partialinfloreszenzen beruht, in zunehmendem Maße verloren. Die Rispe schließt dann mit mehreren annähernd gleichlangen Seitenästen ab, die von der Infloreszenzspitze nicht mehr überragt werden, so daß die Gesamtinfloreszenz stumpf endet (Abb. 9; Taf. 1, Fig. 7 und 8). Dabei läßt sich bereits bei relativ jungen Entwicklungsstadien eine diskontinuierliche Längenentwicklung der Seitenachsen des oberen Infloreszenzbereichs nachweisen, so daß in dieser Zone kleine, noch undifferenzierte Seitenachsenanlagen im äußersten Spitzenbereich auf bereits stark differenzierte, in ihrem

Längenwachstum geförderte Anlagen unmittelbar folgen. Diese Verzögerung in der Entwicklung der oberen Partialinfloreszenzen führt zu einer frühzeitigen Reduktion des distalen Bereichs der Infloreszenz.

Abb. 8. Rispe mit verlängerten Seitenachsen im mittleren Infloreszenzbereich (1/3 nat. Gr.)

Abb. 9. Rispe, deren distale Partialinfloreszenzen reduziert sind (1/3 nat. Gr.)

Als Endglieder dieser Entwicklung treten Formen auf, wie die von Gricenko beschriebene Varietät *densiramosa* Gric., bei denen die oberen Partialinfloreszenzen vollständig reduziert sind, während die des mittleren Blütenstandsbereiches eine extreme Verlängerung erfahren. Durch nähere Untersuchungen an jungen Entwicklungsstadien ließ sich bei dieser Sippe eine sehr frühzeitige Reduktion des Spitzenbereichs nachweisen. Die Entwicklung der Rispe beginnt hier mit einem Vegetationskegel, der sein Spitzenwachstum sehr frühzeitig einstellt und der sich von den Normalformen, deren Rispen aus einem infolge des länger anhaltenden Spitzenwachstums langgestreckten, verschmälerten Vegetationskegel hervorgehen (Taf. 2, Bild 4), durch seine relativ kurze und stumpfe Form unterscheidet (Taf. 2, Bild 1). Im Zusammenhang mit der Reduktion des Spitzenbereiches erfährt auch die Ausbildung der Seitenachsen 1. Ordnung eine zahlenmäßig starke Einschränkung, wobei der distale stumpfe Abschluß der Infloreszenzanlage vollständig undifferenziert bleibt (Taf. 2, Bild 2). Dieses undifferenzierte Ende der Hauptachse ist auch zu einem späteren Zeitpunkt, wenn die Differenzierung der Seitenäste schon bedeutend fortgeschritten ist, noch deutlich erkennbar (Taf. 2, Bild 3), während die Rispen nach ihrer vollständigen Differenzierung keine eindeutige Aussage über die Verzweigungsform dieser Sippe gestatten.

Im Gegensatz zu den meisten Sippen, die relativ zahlreiche, bis zu 50 und mehr, Seitenachsen 1. Ordnung hervorbringen, ist ihre Zahl hier auf annähernd 10 reduziert (Taf. 1, Fig. 11). Dabei zeigen die Partialinfloreszenzen gleichzeitig eine starke Förderung und auffällige Gliederung, wobei sie eine Länge von über 12 cm erreichen können (Abb. 10). Durch eine starke Internodienstreckung der Mutterachse werden hier die basalen und mittleren Partialinfloreszenzen 2. Ordnung ähnlich voneinander getrennt, wie dieses allgemein durch die Streckung der Infloreszenzhauptachse bei den Seitenachsen 1. Ordnung zu beobachten ist.

Bei den wenigen, in ihrem Längenwachstum extrem geförderten Partialinfloreszenzen handelt es sich nicht, wie es zunächst den Anschein hat, um die basalen Seitenverzweigungen, sondern um die des mittleren, auch bei anderen Sippen besonders geförderten Infloreszenzbereiches. Dieses wird durch die Betrachtung von Übergangsformen deutlich, bei denen unterhalb der stark verlängerten Seitenachsen zahlreiche kleinere Partialinfloreszenzen ausgebildet sind (Abb. 11; Taf. 1, Fig. 10). Durch das Auftreten dieser in ihrer Entwicklung meist unterdrückten unteren Seitenäste wird deutlich, daß die wenigen verlängerten Partialinfloreszenzen der oben erwähnten Sippe das Resultat einer sowohl im basalen wie auch im distalen Bereich der Gesamtinfloreszenz wirksamen Reduktion sind, wobei nur der auch bei anderen Sippen im allgemeinen am stärksten entwickelte Abschnitt erhalten bleibt und eine Förderung erfährt.

Die wohl am stärksten abgeleitete Form stellt die Varietät *monstrosa* Dekapr. et Kaspar. dar, deren untere Infloreszenzhälfte sich durch relativ kleine, nur wenig gegeneinander abgegrenzte Partialinfloreszenzen auszeichnet, während die obere Hälfte gewöhnlich in zwei meist gleichstark entwickelte Infloreszenzäste aufgegliedert ist (Abb. 12). Auch hier läßt die vollständig entwickelte Rispe keine Aussage über die Ausbildung des distalen Teiles der Hauptachse zu, so daß die Frage nach den Homologiebeziehungen bei diesen meist gleichstark geförderten Verzweigungen zunächst unbeantwortet bleiben muß.

Durch entwicklungsgeschichtliche Untersuchungen an dieser Sippe konnte nachgewiesen werden, daß hier eine dichotome Verzweigung vorliegt, derzufolge sich der Vegetationskegel, im Gegensatz zu den relativ schmalen, nach

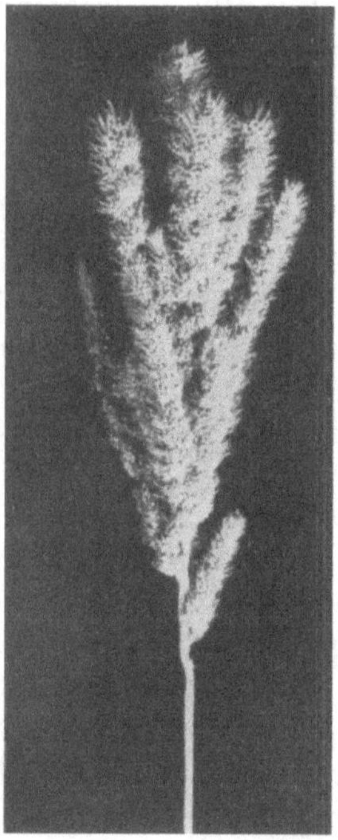

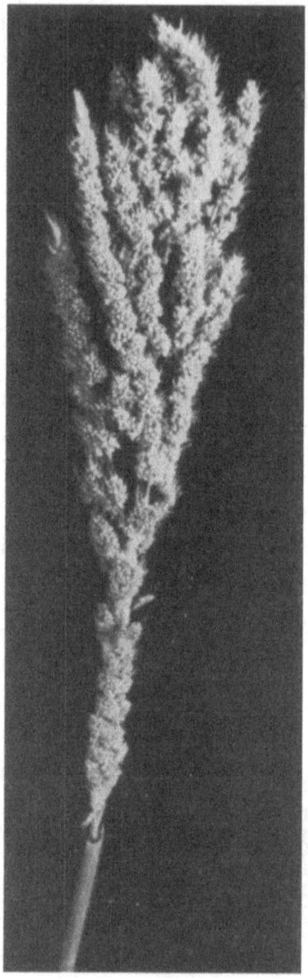

Abb. 10. Rispe mit verlängerten Partialinfloreszenzen. Die Seitenachsen des basalen und distalen Infloreszenzbereiches sind vollständig reduziert (1/3 nat. Gr.)
Abb. 11. Rispe mit verlängerten Partialinfloreszenzen. Der Spitzenbereich ist vollständig reduziert, während die Seitenachsen des unteren Infloreszenzbereiches nur verkürzt sind (1/3 nat. Gr.)

oben allmählich verjüngten Rispenanlagen der Normalformen (Taf. 2, Bild 4), zunächst mehr oder weniger stark verbreitert (Taf. 2, Bild 5 u. 7) und darauffolgend mit zwei getrennten Meristemen das Wachstum fortsetzt. Die Bildung der Hauptachse durch einen einzelnen Vegetationspunkt kann dabei bereits während eines sehr frühen Stadiums der Entwicklung aufgegeben werden (Taf. 2, Bild 5), wodurch sich der Blütenstand bereits am Grunde gabelig verzweigt (Taf. 2, Bild 6). Dabei entwickeln sich entsprechend der dichotomen Verzweigungsweise aus dem verbreiterten Vegetationskegel meist zwei gleichgroße Sproßanlagen (Abb. 12), ohne daß es zu einer Übergipfelung des Hauptsprosses kommt. In vielen Fällen kann diese Aufteilung des Vegetationskegels auch erst relativ spät erfolgen (Taf. 2, Bild 7), so daß nur der distale Infloreszenzbereich dichotom verzweigt ist (Taf. 2, Bild 8 u. 9). Häufig zeichnet sich die Infloreszenz durch eine mehrmalige gabelige Verzweigung aus (Taf. 1, Fig. 13), wobei die Verzweigungsebenen der aufeinanderfolgenden Sproßgenerationen einen Winkel von 90° bilden, wie dieses bei dichotomen Achsensystemen oft der Fall ist. Ähnliche dichotome Verzweigungen sind auch von anderen Monokotylen bekannt (Greguss, 1968).

Weitere Unterschiede zeigen sich im peripheren Infloreszenzbereich, wo sowohl die Farbe wie auch die Länge der borstenartigen Verzweigungen eine variable Ausprägung erfahren können. Bei zahlreichen Sippen werden die fertilen Infloreszenzachsen, wie auch bei der Wildart, *Setaria viridis*, von den Borsten erheblich überragt (Abb. 13a; Taf. 1, Fig. 15). Daneben finden sich alle Übergänge bis zu solchen Formen, die äußerlich vollständig borstenlos erscheinen (Abb. 13b; Taf. 1, Fig. 14), wie die Varietät *breviscetum* Döll. Bei näherer Betrachtung zeigt sich jedoch, daß auch hier zahlreiche Borsten aus-

Abb. 12. Infloreszenz mit gabeliger Verzweigung (1/3 nat. Gr.)
Abb. 13. Infloreszenz mit a verlängerten und b verkürzten Borsten (1/3 nat. Gr.)

gebildet sind, die aber wegen ihrer geringen Größe von den Ährchen verdeckt werden.

Zusammenfassend läßt sich feststellen, daß das Infloreszenzsystem von *Setaria italica* convar. *maxima* im Hinblick auf die Convarietät *moharia* und die Ausgangssippe *Setaria viridis* bedeutend vergrößert ist. Darüber hinaus haben verschiedene Entwicklungsschritte zu einer äußerlich sichtbaren Gliederung der Infloreszenz, die hauptsächlich auf die Verlängerung und Verbreiterung der Partialinfloreszenzen 1. Ordnung sowie auf die Internodienverlängerung der Infloreszenzhauptachse zurückzuführen ist, beigetragen. Weitere Progressionsreihen führen zu einer relativen Verlängerung der Gesamtinfloreszenz, sowie zur Förderung der mittleren Partialinfloreszenzen 1. Ordnung, die infolge einer stark ausgeprägten Achsenstreckung ebenfalls eine deutliche Gliederung aufweisen können. Im Gegensatz hierzu lassen sich auch regressive Entwicklungslinien verfolgen, die zu einer fortschreitenden Reduktion der Partialinfloreszenzen des oberen und unteren Infloreszenzbereiches führen, so daß bei den Endgliedern dieser Reduktionsreihe nur noch wenige Seitenachsen des mittleren Infloreszenzabschnittes erhalten bleiben. Entsprechend können auch die borstenartig entwickelten Achsenglieder des peripheren Infloreszenzbereiches – verglichen mit den Ausgangsformen – eine Verlängerung oder Verkürzung erfahren. Die auffälligsten Abweichungen ergeben sich durch die Verbreiterung und anschließende Ausbildung von zwei getrennten Meristemen im Bereich des Sproßscheitels, die zu einer dichotomen Verzweigung der Infloreszenz führen.

Die hier aus Gründen der Übersichtlichkeit einzeln gegenübergestellten vielfältigen qualitativen und quantitativen Veränderungen des reproduktiven Bereiches, die sich im Verlaufe der Evolution bei dieser Kulturpflanzenart herausgebildet haben, sind bei den einzelnen Sippen in den verschiedensten Übergängen und Kombinationen zu beobachten, so daß die meisten Formen dieses Verwandtschaftskreises kontinuierlich miteinander verbunden sind, wobei auch die starke Umweltabhängigkeit wichtiger Differenzierungsmerkmale eine klare Abgrenzung der einzelnen Sippen erschwert.

Frl. R. Kilian danke ich für die Anfertigung der Zeichnungen.

Zusammenfassung

Es werden verschiedene Infloreszenzformen von *Setaria italica* (L.) Beauv. vergleichend morphologisch untersucht. Wie der Vergleich mit der Wildsippe, *Setaria viridis* (L.) Beauv. zeigt, ist die Entwicklung zur Kulturart mit verschiedenen progressiven Veränderungen im reproduktiven Bereich des Verzweigungssystems verbunden. Dabei führt die zunehmende Förderung der Infloreszenzhauptachse sowie der Partialinfloreszenzen zu einer Vergrößerung und verstärkten Gliederung der Gesamtinfloreszenz. Daneben werden auch regressive Entwicklungstendenzen sichtbar, die in einer zunehmenden Reduktion des Basis- und Spitzenbereichs der Infloreszenz zum Ausdruck kommen. Die stärkste morphologische Ableitung haben Formen mit einer dichotom verzweigten Infloreszenz erfahren. Die Ausprägung der Infloreszenzmerkmale zeigt eine starke Umweltabhängigkeit.

Summary

Contribution to the morphology of the inflorescences of *Setaria italica* (L.) Beauv.

The morphology of different types of inflorescences were investigated in Setaria italica (L.) Beauv. The comparison with the wild species, *Setaria viridis* (L.) Beauv., shows that the evolution towards the cultivated species is combined with different progressive changes in the reproductive part of the ramification system. Thereby the increasing promotion of the main axis of the inflorescence as well as the partial inflorescences leads to an enlargement and increased articulation of the whole inflorescence. Besides regressive developmental tendencies are also observed, as expressed by increasing reduction of the basis and the top of inflorescence. The greatest deviation is seen in the form with dichotomous branched inflorescences. The characters of the inflorescences depend greatly on the environmental conditions.

Краткое содержание

О морфологии соцветия *Setaria italica* (L.) Beauv.

Различные формы соцветий *Setaria italica* (L.) Beauv. изучаются методом сравнительной морфологии. Как показывает сравнение с дикорастущей формой *Setaria viridis* (L.) Beauv., становление культурного вида связано с различными прогрессивными изменениями в репродуктивной части системы ветвления. Возрастающее значение как главной оси соцветия так и вторичных соцветий, ведет к увеличению и расчленению всего соцветия. При этом наблюдаются и регрессивные тенденции развития, которые выражаются во все возрастающей редукции базальной и верхушечной частей соцветия. Самые сильные морфологические отклонения показывают формы с вильчато разветвленным соцветием. Степень выражения признаков соцветия находится под сильным влиянием условий среды.

Literatur

Alefeld, F., 1866: Landwirtschaftliche Flora oder die nutzbaren kultivierten Garten- und Feldgewächse Mitteleuropas. – Berlin.

Ascherson, P. F. A., 1864: Flora der Provinz Brandenburg, der Altmark und des Herzogthums Magdeburg, Bd. *1*. – Berlin.

Chang, K., 1968: Archeology of ancient China. – Science, *162* (3853), 519–526.

Chase, A., and C. D. Niles, 1962: Index to Grass Species. – Boston, Massachusetts.

Dekaprelavič, L. L., i A. S. Kasparjan, 1928: K izučeniju ital'janskogo prosa (*Setaria italica* P. B. *maxima* Alf.), vozdelyvaemogo v Gruzii. – Bull. appl. Bot. Pl. Breed. *19* (2), 533–566.

Gammie, G. A., 1911: Millets of the genus *Setaria* in the Bombay presidency and sind. – Mem. Dep. Agric. India, Bot. *4* (1), 1–8.

Greguss, P., 1968: Dichotomous branching of monocotyledonous trees. – Phytomorphology *18* (4), 515–520.

Gricenko, R. I., 1960: K sisteme čumizy (ital'janskogo prosa). – Bull. appl. Bot. Pl. Breed., *32* (2), 145–182.

Hubbard, F. T., 1915: A taxonomic study of *Setaria italica* and its immediate allies. – Amer. J. Bot. *2*, 169–198.

Körnicke, F., und H. Werner, 1885: Handbuch des Getreidebaus. *1*. Bd.: Die Arten und Varietäten des Getreides, bearbeitet von Körnicke, 259–279. *2*. Bd.: Die Arten und Varietäten des Getreides, bearbeitet von Werner, 890–899. – Berlin.

Mansfeld, R., 1952: Zur Systematik und Nomenklatur der Hirsen. – Züchter *22* (10/11), 304–315.

Narayanaswami, S., 1956: Structure and development of the caryopsis in some indian millets. VI. *Setaria italica*. – Bot. Gaz. *118* (2), 112–122.

Scholz, H., 1960: Der Formenkreis der *Setaria italica* (L.) P. B. – Ber. dtsch. bot. Ges. *73*, 471–476.

Vavilov, N. I., 1949–1951: The origin, variation immunity and breeding of cultivated plants. – Chron. bot. *13*, 1–364.

TAFEL 1

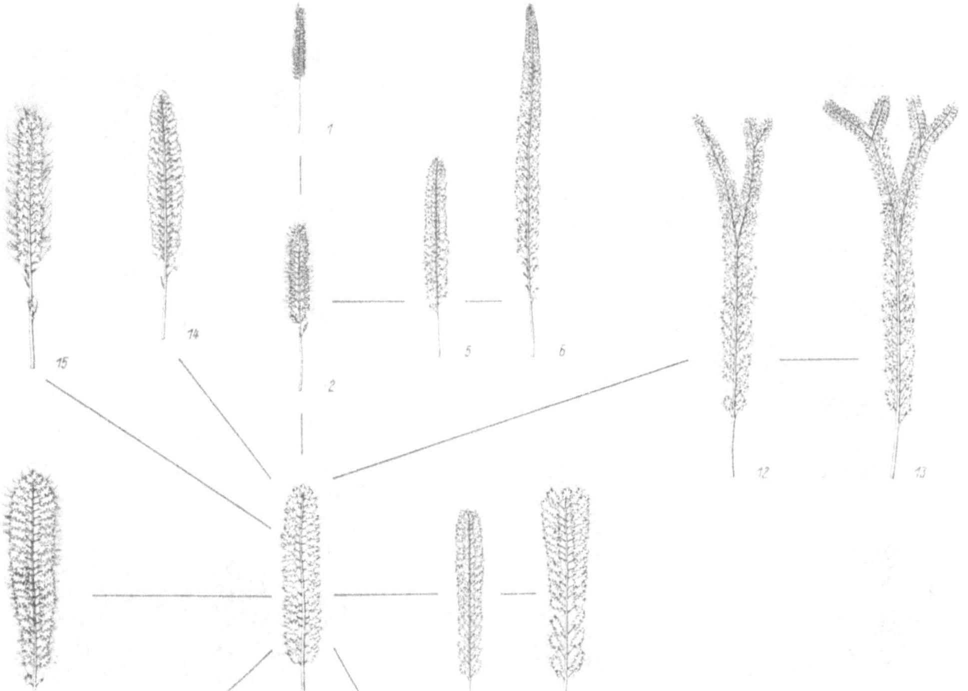

TAFEL 1 Übersichtsschema der Infloreszenzformen. 1. *Setaria viridis* (L.) Beauv., 2. *Setaria italica* (L.) Beauv. convar. *moharia* (Alef.) Körn., 3. *Setaria italica* (L.) Beauv. convar. *maxima* (Alef.) Körn., 4. Infloreszenz verlängert, 5. Verschmälerte Infloreszenz schwach verlängert, 6. Verschmälerte Infloreszenz stark verlängert, 7. u. 8. Oberer Infloreszenzbereich reduziert, 9. Partialinfloreszenzen des mittleren Bereiches der Gesamtinfloreszenz gefördert, 10. Partialinfloreszenzen im mittleren Bereich der Gesamtinfloreszenz stark verlängert, im oberen Bereich vollständig reduziert und im Basalbereich verkürzt, 11. Partialinfloreszenzen im mittleren Bereich der Gesamtinfloreszenz stark verlängert, im oberen und basalen Bereich vollständig reduziert, 12. u. 13. Infloreszenz gabelig verzweigt, 14. Borsten verkürzt, 15. Borsten verlängert, 16. Infloreszenz vergrößert, 17. Infloreszenz mit verlängerten Hauptachseninternodien

TAFEL 2

TAFEL 2 Frühe Entwicklungsstadien verschiedener Infloreszenztypen 1–3. Infloreszenz mit Reduktionen im basalen und distalen Bereich, 4 Normalinfloreszenz, 5–9. Infloreszenz mit gabeliger Verzweigung. Der auf Bild 1 angegebene Maßstab gilt mit Ausnahme von Bild 3 für sämtliche Abbildungen dieser Tafel

Apium graveolens L.
Geschichte der Kultur und Taxonomie

von Johannes Helm

(Eingegangen am 11. Januar 1971)

A. HISTORISCHER TEIL

Sellerie zählt mit zu den ältesten Nutzungspflanzen. Sehr wahrscheinlich sind die von Dioscorides als „Eleioselinon", von Theophrast als „Selinon" oder „Eleion" in ihren Werken bezeichneten Pflanzen hierunter zu verstehen. In diesem Zusammenhang ist auch auf die 628 v. Chr. erfolgte Gründung der Stadt Selinunt in Westsizilien hinzuweisen. Sie war zugleich die am weitesten nach Westen vorgeschobene griechische Siedlung. Der Name ist gleichbedeutend mit „Selleriestadt", am Fluße Selinus gelegen, der durch ein sumpfiges, reichlich mit Selleriebeständen versehenes Gelände floß. Noch heute sind die Tempelruinen der mehrfach zerstörten Stadt sehenswert. Das redende Wappen der Stadt Selinunt war ein Zipfel des Sellerieblattes, wie es uns als Prägesiegel auf verschiedenen Münzen dieser Stadt überkommen ist. So beispielsweise auf dem Avers und Revers der Didrachme oder in Verbindung mit dem opfernden Flußgott Selinos über dem Opfertier auf dem Avers einer Tetradrachme (Abb. 1).

Man unterschied bereits damals neben der bevorzugt auf sumpfigem Gelände wildwachsenden Sippe auch Kultursippen, wußte jedoch noch nicht zwischen unserer heutigen Petersilie und dem Sellerie zu unterscheiden, sondern faßte beide Gattungen unter den gleichen, oben angeführten Begriffen zusammen. Außer als Medizinalpflanze nutzte man in hellenistischer Zeit den

Abb. 1. Didrachmen der Stadt Selinunt mit dem Sellerieblattzipfel als Prägestempel (aus: O. Bernhard 1924)

Sellerie (und mit ihm die Petersilie) auch als Schmuckpflanze. So umkränzte man einerseits damit die Sieger bei den Wettspielen sowie Speisen und Tafel zu festlichen Anlässen. Das heute bei uns noch übliche Umlegen von Kalten Platten, Fleisch oder Pasteten mit Petersiliensträußchen dürfte als ein Nachklang des alten hellenistischen Brauches zu deuten sein. Andererseits umgab man im alten Griechenland die Toten mit Gewinden aus Sellerieblättern, vermutlich um durch den kräftigen, aromatischen Geruch dieses Laubes die Leichendünste etwas zu überdecken. Den zuletzt erwähnten Brauch übten bereits viel früher die alten Ägypter. Wiederholt fanden sich in den Mastabas als Totenbeigaben Gewinde, die neben Lotosblüten auch Sellerieblätter und -blüten enthielten. Somit läßt sich bis in das griechische Altertum eine mehrfache Nutzung der Selleriepflanze nachweisen. An erster Stelle dienten deren Blätter als vielseitig gebrauchtes Heilmittel, an zweiter Stelle als Symbole und Schmuck sowohl bei freudigen als auch traurigen Anlässen.

Von den alten Griechen übernahmen die Römer auch die Nutzung des Sellerie, nunmehr unter der Bezeichnung „Apium". Sie waren es dann, die mit ihren Legionen Kenntnis, Kultur und Gebrauch des Sellerie in die von ihnen unterworfenen Gebiete Ost-, Mittel- und Westeuropas weitertrugen, wie es in den nachfolgenden Jahrhunderten des frühen Mittelalters in noch weit stärkerem Maße die verschiedenen Mönchsorden taten. Unter letzteren betrieben besonders die Benediktiner neben dem Kirchenbau auch die Landwirtschaft und die Laienbrüder der Zisterzienser widmeten sich speziell dem Gartenbau. Ihre Wirksamkeit trug erheblich dazu bei, Kultur und Nutzung vieler Heil- und Küchenkräuter – darunter auch des Sellerie – während des Mittelalters vorerst in ihren Niederlassungen bekannt zu machen und zu bewahren. Von den Klöstergärten als Zentren aus fand alsbald ein großer Teil der dort gehegten Pflanzen im Laufe der Zeit allmählich Eingang in die Bauerngärten.

Mehrfach gesicherte Beweise eines Anbaues von Sellerie im Karolinger-Reiche liegen aus den ersten Jahrzehnten des 9. Jahrhunderts vor. An erster Stelle ist das berühmte „Capitalare de villis et cortis imperialibus" zu benennen. Es ist dies eine bis ins Detail ausgearbeitete Verordnung Karl des Großen über die Verwaltung der kaiserlichen Domänen. Darin enthält das Kapitel 70 ein Verzeichnis der anzubauenden Pflanzen[1]. Unter den anbefohlenen Pflanzen wird auch „apium" aufgeführt. Die Innehaltung der kaiserlichen Anordnungen wird durch zwei überlieferte, aus dem Jahre 812 stammende Inventaraufnahmen kaiserlicher Gärten bestätigt. Sowohl in dem Inventarverzeichnis des Hofgutes (fiscus dominicus) in Asnapium (Lage heute unbekannt, vielleicht war Gennep bei Cleve damit gemeint) als auch eines

[1] Eine Wiedergabe des Kap. 70 und ausführliche Erläuterungen zur Identifizierung der dort angeführten Pflanzennamen findet man bei A. Kerner (in Verh. zool.-bot. Ver. Wien 5, 1855 S. 787–826) und bei Ernst H. F. Meyer (Geschichte der Botanik III, Königsberg 1856, S. 402–410).

weiteren aus Treola (Lage ebenfalls bisher unbekannt) wird der dort getätigte Anbau von Sellerie bestätigt.

Ein zweiter Beweis für eine Kultur von Sellerie zu Beginn des 9. Jahrhunderts findet sich im „Hortulus“ [2] des Mönches Walahfrid Strabo [3]. Dieses den Gartenbau und 29 Gartenpflanzen, zumeist Heilkräuter, besingende Gedicht in 444 Hexametern entstand wahrscheinlich um 827. Darin betreffen die Verse 327–336 wiederum „*Apium*“, den Sellerie, sowie dessen vielseitige medizinische Anwendung für bestimmte, einzeln aufgeführte Krankheitsfälle.

Ein dritter Beleg wird durch den zwar nicht zur Ausführung gelangten, aus dem Jahre 830 stammenden und auf uns überkommenen Bauriß des Klosters St. Gallen in der Schweiz geliefert. Darin waren zwei Gärten für 72 benannte Heil- und Küchengewächse – darunter auch für „apium“ – vorgesehen. Auffälligerweise sollte *Apium* aber im Gemüsegarten (Hortus) und nicht im Arzneikräutergarten (Herbularius) kultiviert werden, womit sich bereits für die damalige Zeit ein Nutzungswandel andeutet.

Auch in den anschließenden Jahrhunderten des Hochmittelalters, der Zeit der Gotik, ging Kenntnis, Kultur und Nutzanwendung des Sellerie nicht verloren. Dies beweist die Erwähnung von „Apium“ in der „Physica“ der Hildegard von Bingen [4]. Dieses Werk besteht aus vier Büchern, die sowohl den ersten Beginn einer Naturforschung in Deutschland aufzeigen als auch eine Heilmittellehre enthalten. Erstaunlicherweise greift Hildegard darin nicht auf die Lehren von Dioscorides zurück, sondern überliefert im Volke bewahrte Heilkenntnisse. Wie dem von Reuss (1835) herausgegebenen Kommentar hierzu und dem von Fischer-Benzon (1894 S. 196–215) übermittelten Verzeichnis der in der „Physica“ enthaltenen Pflanzennamen zu entnehmen ist, wird im 1. Buch „De plantis“ ebenfalls „Apium“ angegeben.

Auch Albertus Magnus [5] erwähnt in seinen „De Vegetabilibus libri VII“ die damals immer noch nicht klar voneinander getrennten Arten *Apium graveolens* und *Petroselinum sativum* (Im Liber VII, tract. II, cap. II).

[2] Die Hunt Botanical Library in Pittsbourgh veröffentlichte 1966 eine Faksimile-Ausgabe des „Hortulus“ mit Transkription sowie englischer Übersetzung, die hier zugrundegelegt wurde.

[3] Walahfrid Strabo (der Schielende) war um 809 in Schwaben geboren, seit 826 Schüler von Hrabanus Maurus (gest. 856) in Fulda, danach Mönch und seit 842 Abt im Benediktiner-Kloster Reichenau im Bodensee. Als Gesandter Ludwig des Deutschen zu Karl dem Kahlen ertrank er beim Übergang über die Loire 849.

[4] Hildegard, auch als Heilige Hildegard bekannt, wurde 1099 in Bechelheim an der Nahe geboren. Mit 8 Jahren trat sie in ein Benediktinerinnen-Kloster ein und wurde 1136 Äbtissin. 1148 bezog sie das neuerrichtete Kloster auf dem Ruprechtsberge bei Bingen, wo sie 1179 starb.

[5] Albertus Magnus (1193–1280 -- eigentlich Albert, Graf von Bollstädt –) wurde im schwäbischen Lauingen geboren, trat nach Studien an der Universität Padua in den Dominikanerorden ein mit etwa 30 Jahren, in dem er verschiedene hohe Ämter bekleidete und – unterbrochen durch weite und längere Reisen im Dienste des Ordens – den größten Teil seines Lebens in Köln verbrachte.

Als weiterer Zeuge einer Kultur von Sellerie im Hochmittelalter ist Konrad von Megenberg[6] zu nennen, der als Mittler zwischen den Vorgenannten und den sogenannten „Vätern der Botanik“ zu betrachten ist. In seinem „Puch der Natur“, einer der ersten in deutscher Sprache verfaßten Naturgeschichte überhaupt, ist in unserem Zusammenhang speziell das Kapitel 5 zu erwähnen.

Mit Beginn des Zeitalters der „Väter der Botanik“, gegen Ende des ersten Drittels des 16. Jahrhunderts, werden die Nachrichten über Anbau und Nutzanwendung des Sellerie nicht nur ausführlicher und prägnanter sondern auch zahlreicher; obendrein sind sie zumeist mit Holzschnittabbildungen versehen. Zeitlich an erster Stelle ist O. Brunfels mit den verschiedenen Ausgaben seiner „Herbarum vivae eicones“ ab 1530 zu nennen. Eine frühe Abbildung einer blühenden Selleriepflanze findet sich dort im Teil III (ed. 1536 S. 107) unter der Bezeichnung „Epffich“. Auf diesem Holzschnitt findet man noch keinerlei Andeutung einer Sproß- bzw. Wurzelknolle. Im Text bezieht sich Brunfels im wesentlichen auf die medizinische Nutzung, wie sie aus Dioscorides und Plinius bis ins 16. Jh. überliefert wurde.

Kurz darauf bringt Leonhart Fuchs 1542 in der lateinischen Ausgabe von „De historia stirpium commentarii“ und 1543 in dem deutschsprachigen „New Kreuterbuch“ (Basel 1543, Taf. 426) gleichfalls eine blühende Pflanze des „Eppich“ (auf der Tafel als „Epffich“ bezeichnet) zur Wiedergabe; sie ist zwar bereits etwas vollkommener als bei Brunfels dargestellt, jedoch noch immer ohne Andeutung einer basalen Verdickung. Er vermerkt diesbezl. „Die wurtzel ist einig/lang/mit vilen angehenckten zaseln oder haren ... Diser Eppich würt in den Gärten gezilt/wil aber ein naß/ und feucht erdtrich haben. Er wechst auch von im selbs bey den pfülen/lachen und gräben/ doch nit allenthalben/sonnder an gewissen stetten“. Damit wird eindeutig sowohl auf das Wildvorkommen als auch auf die Gartenkultur des Sellerie in damaliger Zeit hingewiesen und beides zugleich belegt. Recht interessant ist die von Fuchs gegebene ausführliche Beschreibung der medizinischen Nutzanwendung des Sellerie für die verschiedensten Krankheitsfälle unter der Überschrift: „Krafft und würckung“: „Epff treibt den harn/unnd bringt den frawen ihre kranckheyt. Verzert die bläst unnd wind im leib. Der Epff ist güt zü den artzneyen, die man wider das gifft bereyt/ dann das kraut für sich selbs gesotten unnd getruncken/widerstrebt dem gifft/in dem das es speien macht. Mit brodt oder gersten maltz vermischt unnd übergelegt/ ist es güt zü den hitzigen augen. Es verzert auch die knollen inn den brüsten der frawen diser gestalt übergelegt. Row oder kocht gessen/ treibt es den harn. Der samen ist krefftiger dann das kraut zü allen yetzgedachten gebresten. So die fisch in den weyhern

[6] Von Konrad von Megenberg (geb. 1309, gest. 1374) ist nur bekannt, daß er Geistlicher war. Sein „Puch der Natur“ dürfte eine freie Bearbeitung und Übersetzung eines Werkes von Thomas de Cantiprato (= Thomas Brabantinus, 1201 bis um 1270) sein, worin große Kapitel von den Kräutern und ihrer medizinischen Nutzung handeln.

unnd gräben kranck seind, werden sie mit Eppich widerumb erquickt. Der Eppf nimpt hinweg allerley verstopffung. Er ist güt zü dem hergen/ welcher von groben zähen flüssen kompt. Reyniget und seubert die nieren und blasen. Der samen züvor jngenommen/ verhindert, das einer nit truncken werd. Der Eppf in wasser gesotten/ und darin gesessen/ treibt auß den stein/ und nimpt hinweg die harnwinden. Er vertreibt die milch/ darum sollen in die seugenden weiber nit brauchen. Wann man den samen in wasser seudt unnd überlegt/ verzert er das undergerunnen blüt/ unnd macht widerumb ein güte farb. Es schreiben ettlich/ das der Eppich ein sölch eygenschafft an jm habe/ das er leichtlich mit sich bringt das vergicht/ und die fallenden sucht/ dann vil, die schon von dieser kranckheyt genesen waren/ so bald sie Eppich gebraucht haben/ in dieselben widerumb gefallen seind".

Wenige Jahre nach Leonhart Fuchs gibt Hieronymus Bock (lat. Tragus) in seinem „Kreuter Buch" (ed. 1546 S. 176) eine Beschreibung des „Epff/ Apium". Er stellt jedoch irrtümlich den *Sium latifolium* L. wiedergebenden Holzschnitt von Fuchs seitenverkehrt und verkleinert als „Apium rusticum, aquaticum sive palustre" dazu. Hinsichtlich „der krafft und würckung" meint er, daß „alle wasser Apia . . . werden nit in der kuchen von den köchen angenommen/ bleiben allein umb des unfreuntlichen geschmacks dem Apotecker, der kan sie bereiten nach eins jeden gefallen".

Als zeitlich nächstes Werk ist Conrad Geßners 1561 erschienenes „De hortis Germaniae Liber" zu erwähnen. Hierin wird eine mehr listenmäßige Übersicht über die damals in (einzeln aufgeführten) Gärten in dem Raum von Basel bis Holland und von Bayern bis Schlesien anzutreffenden Kulturpflanzen vermittelt, unter denen unser Sellerie auf S. 247 v als „Apium palustre" ebenfalls verzeichnet ist.

Wiederum 25 Jahre später findet sich die erste überzeugende Darstellung einer Selleriepflanze mit etwas verdickter Wurzel in „De plantis Epitome Petri Andreae Matthioli" (ed. Joachim Camerarius, 1586 S. 527) als „Apium palustre". Diese Angabe ist durch die vielfache Verwendung neuerer, das Charakteristische gut erfassender Holzschnitte ausgezeichnet, die aus dem Besitz von Conrad Geßner stammten und ursprünglich für dessen geplante „Historiae plantarum" vorgesehen waren, deren Erscheinen der plötzliche Tod Geßners an der Pest (1565) jedoch verhinderte. In diesem Werk wird über Vorkommen und Nutzung des Sellerie lediglich vermerkt: „Provenit palustribus & uliginosis & servitur quoque in hortis".

Damit ist in großen Zügen der Stand der Kenntnisse über den Sellerie am Ausgang des 16. Jahrhunderts gekennzeichnet. Im Jahre 1623 faßte der Baseler Professor Caspar Bauhin in seinem Werke „Pinax" die von den Vätern der Botanik und ihren Nachfahren herrührenden, recht unterschiedlichen Benennungen für jeweils einunddieselbe Pflanzensippe ordnend zusammen unter Bildung neuer Kurzbeschreibungen. Letztere, auch als „Phrasen" bezeichnet, dienten in der Folgezeit bis zur Aufstellung der binären Nomenklatur durch

Linné im Jahre 1753 gleichzeitig als Namen der betreffenden Pflanzen. Den wildwachsenden ebenso wie den in Gärten kultivierten, meist medizinisch genutzten Sellerie faßte C. Bauhin nunmehr unter der neuen Phrase „Apium palustre & Apium officinarum" zusammen (1623, S. 154 Nr. XI).

In den nachfolgenden Jahrzehnten scheint der Anbau und die Nutzung von Sellerie außer als Medizinalpflanze auch als Küchenpflanze etwas allgemeiner geworden zu sein. So erwähnt Jacobus Theodorus Tabernaemontanus in seinem „New vollkommentlich Kreuterbuch" (Edition Hieronymus Bauhin 1664, S. 265) bezüglich der von ihm „Groß-Gartenpeterlein, Apium hortense maximum" genannten Selleriesippe: „den man heutiges Tages fast in allen Speisen gebraucht, . . . wird bei uns von etlichen in Garten gezielet, und ist all bereit in Italien ziemblich gemein, da man die Blätter, Stengel so wol als die wurtzel isset".

Ähnliches weiß Adam Lonicer in seinem „Kreuterbuch" (Ulm 1679 S. 487) vom „Gartenepff" zu berichten. „Wird fast in allen Gärten gepflantzt". Hinsichtlich der Nutzung macht er jedoch gewisse Unterschiede bezl. der einzelnen Teile der Pflanze. „Der Same wird mehr genützt in der Artzney, dann das Kraut oder Wurtzel", die mehr in der Küche Verwendung fanden.

Zugleich mit den ausführlicheren Nachrichten über Sellerie schälen sich allmählich um die Mitte des 17. Jahrhunderts aus den ursprünglich nur zwei unterschiedenen, entweder wildwachsenden oder in Gartenkultur angebauten, anfänglich nur als Medizinalpflanze, später auch als Küchengewürz genutzten, einige weitere, etwas spezialisierte Sippen mit entsprechend geänderter Nutzung heraus. Dabei zielten die Entwicklungstendenzen in drei verschiedene Richtungen.

I. Nur relativ gering sind die morphologischen Abweichungen der wildwachsenden Ausgangssippe vom heutigen **Schnittsellerie**. Hiervon werden ausschließlich die mit schwachen, hohlen Blattstielen versehenen Blattspreiten der Pflanze zerkleinert als Gewürz für Suppen oder zur Garnierung von Speisen verwendet, ein Nutzungszweck, der heutigen Tages bei uns fast ausschließlich von der verwandten Petersilie übernommen wurde. Der Anbau auf nährstoffreicherem Gartenland führte gegenüber der Wildsippe lediglich zu einem etwas üppigeren Wachstum, kenntlich vor allem in der vermehrten Anzahl der Achseltriebe der Einzelpflanze unter Beibehaltung der ursprünglich relativ schwachen und hohlen Blattstiele. Wiederholter Schnitt der Blätter steigerte noch die Vieltriebigkeit. Andererseits veränderte sich der ursprünglich etwas scharfe, unangenehme Geruch und Geschmack der Pflanze durch die Kulturmaßnahmen allmählich ins angenehm Würzig-Aromatische. Bei dem dem Nutzungszwecke entsprechend nur geringen Bedarf an Schnittsellerie blieb die Anbaufläche hierfür in der Folgezeit nur gering.

Als Erste erwähnen die Verwendung des in Herausdifferenzierung begriffenen Schnittsellerie als ausgesprochenes Küchengewürz Bruyerin-Champier in seiner Schrift „De re Cibaria“ vom Jahre 1562, Charles Estienne in mehreren Auflagen seiner „Maison rustique“ und Olivier de Serres in „Théatre d'agriculture et mesnage des champs“, das nach den beiden ursprünglichen Drucken von 1600 und 1629 selbst noch 1804/05 erneut aufgelegt wurde.

Während im europäischen Raum Schnittsellerie im Laufe der Zeit weitgehend durch die Petersilie hinsichtlich der Nutzung in der Küche verdrängt wurde, spielt Schnittsellerie in China noch heute eine größere Rolle in der Beliebtheit bei der Bevölkerung. Für die täglichen Suppen wird er gern als würzendes Suppengrün verwendet und die Anbauflächen sind entsprechend größer, zumindest in der Umgebung größerer Städte.

Während als Bildungszentrum des Schnittsellerie keine bestimmte Landschaft benannt werden kann, ist zweifelsfrei Italien als Bildungsherd für die beiden anderen Entwicklungsrichtungen des Wildsellerie anzusehen. Sie zeichnen sich beide seit Beginn des 17. Jh. ab, ohne daß der einen vor der anderen der Primat zuerkannt werden kann und zielen unter Weiterentwicklung zweier verschiedener Organe der Wildpflanzen auf zwei völlig unterschiedliche Nutzungsweisen als Gemüsepflanze ab.

II. Bei der Herausdifferenzierung unseres heutigen **Stiel-**, **Stengel-** oder **Bleichsellerie** sind die Abwandlungen gegenüber der Ausgangssippe bereits stärker ausgeprägt und fallen deshalb auch deutlicher in die Augen. Im Zusammenhang mit einer Verbreiterung der Stengelbasis sind es besonders die Blattstiele, die einer Veränderung unterlagen. Aus den hohlen, schwachen Blattstielen der Wildsippe entstanden im Verlaufe eines größeren Zeitraumes vorwiegend durch primäre parenchymatische Verdickungs- und Wachstumsvorgänge, recht fleischige, zarte und – als Folge der Kulturmaßnahmen – schließlich auch aromatisch schmeckende Gebilde, die mit breiter Basis ansitzen. Aus vieltriebigen Pflanzen mit dünnen, hohlen Blattstielen entwickelten sich allmählich unsere heutigen kräftigen, weitgehend wenigtriebigen, entweder niedrigen, mittelhohen oder hohen Bleichselleriesorten mit ihren soliden, sukkulenten und verbreiterten Blattstielen. Die aufrechte Haltung der dicht stehenden, basal einander weitgehend umfassenden Blattstiele begünstigte die Entstehung der sogenannten „selbstbleichenden“ Sorten, bei denen – wenn überhaupt noch – nur kurzfristige Etiolierungsmaßnahmen zwecks Geschmacksverbesserung notwendig sind. Um dieser wohlschmeckenden fleischigen Blattstiele willen wurde alsbald der Anbau der neu entwickelten Sippe – ausgehend von den mittelitalienischen Gartenbauzentren – allein betrieben.

Aus einer anfangs nur wenigen bekannten und zugänglichen Delikatesse entwickelte sich im Laufe des 17. Jahrhunderts – zunächst vorerst nur in Italien – eine neue, alsbald größere Verbreitung findende Gemüsesippe.

Deren Inkulturnahme über die Grenzen der Appeninhalbinsel hinaus läßt sich noch heute schrittweise im Verlaufe des 17. Jahrhunderts verfolgen. Zuerst griff der Anbau auf das angrenzende Frankreich sowie auf Brabant über, wo er bereits 1669 als recht verbreitet angegeben wird. In England war Stielsellerie um 1630 nach Angabe von John Parkinson noch eine Seltenheit. 50 Jahre später jedoch, zur Zeit von John Ray, war er schon wohl bekannt. Auffälligerweise spielt die Kultur des Bleichsellerie in Deutschland sowie im nördlichen Europa bis heute kaum eine Rolle, obwohl von England aus selbst Nordamerika inzwischen zu einem besonders bevorzugten Anbaugebiet wurde.

Nachdem im Zeitalter des Roi Soleil Bleichsellerie zu einem bevorzugten Tafelgemüse des Adels zu werden begann, nahm sich besonders La Quintinye, Hofgärtner Ludwigs XIV., der Verbesserung der Kulturmethoden an und erzielte durch Abwandlung der bisher geübten Praxis Geschmacksverbesserungen der Pflanzen. Er griff dabei auf Angaben von Plinius zurück, aus denen hervorging, daß bereits die alten Römer durch Bleichen der Blätter des angebauten Sellerie dessen Bitterkeit erheblich zu mindern verstanden.

Als eine der frühesten überlieferten Kennzeichnungen der Eigenschaften des Stielsellerie können die folgenden Sätze von John Parkinson betrachtet werden. In seinem „Theatrum botanicum“ (1640 S. 926) führt er neben dem „Apium vulgare sive palustre“ noch einen „Selinum sive Apium dulce“ an, den er wie folgt beschreibt: „The sweet Smallage . . . groweth in the same manner that the former Smallage doth but larger then it, the leaves likewise are larger but not of so deep a greene colour . . . with a very warming and comfortable rellish also nothing offensive, but the whole herbe is so pleasant as if Sugar had been mixed with it“.

In dem von Antonio Vallet verfaßten Verzeichnis der Pflanzen der Königlichen Gärten zu Paris vom Jahre 1665 (Hortus regius I, S. 22) wird mit der erweiterten Phrase zugleich etwas über die Herkunft dieser neuen Selleriesippe ausgesagt: „Apium dulce, celeri Italorum“. In derselben Form nahm auch der Leidener Botaniker Hermann Boerhaave diese heute allgemein als Blatt- oder Stielsellerie bezeichnete Selleriesippe in seinen „Index alter plantarum quae in Horto Acad. Lugduno-Batavo aluntur“ (1720, S. 58) auf. Gleichzeitig unterschied er davon noch eine weitere Sippe mit etwas gefleckten bzw. panaschierten Blättern: „Apium dulce, celeri Italorum, folio variegatum“.

Zwei Jahrzehnte später übernahm J. P. Tournefort die Phrase „Apium dulce, celeri Italorum“ gleichfalls in seine „Institutiones rei herbariae (ed. 3, 1719 S. 305). Auf Tournefort wiederum bezog sich schließlich Linné, als er bei Einführung der binären Nomenklatur in seinem Werk „Species plantarum“ (ed. 1 1753, S. 264) als Typus seiner neuaufgestellten Art *Apium graveolens* die Bauhinsche Phrase „Apium palustre & Apium officinarum“ erkor und innerhalb derselben die Tournefortsche Phrase „Apium dulce, celeri Italorum“ wiederum rangstufenmäßig als deren zunächst noch nicht selbständig benannte Varietät „ß“ einordnete.

III. Die dritte vom Wildsellerie ausgehende Entwicklungsrichtung führte allmählich zur Herausdifferenzierung des heutigen **Knollenselleries**. Hier treten die morphologischen Veränderungen gegenüber der Ausgangssippe besonders auffällig an der aus dem Boden entnommenen Pflanze hervor.

Aus der ursprünglich völlig unregelmäßig gestalteten, etwas verzweigten Wildselleriewurzel entwickelte sich im Verlaufe eines längeren Zeitraumes vorwiegend infolge primärer Wachstums- und Verdickungsvorgänge ein knolliges Gebilde, in das außer der Wurzel vor allem auch das Hypokotyl und die verbreiterte Sproßbasis mit einbezogen wurden. Der jeweilige Anteil genannter Knollenkomponenten am Aufbau einer Sellerieknolle ist selbst an der geernteten Sellerieknolle äußerlich noch gut erkennbar. So ist der Sproßanteil durch die als Folge der Dickenwachstumsvorgänge mehrere Zentimeter breit gezogenen Blattbasen (bzw. deren hinterlassene Narben) charakterisiert. Allein aus dem Wurzelanteil wiederum vermögen Seitenwurzeln hervorzubrechen. Bei neueren Sortenzüchtungen wird der Wurzelanteil der Knollen bewußt klein gehalten. Damit ist zugleich die Ausbildung von nur relativ schwachen Seitenwurzeln verbunden, so daß auf diese Weise nicht nur das Roden der erntereifen Knollen wesentlich erleichtert wird, sondern zugleich auch der Putzabfall bei der Weiterverarbeitung und Zurichtung relativ gering bleibt. Der sowohl blattbasenfreie als auch wurzellose mittlere Abschnitt einer Sellerieknolle entspricht der aus dem Hypokotyl hervorgegangenen 3. Komponente. Seine Längserstreckung ist bei den einzelnen Sorten – entsprechend den verschiedenen Knollenformen – unterschiedlich.

Wie bereits eingangs angedeutet, ist ebenfalls die Appeninhalbinsel als Herd der Herausdifferenzierung des Knollensellerie zu betrachten. Auch wurde bereits darauf hingewiesen, daß auf den von Brunfels und Fuchs gegebenen Holzschnitten von Selleriepflanzen noch keinerlei Andeutung einer basalen Verdickung zu erkennen ist, diese tritt erstmalig 1586 bei Matthiolus (ed. Joachim Camerarius) zutage.

Trotzdem wußte Ruellius in seinem Werk „De natura stirpium“ 1536 schon zu berichten, daß man vom Sellerie die Wurzel roh oder gekocht genieße. Auch Leonhart Rauwolf erwähnt von seiner 1573 ausgeführten Orientreise, daß man in Tripolis und Aleppo gekochte Selleriewurzeln verzehre. Schließlich machte 1592 Porta („Villae libri XII“) erste Angaben über die Knollenform. In Apulien fand er eine etwa kopfgroße, wohlschmeckende „Apium capitatum“ benannte Knollenselleriesippe vor. Auch der jüngere Bauhin (Johannes Bauhin) erwähnt Mitte des 17. Jh. einen „Selinum tuberosum“.

Die Beliebtheit des Knollensellerie als wohlschmeckender Salat während des 17. und 18. Jh. ist aus zahlreichen französischen Küchenrezepten (z. B. von La Varenne u. a.) zu entnehmen. Dennoch fand die Kultur in Frankreich ganz im Gegensatz zu Deutschland, den Niederlanden und der ČSSR sowie Polen bis heute kaum Eingang. In den letztgenannten Ländern erlangte der Knollensellerie seine weitere Durchzüchtung.

B. TAXONOMISCHER TEIL

Mit der schrittweisen Verfolgung der Geschichte der Kultur von Sellerie sowie des historischen Ablaufes der wechselnden Benennungen– einerseits am Beispiel des Wildsellerie, andererseits am Beispiel der Kultursippen des Bleichsellerie sowie des Knollensellerie – ist zugleich die Grundlage für ein Verständnis der heutigen Nomenklatur und Taxonomie innerhalb der Art *Apium graveolens* L. erstellt.

var. ***graveolens***
Apium graveolens L., Spec. (1753) 264 s. str. (excl. β); Miller, Gard. Dict. ed. 8, (1768) nr. 4; *A. graveolens α. palustre* Ehrh. ex Hoffm., Syll. pl. Umb. (1814) 6; *A. graveolens* var. *maritimum* Dumort., Flor. belg. (1827) 78; *A. graveolens* var. *sylvestre* Presl, Fl. Sicul. (1826) p. XXII; Cambess., Enum. pl. Balear. (1827) 246; Alef., Ldw. Fl. (1866) 150 (sub. Var.-Gr. *dulce*).
Wildform der Art
Volksnamen: Wilder Sellerie, Wildsellerie; frz.: ache odorante, ache des marais.
Icones: (Abb. 2)

Pflanze mit verzweigter, harter Wurzel; diese von bitter-scharfem Geschmack, ungenießbar. Vieltriebig. Blattstiele relativ kurz, schwach, hohl. Blattspreiten mittel- bis dunkelgrün, fiederschnittig, etwas überhängend. Wuchs halbaufrecht, periphere Blätter ± flach am Erdboden ausgebreitet. Höhe der Pflanze 30–35 cm.

Nutzung: Bei Griechen und Römern „plante funéraire", im Mittelalter vorwiegend Medizinalpflanze. Wirkung der Wurzel: Schweiß- und harntreibend; früher offizinell. Wildsellerie zählte früher zu den 5 eröffnenden größeren Wurzeln (radices quinque aperientes majores). Die Selleriesamen wurden früher den 4 kleineren erwärmenden Samen zugeordnet (semina quatuor calida minora).

Im Sortiment Gatersleben vorhanden: Api 1 (Herkunft Solgebiet Hecklingen bei Staßfurt); Api 2 (Herkunft Botanischer Garten Ljubljana, Jugoslavien).

f. ***lustianicum*** (Mill.) Helm, nov. comb.
Apium lusitanicum, Miller, Gard. Dict. ed. 8 (1768) nr. 7; *Apium graveolens* var. *lusitanicum* (Mill.) DC., Prodr. 4 (1830) 101.

Diese *Apium*-Sippe wurde 1768 von Ph. Miller aufgestellt, nachdem er sie 20 Jahre lang in seinem Garten zu Chelsea kultiviert hatte, und sie sich dabei als konstant erwies. Sie unterscheidet sich nur unwesentlich von der vorgenannten Wildsippe.

Das bereits von Miller angegebene Unterscheidungsmerkmal „untere Blätter mit 3, Stengelblätter mit 5 gekerbten Lappen" (so auch in Hegi V, 2 (1926) S. 1144) – wobei der Endlappen wiederum dreigelappt ist – trifft ebenso für die Keim- und Jungpflanzen von *Apium graveolens* var. *graveolens* zu.

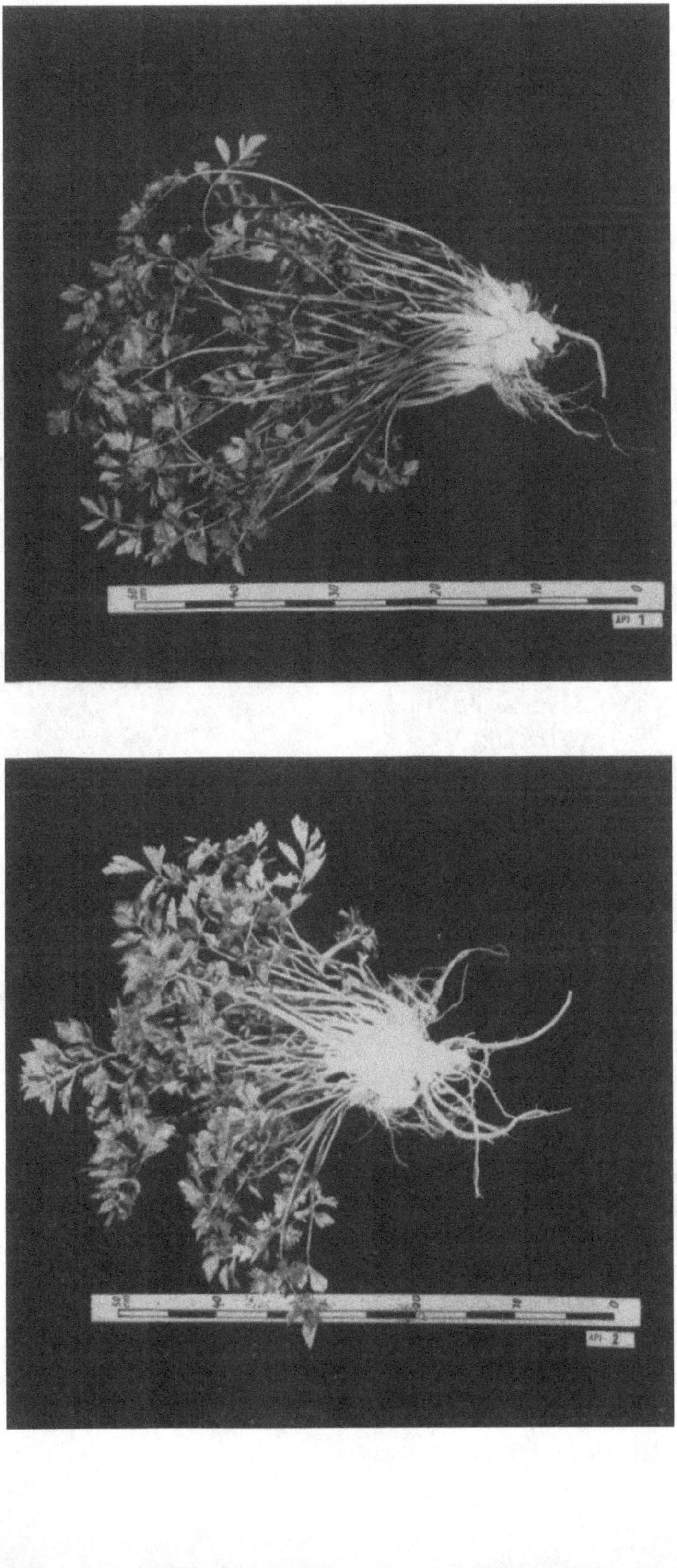

Abb. 2. Einzelpflanzen von *Apium graveolens* var. *graveolens*. a Herkunft Ljubljana (Api 2), b Herkunft Staßfurt (Api 1)

Wuchs halbaufrecht bis flach ausgebreitet. Vieltriebig. Bau der Wurzel und die Fiederschnittigkeit der Spreitenzipfel bieten kaum Unterschiede zur var. *graveolens* (Abb. 3). Lediglich die etwas graugrüne Färbung der Blattspreiten ist abweichend.

Es erscheint unangebracht, dieser bisher nur vom locus classicus, Portugal, beschriebenen Sippe die Rangstufe einer eigenen Varietät bei derartig mini-

Abb. 3. Einzelpflanze und Blätter von *Apium graveolens* var. *graveolens* f. *lusitanicum* (Miller) Helm (K 1055)

malen Abweichungen zuzuerkennen. Es wird daher vorgeschlagen, sie als forma der var. *graveolens* zu subsummieren.

In Gatersleben kultiviert: K 1055 (Herkunft Botanischer Garten der Universität Coimbra, Portugal).

var. ***secalinum*** Alef., Ldw. Fl. (1866) 151 (sub Var.-Gr. *dulce*). – *A. graveolens* var. *silvestre* f. *secalinum* (Alef.) Hegi, Ill. Fl. Mitt. – Eur. V, 2 (1926) 1144; Becker-Dill., Gemüsebau ed. 6 (1956) 593.

Diese erstmalig von dem Schöpfer einer Kulturpflanzentaxonomie, dem in Ober-Ramstadt bei Darmstadt ansässigen und dort ausgedehnten Anbau von Kulturpflanzen betreibenden praktischen Arzte Friedrich Alefeld (1820–1873) aufgestellte Selleriesippe umfaßt ausschließlich die Kultursippe Schnittsellerie.

Volksnamen: Schnittsellerie, Krautsellerie; frz.: céleri à couper. céleri creux, céleri petit, céleri fin de Hollande; engl.: smallage, soup celery; ital:. sedano para tagliare; span.: apio de cortar, apio pequeño.

Icones: Vilmorin, Plantes potagères ed. 4, Paris 1925, S. 83: „Céleri à couper" (Abb. 4).

Pflanze vieltriebig, Wuchs halbaufrecht, Höhe ca 40 cm. Blattstiele dünn bis mittelstark. Fiederschnittigkeit der Spreite – mit Ausnahme einer gekrausten Sorte – entspricht der der Wildsippe.

Nutzung: Würzpflanze von nur beschränktem Ausmaß des Anbaues. Die Nutzung des Schnittsellerie ist auf die Blätter beschränkt, die zumeist klein geschnitten als Würze den Speisen beigegeben oder in Form größerer oder kleinerer Blattzipfel zur Garnierung Verwendung finden. Bei uns wird jedoch der gleiche Nutzungszweck weitgehend von der Petersilie übernommen, in China indessen ist die Beigabe von Schnittsellerie zu den täglichen Suppen weit verbreitet.

Nutzwert: Trotz der etwas besseren Kälteresistenz des Schnittsellerie als sie der Petersilie eigen ist, dürfte wenigstens bei uns eine Ausweitung des nur geringen Anbaues von Schnittsellerie kaum zu erwarten sein. Durch eingewinterten Knollensellerie steht auch zur Winterszeit meist etwas Sellerielaub zur Verfügung, zumal schon der Herbstanfall vom Laub des Knollensellerie nur zu einem geringen Teil durch Trocknung und Bereitung von Selleriesalz seitens der Industrie aufgefangen werden kann.

An Sorten sind zur Zeit vorhanden: 'Gewöhnlicher Schnittsellerie'; ferner die französische Sorte: 'Céleri à couper' (Gat.: Api 13), sowie 'Amsterdamer Feiner' (Gat.: Api 14, Herkunft Prag-Ružyné und Api 16, Herkunft Olmütz).

Hier sind ferner eine vom Balkan und mehrere aus China stammende Anbaunummern einzuordnen. Api 7, Herkunft Welestinos, Nord-Griechenland; K. 625, Herkunft Landwirtschaftliche Versuchsstation Chengchou; K 626 und K 642, beide Herkunft Harbin; K 643 Herkunft Ichun. Dabei ist bemerkenswert, daß sämtliche europäischen Sippen hochwüchsiger und zumeist vieltriebiger sind als die (zumindest unter den hiesigen Vegetationsbedingungen) kompakter und kurzstieliger sich entwickelnden chinesischen Herkünfte. Speziell für Garnierungszwecke geeignet ist der bereits bei Alefeld aufgeführte 'Krausblättrige Schnittsellerie', von dem in Gatersleben die neuere Sorte 'Aromatischer Extra Krauser Vielstengeliger' im Anbau ist (Api 57, Herkunft DSG Quedlinburg), deren feinschnittige Blattspreiten denen von *Daucus carota* sehr ähnlich sind, wie der Abb. 5 zu entnehmen ist.

var. ***dulce*** (Mill.) Pers., Syn. 1 (1805) 324; DC. Prodr. 4 (1830) 101. – *A. graveolens* var. *β* L., Spec. (1753) 264; *A. dulce* Mill., Gard. Dict. ed. 8 (1768) nr. 5; *A. graveolens β sativum* Gaud., Fl. Helv. 2 (1828) 422; *A. graveolens* Var.-Gr. *dulce* Alef., Ldw. Fl. (1866) 150 (excl. var. *silvestre* et var. *secalinum*).
Volksnamen: Bleichsellerie, Stielsellerie, Stengelsellerie, mitunter auch Stangensellerie (Dassler 1957); frz.: céleri à côtes (pleines), céleri blanche; engl.: celery; ital.: sedano da coste; holl.: bleekselderij

Abb. 4. Einzelpflanzen von *Apium graveolens* var. *secalinum* Alef. a Herkunft Harbin, China (K 642), b 'Amsterdamer Feiner', Herkunft Olmütz (Api 16), c 'A Couper', Herkunft Olmütz (Api 13)

Abb. 5. Einzelpflanze und Blätter von *Apium graveolens* var. *secalinum* Alef. 'Aromatischer Extra Krauser Vielstengeliger', Herkunft DSG Quedlinburg (Api 57)

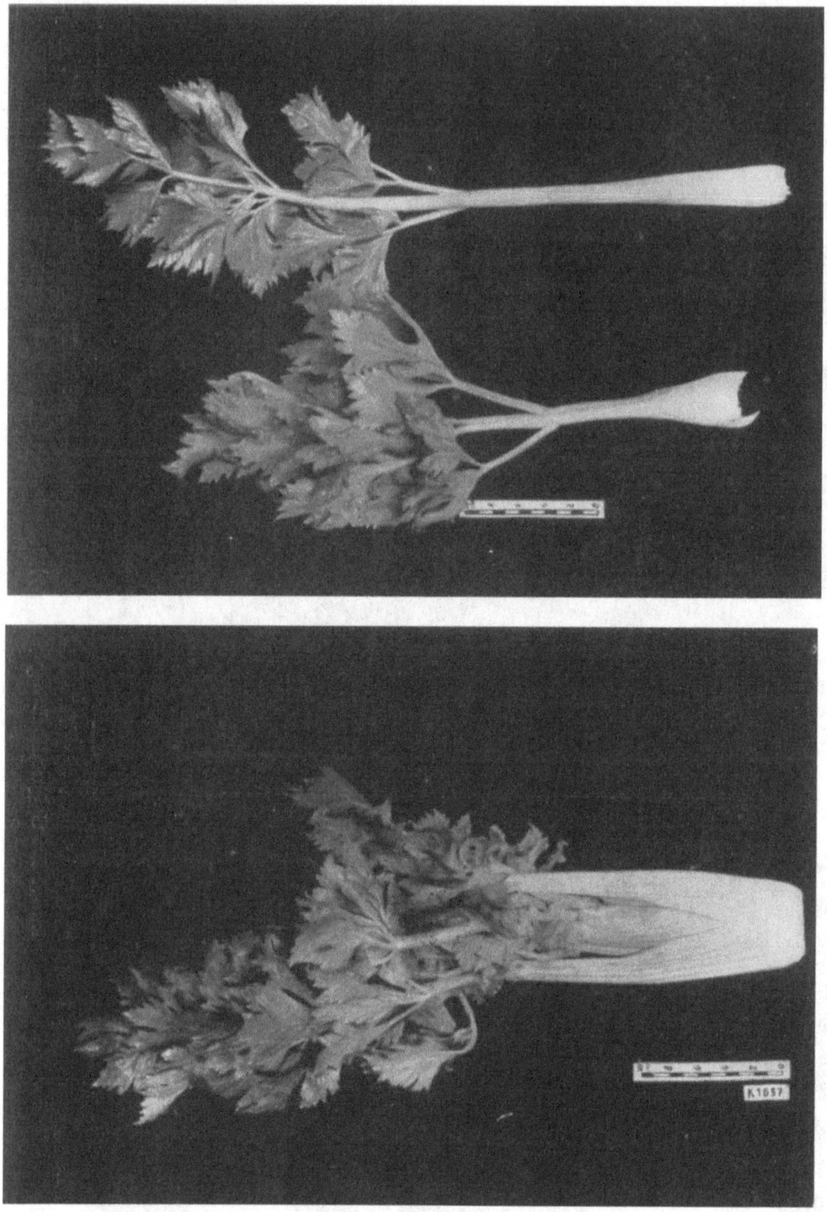

Abb. 6. Verkaufsfertige Einzelpflanze und Blätter von *Apium graveolens* var. *dulce* (Miller) Pers., 'Goldkind', Herkunft DSG Quedlinburg (K 1857)

Icones: Hayne, Getreue Darst. u. Beschreib. Arzneykunde gebräuchl. Gewächse VII (1821) t. 24. Vilmorin, Plantes potagères ed. 4, Paris 1925, S. 76–81. (Abb. 6).

Die meist relativ großen Pflanzen zeichnen sich durch aufrechten Wuchs und entsprechende Haltung der mit verbreiterter Basis ansitzenden, stark sukkulent verdickten und einander umschließenden Blattstiele aus. Höhe der Pflanzen sowie Färbung der Stiele sowie Spreiten je nach Sorte unterschiedlich.

Nutzung der aromatisch schmeckenden, sukkulenten Blattstiele als roh genossene Delikatesse.

Die Herausdifferenzierung des Stielsellerie erfolgte vermutlich in Italien Mitte des 16. Jh. etwa gleichzeitig mit der des Knollensellerie.

Derzeitige Handelsklassifizierung:

Klasse I: Blattstiele mindestens zur Häfte weißlich-gelblich oder grünlich-weiß

Klasse II: Blattstiele mindestens ein Drittel weißlich-gelblich oder grünlich-weiß.

Gewicht einer Pflanze über 800 g: groß

Gewicht einer Pflanze zwischen 500–800 g: mittel

Gewicht einer Pflanze zwischen 150–500 g: klein.

Besonders groß ist das Ausmaß des Stielsellerieanbaues in den USA. Seit den 30er Jahren dieses Jahrhunderts sind vor allem die amerikanischen Firmen in der Züchtung auf diesem Gebiet führend. Speziell in den Staaten California, Florida, Michigan, New York, New Jersey, Ohio und Colorado wird die Bleichselleriekultur ausgiebig betrieben und zwar mit einer außerordentlichen Sortenvielfalt. Neben lang-, mittellang- und kurzstieligen Stielselleriesorten mit entweder grünen, gelben oder cremefarbigen Blattstielen kommen solche mit einer mehr oder weniger intensiven Rottönung vor. Teils benötigen die Sippen entweder gar keine, nur kurzfristige oder länger andauernde zeit- und materialaufwendige Bleichungsmaßnahmen. In jüngster Zeit haben die Käuferwünsche sich jedoch von den gebleichten Stielselleriesorten hinweg mehr zu den grünen hingewendet, da der Vitamin-Gehalt in den letzteren bedeutend höher ist. Dabei ist jedoch zu bedenken, daß ein großer Teil der sogenannten „selbstbleichenden" Sorten in der Tat nicht völlig gebleicht ist und selbst die gebleichten grünen Sorten nur eine partielle Bleichung erfahren. Neben geschmacklich voneinander differrierenden Sippen weisen andere physiologische Unterschiede auf. So benötigen die einen eine längere oder kürzere Vegetationsperiode bis zur Schnittreife oder zeigen – vor allem Sommersorten – unterschiedliche Neigung zum „Schießen", d. h. zur Entwicklung des Blütensprosses bereits innerhalb der ersten Vegetationsperiode. Wieder andere vertragen gut eine längere Lagerung oder selbst eine Verschiffung über größere Strecken, ohne Qualitätseinbuße. Hinzu kommen weitere Stämme, die sich ausgesprochen für Herbst-, Winter- oder Frühjahrsanbau eignen bzw. den unterschiedlichen klimatischen Bedingungen in den betreffenden Anbaustaaten speziell angepaßt sind. Auch die Resistenz gegenüber Krankheiten ist bei den einzelnen Sorten unterschiedlich.

Um die angeführten Beispiele zu verdeutlichen, sei auf die größere Anzahl der 'Utah'- oder 'Golden Crisp'-Stämme hingewiesen und die hiervon sich ableitenden Sorten 'Delmar' bzw. 'Florida 683' sowie auf die zahlreichen 'Pascal'-Stämme mit den hierhergehörigen Sorten 'Emerald', 'White Plume', 'Golden Plume', 'Golden Self-Blanching' sowie 'Cornell No. 19' (= 'Golden Self-Blanching' x 'Utah').

Vilmorin (1925) verzeichnet auf den Seiten 75–82 eine größere Anzahl älterer Sorten, zumeist mit Holzschnittabbildungen, von denen speziell die rotrippigen oder gar violett gefärbten Sorten ebenso wie die mit gekrausten oder hirschgeweihartigen Spreiten versehenen heute kaum noch im Anbau angetroffen werden. Sie helfen jedoch, die Breite des Mannigfaltigkeitsspektrums des Stielselleries zu veranschaulichen.

Nach den Angaben von K. M. Round (1961) ist das Bleichsellerie-Anbaugebiet für ganz England und Wales auf das Moorgebiet im Umkreis von 30 km der Städte Ely und Littleport beschränkt. Hier werden 70% des englischen Bedarfes gedeckt. Hauptsächlich wird dabei die nicht selbstbleichende Sorte 'Clucus New Dwarf White' verwendet, da sie sich sowohl für den Früh- als auch Normalanbau gleichermaßen gut eignet, jedoch eine Anhäufelung 3 Wochen vor dem beabsichtigten Erntebeginn erforderlich macht.

Im Sortiment Gatersleben sind z. Zt. die folgenden Stielselleriesorten vertreten: 'Pascal' (Api 5, Herkunft Burpee Philadelphia); 'Summer Pascal' (Api 4, Herkunft Prag-Ružyné); 'White Plume' (Api 6, Herkunft Prag-Ružyné); 'Turners Incomparable' (Api 54, Herkunft Benary, Erfurt); 'Utah Jumbo' (K 842, Herkunft Ottawa, Kanada); 'Türkis' (K 1797, Herkunft DSG Quedlinburg) und 'Goldkind' (K 1857, Herkunft DSG Quedlinburg). Hierzu kommen noch zwei Zuchtstämme (Api 51 und Api 52, Herkunft Kornacker, Wehrden) sowie drei Landsorten aus Italien: Api 9 aus Catania, Api 10 aus Gallodoro (Provinz Messina) und Api 11 aus Cosenza (Provinz Aprigliano). Vermutlich auf amerikanischen Ursprung gehen zwei Herkünfte aus Peking zurück: K 1171 und Api 8 sowie eine besonders gedrungen und kompakt wachsende gelbstielige Herkunft aus Japan: K 2432 (Abb. 7).

var. ***rapaceum*** (Mill.) Gaud., Fl. Helv. 2 (1828) 422 (*Napaceum* prob. sphalmata), DC., Prodr. 4 (1830) 101. – *A. rapaceum* Mill., Gard. Dict. ed. 8 (1768) nr. 6; *A. graveolens* Var.-Gr. *rapaceum* Alef., Ldw. Fl. (1866) 151.
Volksnamen: Knollensellerie, Wurzelsellerie, Eppich; engl.: celeriac, turnip rooted celery, German celery; frz.: céleri-rave, ache-douce; ital.: sedano-rapa; span.: apio-nabo, apio-rabano; holl.: knolselderij.
Icones: Vilmorin, Les plantes potagères ed. 4 (1925), S. 84–85; L. Müllers, Gemüsebau (1934) Abb. 316–324 auf S. 235–239; Hahn-Schmidt, Kohl- und Wurzelgemüse (1951) S. 249–255; Kampe, Basse, Glaschke, Schreiber, Gemüsebau 2. T. (1956) Taf. XXIV (S. 117). Knollensellerie ist diejenige Varietät von *Apium graveolens*, an der die durch die Inkulturnahme hervorgebrachten morphologischen Veränderungen am auffälligsten hervortreten. Vermutlich begann die Knollensellerie-Kultur ebenfalls in Italien, wo bereits Mitte des 16. Jh. in Apulien ein „Apium capitatum“ erwähnt wird.

Aus der verzweigten und völlig unregelmäßigen Wurzelpartie der Wildpflanzen entwickelte sich im Verlauf der Inkulturnahme durch parenchymatische Verdickungsvorgänge allmählich ein knolliges Gebilde, zu dessen

Abb. 7. Einzelpflanzen von *Apium graveolens* var. *dulce* (Miller) Pers. a 'Türkis', Herkunft DSG Quedlinburg (K 1797), b 'Goldkind', Herkunft DSG Quedlinburg (K 1857)

Bildung auch der Hypokotylabschnitt sowie die Sproßbasis der Pflanze mit einbezogen wurde. Der jeweilige Anteil dieser drei Komponenten am Aufbau einer Sellerieknolle ist auch noch an der geernteten Knolle äußerlich gut erkennbar.

Nutzung: Gekocht als Salat oder Zusatz zu Mischgemüse verwendet durch Haushalte oder die Konservenindustrie. Gefriertrocknung zur Verarbeitung zu tischfertigen Suppen.

Zur Gliederung der zahlreichen Knollenselleriesorten eignet sich recht gut die sehr variable Knollenform. Als ursprünglichster Typ dürfte der breit-kegelförmige anzusprechen sein, der zugleich die ertragreichsten Knollen liefert (Abb. 8, 1).

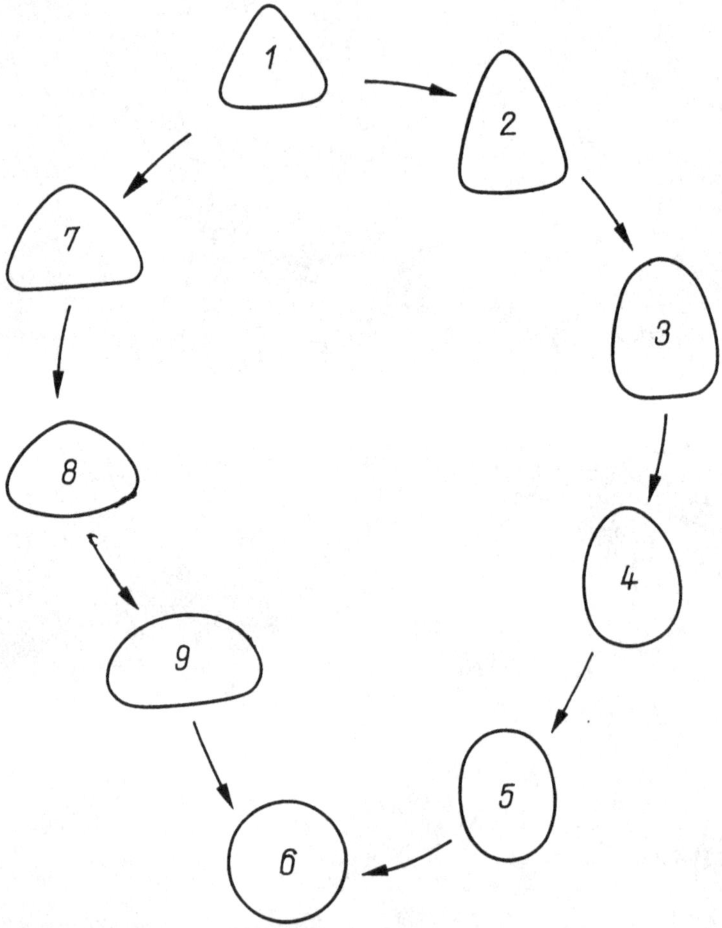

Abb. 8. Schematische Darstellung der Abwandlung der Knollenform beim Knollensellerie (*Apium graveolens* var. *rapaceum* (Miller) Gaud. Näheres im Text

Ausgehend von der breit-kegelförmigen Grundform lassen sich für die Herausdifferenzierung der übrigen Sellerieknollenformen zwei verschiedene Entwicklungstendenzen nachweisen, die beide letztlich zur gleichen Endform, nämlich der annähernd kugeligen Sellerieknolle (6) hin tendieren. Im ersten Falle wird die relativ große Längsachse fast unverändert beibehalten, während der maximale Breitendurchmesser stufenweise abnimmt und gleichzeitig allmählich von der Basis der Knolle zu deren Mitte hin verlagert wird. Wie aus dem beigegebenen Schema ersichtlich, resultieren als Ergebnis genannter Vorgänge aus der ursprünglichen Breitkegelform (1) zunächst die Spitzkegelform (2) sowie die konische Granatenform (3), schließlich die Eiform (4), die ihrerseits leicht in die Ovalform (3) übergeht. Verkürzt sich auch die Längsachse entsprechend, so wird durch diesen einen Schritt alsbald das Endstadium, die Herausbildung einer kugelförmigen Sellerieknolle (6), erreicht.

Bei der zweiten Entwicklungsrichtung wird umgekehrt der maximale Breitendurchmesser ± unverändert beibehalten. Auf diese Weise ergibt sich, wiederum ausgehend von der breitkegelförmigen Sellerieform (1), zunächst eine solche mit stumpfem Dreiecksquerschnitt (7), mitunter leicht modifiziert durch geringfügige Verlagerung des größten Breitendurchmessers von der Basis hin weg (8). Tritt hierzu noch eine Verkürzung der Längsachse, so resultiert über die abgeflachte Brotlaibform (9) schließlich ebenfalls eine Kugelform (6).

Von den zur Zeit bekannten älteren und neueren Knollenselleriesorten sind im Sortiment Gatersleben vertreten: 'Wiener Markt' (Api 17, Herkunft Quedlinburg); 'Dresdener Markt' (Api 18, Herkunft Quedlinburg); 'Magdeburger Markt' (Api 22, Herkunft DSG Aschersleben); 'Alabaster' (Api 19, Herkunft IHAR Warschau, Polen); 'Invictus' (Api 20, Herkunft DSG Aschersleben); 'Oderdörfer' (Api 21, Herkunft DSG Aschersleben); 'Prager Riesen' (Api 101, Herkunft Benary Erfurt); dazu eine tschechische Herkunft 'Prazsky Obrovsky' (K 2030, Herkunft Prag-Ružyné); 'Apfel' (Api 102, Herkunft Benary Erfurt) und die neuere Sorte 'Apia' (K 2438, Herkunft Hadmersleben).

Hierzu kommen noch verschiedene ausländische Sorten wie: 'Olomoucky' (Api 12, Herkunft Olmütz, ČSSR); 'Nerez' (K 2029, Herkunft Prag-Ružyné, ČSSR); 'Eureka' (K 2359, Herkunft Holland); 'Ceva' (K 2360, Herkunft Holland); 'Tellus' (K 2361, Herkunft Dänemark); 'Pionier' (K 2362, Herkunft Bulgarien); 'Saxa, Stamm Vatter' (K 2363, Herkunft Schweiz) sowie 'Marble Ball' (K 2364, Herkunft USA, über Zentralstelle für Sortenwesen Nossen).

Auf neuere Zuchtsorten niederländischer Herkunft, darunter die sehr aussichtsreichen Sorten 'Iram' sowie 'Limburger' u. 'Ceva' wird in dem Jahresbericht über Gartenbau-, Versuchsanstalten und Beispielsbetriebe der Landwirtschafts-Kammer Rheinland (1968, 50–56) hingewiesen.

Es war nicht unsere Aufgabe, nähere Auskunft über die Werteigenschaften der verschiedenen Knollenselleriesorten zu geben. In diesem Zusammenhang muß es genügen, auf die jeweiligen Zulassungsberichte, Sortenbeschreibungen älteren und jüngeren Datums, vergleichende Anbau-Untersuchungen sowie Spezialuntersuchungen hinzuweisen, von denen die wichtigsten aus dem nachstehenden Literaturverzeichnis zu entnehmen sind. Der typische Selleriegeschmack wird durch schwefelfreie ätherische Öle hervorgerufen, wie sie innerhalb der übrigen Gemüsearten nur noch bei der Möhre sich finden. Der Selleriegeruch beruht hingegen auf einem Sedanolid.

Für den Wert einer weitgehend schoßfesten Sorte sind nicht allein die Größe und Form der Sellerieknollen entscheidend, sondern auch deren möglichst geringer Anteil an Wurzelmasse. Je dünner und zarter dieselbe beschaffen ist, um so geringer ist der jeweilige Putzabfall. Eine annähernd rundliche Form wiederum erweist sich als besonders günstig für das maschinelle Schälen der Knollen, wie es in der verarbeitenden Konservenindustrie üblich ist. Von ausschlaggebendem Wert ist ferner eine bestimmte Festigkeit der Knolle, ohne Hohlraumbildung bzw. schwammige Stellen. Auch das Nichtvorhandensein sog. „Rostflecken" sowie das nicht Schwarzwerden der Selleriescheiben nach dem Kochen (auch ohne Zusatz von Zitronen- oder Essigsäure) bestimmen mit den Wert. Das gleiche gilt für die Widerstandsfähigkeit gegenüber Befall von *Septoria apii* und gegenüber Sellerieschorf. In der angegebenen Literatur über die Qualitätsmerkmale der Sellerieknollen wird von verschiedenen Autoren (Schuphan, Nicolaisen und Nolte) auf den unmittelbaren Zusammenhang einiger Qualitätsmerkmale mit Düngungsfragen hingewiesen.

Ebenso ist der Methodik des Anbaues und der Anbautechnik vor allem hinsichtlich der zu wählenden Pflanzenabstände Wert beizumessen, um bestmögliche Ertragsergebnisse zu erzielen. Durch Erhöhung der Pflanzenanzahl auf 62,5 Tausend Stück je Hektar ist im allgemeinen eine beachtliche Ertragssteigerung zu verzeichnen, womit allerdings eine Verringerung des durchschnittlichen Knollengewichtes in Verbindung steht. Durch Zusatzberegnung ist vor allem in trockeneren Jahren eine beträchtliche Erhöhung der Ertragssicherheit zu erzielen.

Als Anbaugebiete eignen sich insbesondere jene Gegenden mit relativ kühlen und feuchten Sommern und sicheren, möglichst gut verteilten Niederschlägen sowie einem möglichst langen und milden Herbst. Besonders bevorzugt werden anmoorige, feuchte, nährstoffreiche Böden mit annähernd neutraler Reaktion. Ungeeignet sind Lagen mit Spätfrostgefahr, wodurch merklich der Anteil der schossenden Pflanzen erhöht wird.

Für die DDR spielt der Anbau von Knollensellerie als Freilandgemüse nur eine geringe Rolle. Nach den Untersuchungen von S. Schödel nimmt der Anbau von Knollensellerie nur 2,3 Prozent innerhalb der Produktion von Freilandgemüse ein. Dieser Wert liegt noch niedriger als der entsprechende in den Nachbarländern Polen, Dänemark sowie ČSSR, Ungarn und Bundesrepublik Deutschland. An der Einmietung von Gemüse ist Knollensellerie nur mit 4% beteiligt. Der überwiegende Bedarf wird durch Importe gedeckt, vorwiegend in den Monaten Januar und Februar.

Die Bedeutung des Knollensellerie liegt vor allem in seiner Lagerfähigkeit und damit der möglichen Bereitstellung in der gemüsearmen Jahreszeit. Außerdem dient er der Versorgung der Bevölkerung mit Mineralstoffen und

Vitaminen, besonders B 1 während der Wintermonate. Der Calciumgehalt von Knollensellerie ist etwa doppelt so groß wie der des Weißkohles oder der von Möhren. Hauptverbraucher sind bei uns immer noch vorwiegend die Haushalte. Nur ein Teil der anfallenden Ernte wird durch die Konservenindustrie weiterverarbeitet und sterilisiert, entweder als tischfertiger Scheibensellerie oder in Mischgemüsekonserven. Nur kleinere Mengen werden zur Zeit eingefroren. Eine weitere besonders im Ausland durchgeführte Verwendungsart ist die Nutzung bei der Produktion gefriergetrockneter tischfertiger Suppen. So wird beispielsweise in den Niederlanden der Hauptanteil der Knollensellerieernte zu getrocknetem Sellerie verarbeitet.

Zusammenfassung

Anhand von nachweisbaren Belegen wurde für die seit den historischen Zeiten bekannte Art *Apium graveolens* L. ein Überblick über deren Kultur bis heute sowie über die sich wandelnde Nutzung gegeben. Abschließend wurde die Taxonomie der sich seit der Mitte des 17. Jahrhunderts herausdifferenzierenden Varietäten ausführlicher dargelegt.

Summary

Apium graveolens L.
History of cultivation and taxonomy

All kinds of known historical documents were used to complete our knowledge about the cultivation and utilization of *Apium graveolens* L. since the history of our times up to this day. The specialization of distinguishing varieties in the middle of the XVIIth centuries and their taxonomy were explained in detail.

Краткое содержание

Apium graveolens L. – История культуры и таксономия

На основании исторических документов дается очерк культуры сельдерея (*Apium graveolens* L.) с древнейших времен до наших дней и рассматриваются изменяющиеся способы его использования. В конце работы дан подробный таксономический обзор разновидностей сельдерея, начавших дифференцироваться главным образом с середины XVII века.

Literatur

Anbau und Anbautechnik

Anonymous, 1966: Die Knollenselleriekultur in den Niederlanden. – Gemüsebau *2*, 2ff.
– Pflanzenabstand und hohler Sellerie. – Gemüsebau *2*, 119ff.
Bailey, L. H., 1947: The Standard Cyclopedia of Horticulture. I. – New York, 701–709.
Becker-Dillingen, J., 1956: Handbuch des gesamten Gemüsebaues. ed. 6. – Berlin-Hamburg, 592–613.
Cervato, A., 1966: [Vergleich von Sorten und Pflanzenabstand bei Sellerie]. – Ann. Fac. Agrar. Milano, n. s. *6*, Nr. 2, 223–249.
Guzman, V. L., 1962: Horticultural trials with celery varieties. – Everglades Expt. Mimeo Rept. *62*.
Hahn, P., 1954: Die Ertragsschwankungen der Selleriesorten und einige Ursachen. – Der dtsche. Gartenbau *1*, 289–292.
Hösslin, R. von, 1960: Selleriekultur nach Weihenstephaner Erfahrungen. – Die dtsche. Gartenbau-Wirtsch. *8*, 145–146.
Hösslin, Mappes und Steib, 1964: Gemüsebau, Gemüseerzeugung und Absatz. – München-Basel-Wien, 254–264.
Honma, S., J. D. Vriesenga and J. C. Bouwkamp, 1970: Propagation of Celery (*Apium graveolens* L. var. *dulce*). – Euphytica *19*, 207–209.
Koomen, I. P., und I. C. van der Ven, 1965: Der Anbau von Knollensellerie. – Alkmaar Proefstat. voor de Groenteteelt in de Vollegrond. 63 S.
Round, K. M., 1960: [Der Sellerieanbau auf Moorboden]. – Agriculture (London) *67*, 189–191.
Thompson, H. C., 1949: Vegetable Crops. 4th ed. – New York-Toronto-London, 232–262 u. 350.
Tiessen, H., and M. Dickson, 1960: Celery. – Ontario Dept. Agric. *119*, rev. 5 p.
Titze, 1962: Anbauverfahren mit Sellerie. – Rhein. Monatsschr. Gemüse-, Obst- u. Gartenbau *50*, 202.
Weber, W., 1969: Untersuchungen über die Eignung verschiedener Anzuchtverfahren von Selleriepflanzen (*Apium graveolens* L. var. *rapaceum* (Mill.) Gaud.) – Wiss. Zschr. Humboldt-Univ. Berlin *18*, 709–712.

Anatomie-Morphologie

Hayward, H. E., 1951: The structure of economic plants. – New York, 3rd ed., 451–484.
Rauh, W., 1950: Morphologie der Nutzpflanzen. ed. 2. – Heidelberg, 136–137 u. 188.
Szynalska, M., 1967: [Vorläufige Untersuchungen über die Morphologie von Sellerie (*Apium graveolens* var. *rapaceum* (Miller) DC.)]. – Biol. Inst. Hodowl. Akklim. Rostl., 121–128.

Chromosomen

Darlington, C. D., and A. P. Wylie, 1955: Chromosome Atlas of flowering plants. – London, 206.

Kräuterbücher und Historisches

Bernhard, O., 1924: Pflanzenbilder auf griechischen und römischen Münzen. – Zürich.

Bock (Tragus) H., 1546: Kreuterbuch. Darin Unterscheid, Würckung und Namen der Kreuter, so in Deutschen Landen wachsen . . . – Strasburg.

Bois, D., 1927: Les plantes alimentaires chez tous les peuples et à travers les âges. – Paris, 232.

Brunfels, O., 1530: Herbarum vivae eicones. – Argentorati.

Calwer, C. G., 1852: Deutschlands Feld- und Gartengewächse. – Stuttgart 162–163.

Christ, H., 1923: Zur Geschichte des alten Bauerngartens der Schweiz und angrenzenden Gegenden. 2. verm. Aufl. – Basel.

Fischer-Benzon, 1894: Altdeutsche Gartenflora. – Kiel-Leipzig, 119–120, 181, 183, 188.

Fuchs, L., 1542: De Historia stirpium commentarii . . . Basileae.

–, 1543: New Kreuterbuch . . . Basel.

Gesnerus, C., 1561: De hortis Germaniae liber. In: Cordus Valerius, Annotationes in Dioscoridis de medica materia libros V. – Argentorati.

Gibault, G., 1912: Histoire des légumes. – Paris.

Guillaumin, A., 1946: Les plantes cultivées. Histoire – Economie. – Paris, 29–30.

Henslow, G., 1910/11: The origin and history of our garden vegetables and their dietic values. – J. Roy. Hort. Soc. London *36*, 594.

Kaufmann, A., 1892: Der Gartenbau im Mittelalter und während der Periode der Renaissance, dargestellt in fünf Vorträgen. – Berlin.

Keimer, L., 1924: Die Gartenpflanzen im Alten Ägypten. Ägyptologische Studien Bd. 1. – Hamburg-Berlin, 39–40. (Unveränderter Nachdruck Hildesheim 1967).

Keller, F., 1844: Baurіß des Klosters St. Gallen aus dem Jahre 820. Im Facsimile herausgegeben und erläutert. – Zürich.

Kerner, A.: Die Flora der Bauerngärten in Deutschland. Ein Beitrag zur Geschichte des Gartenbaues. – Verh. zool.-bot. Ver. Wien 5, Abh. 787–826 (Erklärung der Pflanzen des Capitulare de villis).

Lauenstein, D., 1900: Der deutsche Garten des Mittelalters bis zum Jahre 1400. – Diss. phil. Göttingen.

Lonitzer, A., 1679: Kreuterbuch. Ed. Peter Uffenbach. – Ulm.

Matthiolus, P. A., 1586: De plantis epitome . . . Ed. Joachim Camerarius. – Francofurti.

Meyer, E. H. F., 1856: Geschichte der Botanik III. – Königsberg. (Nachdruck Amsterdam 1965.)

Parkinson, J., 1640: Theatrum botanicum. – London.

Reichert, C., 1767: Land- und Garten-Schatz. T. IV: 2. Aufl. – Erfurt, 44–49.

Reuss, F. A., 1835: De libris physicis St. Hildegardis commentatio historico-medica. – Wirceburgi.

Schuch, 1853/54: Gemüse und Salate der Alten. – Rastatt.

Sticker, G., 1924: Die gebräuchlichen Heilkräuter in Deutschland zur Zeit Karls des Großen. – Janus *28*, 21–41.

Strabo, Walahfrid, 1966: Hortulus. Translated by R. Payne. Commentary by W. Blunt. – The Hunt Botanical Library Pittsburgh, Penn.

Sturtevant, E. L., 1886: History of Celery. – Amer. Naturalist *20*, 599–606.

Tabernaemontanus, J. Th., 1664: New vollkommentlich Kreuterbuch . . . Ed. Hieronymus Bauhin. – Basel.

Teichert, O., 1868: Geschichte der Gemüse. In: Hamb. Garten- und Blumenztg. *24*, 210–211.
Vallot, A., 1663: Hortus Regius. – Parisiis.
Wein, K., 1914: Deutschlands Gartenpflanzen um die Mitte des 16. Jh. – In: Beih. Bot. Centralbl. Abt. II, *31*, 463–555 (*Apium* S. 501).

Nutzung

Peterman, W. L., 1847: Das Pflanzenreich 2. Aufl. – Leipzig 607.

Qualität

Anonym., 1962: Erfahrungen über Schoßneigung, Schwarzkochen und Putzabfall bei unseren Selleriesorten. – Rhein. Monatsschr. Gemüse-, Obst- u. Gartenbau 50, 288–289.
Becker, G., 1956: Problematik der Qualitätszüchtung. – Ber. u. Vorträge DALW Berlin *2*, 72–98.
Hösslin, R. von, und F. Andresen, 1964: Vierjährige Versuche über die Ursachen des Schossens bei Knollensellerie. – Gartenbauwiss. *29*, 141–160.
Holfelder und Eid: Zum Problem der „Rostfleckigkeit" von konservierten Knollensellerie. – Die industrielle Obst- und Gemüseverwertung *51*, 437–440.
Leh, H.-O., 1966: Versuche zur Frage der „Napfbildung" bei Knollensellerie. – Gemüse *2*, 124–126.
–, 1967: Zur Ätiologie der „Napfbildung" bei Knollensellerie. 1. Mitt. Symptombeschreibung und anatomisch-morphologische Grundlagen. – Z. Pflanzenkrankh. *74*, 556–561.
–, 1968: Weitere Versuche zur „Napfbildung" bei Knollensellerie. – Gemüse *4*, 226 bis 228.
Nicolaisen, R., und O. Nolte, 1931: Über den Einfluß der Düngung auf Ertrag, Güte und Eignung von Sellerie für Konservierungszwecke. – Mitt. Landw. Ges. *46*, 1037–1038.
Schuphan, W., 1937: Untersuchungen über wichtige Qualitätsfehler des Knollenselleries bei gleichzeitiger Berücksichtigung der Veränderung wertgebender Stoffgruppen durch die Düngung. – Bodenkde. und Pflanzenernährung *2*, 255–304.
Seidel, H., 1929: Der Sellerie (*Apium graveolens* var. *rapaceum*), eine Studie zur Sorten- und Qualitätsfrage. – Gartenbauwiss. *2*, 377–414.

Ökologie

Hunt, G. S., 1963: Wild celery in the lower Detroit River. – Ecology *44*, 360–370.

Ökonomie

Evers, G., 1964: Selleriekultur noch wirtschaftlich. – Die dtsche. Gartenbau-Wirtsch. *12*, 190–191.
Schödel, S., 1967: Untersuchungen zur Ökonomik der Produktion von Knollensellerie in der DDR. – Diss. DALW Berlin.
Dassler, 1957: Warenkunde für den Fruchthandel. – Berlin-Hamburg, 197–198. 3. neubearbeitete Aufl. 1969, 256–257.

Sorten

Anonym., 1964: Das Selleriesortiment. – Der Samenfachmann, 422–424.
–, 1958: Ratgeber zur Sortenwahl landwirtschaftlicher und gartenbaulicher Pflanzenarten. 2. erw. Aufl. – Berlin 1958 und spätere Auflagen.
Duggen, 1962: Dänische Sorten- und Herkunftsversuche mit Knollensellerie. – Rhein. Monatsschr. Gemüse-, Obst- u. Gartenbau *50*, 105.
Gagnebin, F., 1960: Analyses des caractères principaux de 16 variétés de celerirave. – Rev. hort. Suisse *33*, 150–152, 183–184, 199–204, 238–240.
Hahn, P., und M. Schmidt, 1951: Kohl- und Wurzelgemüse. Arten- und Sortenkunde. – Berlin 246–255.
Hayashi, H., 1963: [Varieties of celery]. – Agr. et Hort. *38*, 19–24 (jap.)
Hiracka, T., 1963: [Representative varieties of celery and their special characteristics]. – Noko-to-Engei *18*, 68–69 (jap.).
Jensen, J., 1962: [Variety trials with celeriac 1958–1961]. – Tidskr. Planteavl. *66*, 411–422 (dän. mit engl. Summ.).
Kampe, K., Basse, H., Glascheke, B. und F. Schreiber, 1956: Gemüsesorten II. Teil. Beschreibung und wirtschaftliche Beurteilung. – Berlin-Hamburg, 115–119.
Loeser, H., 1968: Sortenvergleichsversuch bei Knollensellerie 1966. – Erwerbsgärtner *22*, 79–81.
Madzarova, D., 1968: [Neue Knollenselleriesorten]. – Gradinarstvo Sofija *10*, 32–34 (Bulg.).
McKee, G. W., 1967: New crop varieties released but seed supplies limited. – Science for the Farmer *14*, H. 3, 10.
Moravec, J., und S. Krasnicka 1964: [Beurteilung tscheehoslowakischer und ausländischer Selleriesorten *Apium graveolens* L. var. *rapaceum* (Miller) DC.] – Vedecke Prace Vyzkumnehe Ustavu Zelinarskeho v Olomouci, 147–162 (mit russ., engl. u. dtsch. Zusf.).
[Rentsch, B.]: Bericht über die Hauptprüfung mit Knollensellerie 1963. – Hrsg. Zentralstelle für Sortenwesen. – Nossen 1964.
– Bericht über die Hauptprüfung mit Knollensellerie 1964. – Hrsg. Zentralstelle für Sortenwesen. – Nossen 1965.
– Bericht über die Sortenprüfung mit Knollensellerie 1967. – Hrsg. Zentralstelle für Sortenwesen. – Nossen 1968
Roux, A., 1966: Selleriesorten. – Gemüse 2, H. 5, 114–118.
Vilmorin-Andrieux et Co, 1925: Les plantes potagères. 4ième edit. – Paris, 83–85.

Taxonomie

Alefeld, F., 1866: Landwirtschaftliche Flora. – Berlin, 150–152; Nachdruck: Koenigstein – Taunus 1966.
Bauhin, C., 1623: Pinax theatri botanici. – Basiliae, 153.
Boerhaave, H., 1720: Index alter plantarum quae in Horto academico Lugduno-Batavo aluntur. – Lugduno Batavorum.
De Candolle, 1830: Prodromus systematis naturalis regni vegetalibus. IV. – Parisiis, 101.
Hortus regius. Pars prior. – Parisiis 1665, 22.
Linné, C. v., 1753: Species plantarum. ed. 1. – Holmiae, 264.
Mansfeld, R., 1959: Vorläufiges Verzeichnis gärtnerisch kultivierter Pflanzenarten. – Kulturpflanze Beih. *2*, 319–320.

Miller, Ph., 1769: Allgemeines Gärtner-Lexikon. Nach der 8. Ausg. a. d. Engl. übersetzt. I. – Nürnberg.

Reichenbach, H. G., 1867: Umbelliferae. – In: Icones florae Germanicae et Helveticae v. XXI., 9–10, Tafeln Nr. 1854–1856.

Thellung, A., 1926: *Apium*. – In G. Hegi: Illustrierte Flora von Mitteleuropa V, *2*, 1139–1147.

Tournefort, J. P., 1719: Institutiones rei herbariae. Ed. 3. – Lugduni.

Wolff, H., 1927: *Apium*. – In A. Engler, Das Pflanzenreich *90*, 26–58, 358–362.

Volksnamen

Marzell, H., 1943: Wörterbuch der deutschen Pflanzennamen. I.– Leipzig, Sp. 354 bis 357.

Gibault, G., 1912: Histoire des Légumes. – Paris, 34.

Züchtung

Becker, G., und P. Vogel, 1950: Sellerie, *Apium graveolens*. – In: Roemer-Rudorf, Hdb. Pflanzenzüchtg. *5*, 391–419.

Becker, G., 1962: Knollensellerie. *Apium graveolens* L. var. *rapaceum* (Miller) DC. – In: Roemer-Rudorf, Hdb. Pflanzenzüchtg., ed. 2, 6, 104–130.

Levandovskaja, L., 1965: Initial material for celery breeding. – Trudy po prickly Bot. Gen. *37*, H. 2, 92–96.

Reinhold, J., 1939: Zuchtziele im Gemüsebau. – Forschungsdienst *8*, 294.

Stein, M., und E. Weit, 1970: Zur Problematik des Sortiments bei Speisemöhren und Knollensellerie. – Der Deutsche Gartenbau *17*, 317–319.

Titze, 1962: Züchtungsziele bei Sellerie. – Gemüse *2*, 126–127.

Tschermak von, E., 1916: Über den gegenwärtigen Stand der Gemüsezüchtung. – Z. Pflanzenzüchtung *4*, 69–70.

Vergleich der mutagenen Wirkung von N-Nitroso-N-Methylharnstoff, Äthylmethansulfonat und Röntgenstrahlen bei Gerste

von Gottfried Künzel

(Eingegangen am 12. Januar 1971)

I. EINLEITUNG

Während über die mutagene Wirkung von Chemikalien aus der Gruppe der Alkansulfonsäureester bei Gerste bereits vielseitige Untersuchungen vorliegen, gehen vergleichbare Arbeiten über die mutagene Wirkung von Nitroso-Verbindungen bei höheren Pflanzen im wesentlichen auf Untersuchungen an *Arabidopsis* zurück (Gichner 1965, Gichner und Veleminský 1967, Müller 1964, 1965a, b, c, d, e, 1966b, 1967b, 1967c, Veleminský et al. 1965). Einzelne Angaben liegen darüber hinaus auch für *Triticum* (Makorova 1966), *Pisum* (Sharma 1966), *Clorella* (Khropova 1966), *Sacchraromyces* (Marquardt et al. 1964), verschiedene *Actinomyceten* (Borisova und Ivkina 1966, Gumanov et al. 1966, Gutnikova 1966) und *Drosophila* (Pasternak 1963, Rapoport 1963, 1966) vor. Neben einigen allgemeineren Arbeiten (Ehrenberg und Gichner 1967, Prasad et. al. 1967, Tano und Yamaguchi 1969) beziehen sich detailliertere Untersuchungen bei Gerste speziell auf Rücktrocknungsversuche der behandelten Karyopsen (Gichner et al. 1968), auf Behandlungen keimenden Saatgutes (Savin et al. 1968) und auf die Wirkung von Vorbehandlungen mit Äthylendiaminotetraessigsäure (Künzel 1969).

In der vorliegenden Arbeit wird durch den Vergleich der mutagenen Wirkung von Nitrosomethylharnstoff (NMH) mit der von Äthylmethansulfonat (ÄMS) und Röntgenstrahlen eine umfassende Charakterisierung der Wirkung eines Vertreters der Nitrosamide gegeben. Angegeben sind die Frequenz von Chromosomenaberrationen in der ersten Mitose der Keimung, die Wachstumshemmung des ersten Blattes, die Frequenz von chlorophylldefizienten Sektoren, die Häufigkeit von Chromosomenaberrationen in der Meiose, die Pollenletalität, die Sterilität und die Überlebensraten in der M_1-Generation sowie die Frequenzen von Chlorophyllmutationen und *erectoides*- bzw. *eceriferum*-Mutationen und die entsprechenden Mutationsspektren in der M_2-Generation. Zur Kennzeichnung der mutagenen Effizienz wurden die jeweils für einen größeren Konzentrationsbereich bestimmten biologischen Effekte gegenübergestellt. Abschließend wird gezeigt, daß Nitrosomethylharnstoff gegenüber dem bisher für praktisch-züchterische Mutationsversuche bevorzugt verwendeten Äthylmethansulfonat gewisse Vorteile bietet.

Über die im Rahmen dieser Versuche angestellten Untersuchungen und Überlegungen zur Problematik der Bestimmung zuverlässiger Werte für die Frequenz der induzierten Chromosomenaberrationen nach Saatgut-Behandlungen mit mutagenen Chemikalien wurde an anderer Stelle berichtet (Künzel 1971).

II. MATERIAL UND METHODEN

Siebsortiertes Saatgut (2,5 bis 2,8 mm) der Sorte 'Frigga' (*Hordeum vulgare* L. s. l. convar. *distichon* (L.) Alef. var. *nutans* [Rode] Alef.) des Erntejahres 1964 wurde auf sichtbare Schäden des Embryos geprüft, 10 Stunden in destilliertem Wasser submers gequollen, abschließend 5 Stunden mit wäßrigen Lösungen von N-Nitroso-N-Methylharnstoff (NMH) bzw. Äthylmethansulfonat (ÄMS) behandelt oder bestrahlt und vor der Aussaat auf dem Versuchsfeld mehrmals mit Leitungswasser gespült. Alle Behandlungen erfolgten bei einer Temperatur von 24 ± 1 °C. Die Lösungen wurden stets 30 Minuten vor Beginn der Behandlungen angesetzt und im konstanten Verhältnis zur Anzahl der Karyopsen verabreicht (auf 100 Karyopsen 10 ml). Für die Bestrahlung wurde eine Röntgen-Tiefen-Therapie-Anlage (180 kV, 16 mA Röhrenstrom, 0,5 mm Cu-Filter) eingesetzt. Die Dosis-Leistung betrug 100 r/min, der Fokus-Oberflächenabstand 30 cm.

Die Frequenz der Chromosomenaberrationen wurde nach Feulgen-Quetsch-Präparation in Meta- oder Anaphasen des ersten Mitosezyklus der Keimung für jede Variante nach einer Reihe von Keimzeiten bestimmt. Angegeben sind in der Regel nur die nach spezifischen Keimzeiten bestimmten maximalen Frequenzen in „Anzahl Aberrationen pro ausgewertete Zelle" (detailliertere Angaben bei Künzel 1969 und 1971). Die für Sproß- und Wurzelmeristeme angegebenen Werte gehen jeweils auf Untersuchungen derselben Karyopsen zurück.

Für die Bestimmungen der meiotischen Aberrationsfrequenz und der Pollenletalität wurden ganze Ähren mit Karmin-Essigsäure gefärbt. Als letal wurden ungefärbte, leere Pollen oder solche von auffallend geringer Größe gewertet. Die Wachstumsreduktion repräsentiert die relative Hemmung des Längenwachstums des ersten Blattes gegenüber der Kontrolle. Die Messungen erfolgten nach 9-tägigem Wachstum der Pflanzen in Petrischalen unter kontinuierlicher Beleuchtung.

Die M_1-Generation wurde 1965 in vierfacher Wiederholung auf dem Versuchsfeld angebaut. Ein Teil der Versuche wurde 1966 wiederholt. Die behandelten Körner wurden in Reihen- und Pflanzenabständen ausgelegt, die aus den zu erwartenden Überlebensraten kalkuliert wurden. Damit sollte eine etwa gleichmäßige Bestandsdichte und Bestockung erzielt werden.

Die Überlebensraten geben den zum Zeitpunkt der Ernte vorhandenen Anteil überlebender Pflanzen bezogen auf die Anzahl ausgelegter Körner an, wobei jede Pflanze als überlebend gewertet wurde, die mindestens eine Ähre ausgebildet hatte.

Die M_1-Sterilität wurde jeweils an den Ähren der drei längsten Halme einer bestimmten Anzahl von Pflanzen als Anteil tauber Ährchen ermittelt. Sie stellt damit den Prozentsatz nicht angesetzter Körner je Versuchsvariante dar („Reduktion Kornansatz").

Für die Bestimmung der Frequenz von Chlorophyllmutationen in der M_2-Generation wurde das M_1-Material im Winterhalbjahr im Gewächshaus angebaut. Geprüft wurden jeweils die Ähren der drei längsten Halme von M_1-Pflanzen. Die Auswertung erfolgte, nachdem das erste Blatt der M_2-Pflanzen etwa seine maximale Länge erreicht hatte. Für diese Untersuchungen waren mehrere Gewächshausdurchgänge erforderlich. Es wurde streng darauf geachtet, daß in jedem Durchgang jede zu vergleichende Variante im gleichen Umfang vertreten war. Die Verteilung wurde darüber hinaus bei jedem Durchgang im Sinne einer zufälligen Anordnung verändert. Angegeben sind Mutationsfrequenzen (Prozent mutierte M_1-Ähren-Nachkommenschaften) und Mutantenfrequenzen (Anzahl Mutanten je 1000 M_2-Pflanzen).

Für die Bestimmung der Frequenz lebensfähiger, morphologischer Mutanten kamen M_1-Pflanzen-Nachkommenschaften im Freiland zum Anbau. Da *erectoides*- und *eceriferum*-Mutanten im Vergleich zu anderen Formen besonders häufig auftreten und gut identifizierbar sind (Hagberg et al. 1963, Lundqvist und v. Wettstein 1967), wurden nur diese beiden Mutantentypen erfaßt. Mehrere sorgfältige Auswertungen (von verschiedenen Personen zu verschiedenen Zeiten und Witterungsbedingungen) geben eine relativ hohe Sicherheit für die quantitative Erfassung. In allen nicht eindeutigen Fällen von *erectoides*-Mutanten wurden die Nachkommenschaften geprüft. Als *eceriferum* wurden nur einwandfrei erkennbare Formen erfaßt, auf Nachkommenschaftsprüfungen konnte deshalb verzichtet werden.

Weitere Informationen über die methodische Verfahrensweise wurden bereits an anderer Stelle gegeben (Künzel 1969).

In die graphischen Darstellungen wurden Konfidenzintervalle für eine Irrtumswahrscheinlichkeit von $P = 5\%$ eingetragen. Die aus den Wiederholungen erhaltenen Mittelwerte wurden zu diesem Zweck wie Meßwerte behandelt und die Konfidenzgrenzen über die *t*-Verteilung berechnet.

Die Mutationsspektren wurden auf der Grundlage von spaltenden M_1-Ähren-Nachkommenschaften oder M_1-Pflanzen-Nachkommenschaften nach dem χ^2-Test auf Homogenität geprüft.

Der Umfang des für die einzelnen Kriterien untersuchten Materials ist in den jeweiligen Abbildungslegenden angegeben.

III. DIE BIOLOGISCHEN WIRKUNGEN AUF DIE M_1- UND M_2-GENERATION

1. Chromosomenaberrationen

Die in der ersten Mitose der Keimung bestimmten Frequenzen der induzierten Chromosomenaberrationen sind in den Abbildungen 1 bis 3 dargestellt. Grundlage der Dosis-Effekt-Beziehungen sind Anaphase-Auswertungen. Im

Abb. 1–3. Die Häufigkeit der Chromosomenaberrationen im Sproß- und Wurzelmeristem in Abhängigkeit von der Konzentration bzw. Dosis. Mittelwerte aus zwei unabhängigen Versuchsansätzen; für jeden Versuch je Variante und Keimzeit 200 Anaphasen (50 pro Karyopse) ausgewertet. Weitere Erklärung im Text.

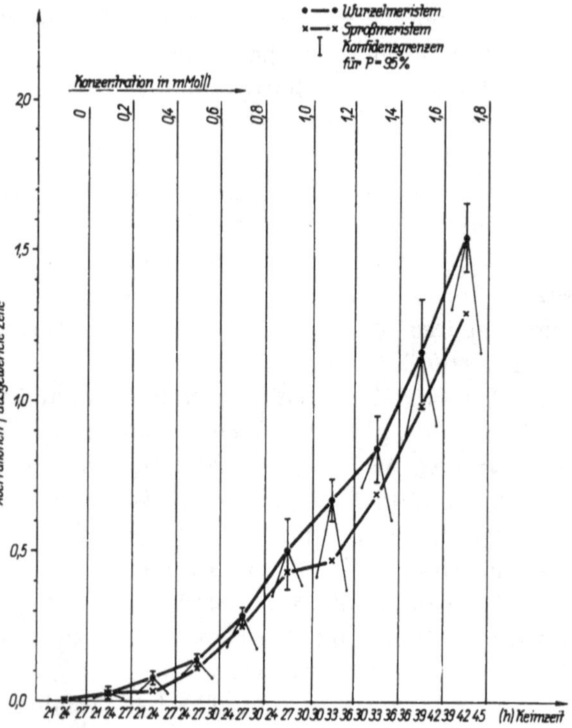

Abb. 1. NMH

Falle von NMH und ÄMS sind für das Wurzelmeristem neben den jeweiligen Aberrationsmaxima und ihren Keimzeiten auch die Werte für eine frühere und spätere Fixierung ($\pm$ 3 Stunden) angegeben. Im Sproßmeristem wurden die Aberrationen nach jeweils nur einer Keimzeit ausgezählt, da die Zeit für das Erscheinen des Maximums geschädigter Zellen stets mit der im Wurzelmeristem korrespondierte (vgl. auch Künzel und Małuszyński 1966). Die Aberrationsfrequenz steigt in beiden Meristemen deutlich überproportional an. Nach Behandlungen mit den Chemikalien wurden in den Sproßmeristemen stets etwas geringere Aberrationsfrequenzen gefunden. Als einfachste Erklärung könnte ein entsprechendes Konzentrationsgefälle angesehen werden, das durch die exponiertere Lage des Wurzelmeristems bedingt ist. Hinweise dafür, daß nach Behandlungen mit Chemikalien auch im Sproßmeristem mit einem Reaktionsgradienten gerechnet werden kann, ergaben sich auch aus anderen Befunden (siehe S. 134).

Sowohl ÄMS (Rieger u. Michaelis 1960) als auch NMH (Michaelis et. al. 1965) induzierten bei *Vicia faba* die Aberrationen ausschließlich auf chromatidaler Basis. Wie Metaphase-Auswertungen zeigten (Tab. 1), stehen unsere Ergebnisse mit diesen Befunden in voller Übereinstimmung. Die Aberrationen in der der Behandlung folgenden Mitose waren stets vom Chromatidentyp. In insgesamt neun Metaphasen wurden je ein dizentrisches Chromosom

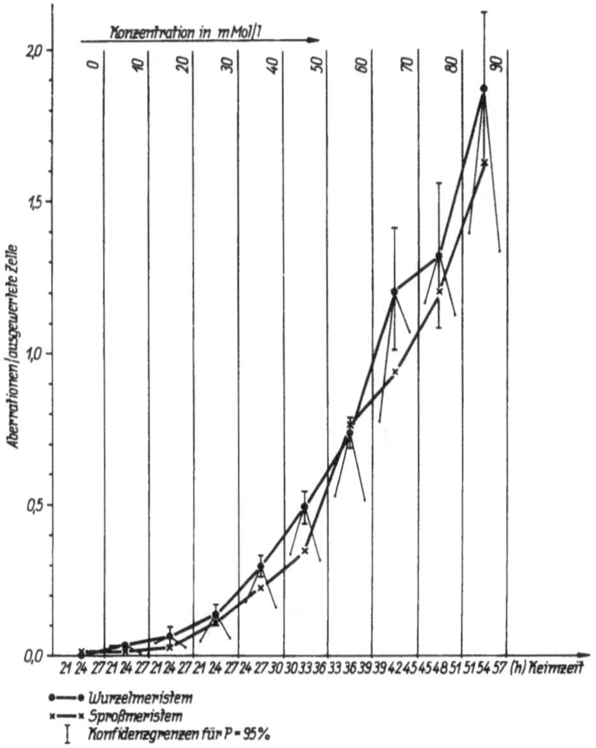

Abb. 2. ÄMS

ohne azentrisches Fragment beobachtet. Es dürfte sich hier mit hoher Wahrscheinlichkeit um Zellen im zweiten Teilungszyklus gehandelt haben, da alle neun Fälle in spätfixiertem Material (24 Stunden nach Eintritt der ersten Mitosen) beobachtet wurden.

Da ionisierende Strahlen in allen Interphase-Abschnitten Chromosomenaberrationen auszulösen vermögen, kann nach dem Auftreten bestimmter Aberrationstypen auf den Replikationszustand der Chromosomen zum Zeitpunkt der Bestrahlung geschlossen werden. Während Chromosomentyp-Aberrationen („pre-split aberrations") das Ergebnis der Bestrahlung von strukturell einsträngigen Chromosomen (G_1) darstellen, sind Aberrationen vom Chromatidentyp („post-split aberrations") als Folge der Bestrahlung funktionell doppelsträngiger Chromosomen zu deuten (Savage 1963, Grant 1965, Moses und Taylor 1955, Sax 1941, Sauerland 1965, Sparrow 1961, Taylor 1953, 1962, Thoday 1954, Wolff und Luippold 1964).

Tabelle 1

Aberrationstypen im ersten Mitosezyklus nach der mutagenen Behandlung nach Metaphase-Auswertungen

Agens	Anzahl ausgewerteter Metaphasen	B''	T''	Tri	Diz	R
Kontrollen (H_2O)	2000	7	—	—	—	—
NMH	15000	1158	375	18	4	—
ÄMS	1800	154	26	—	5	—
Röntgenstrahlen						
(10 h submers vorgequollen)	3800	224	—	—	386*	51*
(30 h submers vorgequollen)	1000	89	—	—	169*	25*
Röntgenstrahlen insgesamt	4800	313	—	—	555*	76*

*) Vielfach in Verbindung mit azentrischem Fragment
B'': Isochromatidenbruch
T'': Chromatidentranslokation
Tri: Triradial
Diz: dizentrisches Chromosom
R: Ringchromosom

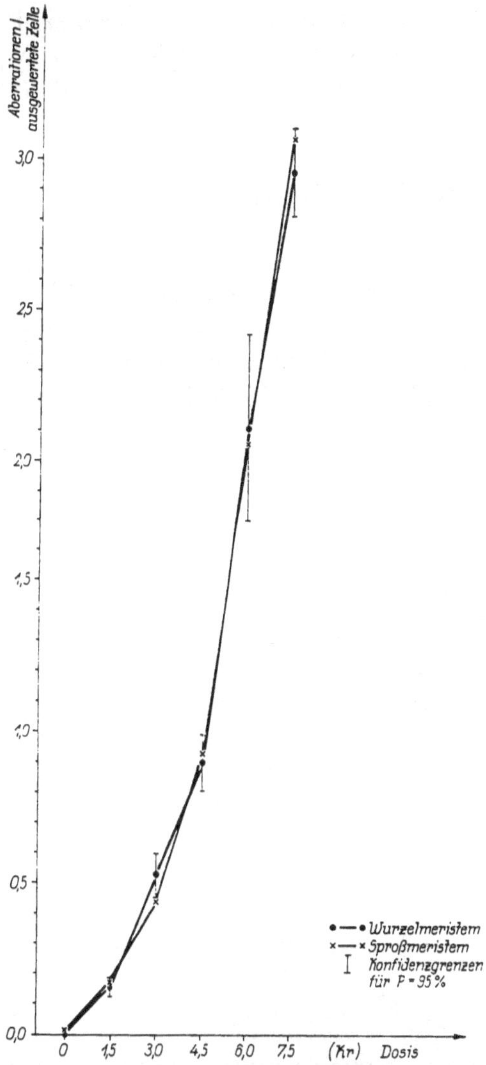

Abb. 3. Röntgenstrahlen

Aus Tabelle 1 ist ersichtlich, daß nach Bestrahlung von 10 und 30 Stunden submers gequollenen Karyopsen in insgesamt 4800 ausgewerteten Metaphase-Platten mit 944 strahleninduzierten Aberrationen im ersten Mitosezyklus der Keimung nicht eine einzige Translokation vom Chromatidentyp beobachtet werden konnte. Aus diesem Ergebnis ist abzuleiten, daß praktisch alle Wurzelmeristemzellkerne im prä-synthetischen Interphase-Abschnitt (G_1) vorgelegen haben, und daß die Quellung unter submersen Bedingungen nicht zum Eintritt in die Reduplikationsphase führte. Dieser Schluß gewinnt durch die Befunde von Bishop (1950), Brewen (1964), Evans (1964), Fox (1967), Mitra (1958) und Revell (1961) an Sicherheit, wonach bei definierten Dosen

„post split aberrations“ viel häufiger zu beobachten sind als „pre-split aberrations“. Aus der zeitlichen Koinzidenz der Aberrationsverteilung in Wurzel und Sproß nach Applikation von NMH und ÄMS muß auf etwa gleiche Verhältnisse im Sproßmeristem geschlossen werden.

2. Wachstumshemmung, Überlebensraten und chlorophylldefiziente Sektoren

Die durch mutagene Behandlung verursachte Depression des Wachstums dient gewöhnlich als Maß für die somatische Schädigung. Da oftmals (aber nicht in jedem Falle) eine gute Korrelation mit den genetischen Effekten gefunden wird, kann dieser schnell zu ermittelnde Wert Hinweise für die Dosierung geben. In den Abbildungen 4 bis 6 sind die Ergebnisse für NMH, ÄMS

Abb. 4–6. Die Wachstumshemmung des 1. Blattes in Abhängigkeit von der Konzentration bzw. Dosis

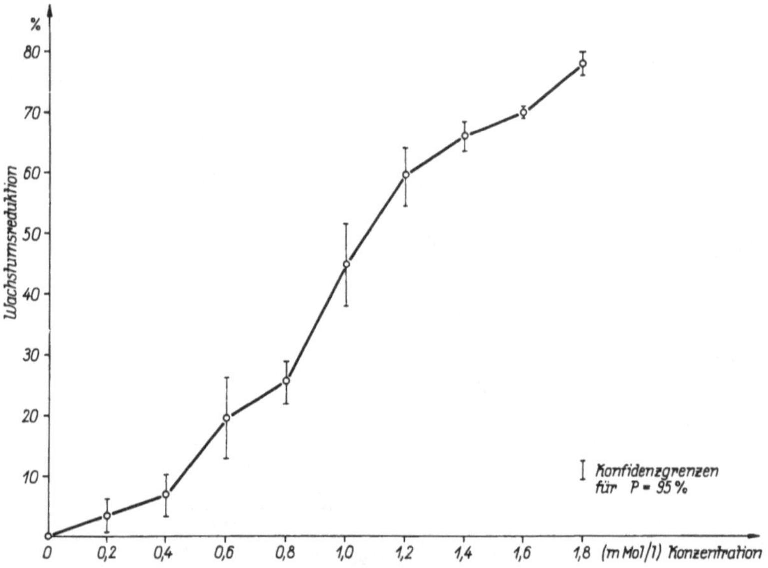

Abb. 4. NMH, Mittelwerte aus zwei unabhängigen Versuchsansätzen. Je Versuch und Variante 4 Wiederholungen zu je 50 Pflanzen

und Röntgenstrahlen in Abhängigkeit von der Konzentration bzw. Dosis dargestellt. Nach Applikation von 1,5 kr Röntgenstrahlen wurde eine signifikante Wachstumsförderung des ersten Blattes gegenüber der Kontrolle beobachtet. Solche Befunde sind aus der Literatur bereits recht gut bekannt (Sax 1963, Sparrow 1961 u. a.).

Nach Bestrahlung kontinuierlich wachsender somatischer Gewebe können insbesondere drei distinkte cytologische Abnormitäten beobachtet werden; Verzögerungen der mitotischen Aktivität, Chromosomenaberrationen und

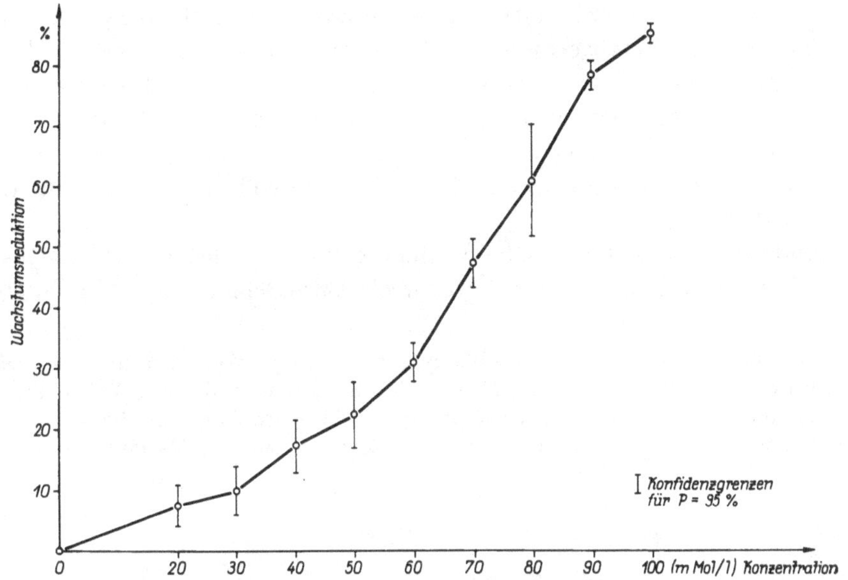

Abb. 5. ÄMS, Mittelwerte aus drei unabhängigen Versuchsansätzen. Je Versuch und Variante 4 Wiederholungen zu je 50 Pflanzen

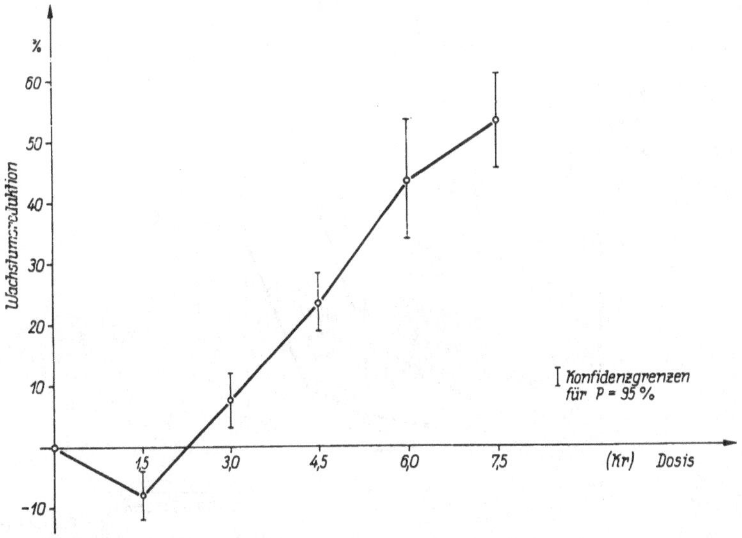

Abb. 6. Röntgenstrahlen, Mittelwerte aus zwei unabhängigen Versuchsansätzen. Je Versuch und Variante 4 Wiederholungen zu je 25 Pflanzen

Verlust der Zellteilungsfähigkeit aufgrund von vorzeitiger Zelldifferenzierung oder von Zelltod. Diese Komponenten werden als Hauptursachen für die Wachstumshemmung angesehen (Evans 1965). Da bei unserer Methode die Messungen zur Bestimmung der Wachstumsreduktion des ersten Blattes zu einem Zeitpunkt erfolgten, an dem das erste Blatt etwa seine maximale Größe erreicht hatte, sind Verzögerungen des Mitoseeintrittes als Ursache der Wachstumshemmung weitgehend ausgeschlossen; andererseits sind jedoch Beeinflussungen der Regelmechanismen, die die Morphogenese des Blattes kontrollieren, denkbar. Nach Applikation mutagener Chemikalien dürften dieselben wachstumsbegrenzenden Faktoren – jedoch in anderen Relationen zueinander – verantwortlich sein.

Ein anderes Maß für somatische Schäden stellen Überlebensraten dar. Nach NMH- (Abb. 7) und noch ausgeprägter nach ÄMS-Behandlung (Abb. 8) steigt

Abb. 7–9. Die M_1-Tötungsraten in Abhängigkeit von der Konzentration bzw. Dosis. Auswertung im 4-Blatt-Stadium, während des Schossens und zum Zeitpunkt der Ernte. Mittelwerte aus vier Wiederholungen. Je Wiederholung für die weniger geschädigten Varianten etwa 300 und für die stärker geschädigten Varianten etwa 1000 ausgelegte Karyopsen ausgewertet

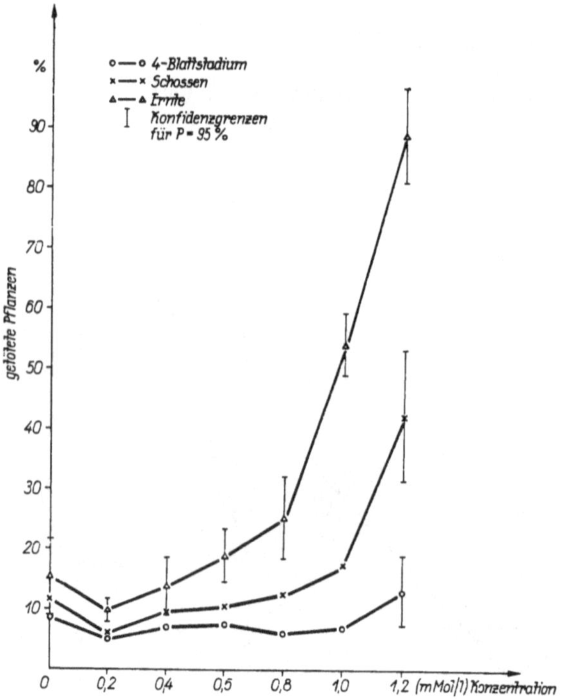

Abb. 7. NMH

die Tötungsrate erst nach Applikation recht hoher Konzentrationen deutlich an. Die Ergebnisse der Bestrahlung (Abb. 9) entsprechen den vielfach beschriebenen Ergebnissen anderer Autoren (z. B. Freisleben und Lein 1943b). Die Auszählungen während verschiedener Entwicklungsetappen ergaben, daß insbesondere bei höheren Konzentrationen NMH-behandeltes Material ein

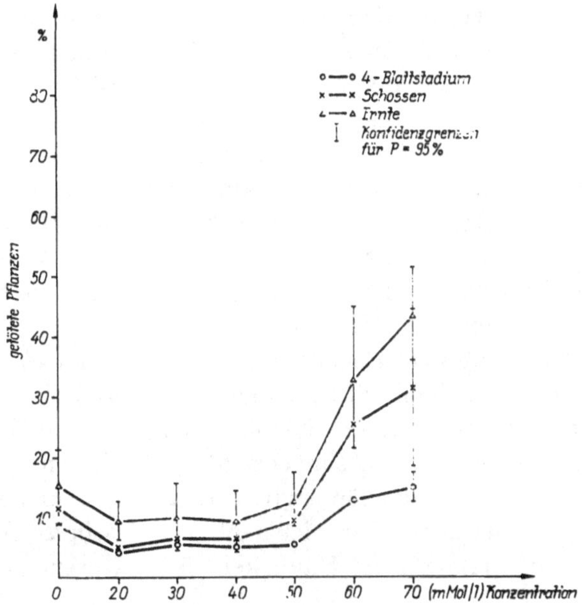

Abb. 8. ÄMS

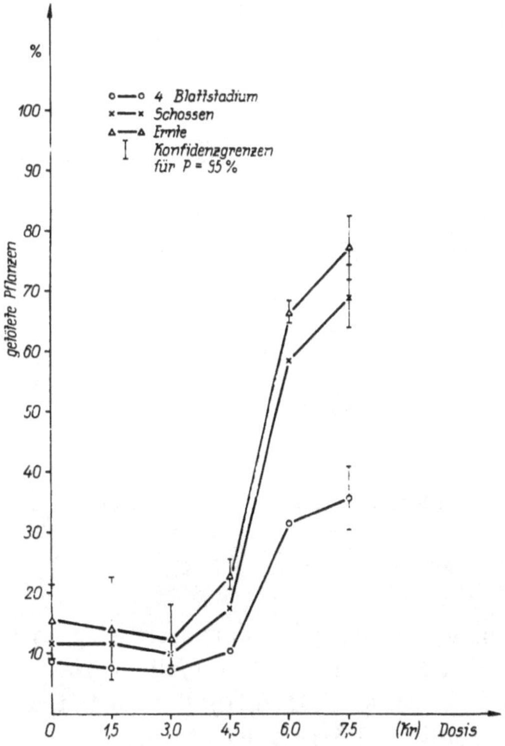

Abb. 9. Röntgenstrahlen

etwas anderes Verhalten als ÄMS-behandeltes und bestrahltes Material zeigt. Während die Hauptletalitätsphasen nach ÄMS-Behandlungen und Bestrahlungen offenbar in den Zeitraum bis zum Schossen fallen, scheint für NMH-behandeltes Material das Schossen selbst ein größeres Hindernis darzustellen. Da die M_1-Generation bei Mutationsversuchen mit Gerste in der Regel auf dem Versuchsfeld angebaut wird und damit unter unkontrollierten Bedingungen aufwächst, sollten die durch Umweltbedingungen stark beeinflußbaren Überlebensraten ein recht ungenaues Maß für den somatischen Schädigungsgrad darstellen. Zuverlässige Ergebnisse sind daher nur aus Vergleichen von im gleichen Jahr angebautem Material zu erwarten.

Sind die M_1-Pflanzen bis zur Ausbildung des dritten Blattes herangewachsen, werden insbesondere an chemisch behandeltem Material chlorophylldefiziente Sektoren sichtbar. Diese Sektoren können frühestens am dritten Blatt beobachtet werden. Sie erscheinen zunächst als schmale, an späteren Blättern auch breitere Längsstreifen und können (relativ selten) bis in die Ähren wachsen oder auch zur Ausbildung von rein defizienten Nachschossern führen. In den Abbildungen 10 und 11 wird die Häufigkeit der sektorentragenden Pflanzen

Abb. 10–11. Die Frequenz von M_1-Pflanzen mit chlorophylldefizienten Sektoren in Abhängigkeit von der Konzentration. Mittelwerte aus 4 Wiederholungen. Je Wiederholung und Variante 120 Pflanzen ausgewertet

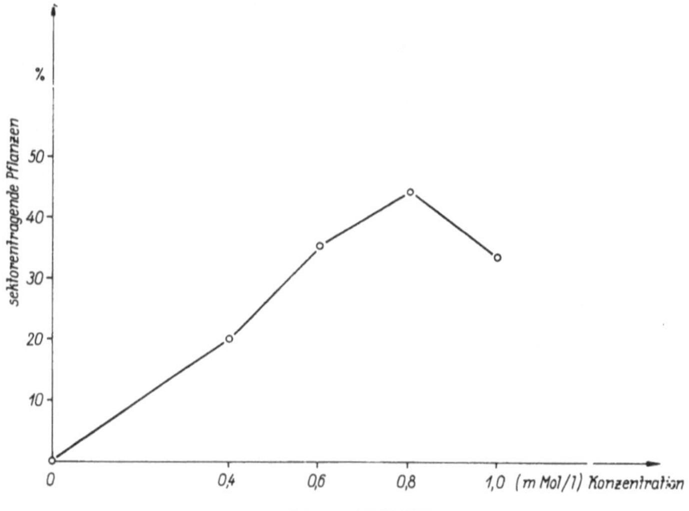

Abb. 10. NMH

als deutlich abhängig von der Konzentration ausgewiesen. Die Häufigkeit der sektorentragenden Pflanzen wurde für alle Varianten (Konzentrationen) zur etwa gleichen Zeit (28. 5. bis 2. 6. 1965) ermittelt. Da die schmalen Sektoren an stark geschädigten Pflanzen leicht übersehen werden können, dürfte bei höheren Konzentrationen entsprechend der zunehmenden physiologischen

Schädigung beziehungsweise der zunehmenden Entwicklungsverzögerung in steigendem Maße die Frequenz sektorentragender Pflanzen unterschätzt worden sein. Das erklärt den abgeflachten Kurvenverlauf über den höheren ÄMS-Konzentrationen (Abb. 11) bzw. die verringerte Frequenz nach Applikation

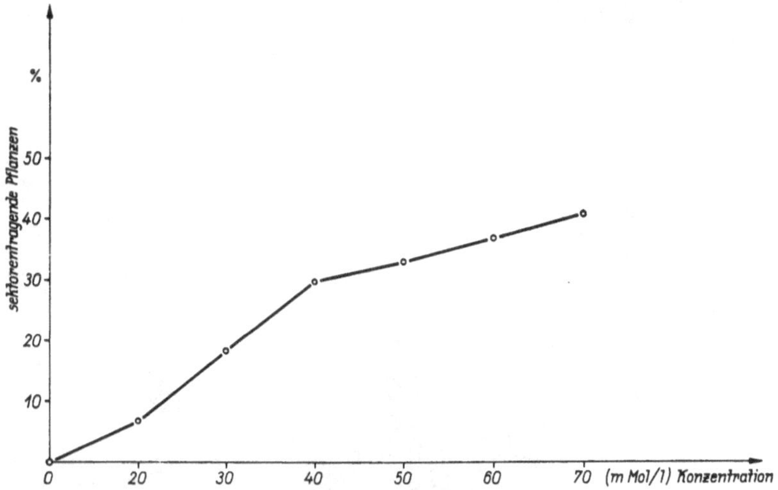

Abb. 11. ÄMS

der höchsten NMH-Konzentrationen (Abb. 10). Nach Bestrahlung wurden nach Applikation der höchsten Dosis 5,9% sektorentragende Pflanzen ermittelt, wogegen die maximalen Frequenzen nach NMH- und ÄMS-Behandlungen 40% überstiegen.

Die Sektoren können in drei Phänotypenklassen unterteilt werden (*albina*, *viridis* und *xantha*) und zeigen ein dem induzierten Chlorophyllmutationsspektrum (M_2) ähnliches Phänotypenverhältnis. Das im Freiland ermittelte NMH-induzierte Chlorophyllmutationsspektrum weist ein χ^2-Test als homogen mit dem Phänotypenverhältnis der in der M_1-Generation induzierten Sektoren aus (Abb. 12).

Beobachtungen von chlorophylldefizienten Sektoren in der M_1-Generation, insbesondere nach Anwendung mutagener Chemikalien (Favret 1960, Froese-Gertzen et al. 1964, Natarajan und Shivasankar 1965, Nilan 1964 u. a.), aber auch nach Bestrahlungen (Caldecott und Smith 1952, Ehrenberg und Nybom 1954, Freisleben und Lein 1943, Smith 1950 u. a.) wurden für Gerste wiederholt mitgeteilt. Möglicherweise stellen die bei Leguminosen besonders leicht induzierbaren „leaf spots" (Blixt und Gelin 1965, Zacharias und Ehrenberg 1962) verwandte Phänomene dar. Für die „a-Sektoren" bei *Pisum* ist das mit hoher Wahrscheinlichkeit anzunehmen, da Blixt und Gelin (1965) eine ebenfalls gute Übereinstimmung mit dem Chlorophyllmutationsspektrum nachweisen konnten.

Eine genetische Analyse chimärischer Ähren wird durch den gleichzeitig induzierten hohen Sterilitätsgrad durch Chemikalien einerseits und durch das seltene Auftreten von sektorialen Ähren nach Bestrahlung andererseits sehr erschwert. Über die Genetik der Sektoren besteht deshalb noch immer weit-

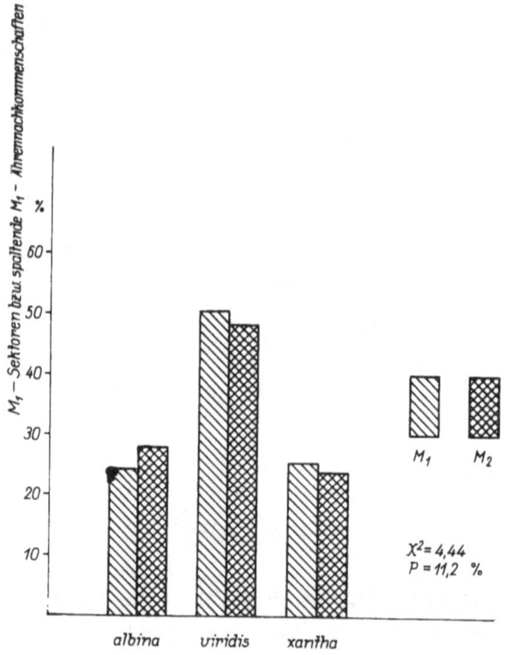

Abb. 12. Die Phänotypenspektren von chlorophylldefizienten Sektoren der M_1-Pflanzen (Feldanbau 1965) und Chlorophyllmutationen (Feldanbau 1966) nach NMH-Behandlung

gehende Unklarheit. Nach den eigenen Ergebnissen, die Homogenität der Phänotypenspektren nachweisen, dürfte jedoch an einem engen ursächlichen Zusammenhang mit induzierten Chlorophyllmutationen kaum noch zu zweifeln sein. Wie diese jedoch in so relativ großer Häufigkeit in der M_1-Generation manifest werden können, ist ein noch ungeklärtes Problem (vgl. auch Künzel und Scholz 1968).

3. Sterilität, Pollenletalität und Aberrationsfrequenz in der Meiose

In Mutationsversuchen mit Gerste wird als Maß für Fertilitätsminderungen gewöhnlich die Reduktion des Kornansatzes verwendet. In diesen Wert gehen die haplophasische Letalität ein und darüber hinaus alle jene diplophasischen Faktoren, die vor der vollen Kornausbildung zu Letalität führen. Die konzentrations- bzw. dosisabhängige Sterilitätsinduktion ist in den Abbildungen 13 bis 15 dargestellt. In diesen Abbildungen sind sowohl die relativen Werte für „Reduktion Kornansatz" als auch die Werte für „Reduktion Kornansatz" mit dem zusätzlichen Betrag „nichtkeimungsfähiger M_2-Karyopsen" angegeben. Außerdem wurden für einige Varianten auch die Frequenzen letaler

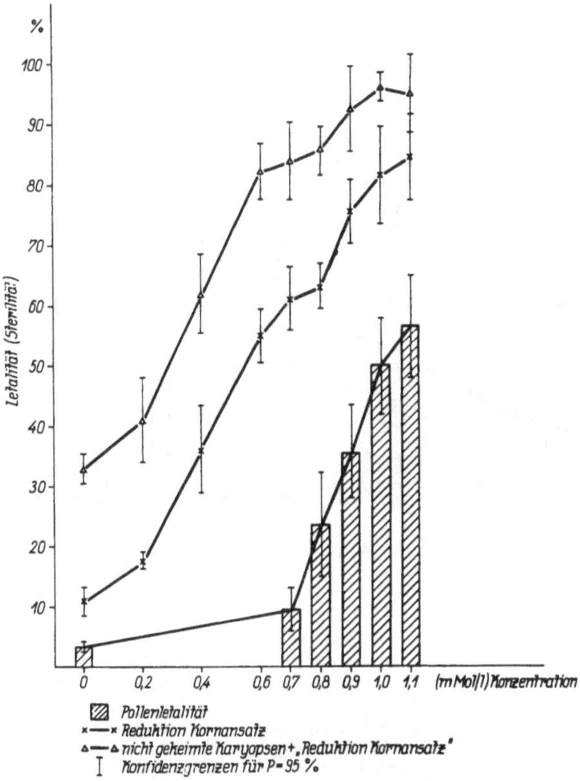

Abb. 13. NMH

Abb. 13–15. Reduktion Kornansatz (Sterilität) in Abhängigkeit von der Konzentration bzw. Dosis, und die Pollenletalität in der M_1-Generation.

Reduktion Kornansatz: Mittelwerte aus 4 Wiederholungen. Je Wiederholung und Konzentration bzw. Dosis wurden 20 Pflanzen (je Pflanze die Ähren der drei längsten Halme) ausgewertet.

Pollenletalität: Für die ausgewerteten Varianten sind Mittelwerte von 10 Pflanzen (Ähren) angegeben. Je Ähre wurden 1200 Pollen ausgewertet

Pollen bestimmt. Aus den Abbildungen kann entnommen werden, daß für alle drei Agenzien die Keimfähigkeit der M_2-Karyopsen mit zunehmender Sterilität in gleichem Maße abnimmt. Diesbezügliche agensspezifische Unterschiede, die bei Vergleichen der Sterilität mit anderen induzierten Schäden zu Fehlinterpretationen führen könnten, sind nicht nachweisbar.

Setzt man voraus, daß die angewendete Karmin-Essigsäure-Färbung ein guter Indikator für die Letalität der Pollen ist, stellt die Frequenz letaler

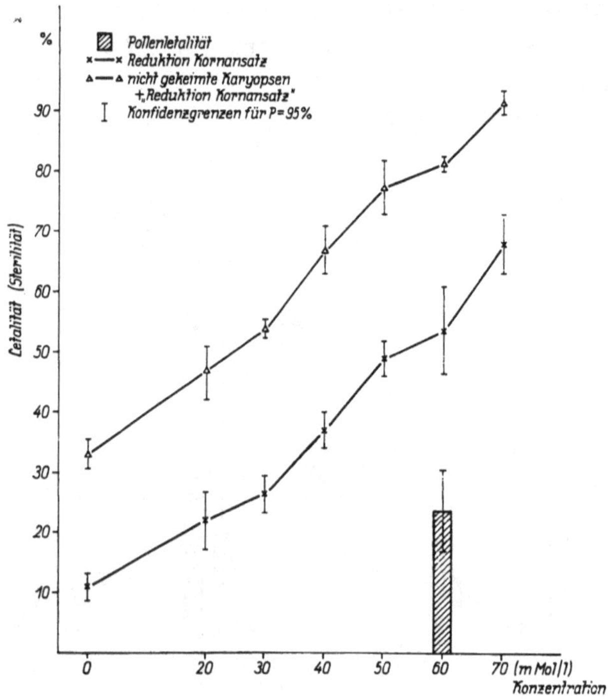

Abb. 14. ÄMS

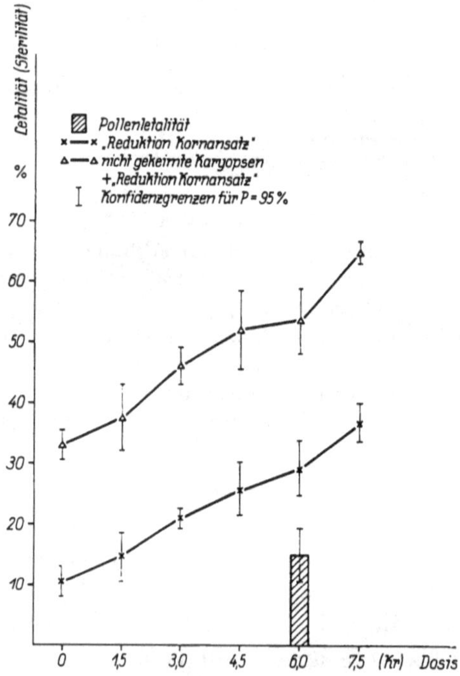

Abb. 15. Röntgenstrahlen

Pollen ein grobes Maß für die induzierte haplophasische Letalität dar. Da die Frequenz reziproker Translokationen in der Meiose von M_1-Pflanzen bestimmt wurde, besteht die Möglichkeit, abzuschätzen, in welchem Maße diese Aberrationen zur haplophasischen Letalität beitragen. Aus Tab. 2 ist ersichtlich, daß nach einer Dosis von 6,0 kr Röntgenstrahlen etwa 20% M_1-Ähren einfache reziproke Translokationen tragen. Gleichzeitig wurde eine Pollenletalität von 15% beobachtet (Abb. 15). Legt man die Befunde von Burnham et al. (1954) zugrunde, die bei 33 strahleninduzierten einfachen reziproken Translokationen bei Gerste eine durchschnittliche Pollenletalität von 28,8% erhielten, so können allein durch Translokationsheterozygotie etwa 60% der beobachteten Pollenletalität erklärt werden. Nach Behandlung mit den mutagenen Chemikalien sind reziproke Translokationen als Ursache der induzierten Pollenletalität von wesentlich geringerer Bedeutung. Die untersuchten Varianten (NMH: 0,8 mMol/l und ÄMS: 60 mMol/l) verursachten eine Pollenletalität, die in beiden Fällen etwa 24% betrug (Abb. 13 und 14). Setzt man voraus, daß die durch Chemikalien induzierten Translokationen im Vergleich zu strahleninduzierten, zur gleichen Pollenabortion führen, können für NMH etwa 4% und für ÄMS etwa 6% durch „Translokationssterilität" erklärt werden, d. h. lediglich $^1/_6$ bzw. $^1/_4$ der Gametenletalität. Diese Befunde stehen in Übereinstimmung mit Angaben für ÄMS von anderen Autoren (Froese-Gertzen 1962, Nilan 1964, Sato und Gaul 1967).

Die Schätzungen wurden allerdings auf der nicht ganz korrekten Annahme durchgeführt, daß der translokationstragende Sektor jeweils die ganze Ähre umfaßt (siehe Gelin 1956). Gaul (1959) fand nach Bestrahlung, daß die mittlere Sektorengröße für Chlorophyllmutationen etwa 80% Blüten der M_1-Ähren umfaßt. Für ÄMS und NMH liegen keine mittleren Größenangaben vor. Es bestehen jedoch Hinweise dafür, daß die Sektoren kleiner sind (Eriksson 1965, Frydenberg und Jacobsen 1966). Damit könnte nach Behandlungen mit NMH und ÄMS der Beitrag der Translokationen zur Sterilität in Wirklichkeit noch geringer sein als durch die Berechnungen ausgewiesen wurde.

4. Mutationsfrequenzen und Mutationsspektren in der M_2-Generation

Eine genaue Ermittlung der induzierten Mutationsfrequenzen ist die Voraussetzung für zuverlässige Vergleiche. Nach Überlegungen von Gaul (1957b, 1960) liefert das Bezugssystem „Anzahl Mutanten je 100 M_2-Pflanzen" die sichersten Schätzwerte, wenn hohe Mutationsfrequenzen vorliegen. Daneben werden Mutationsfrequenzen häufig auch in „Anzahl Mutationen je 100 M_1-Ähren oder M_1-Pflanzen" angegeben. Beide letztgenannten Bezugssysteme sind mit gewissen Mängeln behaftet (vgl. hierzu auch Frydenberg 1963, Gaul 1963, Hänsel 1967a, Müller 1966a).

Bei der Auswertung der eigenen Versuche wurden für die Bestimmungen der Chlorophyllmutationsfrequenzen die Ähren der jeweils drei längsten Halme

Tabelle 2

Die Häufigkeit reziproker Translokationen in der M_1-Generation

Agens	untersuchte M_1-Ähren (Anzahl)	M_1-Ähren mit Translokationen (Anzahl)	translozierte Segmente (Anzahl)*	M_1-Ähren mit einfachen reziproken Translokationen (%)	Pollenletalität (%)
Röntgenstrahlen (6,0 kr)	300	56	61	20,3	etwa 15
NMH (0,8 mMol/l)	200	3	3	1,5	etwa 24
ÄMS (60 mMol/l)	100	6	6	6,0	etwa 24
Kontrolle (H_2O)	200	0	0	—	etwa 3,5

*) 1 IV + 5 II = 1 transl. Segment(e)
2 IV + 3 II = 2 "
1 VI + 4 II = 2 "

von M_1-Pflanzen berücksichtigt. Angegeben sind für jede geprüfte Variante sowohl die M_2-Mutantenfrequenz in $^0/_{00}$ als auch die relative Häufigkeit spaltender M_1-Ähren-Nachkommenschaften. In den Abbildungen 16 bis 18 sind diese Werte in Abhängigkeit von der Konzentration bzw. Dosis dargestellt. Für NMH (Abb. 16) und Röntgenstrahlen (Abb. 18) sind keine signifikanten Abweichungen von linearen Beziehungen zur Dosis nachweisbar. Für ÄMS (Abb. 17) ist diese Beziehung nicht eindeutig. Nach Applikation höherer Konzentrationen besteht eine Tendenz zu überproportionalem Kurvenverlauf. Nichtlineare Dosis-Effekt-Beziehungen für ÄMS wurden von Ehrenberg et al. (1966), Favret (1964), Gaul (1962), Hänsel (1965) und Moës (1964) mitgeteilt. Müller (1966a) beschreibt bei *Arabidopsis* Dosis-Effekt-Beziehungen mit einem Exponenten von etwa 2.

Mit Röntgenstrahlen wurden maximal etwa 10$^0/_{00}$ Mutantenfrequenz und etwa 6$^0/_0$ Mutationsfrequenz erreicht. Diese Werte entsprechen den aus der Literatur vielfach bekannten Ergebnissen (vgl. Nilan 1964). Mit NMH und ÄMS wurden maximale Mutantenfrequenzen von etwa 100$^0/_{00}$ und Mutationsfrequenzen von etwa 35$^0/_0$ erzielt. NMH induzierte damit unter vergleichbaren Versuchsbedingungen ähnlich hohe Chlorophyllmutationsfrequenzen wie ÄMS. Bei Anwendung höherer Konzentrationen hätten sicher in beiden Fällen noch höhere Mutationsraten erzielt werden können. Gaul (1962) erhielt nach Applikation einer extrem hohen

ÄMS-Konzentration eine Mutantenfrequenz von ca. 300‰. Diese Angaben beziehen sich jedoch auf ein sehr geringes M_2-Pflanzenmaterial (5400 Karyopsen behandelt, M_1-Tötungsrate 97%, M_1- Kornansatz 1,6%!), das sichere Aussagen kaum gestattet.

Änderungen von Chlorophyllmutationsspektren nach spezifischen mutagenen Behandlungen werden in der Literatur vielfach beschrieben. Eine Reihe von Gründen verhindern jedoch, daß aus solchen Befunden Schlüsse auf Inter-

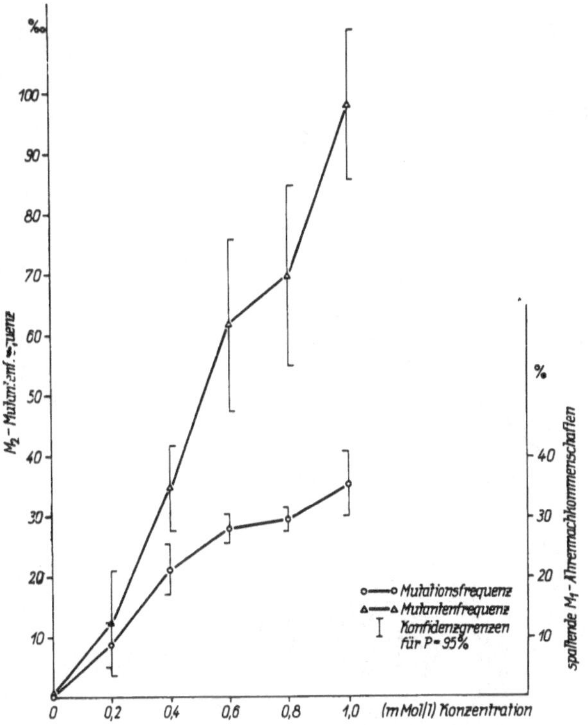

Abb. 16. NMH

Abb. 16–18. Die Chlorophyllmutationsfrequenzen (Anzahl spaltender M_1-Ähren-Nachkommenschaften je 100 M_1-Ähren) und Chlorophyllmutantenfrequenzen (Anzahl mutierter Pflanzen je 1000 M_2-Pflanzen) in Abhängigkeit von der Konzentration bzw. Dosis. Mittelwerte aus 4 M_1-Wiederholungen

Mutationsfrequenz: Für jede Konzentration bzw. Dosis wurden mindestens 2000 M_1-Ähren-Nachkommenschaften geprüft.

Mutantenfrequenzen: Die ausgewerteten M_2-Pflanzenzahlen für die einzelnen Konzentrationen bzw. Dosen schwankten in Abhängigkeit vom Sterilitätsgrad zwischen etwa 80000 und 18000

lokusspezifität gezogen werden können (kritische Diskussion bei Gaul 1963, Konzak et. al. 1965, Nilan 1964, 1967). Trotz dieser Einschränkung sind Untersuchungen der Mutationsspektren nicht ganz wertlos. Sie können Hinweise auf Unterschiede geben, die dann allerdings durch aufwendigere Prü-

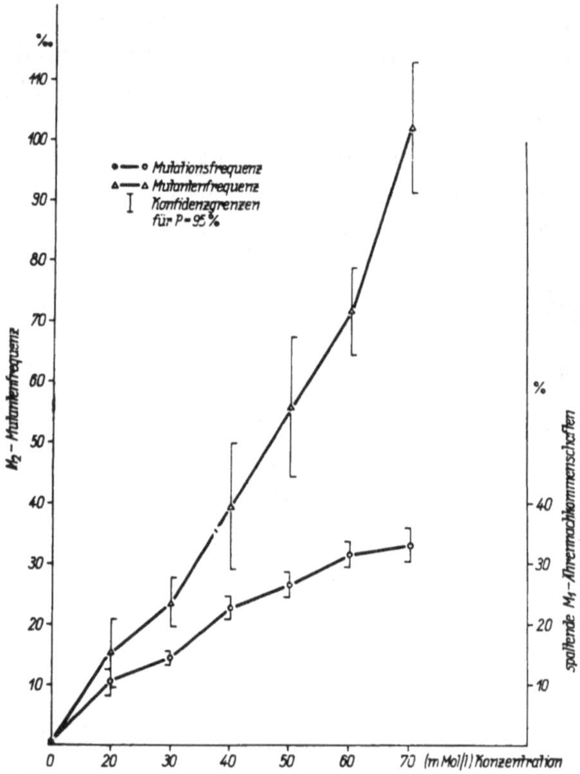

Abb. 17. ÄMS

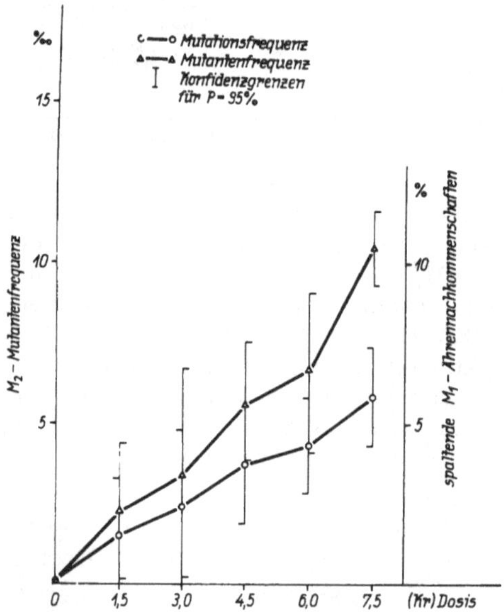

Abb. 18. Röntgenstrahlen

fungen mit methodisch weniger anfechtbaren Verfahren gesichert werden müssen.

Wie stark z. B. die Manifestation der Chlorophyllmutationen durch Umweltbedingungen beeinflußbar ist, wird mit den in Abb. 19 dargestellten Ergebnissen gezeigt. Gewächshaus- und Freilandanbau einer M_2 (NMH-Behandlung)

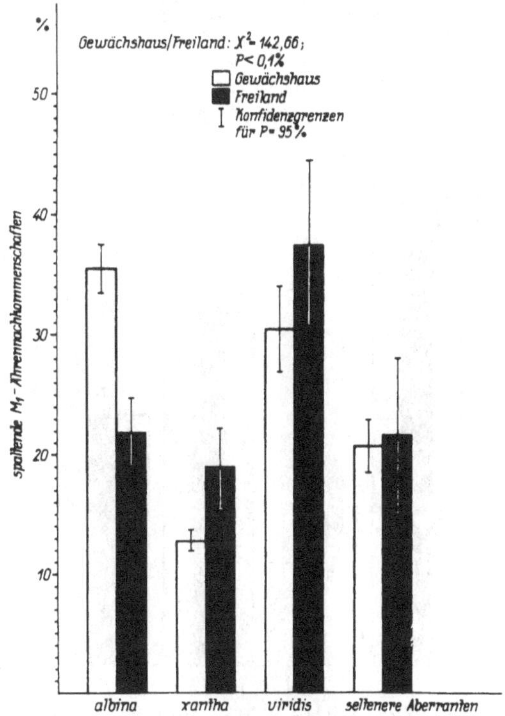

Abb. 19. Das NMH-induzierte Chlorophyllmutationsspektrum bei Gewächshaus- und Freilandkultur der M_2. Durchschnittswerte aller geprüfter Konzentrationen bzw. Dosen.

Gewächshausanbau: 2148 } spaltende M_1-Ähren-
Freiland: 2240 } Nachkommenschaften ausgewertet

führten zu signifikant verschiedenen Phänotypenspektren. Unter Freilandbedingungen war der relative Anteil von *albina*-Phänotypen geringer und die Anteile von *viridis*- und *xantha*-Phänotypen erhöht. Dieses Ergebnis steht in voller Übereinstimmung mit Befunden von Hänsel (1965) an ÄMS-induzierten Chlorophyllmutationen. Ähnliche Untersuchungen mit strahleninduzierten Mutationen ergaben dagegen bei Feldanbau einen höheren Anteil von *albina*-Phänotypen (Gaul 1957a).

In Abb. 20 sind die NMH-, ÄMS- und strahleninduzierten Chlorophyllmutationsspektren gegenübergestellt. ÄMS induzierte im Vergleich zu Röntgenstrahlen weniger *albina*-Mutationen; die relativen Anteile von *viridis-*, *xantha-* und selteneren Farbmutanten sind erhöht. Diese Differenz ist nach einem χ^2-Test hochsignifikant. Da die M_2-Anzucht für die Gegenüberstellungen unter gleichen Umweltbedingungen erfolgte und ein vergleichsweise großes

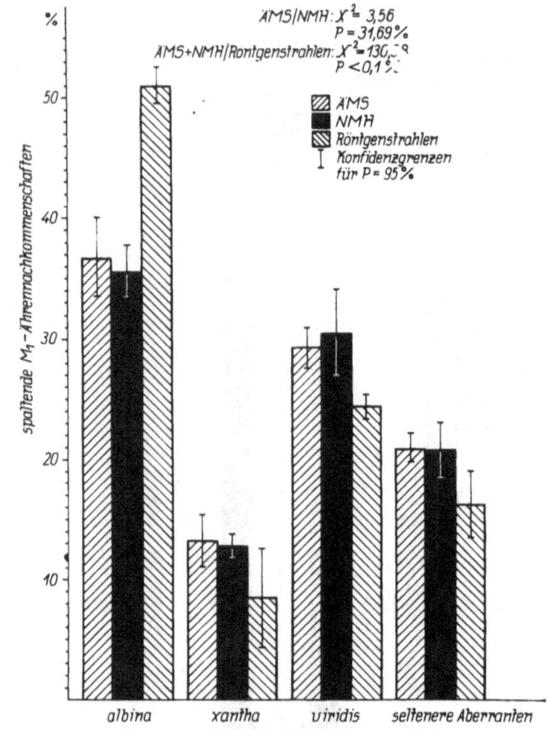

Abb. 20. Die NMH-, ÄMS- und röntgenstrahleninduzierten Chlorophyllmutationsspektren bei Gewächshauskultur der M_2 (alle geprüften Konzentrationen bzw. Dosen).

NMH:	4314	spaltende M_1-Ähren-Nachkommenschaften ausgewertet
ÄMS:	6152	
Röntgenstrahlen:	993	

Material ausgewertet wurde, darf dieser Unterschied mit hoher Wahrscheinlichkeit als echt angesehen werden. Damit kann die Induktion verschiedener Chlorophyllmutationsspektren durch Röntgenstrahlen und ÄMS bestätigt werden (Ehrenberg et al. 1961, Favret 1964, Moës 1964, Heslot et al. 1961, Gaul 1963, Swaminathan et al. 1962, Gustafsson 1963). Die Ergebnisse zeigen weiterhin, daß zwischen den NMH- und ÄMS-induzierten Chlorophyllmutationsspektren keine signifikanten Unterschiede nachweisbar sind.

Unterschiede nach Applikation verschiedener Konzentrationen desselben Agens, wie sie z. B. von Natarajan und Shivasankar (1965) beschrieben wurden, konnten von uns nicht beobachtet werden. In Abb. 21 sind die ÄMS-induzierten Mutationsspektren in Abhängigkeit vom M_1-Sterilitätsgrad dargestellt. Ein χ^2-Test weist das Spektrum „fertiler Ähren" (bis 25% Sterilität) als homogen mit dem „steriler Ähren" (über 75% Sterilität) aus. Eine Beziehung zwischen dem Sterilitätsgrad und damit der Konzentration und dem Mutationsspektrum ist nicht nachweisbar.

Von entscheidendem praktisch-züchterischen Interesse ist die Induktion von vitalen Mutanten. Im allgemeinen wird angenommen, daß die Frequenz vitaler Mutanten der der Chlorophyllmutanten proportional ist. Hinweise

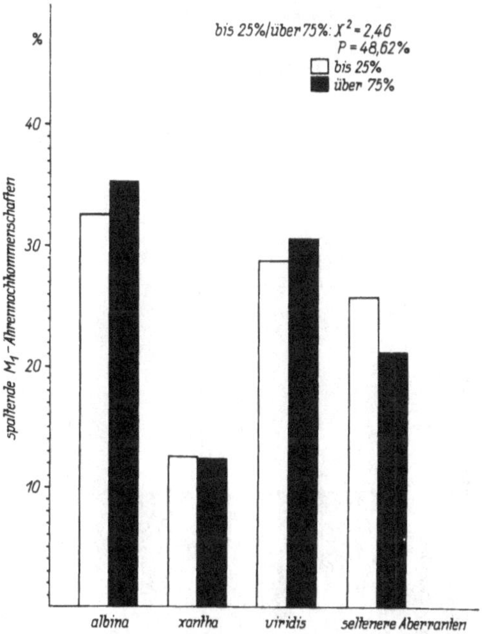

Abb. 21. Das ÄMS-induzierte Chlorophyllmutationsspektrum (Gewächshauskultur der M_2) in Abhängigkeit von der M_1-Ähren-Sterilität.

bis 25% Sterilität:	381	spaltende M_1-Ähren-Nachkommenschaften ausgewertet
über 75% Sterilität:	367	

dafür kommen von Heslot et al. (1961), die nach einer ÄMS-Behandlung im Vergleich zu Röntgenstrahlen ein etwas engeres Verhältnis von Chlorophyll- zu morphologischen Mutationen erhielten. Nach Angaben von Favret (1964) ist die Relation von *albina*- zu *erectoides*-Mutationen nach Röntgenbestrahlung und ÄMS-Behandlung etwa identisch. Auch Swaminathan et al. (1961) und Natarajan und Shivasankar (1965) geben nach ÄMS-Behandlungen beachtliche Frequenzen vitaler Mutanten an.

In jenen Fällen, wo ein breites Spektrum vitaler Mutanten erfaßt wurde, sind sichere Vergleiche kaum möglich, da die Gesamtfrequenz der gefundenen Mutanten wohl immer von einem größeren subjektiven Faktor beeinflußt ist.

Für die eigenen Untersuchungen erfolgte daher eine Beschränkung auf *erectoides*- und *eceriferum*-Mutanten, d. h. auf Formen, die einerseits relativ häufig induziert werden und andererseits aufgrund ihrer distinkten morphologischen Abweichung vom Ausgangstyp relativ sicher quantitativ erfaßt werden können (Abb. 22). Auffallend ist zunächst, daß nach Röntgenbestrahlung nicht eine

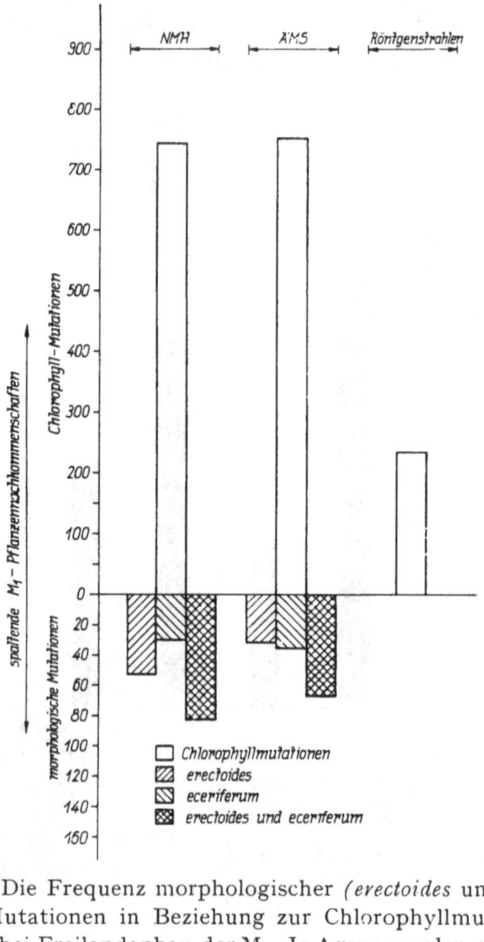

Abb. 22. Die Frequenz morphologischer (*erectoides* und *eceriferum*) Mutationen in Beziehung zur Chlorophyllmutationsfrequenz bei Freilandanbau der M_2. Je Agens wurden 1000 M_1-Pflanzen-Nachkommenschaften (je 24 Korn) geprüft.

NMH 0,8 mM/l
ÄMS 70 mM/l
Röntgenstrahlen 7,5 kr
Kontrolle (H_2O): von 500 M_1-Pflanzen-Nachkommenschaften spalteten 2 für Chlorophyllmutationen

Homogenitätstest:

1. Chlorophyll- zu *erectoides*- zu *eceriferum* Mutationen
   NMH/ÄMS $\chi^2 = 5{,}73$ P (%) = 5,9
2. *erectoides*- zu *eceriferum*-Mutationen
   NMH/ÄMS $\chi^2 = 4{,}29$ P (%) = 4,2

der gesuchten Mutanten gefunden werden konnte. Es ist in diesem Zusammenhang auf eine Arbeit von Ehrenberg et al. (1961) hinzuweisen, wo eine Abhängigkeit der Induktion von *erectoides*-Mutationen vom Wassergehalt der Karyopsen zum Zeitpunkt der Bestrahlung gefunden wurde. Danach nahm der Anteil von *erectoides*-Mutationen stufenweise mit steigendem Wassergehalt ab (7–10% > 11–13% > 16–20%). Bei unseren Versuchen kam 10 Stunden submers gequollenes Saatgut zur Bestrahlung, dessen Wassergehalt mit Sicherheit höher war. Diese schwedischen Befunde sind daher möglicherweise eine Erklärung dafür, daß wir nach Röntgenbestrahlung weder *erectoides*- noch *eceriferum*-Mutanten fanden. Eine Klärung dieser Frage wäre erforderlich.

Nach ÄMS-Behandlungen liegt das Verhältnis von *erectoides*- zu *eceriferum*-Mutationen etwa bei 1 : 1 und die Relation von Chlorophyllmutationen zu *erectoides*- + *eceriferum*-Mutationen bei etwa 11 : 1. Nach NMH-Behandlungen sind diese Relationen auf etwa 2 : 1 bzw. 9 : 1 verschoben. Wird das Spektrum Chlorophyll- zu *erectoides*- zu *eceriferum*-Mutationen für ÄMS und NMH verglichen, so weist ein χ^2-Test mit einem *P*-Wert von 5,9% gerade noch Homogenität aus. Damit kann für die ausgewerteten Mutationen zunächst als gesichert gelten, daß das Verhältnis von morphologischen zu Chlorophyllmutationen nach NMH-Behandlungen mindestens im gleichen Größenbereich liegt wie nach ÄMS-Behandlungen. Beachtet man nur das Verhältnis von *erectoides*- zu *eceriferum*-Mutationen, so ergeben sich Hinweise, daß NMH im Vergleich zu ÄMS einen höheren Anteil *erectoides*-Mutationen induziert (siehe auch Künzel 1969).

IV. DIE QUANTITATIVEN BEZIEHUNGEN DER BIOLOGISCHEN WIRKUNGEN ZUEINANDER

1. Die Beziehungen zwischen verschiedenen M_1-Kriterien

In den Abbildungen 23 bis 25 sind die Beziehungen zwischen verschiedenen somatischen Effekten für die jeweils geprüften Konzentrationen bzw. Dosen dargestellt. Abb. 23 zeigt, daß mit der gleichen Wachstumsreduktion des ersten Blattes signifikant verschiedene Aberrationsfrequenzen im ersten Mitosezyklus der Keimung verbunden sind (NMH < ÄMS < Röntgenstrahlen). Dieser Befund deutet daraufhin, daß nach ÄMS- und NMH-Behandlungen die induzierten Aberrationen nicht Hauptursache der Wachstumshemmung sein können. Da NMH und ÄMS die Aberrationen ausschließlich auf chromatidaler Basis induzieren, ist zu erwarten, daß in manchen Fällen nur eine der entstehenden Tochterzellen geschädigt ist. Es ist daher verständlich, daß die chemisch induzierten Aberrationen vom Chromatidentyp das Wachstum weniger beeinflussen als die strahleninduzierten Aberrationen vom Chromosomentyp. Aber auch nach Röntgenbestrahlung scheinen im Gegensatz zu bisherigen Vorstellungen (Read 1959) Aberrationen nicht die wichtigste Ursache der Wachstumshemmung darzustellen (Evans 1965). Wachstum als sehr komplexe Erscheinung kann mit Sicherheit von sehr vielen Faktoren beeinflußt werden. Das wird u. a. auch durch die wachstumsstimulierende Wirkung

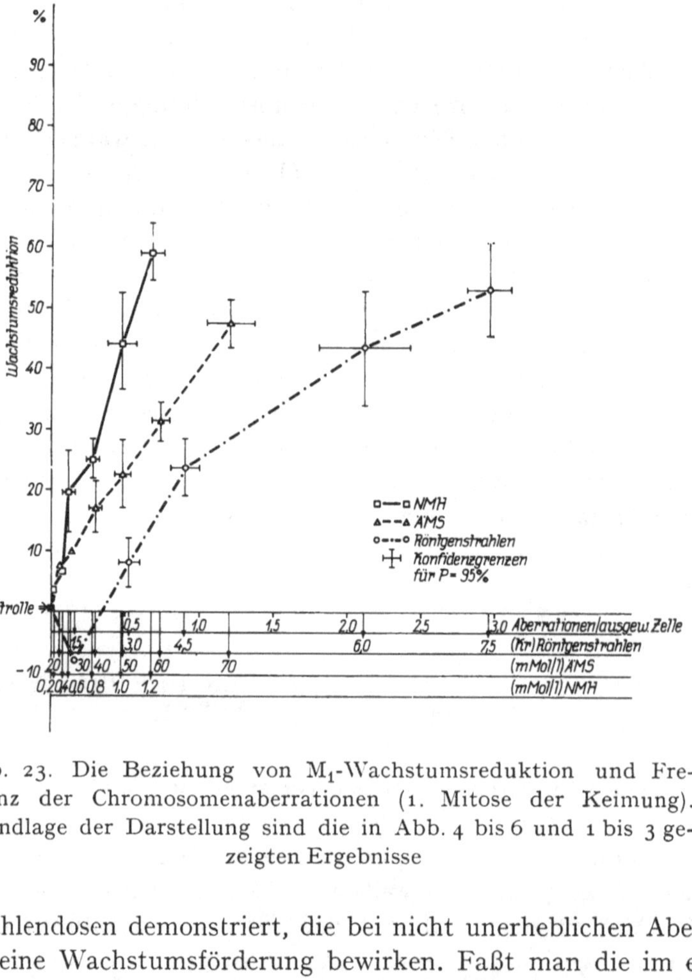

Abb. 23. Die Beziehung von M_1-Wachstumsreduktion und Frequenz der Chromosomenaberrationen (1. Mitose der Keimung). Grundlage der Darstellung sind die in Abb. 4 bis 6 und 1 bis 3 gezeigten Ergebnisse

kleiner Strahlendosen demonstriert, die bei nicht unerheblichen Aberrationsfrequenzen eine Wachstumsförderung bewirken. Faßt man die im einzelnen unbekannten Einflüsse unter dem Sammelbegriff Toxizität zusammen, so ist ersichtlich, daß NMH stark und Röntgenstrahlen wenig toxisch auf das Keimlingswachstum einwirken, während ÄMS eine mittlere Stellung einnimmt.

Setzt man die Tötungsraten in Beziehung zu den induzierten Aberrationsfrequenzen (Abb. 24), ergeben sich sehr ähnliche Verhältnisse. ÄMS nimmt auch hier zwischen NMH und Röntgenstrahlen eine intermediäre Stellung ein. Dieser Befund weist auf die recht enge Korrelation von Tötungsrate und Wachstumsreduktion hin (Abb. 25). Signifikante Unterschiede zwischen den drei untersuchten Agenzien können nicht nachgewiesen werden. Eine bestimmte Wachstumshemmung ist stets mit etwa der gleichen Tötungsrate verbunden, gleichgültig, ob erstere durch Röntgenstrahlen, ÄMS oder NMH verursacht wurde. Dieses Ergebnis steht in recht guter Übereinstimmung mit Befunden von Froese-Gertzen et al. (1964) sowie Konzak et al. (1965)

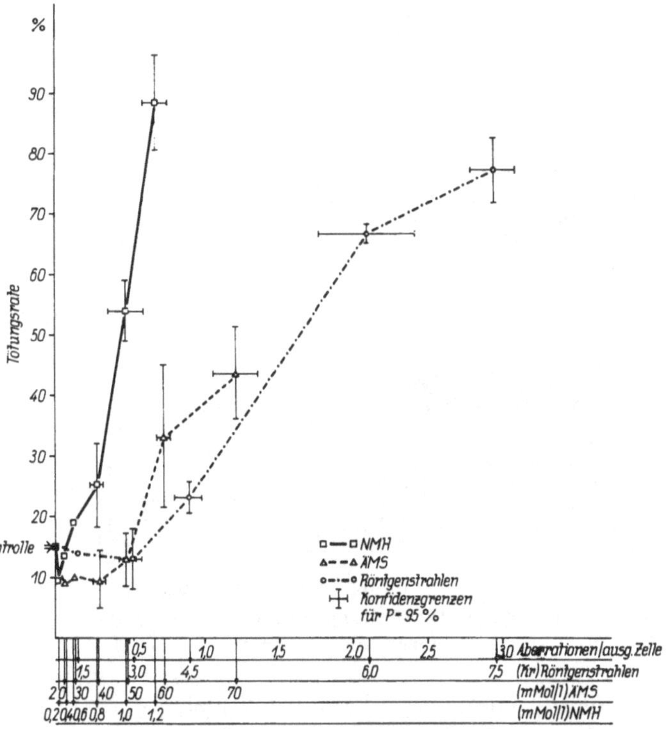

Abb. 24. Die Beziehung von M_1-Tötungsrate und Frequenz der Chromosomenaberrationen (1. Mitose der Keimung). Grundlage der Darstellung sind die in Abb. 7 bis 9 und 1 bis 3 gezeigten Ergebnisse

und auch mit den Befunden jener Autoren, die diese Relation für ÄMS nach teilweise recht verschiedenen Behandlungsbedingungen angegeben haben (Bender und Gaul 1966, Nilan et al. 1964). Damit dürfte die Wachstumshemmung ein guter Indikator für die zu erwartenden Überlebensraten sein.

Die Beziehungen einiger somatischer Effekte zur M_1-Sterilität (Reduktion Kornansatz) sind in den Abbildungen 26 bis 28 dargestellt. Vergleicht man die im ersten Mitosezyklus der Keimung bestimmten Aberrationsfrequenzen mit der induzierten Sterilität (Abb. 26), so ergeben sich für alle drei Agenzien signifikant verschiedene Relationen. Bei gleicher Sterilität nimmt die Aberrationsfrequenz in der Reihenfolge Röntgenstrahlen – ÄMS – NMH ab. Aus solchen Befunden darf zunächst geschlossen werden, daß die beobachteten Aberrationen für ÄMS und in noch höherem Maße für NMH nicht die entscheidenden Sterilitätsursachen darstellen können.

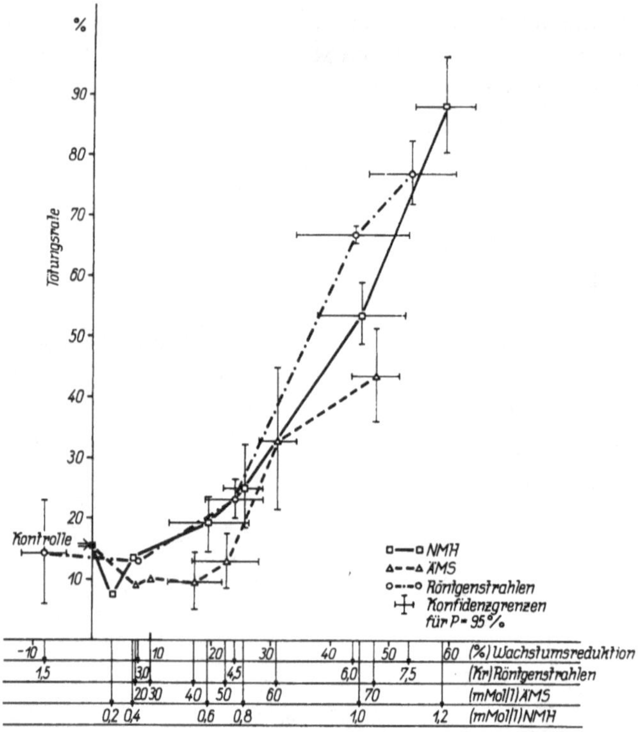

Abb. 25. Die Beziehung von M_1-Tötungsrate und M_1-Wachstumsreduktion. Grundlage der Darstellung sind die in Abb. 7 bis 9 und 4 bis 6 gezeigten Ergebnisse

Aus der *Drosophila*-Genetik ist bekannt, daß viele Letalfaktoren auf kleinen chromosomalen Strukturumbauten beruhen (Hadron 1955). An Gerstenchromosomen ist jedoch der cytologische Nachweis von Strukturänderungen auch in der Metaphase erst ab einer gewissen (in diesem Zusammenhang beträchtlichen) Größe möglich. Das bedeutet, daß eine wahrscheinlich beachtliche Anzahl zu Sterilität führender Aberrationen, die bereits als solche in der der Behandlung folgenden Mitose vorliegen, nicht erfaßt werden. Da – wie wir sahen – diesbezüglich Metaphase Auswertungen keine wesentlich bessere Information als Anaphase-Auswertungen versprechen, kann für quantitative Bestimmungen auf erstere verzichtet werden. Als Aberrationstypen können in der Anaphase Brückenbildungen und Fragmente (Ausspannung dizentrischer Chromosomen oder Chromatiden bzw. azentrische Chromosomen- oder Chromatidenbruchstücke) erfaßt werden. Solche Aberrationen können in manchen Fällen im Verlaufe der folgenden Zellteilungen zu Genomen führen, die gametische oder zygotische Letalität verursachen; ihre Mehrzahl sollte jedoch bereits durch diplontische Selektion eliminiert werden.

Eine gewisse Sonderstellung nehmen bestimmte Translokations- und Inversionstypen ein, die die Diplophase ohne Schwierigkeiten passieren können und damit bei Anaphase-Auswertungen in der Mitose generell nicht mit erfaßt werden. Aufgrund ihres heterozygoten Status führen sie durch Unregelmäßigkeiten in der Meiose teilweise zu letalen Gameten. Am einfachsten lassen sich die Verhältnisse an reziproken Translokationen zwischen nichthomologen

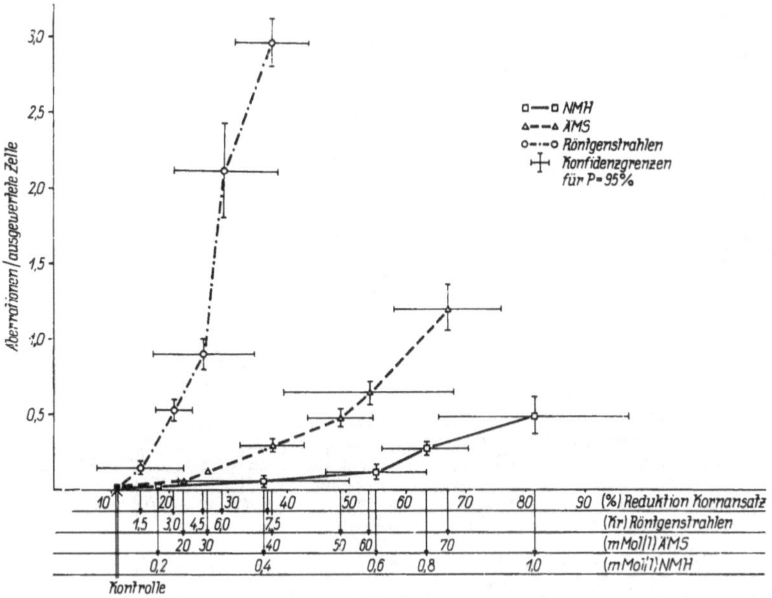

Abb. 26. Die Beziehung zwischen der Frequenz von Chromosomenaberrationen (1. Mitose der Keimung) und der M_1-Sterilität. Grundlage der Darstellung sind die in Abb. 1 bis 3 und 13 bis 15 gezeigten Ergebnisse

Chromosomen verfolgen, deren Anteil an der Gametenletalität bereits an anderer Stelle (S. 117) geschätzt wurde.

Theoretisch könnte man die Ursachen der beobachteten Sterilität in genetischen und physiologischen Schäden sehen, wobei erstere in Defekte auf chromosomaler Ebene (Aberrationen) und Defekte auf genischer Ebene (Punktmutationen) unterteilt werden können. Solche Einteilungen bleiben jedoch recht formal, solange über die quantitative Beteiligung der einzelnen Komponenten nicht entschieden werden kann. Hinweise dafür, daß die durch ÄMS und NMH induzierte Sterilität im wesentlichen genetisch bedingt sein dürfte, kommen von Gaul et al. (1966), Sato und Gaul (1967) und Müller (1964, 1966a, 1967a). Von Untersuchungen an *Drososophila* ist bekannt, daß alkylierende Agenzien in der Lage sind, in hohem Maße kleine Defizienzen zu induzieren (Fahmy und Fahmy 1957). Als einfachste Erklärung für die in Abb. 26 dargestellten Differenzen zwischen Röntgenstrahlen und ÄMS einerseits und ÄMS und NMH andererseits bietet sich damit die Annahme agensspezifischer Relationen von größeren Aberrationen zu cytologisch nicht faßbaren, kleineren Strukturumbauten der Chromosomen an.

Da zwischen der M_1-Wachstumshemmung und der Tötungsrate eine enge Korrelation besteht (Abb. 25), sind die Relationen von Wachstumshemmung bzw. Tötungsrate und Sterilität (Abb. 27 und 28) einander ähnlich. Nach Applikation höherer Konzentrationen zeichnet sich für ÄMS im Vergleich

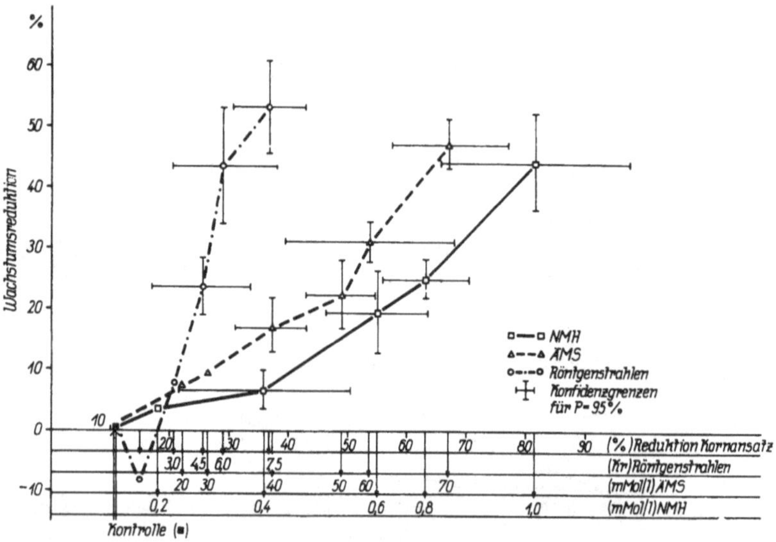

Abb. 27. Die Beziehung von M_1-Wachstumsreduktion und M_1-Sterilität. Grundlage der Darstellung sind die in Abb. 4 bis 6 und 13 bis 15 gezeigten Ergebnisse

zu NMH eine Tendenz zu höheren Tötungsraten und noch deutlicher zu einer etwas größeren Wachstumshemmung bei gleichem Sterilitätsgrad ab. Die Ursache dafür könnte in der gegenüber NMH vermehrten Induktion größerer Chromosomenaberrationen gesehen werden.

2. Die Beziehungen zwischen M_2-Chlorophyllmutantenfrequenzen und M_1-Kriterien

Zur Beurteilung der Wirkung verschiedener mutagener Agenzien ist es zweckmäßig, zwischen deren mutagener Effektivität und Effizienz zu unterscheiden. Erstere gibt Auskunft über die zur Erzeugung einer bestimmten Mutationsfrequenz erforderliche Dosis (Dosis-Effekt-Beziehungen). Schädliche Nebenwirkungen bleiben dabei unberücksichtigt. Die mutagene Effizienz kennzeichnet dagegen die induzierten Mutationsfrequenzen in Abhängigkeit von schädlichen Nebenwirkungen. Agenzien mit gleicher Effektivität können daher bezüglich ihrer mutagenen Effizienz verschieden sein. Ehrenberg (1960) schreibt: „The efficiency of a mutagen is measured as the highest mutation rate obtainable". Ein solches Maß der Effizienz ist jedoch aus verschiedenen Gründen in vielen Fällen praktisch nicht bestimmbar. Um diese Schwierigkeit zu umgehen, wurde z. B. von Müller (1964) vorgeschlagen, maximale Grenzen für schädliche Nebenwirkungen (Sterilität, Tötungsrate usw.) festzulegen, die gerade noch eine sichere Ermittlung der Mutationsfrequenzen erlauben. Die von Konzak et al. (1965) vorgeschlagene Methode (Bildung von Quotienten aus Mutationsfrequenzen und relativen Schädigungen) setzt lineare Beziehungen zur Dosis voraus. Daß diese nicht bestehen, und daß daher nicht

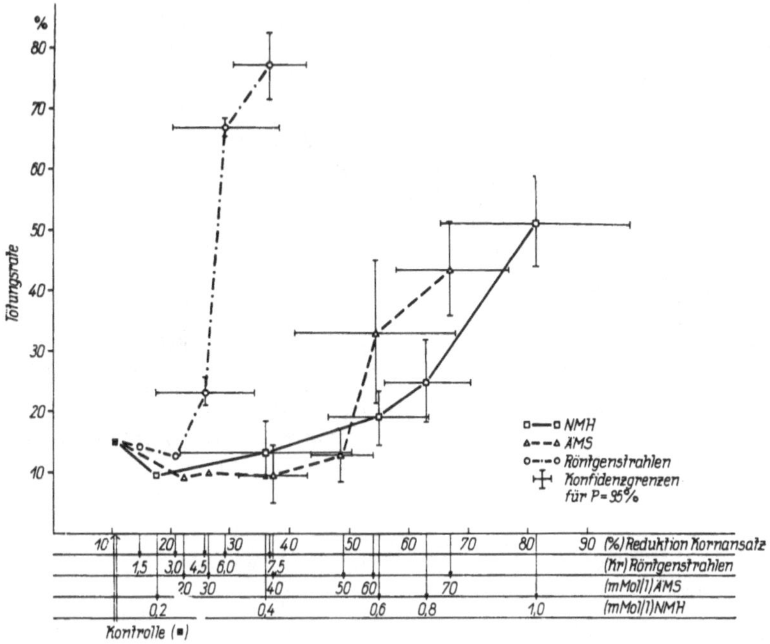

Abb. 28. Die Beziehung von M_1-Tötungsrate und M_1-Sterilität. Grundlage der Darstellung sind die in Abb. 7 bis 9 und 13 bis 15 gezeigten Ergebnisse

einfach Quotienten zu bilden sind, sondern ganze Kurven oder genau definierte Punkte dieser Kurven zu vergleichen sind, wurde von Müller (1964) eingehend diskutiert. In diesem Sinne sind die folgenden Abbildungen (29 bis 32), die in Abhängigkeit von der applizierten Konzentration bzw. Dosis die M_2-Mutantenfrequenzen in Beziehung zu schädlichen Nebenwirkungen stellen, als Information über die mutagene Effizienz zu werten.

Die Abbildungen 29 und 30 lassen erkennen, daß die Relationen von Mutantenfrequenz zu Wachstumshemmung und Tötungsrate für NMH und ÄMS sehr ähnlich sind. Für NMH zeigt sich im Vergleich zu ÄMS auf der Basis gleicher Mutantenfrequenzen, vornehmlich nach Applikation geringer und mittlerer Konzentrationen, eine schwache – nicht signifikante – Tendenz zu geringerer Wachstumshemmung. Röntgenstrahlen induzieren bei vergleichbaren Mutantenfrequenzen im Vergleich zu den geprüften Chemikalien eine wesentlich größere Wachstumshemmung und Tötungsrate, d. h. ihre mutagene Effizienz ist gering, wie bereits von vielen Autoren mitgeteilt wurde.

Die Beziehungen zwischen Mutantenfrequenzen und mitotisch nachweisbaren Aberrationsfrequenzen im Sproßmeristem sind für alle drei untersuchten

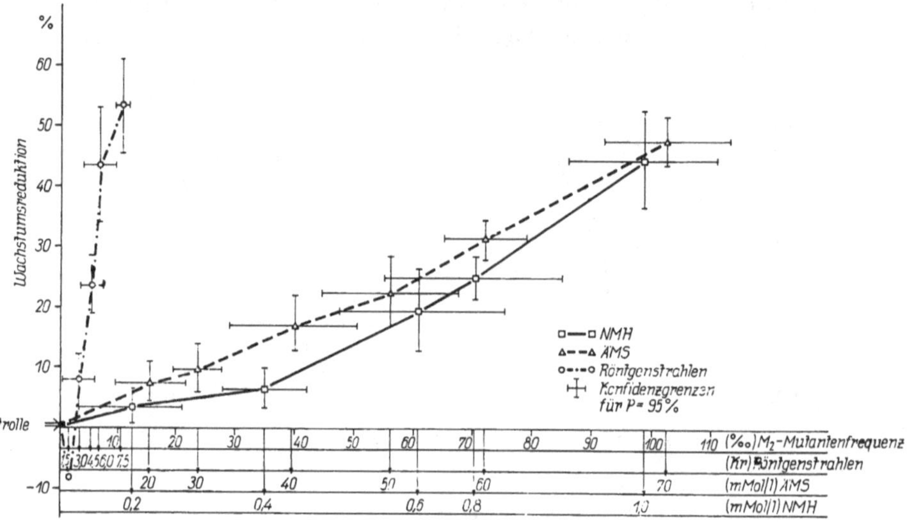

Abb. 29. Die Beziehung von M_1-Wachstumsreduktion und M_2-Chlorophyllmutantenfrequenz. Grundlage der Darstellung sind die in Abb. 4 bis 6 und 16 bis 18 gezeigten Ergebnisse.

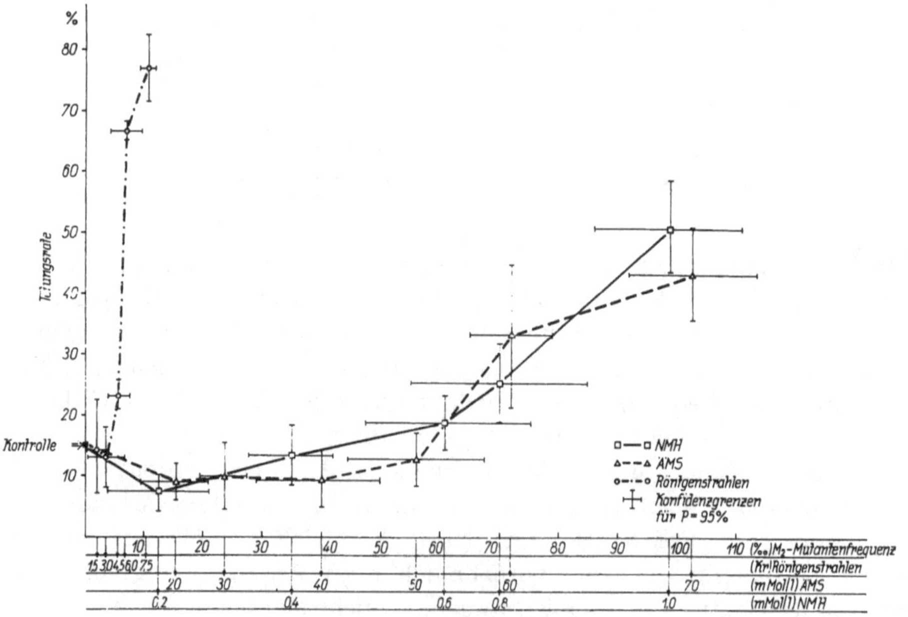

Abb. 30. Die Beziehung von M_1-Tötungsrate und M_2-Chlorophyllmutantenfrequenz. Grundlage der Darstellung sind die in Abb. 7 bis 9 und 16 bis 18 gezeigten Ergebnisse

Agenzien signifikant verschieden (Abb. 31). Bezogen auf gleiche Mutantenfrequenzen, induziert ÄMS Aberrationsfrequenzen, die im Vergleich zu NMH um einen Faktor von nahezu 2,5 höher liegen. Röntgenstrahlen verursachen wesentlich höhere Aberrationsfrequenzen. Ein exakter Vergleich ist in diesem

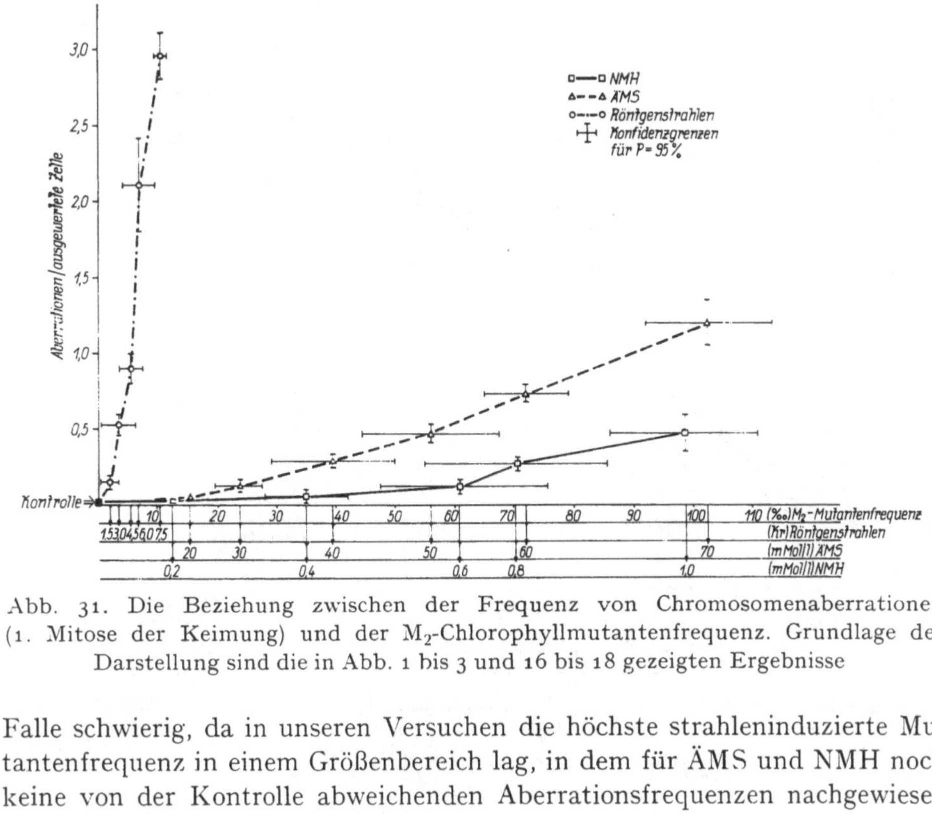

Abb. 31. Die Beziehung zwischen der Frequenz von Chromosomenaberrationen (1. Mitose der Keimung) und der M_2-Chlorophyllmutantenfrequenz. Grundlage der Darstellung sind die in Abb. 1 bis 3 und 16 bis 18 gezeigten Ergebnisse

Falle schwierig, da in unseren Versuchen die höchste strahleninduzierte Mutantenfrequenz in einem Größenbereich lag, in dem für ÄMS und NMH noch keine von der Kontrolle abweichenden Aberrationsfrequenzen nachgewiesen werden konnten.

Abb. 32 zeigt, daß die Beziehungen von M_1-Sterilität zu M_2-Mutantenfrequenz nach NMH- und ÄMS-Behandlungen nicht signifikant voneinander abweichen. Nach Applikation der höchsten ÄMS-Konzentration, scheint im Vergleich mit NMH lediglich eine Tendenz zu verringerter Sterilität zu bestehen. Dieser Befund widerspiegelt zunächst die bereits dargestellte Beobachtung, daß zwischen den erfaßten mitotischen Chromosomenaberrationen und der induzierten M_1-Sterilität kein enger Zusammenhang bestehen kann (Abb. 26). Er weist weiter darauf hin, daß nach Behandlung mit den hocheffizienten mutagenen Chemikalien ein möglicherweise recht enger indirekter Zusammenhang zwischen der Induktion von Sterilität und Chlorophyllmutationen besteht. Diese Agenzien induzieren wahrscheinlich bevorzugt kleinere chromosomale Strukturumbauten als wichtige Sterilitätsursache. Andererseits kann vermutet werden, daß die im überwiegenden Maße letal wirkenden Chlorophyllmutationen mindestens teilweise auf kleinen Strukturumbauten der Chromosomen beruhen.

Von Interesse sind in diesem Zusammenhang Untersuchungen an *Arabidopsis* (Müller 1965e). Das Verhältnis von Chlorophyll- zu embryonalen Letalmuta-

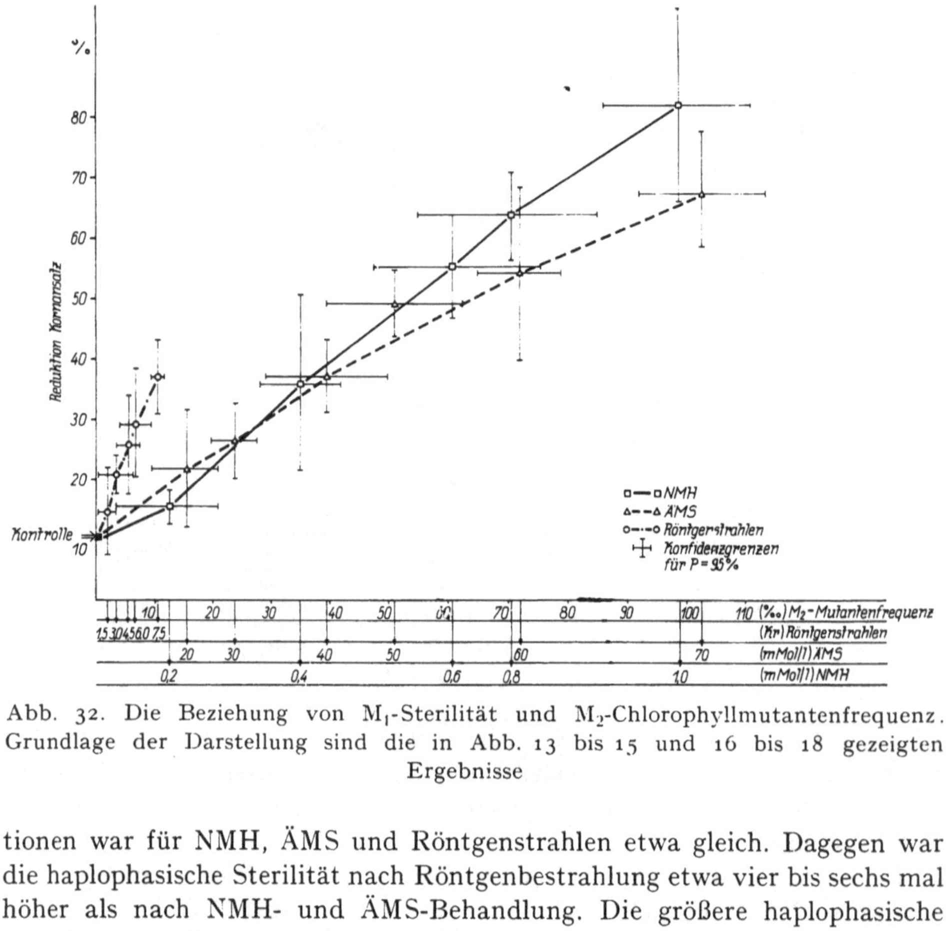

Abb. 32. Die Beziehung von M_1-Sterilität und M_2-Chlorophyllmutantenfrequenz. Grundlage der Darstellung sind die in Abb. 13 bis 15 und 16 bis 18 gezeigten Ergebnisse

tionen war für NMH, ÄMS und Röntgenstrahlen etwa gleich. Dagegen war die haplophasische Sterilität nach Röntgenbestrahlung etwa vier bis sechs mal höher als nach NMH- und ÄMS-Behandlung. Die größere haplophasische Sterilität nach Röntgenbestrahlung wurde als Folge der häufigeren Induktion größerer Chromosomenaberrationen gedeutet.

Im Durchschnitt großer Stichproben zeigen sich bei Versuchen, in denen die Konzentration des Agens variiert wird, stets agensspezifische positive Korrelationen zwischen M_1-Sterilität und Mutantenfrequenz (Abb. 32). Teilt man innerhalb einer Behandlungsvariante die M_1-Ähren in Klassen verschiedener Sterilität ein und ermittelt in diesen die Mutantenfrequenzen getrennt, so besteht die Möglichkeit, aus diesen Beziehungen gewisse Schlüsse über die Homogenität der mutagenen Behandlung zu ziehen. War die Mutationswahrscheinlichkeit für die Initialen der in der Gesamtprobe eingeschlossenen M_1-Ähren gleich groß, sollte man erwarten, daß Sterilität und Chlorophyllmutationen zufällig verteilt sind, d. h., daß in allen gebildeten Sterilitätsklassen gleiche Mutationsfrequenzen zu erwarten sind. Andererseits darf auf Inhomogenität der Behandlung geschlossen werden, wenn mit zunehmender Sterilität ansteigende Mutationsfrequenzen gefunden werden. In diesem Fall erfolgt durch die Gruppierung zu Sterilitätsklassen eine Sortierung in stärker und weniger stark mutagengeschädigte Individuen bzw. M_1-Ähren; geringe Sterilität ist im Rahmen der Zufallsschwankungen mit niedriger Mutationsfrequenz und hohe Sterilität mit hoher Mutationsfrequenz korreliert. Zur Kenntnis dieser Verhältnisse wurde eine solche Auswertung für jeweils eine Behandlungsvariante der drei untersuchten Agenzien in Abb. 33 dargestellt. Es ist

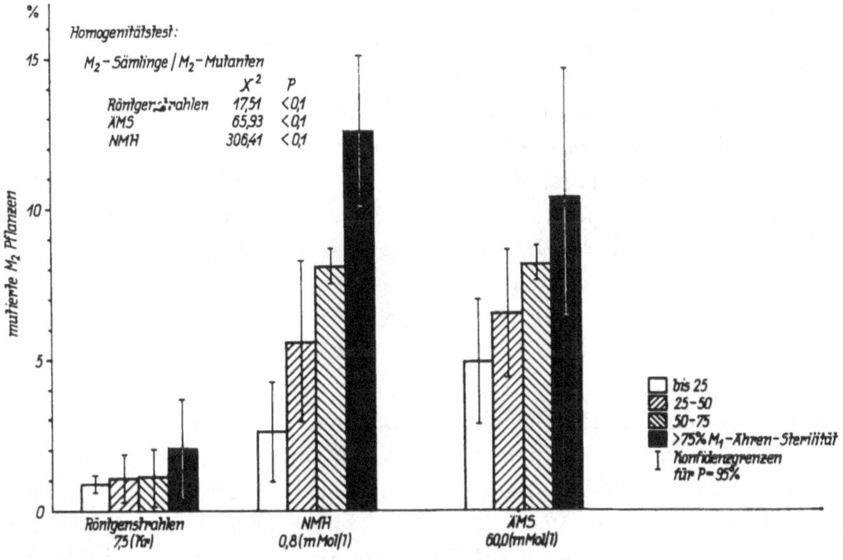

Abb. 33. Die Beziehung von M_1-Ähren-Sterilität und M_2-Chlorophyllmutantenfrequenz.

Anzahl ausgewerteter M_2-Chlorophyllmutanten

Agens	% Sterilität der M_1-Ähren 0–25	26–50	51–75	76–100
Röntgenstrahlen 7,5 kr	137	114	65	28
NMH (0,8 mM/l)	123	237	421	444
ÄMS (60 mM/l)	214	488	463	252

ersichtlich, daß zwischen den Sterilitätsklassen bei allen drei Agenzien Unterschiede bestehen, die in der Reihenfolge Röntgenstrahlen – ÄMS – NMH zunehmen. Während die Signifikanz der Differenzen für NMH und ÄMS außer Zweifel steht, bestehen für Röntgenstrahlen folgende Bedenken: Das ausgewertete Material ist im Umfang zu gering; der höchsten Sterilitätsklasse, die als einzige deutlich abweicht, liegen lediglich 28 mutierte M_2-Pflanzen zugrunde. Außerdem wurde für diesen Versuch ein χ^2-Test auf der Basis von mutierten M_2-Pflanzen durchgeführt, die nicht als im statistischen Sinne voneinander unabhängige Ereignisse gewertet werden können. Damit erfolgt die Prüfung in Richtung auf Inhomogenität zu scharf. Es ist deshalb anzunehmen, daß die ausgewiesene Inhomogenität im bestrahlten Material nicht real ist. Diese Deutung würde mit Befunden von Gaul (1958) übereinstimmen, der nach Röntgenbestrahlung von Gerste eine Abhängigkeit der Mutantenfrequenzen vom induzierten Sterilitätsgrad ebenfalls nicht nachweisen konnte.

Ursachen, die nach NMH- und ÄMS-Behandlung im Endergebnis zu der beobachteten Imhomogenität führen, können vielseitiger Natur sein. Die Befunde wären z. B. einfach erklärbar, wenn man einen Reaktionsgradienten in den behandelten Karyopsen postuliert. Unter der zusätzlichen Annahme verschiedener Penetrations- und/oder Reaktionsgeschwindigkeiten von NMH und ÄMS würden auch die quantitativen Unterschiede zwischen beiden Chemikalien leicht verständlich (siehe auch Künzel und Scholz 1971). Daß die Penetrations- und Reaktionsgeschwindigkeit von NMH tatsächlich sehr hoch sein muß (wahrscheinlich höher als die von ÄMS), haben Experimente mit *Arabidopsis* (Müller 1965a) gezeigt.

Eine ähnliche Abhängigkeit der Mutationsfrequenzen vom M_1-Sterilitätsgrad wurde auch nach Behandlungen von *Arabidopsis*-Samen mit 1-Methyl-3-Nitro-1-Nitrosoguanidin beobachtet (Müller, persönliche Mitteilung).

Zusammenfassend darf aus den vorliegenden Ergebnissen geschlossen werden, daß die mutagene Effizienz von NMH unter unseren Versuchsbedingungen etwa der von ÄMS entspricht; seine molare Effektivität ist dagegen rund 80 mal größer als die von ÄMS. Entscheidendes Kriterium für die Höhe der mutagenen Effizienz ist sowohl für NMH als auch für ÄMS die Sterilität, da sie denjenigen Faktor repräsentiert, der der Erfassung höherer Mutationsfrequenzen zuerst Grenzen setzt.

V. SCHLUSSFOLGERUNGEN FÜR DIE ANGEWANDTE MUTATIONSFORSCHUNG

Bis heute ist bereits eine große Anzahl mutagener Chemikalien bekannt geworden, deren Effizienz in einigen Fällen gegenüber mutagenen Strahlenarten mehrfach erhöht ist. (Ehrenberg 1960, Ehrenberg et al. 1966, Gustafsson 1960, Röbbelen 1956, u. a.). Fragen nach einer zweckmäßigen Auswahl der Agenzien sowie nach der Wahl optimaler Applikationsverfahren und Dosen für angewandte Zielstellungen sind daher von gewisser Bedeutung.

Alle bekannten Agenzien induzieren mehr oder weniger breite Mutationsspektren, an denen die erwünschten Mutanten in einem nur sehr geringen Prozentsatz beteiligt sind. Um die Ausbeute an züchterisch wertvollen Mutanten zu erhöhen, besteht ein wichtiges aktuelles Ziel der Mutationsforschung darin, Methoden zu finden, die die induzierten Mutationsspektren in eine für praktische Zwecke günstige Richtung verschieben. Im wesentlichen ist diese Aufgabe bis jetzt ungelöst.

Auf die Bedeutung bestimmter Typen von Chromosomenaberrationen für angewandte Zwecke wurde wiederholt hingewiesen (Gustafsson et al. 1966, Hagberg, 1965, Hagberg und Hagberg 1969, Nybom 1954, Ramage 1964, Tsuchiya 1964). Durch die Wahl geeigneter mutagener Agenzien kann die Ausbeute an gewünschten Aberrationen wesentlich verbessert werden. Agensspezifische Unterschiede in der Relation von größeren Chromosomenumbauten zu Genmutationen können nunmehr als gut gesichert gelten. Ionisierende Strahlen induzieren im Vergleich zu den hochmutagenen Chemikalien viel höhere Aberrationsfrequenzen. Wie gezeigt wurde, bestehen in dieser Hinsicht auch Unterschiede zwischen verschiedenen mutagenen Chemikalien.

Viel geringer sind dagegen bis heute die Möglichkeiten für eine Beeinflussung, wenn das angestrebte Ziel in der Erzeugung bestimmter erwünschter Genmutationen besteht. Im allgemeinen sind die Bemühungen dann zunächst darauf gerichtet, die Ausbeute an vitalen Mutanten insgesamt zu verbessern. Das kann durch die Wahl solcher Agenzien begünstigt werden, die sich durch die Fähigkeit, hohe Gesamtmutationsfrequenzen zu induzieren, also durch eine hohe mutagene Effizienz auszeichnen. Einschränkend soll jedoch darauf hingewiesen werden, daß die Induktion sehr hoher Mutationsraten nicht in jedem Falle vorteilhaft erscheint (Hänsel 1965, 1967b, Scholz 1965, 1967). Eine zunehmende Anzahl von Mehrfachmutationen in den M_1-Genomen führt dazu, daß erwünschte Mutanten gleichzeitig für ein oder mehrere unerwünschte Gene mutiert sind. Damit würde ein wesentlicher Vorteil der Mutationszüchtung eingeschränkt, nämlich die Auslese von Mutanten, die gegenüber der Ausgangsform nur im selektierten Merkmal verändert sind.

Wird eine hohe mutagene Effizienz gefordert, so verringert sich die große Anzahl der mutagenen Chemikalien auf eine relativ kleine Gruppe, vornehmlich monofunktionell alkylierender Substanzen. Darunter wären das schon gut untersuchte und bereits vielfach für züchterische Zwecke eingesetzte Äthylmethansulfonat (ÄMS), sowie einige seiner Derivate an erster Stelle zu nennen; des weiteren Diäthylsulfat und Äthylenimin (Ehrenberg et al. 1966, Nilan et al. 1964) sowie Nitrosoäthylurethan, dessen mutagene Aktivität etwa der des ÄMS entsprechen soll (Heslot at al. 1961). In Mutationsversuchen mit *Arabidopsis* haben sich folgende Nitroso-Verbindungen als etwa dem ÄMS gleichwertig erwiesen: Nitrosomethylharnstoff (NMH), Nitrosoäthylharnstoff, Nitrosomethylurethan und 1-Methyl-3-Nitro-1-Nitrosoguanidin (Müller 1964, 1965e).

Nun muß berücksichtigt werden, daß der Bezugsmaßstab für die eben genannte Einteilung in praktisch allen Fällen die Induktion von Chlorophyllmutationen ist. Unter angewandtem Aspekt ist eine solche Einteilung selbstverständlich nur dann sinnvoll, wenn vorausgesetzt wird, daß die Chlorophyllmutationen tatsächlich einen zuverlässigen Indikator für vitale, züchterisch interessierende Mutationen darstellen. Obwohl diese Annahme in der Regel stillschweigend vorausgesetzt wird, sind bisher überzeugende experimentelle Belege kaum gegeben worden. Dieser Tatbestand hat viele Ursachen. Die Frequenz vitaler Mutationen kann nur unter relativ großem Aufwand mit einiger Sicherheit bestimmt werden. Die Gefahr einer subjektiven Verzerrung der Ergebnisse ist groß, besonders dann, wenn ein breites Phänotypenspektrum erfaßt wird. Immerhin bestehen einige Hinweise, daß die Relation von Chlorophyll- zu morphologischen Mutanten nach ÄMS-Behandlungen im Vergleich mit Röntgenstrahlen enger (Heslot et al. 1961) sowie die Relation von *albina*- zu *erectoides*-Mutationen etwa gleich waren (Favret 1964); nach Äthylenimin-Behandlungen war das Verhältnis von Chlorophyll- zu vitalen Mutanten gleich oder enger (Gustafsson 1960).

Mit den eigenen Untersuchungen konnte nachgewiesen werden, daß das Verhältnis von Chlorophyll- zu vitalen (*erectoides* + *eceriferum*) Mutanten nach NMH- im Vergleich zu ÄMS-Behandlungen mit 9:1 bzw. 11:1 etwa gleich ist. Weiterhin weisen die Befunde darauf hin, daß trotz gleicher Chlorophyllmutationsspektren das Verhältnis von *erectoides*- zu *eceriferum*-Mutationen nach ÄMS- und NMH-Behandlungen verschieden ist (NMH etwa 2:1, ÄMS etwa 1:1). Durch Vorbehandlungen mit Äthylendiaminotetraessigsäure (ÄDTE) konnte im Falle von NMH außerdem die Relation von Chlorophyll- zu *erectoides*- + *eceriferum*-Mutationen signifikant in eine günstigere Richtung verschoben werden – NMH etwa 9:1, ÄDTE + NMH etwa 5:1 – (Künzel 1969). Dieser Befund weist auf die Notwendigkeit hin, trotz der angedeuteten Schwierigkeiten vitale Mutationen in die Auswertungen einzubeziehen, wenn aus den Ergebnissen von Mutationsexperimenten sicherere Empfehlungen für angewandte Arbeiten abgeleitet werden sollen.

Obwohl bisher nur in wenigen Experimenten vitale Mutationen ausgewertet wurden, bestehen bereits einige Hinweise dafür, daß bestimmte Behandlungsmethoden, die darauf abzielen, den physiologischen Zustand der Karyopsen vor der mutagenen Behandlung zu verändern, die Mutationsspektren in eine für praktische Zwecke günstigere Richtung verschieben können. So wurde von Natarajan und Shivasankar (1965) geschlossen, daß eine längere Quellung der Gersten-Karyopsen bei Luftzutritt vor der mutagenen Behandlung die Relation von Chlorophyll- zu vitalen Mutationen verengt. Ergebnisse ähnlicher Experimente mit *Arabidopsis* wurden ebenfalls in diesem Sinne gedeutet (Müller 1967a).

Angaben über das Hydrolyse-Verhalten des NMH liegen von Jančik et al. (1958) vor. Danach ist NMH mit einer Hydrolyse-Halbwertszeit von etwa

65 Stunden (bei 20 °C) in wässrigen Lösungen relativ stabil. Zunehmende Temperaturen und pH-Werte beschleunigen den hydrolytischen Zerfall (siehe auch Druckerey et al. 1967).

Die Ergebnisse eigener Hydrolyse-Versuche sind in Tab. 3 angegeben. Behandlungen von Gersten-Karyopsen mit vollständig hydrolysierten NMH-Lösungen beeinflussen gegenüber den Kontrollvarianten weder das Wachstum des ersten Blattes noch die Chromosomenaberrationsrate. Auch bei *Arabidopsis* (Müller 1964) konnten langlebige, radiomimetisch aktive oder toxische Hydrolyseprodukte nicht nachgewiesen werden. Im Vergleich mit ÄMS, dessen Hydrolysat auf Gersten-Karyopsen toxischer wirkt als die unzersetzte Substanz (Froese-Gertzen et al. 1964), ist NMH in dieser Hinsicht einfacher zu handhaben.

Von praktischem Interesse ist auch der Befund, daß Rücktrocknung und Lagerung von NMH-behandeltem Saatgut ohne große Schwierigkeiten möglich ist (Gichner et al. 1968). Der unter bestimmten Bedingungen damit verbundene Effektivitätsverlust des NMH (vgl. Müller 1964, auch Künzel 1968) kann durch Applikation etwas höherer Konzentrationen leicht ausgeglichen werden. Dieses Verfahren ermöglicht, die mutagene Behandlung vom Aussaattermin unabhängig zu machen, verhindert unkontrollierte Nacheffekte und verbessert damit die Reproduzierbarkeit der Ergebnisse. Die Rücktrocknung und Lagerung von ÄMS-behandeltem Saatgut ist dagegen schwieriger (Bender und Gaul 1966).

Bei NMH-Behandlungen ist weiterhin zu beachten, daß die radiomimetischen Effekte O_2-abhängig sind; Anwesenheit von O_2 verstärkt die Wirksamkeit des NMH (Michaelis et. al. 1965). Eine für praktische Zwecke ausreichende Kontrollmöglichkeit besteht darin, Vorquellung, Behandlung und Nachquellung unter partiell anaeroben (submersen) Bedingungen vorzunehmen.

Aus den Untersuchungen ergibt sich damit eine ganze Reihe von Hinweisen auf die besondere Eignung von NMH für Mutationsexperimente mit praktisch-züchterischer Zielstellung. Auf einige diesbezügliche Gesichtspunkte wurde bereits von Müller (1964) aufgrund der Ergebnisse von NMH-Versuchen bei *Arabidopsis* hingewiesen.

1. Bei vergleichbaren Mutationsfrequenzen induziert NMH nur etwa halb so viele cytologisch nachweisbare Chromosomenaberrationen als ÄMS.

2. Die Hydrolyseprodukte von NMH wirken im Gegensatz zu denen von ÄMS nicht toxisch.

3. Vorbehandlungen mit Äthylendiaminotetraessigsäure geben die Möglichkeit, die NMH induzierten Frequenzen von *erectoides*- und *eceriferum*-Mutanten auf etwa den doppelten Betrag zu erhöhen (Künzel 1969). Alleinige NMH-Behandlungen induzieren auf der Basis vergleichbarer Frequenzen von Chlorophyllmutanten etwa die gleiche Häufigkeit vitaler Mutanten wie ÄMS.

Tabelle 3

Hydrolyse-Versuch (NMH)

Konzentration	Hydrolyse	Behandlungszeit mit dem Hydrolysat	submerse Nachquellung	ausgewertete Anaphasen	% aberrante Anaphasen				Wachstumsreduktion des 1. Blattes gegenüber Kontrolle
					21	24	27	30	
mMol/l		h	h	Anzahl/ Keimzeit	(h Keimzeit)				(%)
12,0	4,0 h bei 75 °C	0,5	4,0	200	0,5	0,5	0,0	0,0	4,6
12,0	4,0 h bei 75 °C	4,5	4,0	200	0,5	0,0	0,5	0,0	0,8
12,0	4,0 h bei 5 °C	0,5	4,0	200	I*	15,0	22,5	14,0	52,7
Kontrolle (18,5 h submers H_2O)				200	0,5	0,0	0,5	—**	—

*) keine Zellteilungen **) nicht ausgewertet

4. NMH-behandeltes Saatgut kann im Gegensatz zu ÄMS-behandeltem Saatgut ohne größere Schwierigkeiten rückgetrocknet und gelagert werden.
5. Das schnelle Penetrations- und Reaktionsvermögen des NMH ermöglicht die Wahl kurzer Behandlungszeiten. Da NMH in wässrigen Lösungen relativ stabil ist, macht sich ein durch hydrolytischen Zerfall bedingter Aktivitätsverlust während der Behandlungszeit nicht störend bemerkbar.
6. Die im Vergleich zu ÄMS rund 80 mal höhere molare Effektivität des NMH läßt die Kosten des leicht synthetisierbaren mutagenen Agens auch bei großen Versuchen gering bleiben.

Unter Berücksichtigung aller untersuchter Faktoren kann festgestellt werden, daß N-Nitroso-N-Methylharnstoff für Mutationsversuche angewandter Zielstellung gut geeignet ist und gegenüber ÄMS in verschiedener Hinsicht gewisse Vorteile bietet.

Zusammenfassung

Nach Saatgut-Behandlungen von Gerste wurde die mutagene Wirksamkeit von N-Nitroso-N-Methylharnstoff (NMH) im Vergleich zu Äthylmethansulfonat (ÄMS) und Röntgenstrahlen bestimmt.

Eine Analyse der röntgenstrahleninduzierten Chromosomenaberrationen im ersten Mitosezyklus der Keimung zeigte, daß die Meristemzellkerne des für die Versuche verwendeten Saatgutes ausschließlich im G_1-Stadium der Interphase arretiert waren.

Die mutagene Effizienz von NMH entspricht etwa der von ÄMS; seine molare Aktivität ist dagegen um einen Faktor von rund 80 erhöht. Auf der Basis vergleichbarer Frequenzen von Chlorophyllmutanten induziert NMH signifikant weniger sichtbare Chromosomenaberrationen als ÄMS, jedoch eine gleich hohe M_1-Sterilität. Reziproke Translokationen zwischen nichthomologen Chromosomen sind sowohl nach NMH- als auch nach ÄMS-Behandlung im Gegensatz zur Röntgenbestrahlung nicht die Hauptursache der M_1-Sterilität.

Zwischen den NMH- und ÄMS-induzierten Chlorophyllmutationsspektren sind keine signifikanten Differenzen nachweisbar. In der Relation von Chlorophyll- zu vitalen Mutationen (nur *erectoides* und *eceriferum* ausgewertet) bestehen zwischen beiden Agenzien ebenfalls keine Unterschiede. Eine Abhängigkeit der Chlorophyllmutationsspektren vom Sterilitätsgrad der M_1-Ähren konnte nicht nachgewiesen werden. Dagegen führte ein Vergleichsanbau der M_2-Generation im Gewächshaus und im Freiland zu signifikant verschiedenen Spektren. Nach NMH-Behandlungen wurde Homogenität zwischen dem Phänotypenspektrum *(albina, xantha, viridis)* der in der M_1-Generation auftretenden chlorophylldefizienten Sektoren und dem Chlorophyllmutationsspektrum in der M_2-Generation nachgewiesen.

Bestimmungen der Frequenzen von Chlorophyllmutationen in Abhängigkeit vom Sterilitätsgrad der M_1-Ähren innerhalb je einer Behandlungsvariante ergaben, daß sowohl für NMH als auch für ÄMS die Mutationsfrequenzen mit steigendem Sterilitätsgrad zunahmen.

Die quantitativen Beziehungen zwischen verschiedenen M_1- und M_2-Kriterien wurden untersucht und im Detail diskutiert. In den Beziehungen von M_1-Wachstumsreduktion zu M_1-Tötungsraten konnten für NMH, ÄMS und Röntgenstrahlen keine signifikanten Unterschiede nachgewiesen werden. Alle anderen Relationen wichen nach Röntgenbestrahlung im Vergleich zu den Behandlungen mit den mutagenen Chemikalien signifikant ab. Signifikante Unterschiede zwischen NMH und ÄMS wurden in den Beziehungen der verschiedenen Kriterien zu den Frequenzen der Chromosomenaberrationen im ersten Mitosezyklus der Keimung gefunden. Unterschiede zwischen NMH und ÄMS bestehen auch bezüglich der Toxizität ihrer Hydrolyseprodukte. Langlebige, radiomimetisch aktive oder toxische Hydrolyseprodukte konnten für NMH nicht nachgewiesen werden.

Die Ergebnisse der Versuche zeigen, daß NMH für Mutationsversuche mit angewandter Zielstellung gut geeignet ist und gegenüber dem bisher bevorzugten ÄMS gewisse Vorteile bietet.

Summary

Comparison of the mutagenic action of N-nitroso-N-methylurea, ethyl methanesulfonate, and X-rays in barley

The mutagenic effects of N-nitroso-N-methylurea (NMU), ethyl methanesulfonate (EMS), and X-rays on seeds of barley were studied.

An analysis of the types of X-ray induced chromosome aberrations in the first mitotic cycle of germination indicated that the meristem cell nuclei of the used seed material were arrested exclusively at the G_1 stage of interphase.

On the basis of maximum frequencies of chlorophyll-deficient M_2 seedling mutants the mutagenic efficiency of NMU is as high as that of EMS, whereas its molare activity is about 80 times the activity of EMS. At corresponding chlorophyll mutation frequencies NMU induces only about one third visible chromosome aberrations as compared to EMS. Nevertheless, both agents induce comparable degrees of M_1 sterility. As opposed to X-irradiation, both chemicals induce only low frequencies of chromosomal interchanges which therefore cannot be a major cause for the sterility in M_1.

There is no significant difference between NMU and EMS as to both the spectra of chlorophyll-deficient mutants and the ratios of chlorophyll to viable mutations (*erectoides* and *eceriferum* scored only). The spectrum of chlorophyll mutants in M_2 was shown to be uninfluenced by the degree of sterility of the M_1 spikes. A comparative test of M_2 seedlings in the field and the greenhouse, on the other hand, gave rise to significantly different mutation spectra. The chlorophyll-deficient sectors (stripes) in M_1 plants, which occurred after treatment with NMU were classified into three phenotypes *(albina, xantha, viridis)*. It was demonstrated that the phenotype spectrum of the M_1 stripes corresponds to that of the chlorophyll mutants in M_2.

Studies on the correlations between M_1 spike sterility and mutation frequencies in M_2 indicated clearly that a selection for fertility or sterility, resp., in M_1 following treatment with NMU or EMS is highly effective. Decreasing fertility is accompanied by increasing mutation frequencies, and vice versa.

The quantitative relationships between the M_1 and M_2 criteria were studied and discussed in detail. The correlations between seedling height and survival in M_1 were similar for NMU, EMS, and X-rays. For all other relations significant differences were evident between X-rays and the chemicals. Significant differences between NMU and EMS were observed as to the relations between the frequencies of chromosomal aberrations evaluated in the first mitotic cycle of germination and the other criteria. Differences between NMU and EMS also exist with regard to the toxicity of their products of hydrolysis. Long-living, radiomimetically active, or toxic products of hydrolysis could not be found for NMU.

The results suggest that NMU is a suitable agent in mutation experiments for breeding or other applied purposes and gives certain advantage over the so far widely used EMS.

Краткое содержание

Сравнение мутагенного действия N-нитрозо-N-метилмочевины, этилметансульфоната и рентгеновских лучей у ячменя

После воздействия на посевной материал ячменя определялась действенность N-нитрозо-N-метилмочевины (НММ) в сравнении с этилметансульфонатом (ЭМС).

Анализ хромосомных аберраций, индуцированных рентгеном, в первом митотическом цикле прорастания показал, что меристематические клеточные ядра подопытного посевного материала аретировались исключительно на стадии интерфазы G_1.

НММ и ЭМС индуцировали приблизительно одинаковые частоты мутаций, однако молярная эффективность НММ оказалась почти в 80 раз выше. Если принять за основание сравнимые частоты хлорофилльных мутантов, то НММ индуцирует сигнификантно меньше видимых хромосомных аберраций, чем ЭМС, но вызывает в M_1 стерильность той же степени. Реципрокные транслокации между негомологичными хромосомами после обработки НММ и ЭМС, в отличие от рентгена, не являются главной причиной стерильности M_1.

Между спектрами хлорофилльных мутаций, индуцированных НММ и ЭМС не было обнаружено сигнификантных различий. В соотношении хлорофилльных мутаций к витальным (учитывались только типы *erectoides* и *eceriferum*) тоже не было обнаружено различий между воздействиями обоих мутагенов.

После обработки НММ изучался спектр (*albina*, *xantha*, *viridis*), появляющейся в M_1-поколении, секториальной полосатости, вызванной хлорофилльными нехватками и спектр хлорофилльных мутаций в M_2. Оба спектра оказались однородными.

Зависимость спектров хлорофилльных мутаций от степени стерильности колосьев M_1 не была обнаружена. При сравнении материала M_2-поколения, высеянного в теплице и в поле обнаружилась статистически достоверная разница спектров.

Изучение частот хлорофилльных мутаций в зависимости от степени стерильности колосьев M_1 внутри каждого варианта опыта показало, что, как для ЭМС, так и для НММ, частоты мутирования возрастали с повышением степени стерильности.

Исследовались и обсуждались количественные связи между различными эффектами в поколениях M_1 и M_2. Связь между редукцией роста и процентом переживаемости в M_1 оказалась приблизительно одинаковой для НММ, ЭМС и рентгена. Все другие изучавшиеся зависимости после обработки рентгеном сигнификантно отличались от таковых после обработки обоими химическими мутагенами.

Статистически достоверные различия были найдены между НММ и ЭМС в отношении связи различных эффектов и частот хромосомных аберраций в первом митотическом цикле прорастания. Различия между НММ и ЭМС обнаружились также и в токсичности продуктов их гидролиза. Продукты гидролиза, обладающие длительным временем жизни, радиомиметической активностью или токсичностью, для МНН обнаружены не были.

Результаты проведенных исследований показали, что N-нитрозо-N-метилмочевина пригодна для мутационных опытов прикладного направления и обладает известными преимуществами перед, до сих пор охотнее применявшимся, этилметансульфонатом.

Literatur

Blixt, S., and O. Gelin, 1965: The relationship between leaf spotting (a-sectors) and mutation rate in *Pisum*. – In: Use of Induced Mutations in Plant Breeding, Report FAO/IAEA Techn. Meeting Rome, 1964, Pergamon Press, Oxford, 251–262.

Borisova, L. N., and N. S. Ivkina, 1966: Effect of N-nitrosomethylurea on *Actinomyces streptomycini* (Russ. with Engl. summary). – In: Supermutagens, Nauka, Moscow, 68–71.

Brewen, J. G., 1964: Studies on the frequencies of chromatid aberrations induced by X-rays at different times of the cell cycle of *Vicia faba*. – Genetics *50*, 101–107.

Burnham, C., F. White and R. Livers, 1954: Chromosomal interchanges in barley. – Cytologia *19*, 191–202.

Caldecott, R. S., and L. Smith, 1952: A study of X-ray induced chromosomal aberrations in barley. – Cytologia *17*, 223–242.

Druckerey, H., R. Preussmann, S. Ivancovic und D. Schmähl, 1967: Organotrope carcinogene Wirkungen bei 65 verschiedenen N-Nitroso-Verbindungen an BD-Ratten. – Z. für Krebsforschung *69*, 103–201.

Ehrenberg, L., 1960: Chemical mutagenesis: Biochemical and chemical points of view on mechanisms of action. – Abh. Dtsch. Akad. Wiss. Berlin, Kl. Med., Chemische Mutagenese, Erwin-Baur-Gedächtnisvorlesungen I, 1959, 124–136.

Ehrenberg, L., and T. Gichner, 1967: On the mutagenic action of N-alkyl-N-nitrosamides in barley. – Biol. Zbl. *86* (Suppl. 1967), 107–118.

Ehrenberg, L., and N. Nybom, 1954: Ion density and biological effectiveness of radiations. – Acta Agric. Scand. *4*, 396–418.

Ehrenberg, L., Å. Gustafsson and U. Lundqvist, 1961: Viable mutants induced in barley by ionizing radiations and chemical mutagens. – Hereditas *45*, 351–368.

Ehrenberg, L., U. Lundqvist, S. Osterman and S. Sparrman, 1966: On the mutagenic action of alkanesulfonic esters in barley. – Hereditas *56*, 277–305.

Eriksson, G., 1965: The size of the mutated sector in barley spikes estimated by means of waxy mutants. – Hereditas *53*, 307–326.

Evans, H. J., 1965: Effects of radiations on meristematic cells. – Radiat. Botany *5*, 171–182.

Evans, H. J., and J. R. K. Savage, 1963: The relation between DNA synthesis and chromosome studies as resolved by X-ray damage. – J. Cell Biol. *18*, 525–540.

Fahmy, O. G., and M. J. Fahmy, 1957: Comparison of chemically- and X-ray-induced mutations in *Drosophila melanogaster*. – Adv. Radiobiol. 437–447.

Favret, E. A., 1960: Somatic mutations of four genes for albinism in barley induced by X-rays and ethyl methane sulphonate. – Hereditas *46*, 622–634.

– 1964: Genetic effects of single and combined treatment of ionizing radiations and ethyl methanesulphonate on barley seeds. – In: Barley Genetics I, Proc. First Intern. Barley Genet. Symp., Wageningen 1963, Pudoc, Wageningen, 68–81.

Fox, D. P., 1967: The effects of X-rays on the chromosomes of locust embryos. IV. Dose-response and variation in sensitivity of the cell cycle for the induction of chromatid aberrations. – Chromosoma, Berlin *20*, 413–441.

Freisleben, R., und A. Lein, 1943a: Vorarbeiten zur züchterischen Auswertung röntgeninduzierter Mutationen. I. Die in der Behandlungsgeneration (X_1) sichtbare Wirkung der Bestrahlung ruhender Gerstenkörner. – Z. Pflanzenz. *25*, 256–283.

– – 1943b: Vorarbeiten zur züchterischen Auswertung röntgeninduzierter Mutationen. II. Mutationen des Chlorophyllapparates als Testmutationen für die mutationsauslösende Wirkung der Bestrahlung bei Gerste. – Z. Pflanzenz. *25*, 235–254.

Froese-Gertzen, E. E., 1962: The action of the mutagen ethyl methanesulfonate, on barley. – M. S. Thesis, Washington State Univ., Pullmann, 1–72 (zitiert nach Nilan 1964).

Froese-Gertzen, E. E., C. F. Konzak, R. A. Nilan and R. E. Heiner, 1964: The effects of ethyl methanesulfonate on the growth response, chromosome structure and mutation rate in barley. – Radiat. Botany *4*, 61–69.

Frydenberg, O., 1963: Some theoretical aspects of the scoring of mutation frequencies after mutagen treatment of barley seeds. – Radiat. Botany *3*, 135–143.

Frydenberg, O., and P. Jacobsen, 1966: The mutation and the segregation frequencies in different spike categories after chemical treatment of barley seeds. – Hereditas *55*, 227–248.

Gaul, H., 1957a: Die Wirkung von Röntgenstrahlen in Verbindung mit CO_2, Colchizin und Hitze auf Gerste. – Z. Pflanzenz. *38*, 397–429.

– 1957b: Die verschiedenen Bezugssysteme der Mutationshäufigkeit bei Pflanzen, angewendet auf Dosis-Effektkurven. – Z. Pflanzenz. *38*, 63–76.

– 1958: Über die gegenseitige Unabhängigkeit der Chromosomen- und Punktmutationen. – Z. Pflanzenz. *40*, 151–188.

– 1959: Über die Chimärenbildung in Gerstenpflanzen nach Röntgenbestrahlung von Samen. – Flora *147*, 207–241.

– 1960: Critical analysis of the methods for determining the mutation frequency after seed treatments with mutagens. – Genet. Agraria *12*, 297–318.

– 1962: Ungewöhnlich hohe Mutationsraten bei Gerste nach Anwendung von Äthylmethansulfonat und Röntgenstrahlen. – Naturwissenschaften *49*, 431.

– 1963: Mutationen in der Pflanzenzüchtung. – Z. Pflanzenz. *50*, 194–307.

Gaul, H., K. Bender, E. Ulonska and M. Sato, 1966: EMS-induced genetic variability in barley; the problem of EMS-induced sterility and a method to increase the efficiency of EMS treatment. – In: Mutations in Plant Breeding. Proc. Symp. Vienna 1966, IAEA, Vienna, 63–84.

Gelin, O., 1956: The meiotic response to the mitotic disturbances in X-rayed barley. – Agr. Hort. Genetica *14*, 107–126.

Gichner, T., 1965: The mutagenic activity of nitrosamides with methyl and ethyl groups. – In: G. Röbbelen (Edit.), Arabidopsis Research (Göttingen), 200–203.

Gichner, T., and J. Velemínský, 1967: The mutagenic activity of I-alkyl-I-nitrosoureas and I-alkyl-3-nitro-I-nitrosoguanidines. – Mutation Res. *4*, 207–212.

Gichner, T., H. Gaul and T. Omura, 1968: The influence of posttreatment washing and redrying of barley seeds on the mutagenic activity of N-methyl-N-nitroso-urea and N-ethyl-N-nitroso-urea. – Radiat. Botany *8*, 499–507.

Grant, C. J., 1965: Chromosome aberrations and the mitotic cycle in *Trillium* root tips after X-irradiation. – Mutation Res. *2*, 247–262.

Gumanov, L. L., E. A. Bednyak and N. P. Norenko, 1966: Mutagenic action of N-nitrosoalkyl ureas (Russian). – In: Supermutagens, Nauka, Moscow, 34–42.

Gustafsson, Å., 1960: Chemical mutagenesis in higher plants. – Abh. Dtsch. Akad. Wiss. Berlin, Kl. Med., Chemische Mutagenese, Erwin-Baur-Gedächtnisvorlesungen I, 1959, 16–29.

– 1963: Productive mutations induced in barley by ionizing radiations and chemical mutagens. – Hereditas *50*, 211–263.

Gustafsson, Å., U. Lundqvist and J. Ekberg, 1966: Yield reactions and rates of origin of chromosome rearrangements and gene mutations in barley. – Hereditas *56*, 200–206.

Gutnikova, M. N., 1966: A comparison of the mutagenic activity of N-nitrosoalkyl ureas in *Actinomyces aureofaciens* (Russian). – In: Supermutagens, Nauka, Moscow, 56–62.

Hadorn, E., 1955: Letalfaktoren. – G. Thieme-Verlag, Stuttgart.

Hagberg, A., 1965: Use of induced translocations in directed production of duplications. – In: The Use of Induced Mutations in Plant Breeding, Report FAO/IAEA Techn. Meeting Rome 1964, Pergamon Press, Oxford, 741–752.

Hagberg, A., and G. Hagberg, 1969: Use of induced structural rearrangements in plant breeding. – In: Induced Mutations in Plants, Proc. Symp., Pullman, 14–18 July 1969, USA, IAEA, Vienna 1969, 647–653.

Hagberg, A., G. Persson and A. Wiberg, 1963: Induced mutations in the improvement of self-pollinated crops. – In: E. Åkerberg, A. Hagberg, G. Olsson and O. Tedin (Edit.), Recent Plant Breeding Research: Svalöf 1946–1961, Almqvist and Wiksell, Uppsala, 105–124.

Hänsel, H., 1965: Untersuchungen über die Häufigkeit induzierter Chlorophyllmutationen nach ÄMS-Behandlung, Neutronen- und Röntgenbestrahlung von Gerstensamen. – Bodenkultur *16*, 325–339.

– 1967a: Abschätzung der Rate von Chlorophyllmutationen aus der M_2-Mutantenfrequenz unter Berücksichtigung von mehrfach mutierten M_1-Nuclei, nach mutagener Behandlung von Gerstensamen. – Z. Pflanzenz. *57*, 106–113.

– 1967b: Model for theoretical estimate of 'optimal' mutation rates per M_1-nucleus with a view to selecting 'beneficial' mutations in different M-generations. – Abh. Dtsch. Akad. Wiss. Berlin, Kl. Med., Induzierte Mutationen und ihre Nutzung. Erwin-Baur-Gedächtnisvorlesungen IV, 1966, 79–87.

Hentrich, W., 1967: The influence of temperature on the induction and manifestation of chlorophyll-defizient mutants in barley. – Abh. Dtsch. Akad. Wiss. Berlin, Kl. Med., Induzierte Mutationen und ihre Nutzung, Erwin-Baur-Gedächtnisvorlesungen IV. 1966, 37–42.

Heslot, H., R. Ferrary, R. Levy et C. Monard, 1961: Induction de mutations chez l'orge: Efficacité relative des rayons gamma, du sulfate d'éthyle, du méthane sulfonate d'éthyle et de quelques autres substances. – In: Effects of Ionizing Radiations on Seeds, Proc. Symp. Karlsruhe 1966, IAEA, Vienna, 243–249.

Jančik, F., B. Kakac, V. Vanicek und M. Vrublovska, 1958: Chem. Listy 52, 909–914 (zitiert nach Chem. Zbl. *130*, 3925 (1959).

Khropova, V. I., 1966: Variability of *Chlorella vulgaris* Beijer induced by N-nitrosomethyl urea (Russian). – In: Supermutagens, Nauka, Moscow, 190–196.

Konzak, C. F., R. A. Nilan, J. Wagner and R. J. Foster, 1965: Efficient chemical mutagenesis. – In: The Use of Induced Mutations in Plant Breeding, Report FAO/IAEA Techn. Meeting Rome 1964, Pergamon Press, Oxford, 517–534.

Künzel, G., 1967: Mutation experiments with N-nitrosomethylurea and EMS in barley. – Barley Newsletter *10*, 112–113.

– 1968: Über die Beeinflußbarkeit der aberrationsauslösenden Wirkung von N-Nitroso-N-Methylharnstoff auf die Chromosomen bei Gerste. – Kulturpflanze *16*, 151–171.

– 1969: Der Einfluß von Äthylendiaminotetraessigsäure auf die Wirkung verschiedener mutagener Agenzien bei Gerste. – Biol. Zbl. 88, 313–333.

– 1970: A critical note on the estimation of chromosome aberration frequencies following seed treatments with mutagenic chemicals. – Barley Newsletter *13*, 54–56.

– 1971: The ratio of induced chromosome aberrations to gene mutations in barley – a critical study. – Mutation Res. im Druck.

Künzel, G., und M. Małuszyński, 1966: Über die unterschiedliche Reaktion der Chromosomen des Sproß- und Wurzelmeristems von Gerste gegenüber mutagener Behandlung. – Kulturpflanze *14*, 83–96.

Künzel, G., and F. Scholz, 1968: Studies on chlorophyll-deficient sectors in M_1-plants of barley. – Barley Newsletter *11*, 49.

– – 1971: The frequency of chlorophyll mutations in relation to the M_1 sterility. – Barley Genetics Newsletter *1*, im Druck.

Lundqvist, U., and D. v. Wettstein, 1962: Induction of *eceriferum* mutants in barley by ionizing radiations and chemical mutagens. – Hereditas *48*, 342–362.

Lundqvist, U., 1967: Genetic analysis of *eceriferum* mutants in barley. – Abh. Dtsch. Akad. Wiss. Berlin, Kl. Med., Induzierte Mutationen und ihre Nutzung, Erwin-Baur-Gedächtnisvorlesungen IV, 1966, 43–45.

Makorova, S. J., 1966: Some regularities of action of N-nitrosoalkyl ureas in plants (Russian). – In: Supermutagens, Nauka, Moscow, 116–121.

Marquardt, H., F. K. Zimmermann und R. Schwaier, 1964: Die Wirkung krebsauslösender Nitrosamine und Nitrosamide auf das Adenin-6-45-Rückmutationssystem von *Saccharomyces cerevisiae*. – Z. Vererbungslehre 95, 82–96.

Michaelis, A., J. Schöneich und R. Rieger, 1965: Chromosomenaberrationen bei *Vicia faba* und Ascitestumoren der Maus nach Einwirkung von N-Nitroso-N-Methylharnstoff. – Chromosoma, Berlin *16*, 101–123.

Mitra, S., 1958: Effects of X-rays on chromosomes of *Lilium longiflorum* during meiosis. – Genetics 43, 771–789.

Moës, A., 1964: Comparison of the effects of X-rays and of ethylmethanesulfonate in barley. – In: Barley Genetics I, Proc. First Intern. Barley Genet. Symp., Wageningen 1963, Pudoc, Wageningen, 82–91.

Moses, M. J., and J. H. Taylor, 1955: Desoxypentose nucleic acid synthesis during microsporogenesis in *Tradescantia*. – Exptl. Cell Research *9*, 474–488.

Müller, A. J., 1964: Mutationslösung durch Nitrosomethylharnstoff bei *Arabidopsis*. – Züchter *34*, 102–120.

– 1965a: Über den Zeitpunkt der Mutationsauslösung nach Einwirkung von N-Nitroso-N-Methylharnstoff auf quellende Samen von *Arabidopsis*. – Mutation Res. *2*, 426–437.

– 1965b: Reparation chemisch induzierter prämutativer Läsionen durch Rücktrocknung der behandelten Samen? – Biol. Zentralbl. *84*, 759–762.

– 1965c: Beeinflussung der radiomimetischen Wirksamkeit von Nitrosamiden durch Stoffwechselinhibitoren. – Naturwissenschaften *52*, 213.

– 1965d: Comparative studies on the induction of recessive lethals by various mutagens. – In: G. Röbbelen (Edit.), *Arabidopsis* Research, Göttingen, 192–199.

– 1965e: A survey on agents tested with regard to their ability to induce recessive lethals in *Arabidopsis*. – *Arabidopsis* Inf. Serv. *2*, 22–24.

– 1966a: Die Induktion von rezessiven Letalmutationen durch Äthylmethansulfonat bei *Arabidopsis*. I. Dosis-Effekt-Beziehungen und deren Beeinflussung durch Behandlungsbedingungen. – Züchter 36, 201–220.

– 1966b: Influence of pretreatment with EDTA on the mutagenic activity of nitrosomethylurea. – *Arabidopsis* Inf. Serv. *3*, 24.

– 1967a: Die Induktion von rezessiven Letalmutationen durch Äthylmethansulfonat bei *Arabidopsis*. II. Sensibilitätsänderungen in quellenden und keimenden Samen. – Biol. Zentralbl. *86* (Suppl. 1967), 89–106.

– 1967b: The influence of post-treatment-storage of seeds on mutation induction with alkyl methanesulfonates, nitrosamides, and X-rays. – *Arabidopsis* Inf. Serv. *4*, 43–44.

Natarajan, A. T., and G. Shivasankar, 1965: Studies on modification of mutation response of barley seeds to ethyl methanesulfonate. – Z. Vererbungslehre *96*, 13–21.

Nilan, R. A., 1964: The Cytology and Genetics of Barley 1951–1962. – Monographic Supplement No. *3*, Research Studies, Washington State University, Pullman.

– 1967: Nature of induced mutations in higher plants. – Abh. Dtsch. Akad. Wiss. Berlin, Kl. Med., Induzierte Mutationen und ihre Nutzung, Erwin-Baur-Gedächtnisvorlesungen IV, 1966, 5–20.

– C. F. Konzak, R. E. Heiner and E. E. Froese-Gertzen, 1964: Chemical mutagenesis in barley. – In: Barley Genetics I, Proc. First. Intern. Barley Genet. Symp., Wageningen 1963, Pudoc, Wageningen, 35–54.

Nybom, N., 1954: Karyotype and viability in barley. – Acta Agr. Scand. *4*, 507–514.

Pasternak, L., 1963: Untersuchungen über die mutagene Wirkung von Nitrosaminen und Nitrosomethylharnstoff. – Acta biol. med. germ. *10*, 436–438.

Prasad, M. V. R., R. Krishnaswami and M. S. Swaminathan, 1967: Nitrosoguanidine a potent mutagen in barley. – Curr. Sci. *36*, 438–439.

Ramage, R. T., 1964: Chromosome aberrations and their use in genetics and breeding-translocations. – In: Barley Genetics I, Proc. First Intern. Barley Genet. Symp., Wageningen 1963, Pudoc, Wageningen, 99–115.

Rapoport, J. A., 1963: Universal barrier with mutations of the X-chromosome overcome by 100% (Russian). – Dokl. Akad. Nauk, SSSR *148*, 696–699.

– 1966: Peculiarities and mechanism of action of supermutagens (Russian). – In: Supermutagens, Nauka, Moscow, 9–23.

Read, J., 1959: Radiation biology of *Vicia faba* in relation to the general problem. – Oxford.

Revell, S. H., 1961: An attempt at continous metaphase estimation of chromatid and chromosome aberration frequencies in broad-bean root meristem cells in the period 2–23 h after 50 r of X-rays. – In: Effects of Ionizing Radiations on Seeds, Proc. Symp. Karlsruhe 1950, IAEA, Vienna, 229–240.

Rieger, R., und A. Michaelis, 1960: Chromatidenaberrationen nach Einwirkung von Äthylmethansulfonat (Methansulfonsäureester) auf Primärwurzeln von *Vicia faba* L. – Kulturpflanze *8*, 230–243.

Röbbelen, G., 1959: 15 Jahre Mutationsauslösung durch Chemikalien. – Züchter *29*, 92–95.

Sato, M., and H. Gaul, 1967: Effect of ethyl methanesulfonate on the fertility of barley. – Radiat. Botany *7*, 7–15.

Sauerland, H., 1965: Quantitative Untersuchungen von Röntgendefekten nach Bestrahlung verschiedener Meiosisstadien bei *Lilium candidum* L. – Chromosoma, Berlin *7*, 627–654.

Savin, V. N., M. S. Swaminathan and B. Sharma, 1968: Enhancement of chemically-induced mutation frequency in barley through alteration in the duration of presoaking of seeds. – Mutation Res. *6*, 101–107.

Sax, K., 1941: Types and frequencies of chromosomal aberrations induced by X-rays. – Cold Spring Harbor Symp. Quant. Biol. *9*, 93–103.

– 1963: The stimulation of plant growth by ionizing radiation. – Radiat. Botany *3*, 179–186.

Scholz, F., 1965: Experiments on the use of induced mutants to hybridization breeding in barley. – In: J. Velemínský and T. Gichner (Edit.), Induction of Mutations and the Mutation Process, Academia, Prague, 73–79.

– 1967: Utility of induced mutants of barley in Hybridization. – Abh. Dtsch. Akad. Wiss. Berlin, Kl. Med., Induzierte Mutationen und ihre Nutzung, Erwin-Baur-Gedächtnisvorlesungen IV, 1966, 161–168.

Sharma, B., 1966: A comparison of mutagenic action of N-nitrosomethyl urea with various physical and chemical mutagens in garden peas (Russian). – In: Supermutagens, Nauka, Moscow, 143–159.

Smith, L., 1950: Effects of atomic bomb radiations and X-rays on seeds of cereals. – J. Heredity *41*, 125–130.

Sparrow, A. H., 1961: Types of ionizing radiations and their cytogenetic effects. – In: Mutation and Plant Breeding, Publ. 891 NAS-NCR, Washington, D. C., 55–119.

Swaminathan, M. S., V. L. Chopra and S. Bhaskaran, 1962: Chromosome aberrations and the frequency and spectrum of mutations induced by ethylmethane sulfonate in barley and wheat. – Indian J. Genet. Pl. Breed. *22*, 192–207.

Tano, Sh., and H. Yamaguchi, 1969: Mutagenic effects of N-nitroso-N-methylurethane on barley seeds. – Japan. J. Breeding *19*, 137–143.
Taylor, J. H., 1953: Autoradiographic detection of incorporation of P^{32} into chromosomes during meiosis and mitosis. – Exp. Cell Research *4*, 164–172.
– 1962: Chromosome reproduction. – Int. Rev. of Cytol. *13*, 39–73.
Thoday, J. M., 1954: Radiation-induced chromosome breakage, desoxyribose-nucleic acid synthesis and the mitotic cycle in root-meristem of *Vicia faba*. – New Phytol. *53*, 511–516.
Tsuchiya, T., 1964: Chromosome aberrations and their use in genetics and breeding in barley – trisomics and aneuploids. – In: Barley Genetics I, Proc. First Intern. Barley Genetics Symp., Wageningen 1963, Pudoc, Wageningen, 99–115.
Veleminský, J., T. Gichner and V. Pokorny, 1965: The effect of inhibitors on the mutagenic activity of N-methyl-N-nitrosourea and N-ethyl-N-nitrosourea in *Arabidopsis thaliana*. – Biologia Plantarum, Praha *7*, 328,–339.
Wolff, S., and H. E. Luippold, 1964: Chromosome splitting as revealed by combined X-ray and labeling experiments. – Exp. Cell Research *34*, 548–556.
Zacharias, M., and L. Ehrenberg, 1962: Induction of leaf spots in leguminous plants by nucleotoxic agents. I. – Hereditas *48*, 284–306.

Über einige Fragen der Heterosis und des Leistungsabfalls bei den Ertragsmerkmalen von Mais

von Igor Grebenščikov

(Eingegangen am 19. Januar 1971)

1. EINLEITUNG

In unserer Arbeit über F_1- und F_2-Bastarde des Gaterslebener Maissortimentes (Grebenščikov 1968) haben wir die relativen Leistungen mit Hilfe von verteilungsfreien statistischen Methoden bearbeitet, weil viele Prozentzahlen 100% überschritten, und wir konnten auch mit einer Winkeltransformation nicht in die Varianzanalyse eingehen (vgl. Sachs 1968, S. 497). Eine varianzanalytische Bearbeitung dieser relativen Werte erschien uns später als angebracht, um – bei dem Studium der Beziehungen zwischen Heterosiseffekten in F_1 und Leistungsabfalleffekten in F_2 – die genotypischen bzw. Umwelt-Anteile der Variabilität dieser Effekte schätzen zu können.

Es galt also zunächst, die relativen Werte für Leistungssteigerung (Heterosis) und Leistungsabfall zahlenmäßig so auszudrücken, daß diese möglichst nicht 100% übersteigen, damit eine einfache Winkeltransformation für unsere Prozentzahlen durchgeführt werden konnte. In der oben erwähnten Arbeit wurden im allgemeinen Heterosis und Abfall auf den Elternmittelwert ($\bar{P}$) bezogen, d. h. $(F_1/\bar{P})$ 100 bzw. $(F_2/\bar{P})$ 100 (Schema 2 in Abbildung 1). Zur Schätzung mancher Korrelationen haben wir den Abfall auch auf F_1 bezogen (Schema 1 in Abb. 1), wie es sonst am häufigsten gemacht wird. Heute ziehen wir vor, ein

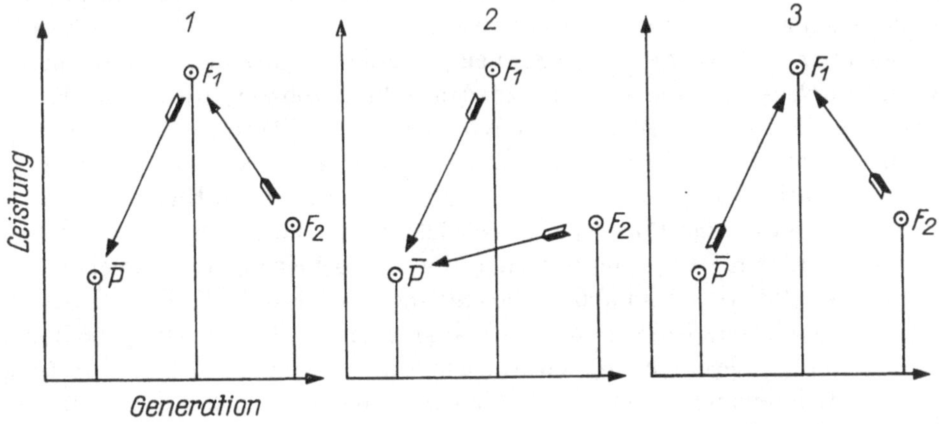

Abb. 1. Ausdrucksmöglichkeiten für die relativen Leistungswerte für Heterosis und Abfall. Die Pfeile zeigen an, auf welche Generation die Leistung bezogen wird

drittes Schema zu benutzen (Schema 3 in Abb. 1), das manche Vorteile gegenüber den beiden ersten zeigt.

Wenn man nach Schema 1 (Abb. 1) arbeitet, nach welchem für die Berechnung des Heterosisindex der F_1-Wert auf $\overline{P}$ bezogen wird, so werden die Heterosisindizes für Merkmale, die zu Heterosis neigen, in der Regel über 100 liegen. Außerdem entstehen beim Vergleich von Heterosis und Abfall Schwierigkeiten durch die „Biegung der Pfeilrichtung"; man kann schwer relative Werte vergleichen, die verschiedene Bezugsgrößen haben.

Bei Schema 2 besteht diese Schwierigkeit nicht, aber der Heterosisindex bleibt genauso hoch, meist auch der Abfallindex, weil in der Regel die F_2 höher als $\overline{P}$ liegt. Deswegen kann man mit diesem Schema eher Heterosiseffekt in F_1 und Heterosiseffekt in F_2 schätzen (vgl. Grebenščikov 1968, S. 306 und 319), aber nicht direkt Heterosis und Abfall, was in der Arbeit von 1968 nicht klar getrennt war.

Bei Schema 3, welches wir in vorliegender Arbeit benutzen, dient der absolute Wert von F_1 als gemeinsame Bezugsgröße für die Heterosis- und Abfallindizes. In der Regel (für unser Material) bleiben dabei die beiden Indizes unter 100. Um die Schwierigkeiten bei der Beurteilung der Korrelationen für die Praxis zu vermeiden (negativ – positiv; ungünstig – günstig), haben wir eine Berechnungsweise benutzt, deren Beispiel in Abb. 2 auch graphisch dargestellt ist:

$$\text{Heterosisindex} = 100 - (\overline{P}/F_1)\ 100$$
$$\text{Abfallindex} = (F_2/F_1\ 100)$$

Bei dieser Definition hat man in der praktischen Beurteilung der Indizes das Prinzip: je höher der Index, desto günstiger die Situation bei der Kreuzung; ein hoher Heterosisindex bedeutet, daß der Sprung von $\overline{P}$ zu F_1 hoch ist; je höher der Abfallindex, desto weniger unterscheidet sich F_2 von F_1, was in der Praxis ebenfalls eine günstige Situation ergibt.

Bevor wir die Ergebnisse nach der neuen Methodik mitteilen, sei kurz an die Versuchsanlage 1963–66 erinnert. In den Jahren 1963–64 wurde das Kreuzungsmaterial vorbereitet, wobei die Kreuzungen möglichst „zufällig" gemacht wurden; erst bei der Bearbeitung wurden sie in drei gleich große Inzuchtgruppen nach dem Inzuchtgrad des weniger ingezüchteten Elters aufgeteilt (I stark, II mittel und III schwach ingezüchtet). Im Jahre 1965 wurden neben den beiden Eltern die F_1- und F_2-Generationen nebeneinander in Parzellen von 28 Pflanzen (Pflanzenabstand 60 × 30 cm) angebaut. Für die F_2-Parzellen wurden je 3 geselbstete Kolben von den F_1-Parzellen des Jahres 1964 genommen und ihre Samen vermischt. 1966 wurde der Anbau wiederholt. Zur Auswertung kamen nur Kreuzungen, die sowohl 1965 als 1966 boniturfähig waren, so daß die Anzahl der Kreuzungen nun 74 betrug. Folgende Merkmale sind in vorliegender Arbeit näher untersucht:

1. Pflanzenhöhe (PH) in cm, als Durchschnitt der Parzelle.

2. Pflanzengewicht von zehn Pflanzen (PG) in kg, gewogen bei Siloreife (als Grünmasse).
3. Korngewicht (KrG) in kg, als Kornertrag der Kolben, die von zehn Pflanzen entnommen, bis Neujahr auf luftigem Dachboden getrocknet und dann abgerebbelt worden waren.

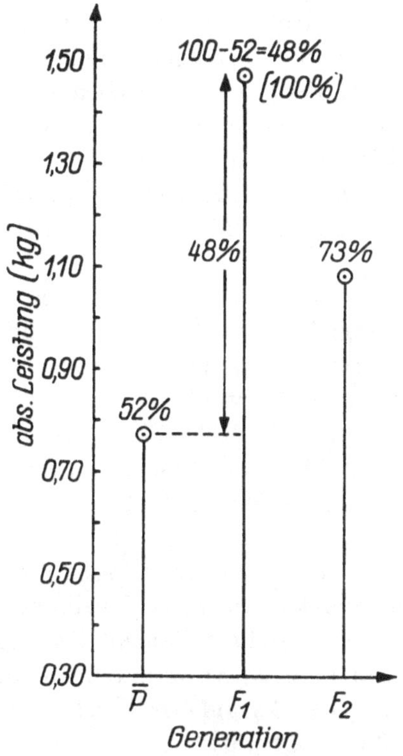

Abb. 2. Berechnungsweise der relativen Leistungswerte (Heterosis- und Abfallindex) am Beispiel der Hybride H5 im Jahre 1966 für das Merkmal KrG (Korngewicht von 10 Pflanzen)

Für die Betreuung der Versuche und Aufarbeitung des Materials sei, wie immer, Frl. B. Kohl gedankt.

Es sei unterstrichen, daß die Kreuzungen einen randomisierten Charakter tragen und als eine repräsentative Stichprobe der Kreuzungen innerhalb des reichen Gaterslebener Maissortimentes angesehen werden können. Nur hinsichtlich der Zeit der Blüte hat eine gewisse unwillkürliche Auswahl stattgefunden: da die Kreuzungen auf dem Felde gemacht wurden, sind die Eltern im Blühtermin ähnlich. Im übrigen verweisen wir auf unsere Arbeit von 1968.

2. ÜBER EINIGE ZUSAMMENHÄNGE

In Tabelle 13 unserer Arbeit (Grebenščikov 1968), auf ihrer rechten Seite, zeigen die Rangkorrelationskoeffizienten (nach Spearman), daß eine signifikante positive Korrelation für die geprüften Merkmale zwischen Heterosiseffekt in F_1 und Heterosiseffekt in F_2 besteht; die Indizes waren nach Schema 2 der Abb. 1 (der vorliegenden Arbeit) berechnet. Für einzelne Inzuchtgruppen, Merkmale und Versuchsjahre sind die r_s relativ einheitlich (etwa um + 0,60**). Die linke Seite der Tabelle, Korrelation zwischen Heterosis und Abfall nach Schema 1 der Abb. 1, zeigt meist die nichtsignifikant von Null unterschiedlichen Koffizienten, welche zwischen – 0,39 und + 0,58 liegen und fast zufällig auf die einzelnen Merkmale, Inzuchtgruppen und Versuchsjahre verteilt sind. Somit wäre kaum ein Zusammenhang zwischen Heterosis und Leistungsabfall anzunehmen.

Versuchen wir also mit den neudefinierten Indexziffern noch einmal den durchschnittlichen Zusammenhang zwischen Abfall und Heterosis zu schätzen (nach Schema 3 Abb. 1 und Abb. 2). Dabei wird 1. auf die Berechnung von Korrelationen innerhalb der Inzuchtgruppen verzichtet, um die Anzahl der Freiheitsgrade zu stegiern; 2. da die Rohzahlen sowieso für die Varianzanalyse einer Winkeltransformation (Arc-sinus-Transformation) unterworfen wurden, haben wir mit diesen Zahlen auch die Korrelation geschätzt, so daß die übliche r-Größe nach Bravais benutzt werden konnte. Die Stichproben waren also etwa 3mal größer als in der Arbeit von 1968. Es sei bemerkt, daß wir Gründe haben, die dabei entstandene Änderung der Ergebnisse keinesfalls dem Übergang von dem Rang- zu dem Produkt-Moment-Korrelationskoeffizienten zuzuschreiben, sondern eben der oben erwähnten Neudefinierung der Indexziffern und der Steigerung der Anzahl der Freiheitsgrade. Bei der Varianzanalyse haben die neudefinierten Indizes nur eine unbedeutende Änderung hervorgerufen.

Die Korrelationskoeffizienten zwischen Abfall und Heterosisindex ergaben folgende Werte für die einzelnen Merkmale (vgl. auch Abb. 3):

	PH	PG	KrG
1965 (ungünstig)	–0,30**	–0,37**	–0,37**
1966 (günstig)	–0,19 n. s.	–0,10 n. s.	–0,22 n. s.

Diese phänotypischen Korrelationen haben eine deutliche Tendenz zu negativem Zusammenhang; das auffälligste dabei ist aber, daß diese Korrelationskoeffizienten nur 1965 signifikant (auf dem 1%-Niveau) von Null verschieden sind. Das Jahr 1965 war für den Kornertrag (KrG) wesentlich ungünstiger als das Jahr 1966 (im Durchschnitt des Versuches wie 1 : 1,36; mehrere Nummern hatten schlecht ausgereifte Samen). Warum gerade in einem für Mais günstigeren Jahre eine negative Korrelation zwischen Abfall und Heterosis nicht signifikant zum Ausdruck kommt, ist uns augenblicklich nicht klar. Andererseits darf die negative Korrelation des ungünstigen Jahres 1965, die für alle drei Merkmale sehr ähnliche Werte zeigt, nicht überschätzt werden, auch wenn diese hochsignifikant ist. Wenn man das Quadrat des Korrelationskoeffizienten ($r^2 = B = -0{,}37^2 = 0{,}14$ oder 14%) als Bestimmtheitsmaß (Linder 1960)

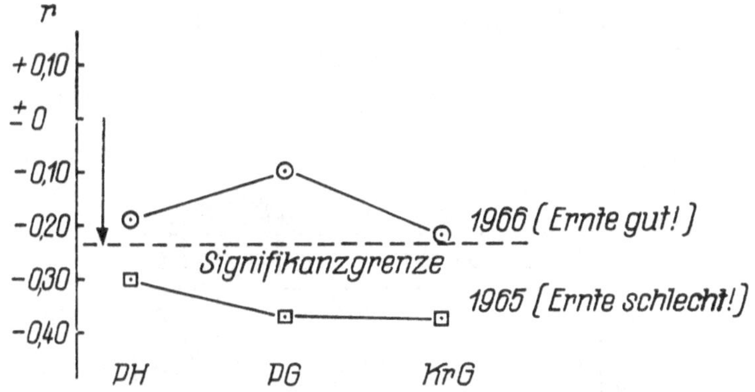

Abb. 3. Die Korrelationskoeffizienten (r) zwischen Heterosisindex und Abfallindex ($n = 74$) für die Merkmale PH (Pflanzenhöhe), PG (Pflanzengewicht) und KrG (Korngewicht). Signifikanzgrenze für 5%-Niveau

betrachtet und (1 – B) als „Unbestimmtheitsmaß“, so kann unser „gesicherter“ Koeffizient so gedeutet werden, daß nur etwa 14% der Abfallindexvariabilität von der Variabilität des Heterosisindex in einem negativen linearen Zusammenhang steht, und daß etwa 86% der Variabilität der Abfalleffekte von der Variabilität der Heterosiseffekte unabhängig sind. Auf einen solchen Zusammenhang kann man sich in der Praxis schwer verlassen, doch eine Tendenz zu negativem Zusammenhang scheint jetzt unverkennbar zu sein, d. h. – im Durchschnitt gesehen – je höher die Heterosis, desto stärker der Abfall (desto stärker unterscheidet sich F_2 von F_1). Als ein Beispiel dieses Zusammenhangs bringen wir in Abb. 4 das Korrelationsnetz für das Merkmal KrG im ungünstigen Jahre 1965. Der r-Wert wurde nicht nach diesem Netz, sondern, wie gesagt, mit transformierten Zahlen ermittelt.

Man sieht deutlich (oberer Quadrant rechts), daß hier ein ziemlich bescheidenes Material für die Auslese der Bastarde mit hoher Heterosis und schwachem Abfall zur Verfügung steht. Wenn man solche Formen für die praktische Züchtung ausnutzen möchte, so könnte ein erfahrener Züchter aus diesen ein System aufbauen, das gewisse Fähigkeiten zur Selbsterhaltung auf einem relativ hohen Ertragsniveau besitzen würde. So wie die einzelnen, auch wertvollsten, Mutanten noch keinesfalls eine fertige Sorte durch ihre Vermehrung ergeben können, so würden wahrscheinlich auch die günstigen Heterosis-Abfall-Kombinationen nur als züchterisches Material Verwendung finden; doch etwas genaueres dazu zu sagen wäre verfrüht.

Eine Auslese unter besonders günstigen Bedingungen durchzuführen, hätte wahrscheinlich wenig Sinn, denn man weiß, daß sich der Heterosiseffekt oft gerade unter ungünstigen Bedingungen stärker manifestiert, was bei unserem Material auch der Fall war. Der durchschnittliche Heterosisindex für KrG betrug im ungünstigen Jahre 1965 54,5% und im günstigen Jahre 1966 46,2%; entsprechend war der Abfallindex 47,5% bzw. 55,3%. Die Jahresunterschiede lassen sich sogar sichern: bei der Anzahl der Freiheitsgrade 74 + 74 − 2 = 146 gilt für Heterosis t = 3,00**; für Abfall t = 2,92**; die Jahresvarianzen waren nicht wesentlich verschieden: für Heterosis F = 1,36 n. s.; für Abfall F = 1,13 n. s.

$Abfall = (F_2/F_1)\,100$

Heterosis = $100 - (\bar{P}/F_1)\,100$

%	15,5	25,5	35,5	45,5	55,5	65,5	75,5	Σ
85,5	1	1		1				3
75,5		1	7	1	2			11
65,5		1	5	3	4	1	1	15
55,5	1	1		9	2	2	1	16
45,5	1		2	2	4	3	2	14
35,5		1	2	3	2		1	9
25,5						3		3
15,5						1	1	2
5,5					1			1
Σ	3	5	16	19	15	10	6	74

r = −0,37**

Abb. 4. Ein Beispiel für den Zusammenhang zwischen Heterosisindex und Abfallindex (Korrelationsnetz) für das Merkmal KrG (Korngewicht) im ungünstigeren Jahre 1965. Der Korrelationskoeffizient r (nach Bravais) wurde mit transformierten Zahlen geschätzt

Bei den Merkmalen PH und PG läßt sich die Jahresdifferenz nicht sichern, so daß man nur für den Kornertrag (KrG) eine Tendenz zur Verminderung sowohl der Heterosis wie auch des Abfalls unter günstigeren Bedingungen annehmen könnte (ein größerer Abfallindex bedeutet einen schwächeren Abfall!). Die Aufstellung von durchschnittlichen Heterosis- und Abfallindizes für die einzelnen Versuchsjahre und Merkmale sieht folgendermaßen aus:

	Heterosisindex für		
	PH	PG	KrG
1965 (ungünstig)	16,8	30,1	54,5
Differenz	n. s.	n. s.	**
1966 (günstig)	18,6	34,2	46,2

	Abfallindex für		
	PH	PG	KrG
1965 (ungünstig)	86,7	65,5	47,5
Differenz	n. s.	n. s.	**
1966 (günstig)	85,6	64,0	55,3

Die neue Bearbeitung unseres alten Materials hinsichtlich der Korrelationen läßt vermuten, daß für PH, PG und KrG doch eine Tendenz zu einem negativen Zusammenhang zwischen Heterosisindex und Abfallindex besteht: je höher der Heterosisindex, desto kleiner der Abfallindex (kleiner Abfallindex bedeutet stärkeren Abfall!). Diese Korrelation ist aber für die praktischen Belange zu schwach und zeigte signifikant negative Werte nur unter ungünstigeren Jahresbedingungen.

3. ÜBER DEN GENOTYPISCHEN ANTEIL IN DER VARIABILITÄT DER BASTARDE HINSICHTLICH DER HETEROSIS UND DES LEISTUNGSABFALLS

Als Heritabilität im weiteren Sinne wird der genotypische Anteil der Variabilität (als Varianz) an der Gesamtvariabilität bezeichnet. Als einfachste Formel benutzt man den Ausdruck $h_w^2 = s_G^2 / (s_G^2 + s_U^2)$. In vielen Arbeiten wird die Heritabilität im engeren Sinne vorgezogen. Dafür setzt man in den Zähler nur die additiv-genetische Varianzkomponente: $h_e^2 = s_A^2 / (s_G^2 + s_U^2)$, wobei s_G^2 die gesamte genotypische Varianzkomponente einschließlich additiver (s_A^2), dominanter und epistatischer Komponenten bedeutet; als s_U^2 bezeichnet man den Anteil der Totalvarianz, der durch die Umweltfaktoren bedingt ist. Wenn also der Unterschied zwischen den beiden Formeln von beträchtlicher theoretischer Bedeutung ist, so ist er in der Praxis wenig bedeutsam wegen des großen Standardfehlers, mit welchem diese Schätzwerte behaftet sind (Sprague 1966, S. 331). Da uns außerdem die Trennung der additiven, dominanten und besonders epistatischen Komponenten überhaupt etwas problematisch erscheint, ziehen wir vor, die Methoden zu benutzen, denen die Heritabilität in weiterem Sinne zugrunde liegt. Es ist auch wichtig, mit solchen Schätzwerten zu operieren, deren mathematisch-logischer Inhalt dem Experimentator einigermaßen vorstellbar ist. In unseren Arbeiten (besonders Grebenščikov 1964, 1967; vgl. auch Lein und Flechsig 1956 sowie Pollmer 1957) haben wir die Methode von A. Lein (1960) zur Berechnung der Varianzkomponenten (Streuungsanteile) mehrmals benutzt; diese wurde übrigens auch in das rumänische Lehrbuch der statistischen Methoden von Ceapoiu (1968) übernommen und unterscheidet sich von vielen anderen Methoden für Schätzung der Heritabilität durch ihre Klarheit und Einfachheit; sie verlangt auch nicht mehr Voraussetzungen als die Varianzanalyse schlechthin. Um Wiederholungen zu vermeiden, verweisen wir auf die erwähnten Arbeiten.

Es sei hier unterstrichen, daß in der vorliegenden Arbeit die Streuungsanteile nicht, wie früher, an den Merkmalswerten geschätzt werden, sondern an den am Anfang der Arbeit definierten Heterosis- und Abfallindizes, die für jede einzelne Kreuzung berechnet worden sind. Beispielsweise beträgt für die Hybride H5 (weißer Hartmais aus Landau/Pf. × 'Janetzkis Astra') die Heterosis 48% und der Abfall 73% (Abb. 2). Solche Werte werden (nach der erfolgten Winkeltransformation) varianzanalytisch bearbeitet. Dabei benutzen wir ein Zwei-Wege-Klassifikations-Modell mit einer Beobachtung in jeder Klasse, zufälligen Effekten und mit Schätzung von Varianzkomponenten nach A. Lein (d. h. bezogen auf Totalvarianz). Die Streuung zwischen den einzelnen Hybriden wird als die genotypische, zwischen Versuchsjahren als Umweltstreuung aufgefaßt. Die Reststreuung läßt sich leicht als Wechselwirkung Genotyp × Umwelt interpretieren (A. Lein), zumal diese Interpretation auch mathematisch zu begründen ist: R. C. Campbell (1967) zeigt in seinem ausgezeichneten Buche (S. 175), daß in der „two-factor anovar the residual s. s. is the same as the interaction s. s.".

Das Schema unserer Varianzanalyse der Heterosis bzw. des Abfalls für unsere jeweiligen Merkmale sieht also folgendermaßen aus:

	H1	H2	H3	.....	H73	H74	Σ
1965	—	—	—	.....	—	—	—
1966	—	—	—	.....	—	—	—
Σ	—	—	—	.....	—	—	—

Die Ergebnisse der Schätzung von Streuungsanteilen, von welchen der genotypische als „Heritabilität" (im w. S.) für die Heterosis bzw. für den Abfall zu betrachten ist, sind in Tab. 1 und Abb. 5 dargestellt.

Es wäre wünschenswert, die Anzahl der Freiheitsgrade für die Versuchsjahre, die wir als die „Umwelten" in erster Annäherung interpretieren, zu vergrößern, was aber mit beträchtlichen Schwierigkeiten verbunden ist. Es ist technisch sehr aufwendig, die Samen in genügenden Mengen für den mehrjährigen Anbau von P_1, P_2, F_1 und F_2 vorzubereiten; bei 1 FG müssen beispielsweise die F_1-Generationen mindestens 3 Jahre hintereinander aus „identischem" Saatgut gezogen werden, um die Vergleichbarkeit voll zu gewährleisten; um gleich stark besetzte Parzellen zu bekommen, muß man mit 2–3 Körnern (mit nachfolgendem Verziehen) je Pflanzstelle rechnen.

Tabelle 1

Ergebnisse der Varianzanalyse für Heterosis in F_1 und Leistungsabfall in F_2

Str.	FG	Streuungsanteile nach Lein (in %) für die Merkmale					
		Pflanzenhöhe (PH)		Pflanzengewicht (PC)		Korngewicht (KrG)	
		Heterosis	Abfall	Heterosis	Abfall	Heterosis	Abfall
G	73	33**	26*	41**	0	37**	0
U	1	0	0	0	0	6**	5**
G · U	73	67	74	59	100	57	95
T	147	100	100	100	100	100	100

Als Streuungsursache bedeuten: G zwischen Genotypen, U zw. Umwelten, G · U Wechselwirkung und T Total.

Die als Null in der Tabelle erscheinenden Streuungsanteile haben sich beim F-Test auf dem 5%-Niveau (getestet gegen Wechselwirkung) als nichtsignifikant erwiesen. Für alle Merkmale verursacht die Wechselwirkung, welche bei unserem Modell nicht frei von zufälligen Einflüssen ist, mehr als 50% der Totalstreuung, während Umwelt als solche nur bei Kornertrag (KrG) eine, wenn auch bescheidene, doch statistisch signifikante Rolle spielt. Die Rolle des Genotyps ist am besten aus Abb. 5 ersichtlich.

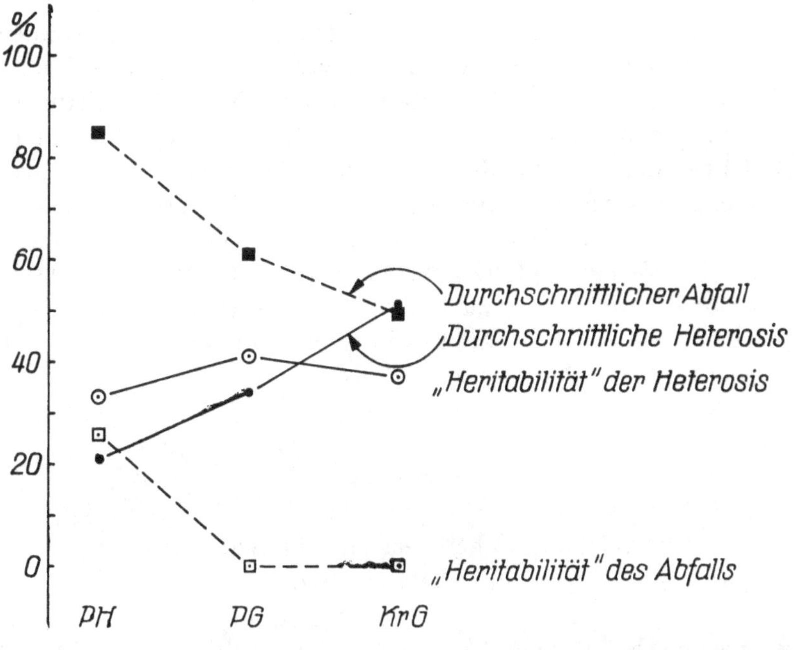

Abb. 5. Zweijähriger Durchschnitt für Heterosisindex und Abfallindex von 74 Kreuzungen sowie die „Heritabilität" dieser Werte für die Merkmale PH (Pflanzenhöhe), PG (Pflanzengewicht) und KrG (Korngewicht)

Abb. 5 zeigt die durchschnittlichen Werte der beiden Versuchsjahre für Heterosis und Abfall sowie die dazugehörigen genotypischen Anteile der Heterosis und des Abfalls („Heritabilität"). Während die „Heritabilität" der Heterosis für alle drei Merkmale sehr ähnliche hochsignifikante (auf dem 1%-Niveau) Werte um etwa 37% ergibt, erreicht die „Heritabilität" des Abfalls einen signifikanten Wert nur bei Pflanzenhöhe (PH), also bei dem Merkmal, das von allen drei von uns geprüften Merkmalen die schwächste Heterosis zeigt. Der durchschnittliche Heterosisindex steigt von PH über PG und erreicht eine Höhe von etwa 50% bei KrG (Kornertrag). Fast genauso hoch liegt auch der durchschnittliche Abfallindex für dieses Merkmal; er „steigt" über PG und erreicht ca. 85% für PH (Pflanzenhöhe). Die Pflanzenhöhe zeigt also die schwächste Heterosis und den schwächsten Abfall (je höher der Abfallindex, desto weniger unterscheidet sich F_2 von F_1!).

Das Wesentlichste dieser Ergebnisse scheint uns darin zu liegen, daß die „Heritabilität" des Leistungsabfalls bei den Merkmalen, die im Durchschnitt eine relativ starke Heterosis zeigen (KrG und PG), überhaupt nicht signifikant von Null verschieden ist, während die „Heritabilität" der Heterosis für dieselben Merkmale am selben Material gut gesicherte Werte um 40% ergibt.

Zusammenfassung

Bei der Anwendung einer neuen Methodik konnte gezeigt werden (abweichend von den Ergebnissen des Autors von 1968), daß eine Tendenz zu negativem Zusammenhang zwischen Heterosisindex in F_1 und Leistungsabfallindex in F_2 für die Merkmale Pflanzenhöhe (PH), Grünmasse (PG) und Kornertrag (KrG) bei Mais besteht; dieser Zusammenhang ist aber sehr locker und zeigte signifikante Werte nur unter ungünstigeren Jahresbedingungen.

Ferner wurde ein Versuch unternommen, die genotypischen Varianzkomponenten der Heterosis und des Abfalls bei den genannten Merkmalen zu schätzen. Für die Merkmale, die stärker zu Heterosis neigen (PG und KrG) war diese „Heritabilität" für Abfall überhaupt nicht signifikant, während sie für Heterosis gut gesicherte Werte von etwa 40% ergab.

Summary

On some problems referring to heterosis and the reduction in vigour of yield characters in maize

Using a new method it could be demonstrated, in difference to the author's results published in 1968, that there is a tendency to negative correlation between the "index of heterosis" in F_1 and the "index of reduction in vigour" in F_2 for the characters plant height (PH), green matter (PG), and grain yield (KrG) of maize. This mutual relation, however, is rather weak and proved significant only under conditions of unfavourable years.

Also an attempt was made to estimate for the above-mentioned characters the genotypic components of variance of both heterosis and reduction in vigour. As to the characters which tend to more strongly marked heterosis (PG and KrG), this "heritability" was not at all significant for reduction in vigour, but gave sufficiently significant values of about 40% for heterosis.

Краткое содержание

Некоторые вопросы гетерозиса в F_1 и спада продуктивности в F_2 для признаков урожайности кукурузы

Обработка данных работы автора 1968 г., проведенная новыми методами, показала, что тенденция к отрицательной корреляции между индексом гетерозиса в F_1 и индексом спада продуктивности в F_2 всё же существует. Для признаков высота растения (PH), урожай зеленой массы (PG) и урожай зерна (KrG) эта корреляция оказалась, однако, очень слабой и дала статистически достоверные показатели только в менее благоприятном для кукурузы году.

Попытка оценки генотипических компонентов дисперсии для гетерозиса и спада продуктивности показала, что у признаков, дающих сильный гетерозис (PG и KrG), эта «наследуемость» для спада продуктивности не отличается статистически достоверно от нуля, в то время как для гетерозиса она показала вполне сигнификантные величины порядка 40%.

Literatur

Campbell, R. C., 1967: Statistics for Biologists. – Cambridge.

Ceapoiu, N., 1968: Methode statistice . . . – Bucureşti.

Grebenščikov, I., 1964: Zur quantitativ-genetischen Analyse der Ertragskomponenten beim Kürbis. Teil 2. – Kulturpflanze *12*, 93–106.

– 1967: Zur quantitativ-genetischen Analyse der Ertragskomponenten beim Kürbis. Teil 3. – Kulturpflanze *15*, 57–74.

– 1968: Beobachtungen an Pflanzenhöhe, Pflanzengewicht und Korngewicht von F_1- und F_2-Bastarden des Gaterslebener Maissortimentes. – Z. Pflanzenzüchtg. *60*, 297–314.

Lein, A., 1960: Zur relativen Bewertung von Streuungsanteilen auf Grund der Varianzanalyse. – Züchter *30*, 352.

Lein, A. und Flechsig, J., 1956: Über Mahlfähigkeit als Sorteneigenschaft. – Getreide und Mehl *6*, 1–3.

Linder, A., 1960: Statistische Methoden. – Basel und Stuttgart.

Pollmer, W. G., 1957: Untersuchungen zur Ertragsbildung bei Sommerweizen. – Z. Pflanzenzüchtg. 37, 231–262.

Sachs, L., 1968: Statistische Auswertungsmethoden. – Berlin – Heidelberg – New York.

Sprague, G. F., 1966: Quantitative genetics in plant improvement. – In: Plant Breeding – A Symposium held at Iowa State University, ed. by K. J. Frey. – Ames.

Art- und Gattungsgrenzen bei höheren Discomyceten, IV[1]

von Erich Heinz Benedix

(Eingegangen am 28. Januar 1971)

Immer wieder hat sich während meiner Discomyceten-Arbeiten bestätigt, daß Exsikkate allein für taxonomische Entscheidungen nicht ausreichen. Wohl bleiben im Trockenzustand die meisten anatomischen Merkmale erhalten – durch einseitigen Gebrauch von Herbarmaterial kommt jedoch oft die natürliche Gesamterscheinung zu kurz, da sie beim Trocknen verlorengeht oder zumindest verändert wird. Eine ernsthafte Klärung von unsicheren bzw. umstrittenen Artgrenzen – zumal wenn sie vorwiegend makroskopisch begründet sind – kann daher kaum auf Vergleiche mit lebenden Fruchtkörpern verzichten; und manche derartige Frage mußte und muß bis zum Auffinden geeigneter Frischexemplare zurückgestellt werden. Erst kürzlich (1969) hat u. a. McKnight für die Discinaceen hervorgehoben, daß „much more information is needed from fresh specimens in different stages of development". Dies gilt jedoch ebensosehr für die übrigen *Helvellales* wie für die Discomyceten überhaupt. Einige Ergebnisse, die auf entsprechenden Frischpilzvergleichen der letzten zehn Jahre beruhen, sollen hier dargelegt werden; und ich danke dabei nicht nur den Staatsherbarien in München (Prof. Dr. H. Merxmüller) und Prag (Dr. A. Pilát), die mir bereitwilligst Vergleichs-Exsikkate zur Verfügung stellten, sondern auch denjenigen Pilzfreunden aus nah und fern, die mir trotz mancher Beförderungsschwierigkeiten waldfrische Funde zukommen ließen: Mit besonderer Sorgfalt taten dies u. a. H. Dörfelt (Halle a. S.), P. Georgi (Schleusingen), Ing. K. Kříž (Brünn, Č.S.S.R.), Oberstudienrat H. Krück (Sulz a. N.) und Dr. A. Zureck (Jena); weitere freundliche Helfer sind an den zugehörigen Textstellen genannt.

1. Umstrittene *Helvella*-Arten
(Abb. 1–8)

So eindeutig die Rippenlorcheln – sei es als Gattung (*Helvella* L. ex Fr. ss. str.) oder als Tribus (einschließlich *Acetabula* Fr. em. Fuck.) – in ihrer Gesamtheit definiert sind (cf. Benedix 1961, 1962), so sehr schwankt noch immer die

[1] Teil I in „Kulturpflanze" *10*, S. 359–371; Teil II in „Kulturpflanze" *14*, S. 359 bis 379; Teil III in „Kulturpflanze" *17*, S. 253–284.

Auffassung über einzelne Arten. Selbst so markante Vertreter wie der Gattungstypus *Helvella crispa* Scop. ex Fr. und die ebenso charakteristische *H. lacunosa* Afz. ex Fr. werden in ihrem Umfang unterschiedlich bewertet – je nach dem, ob der lebende Pilz oder ein konservierter Beleg im Vordergrund der Beurteilung stehen.

a. *Helvella crispa* Scop. ex Fr. 1823 – *H. pithyophila* Boud. 1887

Die barocke Schönheit der Herbstlorchel (*Helvella crispa* Scop. ex Fr.) wird durch das einheitlich-bleiche Aussehen des ganzen Pilzes noch unterstrichen, so daß die frischen Fruchtkörper dieser Art kaum zu verwechseln sind (Abb. 1).

Abb. 1. *Helvella crispa* Scop. ex Fr.; Greifswald (Mecklbg.), 22. 10. 1968. Etwa 1/2 natürl. Größe. (Aufn. E. H. Benedix)

Da aber auch hier – wie bei allen Lorcheln – das Hymenium mit zunehmender Reife und erst recht beim Eintrocknen mehr oder weniger nachdunkelt, verringert sich dadurch die Farbdifferenz zu ähnlichen, von Natur aus andersfarbigen Arten. Das kann um so leichter zu Fehlschlüssen führen, als die Nuancen dieses Farbwechsels nach meinen Erfahrungen nicht unbedingt arttypisch sind, sondern auch mit von äußeren Umständen (Form und Schnelligkeit des Trocknens, Reifestadium und Standort des Pilzes o. ä.) beeinflußt werden. So soll *Helvella lactea* Boud., die von den meisten Autoren mit einer kurzstieligen *crispa* gleichgesetzt wird, nach Dissing (1966 a, b) eine charakteristische Rotbraunfärbung des trockenen Hymeniums aufweisen: „... on drying reddish-brown to caramel-brown" (gegenüber „cream when dried" bei *H. crispa*). Tatsächlich entspricht z. B. der Prager Beleg Nr. 151045 (Hrusice, VII. 1940, „*pallescens* var. *biloba* Vel."), den Dissing als *lactea* eingestuft hat, durchaus dieser Merkmalskombination, während andere *crispa*-Fruchtkörper (so auch die von Abb. 1) nach dem Eintrocknen meist sahnefarbig bis höchstens gelbbräunlich erscheinen. Aber auch bei eindeutiger *crispa* treten oft intensive Rotbraun-Verfärbungen des gesamten Hymeniums auf: Unter vielen Exsikkaten, die ich im Herbst 1968 aus der Umgebung von Eisenach (P. Jurtzig) und aus dem Vogtland (durch H. Zinner) erhielt, befanden sich neben gelbgrauen Exemplaren auch solche mit auffallend rotbrauner Hutoberfläche. Ebenso zeigt beispielsweise das Münchener Exsikkat (Herbarium G. Bresadola Nr. 737, Gocciadoro, VII. 1924), das Bresadola selbst als „*pithyophila* Boud." bestimmte, deutlich diese rotbraune Trockenfarbe; und an einer jungen *H. crispa*, die mir W. Schmidt am 21. 9. 1968 aus den Parkanlagen des Dresdener Großen Gartens überbrachte (Abb. 2), konnte ich das Nachdunkeln des Hymeniums vom zartesten Rahmgelb bis zum satten Kupferrotbraun in allen Stadien des Trockenvorganges verfolgen (der Pilz wurde freiluftgetrocknet).

Sehr unterschiedliche Farbänderungen sind überdies bei *Leptopodia elastica* (Bull. ex Fr.) Boud. zu beobachten, deren trocknende Fruchtscheibe sich ockergrau bis dunkelbraun färbt, während Stiel und Außenseite meist hell bleiben. Bei einer jungen *elastica*, die mir H. Dörfelt am 30. 8. 1968 aus der Fichtennadelstreu des Greizer Waldhauses (Ostthüringen) zusandte, nahm auch der Stiel – in scharfem Gegensatz zu der weißlich gebliebenen Unterseite – das gleiche Dunkelolivbraun wie das Hymenium an. Es besteht jedoch m. E. kein Grund, aus solchem Verhalten taxonomische Folgerungen zu ziehen; denn so bemerkenswert der Farbwechsel trocknender Lorcheln von Fall zu Fall ist, so kommt ihm doch ein entscheidender Wert für die Artentrennung kaum zu.

Dissing (loc. cit.) beurteilt allerdings *H. crispa* und *H. lactea* außerdem nach der Beschaffenheit – Farbe und Anatomie – der Hutunterseite, nach der er beide Arten sogar auf verschiedene Sektionen (*Crispae* und *Lacunosae*) verteilt. Doch abgesehen davon, daß auch *H. crispa* – besonders in der Jugend – eine fast weiße Unterseite haben kann (vgl. Abb. 1, links!), ist ihr Flaumbesatz schon am frischen Pilz mitunter kaum wahrnehmbar; sein Fehlen ist also mehr gradueller als grundsätzlicher Natur. Selbst Dissing läßt für *Helvella fusca* Gill., die er mit Recht den *Crispae* zuordnet, beide Möglichkeiten offen („outside naked or very delicately pubescent")! Was aber trennt *lactea* dann noch von *crispa*?

Abb. 2. *Helvella crispa* Scop. ex Fr. mit *lactea*-Merkmalen ss. Dissing (vgl. Text!); Großer Garten in Dresden, 21. 9. 1968. Etwa 1,5 natürl. Größe. (Aufn. E. H. Benedix)

Andererseits bedeutet anatomische Übereinstimmung noch keine Identität, wie sie manche Autoren für *H. crispa* und *H. pithyophila* Boud. annehmen. Sowohl Bresadola (1932) wie Svrček (1962) und Moser (1963) führen *H. pithyophila* als selbständige Art auf, während sie z. B. bei Seaver (1928), Velenovský (1934), Michael-Hennig (1960) und Dennis (1968) auch als Synonym nicht erwähnt ist. Dissing (1966 a, b), der sie ausdrücklich mit *H. crispa* vereinigt, begründet seine Ansicht mit dem Fehlen mikroskopischer Unterschiede und setzt bemerkenswerterweise hinzu, daß er von *H. pithyophila* „keine frischen Collectionen gesehen" habe, die der von Boudier (1905–1910, Taf. 227) gemalten entsprechen! Gerade *H. pithyophila* hat aber im Trockenzustand ihre wesentlichsten Eigenmerkmale verloren, die an Frischexemplaren meist auf den ersten Blick überzeugen. Nur unausgefärbte Fruchtkörper ähneln auch frisch einer verkümmerten *H. crispa* – so bei etwa 1200 m im

Trangoška-Tal der Niederen Tatra (II. Europ. Mykologenkongreß, 10. 9. 1960, leg. Svrček). In bester Entwicklung dagegen – gleichsam aus Bresadolas Farbtafel (1932, Nr. 1170) herausgeschnitten! – sah ich sie am 3. 9. 1966 beim IV. Europäischen Mykologenkongreß in der Puszcza Augustowska (Masuren), wo mir Prof. Dr. J. Bánhegyi liebenswürdigerweise einen Teil seiner Funde überließ:

Im Schwarzdruck (Abb. 3) kommt zwar die ausgeprägte Dreifarbigkeit – rahmgelbes Hymenium, zartorange Unterseite und violettgrau überlaufener Stiel – nicht zur Geltung; zu erkennen sind aber deutlich der aufgerollte Hutrand, die stumpfkantigen Stielrippen (wie prallgefüllte Adern) und die geringere Größe (höchstens 5–6 cm hoch) – vgl. Abb. 3 mit Abb. 1! Diese morphologischen Merkmale sind auch an manchen Exsikkaten noch festzustellen, so besonders an dem Münchener Beleg aus der Sammlung S. Killermann (ohne Nr., Trient, VII. 1924, det. Bresadola) und an der Prager Collection Nr. 190514 (Bitov-Cornštejn, Südmähren, VII. 1953, det. Svrček), die Dissing persönlich als „*crispa*" beschriftete. Wo dagegen beim Eintrocknen nicht nur die Farben verschwunden, sondern auch die Formen verwischt sind, ist die Trennung beider Arten nach Exsikkaten oft nicht mehr mit Sicherheit möglich. So könnten z. B. das bereits oben (S. 165) zitierte Münchener Exsikkat aus dem Herbarium G. Bresadola Nr. 737 (Gocciadoro, VII. 1924) sowie die Prager Herbarproben Nr. 607982 (Mnichovo Hradiště, VI. 1952, det. Herink), Nr. 607983 (Mnichovo Hradiště, VII. 1951, det. Herink) und Nr. 629568 (Hluboká, Südböhmen, IX. 1963, det. Svrček), die sämtlich als „*H. pithyophila* Boud." etikettiert sind, ebensogut auch von *crispa*-Funden herrühren. Man kann aber aus solchen Gründen nicht beide Arten gleich-

Abb. 3. *Helvella pithyophila* Boud.; Puszcza Augustowska (Masuren), 3. 9. 1966. Etwa natürl. Größe. (Aufn. E. H. Benedix)

setzen, zumal ihre Unterschiede in vivo nicht weniger markant sind als etwa diejenigen mancher Boleten (*rubellus – chrysenteron)* oder Laccarien *(laccata – amethystina)*, die sich ähnlich verhalten und ohne Bedenken getrennt werden.

b. *Helvella lacunosa* Afz. ex Fr. 1822 – *H. sulcata* Afz. ex Fr. 1822 – *H. platycephala* Bx. nov. spec.

Infolge ihrer dunklen, meist rauchgrauen bis schwärzlichen Naturfarbe bleiben die Grubenlorcheln (*lacunosa*-Gruppe) bei der Herbarisierung im allgemeinen „natürlicher" erhalten als ihre helleren Verwandten (*H. crispa* usw.). Dafür zeichnen sich hier auch die frischen Fruchtkörper durch eine besondere Vielgestaltigkeit aus, die nicht nur in der älteren Literatur, sondern bis in die jüngste Zeit zu gegensätzlicher Auslegung des Verhältnisses zwischen *Helvella sulcata* Afz. ex Fr. und *H. lacunosa* Afz. ex Fr. geführt hat. Nachdem schon Afzelius (1783) bei der Erstbeschreibung dieser Arten deren Grenzen nicht klar genug festgelegt hatte[1], halten sich im wesentlichen zwei Deutungen die Waage: Für die Eigenständigkeit von *H. sulcata* neben *lacunosa* haben sich Ricken (1920), Bresadola (1932), Michael-Hennig (1960), Svrček (1962), Moser (1963) und Dennis (1968) entschieden; ihre Vereinigung dagegen (*sulcata* als Synonym von *lacunosa*) wird u. a. von Rehm (1896), Seaver (1928), Dissing (1966 a) und Maas Geesteranus (1967) vertreten. Hierbei nennt Dissing (loc. cit.) eine Trennung beider Arten „in gewissem Grade eine Sache der Subjektivität" und hält es für „unmöglich, das Bestehen nur einer Art zu beweisen", findet aber „keine spezifischen Merkmale, die eine Teilung erlauben". Meine Vergleiche an frischen Fruchtkörpern zahlreicher Standorte zwischen Erzgebirge, Harz und Thüringer Wald sowie mehrjährige Kontrollen an einer und derselben Fundstelle haben jedoch bestätigt, daß sich zwar manche Einzelmerkmale überschneiden, nicht aber deren Gesamtkombinationen übereinstimmen.

Fast gleichartig sind zunächst die Erscheinungszeiten, obwohl m. E. *H. sulcata* etwas früher (schon im Mai – Juni) zu fruktifizieren beginnt und ihre Hauptzeit im Juli erreicht, dann aber ebenso wie *H. lacunosa* bis Anfang Oktober auftreten kann. Ähnlich überschneiden sich auch die Farben, die bei beiden Arten in allen Grauschattierungen bis fast schwarz (aber kaum bräunlich) vorkommen, wenngleich bei *H. sulcata* die hellen Farbtöne seltener sind, so daß sie Bresadola als „var. *cinerea*" mit einem Sondernamen belegte.

Erhebliche Unterschiede dagegen finden sich bereits in der Fruchtkörpergröße; denn *H. sulcata* ist nach überwiegender Auffassung der Autoren „stets kleiner als *H. lacunosa*" (Michael-Hennig) – meine größten Exemplare waren höchstens 6 (–7) cm hoch, während *lacunosa*-Fruchtkörper bei 9–10 (und mehr) cm Höhe oft krause (*crispa*-ähnliche), ja, ungeschlachte bis klumpige Formen erreichen können, wie sie *sulcata* nie ausbildet.

[1] Seine Tab. 10, Fig. 1, zeigt jedoch eindeutig *H. sulcata*.

Entsprechend verhalten sich die morphologischen Einzelheiten des Stieles und Hutes: Die Stielrippen der zierlicheren *H. sulcata* laufen meist unverzweigt einander parallel und treffen in einer Mittellamelle zusammen. Daraus ergibt sich als Querschnitt eine einfache Sternfigur (Abb. 4 a). Bei der üppigeren *H. lacunosa* dagegen sind die Stielrippen in der Regel verzweigt und durch Anastomosen verbunden, so daß der Querschnitt statt einer Mittellamelle zellige Hohlräume aufweist (Abb. 4 b) – worauf allerdings

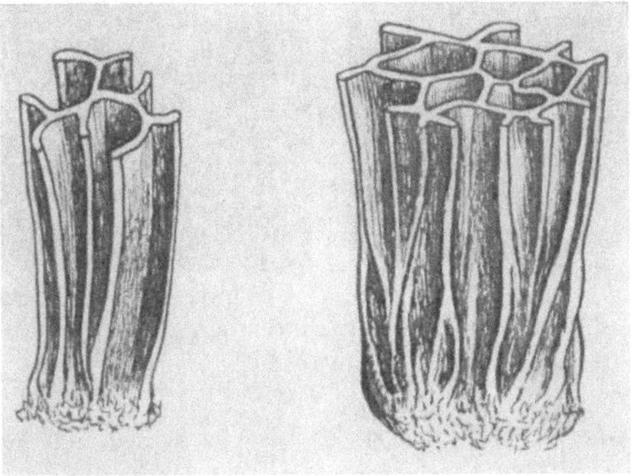

a b

Abb. 4. *Helvella sulcata* Afz. ex Fr. (a) und *H. lacunosa* Afz. ex Fr. (b); Stielquerschnitte, ca. 2 : 1 – halbschematisch. (Orig.-Zeichnung E. H. Benedix)

Rehm (1896) „kein weiteres Gewicht legen" möchte. Natürlich kommen geringe Anastomosen hin und wieder auch bei kräftiger *sulcata* und Parallelrippen auch bei dürftig entwickelter *lacunosa* vor – solche Überschneidungen lassen sich aber in den meisten Fällen durch Kombination mit der Hutform bereinigen: Reguläre *sulcata*-Stiele haben nämlich fast immer auch einfachere Hüte (Apothecien), deren Lappen einen erkennbaren Sattel bilden, indem sie als 2–3 (seltener 1) hornförmige Spitzen emporragen (Abb. 5 links und 6). Velenovský (1934) hat zwar die dreispitzigen Fruchtkörper als var. *tricuspidata* Krombh. zu *H. lacunosa* gestellt – sie sind aber mit Sicherheit nur eine Form von *H. sulcata*, da sie nach meiner Beobachtung ausschließlich mit ein- bis zweispitzigen Apothecien zusammen auftreten. Noch niemals sah ich sie in Gesellschaft von größeren, hohlstieligen, unregelmäßig gefalteten Exemplaren, wie sie für *H. lacunosa* charakteristisch sind (Abb. 7). Dasselbe gilt für das Vorkommen von Becherformen, und Dissing (1966a) hat gewiß recht, wenn er solche ausdrücklich von *H. lacunosa* ausschließt – gerade damit aber bestätigt er ungewollt die Andersartigkeit von *H. sulcata*! Denn die auf Abb. 5 wiedergegebenen Fruchtkörper wurden gleichzeitig dem gleichen *sulcata*-Bestand einer Dresdener Parkanlage entnommen, in dem sich neben zwei Dutzend

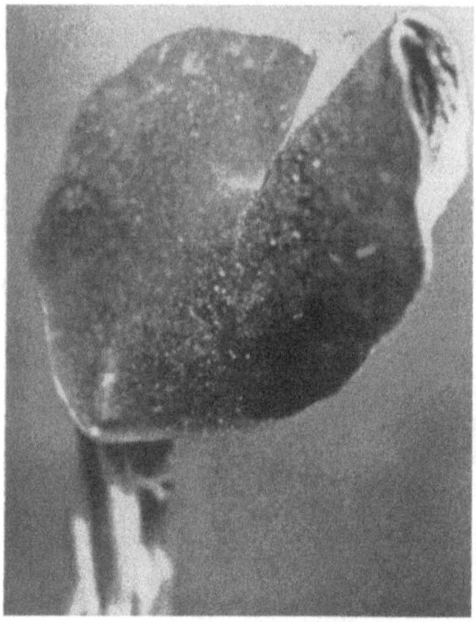

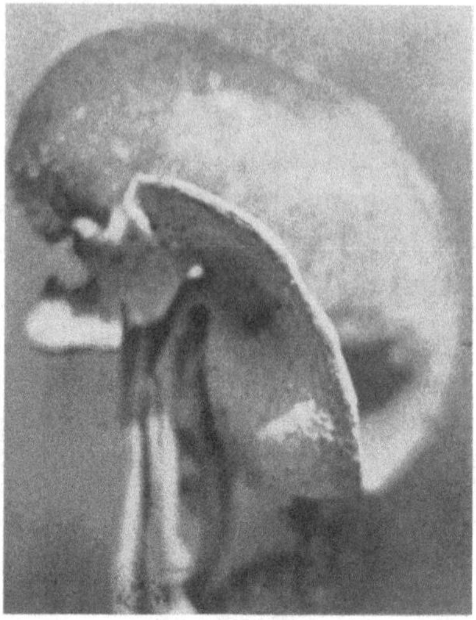

Abb. 5. *Helvella sulcata* Afz. ex Fr.: Fruchtkörper mit sattel- und becherförmigem Hut (aus gleichem Bestand); Dresden-Striesen, 19. 6. 1965. Etwa 1,5 natürl. Größe. (Aufn. E. H. Benedix)

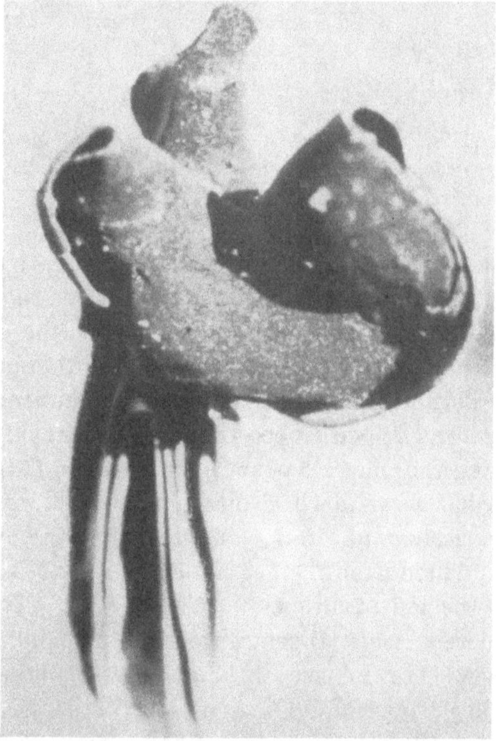

Abb. 6. *Helvella sulcata* Afz. ex Fr.: Fruchtkörper mit dreispitzigem Hut („*tricuspidata* Krombh."); Schwepnitz bei Königsbrück (Sa.), 29. 9. 1968. Etwa 1,5 natürl. Größe. (Aufn. E. H. Benedix)

Abb. 7. *Helvella lacunosa* Afz. ex Fr.; Suhl (Thür. Wald), 5. 10. 1963. Etwa natürl. Größe. (Aufn. E. H. Benedix)

deutlich gesattelten auch mehrere becherförmige Apothecien befanden, aber niemals (auch später nicht) größere und kraushütige Formen des *lacunosa*-Typs auftraten.

Unter den mir vorliegenden Exsikkaten aus dem Prager Nationalmuseum, die Dissing (loc. cit.) als *lacunosa* besonders erwähnt oder handschriftlich umbenannt hat, bestehen die folgenden aus Fruchtkörpern mit eindeutigen *sulcata*-Merkmalen (in obiger Kombination): Nr. 150869 (Karlštejn, VIII. 1936, det. Velenovský), Nr. 190397 (Vráž bei Černosice, IX. 1931, det. Kavina) und Nr. 190398 (Sbrsko bei Karlštejn, VIII. 1944, det. Herink). Das gilt auch für die Prager *sulcata*-Collectionen Nr. 138654 (Praha, VII. 1939, det. Herink), Nr. 150862 (Karlštejn, VII. 1939, det. Velenovský), Nr. 489673 (Praha, VIII. 1937, det. Herink), Nr. 138764 (Praha, VIII. 1939, det. Herink) und Nr. 500180 (Karlštejn, X. 1938, det. Herink), von denen die beiden letztgenannten auch dreispitzige Exemplare (*tricuspidata*-Formen) enthalten. Einige andere – z. B. Nr. 151046 und Nr. 153804 (beide Mnichovice, det. Velenovský) – sind im Trockenzustand nicht mehr mit Sicherheit abzugrenzen.

Die auffälligen Größen- und Formunterschiede beider Arten legt allerdings Maas Geesteranus (1967) dahin aus, daß *H. sulcata* „nichts anderes als ein Entwicklungsstadium von *Helvella lacunosa*" sei. Wenn dies zuträfe, müßten sich die geschlossenen Stielröhren und -anastomosen erst während der Reifung des Fruchtkörpers herausbilden; und die einfachen Sattelhüte von *H. sulcata* müßten sich allmählich zu krauser *lacunosa* umformen, bevor sie ihre Sporen auswerfen – *sulcata* dürfte also niemals reife (keimfähige) Sporen haben und nicht von selbst aussporen! Derartiges ist aber meines Wissens noch nirgends festgestellt worden und widerspricht auch meiner bisherigen Erfahrung.

Als mir K. Kříž im Juli 1965 aus einem Quercetum des Brünner Vorortes Königsfeld (Královo Pole) ein großes Sortiment frischer Lorcheln nach Dresden mitbrachte, befand sich darunter eine besondere Art, die offenkundig an die Grenze von *H. sulcata* gehört, ohne jedoch in deren Variationsbreite zu passen. Schon das zu einer breiten, fast senkrechten Spatelform zusammengedrückte Apothecium (Abb. 8) mit zwei riesigen, über dem Sattel aneinandergewachsenen „Ohren" übersteigt die gewohnten *sulcata*-Extreme. Vor allem aber hat der gesamte Pilz nichts von der bläulichgrauen bis schwärzlichen *sulcata*-Farbe, sondern ist – mit Ausnahme der weißen (statt grauen) Hutunterseite – einfarbig-ockergrau oder sehr blaß milchkaffeebraun (beim Eintrocknen braun nachdunkelnd). Nur die Mikromerkmale stimmen mit *H. sulcata* überein, da sie ohnehin bei dieser Gruppe keine greifbaren Unterschiede zeigen. Nach erfolglosen Bestimmungsversuchen hatte ich Farbaufnahmen, Notizen und Trockenmaterial einstweilen zurückgestellt, kam aber auch später – nach Erscheinen von Dissings grundlegender *Helvella*-Arbeit (1966 a) – zu keiner Übereinstimmung mit vorhandenen Arten. Ich führe deshalb diese „Ohrenlorchel" als

Helvella platycephala[1] Benedix nov. spec. (Abb. 8):

Species *Helvellae sulcatae* Afz. ex Fr. peraffinis, sed differt pileo arduissime deflexo, valde palaeformi-complanato (unde nomen speciei), latere lato 5–6 cm, altero solum 0,5 –1 cm in diametro, profundissime ephippino, in duo cornua optime erecta apicibus inter se connexis concurvato; hymenio ochraceo-cano vel pallide alutaceo, sicco fuscescente, extus albido;

[1] Griech. *platys* = breit, flach, platt; *kephale* = Kopf – wegen des seitlich zusammengedrückten Apotheciums.

stipite costato, 2–3 cm alto, concolore. Natura microscopica (sporae breviter ellipsoideae, 16–18 × 11–12 μ, uniguttatae etc.) ut in *H. sulcata*. – Ad terram in querceto apud Brno-Královo Pole (Moravia), aestate; legit A. Vágner (22. 7. 1965). Typus apud auctorem conservatur.

Man mag darüber streiten, ob *H. platycephala* eine eigene Art oder „nur" eine Varietät von *H. sulcata* sei. Fest steht aber, daß sie – auch bei weitgehen-

Abb. 8. *Helvella platycephala* Bx. nov. spec.; Brno-Královo Pole (Mähren), 22. 7. 1965. Etwa natürl. Größe. (Aufnahme E. H. Benedix)

den Zugeständnissen an die Variationsbreite – keinesfalls der typischen *H. sulcata* entspricht und erst recht nicht zu *H. lacunosa* gehören kann. Sie bestätigt damit auch indirekt die gegenseitige Abgrenzung dieser Arten. Zum besseren Vergleich sind die Trennungsmerkmale (gesperrt) und Überschneidungen in beigefügter Tabelle (S. 174) zusammengestellt.

Tabelle 1

Merkmal	*H. lacunosa*	*H. sulcata*	*H. platycephala*
Erscheinungszeit	Hochsommer bis Herbst	Früh- bis Spätsommer (Herbst)	Hochsommer
Farbe	bläulich-rauchgrau bis schwärzlich, nicht braun; Stiel meist heller	bläulich-rauchgrau bis schwärzlich, kaum bräunlich; Stiel meist heller	ockergelbgrau, blaß-lederbraun, nie bläulichgrau; Stiel gleichfarbig
Größe	ziemlich groß, oft klumpig	klein bis mittelgroß, ± zierlich, nie klumpig	höchstens mittelgroß, ± kurz, nie klumpig
Stielform	zellighohl, verzweigte Rippen	einfache Mittellamelle, unverzweigte Parallelrippen	meist einfache Parallelrippen
Hutform (Apothecium)	meist regellos gefaltet, ± kraus, nie becherförmig	meist regulär gesattelt, ein- bis dreispitzig, mitunter becherförmig	breit-spatelförmig, seitlich zusammengedrückt, sehr tief gesattelt, zweispitzig
Unterseite	aschgrau	aschgrau	weiß
Sporen	17–20×11–13 μ	17–18×10–12 μ	16–18×11–12 μ

2. **Nachtrag zur Gliederung der Discianceen**
(Abb. 9–10)

Nur wenige Monate nach Abschluß bzw. Veröffentlichung meines Discinaceen-Manuskripts von 1969 („Art- und Gattungsgrenzen bei höheren Discomyceten, III", S. 254–277) erschien zum gleichen Thema eine Studie von K. H. McKnight (1969) über *Discina* ss. lat. in Nordamerika, später (1970) ein Bericht von E. Rahm über besondere Rhizinaceenfunde – einschließlich Discinaceen und Gyromitroideen – aus dem schweizerischen Hochtal von Arosa.[1] Beide Arbeiten konnte ich damals noch nicht mit berücksichtigen; ich halte sie jedoch für wichtig genug, um sie hier nachträglich in meine Gliederung einzuordnen.

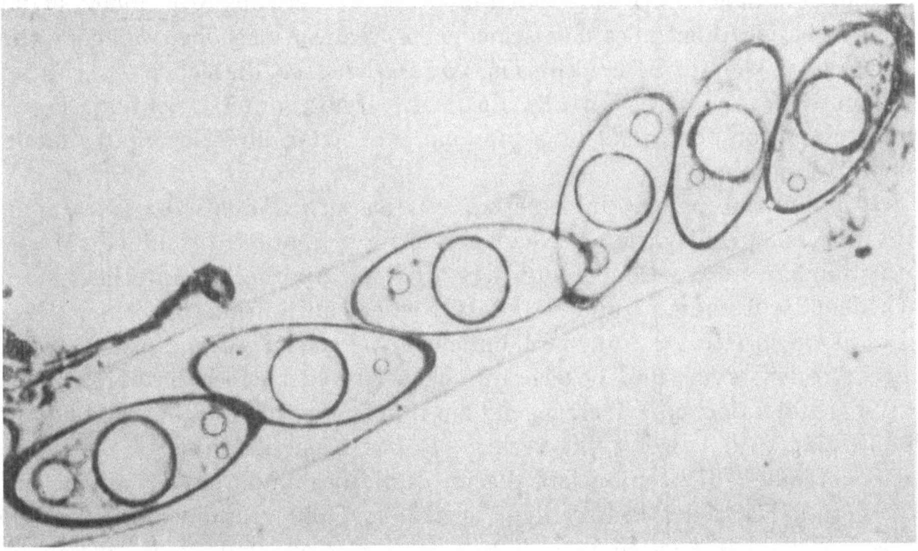

Abb. 9. *Paradiscina accumbens* (Rahm) Bx. nov. comb.: Sporen, ca. 1000: 1; Arosa (Schweiz), Mai 1966, ex herb. Rahm. (Aufn. P. Jurtzig)

Bemerkenswert erscheint mir auch eine Zuschrift von Prof. Dr. H. Handke (Halle a. S.), in der es (briefl. am 12. 5. 1970) zu meiner Discinaceen-Auffassung heißt: „Ich finde Ihre Gedankengänge logisch und überzeugend. Unsicher ist vielleicht nur das Schema der Gattungsbeziehungen ... Könnte man nicht erwägen, daß es eine Ableitung *Discina – Paradiscina* und eine zweite *Neogyromitra – Fastigiella* gibt? In beiden Fällen wären dann „Entartungen" der Anhängsel und, teilweise conformgehend, Reduktion der Öltropfen auf etwa ähnlicher Organisationshöhe erfolgt". Die von Prof. Handke vorgeschlagene

[1] Den genannten Autoren danke ich herzlich für die überlassenen Sonderdrucke, in erster Linie Herrn Rahm (Arosa) für die Originalproben seiner neubeschriebenen Arten.

Deutung ist meines Erachtens durchaus diskutabel, zumal sie ja ebenfalls eine Teilung auf der *Discina*-Ebene vorsieht. Strittig bleibt also nur, ob man einer mehrmaligen Ableitung des Paradiscineentyps oder einer parallelen Höherentwicklung nach einmaligem Abzweig die größere Wahrscheinlichkeit zubilligt. Denn beide Versionen lassen sich nicht durch Fossilien belegen, sondern allein nach rezenten Vergleichs- und Erfahrungswerten beurteilen. Da aber die Differenzierung der übrigen *Helvellales* sowohl bei Familien wie Tribus auf konvergenten Linien verfolgt werden kann (Benedix 1961) und Anzeichen für Querbrücken auf höherer Stufe – etwa zwischen *Leptopodia* Boud. und *Helvella* L. ex Fr. ss. str. – nicht vorliegen, dürften auch die Discinaceen kaum eine Ausnahme gemacht haben. Überdies sind die Paradiscineen nicht nur auf abweichende Sporenformen, sondern auf deren Kombination mit anderen Merkmalen (z. B. die südlich-montane Verbreitung) gegründet, so daß ihre mehrmalige Ableitung auf verschiedenen Organisationshöhen weniger wahrscheinlich ist. Gerade die Erweiterung von *Paradiscina*, die sich aus den Arbeiten von Rahm und McKnight (loc. cit.) ergibt, unterstreicht m. E. die Schlüsselposition dieser Gattung und hebt ihre Arten über den Status bloßer Abnormitäten hinaus.

Sowohl in Europa wie in Amerika erweist sich *Paradiscina leucoxantha* (Bres.) Bx. als recht variabel. Nicht nur in ihrer Sporenentwicklung (Moser 1954), sondern auch in Farbe und Gestalt ihrer Apothecien unterliegt sie je nach dem Reifestadium (und Standort?) einem auffallenden Wechsel. Diese Schwankungsbreite von saugnapfähnlichen, hellgelben Jugendformen bis zu ausgebreiteten, gelb- und ockerbräunlichen Fruchtscheiben hat Rahm auf einer Farbtafel (loc. cit.) überzeugend zusammengestellt. Gleichzeitig bildet er als „*Discina* spec." zwei wellig-verbogene, fast blasig-deformierte Exemplare mit ockergelbem Hymenium ab, die im Juni 1961 und 1963 an einem südexponierten Hang der Prätschalpe (in 2000 m Höhe) gefunden wurden. Sie waren leider steril, dürften aber als Monstrositäten ebenfalls zu *P. leucoxantha* gehören. Hier schließt sich die nordamerikanische *Paradiscina convoluta* (Seav.) Bx. unmittelbar an, die als üppige, stark eingefaltete *leucoxantha*-Form mit etwas längeren Sporen (bis 40 μ) aufgefaßt werden kann und von McKnight als identisch betrachtet wird. Möglicherweise ist *convoluta* ein ausgereiftes fertiles Stadium der Rahmschen „*Discina* spec.", zumal nach Seaver (1928) „ein Teil ihrer Sporen oft unentwickelt bleibt"! Daneben erwähnt McKnight eine stattliche, lebhaft orangegelbe bis orangebräunliche var. *fulvescens* Rea 1928, die zu ungewöhnlicher Jahreszeit (am 5. 12. 1924) in Schottland gesammelt wurde. Sie wäre damit – falls sich ihre Zugehörigkeit zu *leucoxantha* bestätigen sollte – die bisher einzige *Paradiscina* nördlich des 50. Breitengrades und außerdem die erste Discinacee (ss. Benedix non Eckblad), die kein reiner Frühjahrspilz ist. Es müßten allerdings, wie schon McKnight betont, erst neue und vollständigere Frischexemplare davon zur Verfügung stehen, bevor sich Genaueres über die „nördliche" Form (oder Art?)

sagen läßt. Dies um so mehr, als nach McKnight das ursprüngliche (schottische) Fundmaterial nicht voll ausgereift war.

Bedenkt man die späte und unregelmäßige Entwicklung der Sporenornamente bei *Paradiscina leucoxantha* (cf. Moser 1954), so ist auch die neubeschriebene *Discina apiculatula* McKnight 1969 kaum hiervon zu trennen: Das gelbbraune Hymenium („modice flavobrunneum"), die Größe der Sporen (28–33 × 13–17 μ) und vor allem ihre ungleichen, abgeflacht-kappenförmigen oder fast fehlenden Polanhängsel („apiculo brevi pervariabili, late truncato usque obtuso vel late rotundato, interdum fere carente") liegen durchaus im Bereich der *leucoxantha*-Kriterien. Auch die textlich nicht mit erwähnten, im Sporenbild aber deutlich erkennbaren seitlichen Öltropfen entsprechen (genau wie das Stadium der Anhängsel) einer etwa dreiviertel-reifen *P. leucoxantha*. Es ist also sicher kein Zufall, daß – teste McKnight – der von Litschauer bei Innsbruck gesammelte Beleg aus dem Wiener Naturhistorischen Museum als „*Discina leucoxantha*" etikettiert wurde. Selbst wenn man beide Pilze als verschieden ansähe, steht ihre Zugehörigkeit zu *Paradiscina* außer Frage.

McKnight verweist dabei auf die enge Verwandtschaft seiner *D. apiculatula* mit der nordamerikanischen *Discina olympiana* Kanouse 1947, die laut Beschreibung in den Sporenmerkmalen weitgehend mit ihr übereinstimmt. Sie hat jedoch wesentlich kleinere (nur 1–3 cm breite), fast ungestielte Apothecien (Jugendformen?) mit mehr oder weniger verzweigten Paraphysen, gelegentlich – bei var. *diluta* McKnight – mit sehr blassem Hymenium, und ist als ***Paradiscina olympiana*** (Kanouse) Bx. nov. comb. hier einzufügen. Ihr mitteleuropäisches Gegenstück hat Rahm (1970) als *Discina accumbens* beschrieben und vorzüglich abgebildet. Er bringt sie zwar in Beziehung zu *Discina perlata* Fr. ex Fr.; sie kann aber m. E. auf Grund ihrer ungleichförmigen, abgeflachten bis warzig-gebuckelten Sporenkappen (Abb. 9) nur zu den Paradiscineen gezählt werden, wo sie als ***Paradiscina accumbens*** (Rahm) Bx. nov. comb. mit 35–52 × 12–18 μ über die größten Sporen der *leucoxantha*-Gruppe – und der Discinaceen überhaupt! – verfügt. Auch die zunächst saugnapfartigen, hellgelben bis blaß-ockerfarbigen, später zimtbraunen, sehr flachen Apothecien weisen sie eindeutig hierher.

Bei den obengenannten Taxa, die sich um *P. leucoxantha* gruppieren, handelt es sich durchweg um *Paradiscina*-Arten oder -Varietäten mit großen Sporen (über 25 μ), mit kurz-gestutzten oder breit-gerundeten Anhängseln und wenigstens im Anfang hellgefärbten, gelben bis gelbbraunen Hymenien. Sie bilden innerhalb der Gattung *Paradiscina* die

Sectio ***Leucoxanthae*** Benedix nov. sect.: Apothecia primo catiniformia, matura plus minusve dilatatodisciformia, hymenio pallide ochraceo-flavidulo, deinde flavobrunneo vel cinnamomeo (in vivo vix spadiceo nec atrofusco); sporae pro genere magnae, semper longiores quam 25 μ, etiam 50 μ adaequantes, maturae appendiculis polaribus obtusis, plerisque breviter truncatis vel late rotundatis (primo absentibus) instructae. –

Diese Sektion umfaßt vor allem die vielgestaltige *P. leucoxantha* (Bres.) Bx. als Typus sectionis – einschließlich *P. convoluta* (Seav.) Bx. – sowie *P. olympiana* (Kanouse) Bx. nov. comb. und *P. accumbens* (Rahm) Bx. nov. comb.

Daneben stehen die anderen *Paradiscina*-Arten mit dunklerem, kastanien- bis schwarzbraunem Hymenium und kleineren Sporen (nur bis 25 μ lang), bei denen – oft einseitig – neben stumpfen auch zugespitzte Anhängsel vorkommen. Auf dieser Kombination beruht die

Sectio ***Melaleucae*** Benedix nov. sect.: Apothecia cyathea ad scutulata, mox dilatata marginibus plus minusve deflexis, hymenio rubrofusco ad spadiceo vel atriusculo (nullo tempore flavidulo); sporae solum 25 μ adaequantes, maturae diverse appendiculatae, appendiculis polaribus partim subacutis, partim late rotundatis vel absentibus instructae. – Hierher gehören neben *P. melaleuca* (Bres.) Bx. – dem Typus sectionis – noch *P. intermedia* Bx. und eine neue, gleichfalls alpine Art, die von Rahm (1970) als „var. *geogenius*" zu *Discina perlata* gezählt wurde, doch auf Grund ihrer kleineren Sporen (18–25 × 9–12 μ) und der wechselnden – teils zugespitzten, teils abgerundeten – Anhängselformen (selbst im gleichen Ascus, Abb. 10) *P. intermedia*

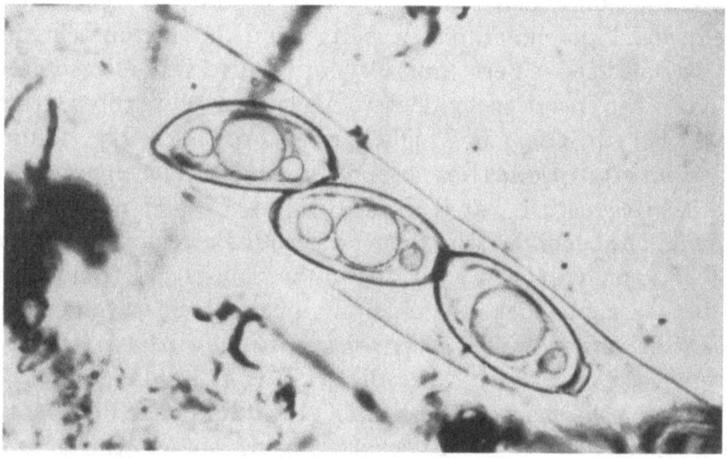

Abb. 10. *Paradiscina geogenia* (Rahm) Bx. nov. comb.: Sporen, ca. 1000: 1; Arosa (Schweiz), Juni 1964, ex herb. Rahm. (Aufn. P. Jurtzig)

am nächsten steht. Sie ist als ***Paradiscina geogenia*** (Rahm) Bx. nov. comb. eine wohldefinierte eigene Art – von *intermedia* durch größere, bis 11 cm breite, fast stiellose Apothecien (Name „geogenia"!), von *melaleuca* durch Farbe und Sporenanhängsel verschieden.

Der großen Mannigfaltigkeit, die sich für *Paradiscina* sowohl in den beiden Sektionen wie in der Labilität ihrer Einzelmerkmale ausdrückt, steht bei den Discineen *(Discina-Neogyromitra)* eine deutlich geringere Variationsneigung gegenüber, die wiederum nicht für eine mehrmalige Ableitung der Paradiscineen spricht. Das bestätigt auch Dr. S. Tóth (Gödöllö), der die ungarischen *Fastigiella*-Funde untersuchte und (briefl. am 25. 12. 1970) meine „Absonderung des neuen Genus von der Gattung *Neogyromitra* für besonders angebracht“ hält.

Discina macrospora Bubák 1904 wird schon von Seaver nachträglich (1942) – wenn auch mit Fragezeichen – zu *Discina perlata* Fr. (= *ancilis* Pers.) gerechnet und von McKnight (1969) nur unter Vorbehalt getrennt aufgeführt: „ . . . differences of degree, or amount, rather than of kind“. Tatsächlich überschneiden sich die Form- und Größenangaben für Sporen, Anhängsel und dergleichen wie auch die makroskopischen Merkmale mit denen von *D. perlata* so weit, daß von *macrospora* Bubák nur eine große *perlata*-Form übrigbleibt, bei der auch die Mikromerkmale überdurchschnittlich (Sporenlänge mit Polspitzen bis 44 μ) entwickelt sein können.

Ob auch die holzbewohnende *Discina Warnei* (Peck) Sacc. aus Nordamerika hierher gehört, ist ohne Frischmaterial nur bedingt zu entscheiden. Seaver (1928) stellt sie als Synonym zu *D. perlata* und bezeichnet sie dementsprechend als „dark-brown“ mit Sporen von 30–35 (40) × 12–14 μ. McKnight dagegen gibt unter Berufung auf Peck (1878) nur eine Sporenlänge von 19,5 – 26,5 μ (also mehr paradiscinoid) an, während die langen, spitzkegeligen Polfortsätze (bis 5 μ) auch hier auf *D. perlata* hindeuten.

Ein kurzer Orientierungsschlüssel nach einfachen Merkmalen mag abschließend das Erkennen der europäischen Discinaceen-Arten erleichtern und meinen Gattungsschlüssel von 1969 ergänzen:

1a Fruchtkörper derb und deutlich gestielt; Apothecium bis an den Stiel herabgeschlagen, mitra- oder kopfförmig mit hirnartigen Falten 11
Bei Jugendstadien, denen die Sporenskulpturen noch fehlen, vergleiche die Helvellaceen-Gattung *Gyromitra* Fr. (mit glatten, nur zweitropfigen Sporen, ohne Mitteltropfen)!

1b Fruchtkörper mit kurzer stielartiger Basis oder fast sitzend; Apothecium erst becherförmig, dann ausgebreitet mit glatter bis runzeliger Scheibe, nur am Rande ± herabgebogen 2

2a (1) Hymenium wenigstens im Anfang mit gelben bis ockerbräunlichen Farbtönen, später ± zimtfarbig, doch frisch nie dunkelbraun *(Paradiscina*, Sect. *Leucoxanthae)*. 7

2b Hymenium von Anfang an kastanienfarbig, dunkelrotbraun bis schwarzbraun (nur selten mit ockerlichem Beiton) 3

3a (2) Sporen nur 17–25 μ lang; Polanhängsel vielgestaltig oder fehlend. Vorwiegend alpine Arten *(Paradiscina*, Sect. *Melaleucae)* 5

3b Sporen länger, bis 44 μ (falls nur 20–27 μ, vgl. die amerikanische *Discina Warnei* ss. McKnight!); Polanhängsel stets kegelig-zugespitzt (Abb. Benedix 1969, S. 270). Verbreitung von der Ebene bis ins Gebirge 4

4a (3) Polanhängsel (in Wasser) 1,5–3,5 μ; Gesamtlänge der Sporen bis 40 μ: *Discina perlata* Fr. ex Fr.

4b Polanhängsel (in Wasser) 3–5 μ; Gesamtlänge der Sporen bis 44 μ. Nur Form der vorigen (4a): *Discina perlata* f. *macrospora* (Bubák) Bx. nov. stat.

5a (3) Hymenium von Anfang an schwarzbraun, oft stark gefaltet (Abb. Benedix 1969, Taf. Ib), Unterseite weiß; Sporen 2–3-tropfig, größter Tropfen nicht immer zentral; Polanhängsel auch zur Reifezeit fehlend (Abb. Benedix 1969, S. 256): *Paradiscina melaleuca* (Bres.) Bx.

5b Hymenium frisch ± kastanienbraun, Unterseite elfenbeinfarbig; größter Öltropfen der Sporen stets zentral; Polanhängsel zugespitzt oder abgestumpft (oft an der gleichen Spore), seltener ganz fehlend 6

6a (5) Apothecien nur 1–3 cm breit, mit kurzem Stiel (bis 2 cm hoch – Abb. Benedix 1969, Taf. Ia): *Paradiscina intermedia* Bx.

6b Apothecien größer, bis 11 cm breit, fast sitzend (Abb. Rahm 1970, Fig. 3–5): *Paradiscina geogenia* (Rahm) Bx. nov. comb.

7a (2) Sporenanhängsel waagerecht gestutzt bis kronenförmig-verdoppelt, erst spät voll entwickelt, dann Sporen meist nur noch eintropfig (Abb. Moser 1954; 1963, Fig. 140) 10

7b Sporenanhängsel sehr kurz, nur breitgerundet bis flachgebuckelt (Abb. 9), mitunter ganz fehlend; Sporen meist regulär-dreitropfig 8

8a (7) Apothecien nur 1–3 cm breit, fast sitzend; Hymenium bräunlich (bei var. *diluta* McKnight blaß-gelbbraun); Paraphysen oft an der Spitze verzweigt. Amerikanische Art: *Paradiscina olympiana* (Kanouse) Bx. nov. comb.

8b Apothecium meist größer, 4–15 cm breit, jung saugnapfförmig; Hymenium blaß-ocker, dann gelblich- bis zimtbraun; Paraphysen unverzweigt 9

9a (8) Sporen sehr groß, 35–45 (–52) μ lang; Apothecium höchstens 6 (–7) cm breit, schließlich tellerförmig, nur wenig gefaltet; Hymenium bald zimtbraun (Abb. Rahm 1970, Fig. 9–12): *Paradiscina accumbens* (Rahm) Bx. nov. comb.

9b Sporen kaum über 35 μ lang; Hymenium gelb, ocker- bis orange-bräunlich. Entwicklungsstadien von *P. leucoxantha* (incl. *appendiculatula*-Formen) 10

10a (7;9) Hymenium erst glatt, dann ± runzelig; Sporen kaum länger als 35 μ: *Paradiscina leucoxantha* (Bres.) Bx.

10b Hymenium stärker gefaltet (Abb. Seaver 1928, Taf. 28/1); Sporenlänge 35–40 μ. Amerikanische Art, vielleicht nur üppige Form der vorigen (10a):

Paradiscina convoluta (Seav.) Bx.

11a (1) Kopfteil grobfaltig; Hymenium anfangs ockerbraun, im Alter schokoladenfarbig; Sporenanhängsel einzeln, knopfförmig-abgerundet (Abb. Benedix 1966, S. 365). Vorwiegend im Nadelwald, oft auf Nadelholzstümpfen; in reinem Laubwald selten:

Neogyromitra gigas (Krombh.) Imai

11b Kopfteil oft dreispitzig (Abb. Benedix 1966, Taf. II a–b). Seitenflächen ± kraus gerunzelt; Hymenium erst fuchsrötlich, im Alter violettlichbraun nachdunkelnd; Anhängsel der reifen Sporen an den Polen oft bartartig-gehäuft, warzen- bis stachelförmig (Abb. Benedix 1966, S. 366). Im Laubwald auf kalkhaltigem Boden (s. Nachtrag, S. 183):

Fastigiella caroliniana (Bosc ex Fr.) Bx.

Zusammenfassung

Vergleichende Discomyceten-Studien der letzten Jahre haben gezeigt, daß strittige Arten oft nur durch Heranziehung lebender Exemplare geklärt werden können, da Exsikkate einen Teil ihrer makroskopischen Merkmale verloren haben und dadurch leicht Fehlschlüsse entstehen. Einige Beispiele der Gattung *Helvella* L. ex. Fr. ss. str. werden kritisch erörtert, *H. pithyophila* Boud. und *H. sulcata* Afz. ex. Fr. als wohlbegründete Arten bestätigt und *H. platycephala* Bx. nov. spec. erstmalig beschrieben.

Ein Nachtrag zur Gliederung der Discinaceen (cf. Kulturpflanze *17*) unterscheidet in der Gattung *Paradiscina* Bx. zwei neue Sektionen (*Leucoxanthae* Bx. nov. sect. – *Melaleucae* Bx. nov. sect.) und vervollständigt sie durch 3 Umkombinationen. Für die europäischen Discinaceen ist ein Artenschlüssel hinzugefügt.

Summary

Specific and generic limits within higher *Discomycetes*, IV

For the last years comparative studies on higher *Discomycetes* pointed out, that uncertain species may only be proved by employment of fresh specimens, because the dried ones mostly lost some of their macroscopic criteria and easily produce errors. Some examples of the genus *Helvella* L. ex Fr. ss. str. are critically discussed, whereby *H. pithyophila* Boud. and *H. sulcata* Afz. ex Fr. are confirmed as well-founded species, and *H. platycephala* Bx. nov. spec. is described for the first time.

A supplement to the *Discinaceae* (cf. Kulturpflanze *17*) divides the genus *Paradiscina* Bx. into the new sections *Leucoxanthae* Bx. nov. sect. and *Melaleucae* Bx. nov. sect. and completes this genus by 3 new combinations. A key to European species of *Discinaceae* is added.

Краткое содержание

Границы вида и рода у высших дискомицетов, IV

Сравнительное исследование дискомицетов в последние годы показало, что спорные вопросы о принадлежности их к тому или иному виду часто можно выяснить только путем изучения живых экземпляров. Эксикаты теряют часть своих макроскопических признаков, что легко приводит к неверным заключениям. Критически разбираются некоторые проблемы рода *Helvella* L. ex Fr. s. str.; *H. pithyophila* Boud. и *H. sulcata* Afz. ex Fr. рассматриваются как хорошо обоснованные виды; впервые описывается *H. platycephala* Bx. nov. spec.

Таксономическое деление Discinaceae (см. наш журнал т. 17) дополняется предложением двух новых секций рода *Paradiscina* Bx. (*Leucoxanthae* Bx. nov. sect. и *Melaleucae* Bx. nov. sect.) и тремя новыми комбинациями. Для европейских видов этой группы даются определительные таблицы.

Literatur

Afzelius, A., 1783: Swamp-Slägtet *Helvella*. – K. Vet.-Akad. Nya Handl. *4*, 299–313.
Benedix, E. H., 1961: Zur polyphyletischen Herkunft der Helvellaceen ss. lat. – Z. Pilzkde., Bad Heilbrunn, *27*/2–4, 93–102.
– 1962: Gattungsgrenzen bei höheren Discomyceten. – Kulturpflanze *10*, 359–371.
– 1966: Art- und Gattungsgrenzen bei höheren Discomyceten, II. – Kulturpflanze *14*, 359–379.
– 1969: Art- und Gattungsgrenzen bei höheren Discomyceten, III. – Kulturpflanze *17*, 253–284.
– Dort siehe weitere Literatur! –
Boudier, E., 1905–1910: Icones mycologicae ou Iconographie des champignons de France. – Paris.
Bresadola, G., 1932: Iconographia Mycologica, vol. XXIV. – Mediolani.
Bubák, F., 1904: Neue oder kritische Pilze. – Ann. Mycol. *2*, 395–401.
Dennis, R. W. G., 1968: British *Ascomycetes*. Revised and enlarged edition of „British Cup Fungi". – Lehre.
Dissing, H., 1966a: The Genus *Helvella* in Europe with Special Emphasis on the Species Found in Norden. – Dansk Bot. Ark., København, *25*/1, 1–172.
– 1966b: A revision of collections of the genus *Helvella* L. ex St.-Amans emend. Nannf. in the Boudier Herbarium. – Rev. Mycol., Paris, *31*/3, 189–224.
Kanouse, B. B., 1947: A survey of the *Discomycete* flora of the Olympic National Park and adjacent areas. – Mycologia, New York, *39*, 635–689.

Maas Geesteranus, R. A., 1967: De fungi van Nederland, II a. *Pezizales* I. – Wetensch. Meded. Kon. Nederl. Natuurhist. Ver., Hoogwoud, No. *69*, 1–72.

McKnight, K. H., 1969: A note on *Discina*. – Mycologia, New York, *61*, 614–630.

Michael, E., und B. Hennig, 1960: Handbuch für Pilzfreunde, Bd. II. – Jena.

Moser, M., 1954: Bemerkungen zur Morphologie der Sporen von *Maublancomyces* Herter und *Discina* Fr. – Rev. Sudam. de Bot., Montevideo, *10*/6, 189–191.

– 1963: Ascomyceten (Schlauchpilze). In: Gams, H., Kleine Kryptogamenflora, Bd. II a. – Stuttgart und Jena.

Peck, C. H., 1878: Report of the Botanist. – Ann. Rep. New York State Mus. *30*, 23–78.

Rahm, E., 1970: Über einige *Rhizinaceae* aus dem Hochtal von Arosa. – Schweiz. Z. Pilzkde., Bern, *48*/7 (Sondernr. 75), 77–87.

Rea, C., 1928: New or rare British Discomycetae. – Trans. Brit. Mycol. Soc. *13*, 253–260.

Rehm, H., 1896: Ascomyceten (Hysteriaceen und Discomyceten). In: Rabenhorst, L., Kryptogamenflora, Bd. I/3. – Leipzig.

Ricken, A., 1920: Vademecum für Pilzfreunde. – Leipzig.

Seaver, F. J., 1928 and 1942 (Repr. 1961): The North American Cup-fungi (Operculates). – New York.

Svrček, M., 1962: Diskomycety z Nízkých Tater, nalezené během posjezdové exkurze II. SEM. 1960. – Česká Myk., Prahai *16*/2, 87–114.

Velenovský, J., 1934: Monographia *Discomycetum* Bohemiae. – Pragae.

Nachtrag:

Nach Beendigung des Manuskripts wurde *F. caroliniana* auch in Südmähren – Brünn, Znaim, Steinitzer Wald – festgestellt (K. Kříž, briefl. am 18. 6. 1971). Den bisher nördlichsten Fundort meldete Moberg (Friesia *IX*/1970) aus einem küstennahen grasigen Eichen-Birken-Bestand in Uppland (Südschweden), dessen übrige Flora gleichfalls auf Kalk schließen läßt.

Mutanten der Kulturtomate *Lycopersicon esculentum* Miller VI

von Hans Stubbe

(Eingegangen am 16. Februar 1971)

1964 wurde die vorläufig letzte Liste von Mutanten der Kulturtomate veröffentlicht. Seit dieser Zeit wurde die Gaterslebener Arbeit in der Gattung *Lycopersicon* weiter auf evolutionsgenetische Probleme konzentriert. Es wurde mit den Methoden der experimentellen Mutationsforschung der Weg gefunden, bei *Lycopersicon pimpinellifolium* Mutanten mit Kulturmerkmalen zu erzeugen, um schrittweise den Evolutionsprozeß von einer Wildtomate zur Kulturtomate zu verfolgen (Stubbe 1967).

Im Jahre 1967 wurde damit begonnen, den umgekehrten Weg mit den gleichen Methoden zu beschreiten, also Mutanten mit Wildmerkmalen aus bestimmten Sippen der Kulturtomate zu erzeugen (Stubbe 1971).[1] Ausgangsmaterial für diese Versuche waren 3 bereits beschriebene Mutanten von *Lycopersicon esculentum* und zwar

eluta und *splendens* (aus der Sorte 'Lukullus')

und

praematura (aus der Sorte 'Rheinlands Ruhm').

Diese Mutanten zeichneten sich u. a. durch ihre kleinere Fruchtgröße und durch eine zierliche Blattgestaltung aus und schienen deshalb für die Erzeugung von Wildmerkmalen, speziell kleinere Früchte, besonders geeignet zu sein. Die genannten Mutanten erhielten Röntgenbestrahlungen trockener Samen von 15 bis 25 kr, und in den folgenden Generationen wurden zunächst alle auftretenden Mutanten registriert. Darunter waren eine Reihe auffallender und bisher noch unbekannter Mutanten, die nun allerdings stets mit dem homozygoten Allel, der für diese Versuche verwendeten Ausgangs-Mutanten kombiniert waren. Sie sind damit phänotypisch nicht ohne weiteres mit den Ausgangssorten 'Lukullus' und 'Rheinlands Ruhm' vergleichbar. Wenn in den Beschreibungen gesagt wird, daß das Erscheinungsbild einer Mutante typisch ist, so heißt dies, daß der Phänotyp entweder *eluta*, *splendens* oder *praematura* gleicht. Dies ist bei der Beurteilung der in dieser Liste beschriebenen Mutanten zu bedenken. Sie wurden deshalb in 3 Gruppen entsprechend ihrer

[1] Mein großer Dank gilt wiederum Fräulein Ilse Neumann, die zuverlässig und unermüdlich für die Betreuung des großen Sortiments von Mutanten der Kulturtomate sorgte und mir bei der Bearbeitung des Sortiments, der Beschreibung der Mutanten und der Zusammenstellung dieser Liste eine unentbehrliche Helferin war.

Herkunft und ihrem genotypischen Milieu gegliedert, wobei jede mit einer Beschreibung der Ausgangsmutante *eluta*, *splendens* oder *praematura* eingeleitet wird. In das am Ende der Arbeit befindliche alphabetische Verzeichnis aller bisher beschriebenen Mutanten wurden die neuen Mutanten eingegliedert und in Spalte 9 auf die geschilderte Ausgangssituation hingewiesen. Es muß auch darauf hingewiesen werden, daß die ermittelten Spaltungszahlen größtenteils sehr schlecht sind. Das hat wahrscheinlich seine Ursache in der Tatsache, daß die homozygote Kombination der Ausgangsmutante mit der neu beschriebenen Mutante physiologische Störungen noch unbekannter Art hervorruft. Auch konnten die Spaltungszahlen z. T. an nur relativ wenigen (20) Pflanzen festgestellt werden, teils in der X_2-Generation (der Auslesegeneration), teils in der F_2 nach Kreuzung der Mutante mit der Ausgangsform.

Neuere Untersuchungen haben ergeben, daß einige bereits beschriebene und daher benannte Mutanten allel bzw. identisch sind.

Allelie besteht zwischen	*accumbens*	und	*curvata*
	vitiosa	und	*deformis*
	angustifolia	und	*elegans*
	calva	und	*hairless*^{2}
	rubescens	und	*lutescent*
	multinata	und	*pulvinata*
	proclinata	und	*rigida*
	parca	und	*sufflaminata*
	expassa	und	*suffulta*
	divergens	und	*suffulta*
	velutina^{2}	und	*yellow virescent*
	velutina	und	*yellow virescent.*
Daher heißt	*accumbens*	in Zukunft	*curvata*^{2}
	vitiosa	—	*deformis*^{2}
	angustifolia	—	*elegans*^{2}
	calva	—	*hairless*^{2}
	rubescens	—	*lutescent*^{2}
	multinata	—	*pulvinata*^{2}
	proclinata	—	*rigida*^{2}
	parca	—	*sufflaminata*^{2}
	expassa	—	*suffulta*^{2}
	divergens	—	*suffulta*^{3}
	velutina^{2}	—	*yellow virescent*^{2}
	velutina	—	*yellow virescent*^{3}.
Genetische Identität besteht zwischen	*farinosa*	und	*laeta*
	globularis	und	*pulvinata*
	splendida	und	*deliquescens.*

Die Mutanten *farinosa, globularis* und *splendida* werden deshalb aus der Liste gestrichen.

Neu aufgenommen wurden das *rava*-Allel, *rava*[3], (Kruse 1967) und die Mutante *Subsistens* (Endlich 1959).

Ausgangsmutante *eluta (elu)*

Aufgang der Samen später als normal. Keimblätter und Primärblätter gelbgrün. Leichte Wuchshemmung, Pflanzen erreichen etwa $^3/_4$ normaler Größe. Wuchsform annähernd normal. Laubfarbe gelbgrün. Sproß, Blattstiele und Hauptadern durch starken Anthozyangehalt violett gefärbt. Früchte klein und kugelig.
F_1 nach Kreuzung mit der Ausgangsform: normal.
F_2 71 normal: 22 mutiert. Herkunft: 'Lukullus'.

cupida (cus)

Mutante schon im Keimlingsstadium dürreempfindlich. Gewächshauspflanzen mit Entwicklungsverzögerung, erreichen etwa $^1/_3$ typischer Größe. Zahlreiche gleichgroße Seitensprosse bestimmen den Wuchstyp. Fiederblätter verkürzt, oft nur mit 2 Fiederpaaren 1. Ordnung. Blattfarbe gelbstichig. Pflanzen reagieren auf jede Entwicklungsstörung (z. B. Eintopfen) mit Dürreschäden. Im Gewächshaus geerntete Früchte klein, bei Freilandkulturen Ernte nicht in allen Jahren möglich. – Im Freiland Pflanzen $^1/_3$ bis $^2/_5$ typischer Größe, proportional verkleinert. Entwicklung nur schwach verzögert. Sprosse und Blattfiedern glänzend, anthozyanhaltig. Zusätzliche Nekrosen, sich von den Blattmittelrippen der älteren Blätter weiter ausbreitend.
Heterozygote: typisch *eluta.*
F_2: 33 typisch *eluta*: 8 mutiert.

fulgescens (fus)

Im Keimlingsstadium typisch eluta. Pflanzen mit leichter Entwicklungsverzögerung, erreichen annähernd typische Größe. Blattfarbe hellgrün, Wachstumszonen leuchtend hellgelbgrün. Grad der Aufhellung innerhalb der Vegetationszeit unterschiedlich stark geprägt. Mutante sehr *fulgens*-ähnlich, doch besteht keine Allelie.
F_1 nach Kreuzung mit der Ausgangsmutante: typisch *eluta.*
F_2: 92 typisch *eluta*: 23 mutiert.

glomerata (glm)

Keimlingsstadium typisch *eluta.* Im Jungpflanzenstadium durch stärkeren Anthozyan-Gehalt etwas dunkler grün. Pflanzen mit Wuchshemmung und

Entwicklungsverzögerung, erreichen $^1/_3$ bis $^2/_3$ typischer Größe. Zur Zeit der Blütenbildung und beim Fruchtansatz nekrotischer Befall auf den jüngsten Sproßteilen. Sproßachsen bzw. Blattmittelrippen hierdurch knäuelartig verbildet mit Wachstumshemmung (Abb. 1), vgl. mut. *corrupta*. Regional starke vegetative Hemmungszonen, aus denen sich jedoch wieder gesundblättrige Seitensprosse entwickeln.

Abb. 1. Erwachsene Pflanze der Mutante *glomerata*.

F_1 nach Kreuzung mit der Ausgangsmutante: typisch *eluta*.
X_2: 16 typisch *eluta*: 4 mutiert.

grossa (gro)

Die Mutante enthält einen hohen Anteil mehrkeimblättriger Keimlinge. Keimblätter und Primärblätter kurz und derb, Primärblätter mit breiter verbänderter Endfieder (Abb. 2). Pflanzenentwicklung schwach, Seitensproßbildung stark verzögert, Wuchsform schwach verzweigt, aufrecht. Pflanzen erreichen etwa $^2/_3$ typischer Höhe. Fiederblätter derb, z. T. nur mit 2 Paar Seitenfiedern 1. Ordnung und wenigen Zwischenfiedern. Blattfarbe schwach graugrün. Frucht- und Samenansatz gering.
F_1 nach Kreuzung mit der Ausgangsmutante: typisch *eluta*.
F_2: 135 typisch *eluta*: 23 mutiert.

limbrata (li)

Entwicklung im Keimlingsstadium schwach verzögert. Erste Folgeblätter mit leicht deformierten, breit abgestutzt erscheinenden Endfiedern. Mit zu-

Abb. 2. Oben Keimlinge der Ausgangsmutante *eluta*. Unten gleichalte Keimlinge der Mutante *grossa*.

nehmendem Alter Normalisierung der Endfiedern. Fiederblätter zunächst feingliedriger als *eluta*, besonders die jungen Fiedern stärker gekielt, ihre Ränder z. T. zur Oberseite eng eingerollt. Wachstumszonen vom Keimlingsstadium an leuchtend gelbgrün. Späteres Verschwinden aller Jugendmerkmale. Pflanzen von der Fruchtbildung an nicht mehr eindeutig von *eluta* zu unterscheiden.

F_1 nach Kreuzung mit der Ausgangsmutante: typisch *eluta*.

F_2: 134 typisch *eluta*: 38 mutiert.

purpurea (ppa)

Keimlings- und Jungpflanzenstadium typisch *eluta*. Pflanzengröße und Wuchsform ebenfalls typisch. Mit Beginn der Fruchtbildung sind Sproßachsen und Blattstiele tief violett, anthozyan-haltig und lassen an diesem Merkmal die Mutante sehr eindeutig erkennen (Abb. 3). – Ein Allel zu dieser Mutante, *purpurea*^{2} (*ppa*^{2}), trat in mut. *splendens* auf.

F_1 nach Kreuzung mit der Ausgangsmutante: im Verlauf der Vegetationszeit vorübergehend mit schwacher Heterozygotenwirkung, Anthozyan-Gehalt andeutungsweise stärker. Sonst typisch *eluta*.

X_2: 15 typisch *eluta*: 5 mutiert.

serpentina-2 (ser-2)

Keimlingsstadium typisch *eluta*. Pflanzengröße annähernd normal. Alle Sproßteile, vor allem Blattmittelrippen und Fiederstiele (Abb. 4), auch Infloreszenzen unregelmäßig geschlängelt. Blattfiedern vereinzelt schneckenförmig verdreht.

Abb. 3. Links 2 Sproßspitzen der Mutante *purpurea* mit stark anthozyanhaltigen Sproßachsen. Rechts 2 Sproßspitzen der Ausgangsmutante *eluta*.

F_1 nach Kreuzung mit der Ausgangsmutante: typisch *eluta*.
X_2: 19 typisch *eluta*: 4 mutiert.
ser-2 von *Lyc. esc.* entspricht phänotypisch *ser* von *Lyc. pimp.*

soluta (so)

Pflanzengröße normal. Pflanzen vom Keimlingsstadium an im Habitus locker. Sproßachsen, Blattstiele, auch Sproßteile innerhalb der Infloreszenzen dünn. Fiederblätter locker herabhängend, Blattfiedern schmal, spitz auslaufend, tief gekerbt (Abb. 5). Blattfiederränder schwach aufgebogen. Sehr ähnlich der Mutante *prunoidea*, jedoch mit normal gestalteten Früchten.

F_1 nach Kreuzung mit der Ausgangsmutante: mit Heterozygotenwirkung, Habitus aufgelockerter als *eluta*.

F_2: 35 typisch *eluta*: 44 heterozygot: 19 mutiert. Unterscheidung zwischen Heterozygoten und typischen *eluta*-Pflanzen nicht immer eindeutig.

Ausgangsmutante *splendens (spl)*

Keimung der Samen normal. In einzelnen Jahren Keimblätter und Primärblätter deutlich gelbstichig. Pflanzen mit nur schwacher Wuchshemmung,

Abb. 4. Links Fiederblatt der Mutante *serpentina-2*. Rechts Fiederblatt der Ausgangsmutante *eluta*.

erreichen fast die normale Größe. Wuchsform im Jugendstadium typisch, gegen Ende der Vegetationsperiode breit auseinanderstrebend. Blattfiedern kahnförmig aufgebogen, an älteren Blättern stark involut (Bd. 9, 1963, Abb. 30). Interkostalfelder blasig aufgeworfen. Blattfarbe glänzend gelbstichig bis glänzend hellgrün, ältere Blätter an den Blattnerven zum Teil etwas dunkler grün. Früchte etwas verkleinert.

F_1 nach Kreuzung mit der Ausgangsform: normal.

F_2: 78 normal: 22 mutiert. Herkunft 'Lukullus'.

albifolium-2 (afl-2)

Keimblätter weißlich-hellgrün, Entwicklung der Primärblätter stark verzögert, weißlich-gelbgrün gefärbt. Pflanzen mit starker Wuchshemmung und Entwicklungsverzögerung, erreichen $^1/_3$ bis $^2/_5$ typischer Größe, Wuchsform schwach verzweigt, aufrecht. Fiederblätter mit regellos verteilten, die Blatt-

Abb. 5. Links Fiederblatt der Mutante *soluta*. Rechts Fiederblatt der Ausgangsmutante *eluta*.

fläche reduzierenden, gelbweißen Partien, meist übergangslos neben grünen Flächen, gegen Ende der Vegetationszeit auch graugrün unterlegte Partien neben grünen und weißen Flächen (Abb. 6). Sprosse und Blattstiele z. T. grünweiß streifig. Schwache Dominanz der mutierten Merkmale, Heterozygote erreichen $^2/_3$ bis $^3/_4$ typischer Größe.

F_1 nach Kreuzung mit der Ausgangsmutante: schwache Heterozygotenwirkung, s. o., sonst typisch *splendens*.

F_2: 74 typisch *splendens*: 20 mutiert.

afl-2 entspricht phänotypisch der amerikanischen Mutante *afl*.

austera (aus)

Pflanzen vom Keimlingsstadium an mit Entwicklungsverzögerung und leichter Wuchshemmung, erreichen $^1/_2$ bis $^2/_3$ typischer Größe. Fiederblätter erscheinen feinfiedriger als typisch, die Blattfiedern, bei den einzelnen Pflanzen

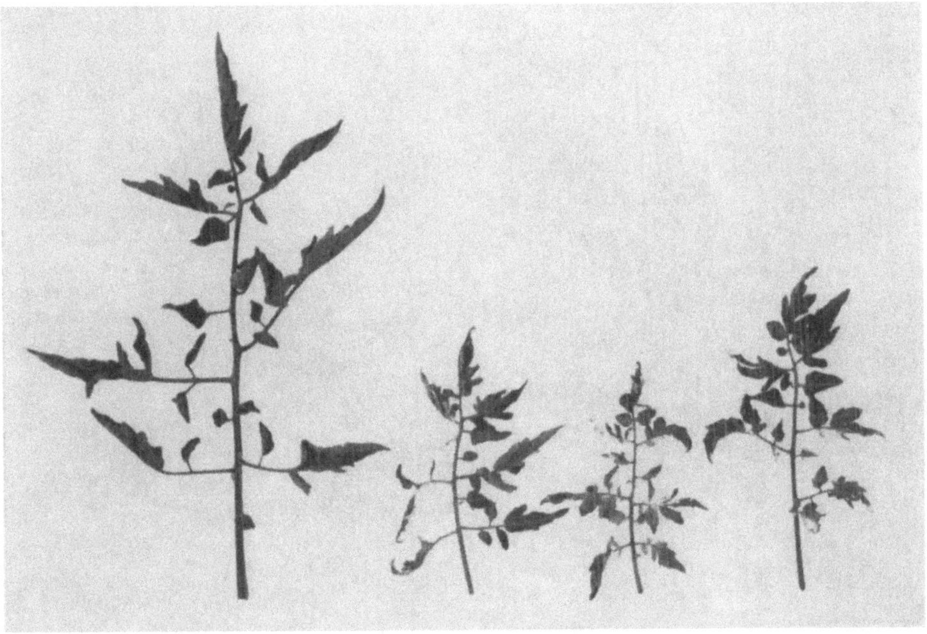

Abb. 6. Links Fiederblatt der Ausgangsmutante *splendens*. Rechts drei Fiederblätter der Mutante *albifolium-2*.

etwas unterschiedlich, nach oben eingebogen. Blattfarbe dunkler und matter als typisch.

F_1 nach Kreuzung mit der Ausgangsmutante: typisch *splendens*.

X_2: 17 typisch *splendens*: 3 mutiert.

coalita (clt)

Die Primärblätter mit ganzrandigen Endfiedern und nur ganz vereinzelten kleinen Seitenfiedern. Pflanzengröße und Wuchsform typisch *splendens*. Fiederblätter meist fünffiedrig durch wahrscheinliche Verwachsung der 1. Seitenfiederpaare mit den Endfiedern, gegen Ende der Vegetationszeit auch Zwischenfiedern. Blattfiedern, vermutlich durch Verwachsungen einzelner Fiedern, doppelt bis viermal so groß wie typisch, während der ganzen Vegetationsperiode total ganzrandig (Abb. 7). Mutante ist kein Allel zu der amerikanischen Mutante *solanifolia*.

F_1 nach Kreuzung mit der Ausgangsmutante: typisch *splendens*.
X_2: 38 typisch *splendens*: 8 mutiert.

contracta (ctt)

Vom Keimlingsstadium an in allen Sproßteilen schwach verkürzt. Pflanzen erreichen $^2/_3$ bis $^3/_4$ typischer Größe. Wuchsform Kugelbusch. Blattfiedern er-

Abb. 7. Links Fiederblatt der Ausgangsmutante *splendens*. Rechts Fiederblatt der Mutante *coalita*.

scheinen zunächst schwächer gekerbt, gegen Ende der Vegetationsperiode schwächer gekielt, flächig, dadurch größer wirkend als *splendens*. Blattfarbe schwach aufgehellt, Wachstumszonen etwas dunkler.
F_1 nach Kreuzung mit der Ausgangsmutante: typisch *splendens*.
X_2: 18 typisch *splendens*: 2 mutiert.

densa (den)

Keimlingsstadium typisch *splendens*. Pflanzen mit leichter Wuchshemmung und Entwicklungsverzögerung, erreichen etwa $^3/_4$ typischer Größe. Wuchsform geschlossener als typisch. Sproßachsen und Blattstiele relativ stark. Internodien und Fiederblätter schwach verkürzt. Blattfiedern groß, derb,

Fiederblätter erscheinen dicht befiedert. Interkostalfelder stärker blasig. Blattfarbe schwach aufgehellt.

F_1 nach Kreuzung mit der Ausgangsmutante: typisch *splendens*.

X_2: 18 typisch *splendens*: 2 mutiert.

detorta (dtt)

Keimblätter in der Längsachse abwärts gebogen, zusätzlich regellos verkrümmt. Primärblattstellung ebenfalls regellos. Hoher Anteil trikotyler Keimlinge. Pflanzen mit Entwicklungsverzögerung, erreichen $^2/_5$ bis $^3/_5$ typischer Größe. Wuchsform halbaufrecht, halbliegend. Alle Sproßteile gekrümmt. Laubblattabzweigung und Befiederung ebenfalls ungeordnet. Hauptsproß relativ stark, an abnormen Verzweigungsstellen in mehrere Fiederblätter aufgegliedert (Abb. 8). Blattfiedern teils gekielt, teils flächig, teils spiralig verdreht.

Abb. 8. Links Pflanze der Mutante *detorta*. Rechts gleichalte Pflanze der Ausgangsmutante *splendens*.

Heterozygote: typisch *splendens*.

X_2: 37 typisch *splendens*: 5 mutiert.

dimidiata (dmd)

Hypokotyl kräftig. Keimblätter fast eiförmig, abwärts gewölbt. Pflanzen mit Entwicklungsverzögerung, werden im Freiland 10–15 cm hoch, im Gewächshaus etwas größer. Internodien erscheinen verkürzt. Fiederblätter mit 1–2 Paar Seitenfiedern 1. Ordnung und zu Beginn der Vegetationsperiode ohne, später mit wenigen Zwischenfiedern. Blattfiedern relativ derb, breit abgeflacht (Abb. 9). Blattfarbe graugrün. Infloreszenzen ebenfalls mit breit abgeflachten Wirtelgliedern (Abb. 10). Pflanzen blühen bisher ohne Ansatz.

Abb. 9. Links Fiederblatt der Ausgangsmutante *splendens*. Rechts Fiederblatt der Mutante *dimidiata*.

Abb. 10. Links Blüte der Ausgangsmutante *splendens*. Rechts Blüte der Mutante *dimidiata*

bzw. nur mit winzigen samenlosen Früchten, werden über heterozygote Geschwisterpflanzen erhalten. Pflanzen sind durch ihren stark veränderten Phänotyp nicht ohne weiteres als *Lyc. esc.* erkennbar (Abb. 11). Erste cytologische Untersuchungen ergaben n = 12.
Heterozygote: typisch *splendens.*
X_2: 17 typisch *splendens*: 6 mutiert.

Abb. 11. Links 2 Pflanzen der Mutante *dimidiata*. Rechts gleichalte Pflanze der Ausgangsmutante *splendens*.

dupla (du)

Keimlings- und Jungpflanzenstadium typisch *splendens.* Pflanzen mit leichter Entwicklungsverzögerung, erreichen $^2/_3$ bis typische Größe. Wuchsform z. T. halbliegend, Seitensproßbildung etwas verzögert, vor allem die gewöhnlich größeren Seitensprosse unterhalb des 1. Fruchtstandes nicht betont. Fiederblätter sehr deutlich doppelt gefiedert (Abb. 12), einzelne Blattfiedern mit z. T. 2 Fiederpaaren 1. Ordnung und einigen Zwischenfiedern. Die dem Licht zugewandten Sproßteile z. T. stärker anthozyanhaltig.

F_1 nach Kreuzung mit der Ausgangsmutante: typisch *splendens*, gegen Ende der Vegetationsperiode ganz schwache Heterozygotenwirkung in der Befiederung.

F_2: 78 typisch *splendens*: 22 mutiert.

Abb. 12. Links Fiederblatt der Ausgangsmutante *splendens*. Rechts Fiederblatt der Mutante *dupla*.

flexa (fx)

Keimlings- und Jungpflanzenstadium typisch *splendens*. Etwa vom Blühbeginn an beginnt sich der Hauptsproß zu neigen, gegen Ende der Vegetationsperiode deutlich stärker geneigt als typisch, Wuchsform der Pflanzen dadurch flacher, vergleichbar der Mutante *reptans*.

Heterozygote: typisch *splendens*.

X_2: 17 typisch *splendens*: 3 mutiert.

fracta (frt)

Pflanzen vom Keimlingsstadium an mit Wuchshemmung und Entwicklungsverzögerung, erreichen etwa 1/4 typischer Größe. Wuchsform sehr schwach verzweigt, aufrecht. Blattfiederränder vom Blühbeginn an welk nach oben eingeschlagen. Blattfarbe dunkelgrün. Sprosse brüchig, gegen Ende der Vegetationszeit ein Teil der Pflanzen ab- bzw. angebrochen.

F_1 nach Kreuzung mit der Ausgangsmutante: typisch *splendens*.

F_2: 87 typisch *splendens*: 31 mutiert.

globula (gbl)

Pflanzen vom Keimlingsstadium an in allen Sproßteilen stark gestaucht, Hypokotyl nur wenige Millimeter lang. Durch extrem verkürzte Internodien erreichen die Pflanzen eine Höhe von nur 6–12 cm. Seitensproßbildung sehr stark. Wuchsform kleine Halbkugelbüsche. Fiederblätter relativ derb, abwärts gekrümmt, graugrün. Pflanzen bisher nur unter Gewächshausbedingungen beobachtet. Dort keine Ausbildung von Infloreszenzen. Mutante wird über heterozygote Geschwisterpflanzen erhalten.
Heterozygote: typisch *splendens*.
X_2: 34 typisch *splendens*: 5 mutiert.

macrosepala (mcs)

Pflanzengröße und Wuchsform typisch *splendens*. Infloreszenzen mit starken morphologischen Veränderungen, Infloreszenz-Sproßteile stark, Internodien verlängert (Abb. 13). Blüten verblühen unter fast geschlossener Kelchblatt-

Abb. 13. Links Teilinfloreszens der Mutante *macrosepala*. Rechts Infloreszenz gleichen Alters der Ausgangsmutante *splendens*.

hülle. Kelchblätter ca. 4 cm lang (Abb. 14), erscheinen miteinander verwachsen, bei leichter Berührung sich jedoch voneinander lösend, in ihrer Blattfläche und -aderung Blattfiedern entsprechend. Fast alle Infloreszenzsprosse vegetativ weiterwachsend und in der Regel nach drei Fiederblättern eine neue In-

Abb. 14. Links 2 Blütenknospen der Mutante *macrosepala*. Rechts 2 entsprechende Knospen der Ausgangsmutante *splendens*.

floreszenz bildend, die wiederum sproßbildend weiterwächst (Abb. 15). Blattfiedern gegen Ende der Vegetationsperiode stark nach oben eingeschlagen, nur hellgraugrüne Blattunterseiten sichtbar.

F_1 nach Kreuzung mit der Ausgangsmutante: typisch *splendens*.

X_2: 14 typisch *splendens*: 6 mutiert.

multicolor (mcr)

Im Keimlingsstadium typisch *splendens*. Pflanzen mit Wuchshemmung, erreichen etwa $^3/_5$ typischer Größe. Wuchsform etwas breiter ausladend. Blattfarbe vom Jungpflanzenstadium an uneinheitlich verändert, ältere Fiedern vorzeitig gelbgrün mit dunklen Aderpartien, zur Zeit des Blühbeginns vereinzelt nekrotische Flecken, gegen Ende der Vegetationsperiode gelbgrün bis weißgelb verwaschen. Junge Fiederblätter meist gelbgrün, vorübergehend auch dunkler, sich von den Spitzen her aufhellend. Die dem Licht stark ausgesetzten Teile der Fiederblätter erscheinen zeitweilig stärker aufgehellt als andere Partien.

F_1 nach Kreuzung mit der Ausgangsmutante: typisch *splendens*.
F_2: 110 typisch *splendens*: 24 mutiert.

perspicua (psa)

Keimblätter und Primärblätter blaß hellgrün, nach oben aufgebogen. Pflanzen mit Wuchshemmung und Entwicklungsverzögerung, erreichen 1/2 bis 3/4 typischer Größe. Blattfiedern, einschließlich aller Zwischen- und

Abb. 15. Vegetativ weiterwachsende Infloreszenz der Mutante *macrosepala*.

Nebenfiedern, stark nach oben eingeschlagen, tiefer gekerbt als typisch (Abb. 16), Pflanzen erhalten dadurch bizarres Aussehen. Blattfarbe gelblich hellgrün aufgehellt, meist nur die blaßgrünen Blattunterseiten sichtbar.

F_1 nach Kreuzung mit der Ausgangsmutante: typisch *splendens*.
F_2: 75 typisch *splendens*: 14 mutiert.

repens-2 (rep-2)

Pflanzen im Keimlings- und Jungpflanzenstadium typisch *splendens*. Vom Blühbeginn an ist der Hauptsproß einschließlich aller Seitensprosse, auch der Sproßspitzen, richtungslos geneigt, plagiotropes Wachstum. Früchte durch veränderte Wuchsform frei liegend, vorzeitig reifend.

F_1 nach Kreuzung mit der Ausgangsmutante: zunächst typisch *splendens*, gegen Ende der Vegetationsperiode mit schwacher Heterozygotenwirkung, Sproßwachstum weniger aufrecht als typisch.

X_2 16 typisch *splendens*: 4 mutiert.

rep-2 entspricht phänotypisch *rep* aus 'Condine Red'.

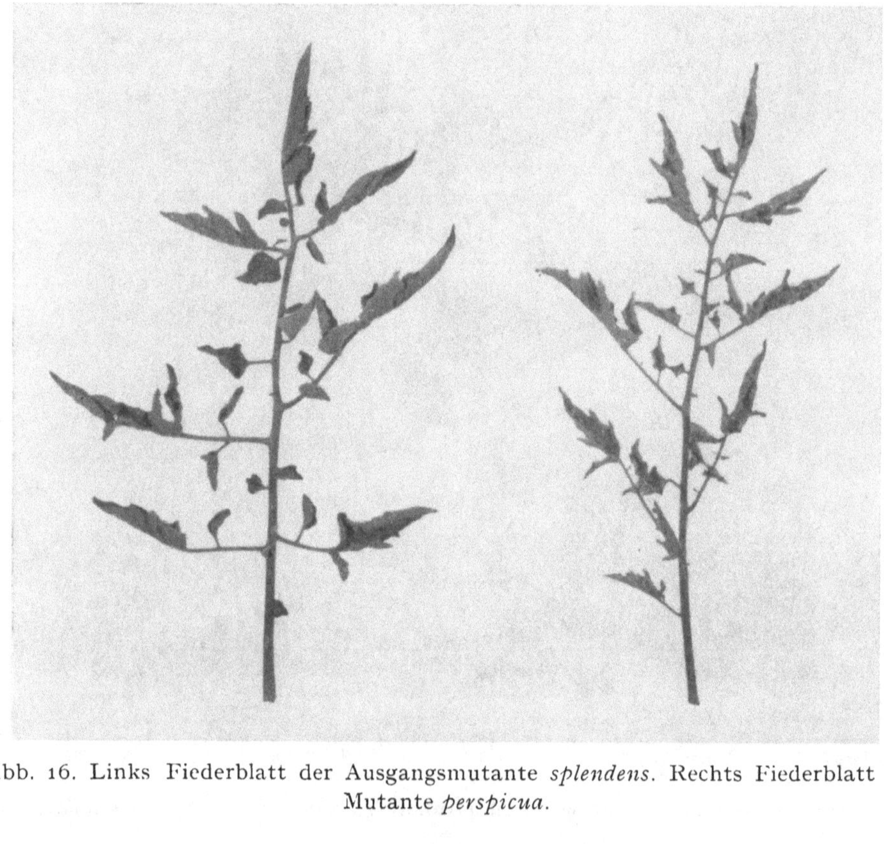

Abb. 16. Links Fiederblatt der Ausgangsmutante *splendens*. Rechts Fiederblatt der Mutante *perspicua*.

repetita (rpa)

Im Keimlingsstadium etwas uneinheitlich, überwiegend in der Entwicklung verzögert. Pflanzen kümmerlich, erreichen etwa $^1/_3$ typischer Größe. Wuchsform schwach verzweigt, aufrecht. Fiederblätter doppelt gefiedert, Seiten-

Abb. 17. Links Fiederblatt der Ausgangsmutante *splendens*. Rechts Fiederblätter der Mutante *repetita*.

fiedern 1. Ordnung wie ganze Fiederblätter gestaltet (Abb. 17). Blattfarbe im Jugendstadium matt graugrün, gegen Ende der Vegetationszeit typisch.
F_1 nach Kreuzung mit der Ausgangsmutante: typisch *splendens*.
F_2: 99 typisch *splendens*: 15 mutiert.

tenera (tn)

Pflanzen vom Keimlingsstadium an mit Wuchshemmung und Entwicklungsverzögerung, erreichen $^1/_3$ typischer Größe. Wuchsform fast unverzweigt, aufrecht. Zarte, einsprossige Pflanzen, Sprosse relativ dünn. Blattfarbe im Jugendstadium dunkelgrün, zur Zeit der Fruchtbildung Anthozyan-Gehalt und somit Blattfarbe etwas uneinheitlich.
F_1 nach Kreuzung mit der Ausgangsmutante: typisch *splendens*.
F_2: 71 typisch *splendens*: 29 mutiert.

umbraculiformis (ub)

Im Keimlingsstadium wenig gedrungener als typisch. Pflanzen mit Entwicklungsverzögerung, erreichen $^2/_3$ typischer Größe. Durch verringerte Seitensproßentwicklung Wuchsform schwächer verzweigt, aufrecht. Fiederblätter während der ganzen Vegetationszeit etwas derber mit flächigen Fiedern. Junge Fiederblätter schirmartig abwärts gebogen.
F_1 nach Kreuzung mit der Ausgangsmutante: typisch *splendens*.
X_2: 18 typisch *splendens*: 2 mutiert.

vieta (vt)

Pflanzen zunächst mit schwacher, später stärkerer Entwicklungsverzögerung, erreichen $^1/_3$ bis $^1/_2$ typischer Größe. Wuchsform bei relativ derbem Hauptsproß schwach verzweigt, aufrecht. Junge Fiederblätter des Hauptsprosses etwa von Blühbeginn an leicht welkend. Blattfarbe matt normalgrün, Wachstumszonen überwiegend gelbgrün.

F_1 nach Kreuzung mit der Ausgangsmutante: typisch *splendens*.

X_2: 17 typisch *splendens*: 3 mutiert.

wiry-6 (w-6)

Keimblätter mit kurzer Blattspreite und langem Blattstiel, Blattflächen nach unten gebogen, graugrün. Primärblattansätze zunächst fast fadenförmig, unifascial, spätere Primärblattfiedern lang, schmal, längs ihrer Achsen stark nach unten gekrümmt. Blattfarbe weiterhin graugrün. Pflanzen mit Wuchshemmung, aber deutlichem Entwicklungsvorsprung, erreichen $^1/_3$ bis $^1/_2$ typischer Größe (Abb. 18). Bereits im Jungpflanzenstadium entwachsen den

Abb. 18. Links 2 Pflanzen der Mutante *wiry-6*. Rechts gleichalte Pflanze der Ausgangsmutante *splendens*.

Keimblattachselknospen dem Hauptsproß gleichwertige Seitensprosse. Junge Fiederblätter mit tütenförmigen Endfiedern an haardünnen, unifascialen Stielen, später regellos, z. T. mit Gegenfiedern, z. T. mit 1–5 Fiedern, Fiedern teilweise miteinander verwachsen (Abb. 19). Auch im Blühbeginn deutlicher Vorsprung. Blüten voll ausgebildet, doch die Glieder aller Wirtelkreise schmal reduziert (Abb. 20). Ernte im Freiland möglich. – Neben *wiry-6* traten bei

Abb. 19. Links Fiederblatt der Ausgangsmutante *splendens*. Rechts Fiederblätter der Mutante *wiry-6*.

Abb. 20. Links Blüte der Ausgangsmutante *splendens*. Rechts Blüte der Mutante *wiry-6*.

splendens 2 weitere *wiry*-Mutanten auf, *wiry-7* und *wiry-8* mit noch stärkeren Verbildungen und vermindertem Fruchtansatz, von denen *wiry-7* nicht allel zu *wiry-6* ist.

F_1 nach Kreuzung mit der Ausgangsmutante: typisch *splendens*.

X_2: 37 typisch *splendens*: 11 mutiert.

w-6 gehört zur Gruppe der amerikanischen *wiry*-Mutanten, *w-1* bis *w-5*.

Ausgangsmutante *praematura (pm)*

Pflanzen im Keimlingsstadium annähernd typisch. Primärblätter meist etwas feiner gekerbt als normal. Pflanzen mit schwacher Wuchshemmung, erreichen etwa $^3/_4$ normaler Größe. Wuchsform annähernd typisch oder etwas geschlossener. Internodien und Fiederblätter zum Teil etwas verkürzt. Fiederblätter zierlicher. Blattfarbe variiert von gelbstichig bis normal grün. Früchte etwas kleiner als typisch. Fruchtreife früher als normal.
F_1 nach Kreuzung mit der Ausgangsform: normal.
F_2: 74 normal: 26 mutiert. Herkunft: 'Rheinlands Ruhm'.

citriformis (cit)

Keimblätter matt graugrün, Primärblätter mit schmaler, langer Endfieder, schwach aufgehellt. Pflanzen mit Wuchshemmung, erreichen $^1/_3$ bis $^2/_5$ typischer Größe. Wuchsform schwach verzweigt, halbaufrecht. Blattfiedern z. T. fast ungestielt, spitz gekerbt. Blattfarbe schwach graugrün. Früchte länglich hochrund mit ausgezogenen Griffelnarben, zitronenförmig.
F_1 nach Kreuzung mit der Ausgangsmutante: typisch *praematura.*
X_2: 16 typisch *praematura*: 4 mutiert.

clarescens (cls)

Keimblätter und Primärblätter leuchtend hellgelbgrün. Vom Keimlingsstadium an mit starker Wuchshemmung. Pflanzen erreichen etwa $^1/_4$ typischer Größe. Ältere Fiederblätter sehr frühzeitig weißgrün verblassend. Blattfarbe hellgrün, Wachstumszonen leuchtend gelbgrün. Mutante im Freiland nur bedingt lebensfähig, bisher Fruchtansatz nur unter Gewächshausbedingungen.
F_1 nach Kreuzung mit der Ausgangsmutante: typisch *praematura.*
X_2: 26 typisch *praematura*: 6 mutiert.

commutata (cma)

Keimblätter und Primärblätter einheitlich matt hellgrün. Pflanzen erreichen etwa $^2/_3$ typischer Größe. Internodien erscheinen verkürzt, Fiederblätter typische Länge, Wuchsform geschlossener, buschig. Laubfarbe zunächst matt grün, zur Zeit des Blühbeginns gelbstichig hellgrün, zur Zeit der Fruchtbildung durch leichten nekrotischen Anflug olivgrün. Ältere Fiederblätter vorzeitig vergilbend.
F_1 nach Kreuzung mit der Ausgangsmutante: typisch *praematura.*
X_2: 19 typisch *praematura*: 7 mutiert.

culcitula (cul)

Im Keimlingsstadium dunkelgrün, anthozyanreich, Pflanzen mit deutlicher Wuchshemmung, erreichen $^1/_3$ bis $^2/_5$ typischer Größe. Internodien stark verkürzt, Wuchsform großes Polster. Fiederblätter mit vermehrten Zwischenfiedern, Blattfiedern tief gekerbt, relativ derb. Blattfarbe dunkel graugrün.
F_1 nach Kreuzung mit der Ausgangsmutante: typisch *praematura*.
F_2: 98 typisch *praematura*: 15 mutiert.

cupuliformis (cpf)

Keimblätter miteinander becherförmig verwachsen. Pflanzen ohne Primärblattentwicklung. Keimblätter mit zunehmendem Alter derb und vergrößert. Pflanzen gehen in diesem Stadium allmählich ein. Gelegentlich treten semi-Formen auf, deren Keimblätter nur einseitig verwachsen. Mutante wird über heterozygote Geschwisterpflanzen erhalten. – Eine phänotypisch gleiche Mutante, *cupuliformis-2*, trat bei mut. *splendens* auf (Abb. 21).
H_2eterozygote: typisch *praematura*.
F: 189 typisch *praematura*: 45 mutiert.

Abb. 21. Oben Keimlinge der Ausgangsmutante *splendens*. Unten Keimlinge der Mutante *cupuliformis-2*

echinata (eca)

Keimlings- und Jungpflanzenstadium typisch *praematura*. Von der Zeit der Fruchtbildung an Hauptsproß etwa vom 1. Fruchtstand an liegend, Sproßspitze und die zahlreichen Nebentriebe aufrecht, Wuchsform in diesem Stadium 'Igelbusch', gegen Ende der Vegetationsperiode geschlossene bis etwas aufgelockerte Büsche, $^2/_3$ bis $^3/_4$ typischer Größe.
F_1 nach Kreuzung mit der Ausgangsmutante: typisch *praematura*.
X_2: 16 typisch *praematura*: 4 mutiert.

filiforme-2 (fi-2)

Keimblätter extrem schmal, graugrün. Primärblätter ebenfalls sehr schmal. Folgende Fiederblätter z. T. nur aus der Blattmittelrippe bestehend, z. T. mit untypischen Endfiedern, bzw. mit ungestielten Seitenfiedern entlang den Mittelrippen (Abb. 22). Auch innerhalb der Infloreszenzen die Wirtelglieder filiformisartig reduziert (Abb. 23). Internodien bei den einzelnen Pflanzen unterschiedlich stark verkürzt, durchschnittliche Pflanzenhöhe etwa 20 cm (Abb. 24). Pflanzen blühen ohne Fruchtansatz, werden über heterozygote Geschwisterpflanzen erhalten.
Heterozygote: typisch *praematura*.

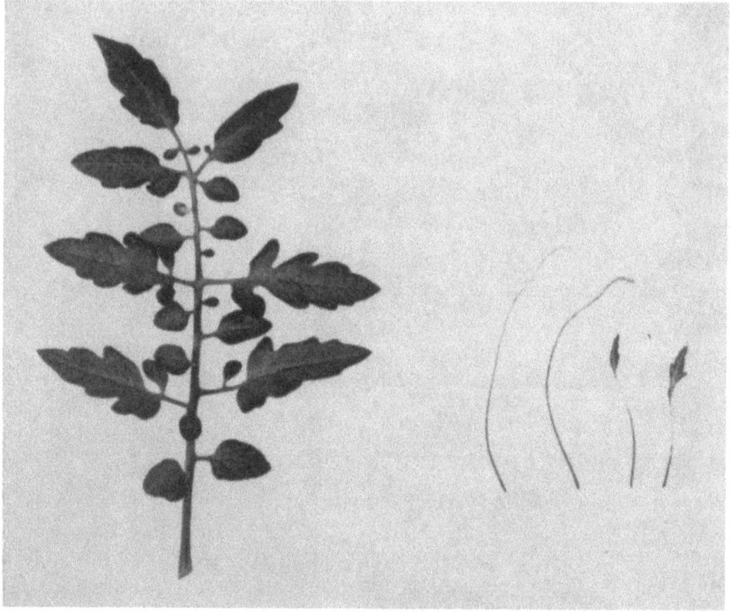

Abb. 22. Links Fiederblatt der Ausgangsmutante *praematura*. Rechts Fiederblätter der Mutante *filiforme-2*.

F_2: 548 typisch *praematura*: 192 mutiert.
fi-2 aus mut. *praematura* entspricht phänotypisch der von Schiemann 1932 beschriebenen Mutante *filiforme* aus der Sorte 'Komet' von *Lyc. esc.*

frondea (fro)

Keimlingsstadium typisch *praematura*. Pflanzengröße und Wuchsform ebenfalls typisch. Infloreszenzen einheitlich verändert. Innerhalb der Fruchtstiele fehlt die knotenförmige Verdickung, aus der sich das spätere Trennungsgewebe

Abb. 23. Links Blüte der Ausgangsmutante *praematura*. Rechts Blüte der Mutante *filiforme-2*.

zur Ablösung der Frucht entwickelt, dafür schmale blattfiederartige oder fiederblattähnliche Blättchen. Infloreszenzen vereinzelt vegetativ weiterwachsend. Einzelne Kelchblatthüllen einseitig geöffnet, so daß die Blüte auf 5 flächig ausgebreiteten Kelchblättern liegt. Blüten teilweise mit nur 4 Blüten- und Staubblättern, Kelchblätter immer fünfzählig. Gegen Ende der Vegetationsperiode Anzahl der Wirtelglieder innerhalb der Blüten normalisiert. Kelchblatthüllen oft nur zweiseitig unsymmetrisch geöffnet. Fiederblättchen innerhalb der Infloreszenzen nur noch vereinzelt. Infloreszenzen durch stärkere Verzweigung vergrößert (Abb. 25).
F_1 nach Kreuzung mit der Ausgangsmutante: typisch *praematura*.
X_2: 1 typisch *praematura*: 19 mutiert (Spaltungsverhältnis ungeklärt!).

gibberosa (gi)

Pflanzen im Keimlingsstadium relativ derb. Im Jungpflanzenstadium Blattfiedern groß angelegt. Ab Blühbeginn eindeutige Manifestierung der Mutantenmerkmale. Pflanzengröße annähernd typisch. Hauptsproß z. T. halbliegend, Seitensproßbildung verzögert, Wuchsform auseinanderfallend. Fiederblätter meist mit nur 2 Paar Seitenfiedern 1. Ordnung und nur wenigen Zwischenfiedern. Blattfiedern z. T. fast so breit wie lang. Endfiedern teilweise mit den darunter liegenden Zwischenfiedern verwachsen (Abb. 26). Interkostalfelder

Abb. 24. Links drei Pflanzen der Mutante *filiforme-2*. Rechts gleichalte Pflanze der Ausgangsmutante *praematura*.

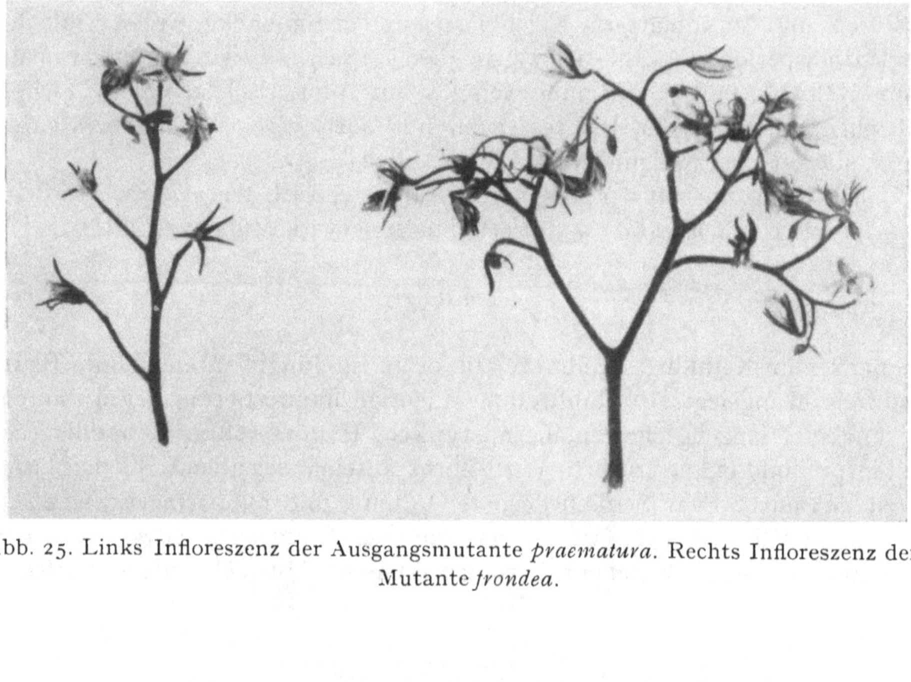

Abb. 25. Links Infloreszenz der Ausgangsmutante *praematura*. Rechts Infloreszenz der Mutante *frondea*.

Abb. 26. Links Fiederblatt der Mutante *gibberosa*. Rechts Fiederblatt der Ausgangsmutante *praematura*.

zu 'Riesenhöckern' aufgeworfen. Vereinzelt ältere Fiederblätter mit radiomorphos fadenförmigen Fiedern. Sproßachsen und Blattstiele erscheinen schwächer behaart.

F_1 nach Kreuzung mit der Ausgangsmutante: typisch *praematura*.

F_2: 17 typisch *praematura*: 3 mutiert.

icana (ica)

Keimlingsstadium typisch *praematura*. Pflanzen erreichen etwa $^3/_4$ typischer Größe. Wuchsform etwas geschlossener als typisch. Fiederblätter regellos graugrün, ganz vereinzelt auch weißgrün unterlegt. Gegen Ende der Vegetationsperiode ältere Blattfiedern z. T. schmutzig gelbgrau verwaschen, junge Fiedern nur noch ganz vereinzelt mit hellen, die Blattfläche reduzierenden Partien.

F_1 nach Kreuzung mit der Ausgangsmutante: typisch *praematura*.

X_2: 12 typisch *praematura*: 3 mutiert.

inordinata (ida)

Keimlingsstadium typisch *praematura*. Pflanzen erreichen annähernd die typische Größe. Wuchsform aufrechter, etwas regelloser Busch mit geringerer

Anzahl von Seitensprossen. Fiederblätter in spitzerem Verzweigungswinkel zum Hauptsproß. Befiederung unregelmäßig, z. T. nur 2 Paar Seitenfiedern 1. Ordnung, z. T. eine große ungeteilte, fast herzförmige Endfieder, folgend verminderte Anzahl von Seitenfiedern. Interkostalfelder stark blasig aufgeworfen. Blattfarbe dunkelgrün, glänzend. Gegen Ende der Vegetationsperiode Befiederung weitgehend normalisiert, Blattfiederränder nach oben eingeschlagen, hellgraue Blattunterseiten sichtbar.
F_1 nach Kreuzung mit der Ausgangsmutante: typisch *praematura.*
X_2: 8 typisch *praematura*: 3 mutiert.

languida (lan)

Pflanzengröße und Wuchsform annähernd typisch. Wachstumszonen vom Keimlingsstadium bis zur Zeit der Fruchtbildung in wechselnder Stärke aufgehellt. Pflanzen gegen Ende der Vegetationszeit typisch *praematura.*
F_1 nach Kreuzung mit der Ausgangsmutante: typisch *praematura.*
F_2: 51 typisch *praematura*: 26 mutiert.

ordinata (or)

Keimblätter schwach, Primärblattspitzen deutlich aufgehellt. Pflanzen bis zur Blütenbildung zart hellgrün, zeitweilig mit helleren Wachstumszonen, gegen Ende der Vegetationsperiode sich normalisierend.
F_1 nach Kreuzung mit der Ausgangsmutante: typisch *praematura.*
F_2: 70 typisch *praematura*: 14 mutiert.

partiaria (pta)

Keimlingsstadium typisch *praematura.* Pflanzengröße und Wuchsform annähernd normal. Fiederblätter deutlich schmalfiederig, zierlich. Blattfiedern tiefer gekerbt und zusätzlich gekielt, z. T. auch abwärts hängend. Zwischenfiedern zahlreicher (Abb. 27).
F_1 nach Kreuzung mit der Ausgangsmutante: typisch *praematura.*
F_2: 78 typisch *praematura*: 19 mutiert.

paupercula (pap)

Keimlings- und Jungpflanzenstadium typisch *praematura.* Pflanzen mit Wuchshemmung und leichter Entwicklungsverzögerung, erreichen $^1/_3$ bis $^2/_5$ typischer Größe. Wuchsform etwas schwächer verzweigt bis annähernd typisch. Pflanzen von der Blütenbildung an leicht welkeempfindlich.
Heterozygote: typisch *praematura.*
X_2: 14 typisch *praematura*: 2 mutiert.

Abb. 27. Links Fiederblatt der Mutante *partiaria*. Rechts Fiederblatt der Ausgangsmutante *praematura*.

praeclusa (pra)

Keimblätter kurz, breit, abgerundet, nach unten gebogen, Hypokotyl stark. Pflanzen bisher nur bei Gewächshauskultur beobachtet, Pflanzenhöhe variabel von 10–40 cm (Abb. 28). Wuchsform völlig unverzweigt, aufrecht. Hauptsproß kräftig. Fiederblätter extrem verkürzt mit 1–2 Fiederpaaren 1. Ordnung. Blattfiedern dunkelgrün, stark blasig und verkrümmt. Auch innerhalb der Infloreszenzen stark verkleinert (Abb. 29). Pflanzen blühen bisher ohne Fruchtansatz, Mutante wird über heterozygote Geschwisterpflanzen erhalten.
Heterozygote: typisch *praematura*.
F_2: 195 typisch *praematura*: 63 mutiert.

pressa (pre)

Pflanzen mit Wuchshemmung und Entwicklungsverzögerung, erreichen etwa $^1/_3$ typischer Höhe, Wuchsform schwach verzweigt, halbaufrecht, schmal, wie zusammengedrückt. Verzweigungswinkel der Blätter überwiegend spitzer, Fiederblätter stark verkürzt, Blattfiedern relativ derb, gekielt. Fruchtentwicklung verzögert.

F_1 nach Kreuzung mit der Ausgangsmutante: typisch *praematura*.
F_2: 89 typisch *praematura*: 24 mutiert.

pulviniformis (pv)

Pflanzen vom Keimlingsstadium an mit Wuchshemmung, erreichen $^1/_4$ bis $^1/_3$ typischer Größe. Wuchsform kleiner polsterartiger Busch durch zahl-

Abb. 28. Links 4 gleichalte Pflanzen der Mutante *praeclusa*. Rechts entsprechende Pflanze der Ausgangsmutante *praematura*.

reiche gleichwertige Seitensprosse. Fiederblätter verkürzt. Ältere Fiederblätter vorzeitig vergilbend, später vertrocknend. Mittelalte Sproßteile mit braunen eingesunkenen Flecken, nur junge Sproßteile am Ende der Vegetationszeit noch gesund.
F_1 nach Kreuzung mit der Ausgangsmutante: typisch *praematura*.
X_2: 16 typisch *praematura*: 4 mutiert.

pyramidalis (py)

Keimblätter etwas verbreitert, Hypokotyle wenig verkürzt, Keimlinge etwas gedrungener. Pflanzen zunächst mit schwacher, später stärkerer Wuchshemmung, erreichen etwa $^2/_5$ typischer Höhe. Wuchsform zunächst schwach verzweigt, aufrecht, gegen Ende der Vegetationsperiode pyramidenähnliche Büsche. Junge Fiederblätter zu diesem Zeitpunkt unregelmäßig abwärts gekrümmt. Fiederblätter zunächst gedrungen mit verbreiterten Endfiedern, später proportional verkleinert, Blattfarbe dunkel gelbstichig aufgehellt.
F_1 nach Kreuzung mit der Ausgangsmutante: typisch *praematura*.
F_2: 95 typisch *praematura*: 20 mutiert.

yellow color of fruit flesh-2 (r-2)

Pflanzen während der ganzen Vegetationsperiode typisch *praematura*. Fruchtfleisch gelb.
Heterozygote: typisch *praematura*.
X_2: 16 typisch *praematura*: 4 mutiert.
r-2 entspricht phänotypisch der amerikanischen *r*-Mutante und ihren Allelen bei der Sorte 'Lukullus' und bei *Lyc. pimp.*

stabilis (sta)

Keimlings- und Jungpflanzenstadium typisch *praematura*. Später einsetzende starke Wuchshemmung, Pflanzen erreichen etwa $^1/_3$ typischer Größe. Internodien sehr viel stärker verkürzt als die Fiederblätter, Seitensproßbildung stark. Wuchsform feste kleine Kugelbüsche.
F_1 nach Kreuzung mit der Ausgangsmutante: typisch *praematura*.
X_2: 6 typisch *praematura*: 2 mutiert.

Abb. 29. Links Blüte der Ausgangsmutante *praematura*. Rechts Blüte der Mutante *praeclusa*.

superba (sup)

Keimlings- und Jungpflanzenstadium typisch *praematura*. Später Wuchsform gestrafft aufrecht, in der Höhe die Ausgangsform überragend. Sproßachsen und Blattstiele stark. Blattfiedern relativ groß, derb und blasig (Abb. 30). Blattfarbe wenig dunkler, glänzend.
F_1 nach Kreuzung mit der Ausgangsmutante: typisch *praematura*.
X_2: 13 typisch *praematura*: 1 mutiert.

Abb. 30. Links Fiederblatt der Mutante *superba*. Rechts Fiederblatt der Ausgangsmutante *praematura*.

Zusammenfassung

In der Liste VI von *Lycopersicon esculentum* werden 50 neue Mutanten beschrieben. Insgesamt sind damit über 300 Mutanten aus den Gaterslebener Versuchen erfaßt und analysiert worden. Am Schluß der Arbeit befindet sich eine Liste, in der alle bisher beschriebenen Mutanten von *Lyc. esc.* alphabetisch aufgeführt sind. Ein Verzeichnis aller von den Mitarbeitern des Zentralinstituts für Genetik und Kulturpflanzenforschung veröffentlichten Arbeiten über *Lycopersicon* aus den Jahren 1964–1970 schließt die Publikation ab.

Summary

Mutants of the cultivated tomato *Lycopersicon esculentum* Miller VI

In List VI descriptions of 50 new *Lycopersicon esculentum* mutants are published. With this we have reported on altogether more than 300 mutants out of the Gatersleben experiments. At the end of the paper all *Lycopersicon esculentum* mutants described by us up to now are listed alphabetically. A compilation of the papers on *Lycopersicon* published from 1964 to 1970 by the members of the Zentralinstitut für Genetik und Kulturflanzenforschung is given in conclusion.

Краткое содержание

Мутанты культурного томата *Lycopersicon esculentum* Miller VI

В шестом «списке» этой серии публикаций описываются 50 новых мутантов *Lycopersicon esculentum*. Всего, таким образом, анализировано свыше 300 мутантов гатерслебенской коллекции. В работе находится перечень всех, до сих пор описанных, мутантов культурного томата в алфавитном порядке. В заключение приводится список всех работ о роде *Lycopersicon*, опубликованных сотрудниками Центрального института генетики и культурных растений с 1964 по 1970 гг.

Literatur

Endlich, J., 1959: Genetische und cytologische Analyse einer dominant wirkenden, im Dominanzgrad verschiebbaren Mutation bei *Lycopersicon esculentum* Mill.-Kulturpflanze 7, 131–160.

Kruse, J., 1968: Merkmalsanalyse und Gruppenbildung bei Mutanten von *Lycopersicon esculentum* Miller. – Kulturpflanze, Beiheft 5, 227 pp.

Schiemann, E., 1932: Zur Genetik einer fadenblättrigen Tomatenmutante. – Z. indukt. Abstammungs- u. Vererbungsl. Bd. *LXII*, H. 1/2, 43–93.

Stubbe, H., 1967: On the relationships between the spontaneous and experimentally induced form diversity and on some experiments on the evolution of cultivated plants. – In: Stubbe, H. (Herausgeb.): Induzierte Mutationen und ihre Nutzung. Erwin-Baur-Gedächtnisvorlesungen IV, 1966. – Abh. Dt. Akad. Wiss. Berlin, Kl. f. Medizin, No. 2, 99–121.

– 1971: Weitere evolutionsgenetische Untersuchungen in der Gattung *Lycopersicon*. – Biol. Zbl., Bd. 90, H. 5, 545–559.

Alphabetisches Verzeichnis aller bisher beschriebenen Mutanten von *Lycopersicon esculentum*

Symbol	Name	Arbeit I Kulturpflanze Band V, Seite:	Arbeit II Kulturpflanze Band VI, Seite:	Arbeit III Kulturpflanze Band VII, Seite:	Arbeit IV Kulturpflanze Band XI, Seite:	Arbeit V Kulturpflanze Band XII, Seite:	Arbeit VI Kulturpflanze Band XIX, Seite:	Abb.	Sortenherkunft der Mutanten
acr	*acroxantha*					121			Condine Red
adp	*adpressa*			84					Condine Red
adu	*adusta*					122			Condine Red
aeg	*aegrota*	192							Condine Red
afe	*afertilis*					122			Rheinlands Ruhm
*ag*²	*anthocyanin gainer*²					121			Lukullus
afl-2	*albifolium-2*						192	6	mut. *splendens*
avi	*albovirens*					122			Condine Red
alu	*alutacea*				605				Condine Red
an	*anantha*	193						1 u. 2	Condine Red
apl	*applanata*			84					Lukullus
ar	*arrecta*		90					2	Rheinlands Ruhm
atn	*attenuata*		91					3	Rheinlands Ruhm
*au*²	*aurea*²	194						3 u. 4	
aus	*austera*						193		mut. *splendens*
bc	*bicolor*		91						Condine Red
bip	*bipinnata*			84				2	Lukullus
*bk*²	*beaked*²				603				Condine Red
*bk*³	*beaked*³				603				Condine Red
bul	*bullata*		92						Condine Red
cn	*cana*		92						Rheinlands Ruhm
car	*carinata*	196						5	Condine Red
ci	*cincta*					123			Condine Red
cit	*citriformis*						206		mut. *praematura*
cla	*clara*	196							Lukullus
cls	*clarescens*						206		mut. *praematura*
clau	*clausa*		92					4	Lukullus
clt	*coalita*						193	7	mut. *splendens*
co	*cochlearis*		93						Condine Red
cma	*commutata*						206		mut. *praematura*

com	*complicata*			85					Condine Red
cpa	*composita*				605				Rheinlands Ruhm
cfa	*conferta*				605			1	Lukullus
cg	*congesta*				606			2	Lukullus
cta	*contaminata*					123			Rheinlands Ruhm
ctt	*contracta*						194		mut. *splendens*
con	*convalescens*	197							Condine Red
cva	*conversa*		85						Condine Red
cvl	*convoluta*				607				Rheinlands Ruhm
cor	*coriacea*		85					3	Condine Red
coa	*corrotundata*					124			Condine Red
cru	*corrupta*					124		1	Lukullus
Cri	*Crispa*			86					Condine Red
cul	*culcitula*						207		mut. *praematura*
cup	*cupida*						187		mut. *eluta*
cpf	*cupuliformis*						207		mut. *praematura*
cpf-2	*cupuliformis-2*						207	21	mut. *splendens*
cv	*curvata*		94					5	Lukullus
*cv*² = *acu*	*curvata*² = *accumbens*			83				1	Condine Red
cur	*curvifolia*			86					Rheinlands Ruhm
d^crisp	*dwarf*^crispata	211						22	Condine Red
d^im	*dwarf*^immuna	212						23	Condine Red
d-2	*dwarf-2*		107					18	Rheinlands Ruhm
deb	*debilis*	197							Condine Red
de	*declinata*		95						Rheinlands Ruhm
dc	*decomposita*				607			3	Rheinlands Ruhm
dec	*decumbens*			87				4	Lukullus
def	*deformis*	197							Rheinlands Ruhm
*def*² = *vit*	*deformis*² = *vitiosa*		112					22	Condine Red
deli	*deliquescens*		95						Rheinlands Ruhm
den	*densa*						184		mut. *splendens*
depa	*depauperata*		95						Rheinlands Ruhm
dep	*deprimata*	197							Condine Red
dtt	*detorta*						195	8	mut. *splendens*
det	*detrimentosa*			87					Rheinlands Ruhm

Symbol	Name	Arbeit I Kulturpflanze Band V, Seite:	Arbeit II Kulturpflanze Band VI, Seite:	Arbeit III Kulturpflanze Band VII, Seite:	Arbeit IV Kulturpflanze Band XI, Seite:	Arbeit V Kulturpflanze Band XII, Seite:	Arbeit VI Kulturpflanze Band XIX, Seite:	Abb.	Sortenherkunft der Mutanten
det²	*detrimentosa²*				608				Rheinlands Ruhm
dlb	*dilabens*				608				Condine Red
dt	*dilatata*				609			4	Condine Red
dil	*diluta*	198							Condine Red
dmd	*dimidiata*						196	9, 10, 11	mut. *splendens*
dim	*diminuta*		95						Lukullus
dis	*discolor*		96						Condine Red
div	*divaricata*			88					Condine Red
du	*dupla*						197	12	mut. *splendens*
eca	*echinata*						208		mut. *praematura*
ele	*elegans*	198						6	Condine Red
ele² = *ang*	*elegans²* = *angustifolia*		89					1	Condine Red
elu	*eluta*	199							Lukullus
em	*emortua*				610				Rheinlands Ruhm
era	*eramosa*				610			5	Condine Red
er	*erecta*		96						Condine Red
exs	*excedens*				611			6	Condine Red
exl	*exilis*		96					6	Condine Red
ete	*extenuata*					124			Condine Red
fa	*falsiflora*				612			8 u. 9	Rheinlands Ruhm
fe	*fertilis*			88					Lukullus
fi-2	*filiforme-2*						208	22, 23, 24	mut. *praematura*
fir	*firma*		97					7	Condine Red
flc	*flacca*			88				5	Rheinlands Ruhm
fld	*flaccida*					126			Rheinlands Ruhm
fla	*flavescens*	199							Lukullus
flav	*flavida*		98					8	Rheinlands Ruhm
fx	*flexa*						198		mut. *splendens*
frt	*fracta*						198		mut. *splendens*
frg	*fragilis*				613			10. u. 11	Condine Red.
fro	*frondea*						209	25	mut. *praematura*
fr	*frugalis*			89					Condine Red

fru	*fruticosa*	199						7	Rheinlands Ruhm
fru[hem]	*fruticosa*[hemiglobosa]		98					9	Condine Red
fua	*fucata*					126			Condine Red
fcf	*fucatifolia*					126			Condine Red
ful	*fulgens*	199						8	Condine Red
*ful*²	*fulgens*²				615			12	Rheinlands Ruhm
fus	*fulgescens*						187		mut. *eluta*
fug	*fulgida*					127			Rheinlands Ruhm
fu	*fusiformis*		99						Condine Red
ga	*galbina*				616				Condine Red
gas	*gamosepala*					127			Rheinlands Ruhm
gi	*gibberosa*						209	26	mut. *praematura*
gl	*glauca*			89					Condine Red
glau	*glaucescens*		100						Condine Red
glc	*glaucophylla*			90					Rheinlands Ruhm
glf	*globiformis*					127		2	Condine Red
glo	*globosa*	201						9	Condine Red
*glo*²	*globosa*²		102					13	Lukullus
gbl	*globula*						199		mut. *splendens*
glm	*glomerata*						187	1	mut. *eluta*
glu	*glutinosa*				616			13	Rheinlands Ruhm
grl	*gracilenta*					128		3	Rheinlands Ruhm
gra	*gracilis*		100					10	Condine Red
grc	*gracillama*					129			Rheinlands Ruhm
grf	*grandifructa*					130			Lukullus
gro	*grossa*						188	2	mut. *eluta*
hg	*heterogemma*				617				Condine Red
he	*heteroidea*			90					Condine Red
hi	*hilara*					130			Condine Red
*hl*² = *cal*	*hairless*² = *calva*					123			Condine Red
ica	*icana*						211		mut. *praematura*
ig	*ignava*		100						Condine Red
imb	*imbecilla*	203						10	Condine Red
im	*impatiens*				617			14	Rheinlands Ruhm
imp[dia]	*impedita*[distincta]			91				6	Condine Red
imp[eg]	*impedita*[exigua]			91				6	Condine Red

Symbol	Name	Arbeit I Kulturpflanze Band V, Seite:	Arbeit II Kulturpflanze Band VI, Seite:	Arbeit III Kulturpflanze Band VII, Seite:	Arbeit IV Kulturpflanze Band XI, Seite:	Arbeit V Kulturpflanze Band XII, Seite:	Arbeit VI Kulturpflanze Band XIX, Seite:	Abb.	Sortenherkunft der Mutanten
ic	*inclinata*			91					Rheinlands Ruhm
ins	*inconstans*				618				Rheinlands Ruhm
inc	*incurva*		101						Condine Red
id	*indehiscens*			93				7	Rheinlands Ruhm
in	*indiga*		101					11	Condine Red
inf	*infirma*	203						11	Condine Red
ina	*inflexa*				618			15	Lukullus
ida	*inordinata*						211		mut. *praematura*
ini	*inquieta*					130			Rheinlands Ruhm
ita	*inquinata*				619				Rheinlands Ruhm
int	*integerrima*		102					12	Condine Red
inv	*invalida*	203						12	Condine Red
ino	*involuta*					130			Condine Red
irr	*irregularis*		103						Condine Red
jug	*jugata*[2]	204							Condine Red
jug[2]	*jugata*[2]				619			16 u. 17	Lukullus
l^2 = *rub*	*lutescent*[2] = *rubescens*	213							Lukullus
lae	*laesa*			93					Rheinlands Ruhm
lt	*laeta*				621			18	Condine Red
lap	*lamprochlora*					131			Rheinlands Ruhm
lan	*languida*						212		mut. *praematura*
lat	*lata*	204							Condine Red
le	*lembiformis*					131			Rheinlands Ruhm
lep	*leprosa*					131			Rheinlands Ruhm
li	*limbrata*						188		mut. *eluta*
lop	*longipes*					132			Condine Red
luc	*lucida*	204							Condine Red
lur	*lurida*					132			Rheinlands Ruhm
lut	*lutea*	204							Condine Red
lu	*luteola*			94					Lukullus
ma	*macrocarpa*			94					Lukullus
mcs	*macrosepala*						199	13, 14, 15	mut. *splendens*

mac	*maculata*					132			Condine Red
mar	*marcescens*			94					Lukulus
mad	*marcida*					132			Condine Red
marm	*marmorata*	205							Condine Red
*marm*²	*marmorata*²				621			19	Rheinlands Ruhm
med	*mediocris*					133		4	Condine Red
mel	*melongenoida*					133			Lukullus
mic	*microcarpa*				622			20	Condine Red
mn	*minuta*		103					14	Condine Red
mon	*monstrosa*		104					15	Condine Red
mor	*morata*				623				Rheinlands Ruhm
mts	*mortalis*				624			21	Rheinlands Ruhm
mcr	*multicolor*						200		mut. *splendens*
mult	*multiflora*	205						13 u. 14	Condine Red
muf	*multifolia*			94				8	Rheinlands Ruhm
mua	*multifurcata*				625			22	Condine Red
mu	*multinervis*			95				9	Condine Red
mux	*multiplex*				625			23 u. 24	Condine Red
mup	*multiplicata*				627				Rheinlands Ruhm
muv-2	*multivalens-2*					134			Condine Red
mut	*mutabilis*				627				Rheinlands Ruhm
mta	*mutata*					135			Rheinlands Ruhm
na	*nana*	206						15	Condine Red
neg	*neglecta*	207						16	Condine Red
ni	*nitida*		105						Condine Red
not	*notabilis*		105						Lukullus
ob	*obscura*			96				10 u. 11	Rheinlands Ruhm
oc	*ochroleuca*			97					Rheinlands Ruhm
*ol*²	*ovate*²				603				Lukullus
os	*oligosperma*				627			25	Condine Red
oli	*olivacea*			97				12 u. 13	Rheinlands Ruhm
*oli*²	*olivacea*²				628				Lukullus
op	*opaca*		105						Condine Red
opa	*opacata*					135			Condine Red
or	*ordinata*						212		mut. *praematura*
ovi	*oviformis*					135		6	Lukullus

Symbol	Name	Arbeit I Kulturpflanze Band V, Seite:	Arbeit II Kulturpflanze Band VI, Seite:	Arbeit III Kulturpflanze Band VII, Seite:	Arbeit IV Kulturpflanze Band XI, Seite:	Arbeit V Kulturpflanze Band XII, Seite:	Arbeit VI Kulturpflanze Band XIX, Seite:	Abb.	Sortenherkunft der Mutanten
pas	*pallescens*					136			Condine Red
pal	*pallida*	207							Condine Red
pta	*partiaria*						212	27	mut. *praematura*
pa-2	*parva-2*					137		7	Condine Red
pau	*pauper*		105					16	Condine Red
pap	*paupercula*						212		mut. *praematura*
pe[2]	*sticky fruit epidermis*[2]				604				Rheinlands Ruhm
pen	*pendens*			99					Condine Red
pet	*penetrabile*					137			Condine Red
pl	*perlucida*				629				Condine Red
psa	*perspicua*						201	16	mut. *splendens*
per	*perviridis*	207						17	Rheinlands Ruhm
pic	*picta*		106						Condine Red
pla	*plana*			99					Condine Red
pli	*plicata*			99					Lukullus
po	*polylopha*			100					Lukullus
pp	*polyphylla*				629			26	Rheinlands Ruhm
pra	*praeclusa*						213	28 u. 29	mut. *praematura*
px	*praecox*				629			27	Lukullus
pm	*praematura*				630				Rheinlands Ruhm
pre	*pressa*						213		mut. *praematura*
pro	*procera*	207						18	Condine Red
prc	*procumbens*			100					Condine Red
prt	*protea*					138			Condine Red
prun	*prunoidea*	209						19 u. 20	Lukullus
pu	*pulvinata*		106						Rheinlands Ruhm
pu[2] = *mun*	*pulvinata*[2] = *multinata*					134			Condine Red
pv	*pulviniformis*						214		mut. *praematura*
pum	*pumila*	210						21	Condine Red
pun	*punctata*					138			Rheinlands Ruhm
pur	*purilla*	211							Condine Red

ppa	*purpurea*						189	3	mut. *eluta*
*ppa*²	*purpurea*²						189		mut. *splendens*
py	*pyramidalis*						215		mut. *praematura*
*r*²	*yellow color of fruit flesh*²				604				Lukullus
r-2	*yellow color of fruit flesh-2*						215		mut. *praematura*
ra	*rava*	211							Condine Red
*ra*²	*rava*²			90					Rheinlands Ruhm
*ra*³	*rava*³								Lukullus
rela	*relaxata*		106					17	Condine Red
rep	*repens*		107						Condine Red
rep-2	*repens-2*						202		mut. *splendens*
rpa	*repetita*						202	17	mut. *splendens*
re	*reptans*		107						Rheinlands Ruhm
res	*restricta*				632			28	Rheinlands Ruhm
rig	*rigida*			100					Condine Red
*rig*² = *pca*	*rigida*² = *proclinata*				631				Lukullus
ria	*rigidula*				632			29	Condine Red
*ria*²	*rigidula*²					138			Lukullus
roa	*rotundata*					139		8	Condine Red
rot	*rotundifolia*			100				14	Rheinlands Ruhm
ru	*ruptilis*		109					19	Condine Red
rust	*rustica*	213							Lukullus
sem	*semiglobosa*			101				15	Condine Red
ses	*semisterilis*				633				Lukullus
ser-2	*serpentina-2*						190	4	mut. *eluta*
si	*sinuata*			101					Rheinlands Ruhm
sit	*sitiens*	214						24	Rheinlands Ruhm
so	*soluta*						190	5	mut. *eluta*
spa	*sparsa*			102					Condine Red
sa	*sphacelata*				633				Condine Red
sph	*sphaerica*			102				16	Condine Red
spl	*splendens*				633			30	Lukullus
sgua	*squarrosa*		109					20	Lukullus

Symbol	Name	Arbeit I Kulturpflanze Band V, Seite:	Arbeit II Kulturpflanze Band VI, Seite:	Arbeit III Kulturpflanze Band VII, Seite:	Arbeit IV Kulturpflanze Band XI, Seite:	Arbeit V Kulturpflanze Band XII, Seite:	Arbeit VI Kulturpflanze Band XIX, Seite:	Abb.	Sortenherkunft der Mutanten
sar	*squarrulosa*					140			Condine Red
sta	*stabilis*						215		mut. *praematura*
ste	*sterilis*			103				17	Condine Red
stri	*stricta*	214							Lukullus
sus	*Subsistens*								Rheinlands Ruhm
sub	*subtilis*	215						25	Lukullus
suc	*succedanea*			104				18	Condine Red
sfa	*sufflaminata*				634			31	Rheinlands Ruhm
*sfa*² = *par*	*suffaminata*² = *parca*					136			Condine Red
suf	*sufflava*	215							Condine Red
su	*suffulta*		109					21	Lukullus
*su*² = *exa*	*suffulta*² = *expassa*				612			7	Rheinlands Ruhm
*su*³ = *di*	*suffulta*³ = *divergens*		96						Condine Red
sua	*suffusa*			104					Rheinlands Ruhm
sup	*superba*						216	30	mut. *praematura*
tab	*tabescens*		110						Rheinlands Ruhm
ta	*tarda*			105					Condine Red
tem	*tempestiva*					140			Condine Red
tn	*tenera*						203		mut. *splendens*
ten	*tenuis*	215						26	Condine Red
te	*terminata*				634				Lukullus
*tf*²	*trifoliate*²	216						27 u. 28	Condine Red
*tf*³	*trifoliate*³				604				Rheinlands Ruhm
to	*torosa*			105				19, 20, 21	Condine Red
*to*²	*torosa*²					140		9 u. 10	Lukullus
tr	*truncata*			106				22	Condine Red
ub	*umbraculiformis*						203		mut. *splendens*
um	*umbrosa*		110						Condine Red
uni	*unicaulis*	217							Condine Red
va^dec	*varia*^decolorata	218							Condine Red

[illegible]	[illegible]	[illegible]						Condine Red
var	*variabilis*	218						Condine Red
ven	*venosa*	218						Lukullus
ver	*versicolor*		111					Condine Red
vf	*versiformis*			635				Lukullus
vt	*vieta*					204		mut. *splendens*
vio	*violacea*		111					Lukullus
vga	*virgulta*			636				Rheinlands Ruhm
vir	*viridis*	219						Condine Red
vra	*viridula*			636			32	Condine Red
w-6	*wiry-6*					204	18, 19, 20	mut. *splendens*
w-7	*wiry-7*					205		mut. *splendens*
w-8	*wiry-8*					205		mut. *splendens*
y^2	*colorless*			604				Lukullus
	fruit epidermis[2]							
yv^2 =	*yellow*				141			Condine Red
	virescent[2] =							
vel[2]	*velutina*[2]							
yv^3 =	*yellow*		111					Condine Red
	virescent[3] =							
vel	*velutina*							

15*

Verzeichnis der vom Zentralinstitut für Genetik und Kulturpflanzenforschung von 1964–1970 veröffentlichten Arbeiten über *Lycopersicon*

Baudisch, Walter: Askorbinsäuregehalt von Mutanten der Wildtomate *Lycopersicon pimpinellifolium* (Jusl.) Mill. – Kulturpflanze *13* (1965) 173–176.

– Askorbinsäuregehalt von Mutanten der Kulturtomate *Lycopersicon esculentum* Miller. – Kulturpflanze *15* (1967) 105–114.

Döbel, Peter: Die Plastiden einer nach Pfropfung schwach ergrünungsfähigen *albina*-Mutante der Tomate. – Kulturpflanze *12* (1964) 93–106.

– und Herta Sagromsky: Abhängigkeit der Chloroplastenstruktur und des Pigmentgehaltes vom Nährstoffangebot bei der Tomatenmutante *venosa*. – Kulturpflanze *14* (1966) 293–297.

Gröber, Kurt, and Otto Machold: Effect of kinetin and nitrogen on growth and chlorophyll production of the tomato mutant *Xanthophyllic*$_3$. – Rep. Tomato Genet. Coop. *14* (1964) 12–13.

Gröber, Kurt, und Otto Machold: Einfluß von Licht, Temperatur und Stickstoffernährung auf Wachstum und Chlorophyllgehalt der Chlorophyllmutante *xantha*$_5$ von *Lycopersicon esculentum* Mill. – Kulturpflanze *13* (1965) 247–256.

Gröber, Kurt: Somatische Spaltung in dem heterozygoten Genotyp der dominanten Chlorophyllmutation *Xanthophyllic*$_3$ von *Lycopersicon esculentum* Mill. II. Cytogenetische Analyse der verschiedenen Scheckungstypen in der X_2- und der X_3-Generation. – Kulturpflanze *15* (1967) 351–365.

– Somatische Spaltung in dem heterozygoten Genotyp der Chlorophyllmutation *Xanthophyllic*$_3$ von *Lycopersicon esculentum* Mill. III. Weitere genetische und cytologische Untersuchungen an einigen Scheckungstypen. – Kulturpflanze *16* (1968) 189–201.

– Somatische Spaltung im heterozygoten Genotyp der Chlorophyllmutation *Xanthophyllic*$_3$ von *Lycopersicon esculentum* Mill. IV. Differenzierte Aktivität des *Xa*$_3$-Locus in verschiedenen Karyotypen. – Kulturpflanze *17* (1969) 179–185.

Hagemann, Rudolf: The cytogenetic mechanism of a green-yellow variegation. – Rep. Tomato Genet. Coop. *14* (1964) 13.

– Trisomic studies with *sulf.*-Rep. Tomato Genet. Coop. *14* (1964) 14.

– Allele-induced instability (somatic conversion) in the tomato. In: Inductions of Mutations and the Mutation Process. Proceed. Sympos. Prague (Sept. 26.–28. 1963). – Publ. House Czechoslovak Acad. Sci. 1965, 80–84.

– Somatische Konversion am *sulfurea*-Locus von *Lycopersicon esculentum* Mill. II. Weitere Beweise für die somatische Konversion. – Kulturpflanze *14* (1966) 171–200.

– Somatic conversion at the '*sulf*' locus in trisomics, triploids and tetraploids. – Rep. Tomato Genet. Coop. *17* (1967) 28–29.

– Über eine immerspaltende *yv*-Mutantenlinie von *Lycopersicon esculentum* Mill. 1. Genetische Untersuchungen. – Biol. Zbl. *86*, Suppl. (1967) 163–180.

Herrmann, Falko, and Rudolf Hagemann: Cytogenetic study of variegated plants of a *yv*^{ms} line. Rep. Tomato Genet. Coop. *16* (1966) 10–11.

Herrmann, Falko, und Rudolf Hagemann: Über eine immerspaltende *yv*-Mutantenlinie von *Lycopersicon esculentum* Mill. 2. Cytogenetische Untersuchungen an gescheckten Pflanzen. – Biol. Zbl. *86*, Suppl. (1967) 181–209.

Kruse, Joachim: Merkmalsanalyse und Gruppenbildung bei Mutanten von *Lycopersicon esculentum* Miller. – Dissert. Martin-Luther-Univ. Halle-Wittenberg 1967, 177 S.

– Merkmalsanalyse und Gruppenbildung bei Mutanten von *Lycopersicon esculentum* Miller. – Kulturpflanze, Beih. *5* (1968) 1–227.

Lehmann, Christian O.: Zum Wachstum der Tomate. – Biologie in der Schule *14* (1965) 90–92.

– und Franz Schwanitz: Ein Beitrag zur Kenntnis der Formenmannigfaltigkeit der Kulturtomaten (*L. esculentum* Mill.) Mittelamerikas. – Kulturpflanze *13* (1965) 545–585.

Machold, Otto, and Kurt Gröber: Effect of nutrition on growth and chlorophyll production of the tomato mutant *xantha*$_5$. – Rep. Tomato Genet. Coop. *14* (1964) 18.

Machold, Otto: Untersuchungen an stoffwechseldefekten Mutanten der Kulturtomate II. Einfluß des Eisenstoffwechsels auf die Ausbildung des Chlorophylldefektes. – Flora (Jena), Abt. A *157* (1966) 183–199.

– und Kurt Gröber: Untersuchungen an stoffwechseldefekten Mutanten der Kulturtomate I. Beziehungen zwischen dem Kalium : Calcium-Verhältnis und dem Chlorophyllgehalt. – Flora (Jena), Abt. A *157* (1966) 170–182.

– Effect on the chlorophyll content of different reduction agents in the mutant *xantha*$_5$ of *Lycopersicon esculentum*. – Rep. Tomato Genet. Coop. *16* (1966) 18–19.

Machold, Otto: Untersuchungen an stoffwechseldefekten Mutanten der Kulturtomate, III. Mitt.: Die Wirkung von Ammonium- und Nitratstickstoff auf den Chlorophyllgehalt. – Flora, Jena *157*, Abt. A (1967) 536–551.

– Untersuchungen an stoffwechseldefekten Mutanten der Kulturtomate, IV. Mitt.: Einfluß des Redoxpotentials der Nährlösung auf den Chlorophyllgehalt verschiedener Mutanten. – Kulturpflanze *15* (1967) 75–83.

– Untersuchungen an stoffwechseldefekten Mutanten der Kulturtomate. V. Einfluß der Ernährungsbedingungen auf den Zustand des Eisens in den Blättern, den Chlorophyllgehalt und die Katalase- sowie Peroxydaseaktivität. – Flora, Abt. A, *159* (1968) 1–25.

Sagromsky, Herta: Chlorophyllbildung und Chlorophyllfunktion bei einer Mutante von *Lycopersicon esculentum*. Proceedings of the Second Western-Europa Conference on Photosynthesis, Wondschoten, Zeist. Ed. by J. B. Thomas and J. C. Goedheer, Rotterdam. – Ad Donker Rotterdam 1965.

– Abschätzung der von einer Pflanze benötigten Chlorophyll a-Menge am Beispiel der Mutante '*venosa*' von *Lycopersicon esculentum*. – Ber. dt. Bot. Ges. *78* (1965) 338–341.

– Pigmentgehalt und Substanzproduktion bei der Tomatenmutante *dwarf*^{crispata} der Sorte 'Condine Red'. – Kulturpflanze *15* (1967) 267–274.

Sagromsky, Herta: Stoffproduktion, Sproß-Wurzel-Verhältnis, Pigmentgehalt und Lichtfeld bei Mutanten der Kulturtomate *Lycopersicon esculentum* Miller. – Kulturpflanze *17* (1969) 285–297.

– Zur Bedeutung von Chlorophyll b für die Substanzproduktion höherer Pflanzen. – Photosynthetica *4* (1) (1970) 9–14.

Scholz, Günter: Versuche zur Normalisierung des Phänotyps der Mutante *chloronerva* von *Lycopersicon esculentum* Mill. III. Über Isolierung und chemische Charakterisierung des „normalisierenden Faktors". – Flora *154* (1964) 589–597.

– Über Aufnahme, Verteilung und Wirkung von Eisenchelat bei einer chlorotischen Tomatenmutante. – Kulturpflanze 13 (1965) 239–245.

– *Chloronerva:* a peptide deficient mutant. – Rep. Tomato Genet. Coop. *16* (1966) 33–34.

– Physiologische Untersuchungen an der Mutante '*chloronerva*' von *Lycopersicon esculentum* Mill., 2. Mitt.: Quantitative Aspekte der Eisenaufnahme und -verteilung und deren Beziehung zur „phänotypischen Normalisierung". – Kulturpflanze *15* (1967) 255–266.

– and Armin Rudolph: A biochemical mutant of *Lycopersicon esculentum* Mill. Isolation and properties of the ninhydrin-positive „normalizing factor". – Phytochemistry *7* (1968) 1759–1764.

Scholz, Günter: Chemisch-physiologische Untersuchungen an der Mutante *chloronerva* von *Lycopersicon esculentum* Mill. – Habilitationsschrift bei der Martin-Luther-Universität in Halle.

– Physiologische Untersuchungen an der Mutante *chloronerva* von *Lyc. escul.* Mill. III. Über die Komplexbildung des 'Normalisierungsfaktors' mit Eisen und Kupfer. – Biochem. Physiol. Pflanzen (BPP) *161* (1970) 358–387.

Schreiber, Klaus, und Otto Aurich: Solanum-Alkaloide, LXVI. Mitteilung: Isolierung von Nebenalkaloiden und 3-Hydroxy-5-pregn-16-en-20-on aus *Lycopersicon pimpinellifolium* Mill. – Phytochemistry *5* (1966) 707–712.

Stubbe, Hans: Mutanten der Kulturtomate *Lycopersicon esculentum* Miller V. – Kulturpflanze *12* (1964) 121–152.

– Mutanten der Wildtomate *Lycopersicon pimpinellifolium* (Jusl.) Mill. III. – Kulturpflanze *13* (1965) 517–544.

– On the relationships between the spontaneous and experimentally induced form diversity and on some experiments on the evolution of cultivated plants. – In: Stubbe, H. (Herausgeb.): Induzierte Mutationen und ihre Nutzung. Erwin-Baur-Gedächtnisvorlesungen IV, 1966. – Abh. Dt. Akad. Wiss. Berlin, Kl. f. Medizin 1967, No. *2* (1967) 99–121.

– Experimentelle Untersuchungen zur Evolution von Kulturpflanzen. – Arbeitstagung 1969 der Arbeitsgemeinschaft der Saatzuchtleiter. Verlag und Druck der Bundesversuchsanstalt für alpenländische Landwirtschaft Gumpenstein (1970) 33–50.

– Parallelmutationen in der Gattung *Lycopersicon*. – Kulturpflanze *18* (1970) 209–220.

Mutanten der Wildtomate *Lycopersicon pimpinellifolium* (Jusl.) Mill. IV

von Hans Stubbe

(Eingegangen am 16. Februar 1971)

Die vorliegende 4. Liste von *Lycopersicon pimpinellifolium*-Mutanten, die 54 neue Mutanten in alphabetischer Reihenfolge enthält, wird vorläufig die letzte Liste von Mutanten aus *Lyc. pimp.* sein.[1] Damit wurden insgesamt über 200 Mutanten dieser Wildspezies beschrieben.

Im Rahmen evolutionsgenetischer Untersuchungen wurde besonderes Augenmerk auf die Erzeugung von mutativ bedingten Kulturmerkmalen bei *Lyc. pimp.* gerichtet und eine stufenweise Vergrößerung der Früchte nach erneuter Bestrahlung von Samen jeder Vergrößerungsstufe erreicht (Stubbe 1967). Gleichzeitig erfolgte schon von der 1. Stufe der Fruchtvergrößerung ab ein vegetativer Umbau der Mutanten, insbesondere im Verzweigungstyp (Stubbe 1971). Außerdem traten nach Bestrahlung der einzelnen Stufen in der Nachkommenschaft neue Mutanten auf. Von diesen neuen Mutanten aus Stufe 3 der Fruchtvergrößerung waren 4 besonders bemerkenswert. Sie werden deshalb am Schluß dieser Arbeit gesondert beschrieben, da sie im genotypischen Milieu der Stufe 3 und nicht wie alle übrigen in Stufe 1 (Wildform) auftraten.

aegrescens (ags)

Keimlingsstadium normal. Zur Zeit des Blühbeginns einsetzende Wuchshemmung, Pflanzen erreichen etwa $^1/_3$ typischer Größe. Hauptsproß kräftig, Nebentriebbildung verzögert. Fiederblätter verkürzt, Blattfiedern klein, schmal. Blattfarbe durch beginnende Nekrose gelblich olivgrün. Nekrose von den Fiederspitzen sich weiter ausbreitend. Fruchtansatz normal.

F_1 nach Kreuzung mit der Ausgangsform: normal.

F_2: 75 normal : 24 mutiert.

albomarginata (ama)

Keimung der Samen in einzelnen Jahren mit schlechten Keimprozenten. Primärblätter gewölbt, leicht deformiert, gelbgrün gefleckt. Pflanzen er-

[1] Ich danke Fräulein Dorothea Noack für die langjährige, zuverlässige Betreuung der Kulturen und die Aufzeichnung zahlreicher Beobachtungen an den Mutanten in der gesamten Vegetationsperiode. Fräulein Ilse Neumann hat wiederum bei der Zusammenstellung der Liste und der Bezeichnung der Mutanten entscheidend mitgewirkt. Ihr gilt mein besonderer Dank.

reichen annähernd die normale Größe. Internodien wenig verkürzt. Fiederblätter klein, Blattfiedern sehr schmal, Fiederränder eng nach unten eingerollt, Endfiedern relativ groß (Abb. 1). Laubfarbe hellgrün, gelb getupft,

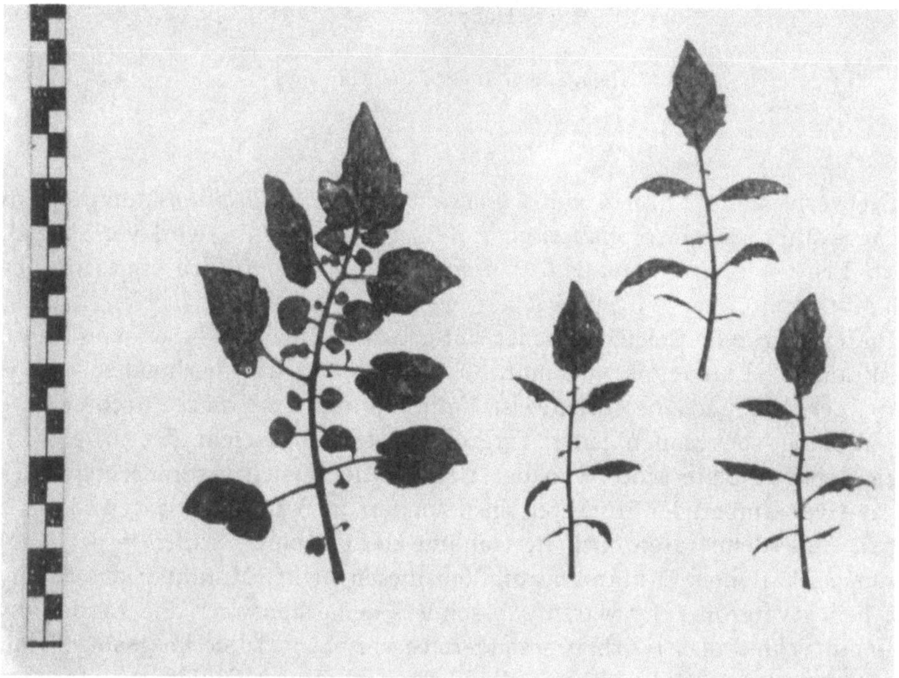

Abb. 1. Links Fiederblatt der Wildspezies *Lycopersicon pimpinellifolium* Rechts Fiederblatt der Mutante *albomarginata*

Abb. 2. Oben Blüten der Wildspezies *Lycopersicon pimpinellifolium* Unten Blüten der Mutante *albomarginata*

an der Fiederbasis gelb aufgehellt. Blüten deutlich verkleinert (Abb. 2). Blütenblätter schmal, weiß gerandet. Staubblätter normal gelb gefärbt.
F_1 nach Kreuzung mit der Ausgangsform: normal.
F_2: 110 normal : 31 mutiert.

anantha-3 (an-3)

Pflanzengröße und Wuchsform annähernd normal. Fiederblätter wenig kleiner, Laubfarbe etwas heller grün. Infloreszenzen vielfach verzweigt, wobei ein Teil der sich bildenden Seitentriebe aus der Achsel unifascialer Hochblätter wächst. Anstelle der Blüten stehen wiederum Seitentriebe, größtenteils aus Achseln von Hochblättern. Die Anhäufung der zahlreichen nackten Vegetationskegel innerhalb einer solchen 'Rieseninfloreszenz' ähnelt im Habitus einer im Blühen begriffenen Infloreszenz des Blumenkohls (Abb. 3). Mutante vollkommen steril, wird über heterozygote Geschwisterpflanzen erhalten.
Heterozygote: normal.
F_2: 305 normal : 85 mutiert.
an-3 von *Lyc. pimp.* ist eine Parallelmutante zu *an* und *an-2* von *Lyc. esc.*

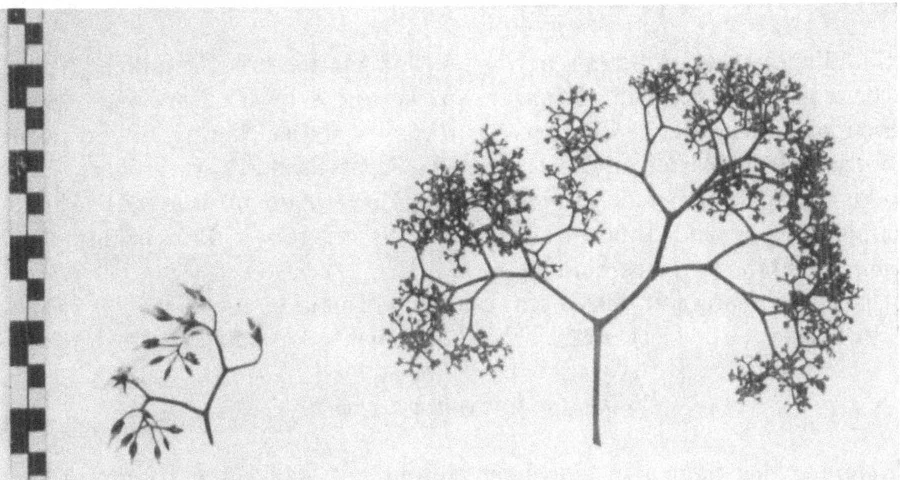

Abb. 3. Links junge Infloreszenz der Wildspezies *Lycopersicon pimpinellifolium* Rechts gleichalte Infloreszenz der Mutante *anantha-3*

anthocyanin loser-2 (al-2)

Pflanzengröße im Keimlingsstadium normal, später ganz leichte Wuchshemmung. Sprosse relativ kräftig. Internodien und Fiederblätter verkürzt. Blattfiedern, auch die Zwischenfiedern, groß, dicht stehend, gewellt und gekielt. Hypokotyle schwach anthozyanhaltig, Keimblätter und Primärblätter

bereits anthozyanfrei. Blattfarbe durch fehlenden Anthozyangehalt während der gesamten Vegetationsperiode frisch grün.
F_1 nach Kreuzung mit der Ausgangsform: normal.
F_2: 224 normal : 73 mutiert.
al-2 von *Lyc. pimp.* ist eine Parallelmutante zu der amerikanischen Mutante *al* von *Lyc. esc.*

aridifolia (ari)

Keimblätter klein, spitz auslaufend, Blattfarbe stumpf dunkelgraugrün. Primärblattentwicklung verzögert. Pflanzen mit Wuchshemmung, erreichen etwa $^1/_3$ typischer Größe. Sprosse feingliedrig, Wuchsform kleiner lockerer Busch. Fiederblätter klein. Blattfarbe dunkelgraugrün. Blattfiedern der älteren Fiederblätter vorzeitig vertrocknend und absterbend. Infloreszenzen und Blüten erscheinen nicht proportional verkleinert, Pflanzen wirken dadurch reich blühend.
F_1 nach Kreuzung mit der Ausgangsform: normal.
F_2: 78 normal : 22 mutiert.

aucta (auc)

Keimlinge etwas größer als normal. Primärblätter breit, rundlich (Abb. 4). Farbe matt hellgraugrün. Pflanzen später nur schwach verzweigt. Sproßachsen auffallend dick, an den Verzweigungsstellen knotig angeschwollen (Abb. 5). Fiederblätter und Blattfiedern ebenfalls stark vergrößert. Blattfiedern stark blasig, Fiederränder wenig gekerbt (Abb. 6). Blattfarbe dunkelgrün, leicht glänzend. Infloreszenzen ebenfalls vergröbert, Blütenzahl und vor allem Fruchtansatz stark herabgesetzt.
F_1 nach Kreuzung mit der Ausgangsform: normal.
F_2: 71 normal : 9 mutiert, zusätzlich 20 Zwischentypen unbekannter Herkunft.

without anthocyanin-2 (aw-2)

Keimung der Samen in einzelnen Jahren mit schlechten Keimprozenten. Pflanzen vom Keimlingsstadium an mit leichter Wuchshemmung. Wuchsform kleine dichte Büsche. Hauptsproß relativ kräftig. Internodien verkürzt. Seitentriebe vermehrt. Fiederblätter klein, oft nur mit 2 Paar Seitenfiedern 1. Ordnung. Blattfiedern klein, derb, stark gekielt. Pflanzen vom Keimlingsstadium an anthozyanfrei, Laubfarbe dadurch frisch grün. Blüten etwas kleiner als typisch, Farbe der Blütenblätter intensiv gelb.
F_1 nach Kreuzung mit der Ausgangsform: normal.
F_2: 238 normal : 57 mutiert.
aw-2 von *Lyc. pimp.* ist eine Parallelmutante zu der amerikanischen Mutante *aw* von *Lyc. esc.*

Abb. 4. Links Keimling der Wildspezies *Lycopersicon pimpinellifolium*
Rechts Keimling der Mutante *aucta*

citrina (cna)

Keimlingsstadium normal. Pflanzen mit leichter Wuchshemmung, erreichen etwa 3/4 typischer Größe. Blattfarbe schwach graugrün. Farbe der Blütenblätter hellgelb, der Staubblätter grünlich gelb gegenüber dottergelb bei normalen Blüten.

F_1 nach Kreuzung mit der Ausgangsform: normal.

F_2: 155 normal : 43 mutiert.

coalita-2 (clt-2)

Keimblätter schwach verkürzt. Pflanzengröße und Wuchsform normal. Endfiedern vom Primärblattstadium an mit den darunter liegenden Seitenfiedern verwachsen (Abb. 7). Freistehende Seitenfiedern 2. Ordnung z. T. getarnt, wie die Mehrzahl dieser Fiedern stets getarnt ist. Blattfiedern erscheinen dadurch groß. Blattfiederränder nur sehr schwach gekerbt.

F_1 nach Kreuzung mit der Ausgangsform: normal.

F_2: 228 normal : 68 mutiert.

clt-2 von *Lyc. pimp.* ist eine Parallelmutante zu *clt* von *Lyc. esc.*, die in der Nachkommenschaft von mut. *splendens* auftrat.

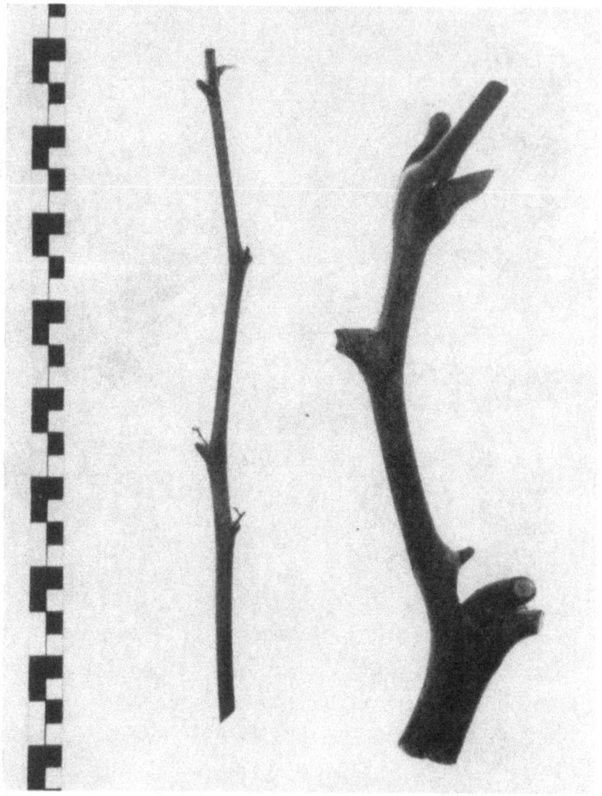

Abb. 5. Links Sproßachse der Wildspezies *Lycopersicon pimpinellifolium*
Rechts Sproßachse der Mutante *aucta*

collecta (cle)

Keimung der Samen mit schlechten Keimprozenten, Keimlinge im Wuchs uneinheitlich. Vom Jungpflanzenstadium an mit Wuchshemmung, Internodien verkürzt, Sprosse kräftig. Wuchsform kleiner geschlossener Busch. Fiederblätter groß. Seitenfiedern 2. Ordnung einheitlich getarnt. Blattfiedern dadurch groß, derb, unsymmetrisch oval, Ränder nur flach gekerbt (Abb. 8). Ältere Fiedern z. T. vorzeitig abgestorben, junge Fiedern oft mit gelben oder trocken braunen Spitzen.

F_1 nach Kreuzung mit der Ausgangsform: normal.

F_2: 74 normal : 24 mutiert.

compactilis (cps)

Pflanzen vom Keimlingsstadium an gedrungener als normal. Sprosse kräftig. Blattfiedern etwas breiter, leicht blasig (Abb. 9). Blattfarbe wenig dunkler als normal.

Abb. 6. Links Fiederblatt der Wildspezies *Lycopersicon pimpinellifolium*
Rechts Fiederblatt der Mutante *aucta*

Abb. 7. Links Sproßspitze der Wildspezies *Lycopersicon pimpinellifolium*
Rechts Sproßspitze der Mutante *coalita-2*

F_1 nach Kreuzung mit der Ausgangsform: schwache Dominanz der mutantentypischen Merkmale, Blattfiedern breiter als normal.
F_2: 146 normal : 43 mutiert.

condensata (cd)

Keimlinge klein, mit geringem Anteil von Trikotylie. Keimblätter schmal, gewölbt, hellgraugrün. Vom Jungpflanzenstadium an gedrungen, Internodien stark verkürzt, Sprosse kräftig. Fiederblätter mit kleinen schmalen und gekielten Fiedern. Blattfarbe leicht hellgraugrün. Früchte rund und relativ groß.

F_1 nach Kreuzung mit der Ausgangsform: normal.

F_2: 283 normal : 94 mutiert.

Abb. 8. Links Fiederblatt der Wildspezies *Lycopersicon pimpinellifolium*
Rechts Fiederblatt der Mutante *collecta*

contracta-2 (ctt-2)

Keimung der Samen in einzelnen Jahren stark vermindert. Keimlings- und Jungpflanzenstadium normal. Etwa ab Blühbeginn einsetzende Wuchshemmung, Pflanzen erreichen etwa $^1/_2$ normaler Größe. Internodien verkürzt. Blattfiedern schmal, spitz auslaufend, blasig.

F_1 nach Kreuzung mit der Ausgangsform: normal.

F_2: 86 normal : 28 mutiert.

ctt-2 von *Lyc. pimp.* ist eine Parallelmutante zu *ctt* von *Lyc.* esc., die in einer Nachkommenschaft von mut. *splendens* auftrat.

curta (cua)

Keimlinge etwas kleiner als normal, Keimblätter und Primärblätter leicht abgerundet. Pflanzen entwickeln sich zu dichten Kugelbüschen. Internodien und Fiederblätter verkürzt. Blattfiedern rundlich, etwas breiter als normal.

F_1 nach Kreuzung mit der Ausgangsform: normal.
F_2: 52 normal : 16 mutiert.

densipinnata (dpi)

Keimblätter schmal, spitz auslaufend. Primärblattentwicklung verzögert. Pflanzen vom Keimlingsstadium an mit Wuchshemmung, erreichen $^1/_2$ bis $^3/_4$ typischer Größe. Wuchsform buschig, gedrungen. Internodien und Fiederblätter etwas verkürzt. Zwischenfiedern relativ groß und zahlreich, Seiten-

Abb. 9. Links Sproßspitze der Wildspezies *Lycopersicon pimpinellifolium*
Rechts Sproßspitze der Mutante *compactilis*

fiedern 2. Ordnung einheitlich getarnt. Fiederblätter dicht befiedert (Abb. 10). Blattfarbe stumpf graugrün.
F_1 nach Kreuzung mit der Ausgangsform: normal.
F_2: 85 normal : 23 mutiert.

deparca (dpa)

Keimlinge etwas kleiner als normal. Primärblätter an der Basis leicht aufgehellt. Pflanzen mit starker Wuchshemmung, Seitensproßbildung stark verzögert, Wuchsform fast unverzweigt (Abb. 11). Fiederblätter proportional verkleinert. Blattfarbe dunkelgrün. Pflanzen stark anthozyanhaltig.
F_1 nach Kreuzung mit der Ausgangsform: normal.
F_2: 199 normal : 58 mutiert.

depravata (dpr)

Keimung der Samen in einzelnen Jahren unterschiedlich. Keimblätter regellos verdreht. Primärblattentwicklung verzögert. Primärblätter ebenfalls gedreht. Pflanzen vom Keimlingsstadium an mit Wuchshemmung, erreichen

Abb. 10. Links Fiederblatt der Wildspezies *Lycopersicon pimpinellifolium*
Rechts Fiederblatt der Mutante *densipinnata*

Abb. 11. Links junge Pflanze der Wildspezies *Lycopersicon pimpinellifolium*
Rechts gleichalte Pflanze der Mutante *deparca*

nicht ganz die normale Größe. Internodien und Fiederblätter schwach verkürzt. Junge Blattfiedern verstärkt unsymmetrisch, klein, stark gekielt. Ältere Fiedern z. T. deformiert, z. T. mit dem Fiederstiel verwachsen. Laubfarbe frisch grün.

F_1 nach Kreuzung mit der Ausgangsform: normal.

F_2: 87 normal : 28 mutiert.

detrimentosa-2 (det-2)

Keimlinge etwas kleiner als typisch. Keimblätter schmal, spitz auslaufend. Primärblattentwicklung verzögert. Pflanzen mit Wuchshemmung, erreichen $^1/_4$ bis $^1/_3$ typischer Größe. Fiederblätter verkürzt, Blattfiedern klein, gekielt, Ränder tief gekerbt. Blattfarbe stumpf dunkelgraugrün.
F_1 nach Kreuzung mit der Ausgangsform: normal.
F_2: 73 normal : 21 mutiert.
det-2 von *Lyc. pimp.* ist eine Parallelmutante zu *det* von *Lyc. esc.*

dilucida (dlu)

Pflanzen vom Keimlingsstadium an mit Wuchshemmung, erreichen etwa $^1/_8$ bis $^1/_6$ normaler Größe, Wuchsform Zwergbüsche. Blattfarbe vom Keimlingsstadium an leuchtend hellgrün, Wachstumszonen leuchtend hellgelbgrün. Sproßachsen, Blattstiele und Blattadern hell violett. Fruchtansatz sehr gering.
F_1 nach Kreuzung mit der Ausgangsform: normal.
F_2: 216 normal : 78 mutiert.

entire^2 (e^2)

Keimung der Samen in einzelnen Jahren uneinheitlich, z. T. mit schlechten Keimprozenten. Pflanzen erreichen normale Größe. Sproßachsen relativ stark. End-, Seiten- und Zwischenfiedern während der ganzen Vegetationsperiode ungestielt und überwiegend miteinander verwachsen (Abb. 12).
F_1 nach Kreuzung mit der Ausgangsform: normal.
F_2: 104 normal: 34 mutiert.
e^2 von *Lyc. pimp.* ist ein Allel zu der amerikanischen Mutante *e* von *Lyc. esc.*

elata (ela)

Keimlingsstadium normal. Pflanzen mit leichter Wuchshemmung, erreichen etwa $^3/_4$ typischer Größe. Sprosse kräftig, Wuchsform aufrechter Busch. Internodien verkürzt. Blattfiedern, auch die Zwischenfiedern, groß und breit (Abb. 13), stark blasig. Pflanzen erscheinen dicht belaubt.
F_1 nach Kreuzung mit der Ausgangsform: normal.
F_2: 164 normal : 51 mutiert.

erecta-2 (er-2)

Keimlingsstadium normal. Pflanzen im Wuchs kräftig. Triebe aufrecht, Internodien wenig verkürzt, Wuchsform nicht so ausladend wie normal.

Abb. 12. Links Fiederblatt der Wildspezies *Lycopersicon pimpinellifolium*
Rechts Fiederblatt der Mutante *entire*-2

Fiederblätter schwach verkürzt, Blattfiedern kleiner, gekielt, jüngste Fiedern stark gekielt. Laubfarbe, vom Jungpflanzenstadium an, durch starken Anthozyangehalt an den Sproßspitzen blaugrün. Pflanzen wirken reich blühend. Fruchtansatz normal.

F_1 nach Kreuzung mit der Ausgangsform: normal.

F_2: 83 normal : 32 mutiert.

er-2 von *Lyc. pimp.* ist eine Parallelmutante zu *er* von *Lyc. esc.*

falsiflora-2 (fa-2)

Pflanzengröße und Wuchsform normal. Infloreszenzen vielfach verzweigt. Statt normaler Blüten werden, z. T. aus der Achsel von Hochblättern, immer neue Seitentriebe gebildet. Die Hochblätter sind unifascial, fadenförmig mit allen Übergangsstufen bis zu normalen Fiederblättern, wodurch der Eindruck einer belaubten, vegetativen 'Rieseninfloreszenz' entsteht (Abb. 14). Mutante ist vollkommen steril, wird über heterozygote Geschwisterpflanzen erhalten. Heterozygote: normal.

F_2: 223 normal: 69 mutiert.

fa-2 von *Lyc. pimp.* ist eine Parallelmutante zu *fa* von *Lyc. esc.*

Abb. 13. Links Jungpflanze der Wildspezies *Lycopersicon pimpinellifolium* Rechts Jungpflanze der Mutante *elata*

Abb. 14. Links Infloreszenz der Wildspezies *Lycopersicon pimpinellifolium* Rechts 'Rieseninfloreszenz' der Mutante *falsiflora-2*

filaris (fil)

Keimblätter leicht gewölbt. Pflanzen erreichen annähernd normale Höhe. Internodien verkürzt. Seitensproßbildung stark. Wuchsform weniger ausladend, buschig. Fiederblätter verkürzt, Blattfiedern breit, rundlich, oft unsymmetrisch mit dem Fiederstiel verwachsen. Endfiedern z. T. fadenförmig, uni-

fascial (Abb. 15). Infloreszenzen stark verzweigt, dadurch vergrößert (Abb. 16). Blütenblätter schmaler, Fruchtform länglich.
F_1 nach Kreuzung mit der Ausgangsform: normal.
F_2: 152 normal : 46 mutiert.

fistulosiflora (fis)

Pflanzengröße und Wuchsform normal. Blütenkrone sich nicht entfaltend (Abb. 17), obwohl die Blütenblätter nicht miteinander verwachsen sind.
F_1 nach Kreuzung mit der Ausgangsform: normal.
F_2: 71 normal : 27 mutiert.

Abb. 15. Links Fiederblatt der Wildspezies *Lycopersicon pimpinellifolium*
Rechts Fiederblätter der Mutante *filaris*

flaccescens (fc)

Keimblätter etwas schmaler, gewölbt, leicht hellgrün. Zur Zeit der Blütenbildung einsetzende starke Wuchshemmung, Pflanzen erreichen etwa $^1/_5$ typischer Größe. Internodien und Fiederblätter verkürzt, Sproßachsen und Blattstiele zart. Blattfiedern klein, dunkelgraugrün, leicht welkend, ältere Blattfiedern vorzeitig absterbend.
F_1 nach Kreuzung mit der Ausgangsform: normal.
F_2: 109 normal : 28 mutiert.

flaveola (fv)

Keimung der Samen in einzelnen Jahren mit schlechten Keimprozenten. Keimlinge etwas kleiner als normal. Pflanzen erreichen später annähernd die normale Größe. Laubfarbe vom Keimlingsstadium an hellgraugrün. Zur Zeit

des Blühbeginns Wachstumszonen gelblich hellgrün, bei älteren Blättern über gelblich schattiert in normal übergehend.
F_1 nach Kreuzung mit der Ausgangsform: normal.
F_2: 227 normal : 71 mutiert.

Abb. 16. Links Sproßspitze der Wildspezies *Lycopersicon pimpinellifolium*
Rechts Sproßspitze der Mutante *filaris*

glaucicolor (gla)

Keimung der Samen in einzelnen Jahren mit schlechten Keimprozenten. Keimlinge und Jungpflanzen im Wuchs uneinheitlich. Vom Blühbeginn an Pflanzen gedrungen, Wuchsform flacher, dichter Busch. Sprosse feingliedrig, Seitentriebbildung stark, Internodien verkürzt. Blattfiedern gekielt. Laubfarbe stumpf hellgraugrün. Sproßspitzen stark anthozyanhaltig. Blüten klein (Abb. 18).
F_1 nach Kreuzung mit der Ausgangsform: normal.
F_2: 78 normal : 22 mutiert.

grandifolia (gfo)

Keimung der Samen in einzelnen Jahren verzögert. Keimblätter und Primärblätter unregelmäßig weißlich unterlegt. Blattflächen dadurch deformiert erscheinend. Pflanzen vom Keimlingsstadium an mit leichter Wuchshemmung.

Abb. 17. Oben Blüten der Wildspezies *Lycopersicon pimpinellifolium*
Unten entsprechende Blüten der Mutante *fistulosiflora*

Abb. 18. Links Blüte der Wildspezies
Lycopersicon pimpinellifolium
Rechts Blüte der Mutante *glaucicolor*

Wuchsform etwas flacher als typisch. Fiederblätter groß angelegt. Blattfiedern, einschließlich der Zwischenfiedern, groß. Blattfarbe hellgraugrün.
F_1 nach Kreuzung mit der Ausgangsform: normal.
F_2: 223 normal : 67 mutiert.

livida (liv)

Keimlinge kleiner als normal. Keimblätter schmal, hellgraugrün, weißlich getupft. Primärblattentwicklung verzögert. Pflanzen mit leichter Wuchshemmung, erreichen nicht ganz die typische Größe. Wuchsform relativ aufrecht. Sprosse feingliedrig. Blattfiedern relativ lang, schmal, Ränder nur flach gekerbt. Fiedern erscheinen derb. Sproßspitzen bläulich überzogen, anthozyanhaltig. Blattfarbe stumpf graugrün.
F_1 nach Kreuzung mit der Ausgangsform: normal.
F_2: 335 normal : 105 mutiert.

macra (maa)

Keimblätter etwas schmaler als typisch. Seitensproßbildung gehemmt, Wuchsform schwach verzweigt, aufrecht. Sproßachsen dünn. Fiederblätter und Blüten proportional zur Pflanzengröße verkleinert.
F_1 nach Kreuzung mit der Ausgangsform: normal.
F_2: 81 normal : 27 mutiert.

mendosa (men)

Keimlinge im Wuchs uneinheitlich. Pflanzen mit Wuchshemmung, erreichen etwa $^1/_2$ typischer Größe. Bereits vom Keimlingsstadium an Pflanzen mit regellosen Blattdeformationen. Einzelne Fiedern reduziert, verdreht, gerollt, überwiegend blasig (Abb. 19). Blattfarbe der Primärblätter vereinzelt weißlich

Abb. 19. Links Fiederblatt der Mutante *mendosa*.
Rechts Fiederblatt der Wildspezies *Lycopersicon pimpinellifolium*

marmoriert, später dunkelgrün. Blüten ebenfalls unförmig, Griffel meist schon im Knospenstadium aus der Antherenröhre herausragend.
F_1 nach Kreuzung mit der Ausgangsform: normal.
F_2: 179 normal : 50 mutiert.

minuscula (mia)

Keimlingsstadium normal. Im Jungpflanzenstadium einsetzende Wuchshemmung, Wuchsform fast unverzweigt, aufrecht. Sprosse feingliedrig, Blattfiedern klein, gekielt. Blattfarbe stumpf dunkelgraugrün. Infloreszenzen proportional zur Pflanzengröße groß angelegt. Fruchtansatz relativ gut.
F_1 nach Kreuzung mit der Ausgangsform: normal.
F_2: 156 normal : 54 mutiert.

minutula (min)

Keimung der Samen in einzelnen Jahren unterschiedlich. Pflanzen vom Keimlingsstadium an mit Wuchshemmung, Primärblattentwicklung verzögert. Pflanzen sehr schwach verzweigt, die wenigen Triebe nur 20–30 cm lang. Internodien und Fiederblätter stark verkürzt. Blattfiedern klein, gekielt. Sproßachsen graublau, anthozyanhaltig. Blattfarbe stumpf hellgraugrün.
F_1 nach Kreuzung mit der Ausgangsform: normal.
F_2: 228 normal : 59 mutiert.

multiformis (mf)

Keimlingsstadium normal. Vom Jungpflanzenstadium an mit etwas unterschiedlicher Wuchshemmung. Sprosse feingliedrig. Internodien und Fiederblätter verkürzt. Blattfiedern klein, oval, fast ganzrandig. Seitenfiedern 2. Ordnung überwiegend getarnt. Blattfarbe zu Beginn der Vegetationsperiode glänzend graugrün, später stumpf grün.
F_1 nach Kreuzung mit der Ausgangsform: normal.
F_2: 70 normal : 27 mutiert.

nitens (nt)

Keimlinge erscheinen kräftig, Keimblätter und Primärblätter etwas dunkler als normal. Pflanzen mit Wuchshemmung, erreichen etwa $^1/_3$ normaler Größe. Hauptsproß relativ kräftig, Seitentriebbildung verzögert. Internodien und Fiederblätter verkürzt. Blattfiedern klein. Blattfarbe dunkelgrün, Fiederoberseiten glänzend.
F_1 nach Kreuzung mit der Ausgangsform: normal.
F_2: 156 normal : 44 mutiert.

ovata (ova)

Keimlinge etwas kleiner als normal. Keimblätter und Primärblätter weißlich hellgrün verwaschen. Pflanzen erreichen nicht ganz die normale Größe. Sprosse feingliedrig, Internodien verkürzt. Wachstumszonen zunächst hellgrün, Blatt-

farbe von der Fiederbasis ausgehend sich normalisierend. Früchte unregelmäßig eiförmig (Abb. 20).
F_1 nach Kreuzung mit der Ausgangsform: normal.
F_2: 101 normal : 35 mutiert.

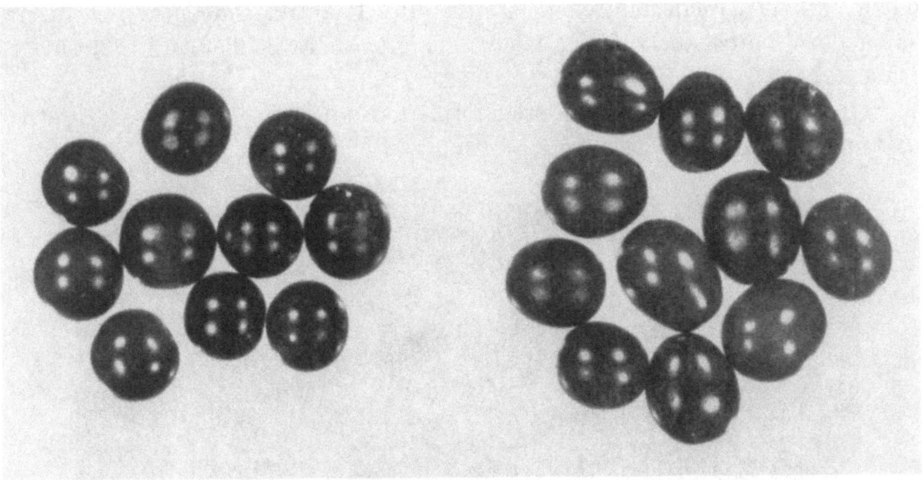

Abb. 20. Links Früchte der Wildspezies *Lycopersicon pimpinellifolium*
Rechts Früchte der Mutante *ovata*

parviflora (pf)

Keimung der Samen gegenüber normal verzögert, in einzelnen Jahren mit schlechten Keimprozenten. Keimlinge kleiner als normal. Pflanzen mit Wuchshemmung, erreichen etwa $^1/_2$ normaler Größe. Sprosse feingliedrig. Internodien und Fiederblätter verkürzt. Blattfiedern klein, schmal, gekielt. Blattfarbe dunkelgraugrün. Sproßspitzen stark anthozyanhaltig. Blüten kleiner als normal (Abb. 21). Blütenblätter schmaler und etwas heller gelb.
F_1 nach Kreuzung mit der Ausgangsform: normal.
F_2: 71 normal : 26 mutiert.

parvistata (pvs)

Keimung der Samen in einzelnen Jahren verzögert, in anderen Jahren mit verminderten Keimprozenten. Pflanzen vom Keimlingsstadium an mit Wuchshemmung, erreichen etwa $^1/_4$ typischer Größe. Internodien und Fiederblätter verkürzt. Blattfiedern klein, Fiederoberseiten dunkelgrün glänzend. Sproßspitzen bläulich, anthozyanreich.
F_1 nach Kreuzung mit der Ausgangsform: normal.
F_2: 74 normal : 22 mutiert.

paucipinnata (ppi)

Keimung der Samen gegenüber normal verzögert. Pflanzen vom Keimlingsstadium an mit Wuchshemmung. Wuchsform schwach verzweigt. Internodien verkürzt. Fiederblätter meist nur mit 2 Paar Seitenfiedern 1. Ordnung. Blattfiedern spitz auslaufend, leicht gekielt, dicht stehend. Fruchtansatz gering.
F_1 nach Kreuzung mit der Ausgangsform: normal.
F_2: 89 normal : 22 mutiert.

Abb. 21. Oben Blüten der Wildspezies *Lycopersicon pimpinellifolium*
Unten Blüten der Mutante *parviflora*

paucisurcata (psu)

Pflanzen vom Keimlingsstadium an mit Wuchshemmung. Wuchsform fast eintriebig (Abb. 22). Internodien und Fiederblätter stark verkürzt. Blattfiedern sehr klein, leicht gekielt. Blattfarbe stumpf graugrün. Blüten etwas kleiner als normal. Fruchtansatz in einzelnen Jahren vermindert.
F_1 nach Kreuzung mit der Ausgangsform: normal.
F_2: 224 normal : 66 mutiert.

praemortua (pma)

Keimlingsstadium normal. Pflanzen später mit Wuchshemmung, erreichen etwa $^1/_4$ typischer Größe. Wuchsform schwächer verzweigt, Fiederblätter und Blattfiedern verkleinert. Etwa ab Blühbeginn starker nekrotischer Befall, die Sproßepidermis erscheint wie eine trocken-korkige, bräunlich silbrige Haut. Blattfiedern zunächst blasig, schmutzig olivgrün, dann braunfleckig. Fiederblätter von den Endfiederspitzen her absterbend (Abb. 23). Fruchtansatz relativ zur Pflanzengröße normal.

Abb. 22. Links junge Pflanze der Wildspezies *Lycopersicon pimpinellifolium*
Rechts gleichalte Pflanze der Mutante *paucisurcata*

F_1 nach Kreuzung mit der Ausgangsform: normal.
F_2: 214 normal : 77 mutiert.

punctulata (ptu)

Keimblätter und Primärblätter hellgrün, unregelmäßig weißlich grün unterlegt. Pflanzen erreichen annähernd die normale Größe. Wuchsform etwas buschiger. Internodien schwach verkürzt. Laubfarbe stumpf hellgraugrün, Wachstumszonen gelblich hellgrün, bei intensiver Betrachtung ist eine feine weißliche, bzw. gelbliche Tüpfelung zu erkennen. Blattstiele und Blattadern zu den Sproßspitzen hin bläulich, anthozyanreich.
F_1 nach Kreuzung mit der Ausgangsform: normal.
F_2: 210 normal : 74 mutiert.

repens-3 (rep-3)

Keimung der Samen in einzelnen Jahren mit verminderten Keimprozenten. Pflanzen vom Keimlingsstadium an mit Wuchshemmung, erreichen etwa $^1/_3$ typischer Größe. Wuchsform schwach verzweigt, Sproßwachstum plagiotrop. Internodien und Fiederblätter verkürzt. Laubfarbe stumpf hellgraugrün, Fiederblätter gegen Ende der Vegetationsperiode nekrotisch. Fruchtansatz sehr gut, Früchte relativ groß.
F_1 nach Kreuzung mit der Ausgangsform: normal.
F_2: 156 normal : 40 mutiert.
rep-3 von *Lyc. pimp.* ist eine Parallelmutante zu *rep* und *rep-2* von *Lyc. esc.*

Abb. 23. Links Sproßspitze der Wildspezies *Lycopersicon pimpinellifolium*
Rechts Sproßspitze der Mutante *praemortua*

scopulina (sco)

Keimblätter und Primärblätter etwas breiter, abgerundet. Pflanzen mit leichter Wuchshemmung, erreichen etwa $^3/_4$ typischer Größe. Wuchsform aufrechter Busch. Sprosse relativ dick, derb. Internodien und Fiederblätter verkürzt, Blattfiedern groß, breit, stark gewellt bis blasig, dicht stehend (Abb. 24). Infloreszenzen erscheinen durch spitzere Verzweigungswinkel der einzelnen Blüten, bzw. auch der Sproßachsen, Rutenbesen ähnlich (Abb. 25).

F_1 nach Kreuzung mit der Ausgangsform: schwache Dominanz der mutantentypischen Merkmale, Pflanzen im Jungpflanzenstadium etwas derber als normal.

F_2: 199 normal : 68 mutiert.

subrustica (sru)

Keimung der Samen in einzelnen Jahren unterschiedlich. Keimblätter etwas verkürzt, rundlich, abgestumpft. Primärblattentwicklung verzögert. Pflanzen mit Wuchshemmung, erreichen etwa $^1/_2$ normaler Größe. Sprosse relativ kräftig, Internodien verkürzt. Blattfiedern breit, grob eiförmig, leicht blasig (Abb. 26). Blattfarbe dunkelgrün.

Abb. 24. Links Sproßspitze der Wildspezies *Lycopersicon pimpinellifolium*
Rechts Sproßspitze der Mutante *scopulina*

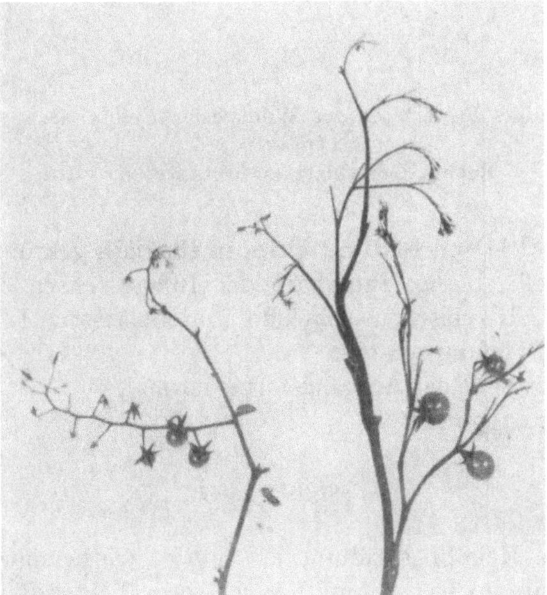

Abb. 25. Links Fruchtstand der Wildspezies *Lycopersicon pimpinellifolium*
Rechts Fruchtstand der Mutante *scopulina*

F_1 nach Kreuzung mit der Ausgangsform: normal.
F_2: 80 normal : 20 mutiert.

tumida (tu)

Keimung der Samen in einzelnen Jahren uneinheitlich. Keimblätter deformiert, verdreht, blasig. Primärblätter klein. Pflanzen mit Wuchshemmung, erreichen $^1/_3$ bis $^2/_3$ normaler Größe. Hauptsproß relativ kräftig, von Nodium zu Nodium gekrümmt. Nodien angeschwollen, verdickt. Seitentriebbildung

Abb. 26. Links Fiederblatt der Wildspezies *Lycopersicon pimpinellifolium*
Rechts Fiederblatt der Mutante *subrustica*

verzögert. Blattstiele und Blattmittelrippen ebenfalls gekrümmt. Blattfiedern deformiert, gewellt, blasig. Innerhalb der Infloreszenzen oft spitzere Verzweigungswinkel als typisch. Kelch- und Blütenblätter z. T. schmal, gewellt, gedreht. Antheren häufig gefranst.
F_1 nach Kreuzung mit der Ausgangsform: normal.
F_2: 337 normal : 99 mutiert.

turgida (tur)

Pflanzen vom Keimlingsstadium an mit Wuchshemmung. Seitentriebbildung stark, Internodien verkürzt. Wuchsform dichter Busch. Blattfiedern lang gestielt, Seitenfiedern 1. Ordnung doppelt gefiedert. Einzelne Blattfiedern klein und stark blasig. Blattfiederränder gelblich aufgehellt. Blüten wenig kleiner als normal.

F_1 nach Kreuzung mit der Ausgangsform: schwache Dominanz der mutantentypischen Merkmale, Blattfiedern im Jungpflanzenstadium stärker blasig als normal.

F_2: 103 normal : 39 mutiert.

undulatifolia (und)

Keimblätter und Primärblätter schmal, spitz auslaufend. Primärblattränder tief gekerbt. Pflanzen erreichen fast die normale Größe. Wuchsform etwas flacher. Sprosse feingliedrig. Blattfiedern klein, gewellt und gekielt. Blattfarbe stumpf hellgraugrün.

F_1 nach Kreuzung mit der Ausgangsform: normal.

F_2: 108 normal : 31 mutiert.

virgatula (vta)

Keimung der Samen in einzelnen Jahren uneinheitlich, Keimblätter schmal. Pflanzen vom Keimlingsstadium an mit unterschiedlicher Wuchshemmung, erreichen $^1/_4$ bis $^2/_3$ typischer Größe. Laubfarbe stumpf hellgraugrün, Sproßachsen graublau, anthozyanhaltig. Junge Blattfiedern blasig und gelblich oliv quer gestreift.

F_1 nach Kreuzung mit der Ausgangsform: normal.

F_2: 128 normal : 28 mutiert.

cupuliformis-3 (cpf-3)

Keimblätter miteinander becherförmig verwachsen. Pflanzen gehen in diesem Stadium ohne Primärblattbildung ein. Mutante wird über heterozygote Geschwisterpflanzen erhalten.

Heterozygote: typisch Stufe 3.

F_2: 12 typisch Stufe 3 : 6 mutiert.

cpf-3 von *Lyc. pimp.*, Stufe 3, ist eine Parallelmutante zu *cpf* und *cpf-2* von *Lyc. esc.*, die in den Nachkommenschaften von mut. *praematura* und mut. *splendens* auftraten.

extreme dwarf-2 (d^x-2)

Pflanzen mit Neigung zur Polykotylie. Vom Keimlingsstadium an in allen Sproßteilen stärker und extrem verkürzt. Wuchsform unverzweigt aufrecht. Bei Gewächshauskultur erreichen die Pflanzen etwa $^1/_2$ der normalen Höhe (Abb. 27). Blattfiedern stark blasig aufgetrieben, Fiederoberseiten dunkelgrün, glänzend. Blüten relativ klein, intensiv gelb gefärbt. Fruchtansatz gut, Samenansatz entsprechend zu Stufe 3.

Heterozygote: typisch Stufe 3.

F_2: 40 typisch Stufe 3 : 7 mutiert.

d^x-2 von *Luc. pimp.*, Stufe 3, ist eine Parallelmutante zu der amerikanischen Mutante *d^x* von *Luc. esc.*

Abb. 27. Links Pflanze der Wildspezies *Lycopersicon pimpinellifolium*
Stufe 3
Mitte gleichalte Pflanze der Mutante *extreme dwarf-2*
Rechts gleichalte Pflanze der Mutante *praeclusa-2*

mortalis-2 (mts-2)

Pflanzen vom Keimlingsstadium an gedrungen. Seitentrieb- und Fiederblattbildung sehr stark. Fiederblätter sehr klein, Blattfiedern unsymmetrisch, weit mit dem Fiederstiel verwachsen. Anlagen von Infloreszenzen nicht makroskopisch wahrnehmbar. Mutante wird über heterozygote Geschwisterpflanzen erhalten.
Heterozygote: typisch Stufe 3.
F_2: 30 typisch Stufe 3 : 7 mutiert.
mts-2 von *Lyc. pimp.*, Stufe 3, ist eine Parallelmutante zu *mts* von *Lyc. esc.*

praeclusa-2 (pra-2)

Keimblätter klein, derb, dunkelgrün. Pflanzen vom Keimlingsstadium an in allen Sproßteilen stark und extrem verkürzt. Sproßachsen auffallend dick, Wuchsform unverzweigt aufrecht. Pflanzenhöhe bei Gewächshauskultur 10–20 cm (Abb. 27). Fiederblätter verkürzt, sehr dicht befiedert, Blattfiedern sehr stark blasig, Fiederränder nach unten eingerollt. Blattfarbe dunkelgrün. Infloreszenzanlagen wurden bisher nicht beobachtet. Mutante wird über heterozygote Geschwisterpflanzen erhalten.
Heterozygote: typisch Stufe 3.
F_2: 126 typisch Stufe 3 : 19 mutiert.
pra-2 von *Lyc. pimp.*, Stufe 3, ist eine Parallelmutante zu *pra* von *Lyc. esc.*, die in einer Nachkommenschaft von mut. *praematura* auftrat.

Zusammenfassung

In der Liste 4 von *Lycopersicon pimpinellifolium* werden 54 neue Mutanten beschrieben. Insgesamt sind damit über 200 Mutanten aus den Gaterslebener Versuchen erfaßt und analysiert worden. Am Schluß der Arbeit befindet sich eine Liste, in der alle bisher beschriebenen Mutanten von *Lyc. pimp.* alphabetisch aufgeführt sind.

Summary

Mutants of the currant tomato *Lycopersicon pimpinellifolium* (Jusl.) Mill. IV

In List 4 descriptions of 54 new *Lycopersicon pimpinellifolium* mutants are published. With this we have reported on altogether more than 200 mutants out of the Gatersleben experiments. At the end of the paper all *Lycopersicon pimpinellifolium* mutants described by us up to now are listed alphabetically.

Краткое содержание

Мутанты дикорастущего томата *Lycopersicon pimpinellifolium* (Jusl.) Mill. IV

В настоящем, четвертом, «списке» описано 54 новых мутанта *Lycopersicon pimpinellifolium*. Всего, таким образом, анализировано свыше 200 мутантов этого вида из гатерслебенской коллекции. В конце работы приведен перечень всех, до сих пор описанных, мутантов *L. pimpinellifolium* в алфавитном порядке.

Literatur

Helm, J., 1963: Untersuchungen an Tomaten-Mutanten. II. – Züchter *33* (3), 113–116.

Kruse, J., 1968: Merkmalsanalyse und Gruppenbildung bei Mutanten von *Lycopersicon esculentum* Miller. – Kulturpflanze, Beiheft *5*, 227 pp.

Lehmann, Chr. O., 1955: Das morphologische System der Kulturtomaten (*Lycopersicon esculentum* Miller). – Züchter, *3*. Sonderh., 1–64.

Stubbe, H., 1957: Mutanten der Kulturtomate *Lycopersicon esculentum* Miller. I. – Kulturpflanze *5*, 190–220.

– 1958: Mutanten der Kulturtomate *Lycopersicon esculentum* Miller II. – Kulturpflanze *6*, 89–115.

– 1959: Mutanten der Kulturtomate *Lycopersicon esculentum* Miller III. – Kulturpflanze *7*, 82–112.

– 1960: Mutanten der Wildtomate *Lycopersicon pimpinellifolium* (Jusl.) Mill. I. – Kulturpflanze *8*, 110–137.

– 1961: Mutanten der Wildtomate *Lycopersicon pimpinellifolium* (Jusl.) Mill. II. – Kulturpflanze *9*, 58–87.

– 1963: Mutanten der Kulturtomate *Lycopersicon esculentum* Miller IV. – Kulturpflanze *11*, 603–644.

– 1964: Mutanten der Kulturtomate *Lycopersicon esculentum* Miller V. – Kulturpflanze *12*, 121–152.

– 1965: Mutanten der Wildtomate *Lycopersicon pimpinellifolium* (Jusl.) Mill. III. – Kulturpflanze *13*, 517–544.

– 1967: On the relationships between the spontaneous and experimentally induced form diversity and on some experiments on the evolution of cultivated plants. – In: Stubbe, H. (Herausgeb.): Induzierte Mutationen und ihre Nutzung. Erwin-Baur-Gedächtnisvorlesungen IV, 1966. – Abh. Dt. Akad. Wiss. Berlin, Kl. f. Medizin, No. *2*, 99–121.

– 1970: Parallelmutationen in der Gattung *Lycopersicon*. – Kulturpflanze *18*, 209 bis 220.

– 1972: Mutanten der Kulturtomate *Lycopersicon esculentum* Miller VI. – Kulturpflanze *19*, 185–230.

Alphabetisches Verzeichnis aller bisher beschriebenen Mutanten von *Lycopersicon pimpinellifolium*

Symbol	Name	Arbeit I Kulturpflanze Band VIII, Seite:	Arbeit II Kulturpflanze Band IX, Seite:	Arbeit III Kulturpflanze Band XIII, Seite:	Arbeit IV Kulturpflanze Band XIX, Seite:	Abb.
acu-2	*accumbens-2*	112				1
adp-2	*adpressa-2*		59			1
adu-2	*adusta-2*			518		
adu-3	*adusta-3*			518		
ags	*aegrescens*				231	
aeg-2	*aegrota-2*			519		
al-2	*anthocyanin loser-2*				233	
ama	*albomarginata*				231	1 u. 2
alb	*alboviridis*			519		1
an-3	*anantha-3*				233	3
anu	*angusta*			520		
ana	*angustata*			520		2
ang-2	*angustifolia-2*		59			
ari	*aridifolia*				234	
au^3	$aurea^3$	113				2
auc	*aucta*				234	4, 5, 6
aut	*aurantia*			520		
aur	*aurantiaca*	113				
aw^2	*without* $anthocyanin^2$	114				
aw-2	*without anthocyanin-2*				234	
bip-2	*bipinnata-2*	114				3
buo	*bullosa*	115				4
car-2	*carinata-2*	117				5
ce	*cernua*		60			
cna	*citrina*				235	
clt-2	*coalita-2*				235	7
co^2 = * *cir*	$cochlearis^2$ = *circumsepta*			521		
co-2	*cochlearis-2*	117				6
cle	*collecta*				236	8
cp	*compacta*	118				
cps	*compactilis*				236	9
com-2	*complicata-2*		60			2
cd	*condensata*				237	
cta-2	*contaminata-2*			521		3
ctt-2	*contracta-2*				238	
con-2	*convalescens-2*	118				
cva-2	*conversa-2*		61			

* Kreuzungsversuche ergaben Allelie zwischen der Mutante *circumsepta* aus *Lyc. pimp.* und der Mutante *cochlearis* aus *Lyc. esc.* Daher erhält die Mutante *circumsepta* in Zukunft den Namen *cochlearis* 2.

Symbol	Name	Arbeit I Kulturpflanze Band VIII, Seite:	Arbeit II Kulturpflanze Band IX, Seite:	Arbeit III Kulturpflanze Band XIII, Seite:	Arbeit IV Kulturpflanze Band XIX, Seite:	Abb.
cua	*curta*				238	
cv-2	*curvata-2*	118				
d-3	*dwarf-3*	119				8
d-4	*dwarf-4*	120				
d-6	*dwarf-6*		61			
(*d-5*)	(*vormals dwarf-5*)					
dec-2	*decumbens-2*			522		
deli-2	*deliquescens-2*		61			
dpi	*densipinnata*				239	10
dpa	*deparca*				239	11
dpr	*depravata*				239	
det-2	*detrimentosa-2*				241	
dlu	*dilucida*				241	
dil-2	*diluta-2*	118				
dim-2	*diminuta-2*	119				7
dis-2	*discolor-2*		61			
e^{2}	*entire*^{2}				241	12
ela	*elata*				241	13
ele-2	*elegans-2*	121				9
elo	*elongata*			523		4
elu-2	*eluta-2*			523		
er-2	*erecta-2*				241	
fa-2	*falsiflora-2*				242	14
fil	*filaris*				243	15 u. 16
fir-2	*firma-2*	121				
fir-3	*firma-3*					
fis	*fistulosiflora*		62		244	17
fc	*flaccescens*				244	
fv	*flaveola*				244	
flav-2	*flavida-2*		62			
fle	*flexifolia*			523		5
fra	*fragosa*		63			3 u. 4
ful-2	*fulgens-2*	121				10
ga-2	*galbina-2*			524		6
gl-2	*glauca-2*		64			
glau-2	*glaucescens-2*		65			
gla	*glaucicolor*				245	18
glc-2	*glaucophylla-2*	122				
glc-3	*glaucophylla-3*		65			
glo-2	*globosa-2*	123				11
glo-3	*globosa-3*			525		
glb-2	*globularis 2*			525		7
grl-2	*gracilenta-2*			526		8
gra-2	*gracilis-2*	123				
gra-3	*gracilis-3*		65			5
gfo	*grandifolia*				245	
grs	*grisea*		66			

Symbol	Name	Arbeit I Kulturpflanze Band VIII, Seite:	Arbeit II Kulturpflanze Band IX, Seite:	Arbeit III Kulturpflanze Band XIII, Seite:	Arbeit IV Kulturpflanze Band XIX, Seite:	Abb.
ha	*hastata*			526		
he-2	*heteroidea-2*		66			6
ig-2	*ignava-2*		67			
ig-3	*ignava-3*			527		
imb-2	*imbecilla-2*			527		
im-2	*impatiens-2*			527		
ic-2	*inclinata-2*	123				
inc-2	*incurva-2*	124				12
in-2	*indiga-2*	125				13
in-3	*indiga-3*		68			
inr	*integer*		68			7
int[2]	*integerrima*[2]	125				14
inta	*integrifolia*			527		
inx-2	*introflexa-2*	126				15
l-3	*lutescent-3*		69			
lt-2	*laeta-2*			528		
lax	*laxus*		69			
liv	*livida*				246	
luc-2	*lucida-2*		69			
luc-3	*lucida-3*			528		9
lut-2	*lutea-2*	126				
lut-3	*lutea-3*		69			
lu[2]	*luteola*[2]	127				
lux	*luxurians*		70			8
maa	*macra*				247	
mal	*maculosa*			529		
mat	*matura*			529		
men	*mendosa*				247	19
mia	*minuscula*				248	
mn-2	*minuta-2*		70			
min	*minutula*				248	
mf	*multiformis*				248	
muv	*multivalens*		71			
na-2	*nana-2*			529		
neg-2	*neglecta-2*	127				16
neg-3	*neglecta-3*		71			9
nt	*nitens*				248	
ni-2	*nitida-2*		72			
nit	*nitidula*		72			
ob-2	*obscura-2*		72			
ot	*obtusa*	129				17
ol[3]	*ovate*[3]		74			11
op-2	*opaca-2*		72			10
ova	*ovata*				248	20
pas-2	*pallecens-2*			529		10
pal[2]	*pallida*[2]	129				
pa	*parva*	129				18
pf	*parviflora*				249	21

Symbol	Name	Arbeit I Kulturpflanze Band VIII, Seite:	Arbeit II Kulturpflanze Band IX, Seite:	Arbeit III Kulturpflanze Band XIII, Seite:	Arbeit IV Kulturpflanze Band XIX, Seite:	Abb.
pvs	*parvistata*				249	
paf	*pauciflora*		74			
ppi	*paucipinnata*				250	
psu	*paucisurcata*				250	22
pic-2	*picta-2*	129				19
pic-3	*picta-3*		74			
pic-4	*picta-4*		74			
pin	*pinnosa*			529		11
pla-2	*plana-2*	131				
pli-2	*plicata-2*	131				
pol-2	*polylopha-2*		75			12 u. 13
pm-2	*praematura-2*			530		
pma	*praemortua*				250	23
pca-2	*proclinata-2*			531		
prc-2	*procumbens-2*	131				
prc-3	*procumbens-3*		75			14 u. 15
prun-2	*prunoidea-2*	131				20
pu-2	*pulvinata-2*			531		12
pun-2	*punctata-2*			532		13
ptu	*punctulata*				251	
pus	*pustulata*			532		14
r[3]	*yellow color of fruit flesh*[3]	132				
ram	*ramosissima*			533		15
ran	*ranificans*			533		
ra-2	*rava-2*	132				
ref	*refranata*			534		
rep-3	*repens-3*				251	
rea	*repleta*		78			
re[2]	*reptans*[2]		78			
roa-2	*rotundata-2*			534		
rot-2	*rotundifolia-2*		78			
rust-2	*rustica-2*	132				21
sco	*scopulina*				252	24 u. 25
sem-2	*semiglobosa-2*		79			
ser	*serpentina*			534		16
spl-2	*splendens-2*			535		
spl-3	*splendens-3*			535		17
squa-2	*squarrosa-2*	133				
sta	*staminodia**					
str	*striata*		79			
stri-2	*stricta-2*	134				22
stri-3	*stricta-3*		79			16
stri-4	*stricta-4*			535		18
sur-2	*suberosa 2*	134				
suo	*subrotunda*		80			17

* s. Helm, 1963

Symbol	Name	Arbeit I Kulturpflanze Band VIII, Seite:	Arbeit II Kulturpflanze Band IX, Seite:	Arbeit III Kulturpflanze Band XIII, Seite:	Arbeit IV Kulturpflanze Band XIX, Seite:	Abb.
sru	*subrustica*				252	26
suf-2	*sufflava-2*	135				
sua-2	*suffusa-2*		81			
t^2	*tangerine*^{2}			537		
tr-2	*truncata-2*	136				
tu	*tumida*				254	
tur	*turgida*				254	
um-2	*umbrosa-2*		81			18
um-3	*umbrosa-3*			537		
und	*undulatifolia*				255	
uni^2	*unicaulis*^{2}	135				23
uni-2	*unicaulis-2*	136				24
uni-3	*unicaulis-3*			537		19
uni-4	*unicaulis-4*			537		
un	*unijuga*		81			
val	*valida*			538		
va-2	*varia-2*	136				
var-2	*variabilis-2*	137				
ver-2	*versicolor-2*		83			19
ves	*versiformis*		83			
vio-2	*violacea-2*	137				
vta	*virgatula*				255	
vga-2	*virgulta-2*			538		
vra-2	*viridula-2*			539		
wt-2	*wilty-2*			539		20
cpf-3	*cupuliformis-3* *				255	
d^x-2	*extreme dwarf-2* *				255	27
mts-2	*mortalis-2* *				257	
pra-2	*praeclusa-2* *				257	27

*) Mutante aus *Lyc. pimp.* Stufe 3

Literatur über archäologische Kulturpflanzenreste (1969)

von Jürgen Schultze-Motel

(Eingegangen am 22. Februar 1971)

In der vorliegenden Bibliographie, die an zwei frühere anschließt (Schultze-Motel 1968, 1971), ist versucht worden, die im Jahre 1969 erschienene Literatur über archäologische Kulturpflanzenreste zusammenzustellen. Wieder sind Publikationen der Vorjahre, die bisher übersehen worden waren, mit aufgenommen worden. Die Tendenz des Anwachsens der Literatur auf diesem engbegrenzten Gebiet ist weiterhin zu beobachten. Die Schwierigkeiten des Auffindens aller einschlägiger Titel sind aber damit gleichzeitig gestiegen, da es nach wie vor an zusammenfassenden Zeitschriften auf diesem Gebiet fehlt und die Arbeiten an sehr verschiedenen Stellen erscheinen (auch als Anhang zu anderen Veröffentlichungen).

Wie in den vorangegangenen Jahren habe ich mich der Unterstützung durch Mitarbeiter des Landesmuseums für Vorgeschichte Halle/S. erfreuen können. Besonderen Dank schulde ich Herrn Direktor Dr. H. Behrens, Herrn W. Matthias und der Bibliothekarin Frau V. Schneider. Auch den Fachkollegen, die durch Zusendung von Sonderdrucken meine Arbeit wesentlich erleichterten, sei an dieser Stelle der beste Dank ausgesprochen.

Manche kürzeren Veröffentlichungen wurden nur erwähnt bzw. die in ihnen genannten Arten nur aufgezählt. Bei zusammenfassenden Darstellungen konnten andererseits nicht alle Sippen bei den Einzelnachweisen aufgeführt werden. Berücksichtigung fanden auch einige Arbeiten, die Entstehung und Entwicklung der Kulturpflanzen behandeln (auch ohne Bezug auf archäologische Reste).

Zunächst werden nun Nachweise einzelner Arten aufgezählt, geordnet nach den wissenschaftlichen Namen in alphabetischer Reihenfolge. Daran anschließend werden zusammenfassende Arbeiten und solche allgemeinen Inhaltes besprochen.

Amaranthus L., Amaranth

In der Coxcatlán-Höhle im Tehuacán-Tal (Mexiko) fanden sich zwei domestizierte Formen von *Amaranthus*, die heute noch als Körnerfrüchte von untergeordneter Bedeutung in Kultur sind. *Amaranthus hybridus* L. subsp. *cruentus* (L.) Thell. (= *Amaranthus cruentus* L.) wurde archäologisch zum ersten Male nachgewiesen und zwar mit Vorbehalt aus Schichten um 4000 v. u. Z. und sicher aus sechs Ablagerungen zwischen 2500 v. u. Z. und der Zeit der Eroberung. *Amaranthus hybridus* L. subsp. *hybridus* (= *Amaranthus hypochondriacus* L.) kommt in zwei Schichten aus der Zeit um 500 u. Z. vor (Sauer 1969).

Arachis hypogaea L., Erdnuß

In einer Arbeit über Ursprung, Variabilität und Ausbreitung der Erdnuß erwähnt Krapovickas (1969) auch die archäologischen Funde dieser Kulturpflanze.

Avena sativa L., Hafer

Funde des Hafers stammen aus einer kaiserzeitlichen Siedlung bei Stralsund (Jäger 1969), aus dem frühen Mittelalter von Haithabu (Behre 1969a) und aus Polen (Klichowska 1966b, d, 1969d, e, f, i).

Brassica L.

Die Geschichte einiger *Brassica*-Arten in Indien hat Mehra (1968) auf Grund alter indischer Texte dargestellt.

Canavalia Adans.

Vorgeschichtlicher Anbau von *Canavalia plagiosperma* Piper ist bisher nur aus Küstengebieten Perus bekannt, wo die Art durchlaufend mindestens 4000 Jahre lang in Kultur ist. Der früheste sichere Nachweis von *Canavalia ensiformis* (L.) DC. stammt von Oaxaca (Mexiko) aus der Zeit um 900 u. Z. Möglicherweise gehören aber bereits verkohlte Samen von Yucatán aus der Zeit um 300 v. u. Z. hierher. Spätere archäologische Nachweise von *Canavalia ensiformis* rühren von einigen Orten in Arizona und von Peru her (Sauer und Kaplan 1969).

Cannabis sativa L., Hanf

Über die alte Kulter des Hanfes berichtet Godwin (1967). Verkohlte Samen des Hanfes aus frühmittelalterlichen Ausgrabungen von Kraków (Polen) beschreibt Wasylikowa (1969). Weitere Funde aus Polen hat Klichowska (1969 i, o) bekanntgemacht.

Capsicum L., Spanischer Pfeffer

Der Geschichte der Spanischen Pfeffer ist Pickersgill (1969a, b) nachgegangen durch eine Kombination von morphologischen, zytogenetischen und archäologischen Studien. Zur Zeit der spanischen Eroberung wurden in der Neuen Welt wenigstens 4 Arten dieser Gattung kultiviert. Die Arten des Spanischen Pfeffers gehören zu den ältesten Kulturpflanzen.

Cicer arietinum L., Kichererbse

Die Kichererbse kommt in großen Mengen in der frühen Bronzezeit von Jericho (Jordanien) vor (Hopf 1969b). Helbaek (1966b) beschreibt sie aus dem 7. Jahrh. v. u. Z. aus Nimrud (Assyrien). Die Art ist nach Vishnu-Mittre (1968) in Indien erst seit historischer Zeit nachgewiesen.

Citrullus lanatus (Thunb.) Mansf., Wassermelone

Eine Besonderheit stellt der mittelalterliche (13.–14. Jahrh.) Samenfund der Wassermelone aus Opava, ČSSR, dar (Opravil 1969a).

Cucumis sativus L., Gurke

Helbaek (1966b) wies diese Art im 7. Jahrh. v. u. Z. in Nimrud (Assyrien) nach. Samen der Gurke erwähnt Klichowska (1969h) aus der Mitte des 12. Jahrh. aus Poznań/Polen.

Dioscorea L.

In einem Artikel über die Entstehung der Kultur der *Dioscorea*-Arten behandeln Alexander und Coursey (1969) auch archäologische Fragen.

Dolichos biflorus L., Pferdebohne

Vishnu-Mittre (1968) erwähnt den Fund von Samen dieser Art von einem neolithischen Fundplatz in Indien.

Eleusine coracan (L.) Gaertn., Korakan

Diese Art wurde zusammen mit der wilden Stammart *Eleusine indica* (L.) Gaertn. von Vishnu-Mittre (1968) im Neolithikum von Hallur (Mysore, Indien) nachgewiesen. Andere Funde dieser Art sind bisher nicht bekannt.

Fagopyrum sagittatum Gilib., Buchweizen

Zahlreiche Samenreste des Buchweizens hat Opravil (1969a) aus dem mittelalterlichen (13.–14. Jahrh.) Opava/ČSSR beschrieben (vgl. auch Opravil 1969b).

Ficus carica L., Feigenbaum

Von der vorkeramischen Zeit bis zur Bronzezeit kamen in Jericho (Jordanien) Samen der Feige vor. Einmal fand sich sogar ein Stück „Frucht"fleisch (Hopf 1969b). Einzelne Reste der Feige wies Helbaek (1966b) in Schichten des 7. Jahrh. v. u. Z. in Nimrud (Assyrien) nach.

Gossypium hirsutum L., Baumwolle

Zwei Segmente von Samenkapseln dieser Baumwoll-Art wurden in der Coxcatlán-Höhle im Tehuacán-Tal (Mexiko) gefunden. Sie stammen aus einer Schicht, deren Alter mit etwa 5500 Jahren v. u. Z. angegeben wird (Stephens 1967). Bei der Besprechung der Kon-Tiki-Theorie behandeln Pickersgill und Bunting (1969) die Baumwolle.

Hordeum vulgare L. s. l., Gerste

Über den Ursprung der Gerste hat Harlan (1968) berichtet, wobei er auch auf die Vorgeschichte eingeht. Auch Clark (1967) schreibt über Entstehung und Frühgeschichte der Kulturgerste, indem sie die botanischen und archäologischen Fakten zu einer Synthese vereinigt. Zohary (1969) beschreibt die Vorfahren der Gerste in Verbindung mit der Domestikation und der Ausbreitung des Ackerbaus in der Alten Welt. Rudorf (1969) gibt eine Übersicht über die wichtigsten Gerstenfunde des Nahen Orients.

Neolithische Abdrücke von Gerstenkörnern aus Polen nennt Klichowska (1969j, k, l). Verkohlte Körner aus dem Neolithikum von Can Hasan, Anatolien, beschreibt Renfrew (1968). Nach Hopf (1969b) kommt die Gerste in Jericho (Jordanien) von der vorkeramischen Zeit bis zur Bronzezeit vor. Es handelt sich hierbei fast ausschließlich um die zweireihige, bespelzte Form.

Die Gerste findet sich in Schichten aus der Zeit von 1575–1400 v. u. Z. auf Cypern (Helbaek 1966a), im 13. und im 8. Jahrh. v. u. Z. in Etrurien (Helbaek 1967) und im 7. Jahrh. v. u. Z. in Nimrud, Assyrien (Helbaek 1966b). Abdrücke von Gerstenkörnern aus der jüngeren Bronzezeit von Südschweden beschreibt Hjelmqvist (1969a).

Die Gerstenfunde in Indien hat Vishnu-Mittre (1968) zusammengestellt. Weitere Nachweise stammen von Behre (1969a), Busch (1969), Giżbert (1969b) und Klichowska (1966a–d; 1967a, b; 1969b–f, i).

Humulus lupulus L., Hopfen

Samen des Hopfens hat Opravil (1969a) aus dem mittelalterlichen (13. bis 14. Jahrh.) Opava (ČSSR) beschrieben.

Ipomoea batatas (L.) Poir., Süßkartoffel

Urban (1968/69) setzt sich mit dem Alter der Süßkartoffel in der Südsee auseinander. Auch Pickersgill und Bunting (1969) behandeln bei der Besprechung der Kon-Tiki-Theorie die Süßkartoffel (vgl. Gooding 1969).

Juglans regia L., Walnuß

In frühmittelalterlichen Schichten von Haithabu hat Behre (1969a) Schalenbruchstücke der Walnuß nachweisen können, die mit Sicherheit durch Handel in dieses Gebiet gelangt sind.

Lathyrus cicera L., Rote Platterbse, Kleine Kicher

Diese Art hat Helbaek (1967) in Etrurien (13. Jahrh. v. u. Z.) nachgewiesen.

Lathyrus sativus L., Saat-Platterbse

Vishnu-Mittre (1968) erwähnt einige Funde dieser Art aus Indien.

Lens culinaris Medik., Linse

Hopf (1969b) beschreibt das Vorkommen der Linse in Jericho (Jordanien) von vorkeramischer Zeit bis zur Bronzezeit. Helbaek (1966a) wies die Art auf Cypern in Schichten aus der Zeit 1575--1400 v. u. Z. nach. Ebenso kommt die Linse nach Helbaek (1966b) in Ablagerungen des 7. Jahrh. v. u. Z. in Nimrud (Assyrien) vor. Aus Indien erwähnt Vishnu-Mittre (1968) zwei Funde dieser Art. Wasylikowa (1969) und Klichowska (1966b, 1967b, 1969i, o) nennen Funde aus Polen, Klichowska (1966a) einen Fund aus Bulgarien.

Linum usitatissimum L., Lein, Flachs

Hopf (1969b) erwähnt aus der frühen Bronzezeit von Jericho (Jordanien) Samen, einzelne Fruchtblätter und eine vollständige Samenkapsel des Lein. Die Kapsel hat die Abmessungen von 6,2 × 5,5 mm und ist nur an der Spitze aufspringend, stellt also mit Sicherheit eine Kulturform dar.

Aus einer bronzezeitlichen Fundstelle von Boomborg-Hatzum, Kr. Leer, hat Behre (1965) Kapselreste sowie Samen und Stengel vom Lein beschrieben. Damit ist der Anbau des Leins in der Bronzezeit erstmalig für das norddeutsche Flachland nachgewiesen. Im 7. Jahrh. v. u. Z. kommen in Nimrud (Assyrien) ebenfalls Leinsamen vor (Helbaek 1966b). Eine Notiz über die Frühgeschichte des Flachses stammt von Gulati (1965). Die frühmittelalterlichen Samen von Haithabu weichen in ihrer Größe kaum von rezenten Leinsamen ab (Behre 1969a). Funde aus Polen hat Klichowska (1969d, h, i, o) bekanntgemacht.

Malus sylvestris Mill., Apfel

Eine Untersuchung über die Variabilität der Fruchtgröße prähistorischer Wildäpfel der Schweiz hat Villaret-von Rochow (1969) durchgeführt. Apfelkerne fand Behre (1969a) in frühmittelalterlichen Schichten von Haithabu.

Manihot esculenta Crantz, Maniok

In Form von Pollenkörnern wurde diese Pflanze zusammen mit Mais-Pollen in Panama in Ablagerungen angetroffen, deren Alter etwa 1800 Jahre beträgt (Bartlett, Barghoorn and Berger 1969).

Olea europaea L., Ölbaum, Olive

In Schichten des 7. Jahrh. v. u. Z. konnte Helbaek (1966b) in Nimrud (Assyrien) drei Reste der Olive nachweisen.

Oryza sativa L., Reis

Einen Überblick über die Funde des Reis in Indien gibt Vishnu-Mittre (1968). Die Art ist hier seit dem Neolithikum vorhanden. Kihara (1969) schildert die Geschichte der Einführung des Reis in Japan, die etwa im 3. Jahrh. v. u. Z. erfolgte.

Panicum miliaceum L., Rispenhirse

Abdrücke der Rispenhirse aus dem Neolithikum von Polen hat Klichowska (1969j) beschrieben. Aus der jüngeren Bronzezeit Südschwedens konnte Hjelmqvist (1969b) ebenfalls Abdrücke in Tonmaterial nachweisen. Helbaek (1966b) fand die Rispenhirse zusammen mit anderen Kulturpflanzen in Schichten des 7. Jahrh. v. u. Z. in Nimrud (Assyrien). Busch (1969) erwähnt einen Fund von Göttingen aus der Bronze- bis frühen Eisenzeit. Weitere Nachweise stammen von Wasylikowa (1969), Giżbert (1969b) und Klichowska (1966a, b; 1967a, b; 1969d, e, f, h, i, o).

Pennisetum L. C. Rich., Perlhirse

Zwei Funde der Perlhirse erwähnt Vishnu-Mittre (1968) aus Indien. Der eine davon stammt aus der Zeit um 800 v. u. Z.

Persea americana Mill., Avocato-Birne.

Kotyledonen dieser Art aus archäologischen Ablagerungen im Oaxaca-Tal in Mexiko hat Smith (1969b) beschrieben.

Phaseolus L., Bohne

Archäologische Reste der Gattung *Phaseolus* aus dem Tehuacán-Tal, Mexiko, hat Kaplan (1967) bekannt gemacht: *Ph. vulgaris* L., Gartenbohne, *Ph. coccineus* L., Feuerbohne, *Ph. lunatus* L., Limabohne und *Ph. acutifolius* A. Gray var. *latifolius* G. F. Freeman, Tepary-Bohne.

In einer Übersicht über die vorgeschichtlichen Nachweise des Ackerbaus in Indien erwähnt Vishnu-Mittre (1968) *Phaseolus radiatus* L. und *Phaseolus mungo* L., Urd-Bohne (vgl. hierzu auch Allchin and Allchin 1968).

Bei der Darstellung der Entstehung der Gartenbohne, *Phaseolus vulgaris*, bespricht Gentry (1969) auch die archäologischen Funde. Die Evolution der amerikanischen *Phaseolus*-Arten in der Domestikation behandelt Smartt (1969).

Phoenix dactylifera L., Dattelpalme

Je einen Dattelstein konnten Hopf (1969b) in der frühen Bronzezeit von Jericho (Jordanien) und Helbaek (1966b) in Schichten des 7. Jahrh. v. u. Z. in Nimrud (Assyrien) nachweisen.

Pisum sativum L., Erbse

Einen Fund neolithischer Erbsen aus Can Hasan (Anatolien) hat Renfrew (1968) bearbeitet. In Schichten der älteren Eisenzeit von Tupá skala (ČSSR) fanden sich neben Ackerbohnen auch Erbsen (Tempir 1968b). Klichowska beschreibt Erbsenfunde aus Bulgarien (1966a) und aus Polen (1966b, 1967b, 1969i, m). Vishnu-Mittre (1968) erwähnt einige Funde dieser Art aus Indien.

Prunus avium L., Süßkirsche

Süßkirschensteine in archäologischen Funden sind in Bulgarien (Klichowska 1966a), Polen (Klichowska 1969n) und der ČSSR (Opravil 1968) nachgewiesen worden.

Prunus cerasus L., Sauerkirsche

Steine der Sauerkirsche haben Klichowska (1969h, n) aus Polen und Opravil (1968) aus der ČSSR beschrieben.

Prunus domestica L., Pflaume

In der spätslawischen Burganlage Behren-Lübchin in Mecklenburg fanden sich Steine einer primitiven Kulturform der Pflaume, der Haferpflaume oder Krieche, *Prunus domestica* L. ssp. *insititia* (Jusl.) Schneider (Wessely-Meincke 1965). Frühmittelalterliche Reste von Haithabu behandelt Behre (1969a). Weitere Funde stammen aus der ČSSR (Opravil 1968, 1969a), Bulgarien (Klichowska 1966a) und Polen (Klichowska 1966b, 1969h, n).

Prunus persica Batsch, Pfirsich

Pfirsichsteine aus der Mitte des 12. Jahrh. hat Klichowska (1969h) aus Poznań/Polen beschrieben.

Prunus spinosa L., Schlehe

Die Früchte wurden wohl schon in der Steinzeit gesammelt. Klichowska (1969a) konnte in Kugelamphoren-Keramik in Polen Reste von Schlehensteinen nachweisen, ebenso in neolithischer Tonware in Form von Abdrücken (Klichowska 1969b). Weitere Funde hat ebenfalls Klichowska (1966b, 1969n) beschrieben.

Punica granatum L., Granatapfelbaum

Hopf (1969b) erwähnt Bruchstücke der Fruchtwand und Samen des Granatapfels in der mittleren Bronzezeit von Jericho (Jordanien). Die Samen waren beträchtlich kleiner als die heutigen. Einen Granatapfelsamen konnte Helbaek (1966b) in Schichten des 7. Jahrh. v. u. Z. in Nimrud (Assyrien) nachweisen. Hier fanden sich auch kleine Granatäpfel aus Elfenbein, die als Symbol der Fruchtbarkeit galten.

Secale cereale L., Roggen

In frühmittelalterlichen Schichten von Haithabu hat Behre (1969a) Roggen nachgewiesen. Auch in Bulgarien (Klichowska 1966a) und in Polen (Klichowska 1966b, d, 1969f, i, o) ist die Art gefunden worden.

Setaria italica (L.) Beauv., Borstenhirse

Früchte dieser Art hat Opravil (1969a) aus einem mittelalterlichen Fund (13.–14. Jahrh.) in Opava (ČSSR) beschrieben.

Sorgum Adans.

Die *Sorgum*-Funde in Indien hat Vishnu-Mittre (1968) zusammengestellt.

Triticum L., Weizen

Die Änderungen im Bestand der Weizenarten in Ungarn von der Bronzezeit bis zum Mittelalter hat Nováki (1969) beschrieben. Zohary (1969) behandelt die Vorfahren der Weizen in Verbindung mit der Domestikation und der Ausbreitung des Ackerbaus in der Alten Welt. Rudorf (1969) gibt eine Übersicht über die wichtigsten Weizenfunde des Nahen Orients. Dixon (1969) berichtet über Getreide im alten Ägypten. Die Weizenfunde Indiens hat Vishnu-Mittre (1968) zusammengestellt.

Triticum aestivum L., Saatweizen

Riley (1969) diskutiert die phylogenetische Verwandtschaft der zuerst kultivierten Typen des Saatweizens. Hopf (1969b) erwähnt das Vorkommen der Art in der Bronzezeit von Jericho (Jordanien). Der Saatweizen findet sich auch auf Cypern in Schichten aus der Zeit 1575–1400 v. u. Z. (Helbaek 1966a) und im 13. Jahrh. v. u. Z. in Etrurien (Helbaek 1967). Helbaek (1966b) wies diese Art weiterhin in Ablagerungen des 7. Jahrh. v. u. Z. in Nimrud (Assyrien) nach. Weitere Nachweise stammen von Behre (1969a), Giżbert (1969a, b), Klichowska (1966a–d; 1967a, b; 1969c–f, i, o) und Wasylikowa (1969).

Triticum dicoccon Schrank, Emmer

Emmerkornabdrücke aus dem Neolithikum von Polen nennt Klichowska (1969b, j). Nach Hopf (1969b) kommt die Art in Jericho (Jordanien) von der vorkeramischen Zeit bis zur Bronzezeit vor. Hjelmqvist (1969a) wies Abdrücke in Keramik der jüngeren Bronzezeit von Südschweden nach. Der Emmer fand sich auch in Etrurien im 8. Jahrh. v. u. Z. (Helbaek 1967) und im 7. Jahrh. v. u. Z. in Nimrud, Assyrien, (Helbaek 1966b). Weitere Nachweise stammen von Busch (1969), Jäger (1969) und Klichowska (1967b).

Triticum monococcum L., Einkorn

Am Beispiel des Einkorns bespricht Hopf (1969a) die Frage der Ausbreitung unserer Kulturpflanzen und ihrer Beziehungen zu vorgeschichtlichen Kulturgruppen. Dieselbe Autorin (Hopf 1969b) nennt das Vorkommen dieser Art in Jericho (Jordanien) von vorkeramischer Zeit bis zur Bronzezeit. Weitere Nachweise: Neolithikum von Polen (Klichowska 1969b), Bronzezeit bis frühe Eisenzeit von Göttingen (Busch 1969) sowie 8. Jahrh. v. u. Z. in Etrurien (Helbaek 1967).

Triticum spelta L., Spelz oder Dinkel

Abdrücke des Spelzes in Tonmaterial aus der jüngeren Bronzezeit Südschwedens konnte Hjelmqvist (1969b) nachweisen. Die Art wurde von Helbaek (1967) auch aus der späten Eisenzeit Etruriens und von Wasylikowa (1969) aus dem 7. Jahrh. von Polen beschrieben.

Vicia ervilia (L.) Willd., Erve, Linsenwicke

Diese Art hat Helbaek (1967) in Etrurien (8. Jahrh. v. u. Z.) nachgewiesen.

Vicia faba L., Ackerbohne

In Schichten der älteren Eisenzeit von Tupá skala (ČSSR) fanden sich Ackerbohnen (Tempír 1968b, 1969). Ebenfalls eisenzeitliche Reste dieser Art erwähnt Werneck (1969). Behre (1969a) konnte die Ackerbohne in der frühmittelalterlichen Siedlung Haithabu und in der wikingerzeitlichen Siedlung Elisenhof in Eiderstedt an der Nordseeküste von Schleswig nachweisen. Weitere Funde: Helbaek (1967), Klichowska (1966a, b, 1969f, g, i).

Vitis vinifera L., Weinstock

In der Bronzezeit von Jericho (Jordanien) fanden sich nach Hopf (1969b) neben zahllosen Samen erstaunlicherweise auch viele verkohlte Weinbeeren. Helbaek (1966a) wies die Weinrebe auf Cypern aus der Zeit 1575–1400 v. u. Z. nach. Ebenso kommt die Art in Schichten des 7. Jahrh. v. u. Z. in Nimrud (Assyrien) vor (Helbaek 1966b). Den ersten Hinweis auf Weinbau in Ungarn sehen Valkó und Stieber (1969) in dem Fund von Holz der Rebe in einer bronzezeitlichen Siedlung im Südosten des Landes. An derselben Stelle fanden sich auch Gerstenkörner, ein Hinweis auf planmäßigen Anbau von Kulturpflanzen. Aus dem frühen Mittelalter Bulgariens beschreibt Klichowska (1966a) Samen des Weinstocks.

Zea mays L., Mais

In Form von Pollenkörnern wurde in Panama Wildmais und Kulturmais nachgewiesen, dessen Alter mit 7300 Jahren anzusetzen ist (Bartlett, Barghoorn und Berger 1969). Archäologische Reste des Mais fanden sich in Argentinien (Cámara Hernández und Rossi 1968). Einen kurzen Überblick über die archäologischen Nachweise dieser Art gibt Smith (1969a).

Zizania aquatica L., Wasserreis

Diese Art wird zwar nicht kultiviert, stellte aber ein Sammelgetreide der Indianer im östlichen Nordamerika dar. Die Benutzung dieser Art bereits während der späten vorgeschichtlichen Zeit ist aus Funden von verkohlten Körnern zu vermuten (Johnson 1969).

Nach dieser Aufzählung von Einzelnachweisen sollen nun einige zusammenfassende Arbeiten bzw. solche allgemeinen Inhalts besprochen werden.

Hier ist zunächst auf archäologische Pflanzenreste hinzuweisen, die bei Ausgrabungen in Südost-Asien zutage kamen (Gorman 1969). Die Reste, die in der Spirit Cave im nordwestlichen Thailand gefunden wurden, haben nach einer C^{14}-Analyse ein Alter von 9180 ± 360 Jahren; sie stammen mithin aus der Zeit um 7000 v. u. Z. Die aufgefundenen Pflanzen sollen z. T. Domestikationseigenschaften zeigen, also Kulturpflanzen darstellen. Die Angaben (z. B. *Vicia* oder *Phaseolus*, *Pisum* oder *Raphia*, *Piper*, *Canarium*) sind bisher aber nur sehr allgemein gehalten, so daß eine genauere botanische Darstellung abgewartet werden muß, bevor aus diesen Funden weiterreichende Schlüsse gezogen werden können.

Die von Watson (1969) aus einer chinesischen Quelle zitierte Angabe, nach der im Neolithikum von Chekiang (China) neben anderen Kulturpflanzen auch Reste von *Arachis hypogaea* (und *Vicia faba*) gefunden worden sind, ist völlig unwahrscheinlich. Als Heimat der Erdnuß wird Brasilien angenommen. Mit ziemlicher Sicherheit liegt hier eine Verwechselung mit der Sojabohne, *Glycine max* (L.) Merr., vor.

Die Kulturpflanzenreste und den frühen Ackerbau in Jericho (Jordanien) von vorkeramischer Zeit bis zur Bronzezeit hat Hopf (1969b) kurz besprochen. Helbaek (1966b) gibt eine Darstellung des Kulturpflanzenbestandes von Nimrud (Assyrien) im 7. Jahrh. v. u. Z. Derselbe Autor (Helbaek 1969) beschreibt ausführlich Pflanzensammeln und Ackerbau im vorgeschichtlichen Deh Luran in Khuzistan (Iran). Den Bewässerungsackerbau während der Epoche des Eneolithikums im Süden von Turkmenien behandelte Lisicyna (1965).

Matthias und Schultze-Motel (1969) setzten ihre Untersuchungen von Kulturpflanzenabdrücken an schnurkeramischen Gefäßen aus Mitteldeutschland und damit zum Kulturpflanzenanbau dieser neolithischen Kulturgruppe fort (vgl. hierzu auch Schultze-Motel 1969 sowie Neustupný 1969). Die Pflanzenreste aus frühgeschichtlichen Siedlungen des Göttinger Gebietes hat Willerding (1969b) zusammengestellt.

Tempír gibt Übersichten über die Funde von Kulturpflanzen und Unkräutern in Böhmen und Mähren (1968a) sowie der Slowakei (1969). Den altslawischen Obstbau in der Tschechoslowakei behandelt Beranová (1969a).

Eine nachgelassene Arbeit des verstorbenen Forschers H. L. Werneck (1969) über die Pflanzenreste aus der Stadt auf dem Magdalensberg bei Klagenfurt in Kärnten enthält eine kurze Zusammenstellung der in Österreich gefundenen urgeschichtlichen Kulturpflanzenreste.

Soderstrom (1969) bestimmte Abdrücke von Kulturpflanzen und Wildpflanzen an Keramik aus Arabien. Einige dieser Bestimmungen erscheinen jedoch fraglich.

Unter dem Titel „From Vavilov to the Present – A review" bringt Smith (1969a) eine Übersicht über archäologische Nachweise von ausgewählten Kulturpflanzen.

Hier sei auch auf den zusammenfassenden Artikel („A summary of the subsistence") von MacNeish (1967) in dem Werk „The Prehistory of the Tehuacán Valley" hingewiesen.

Im Berichtszeitraum sind eine ganze Reihe von Arbeiten allgemeiner Bedeutung erschienen. So hat Beranová (1969b) ein Werk mit dem Titel „Die europäische Landwirtschaft in der Archäologie. Bibliographie 1945–1965“ herausgegeben, das in gut gegliederter Form auch entsprechende Angaben über archäologische Kulturpflanzenreste enthält.

Wichtig ist ferner der Kolloquiumsbericht „Archäologisch-Biologische Zusammenarbeit in der Vor- und Frühgeschichtsforschung“ (Boessneck 1969), aus dem die Arbeiten von Behre (1969b) „Ziele und Aufgaben des Botanikers bei prähistorischen Grabungen“ und von Haarnagel (1969) „Die Botanik in der Sicht des Archäologen“ in diesem Zusammenhang zu nennen wären.

Willerding (1969a) schreibt über „Ursprung und Entwicklung der Kulturpflanzen in vor- und frühgeschichtlicher Zeit“. Diese Arbeit, die mit genauen Literaturangaben versehen ist, stellt eine gute Zusammenfassung der Nachweise von Kulturpflanzen im prähistorischen Mitteleuropa dar.

Das Buch von Sinskaja (1969) „Historische Geographie der Kulturpflanzenflora“ gibt einen willkommenen Überblick über die Funde archäologischer Kulturpflanzenreste der Sowjetunion.

Auch über einige andere Länder, aus denen bisher nur spärliche Einzelangaben vorlagen, sind Zusammenstellungen der vorgeschichtlichen Kulturpflanzen erschienen.

So hat Allchin (1969) die frühen Kulturpflanzenfunde Indiens und Pakistans zusammengestellt (vgl. hierzu auch Allchin und Allchin 1968). Auch Vishnu-Mittre (1968) gibt eine Übersicht über vorgeschichtliche Nachweise des Ackerbaus in Indien. Watson (1969) berichtet über den frühen Anbau von Getreiden in China.

Eine bedeutende Arbeit liegt in dem von Ucko und Dimbleby (1969) herausgegebenen Buch „The domestication and exploitation of plants and animals“ vor, in dem die in einem Seminar in London 1968 gehaltenen Vorträge zusammengefaßt sind. Hieraus seien in diesem Zusammenhang die folgenden Arbeiten genannt: „Reflections on prehistoric environments in the Near East“ (van Zeist 1969), „The silent millennia in the origin of agriculture“ (Darlington 1969a), „Origins and ecological effects of early domestication in Iran and the Near East“ (Flannery 1969), „The ecological background of plant domestication“ (Hawkes 1969), „Agricultural systems, ecosystems and the origins of agriculture“ (Harris 1969). Sturtevant (1969) beschreibt Geschichte und Ethnographie einiger westindischer Stärkepflanzen. Renfrew (1969) berichtet über Methoden und Probleme beim archäologischen Nachweis für die Domestikation der Pflanzen. Diese Arbeit bringt weiterhin eine Übersicht der Kulturpflanzenfunde im Nahen Osten und Südost-Europa, die älter sind als 5000 v. u. Z.

Rudorf (1969) gibt auf Grund archäologischer Quellen eine Übersicht über die Geschichte und Geographie alteuropäischer Kulturpflanzen (besonders Weizen und Gerste). Über Ausbreitung des Bauern- und Städtertums sowie

Anfänge von Haustierzucht und Getreideanbau im Orient und Europa berichten von Müller und Nagel (1968). Hier sind auch eine Betrachtung von Higgs und Jarman (1969) über die Entstehung des Ackerbaus sowie die Arbeiten von Heiser (1969), Braidwood (1968) und Seddon (1966) über die Anfänge der Domestikation zu erwähnen.

In seinem Buch „The Evolution of Man and Society" weist Darlington (1969b) auf die Wechselwirkung zwischen der Entwicklung des Menschen und seiner Kulturpflanzen hin und betrachtet den Menschen und seine Kulturpflanzen als Teile eines Evolutionssystems.

D. und P. Brothwell (1969) geben in ihrem Buch „Food in Antiquity" eine gute Zusammenstellung der Nahrung des frühen Menschen. Heizer und Napton (1969) beschäftigten sich mit der Rekonstruktion der Nahrung auf Grund des Studiums vorgeschichtlicher menschlicher Koprolithen. Martin (1967) berichtet über die Untersuchung der Speisereste in einer Moorleiche.

Schließlich seien Arbeiten von Reynolds (1968) und von Bowen und Wood (1968) erwähnt, die Experimente zum eisenzeitlichen Ackerbau durchgeführt haben.

Zusammenfassung

In Fortsetzung von Bibliographien über archäologische Kulturpflanzenreste wurde die einschlägige Literatur des Jahres 1969 zusammengestellt und der Inhalt der erfaßten 117 Arbeiten kurz kommentiert.

Summary

Literature on archaeological remains of cultivated plants (1969)

The publications of 1969 on archaeological remains of cultivated plants were put together. Thc contents of the 117 references is briefly discussed.

Краткое содержание

Литература об археологических находках остатков культурных растений (1969 г.)

Продолжение библиографии работ об археологических находках остатков культурных растений. Дается список соответствующей литературы за 1969 г. Кратко коментируется содержание 117 работ.

Literatur

Alexander, J., and D. G. Coursey, 1969: The origins of yam cultivation (pp. 405 to 425). In: P. J. Ucko and G. W. Dimbleby (ed.), The domestication and exploitation of plants and animals. – London.

Allchin, B., and R. Allchin, 1968: The birth of Indian Civilization. India and Pakistan before 500 B. C. – Penguin Books, 365 pp.

Allchin, F. R., 1969: Early cultivated plants in India and Pakistan (pp. 323–329). In: P. J. Ucko and G. W. Dimbleby (ed.), The domestication and exploitation of plants and animals. – London.

Anonym, 1969: Speicher aus der Bronzezeit. – Neues Deutschland 20. Sept., S. 14 (vgl. auch Urania *12*, 1969, S. 27).

Bartlett, A. S., E. S. Barghoorn and R. Berger, 1969: Fossil Maize from Panama. – Science *165*, No. 3891, 389–390.

Behre, K.-E., 1965: Untersuchungen zu den Umweltverhältnissen der Bewohner einer spätbronze-früheisenzeitlichen Siedlung von Boomborg-Hatzum, Kr. Leer. – Germania *43*, 374.

– 1969a: Untersuchungen des botanischen Materials der frühmittelalterlichen Siedlung Haithabu (Ausgrabung 1963–1964). – Berichte über die Ausgrabungen in Haithabu, Bericht *2*, 7–55.

– 1969b: Ziele und Aufgaben des Botanikers bei prähistorischen Grabungen (S. 13 bis 30). In: J. Boessneck (ed.), Archäologie und Biologie. Archäologisch-Biologische Zusammenarbeit in der Vor- und Frühgeschichtsforschung. Münchener Kolloquium 1967. – Forschungsberichte *15* der Deutschen Forschungsgemeinschaft. – Wiesbaden.

Beranová, M., 1969a: Staroslovanské ovocnictví Československu. Altslawischer Obstbau in der Tschechoslowakei. – Český lid *56*, 191–200.

– 1969b: Evropské zemědělství v archeologii. Bibliografie 1945–1965. Die europäische Landwirtschaft in der Archäologie. Bibliographie 1945–1965. – Archeologické studijní materiály *7*, Archeologický Ústav ČSAV Praha, XVII + 274 pp.

Boessneck, J. (ed.), 1969: Archäologie und Biologie. Archäologisch-Biologische Zusammenarbeit in der Vor- und Frühgeschichtsforschung. Münchener Kolloquium 1967. – Forschungsberichte *15* der Deutschen Forschungsgemeinschaft. VII + 179 S., Taf. I–VIII. – Wiesbaden.

Bowen, H. C., and P. D. Wood, 1968: Experimental storage of corn underground and its implications for Iron Age settlements. – Inst. of Archaeology Bulletin *7*, 1–14, pl. I.

Braidwood, R. J., 1968: Die Anfänge der Tier- und Pflanzendomestikation innerhalb der sich ansässig machenden Jäger- und Sammlergemeinschaften. – Archaeologia Viva *1*, 15–17.

Brothwell, D., and P. Brothwell, 1969: Food in Antiquity. A survey of the diet of early peoples. (Vol. *66* in the Series Ancient peoples and places). 248 pp. – London.

Busch, R., 1969: Die Siedlungsgrabung an der Walkemühle in Göttingen. – Raggi, Zeitschrift für Kunstgeschichte und Archäologie *9*, 18–23.

Cámara Hernández, J., y J. C. Rossi, 1968: Maíz arqueológico de Cafayate, Salta [Archeological maize from Cafayate, Salta, Argentina]. – Bol. Soc. Argent. Bot. *12*, 234–242.

Clark, H. H., 1967: The origin and early history of the cultivated barleys. A botanical and archaeological synthesis. – Agric. Hist. Rev. *15*, 1–18.

Darlington, C. D., 1969a: The silent millennia in the origin of agriculture (pp. 67 to 72). In: P. J. Ucko and G. W. Dimbleby (ed.), The domestication and exploitation of plants and animals. – London.
– 1969b: The evolution of man and society. – London.
Dixon, D. M., 1969: A note on cereals in ancient Egypt (pp. 131–142). In: P. J. Ucko and G. W. Dimbleby (ed.), The domestication and exploitation of plants and animals. – London.
Flannery, K. V., 1969: Origins and ecological effects of early domestication in Iran and the Near East (pp. 73–100). In: P. J. Ucko and G. W. Dimbleby (ed.), The domestication and exploitation of plants and animals. – London.
Gentry, H. S., 1969: Origin of the Common Bean, *Phaseolus vulgaris*. – Econ. Bot. *23*, 55–69.
Giżbert, W., 1969a: Wyniki badań nad resztkami roślinnymi z Majkowic, Pow. Proszowice. Results of the analysis of plant remains from Majkowice, District of Proszowice. – Sprawozdania Archeologiczne *21*, 423–425.
– 1969b: Znaleziska roślinne z dwu jam późnorzymskich w Nowej Hucie-Mogile. Plant remains from the pits of the late Roman period at Nowa Huta-Mogiła. – Sprawozdania Archeologiczne *21*, 427–430.
Godwin, H., 1967: The ancient cultivation of hemp. – Antiquity *41*, 42–49, 137–138.
Gooding, H. J., 1969: Cultivated plants and the Kon-Tiki Theory. – Nature *223*, No. 5202, 185–186.
Gorman, C. F., 1969: Hoabinhian: a pebble-tool complex with early plant associations in Southeast Asia. – Science *163*, No. 3868, 671–673.
Gulati, A. N., 1965: A note on the early history of flax (pp. 195–201). Appendix IV in: S. B. Deo and Z. D. Ansari, Chalcolithic Chandoli. – Poona.
Haarnagel, W., 1969: Die Botanik in der Sicht des Archäologen (S. 3–12). In: J. Boessneck (ed.), Archäologie und Biologie. Archäologisch-Biologische Zusammenarbeit in der Vor- und Frühgeschichtsforschung. Münchener Kolloquium 1967. – Forschungsberichte *15* der Deutschen Forschungsgemeinschaft. – Wiesbaden.
Harlan, J. R., 1968: On the origin of barley. – United States Department of Agriculture, Agriculture Handbook *338*, 9–31.
Harris, D. R., 1969: Agricultural systems, ecosystems and the origins of agriculture (pp. 3–15). In: P. J. Ucko and G. W. Dimbleby (ed.), The domestication and exploitation of plants and animals. – London.
Hawkes, J. G., 1969: The ecological background of plant domestication (pp. 17–29). In: P. J. Ucko and G. W. Dimbleby (ed.), The domestication and exploitation of plants and animals. – London.
Heiser, C. B., Jr., 1969: Some considerations of early plant domestication. – BioScience *19* (3), 228–231.
Heizer, R. F., and L. K. Napton, 1969: Biological and Cultural Evidence from Prehistoric Human Coprolites. The diet of prehistoric Great Basin Indians can be reconstructed from desiccated fecal material. – Science *165*, No. 3893, 563–568.
Helbaek, H., 1966a: What Farming produced at Cypriote Kalopsidha. – Stud. Medit. Archaeol. *II*, 115–126.
– 1966b: The plant remains from Nimrud. In: M. E. L. Mallowan, Nimrud and its Remains, Vol. *II*, Collins, London, 613–620, Vol. *I*, 1966, p. 123 u. 138.
– 1967: Agricoltura preistorica a Luni sul Mignone in Etruria. – Acta Instituti Romani Regni Sueciae, Series in 4°, *25*, 279–282.
– 1969: Plant collecting, dry-farming, and irrigation agriculture in prehistoric Deh Luran (Appendix I, pp. 383–426, plate 40, 41). In: F. Hole, K. V. Flannery, and J. A. Neely, Prehistory and Human Ecology of the Deh Luran Plain. An Early

Village Sequence from Khuzistan, Iran. – Memoirs of the Museum of Anthropology, University of Michigan, No. 1, XVI + 440 pp.

Higgs, E. S., and M. R. Jarman, 1969: The origins of agriculture: a reconsideration. – Antiquity *43*, No. 169, 31–41.

Hjelmqvist, H., 1969a: Getreideabdrücke in den bronzezeitlichen Funden aus Hötofta. In: Berta Stjernquist, Beiträge zum Studium von bronzezeitlichen Siedlungen. – Acta Archaeologica Lundensia, Series in 8°, No. *8*, 208–216.

– 1969b: Dinkel und Hirse aus der Bronzezeit Südschwedens nebst einigen Bemerkungen über ihre spätere Geschichte in Schweden. – Botaniska Notiser *122*, 260 bis 270.

Hopf, M., 1969a: Zur Frage der Ausbreitung unserer Kulturpflanzen und ihrer Beziehungen zu vorgeschichtlichen Kulturgruppen, dargelegt am Beispiel von *Triticum monococcum* (S. 39–47). In: J. Boessneck (ed.), Archäologie und Biologie. Archäologisch-Biologische Zusammenarbeit in der Vor- und Frühgeschichtsforschung. Münchener Kolloquium 1967. – Forschungsberichte *15* der Deutschen Forschungsgemeinschaft. – Wiesbaden.

– 1969b: Plant remains and early farming in Jericho (pp. 355–359). In: P. J. Ucko, and G. W. Dimbleby (ed.), The domestication and exploitation of plants and animals. – London.

Jäger, K.-D., 1969: Verkohlte Überreste von Holz und Getreide aus der kaiserzeitlichen Siedlung von Klein Kedingshagen, Kreis Stralsund. – Bodendenkmalpflege in Mecklenburg, Jahrbuch 1967, 267–269.

Johnson, E., 1969: Archeological evidence for utilization of wild rice. – Science *163*, No. 3864, 276–277.

Kaplan, L., 1967: Archaeological *Phaseolus* from Tehuacan. Chapter 10 in: D. S. Byers (ed.), The Prehistory of the Tehuacan Valley *1*, 201–211.

Kihara, H., 1969: History of biology and other sciences in Japan in retrospect. – Proc. XII Intern. Congr. Genetics Vol. *3*, 49–70.

Klichowska, M., 1966a: Wykopaliska w Styrmen w świetle badań botanicznych. Les fouilles de Stărmen à la lumière des recherches botaniques. – Slavia Antiqua *13*, 315–320.

– 1966b: Szczątki roślinne z wykopalisk archeologicznych w Kruszwicy, pow. Inowrocław, z lat 1959–1964. Plant remains from excavations carried out at Kruszwica, Distr. Inowrocław, in 1959–1964. – Sprawozdania Archeologiczne *18*, 387–390.

– 1966c: Sprawozdanie z badań próbek ziemi z Niemczy z 1962 roku. Report on the analysis of soil samples from Niemcza. – Sprawozdania Archeologiczne *18*, 395.

– 1966d: Wyniki badań próbki zboża z Zamku w Tykocinie. Results of the analysis of a corn sample from the Castle at Tykocin. – Sprawozdania Archeologiczne *18*, 396.

– 1967a: Wyniki badań odcisków na polepie z grodziska w Siemowie, pow. Gostyń. Résultats de l'examen des empreintes végétales sur le crépi découvertes dans le terrain de l'ancien Castrum de Siemowo, district de Gostyń. – Slavia Antiqua *14*, 183–184.

– 1967b: Wyniki badań próbek botanicznych z grodziska w Szeligach, pow. Płock. The results of examination of botanic samples from the castle at Szeligi, Płock district. Załącznik 4 w: W. Szymański, Szeligi pod Płockiem na początku wczesnego średniowiecza (zespół osadniczy z VI–VII w.), pp. 361–362.

– 1969a: Z badań nad neolityczną ceramiką z Brześcia Kujawskiego, pow. Włocławek. A note on the study of neolithic pottery from Brześć Kujawski, Włocławek District. – Sprawozdania Archeologiczne *20*, 411.

Klichowska, M., 1969b: Analiza botaniczna materiałów z osady neolitycznej z Pietrowic Wielkich, pow. Racibórz. Botanical analysis of materials from a neolithic site at Pietrowice Wielkie, Racibórz District. – Sprawozdania Archeologiczne *20*, 413–416.

– 1969c: Wyniki badań szczątków roślinnych z neolitycznej osady w Husynnem, pow. Chełm, z 1966 roku. Results of the examination of plant remains from a neolithic habitation site at Husynne, Chełm District. – Sprawozdania Archeologiczne *20*, 417.

– 1969d: Odciski roślin na polepie ze stan. 1 w Kotlinie, pow. Jarocin, z lat 1963–1964. Plant impressions on the daub from site 1 at Kotlin, Jarocin District. – Sprawozdania Archeologiczne *20*, 419–421.

– 1969e: Badania nad polepą z stan. 1 w Gołańczy Pomorskiej, pow. Gryfice, z roku 1961. Examination of clay daub from site 1 at Gołańcz Pomorska, Gryfice District. – Sprawozdania Archeologiczne *20*, 449–452.

– 1969f: Wyniki badań polepy z Bard, pow. Kołobrzeg, z 1964 roku. Results of the examination of daub from Bardy, Kołobrzeg District. – Sprawozdania Archeologiczne *20*, 453–454.

– 1969g: Szczątki roślinne z cmentarzysk kurhanowych w Skroniu i w Świelubiu, pow. Kołobrzeg. Plant remains from the cemeteries of burial mounds at Skronie and Świelubie, Kołobrzeg District. – Sprawozdania Archeologiczne *20*, 455–456.

– 1969h: Szczątki roślinne z wykopalisk na terenie ogrodu arcybiskupiego na Ostrowie Tumskim w Poznaniu w 1961 roku. Plant remains from the 1961 excavation in the archbishop's garden on Ostrów Tumski in Poznań. – Sprawozdania Archeologiczne *20*, 457–459.

– 1969i: Rośliny uprawne i dziko rosnące z grodziska z VII–IX wieku w Bruszczewie, pow. Kościan. Cultivated and wild growing plants from the earthwork of the 7th–9th centuries at Bruszczewo, Kościan District. – Sprawozdania Archeologiczne *20*, 461–464.

– 1969j: Odciski roślinne na neolitycznej ceramice ze stanowiska nr 3 w Rybitwach, pow. Inowrocław. Plant impressions on neolithic pottery from site 3 at Rybitwy, district of Inowrocław. – Sprawozdania Archeologiczne *21*, 395–396.

– 1969k: Odciski jęczmienia zwyczajnego na neolitycznej polepie z Sobociska, pow. Oława. Impressions of common barley on neolithic daub from Sobocisko, district of Oława. – Sprawozdania Archeologiczne *21*, 397.

– 1969l: Dalsze badania odcisków roślinnych na neolitycznej polepie z Janówka, pow. Dzierżoniów, z 1966 roku. Further analysis of plant impressions on the daub from Janówek, district of Dzierżoniów, obtained in 1966. – Sprawozdania Archeologiczne *21*, 405–406.

– 1969m: Szczątki roślinne z Latkowa, pow. Inowrocław, z okresu późnorzymskiego. Plant remains of the late Roman period from Latkowo, district of Inowrocław. – Sprawozdania Archeologiczne *21*, 421.

– 1969n: Badania nad pestkami owoców ze Wzgórza Tumskiego w Płocku, z 1966 roku. Analysis of fruit stones obtained in 1966 from Wzgórze Tumskie in Płock. – Sprawozdania Archeologiczne *21*, 431–432.

– 1969o: Rośliny uprawne i chwasty z grodziska wczesnośredniowiecznego w Orszymowie, pow. Płock, z 1966 roku. Cultivated plants and weeds obtained in 1966 from the early medieval earthwork at Orszymowo, district of Płock. – Sprawozdania Archeologiczne *21*, 433–434.

Krapovickas, A., 1969: The origin, variability and spread of the groundnut (*Arachis hypogaea*) (pp. 427–441). In: P. J. Ucko and G. W. Dimbleby (ed.), The domestication and exploitation of plants and animals. – London.

Lisicyna, G. N., 1965: Orošaemoe zemledelie ėpochi ėneolita na juge Turkmenii. – 168 pp. Izdatel'stvo „Nauka". – Moskva.

MacNeish, R. S., 1967: A summary of the subsistence. Chapter 15 in: D. S. Byers (ed.), The Prehistory of the Tehuacan Valley *1*, 290–309.

Martin, O., 1967: Bericht über die Untersuchung der Speisereste in der Moorleiche von Dätgen. – Offa *24*, 77–78.

Matthias, W., und J. Schultze-Motel, 1969: Kulturpflanzenabdrücke an schnurkeramischen Gefäßen aus Mitteldeutschland. Teil II. – Jahresschrift für mitteldeutsche Vorgeschichte *53*, 309–344.

Mehra, K. L., 1968: History and ethno-botany of mustard in India. – Advancing Frontiers of Plant Sciences *19*, 51–59.

Müller, A. von, und W. Nagel, 1968: Ausbreitung des Bauern- und Städtertums sowie Anfänge von Haustierzucht und Getreideanbau im Orient und Europa. – Berliner Jahrbuch für Vor- und Frühgeschichte *8*, 1–43, Beilage 1, 2.

Neustupný, E., 1969: Economy of the corded ware cultures. – Archeologické Rozhledy *21*, 43–68.

Nováki, G., 1969: Änderungen der Weizenarten in Ungarn von der Bronzezeit bis zum Mittelalter. – A Móra Ferenc Múzeum Évkönyve (2), 39–45.

Opravil, E., 1968: Středověké botanické nálezy z Uherského Brodu. Mittelalterliche Pflanzenreste aus Uherský Brod. – Muzeum J. A. Komenského Zpráva za druhé pololetí 1966, 64–66.

– 1969a: Rostlinné nálezy z archeologického výzkumu středověké Opavy prováděného v roce 1967. Pflanzenfunde der im Jahre 1967 durchgeführten archäologischen Erforschung der mittelalterlichen Stadt Opava. – Časopis Slezského muzea (Acta Musei Silesiae) Series 1, *18*, 175–182.

– 1969b: Synantropní rostliny dvou středověkých objektů ze SZ Čech. Synanthrope Pflanzen aus zwei mittelalterlichen Funden in NW-Böhmen. – Preslia *41*, 248–257.

Pickersgill, B., 1969a: The archaeological record of chili peppers (*Capsicum* spp.) and the sequence of plant domestication in Peru. – American Antiquity *34*, 54–61.

– 1969b: The domestication of chili peppers (pp. 443–450). In: P. J. Ucko and G. W. Dimbleby (ed.), The domestication and exploitation of plants and animals. – London.

Pickersgill, B., and A. H. Bunting, 1969: Cultivated plants and the Kon-Tiki Theory. – Nature *222*, No. 5190, 225–227.

Renfrew, J. M., 1968: A note on the neolithic grain from Can Hasan. – Anatolian Studies *18*, 55–56.

– 1969: The archaeological evidence for the domestication of plants: methods and problems (pp. 149–172). In: P. J. Ucko and G. W. Dimbleby (ed.), The domestication and exploitation of plants and animals. – London.

Reynolds, P. J., 1968: Experiment in Iron Age Agriculture. – Trans. Bristol & Glos. Arch. Soc. *86*, 60–73, pl. V–X.

Riley, R., 1969: Evidence from phylogenetic relationships of the types of bread wheat first cultivated (pp. 173–176). In: P. J. Ucko and G. W. Dimbleby (ed.), The domestication and exploitation of plants and animals. – London.

Rudorf, W., 1969: Zur Geschichte und Geographie alteuropäischer Kulturpflanzen. Eine Übersicht auf Grund archäologischer Quellen. – Verlag Paul Parey in Berlin und Hamburg, 48 Seiten.

Sauer, J. D., 1969: Identity of archaeologic grain amaranths from the Valley of Tehuacán, Puebla, Mexico. – American Antiquity *34*, 80–81.

Sauer, J., and L. Kaplan, 1969: *Canavalia* beans in American prehistory. – American Antiquity *34*, 417–424.

Schultze-Motel, J., 1968: Literatur über archäologische Kulturpflanzenreste (1965–1967). – Kulturpflanze *16*, 215–230.

– 1969: Kulturpflanzenfunde der Becherkulturen (p. 169–172, Taf. 3). In: H. Behrens und F. Schlette, Die neolithischen Becherkulturen im Gebiet der DDR und ihre europäischen Beziehungen. – Veröffentlichungen des Landesmuseums für Vorgeschichte in Halle, Bd. *24*.

– 1971: Literatur über archäologische Kulturpflanzenreste (1968). – Jahresschrift für mitteldeutsche Vorgeschichte *55*, 55–63.

Seddon, J. D., 1966: The origins of domestication: Some developments in the last five years. – South African Archaeological Bulletin *21*, 101–107.

Sinskaja, E. N.: 1969: Istoričeskaja geografija kul'turnoj flory (na zare zemledelija). – 480 S., „Kolos" Leningrad.

Smartt, J., 1969: Evolution of American *Phaseolus* beans under domestication (pp. 451 to 462). In: P. J. Ucko and G. W. Dimbleby (ed.), The domestication and exploitation of plants and animals. – London.

Smith, C. E., Jr., 1969a: From Vavilov to the Present – a review. – Econ. Bot. *23*, 2–19.

– 1969b: Additional notes on Pre-Conquest avocados in Mexico. – Econ. Bot. *23*, 135–140.

Soderstrom, T. R., 1969: Impressions of cereals and other plants in the pottery of Hajar Bin Humeid (Appendix III, p. 399–407). In: Gus W. van Beek et al., Hajar Bin Humeid: Investigations at a Pre-Islamic Site in South Arabia. – The Johns Hopkins Press, Baltimore.

Stephens, S. G., 1967: A cotton boll segment from Coxcatlan Cave. Chapter 13 in: D. S. Byers (ed.), The Prehistory of the Tehuacan Valley *1*, 256–260.

Sturtevant, W. C., 1969: History and ethnography of some West Indian starches (pp. 177–199). In: P. J. Ucko and G. W. Dimbleby (ed.), The domestication and exploitation of plants and animals. – London.

Tempír, Z., 1968a: Archeologické nálezy zemědělských rostlin a plevelů v Čechách a na Moravě. Archeological findings of agricultural plants and weeds in Bohemia and Moravia. – Vědecké Práce Československého Zemědělského Muzea *8*, 15–88.

– 1968b: Bôb obyčajný a hrach siaty v archeologických nálezoch zvyškov pestovaných rastlín na Tupej Skale (Vyšný Kubín). – Zborník Oravského múzea (1), 301–311, 2 Taf.

– 1969: Archeologické nálezy zemědělských rostlin a plevelů na Slovensku. Archeological finds of food plants and weeds in Slovakia. – Agrikultúra, Zborník Pol'nohospodárskeho Múzea v Nitre *8*, 7–66.

Ucko, P. J., and G. W. Dimbleby (ed.), 1969: The domestication and exploitation of plants and animals. – XXVI + 581 pp., London.

Urban, M., 1968/69: Das Alter der Süßkartoffel in der Südsee. – Anthropos *63/64*, 395–408.

Valkó, E., und J. Stieber, 1969: The first evidence of prehistoric vine growing in Hungary. – Acta Agronomica Academiae Scientiarum Hungaricae *18*, 432–435.

van Zeist, W., 1969: Reflections on prehistoric environments in the Near East (pp. 35–46). In: P. J. Ucko and G. W. Dimbleby (ed.), The domestication and exploitation of plants and animals. – London.

Villaret-von Rochow, M., 1969: Fruit size variability of Swiss prehistoric *Malus sylvestris* (pp. 201–206). In: P. J. Ucko and G. W. Dimbleby (ed.), The domestication and exploitation of plants and animals. – London.

Vishnu-Mittre, 1968: Protohistoric records of agriculture in India. – Trans. Bose Res. Inst. *31* (3), 87–106, Pl. I–X.

Wasylikowa, K., 1969: Nowe znalezisko konopi (*Cannabis sativa* L.) z okresu Przedpiastowskiego w Polsce. New discovery of hemp (*Cannabis sativa* L.) from the Older Part of the Early Mediaeval Time in Poland. – Sprawozdania Archeologiczne *20*, 465–468.

Watson, W., 1969: Early cereal cultivation in China (pp. 397–402). In: P. J. Ucko and G. W. Dimbleby (ed.), The domestication and exploitation of plants and animals. – London.

Werneck, H. L. (†), 1969: Pflanzenreste aus der Stadt auf dem Magdalensberg bei Klagenfurt in Kärnten. – Kärntner Museumsschriften *48*, 31 pp., Tabellen I–V, 4 Taf.

Wessely-Meincke, I., 1965: Pflanzliche Funde bei den Grabungen am Burgwall Behren-Lübchin (p. 154–157, Taf. 93). In: E. Schuldt, Behren-Lübchin – Eine spätslawische Burganlage in Mecklenburg. – Schriften der Sektion für Vor- und Frühgeschichte der Dt. Akad. Wiss. Berlin, Bd. *19*, 157 S., 59 Abb., 93 Taf., 9 Beilagen, 8 Tabellen, (4°).

Willerding, U., 1969a: Ursprung und Entwicklung der Kulturpflanzen in vor- und frühgeschichtlicher Zeit (S. 188–233). In: Deutsche Agrargeschichte, herausg. von G. Franz, Band *I*, Vor- und Frühgeschichte vom Neolithikum bis zur Völkerwanderungszeit. – Stuttgart, 300 S.

– 1969b: Pflanzenreste aus frühgeschichtlichen Siedlungen des Göttinger Gebietes. – Neue Ausgrabungen u. Forschungen in Niedersachsen *4*, 391–403.

Zohary, D., 1969: The progenitors of wheat and barley in relation to domestication and agricultural dispersal in the Old World (pp. 47–66). In: P. J. Ucko and G. W. Dimbleby (ed.), The domestication and exploitation of plants and animals. – London.

Resistenzeigenschaften im Gersten- und Weizensortiment Gatersleben

14. PRÜFUNG VON SOMMERGERSTEN AUF IHR VERHALTEN GEGEN MEHLTAU (*ERYSIPHE GRAMINIS* DC. f. sp. *HORDEI* MARCHAL)

von Ilse Nover[1] und Christian O. Lehmann

(Eingegangen am 28. Februar 1971)

In der ersten Mitteilung über die Resistenzuntersuchungen im Gaterslebener Getreidesortiment berichteten Nover und Mansfeld (1955) über die Mehltauinfektion an 720 Sommergersten. Inzwischen ist ihre Zahl auf 5100 angestiegen, von denen bisher weitere 1300 auf ihr Verhalten gegenüber Mehltau untersucht wurden.

Die Ergebnisse dieser Prüfungen wurden den Züchtern laufend mitgeteilt und sind von ihnen bereits erfolgreich genutzt worden. Es unterblieb aber bisher eine zusammenfassende Veröffentlichung.

MATERIAL UND METHODE

Das Sortiment, von dem hier die Rede ist, setzt sich aus Land- sowie älteren und neuen Zuchtsorten und Wildsippen zusammen. Die Landsorten sind u. a. Aufsammlungen von E. Mayr, der von 1922–1932 die alpinen Landsorten Österreichs erfaßte, und von K. O. Müller und O. Schwarz in Anatolien zu Beginn der 30er Jahre. Hinzu kommen die Gersten der Deutschen Hindukusch-Expedition 1935, der Deutschen Tibet-Expedition 1938/39, der Balkan-Sammelreisen, die im Jahre 1941 nach Nordgriechenland und Albanien und 1942 nach dem Peloponnes und Kreta führten, und der Mongolisch-Deutschen Expedition 1964. Die Sippen aus Äthiopien und Erythraea sammelten C. Troll und R. Schottenloher während ihrer Reisen in den Jahren 1937 und 1938, und R. Maly brachte im Jahre 1950 Landsorten aus Süditalien mit. Die älteren Zuchtsorten stammen u. a. aus den Sortimenten des ehemaligen Institutes für Pflanzenbau und Pflanzenzüchtung der Universität Halle, von E. Schiemann sowie von einzelnen Pflanzenzuchtstationen und Pflanzenzüchtern; sie wurden nach 1945 dem Sortiment in Gatersleben zur weiteren Erhaltung übergeben (vgl. Lehmann 1963). Dazu kommen Gersten, die wir während der Untersuchungen aus verschiedenen Kollektionen zur Überprüfung ihrer Resistenz übernahmen. Die neuen Zuchtsorten wurden in den vergangenen zehn Jahren im Austausch mit Sortimentsmaterial erworben.

[1] Sektion Pflanzenproduktion der Universität Halle.

Die Infektion erfolgte an etwa zehn Tage alten Pflanzen im Gewächshaus. Es wurden dazu die elf Mehltau-Rassen A 11, B 6, D 11, C 4, C 5, C 7, C 13, C 14, C 16, C 17 und „Amsel C 2“ verwendet. – Sie sind in der Zusammenstellung der Rassen von *E. graminis* DC. f. sp. *hordei* Marchal in Europa beschrieben (Nover, Brückner, Wiberg und Wolfe 1968); über die Rasse „Amsel C 2“ berichtete Nover (1968) gesondert. – Die Rassen wurden so ausgewählt, daß aus der Reaktion der Gersten ihnen gegenüber ein möglichst gutes Bild von den vorliegenden Resistenzgenen zu gewinnen war. Gelegentlich mußten zusätzliche Testrassen, wie z. B. die im Jahre 1968 isolierte Rasse „Emir C 2“, zur näheren Bestimmung der Resistenz hinzugezogen werden.

ERGEBNISSE

Eine Übersicht über die Ergebnisse vermittelt Tabelle 1. Von den 1300 Sommergersten waren 48 (4%), darunter zwei Wildsippen, gegen alle elf Rassen resistent; sie sind in der Tabelle 2 nach den Herkunftsgebieten der Resistenzträger geordnet. Gegen einzelne Rassen zeigten sich 82 Land- und Zuchtsorten sowie eine Wildsippe, das sind 6%, widerstandsfähig, die in Tabelle 3 entsprechend ihrem rassenspezifischen Verhalten gruppiert sind. Mäßig resistent gegen alle Rassen waren 24 Gersten, darunter ebenfalls eine Wildsippe, das sind 2% des geprüften Sortiments. Genaueres hierzu ist aus der Tabelle 4 zu entnehmen. In der letzten Spalte dieser und der beiden vorhergehenden Tabellen ist das Vorliegen von Resistenz gegen *Puccinia striiformis* West., Rasse 24, bzw. *P. hordei* Otth vermerkt. Gemische von anfälligen und resistenten Pflanzen lagen in 43 Sippen vor (gleich 3%).

Tabelle 1

Verhalten von 1300 Sommergersten gegenüber elf Rassen von *Erysiphe graminis hordei*

	Zahl der untersuchten Gersten	Bemerkung
Resistent gegen alle Rassen	48	Tabelle 2
Resistent gegen einen Teil der Rassen	83	Tabelle 3
Mäßig resistent	24	Tabelle 4
Gemisch von anfälligen und resistenten Pflanzen	43	
Anfällig	1102	

BESPRECHUNG DER ERGEBNISSE

Der prozentuale Anteil resistenter Sippen ist bei diesen Sommergersten etwa doppelt so hoch wie bei den früher geprüften (Nover und Mansfeld 1955). Zieht man in Betracht, daß diesmal mit einer größeren Zahl von Mehltaurassen infiziert wurde und mit ihnen das ganze derzeit in Europa bekannte Virulenzspektrum erfaßt ist, so erscheint das Ergebnis bemerkenswert. Zur Erklärung dient folgendes: Das resistente Material ist im Verlauf unserer Arbeiten zielstrebig zusammengetragen worden, wobei uns zahlreiche ausländische Kollegen und Institutionen in dankenswerter Weise unterstützten. Unter den Zugängen seit 1961 sind außerdem viele neue Zuchtsorten, von denen die meisten – der Bedeutung des Mehltaus entsprechend – auf Kombinationen mit Resistenzträgern zurückgehen.

Bei den Gersten, die gegen alle verwendeten Rassen widerstandsfähig waren (Tab. 2), treten die Herkunftsgebiete Äthiopien und Indien in den Vordergrund. Die Bedeutung Äthiopiens als Mannigfaltigkeitszentrum der Gerste wurde durch die Ergebnisse einer Expedition sowjetischer Wissenschaftler im Jahr 1927 erwiesen (Orlov 1929). Nach den Erfahrungen Vavilovs (1935) gibt es „nirgendwo sonst in der Natur eine solche Vielfalt an Formen und Genen der Gerste“. Es wurde mehrfach betont, daß darunter auch Resistenz gegen verschiedene Krankheiten zu finden ist (vgl. Hoffmann und Nover 1959; Schaller, Rasmusson und Qualset 1963; Trofimovskaja, Luk'janova und Starčenkova 1964; Nover und Lehmann 1966; Starčenkova 1969).

Die in den Tabellen 2 und 4 angeführten äthiopischen Gersten gehen nur auf deutsche Sammelreisen zurück (Giessen, Hoffmann und Schottenloher 1956). Über die Beziehungen ihrer Resistenzgene zu anderen Loci ist noch sehr wenig veröffentlicht. Brückner (1968) stellte für Ab. 6 (var. *duplialbum* Körn.) rezessiven Erbgang der Resistenz fest. Er vermutet, daß diese Gerste mit der „Unbegrannten Nackten“ aus dem Sortiment R. Freisleben ('Grannenlose Zweizeilige', HOR 2937) identisch ist, deren Resistenz nach Lau (1962) ebenfalls rezessiv vererbt wird (vgl. auch Lein 1970).

Aus dem Raum Indien und Pakistan kommen 17 der 48 resistenten Gersten. Ferner müssen hier die Neuzüchtungen 'Ciro', 'Elgina', 'Fitis', 'Ortolan', 'MK 42' und 'MK 47' genannt werden, deren Resistenz von der 'Lyallpur 3645' stammt.

Es kommen in dem Gebiet offenbar verschiedene Gene für Resistenz gegen *Erysiphe graminis* vor. Für 'Lyallpur 3645' (HOR 3866) wurde das Gen *Ml-a7* wahrscheinlich gemacht (Scholz und Nover 1967). Nach Auffinden einer geeigneten Mehltaurasse zeigte sich, daß die Sorte noch ein zweites Resistenzgen hat (Nover 1968). Das bestätigen auch die Infektionsergebnisse von Slootmaker (1970) mit der neuen Rasse „Lyallpur 3645 C 17“. Sie ist gegenüber dem gesamten Komplex der Mehltauresistenz von 'Lyallpur 3645' virulent. In den oben genannten neuen Zuchtsorten ist die Einlagerung beider Gene gelungen, während bei der Entwicklung von 'Heines Amsel' das zweite Gen, *Ml-a4*, verlorenging (Tab. 3, Gruppe II). Dieser Verlust mußte unbemerkt bleiben, weil *Ml-a7* vollkommene Resistenz gegen die damals vorhandenen Mehltaurassen bedingt. Es sei hier auf die vier anderen Sorten der Gruppe II hingewiesen, in denen ebenfalls das Gen *Ml-a7* angenommen werden kann.

Ein in 'Gopal' (HOR 806) und 'Purple Nudum' (HOR 4024) festgestelltes Gen wurde *Ml-a5* benannt (Baker 1964). Favret (1949) fand in 'Gopal' zwei Gene. Kreuzungen dieser Sorten mit 'Lyallpur 3545' oder Trägern ihres einen Genes *Ml-a7* sind, soweit uns bekannt, noch nicht analysiert worden. Es ist daher nicht auszuschließen, daß die Sorten gemeinsame Resistenzgene haben. Das gilt auch für andere in Tabelle 3 genannte Sorten indischer Herkunft. Mit ihnen wurde relativ viel experimentiert, allerdings verwendete man dabei verschiedene Rassen und keine Träger identifizierter Allele des Locus *Ml-a* (Favret 1949, 1956; Luig, McWhirter und Baker 1958; Hiura 1960; Starling, Pineda, Chen und Moseman 1963; Brückner 1965; Wiberg 1968). Interessant sind in diesem Zusammenhang die Ergebnisse der Infektion von 60 resistenten Gersten mit Mehltau-Kulturen aus England, Irland, Japan, Kanada und den USA (Moseman 1968). Die beiden Isolate aus Japan befielen als einzige die in unserer Prüfung sehr widerstandsfähigen Sorten 'Eremo' (HOR 4413), 'Grandpa' (HOR 3044), 'Monte Cristo' (HOR 4407) und C. I. 7672 (HOR 4031); von einem der japanischen Isolate wurde außerdem noch C. I. 8503 (HOR 3988) befallen.

Am Ende von Tabelle 2 stehen zwei durch Röntgenbestrahlung erhaltene Mutanten: 'M 66' aus 'Haisa' (Freisleben und Lein 1942) und 'MC 20' aus 'Malteria Heda' (Favret 1965). Jørgensen (1971) berichtet über seine Untersuchungen an diesen und vier anderen Mutanten. In ihrem Verhalten gegenüber den Mehltaurassen stimmen sie überein unter Ausprägung eines eigentümlichen Resistenztypes, der rezessiv vererbt und offenbar durch Allele eines und desselben Locus bedingt wird. Der *ml-o* Locus ist unabhängig von den Loci *Ml-a* (Lau 1962) und *Ml-g* (Nover und Schwarzbach 1971).[1]

Die Verwendung bestimmter Testrassen ermöglichte die Gruppierung der Sorten mit rassenspezifischer Resistenz in Tabelle 3. Gruppe I enthält die 'Arabische' und die daraus gezüchtete Futtergerste 'Emir'; in ihr ist die Mehltauresistenz mit Resistenz gegen Gelbrost (*Puccinia striiformis* West.) und Flugbrand (*Ustilago nuda* [Jens.] Rostr.) kombiniert. Die genetische Konstitution dieser Resistenz ist noch nicht geklärt.

In den Sorten der Gruppe II muß, wie bereits erwähnt, das Gen *Ml-a7* angenommen werden. Ein anderes Allel des Locus *Ml-a* ist nach eigenen vorläufigen Ergebnissen in 'Anatolien HOR 1402' (Gruppe III) zu vermuten.

[1] Er wurde inzwischen auch in fünf äthiopischen Gersten wahrscheinlich gemacht und dem Chromosom 4 zugeordnet (Jørgensen 1971).

Tabelle 2

Mehltau-vollresistente Sommergersten

(Zur Prüfung verwendete Rassen: A n, B 6, D 11, C 4, C 5, C 7, C 13, C 14, C 16, C 17, Amsel C 2)

Sortimentsnummer Gatersleben	Herkunft/Sorte	Morphologische Gruppe	Bemerkungen
HOR 1647	Bot. Gart. Leipzig	*Hordeum spontaneum* Koch var. *spontaneum*	
HOR 4414	Israel, Nördliche Negev	„*Hordeum agriocrithon*" Åberg var. *agriocrithon*	Zwergrost: (r)
		Hordeum vulgare L.	
HOR 1677	Äthiopien 1937/38: Ab. 6	var. *duplialbum* Körn.	Gelbrost: r ?
HOR 3280	Äthiopien 1937/38: Ab. 1105	var. *nudimelanocrithon* Giess., Hoffm. et Schott.	
HOR 2573	Äthiopien 1937/38: Ab. 1125	var. *nigripallidum* R. Regel	
HOR 3075	Äthiopien 1937/38: Ab. 1126	var. *nigripallidum* R. Regel	
HOR 2556	Äthiopien 1937/38: Ab. 1140	var. *duplinigrum* (Körn.) Mansf.	
HOR 4259	Äthiopien 1937/38: Ab. 2193	var. *nudimelanocrithon* Giess., Hoffm. et Schott.	
HOR 3210	Äthiopien 1937/38: Ab. 2231	var. *acachicum* Giess., Hoffm. et Schott.	
HOR 3540	Äthiopien 1937/38: Ab. 2232	var. *duplialbum* Körn.	Gelbrost: r
HOR 4408	Äthiopien 1937/38: E. P. 79	var. *duplialbum* Körn.	Gelbrost: r
HOR 2937	'Grannenlose Zweizeilige' (Sort. R. Freisleben, Äthiopien ?)	var. *duplialbum* Körn.	Gelbrost: r
HOR 4028	Beltsville: C. I. 3725 (Ägypten)	var. *nutans* (Rode) Alef.	Gelbrost: ± r, Zwergrost: r
HOR 3270	Svalöf: 57/510–44 (Türkei)	var. *hybernum* Vib.	
HOR 3866	Deut. Hindukusch-Exp. 1935: Lyallpur 3645 (Pakistan)	var. *himalayense* (Ritt.) Körn.	

Tabelle 2 (Fortsetzung)

Sortiments-nummer Gatersleben	Herkunft/Sorte	Morphologische Gruppe	Bemerkungen
		Hordeum vulgare L.	
HOR 1468	Deut. Hindukusch-Exp. 1935: Lyallpur 3647 (Pakistan)	var. *griseinudum* (Vav. et Orl.) Mansf.	
HOR 1454	Deut. Hindukusch-Exp. 1935: Lyallpur 3648 (Pakistan)	var. *griseinudum* (Vav. et Orl.) Mansf.	
HOR 1581	Deut. Hindukusch-Exp. 1935: H. E. S. 159 (Pakistan)	var. *hybernum* Vib.	
HOR 3271	'Ciro' (DDR)	var. *nutans* (Rode) Alef.	
HOR 4513	'Elgina' (DDR)	var. *nutans* (Rode) Alef.	
HOR 4400	'Fitis' (BRD)	var. *nutans* (Rode) Alef.	
HOR 4415	'MK 42' (Ungarn)	var. *nutans* (Rode) Alef.	
HOR 4416	'MK 47' (Ungarn)	var. *nutans* (Rode) Alef.	
HOR 4401	'Ortolan' (BRD)	var. *nutans* (Rode) Alef.	
HOR 811	'Ederle C. I. 1015' (Indien)	var. *himalayense* (Ritt.) Körn.	
HOR 4266[1]	'Engledow India C. I. 7555'	var. *hybernum* Vib.	
HOR 4413	'Eremo C. I. 1014' (Indien)	var. *asiaticoides* Mansf.	
HOR 806	'Gopal C. I. 1091' (Indien)	var. *griseinudum* (Vav. et Orl.) Mansf.	Gelbrost: ± r
HOR 3272	'Mian Wali C. I. 3400' (Indien)	var. *hybernum* Vib.	
HOR 4407	'Monte Cristo C. I. 1017' (Indien)	var. *hybernum* Vib.	
HOR 3041	'N. P. 4' (Indien, New Delhi)	var. *griseinudum* (Vav. et Orl.) Mansf.	
HOR 4024	'Purple Nudum C. I. 2250' (Indien)	var. *griseinudum* (Vav. et Orl.) Mansf.	
HOR 2940	'Rupee C. I. 4355' (Indien)	var. *hybernum* Vib.	
HOR 4086	'T. 4' (Indien)	var. *hybernum* Vib.	
HOR 4064	'Vagabond C. I. 3933' (Indien)	var. *hybernum* Vib.	

HOR 4031	Beltsville: C. I. 7672 (Indien)	var. *breviaristatum* (Vav.) Mansf.	
HOR 3988	Beltsville: C. I. 8503 (Indien)	var. *coeleste* L.	
HOR 4021	'Chinerme C. I. 1079' (China)	var. *atratum* (Vav. et Orl.) Mansf.	
HOR 3275	'Fong-tien' (China)	var. *hybernum* Vib.	
HOR 4406	'Oliveros Litoral S. A. G.'	var. *hybernum* Vib	
HOR 4278	'Unnamed B. 174' (Australien)	var. *hybernum* Vib.	Zwergrost: (r)
HOR 4282	Beltsville: C. I. 7673	var. *breviaristatum* (Vav.) Mansf.	
HOR 4062	'Buff' (Sort. Beltsville)	var. *haxtoni* Körn.	
HOR 3044	'Grandpa C. I. 11566'	var. *hybernum* Vib.	
HOR 4405	'Triple Awn Lemma'	var. *subatterbergii* (Körn.) Mansf.	
HOR 4063	'Triple Bearded Lemma'	var. *nigrum* (Willd.) Link	
HOR 2941	'M 66' (Sort. R. Freisleben)	var. *nutans* (Rode) Alef.	
HOR 4281	'MC 20' (Sort. E. A. Favret)	var. *nutans* (Rode) Alef.	

Zeichenerklärung: r: resistent, (r): resistent gegen einzelne Rassen, ± r: mäßig resistent

Tabelle 3

Mehltau-teilresistente Sommergersten

(zur Prüfung verwendete Rassen: A 11, B 6, D 11, C 4, C 5, C 7, C 13, C 14, C 16, C 17, Amsel C 2)

Sortiments-nummer Gatersleben	Herkunft/Sorte	Morphologische Gruppe	Bemerkungen
	I resistent gegen die genannten Rassen, anfällig für Rasse Emir C 2		
		Hordeum vulgare L.	
HOR 4398	'Arabische' (Sort. Eucarpia)	var. *deficiens* (Steud.) Körn.	Gelbrost: r
HOR 3548	'Emir' (Niederlande)	var. *nutans* (Rode) Alef.	Gelbrost: r
	II resistent gegen die genannten Rassen, außer Rasse Amsel C 2		
		Hordeum vulgare L.	
HOR 3273	'Cheroff' (Sort. Svalöf)	var. *erectum* (Rode) Alef.	
HOR 2936	'Heines Amsel' (BRD)	var. *nutans* (Rode) Alef.	

Tabelle 3 (Fortsetzung)

Sortimentsnummer Gatersleben	Herkunft/Sorte	Morphologische Gruppe	Bemerkungen
HOR 2938	'Long Glumes C. I. 6168' (Sort. Beltsville)	var. ***nutans*** (Rode) Alef.	
HOR 3274	'Multan C. I. 3401' (Indien)	var. *rikotense* R. Regel	Zwergrost: (r)
HOR 3853	'Multan-Glabron' (Sort. Svalöf)	var. *rikotense* R. Regel	Zwergrost: (r)
	III resistent gegen die genannten Rassen, außer Rasse C 13		
		Hordeum vulgare L.	
HOR 1402	Anatolien	var. *hybernum* Vib.	zusätzliche Testsorte
HOR 1968[1]	Deut. Hindukusch-Exp. 1935: D. H. E. 43	var. *hybernum* Vib.	
	IV resistent gegen Rassen A 11, B 6, C 4, C 5, C 7, C 13, C 14, C 17, Amsel C 2 (wie Testsorte 'Algerian')		
		Hordeum vulgare L.	
HOR 1858	Deut. Tibet-Exp. 1938/39: Ti 122, Lhasa, Tibet	var. *hybernum* Vib.	
HOR 4022	'Marocaine 079 C. I. 8334' (Marokko)	var. *hybernum* Vib.	
HOR 2473	'Rabat C. I. 4979' (Marokko)	var. *hybernum* Vib.	
	V resistent gegen Rassen B 6, C 4, C 5, C 7, C 13, C 14, C 17, Amsel C 2 (wie zusätzliche Testsorte 'Anatolien HOR 1104')		
		„*Hordeum agriocrithon*" Åberg	
HOR 3552	Israel, Kedma	var. *agriocrithon*	
		Hordeum vulgare L.	
HOR 3555	'Batna C. I. 3391' (Algerien)	var. *parallelum* Körn.	
HOR 3914	'Dag-Arpasy' (Sowjet-Union)	var. ***nutans*** (Rode) Alef.	
HOR 3557	'Krimskij 301' (Sowjet-Union)	var. ***nutans*** (Rode) Alef.	
HOR 3921	'Nutans 3' (Sowjet-Union)	var. ***nutans*** (Rode) Alef.	
HOR 4023	'Marocco C. I. 3902–1' (Marokko)	var. *hybernum* Vib.	
HOR 4029	'Marocco C. I. 4974' (Marokko)	var. *hybernum* Vib.	
HOR 2475	'Marocco C. I. 6311' (Marokko)	var. *hybernum* Vib.	
HOR 4397[1]	'Marzaga' (Marokko)	var. *hybernum* Vib.	

[1] enthält einzelne anfällige Pflanzen

Tabelle 3 (Fortsetzung)

	VI resistent gegen Rassen B 6, D 11, C 4, C 5, C 7, C 13, C 16, C 17, Amsel C 2 (wie Testsorte 'Balkan HOR 1036')		
		Hordeum vulgare L.	
HOR 2474	'Modia C. I. 2483' (Nordafrika)	var. *hybernum* Vib.	
HOR 3815	'Ricardo C. I. 6306' (Uruguay)	var. *hybernum* Vib.	
HOR 3986	Beltsville: C. I. 4314 (Transkaukasien)	var. *nigrum* (Willd.) Link	
	VII resistent gegen Rassen A 11, B 6, D 11, C 4, C 5, C 7, C 14, C 16, Amsel C 2 (wie Testsorte 'Anatolien HOR 1063')		
		Hordeum vulgare L.	
HOR 3859	'Aim C. I. 3737'	var. *hybernum* Vib.	Zwergrost: r
HOR 4066	'Nabawi'	var. *coeleste* L.	
HOR 3831	'N. P. 102' (Indien)	var. *nutans* (Rode) Alef.	
HOR 3834	'N. P. 103' (Indien)	var. *nutans* (Rode) Alef.	
HOR 3038	'T. 5' (Indien)	var. *parallelum* Körn.	Zwergrost: (r)
HOR 3987	Beltsville: C. I. 7619 (Indien)	var. *hybernum* Vib.	
	VIII resistent gegen Rassen A 11, D 11, C 7, C 13, C 14, C 16, C 17, Amsel C 2 (wie Testsorte 'Voldagsen 8141/44')		
		Hordeum vulgare L.	
HOR 1231	Anatolien	var. *hybernum* Vib.	
HOR 3979	'Allasch' (BRD)	var. *nutans* (Rode) Alef.	
HOR 3989	Beltsville: C. I. 8832 (Deutschland)	var. *nutans* (Rode) Alef.	
HOR 2765	HB 248/11/4 (Cambridge)	var. *nutans* (Rode) Alef.	
	IX resistent gegen Rassen C 4, C 13, C 16, C 17, Amsel C 2 (wie Testsorte 'Gatersleben Mutante 511')		
		Hordeum vulgare L.	
HOR 4419	Mongol.-Deut. Exp. 1964: Dzungarische Gobi	var. *revelatum* Körn.	
HOR 4420	Mongol.-Deut. Exp. 1964: Dzungarische Gobi	var. *himalayense* (Ritt.) Körn.	
HOR 1455	Deut. Tibet-Exp. 1938/39: 6001, Osttibet	var. *violaceum* Körn.	
HOR 2910	'Excelsior C. I. 1248'	var. *violaceum* Körn.	
HOR 2896	'Himalaya C. I. 1312'	var. *himalayense* (Ritt.) Körn.	
HOR 4030	Beltsville: C. I. 6182	var. *nutans* (Rode) Alef.	

Tabelle 3 (Fortsetzung)

Sortiments-nummer Gatersleben	Herkunft/Sorte	Morphologische Gruppe	Bemerkungen
	X resistent gegen Rassen B 6, C 4, C 13 (wie Testsorte 'Indien HOR 1657')		
		Hordeum vulgare L.	
HOR 4421	Mongol.-Deut. Exp. 1964: Westmongolei	var. *hybernum* Vib.	
HOR 3556	'Cebada Negra' (Argentinien)	var. *nigrum* (Willd.) Link	
	XI resistent gegen die Rassengruppen A und D (wie Testsorte 'Weihenstephan C P 127422')		
		Hordeum vulgare L.	
HOR 3628	'Antałek' (Polen)	var. *nutans* (Rode) Alef.	
HOR 3544	'Ariel' (Frankreich)	var. *nutans* (Rode) Alef.	
HOR 4424	'Aspa' (BRD)	var. *nutans* (Rode) Alef.	
HOR 3970	'Baringerste' (Österreich)	var. *nutans* (Rode) Alef.	
HOR 4391	'Breuns Nota' (BRD)	var. *nutans* (Rode) Alef.	
HOR 4426	'Columba' (BRD)	var. *nutans* (Rode) Alef.	
HOR 3990	'Cambrinus' (Niederlande)	var. *nutans* (Rode) Alef.	
HOR 4425	'Contra' (BRD)	var. *nutans* (Rode) Alef.	
HOR 4067	'Delisa' (Niederlande)	var. *nutans* (Rode) Alef.	
HOR 3982	'Firlbecks Union' (BRD)	var. *nutans* (Rode) Alef.	
HOR 2018	'Freya' (DDR)	var. *nutans* (Rode) Alef.	
HOR 3269	'Frigga' (= 'Freya') (DDR)	var. *nutans* (Rode) Alef.	
HOR 2746	'Gazelle' (Niederlande)	var. *nutans* (Rode) Alef.	
HOR 1877	'Hanna C. I. 906' (Sort. Sacavem, Portugal)	var. *nutans* (Rode) Alef.	
HOR 4068	'Heges Ara' (BRD)	var. *nutans* (Rode) Alef.	
HOR 3940	'Israeli 264' (Israel)	var. *nutans* (Rode) Alef.	
HOR 3550	'Juliane' (BRD)	var. *nutans* (Rode) Alef.	
HOR 3565	'Lisa' (DDR)	var. *nutans* (Rode) Alef.	
HOR 4070	'Merkur' (ČSSR)	var. *nutans* (Rode) Alef.	
HOR 3981	'Mosane' (Frankreich)	var. *nutans* (Rode) Alef.	
HOR 4423	'Odesskij 36' (Sowjet-Union)	var. *nutans* (Rode) Alef.	
HOR 4422	'Osiris' (BRD)	var. *nutans* (Rode) Alef.	

HOR 3878	'Peroga' (BRD)	var. ***nutans*** (Rode) Alef.
HOR 4277	'Perfekta' (Österreich)	var. ***nutans*** (Rode) Alef.
HOR 3053	'Plena' (DDR)	var. ***nutans*** (Rode) Alef.
HOR 3971	'Verbesserte mehltauresistente Pumpergerste' (Österreich)	var. ***parallelum*** Körn.
HOR 3947	'York' (Kanada)	var. ***rikotense*** R. Regel
HOR 4069	'Zephyr' (Niederlande)	var. ***nutans*** (Rode) Alef.
HOR 1910	Sort. Hohenheim	var. ***parallelum*** Körn.

XII r e s i s t e n t gegen die Rassengruppen A und D sowie die Rassen C 7, C 13, C 14, C 16, C 17, Amsel C 2 (Kombination der Resistenz von Gruppen XI und VIII)

		Hordeum vulgare L.
HOR 3879	'Akme' (BRD)	var. ***nutans*** (Rode) Alef.
HOR 3980	'Gerda' (BRD)	var. ***nutans*** (Rode) Alef.
HOR 4071	'Impala' (Niederlande)	var. ***nutans*** (Rode) Alef.

XIII r e s i s t e n t gegen die Rassengruppen A und D sowie einige andere Rassen (Kombination der Resistenz der Gruppe XI und ?)

		Hordeum vulgare L.
HOR 3877	'Barlis' (Marokko)	var. ***nutans*** (Rode) Alef.
HOR 2012	'Bernburger' (DDR)	var. ***nutans*** (Rode) Alef.
HOR 4073	'Esperance' (Israel)	var. ***nutans*** (Rode) Alef.
HOR 4027	Beltsville: C. I. 3614	var. ***nutans*** (Rode) Alef.
HOR 3972	Sort. E. Mayr, Rinn: St. 61a	var. ***subparallelum*** (Orl.) Mansf.
HOR 3973	Sort. E. Mayr, Rinn: St. 62	var. ***subparallelum*** (Orl.) Mansf.
HOR 3976	Sort. E. Mayr, Rinn: St. 62/1	var. ***subparallelum*** (Orl.) Mansf.
HOR 3974	Sort. E. Mayr, Rinn: St. 63	var. ***subparallelum*** (Orl.) Mansf.
HOR 3975	Sort. E. Mayr, Rinn: St. 63/1	var. ***subparallelum*** (Orl.) Mansf.

Zeichenerklärung: r: resistent, (r): resistent gegen einzelne Rassen

Tabelle 4

Mäßig mehltauresistente Sommergersten

Sortimentsnummer Gatersleben	Herkunft/Sorte	Morphologische Gruppe	Bemerkungen
HOR 1646	Sort. E. Schiemann	*Hordeum spontaneum* Koch var. *ischnatherum* Coss.	
		Hordeum vulgare L.	
HOR 42	Äthiopien 1937/38: Ab. 9	var. *duplialbum* Körn.	
HOR 2543	Äthiopien 1937/38: Ab. 1089	var. *nudideficiens* Körn.	
HOR 2551	Äthiopien 1937/38: Ab. 1102	var. *nigrinudum* (Regel) Mansf.	
HOR 3537	Äthiopien 1937/38: Ab. 1110	var. *dupliatrum* Körn.	
HOR 2932	Äthiopien 1937/38: Ab. 1128	var. *parallelum* Körn.	Gelbrost: r
HOR 2558	Äthiopien 1937/38: Ab. 1139	var. *duplinigrum* (Körn.) Mansf.	
HOR 1457	Äthiopien 1937/38: E. P. 80 (Schladen)	var. *dupliatrum* Körn.	Gelbrost: ± r
HOR 1506	Äthiopien 1937/38: E. P. 80 (Halle)	var. *dupliatrum* Körn.	Gelbrost: ± r
HOR 1769	Deut. Tibet-Exp. 1938/39: Ti 123, Kalimpong, Tibet	var. *parallelum* Körn.	
HOR 1873	Balkan-Sammelreise 1942: 1102 Kastania, Peloponnes	var. *hybernum* Vib.	Zwergrost: (r)
HOR 1379	Balkan-Sammelreise 1942: 114, Elos, Kreta	var. *parallelum* Körn.	
HOR 3962	E. Mayr, Alpine Landsorten-Sammlung 1922–32: 14, Montafon, Vorarlberg	var. *hybernum* Vib.	
HOR 3052	'Abed Bomi' (Dänemark)	var. *nutans* (Rode) Alef.	
HOR 4020	'Arlington C. I. 702'	var. *harlani* (Vav. et Orl.) Mansf.	
HOR 4077	'Barley 305 C. I. 6015'	var. *hybernum* Vib.	
HOR 1894	'Columbische Nackte' (Kolumbien)	var. *coeleste* L.	
HOR 3941	'Israeli 46' (Israel)	var. *nutans* (Rode) Alef.	
HOR 1613	'Nigrate C. I. 2444'	var. *atratum* (Vav. et Orl.) Mansf.	
HOR 4047	'Omer' (Israel)	var. *hybernum* Vib.	
HOR 4060	'Palestine 10' (Israel)	var. *nutans* (Rode) Alef.	
HOR 3983	'Peruvian Sel. 1 C. I. 5912'	var. *hybernum* Vib.	
HOR 3984	'Peruvian Sel. 19 C. I. 6568'	var. *hybernum* Vib.	

Das Resistenzspektrum der Gruppe IV gleicht dem der Testsorte 'Algerian', in der die Gene *Ml-a*, *Ml-at*, (Moseman und Schaller 1962) und ein drittes, aber nicht mit *Ml-a* gekoppeltes Gen nachgewiesen sind (Jorgensen und Moseman 1971). In Vertretern der Gruppe V scheint, nach eigenen Ergebnissen mit der hier angeführten Testsorte 'Anatolien HOR 1104', dieses vom *Ml-a* Locus unabhängig vererbte Gen ebenfalls vorzuliegen.

Die Resistenz der Sorten in Gruppe VI wird durch das Gen *Ml-a3* bedingt (vgl. Moseman und Schaller 1960), während bei denen in Gruppe VII vermutlich *Ml-a4* vorliegt. Für die Reaktion der Stämme und Sorten von Gruppe VIII ist das Gen *Ml-a6* verantwortlich (Moseman, Macer und Greeley 1965).

Die in Gruppe IX zusammengestellten Gersten ähneln in ihrem Verhalten der Testsorte 'Gatersleben Mutante 511'. Auf Übereinstimmungen zwischen dieser Testsorte und 'Nepal C. I. 595', deren Resistenzgen *Ml-n* bezeichnet wurde (Moseman 1963), machen Moseman, Wiberg und Greeley (1965) aufmerksam. Über die Genetik der Resistenz der Sorten in Gruppe X kann noch nichts ausgesagt werden.

Die zahlreichen in Gruppe XI vereinigten Sorten verhalten sich gegenüber den von uns verwendeten Mehltaurassen wie die Testsorte 'Weihenstephan CP 127422' (*Ml-g*), auf die auch der größte Teil von ihnen in der Abstammung zurückgeht. Hierher mußten wir auch 'Hanna C. I. 906' stellen, obgleich sie als Testsorte für das Gen *Ml-h* gilt (Briggs 1935; Briggs und Barry 1937). Es stand uns aber keine Mehltaurasse zur Verfügung mit der *Ml-g* und *Ml-h* unterschieden werden können.

In den Sorten der Gruppe XII und XIII liegt der Resistenz mehr als ein Gen zugrunde. Ihnen gemeinsam ist *Ml-g*, das in Gruppe XII mit *Ml-a6* kombiniert ist. Worauf die Resistenz gegen einige C-Rassen der Sorten und Stämme in Gruppe XIII zurückzuführen ist, blieb ungeklärt.

Zusammenfassung

Es wurden 1300 Sommergersten des Sortiments Gatersleben mit 11 Rassen von *Erysiphe graminis hordei* geprüft.

Als hochresistent gegen alle Rassen erwiesen sich 48 (4%) der Sorten (Tab. 2), als mäßig resistent weitere 24 Sorten (Tab. 4). Resistent gegen einen Teil der Rassen zeigten sich 83, gleich 6%, der geprüften Gersten (Tab. 3). In weiteren 41 Sippen lagen Gemische von resistenten und anfälligen Pflanzen vor. Als anfällig wurden 85% dieses Sortimentes bewertet.

Summary

Resistance characters in the barley and wheat collection Gatersleben
14. Testing spring barleys for their reaction to powdery mildew (*Erysiphe graminis* DC. f. sp. *hordei* Marchal)

A total of 1300 spring barley varieties of the Gatersleben collection was tested with 11 races of *Erysiphe graminis hordei*.

Fourty-eight varieties (table 2) or nearly 4 per cent of the total proved to be highly and 24 varieties (table 4) to be moderately resistant to all these races. Resistance to some of the races was shown by 83 varieties or more than 6 per cent of the collection tested (table 3). Mixtures of resistant with susceptible plants were found in 41 samples. About 85 per cent of the total was classified as susceptible.

Краткое содержание

Устойчивость гатерслебенской коллекции ячменя и пшеницы.
14. Испытание яровых ячменей на устойчивость к мучнистой росе *Erysiphe graminis* DC. f. sp. *hordei* Marchal

Испытывалась устойчивость 1300 образцов ярового ячменя гатерслебенской коллекции к 11 расам мучнистой росы.

Высокую устойчивость ко всем расам проявили 48 сортов (4%; см. таб. 2), умеренную — 24 сорта (таб. 4). Устойчивость к части рас проявили 83 образца или 6% (таб. 3). 41 образец оказался смесью устойчивых и неустойчивых растений. Восприимчивыми проявили себя 85% образцов всей коллекции.

Literatur

Baker, E. P., 1964: Further evidence for an allelic series conditioning resistance to powdery mildew at the Algerian locus in barley. – Proc. 1st Internat. Barley Genetics Symp., Wageningen 1963. Barley Genetics I, 236–238. – Wageningen.

Briggs, F. N., 1935: Inheritance of resistance to mildew, *Erysiphe graminis hordei*, in a cross between Hanna and Atlas barleys. – J. Agr. Res. *51*, 245–250.

Briggs, F. N., and G. L. Barry, 1937: Inheritance of resistance to mildew, *Erysiphe graminis hordei*, in a cross of Goldfoil and Atlas barleys. – Z. Pflanzenzücht. *22*, 75–80.

Brückner, F., 1965: Dědičnost rezistence některých odrůd ječmene vůčí padlí travnímu (*Erysiphe graminis* DC.) a její využití ve šlechtění. (Vererbung der Resistenz von einigen Gerstensorten gegen Mehltau (*Erysiphe graminis* DC.) und ihr Nutzen für die Züchtung). – Genet. šlecht. *1*, No. 4, 1–8.

Brückner, F., 1968: Dědičnost rezistence některých odrůd ječmene vůči padlí travnímu (*Erysiphe graminis* DC.). (Vererbung der Resistenz einiger Gerstensorten gegen Mehltau (*Erysiphe graminis* DC.)). – Genet. šlecht. *4*, 99–104.

Favret, E. A., 1949: Herencia de la resistencia a „*Erysiphe graminis hordei*" en cebada. – II. Estudios con la raza 3 de California. – Rev. Invest. Agric. *3*, 31–42.

– 1956: La resistencia de la cebada a „*Erysiphe graminis*". – Mem. Inst. Fitot. (Castelar), IDIA *8*, 32–33.

– 1965: Induced mutations in breeding for disease resistance. – In: The use of induced mutations in plant breeding. – Radiation Bot. *5*, Suppl., 521–536.

Freisleben, R., und A. Lein, 1942: Über die Auffindung einer mehltauresistenten Mutante nach Röntgenbestrahlung einer anfälligen reinen Linie von Sommergerste. – Naturwissenschaften *30*, 608.

Gießen, J. E., W. Hoffmann und R. Schottenloher, 1956: Die Gersten Äthiopiens und Erythräas. – Z. Pflanzenzücht. *35*, 377–440.

Hiura, U., 1960: Studies on the disease-resistance in barley. – IV. Genetics of the resistance to powdery mildew. – Ber. Ōhara Inst. landw. Forsch. *11*, 235–300.

Hoffmann, W., und I. Nover, 1959: Ausgangsmaterial für die Züchtung mehltauresistenter Gersten. – Z. Pflanzenzücht. *42*, 68–78.

Jørgensen, J. H., 1971: An allelic series of mutant genes for powdery-mildew resistance in barley. – 2nd Intern. Barley Genet. Symp. Pullman, 1969. Barley Genetics II, 475–477.

– 1971 a: Studies on induced and spontaneous mildew resistance genes at the *ml-o* locus in barley. – Sixth meeting Scand. Assoc. Genet., Århus, Denmark.

Jørgensen, J. H., and J. G. Moseman, 1971: Two new genes at the *Ml-a* locus in barley for resistance to *Erysiphe graminis* f. sp. *hordei*. – Z. Pflanzenzüchtg. *66*, 67–75.

Lau, D., 1962: Ein Beitrag zur Züchtung mehltauresistenter Gersten. – Z. Pflanzenzücht. *48*, 80–90.

Lehmann, Chr. O., 1963: Zwanzig Jahre Sortiment des Institutes für Kulturpflanzenforschung. – Kulturpflanze *11*, 281–294.

Lein, A., 1970: Züchtungsdaten der Sommergerste Ortolan mit Lyallpur-Mehltauresistenz. – Ber. Arbeitstagung Saatzuchtleiter 1970, 145–162. Verl. Bundesanst. alpenländ. Landw. Gumpenstein.

Luig, N. H., K. S. McWhirter and E. P. Baker, 1958: Mode of inheritance of resistance to powdery mildew in barley and evidence for an allelic series conditioning reaction. – Proc. Linn. Soc. New South Wales *83*, 340–362.

Moseman, J. G., 1963: Relationship of genes conditioning pathogenicity of *Erysiphe graminis* f. sp. *hordei* on barley. – Phytopathology *53*, 1326–1330.

– 1968: Reactions of barley to *Erysiphe graminis* f. sp. *hordei* from North America, England, Ireland and Japan. – Plant Dis. Rptr. *52*, 463–467.

Moseman, J. G., R. C. F. Macer and L. W. Greeley, 1965: Genetic studies with cultures of *Erysiphe graminis* f. sp. *hordei* virulent on *Hordeum spontaneum*. – Trans. Brit. mycol. Soc. *48*, 479–489.

Moseman, J. G., and C. W. Schaller, 1960: Genetics of the allelic series at the *Mla* locus in barley and cultures of *Erysiphe graminis* f. sp. *hordei* that differentiate these alleles. – Phytopathology *50*, 736–741.

– – 1962: Interaction of genes conditioning reaction of Algerian barley and pathogenicity of *Erysiphe graminis* f. sp. *hordei*. – Phytopathology *52*, 529–533.

Moseman, J. G., A. Wiberg and L. W. Greeley, 1965: Genes conditioning pathogenicity in *Erysiphe graminis* f. sp. *hordei* on 23 barley varieties. – Phytopath. Z. *52*, 209–221.

Nover, I., 1968: Eine neue, für die Resistenzzüchtung bedeutungsvolle Rasse von *Erysiphe graminis* DC. f. sp. *hordei* Marchal. – Phytopath. Z. *62*, 199–201.

Nover, I., F. Brückner, A. Wiberg und M. S. Wolfe, 1968: Rassen von *Erysiphe graminis* DC. f. sp. *hordei* Marchal in Europa. – Z. Pflanzenkr. u. Pflanzensch. *75*, 350–353.

Nover, I., und Chr. O. Lehmann, 1966: Resistenzeigenschaften im Gersten- und Weizensortiment Gatersleben. – 6. Prüfung von Gersten auf ihr Verhalten gegen Gelbrost (*Puccinia striiformis* West. syn. *P. glumarum* (Schm.) Erikss. et Henn.) – Kulturpflanze *14*, 257–262.

Nover, I., und R. Mansfeld, 1955: Resistenzeigenschaften im Gersten- und Weizensortiment Gatersleben. – 1. Prüfung von Sommergersten auf ihr Verhalten gegen *Erysiphe graminis* DC. f. sp. *hordei* Marchal. – Kulturpflanze *3*, 105–113.

Nover, I., and E. Schwarzbach, 1971: Inheritance studies with a mildew resistant barley mutant. – Barley Genetics Newsletter H. 1, 36–37.

Orlov, A. A., 1929: The barleys of Abyssinia and Eritrea. – Bull. appl. Bot. *20*, 283–342.

Schaller, C. W., D. C. Rasmusson and C. O. Qualset, 1963: Sources of resistance to the yellow-dwarf virus in barley. – Crop Sci. *3*, 342–344.

Scholz, F., und I. Nover, 1967: Genetische Untersuchungen mit einer vollständig mehltauresistenten Gerstenlinie. – Kulturpflanze *15*, 243–254.

Slootmaker, L. A. J., 1970: The isolation of a further new race of *Erysiphe graminis* DC f. sp. *hordei* Marchal and the genetical basis of the resistance of 'Lyallpur 3645'. – Neth. J. Plant Path. *76*, 64–69.

Starčenkova, M. V., 1969: Ischodnyj material dlja selekcii jačmenja na ustojčivost' k mučnistoj rose. (Ausgangsmaterial für die Züchtung mehltauresistenter Gersten). – Trud. prikl. bot., genet. i selekc. *39*, No. 3, 221–232.

Starling, T. M., C. R. Pineda, K.-Ch. Chen and J. G. Moseman, 1963: Loci of genes conditioning resistance in several barley varieties to race 9 of *Erysiphe graminis* f. sp. *hordei*. – Crop. Sci. *3*, 151–154.

Trofimovskaja, A. Ja., M. V. Luk'janova i M. V. Starčenkova, 1964: Ischodnyj material dlja selekcii jačmenja na ustojčivost' k gribnym zabolevanijam. (Ausgangsmaterial für die Züchtung gegen Pilzkrankheiten resistenter Gersten). – Sborn. trud. Vses. Inst. Rast. *1*, 72–77.

Vavilov, N. J., 1935: Botaniko – geografičeskie selekcie. (Učenie ob ischodnom materiale v selekcii). (Botanisch-geographische Grundlagen der Pflanzenzüchtung. Studium des Ausgangsmaterials in der Züchtung). – In: Teoretičeskie osnovy selekcii rastenij (Theoretische Grundlagen der Pflanzenzüchtung) *1*, 17–74. Moskau-Leningrad.

Wiberg, A., 1968: Resistance of barley to powdery mildew. – Abstr., First Intern. Congr. Plant Path. London, 217.

Resistenzeigenschaften im Gersten- und Weizensortiment Gatersleben

15. PRÜFUNG DES VERHALTENS VON SOMMERGERSTE GEGEN FLUGBRAND (*USTILAGO NUDA* (JENS.) ROSTR.)

von Ilse Nover[1] und Christian O. Lehmann

(Eingegangen am 28. Februar 1971)

Die Beurteilung der Flugbrand-Resistenz als Zuchtziel hat sich in den vergangenen Jahrzehnten mehrfach geändert. Als die zunächst wichtigste Bekämpfungsmaßnahme schien die Resistenzzüchtung später durch die thermischen Verfahren der Saatgutbehandlung ersetzbar und damit fast bedeutungslos zu werden. Diese Verfahren waren jedoch mit manchen Schwierigkeiten verbunden, die ihre allgemeine Benutzung in der Praxis so beeinträchtigen, daß man auf die Züchtung resistenter oder zumindest geschlossen abblühender Gerstensorten nicht ohne weiteres verzichten konnte.

Grundsätzlich neue Wege der Bekämpfung zeichnen sich in letzter Zeit durch die Entwicklung systemischer Fungizide ab, von denen z. B. das Carboxin bereits mit überzeugendem Erfolg zur Behandlung des Saatgutes gegen Flugbrand eingesetzt wird. Die Frage der Rentabilität des Einsatzes solcher Präparate in breitem Umfang bleibt allerdings noch offen. Wahrscheinlich wird sich die den jeweiligen Gegebenheiten entsprechende Kombination aller Bekämpfungsmöglichkeiten als die wirtschaftlich günstigste und beste erweisen.

Wegen der umweltbedingten großen Variabilität der Befallsstärke (vgl. Ross et al. 1948, Pedersen 1962) sind Resistenzprüfungen mit *Ustilago nuda* langfristige Arbeiten. Die eigenen Untersuchungen laufen seit etwa 15 Jahren. Als wir kürzlich über die Flugbrand-Anfälligkeit von Wintergerste berichteten, wurden die Infektionsmethoden genau beschrieben (Nover und Lehmann 1969). Deshalb sei bei der folgenden Auswertung der Prüfung von Sommergerste auf die methodischen Einzelheiten in der genannten Veröffentlichung verwiesen.

MATERIAL UND METHODEN

Es wurden 700 Sorten und Herkünfte der Sommergerste drei Jahre lang im partiellen Vakuum nach Cherewick und Popp (1950) infiziert. Diejenigen, bei denen in mindestens zwei der Jahre mehr als 10% kranke Pflanzen auftraten, schieden, als anfällig bewertet, aus der weiteren Prüfung aus. Diese

[1] Sektion Pflanzenproduktion der Universität Halle.

Prüfung erfolgte in den Jahren 1966 und 1968 als Einzelblüten-Injektion nach Poehlman (1945).

Zur Infektion wurde eine lokale Population des Pilzes verwendet und auf hochanfälligen Sorten vermehrt. Dieselben Sorten dienten gleichzeitig zur Kontrolle des Infektionserfolges.
Ihr Höchstbefall betrug:

	1955/56	1958/59	1959/60	1960/61	1965/66
Infektion im partiellen Vakuum	79%	70%	48%	54%	57%
		1966/67	1968/69		
Einzelblüten-Injektion		81%	95%		

Je Sorte wurden 5–6 Ähren infiziert. Jeweils 100 Körner der behandelten Ähren kamen im folgenden Jahr im Freiland zur Aussaat. Das Restsaatgut wurde histologisch auf Befall untersucht (nach Popp 1951).

Körner 24 Stunden in 10% KOH bei Zimmertemperatur mazerieren lassen. Vom Mehlkörper gelöste Embryonen mittels Wasserstrahl durch einen Satz von 2 Sieben spülen. Die Maschenweite der Siebe ist so gewählt, daß auf dem oberen das verquollene Nährgewebe, auf dem unteren die Embryonen mit Scutellum zurückbleiben. Embryonen 1 min. in 10% KOH kochen, zweimal je 1 min. in kochendem Wasser waschen, anschließend 4 min. in Färbelösung kochen.
Herstellung der Färbelösung:

12,5 ml Milchsäure
12,5 ml Phenol
12,5 ml Glyzerin
62,5 ml Aqua dest.
0,01 g Baumwollblau

Farbstoff in Milchsäure und Aqua dest. lösen, dann Phenol und Glyzerin zugeben.

Bei der Bewertung wurden Sorten mit 0–10% befallener Pflanzen als resistent, solche mit mehr als 10% kranker Pflanzen als anfällig eingestuft.

ERGEBNISSE

Von den geprüften Sommergersten blieben nach fünf- bis sechsmaliger Infektion nur 12, das sind knapp 2%, in der Gruppe der resistenten. Reichlich 98% aller Gersten waren mehr oder weniger anfällig.

In Tabelle 1 sind die resistenten Sorten und Herkünfte zusammengestellt. Besonders bemerkenswert sind zwei mehrzeilige Herkünfte aus der Sowjetunion, HOR 201 und HOR 204, weil sie in sechs Prüfjahren weniger als 5% Befall aufwiesen. Das gilt auch für die zweizeilige Sorte 'Zeiners Immune' (HOR 333), die vermutlich auf eine Kreuzung mit 'Walpersii' als Resistenzträger zurückgeht (Zeiner 1932, Roemer 1942).

Tabelle 1

Flugbrand-resistente Sommergersten

Sortimentsnummer Gatersleben	Morphologische Gruppe	Sorte/Herkunft	Zahl der Prüfungsjahre	Infektionserfolg im part. Vakuum	Infektionserfolg Blütenjektion	Histologischer Befund
				Höchstbefall (%)		
	convar. *hexastichon* Alef.					
HOR 201	var. *densum* Sér.	USSR – Halle	6	0	0	1
HOR 264	var. *hybernum* Vib.	'Barbican', USA	6	0	0	10
HOR 172	var. *hybernum* Vib.	'Sampatsii', Japan – Halle	6	0	7	2
HOR 786	var. *hybernum* Vib.	Äthiopien	5	9	10	7
HOR 56	var. *hybernum* Vib.	China – Halle	6	6	10	6
HOR 204	var. *hybernum* Vib.	USSR – Halle	6	1	3	2
HOR 788	var. *parallelum* Körn.	Sort. R. Freisleben	5	0	0	7
HOR 274	var. *rikotense* Regel	'Glabron', USA	6	8	0	0
HOR 256	var. *rikotense* Regel	'Peruvian C. I. 935'	6	5	8	2
HOR 270	var. *rikotense* Regel	'Velvet', USA – Halle	6	5	9	2
	convar. *distichon* Alef.					
HOR 815	var. *inerme* Körn.	Sort. R. Freisleben	5	0	0	6
HOR 333	var. *nutans* (Rode) Alef.	'Zeiners Immune'	6	1	1	–

Bei HOR 264 'Barbican' sowie HOR 788 und HOR 815, aus dem Sortiment R. Freisleben übernommen, traten zwar im Feld keine Brandähren auf, aber im Embryotest wurden Befallswerte bis zu 10% bzw. 7% und 6% festgestellt. Das Verhalten dieser Sorten könnte auf besonders große Empfindlichkeit gegenüber dem Flugbranderreger hindeuten, wie sie Thren (1941) erstmals beobachtete. Auch die Erscheinung, daß aus den histologisch nachweislich infizierten Saatgutproben ein schlechter Pflanzenbestand in den Feldparzellen aufwuchs, würde die Annahme stützen.

BESPRECHUNG DER ERGEBNISSE

Das Flugbrandmyzel im Gerstenembryo vermindert dessen Lebensfähigkeit und kann die Keimung der Körner und die Jugendentwicklung der Pflanzen beeinträchtigen (Wells und Platt 1949). Einige Sorten reagieren so empfindlich, daß die befallenen Sprossanlagen absterben: Hansen (1954) erhielt von den 418 infizierten Blüten der Sorte 'Black Hulles C. I. 666' nur 44 Körner, aus denen lediglich 1 Pflanze aufwuchs. Sie hatte keine Brandähren. In den Untersuchungen von Mumford und Rasmusson (1963) waren bei 'Jet C. I. 967' bis zu 50% der Embryonen, jedoch nicht eine Ähre befallen.

Auf den Vergleich unserer Befunde für die einzelnen Sorten mit denjenigen anderer Autoren (Shands und Schaller 1946, Tapke 1955, Moseman und Reid 1958, Niemann 1961, Kozera 1965, Rigina 1965, Apltauerová 1969 u. a.) sei vorläufig verzichtet; denn die Zusammenstellung flugbrandresistenter Sommergersten nach den Ergebnissen der Weltliteratur erscheint uns besser angebracht, wenn in einigen Jahren die eigenen Untersuchungen den Überblick über ein größeres Material gestatten.

Zusammenfassung

Es wurde das Verhalten von 700 Sommergersten gegenüber einer lokalen Flugbrand-Population untersucht. Die Infektion mit einer Sporenaufschwemmung erfolgte zunächst im partiellen Vakuum, in den beiden letzten Prüfungen als Einzelblüten-Injektion.

Resistenz (0–10% Befall) in mindestens fünf Jahren zeigten 12 Sorten und Herkünfte: 'Barbican' (HOR 264), 'Glabron' (HOR 274), 'Peruvian' (HOR 256), 'Sampatsii' (HOR 172), 'Velvet' (HOR 270), 'Zeiners Immune' (HOR 333), ferner einige Herkünfte aus Äthiopien, China, der Sowjetunion und dem Sortiment R. Freisleben. Reichlich 98% der geprüften Gersten hatten mehr als 10% Pflanzen mit Ährenbefall und wurden als anfällig bewertet.

Summary

Resistance in the Gatersleben barley and wheat collection
15. Testing of spring barley for its reaction to loose smut, *Ustilago nuda* (Jens.) Rostr.

The reaction of 700 barley varieties to a local population of *U. nuda* has been tested. For inoculation with a spore suspension the partial vacuum method and, in the two final tests, the hypodermic needle method were used. Twelve varieties showed resistance, i. e. infection did not exceed 10 per cent in at least five years: 'Barbican' (HOR 264), 'Glabron' (HOR 274), 'Peruvian' (HOR 256), 'Sampatsii' (HOR 172), 'Velvet' (HOR 270), 'Zeiners Immune' (HOR 333), and also some local varieties from Ethiopia, China, the Sovjet-Union and the collection of R. Freisleben (table 1). The remaining 98 per cent of the varieties with more then 10 per cent smutted plants were classified as susceptible.

Краткое содержание

Устойчивость гатерслебенской коллекции ячменя и пшеницы.
15. Испытание яровых ячменей на устойчивость к пыльной головне *Ustilago nuda* (Jens.) Rostr.

700 образцов ярового ячменя испытывались на устойчивость к местной популяции пыльной головни. Растения заражались сначала суспензией спор в частичном вакууме, а в двух последних испытаниях – инъекцией в отдельные цветки.

Устойчивость (от 0 до 10% заражений) в течение минимум пяти лет проявили 12 образцов: 'Барбикан' (HOR 264), 'Глаброн' (HOR 274), 'Перувиан' (HOR 256), 'Сампатсии' (HOR 172), 'Вельвет' (HOR 270), 'Цейнерс Иммуне' (HOR 333), некоторые образцы из Эфиопии, Китая, СССР и из коллекции Р. Фрейслебена. Около 98% испытанных образцов показали заражаемость колосьев больше 10% и оценены как восприимчивые к пыльной головне.

Literatur

Apltauerová, M., 1969: Odrůdová odolnost jarního ječmene proti prašné sněti ječmenné [*Ustilago nuda* (Jens.) Rostr.] při umělé infekci. – Genet. šlecht. *5*, 127–134.

Cherewick, W. J., and W. Popp, 1950: A modification of Moors's method of inoculating wheat and barley with loose smut. – Phytopathology *40*, 1054–1056.

Hansen, L. R., 1954: Investigations on loose smut of wheat and barley, *Ustilago tritici* (Pers.) Rostr. and *Ustilago nuda* (Jens.) Rostr. I. Physiologic resistance of wheat and barley varieties. – Acta Agric. Scand. *4*, 344–355.

Kozera, W., 1965: Wyniki dotychczasowych badań nad głownią pyłkową jęczmienia *Ustilago nuda* (Jens.) Rostr. – Biul. Inst. Hodowli Aklimatyz. Roślin 1965, 107–113.

Moseman, J. G., and D. A. Reid, 1958: Reaction of spring and winter barleys to cultures of four races and culture P 35 of *Ustilago nuda*. – Plant Disease Reptr. *42*, 614–617.

Mumford, D. L., and D. C. Rasmusson, 1963: Resistance of barley to *Ustilago nuda* after embryo infection. – Phytopathology *53*, 125–128.

Niemann, E., 1961: Flugbrandresistente Gerstensorten. – Z. Pflanzenzücht. *45*, 8–16.

Nover, I., und Chr. O. Lehmann, 1969: Resistenzeigenschaften im Gersten- und Weizensortiment Gatersleben. 11. Prüfung von Wintergersten auf ihr Verhalten gegen Flugbrand (*Ustilago nuda* (Jens.) Rostr.). – Kulturpflanze *17*, 233–240.

Pedersen, P. N., 1962: Testing varieties of barley for physiological resistance to loose smut, *Ustilago nuda* (Jens.) Rostr. – Årsskr. Kgl. Vet.-Landbohøjsk. København 124–143.

Poehlman, J. M., 1945: A simple method of inoculating barley with loose smut. – Phytopathology *35*, 640–644.

Popp, W., 1951: Infection in seeds and seedlings of wheat and barley in relation to development of loose smut. – Phytopathology *41*, 261–275.

Rigina, S. I., 1965: Ustojčivost' k pyl'noj golovne obrazcov jarovogo jačmenja. – Sb. trud. aspir. molod. nauč. Sotrud., Vses. Inst. Rast. *6* (*10*), 37–42.

Roemer, Th., 1942: Ausgangsmaterial für die Resistenzzüchtung bei Getreide. – Z. Pflanzenzücht. *24*, 304–332.

Ross, J. C., W. M. Semeniuk, D. K. Taylor and B. C. Jenkins, 1948: Factors affecting the degree of infection of barley by loose smut (*Ustilago nuda* (Jens.) Rostr.). – Scient. Agric. *28*, 481–492.

Shands, H. L., and C. W. Schaller, 1946: Response of spring barley varieties to floral loose smut inoculation. – Phytopathology *36*, 534–548.

Tapke, V. F., 1955: Physiologic races in *Ustilago nuda* and techniques for their study. – Phytopathology *45*, 73–78.

Thren, R., 1941: Zur Frage der physiologischen Spezialisierung des Gerstenflugbrandes *Ustilago nuda* (Jensen) Kellerm. et Sw. und der Entstehung neuer Gerstenbrand-Rassen. – Phytopath. Z. *13*, 539–571.

Wells, S. A., and A. W. Platt, 1949: The effect of loose smut on the viability of artificially inoculated barley seeds. – Sci. Agr. *29*, 45–52.

Zeiner, W., 1932: Das Verhalten verschiedener Sommergersten-Kreuzungen hinsichtlich der Anfälligkeit für *Ustilago nuda*. – Z. Pflanzenzücht. *17*, 229–264.

Chromosomenzahlen von Pflanzen der Insel Kuba[1] II

von Reinhard Fritsch

(Eingegangen am 28. Februar 1971)

Mit dieser Arbeit werden die Untersuchungen der Chromosomenzahlen kubanischer Pflanzen fortgesetzt. Einleitende Bemerkungen sowie Material und Methode sind dem I. Teil vorangestellt.

Gramineae

Von *Coix lacryma-jobi* liegen schon zahlreiche Angaben vor. Wie die meisten Autoren stellte ich 2n = 20 Chromosomen fest (Abb. 1).

Picrodendraceae

Von den wenigen Arten dieser Familie waren bisher noch keine Chromosomenzahlen bekannt. *Picrodendron macrocarpum* hat 2n = 48 Chromosomen (Abb. 2). Daraus kann man vielleicht einen Hinweis auf den bislang ungeklärten systematischen Anschluß dieses Verwandtschaftskreises ableiten. Die morphologisch nahestehenden Terebinthaceae, Simarubaceae und Juglandaceae haben aber jeweils Zahlenspektren, in welche sich die 2n = 48 nur schlecht einfügen lassen. Auch bei den Euphorbiaceae könnte man, falls überhaupt, höchstens zu *Mercurialis* eine Beziehung logisch konstruieren. Demgegenüber erscheint eine Verbindung zu den Hamamelidaceae wesentlich überzeugender, da bei diesen fast ausschließlich Chromosomenzahlen von 2n = 24, 48 und 72 vorkommen. Aber das sind Möglichkeiten, die erst einer Bestätigung der vorliegenden Zahl auch bei anderen Arten der Gattung *Picrodendron* bedürfen.

Leguminosae

Die 2n = 22 Chromosomen (Abb. 3) von *Abrus praecatorius* gleichen der von Senn 1938 untersuchten Sippe var. *rubra* sowohl in der Zahl als auch im wesentlichen in der Morphologie.

Bei *Crotalaria maypurensis* und *Canavalia maritima* liegen mir keine früheren Chromosomenzählungen vor. Im Chromosomenbild der ersteren Art, 2n = 16 (Abb. 6), fällt auf, daß die Hälfte der Chromosomenpaare Satelliten trägt. Ein so hoher Anteil ist relativ selten. Im Satz von *Canavalia maritima*, 2n = 22

[1] Ergebnisse der 1. Alexander-von-Humboldt-Expedition der Kubanischen Akademie der Wissenschaften und der DAW 1967/68 Nr. 25

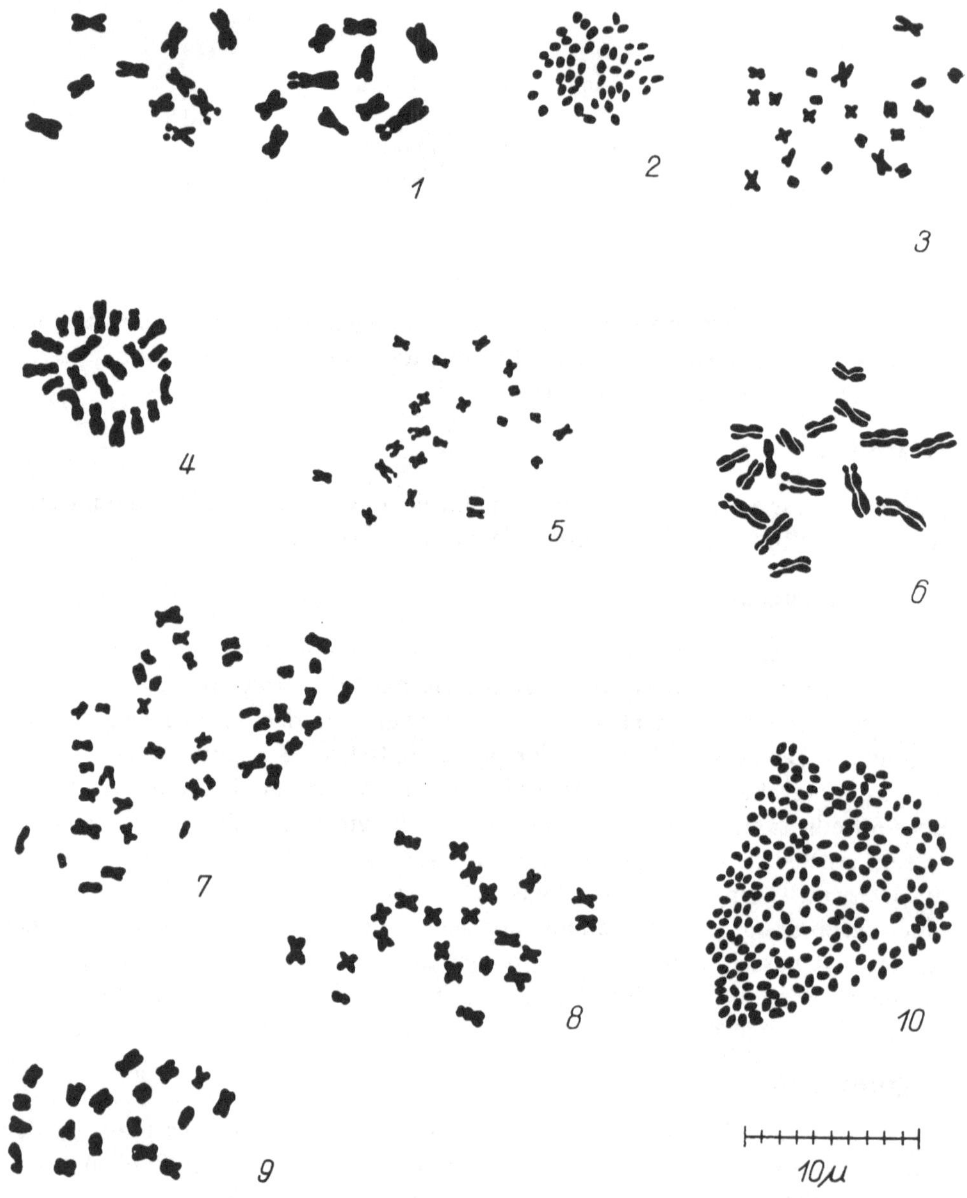

Abb. 1–10

(Abb. 4), findet sich nur 1 Paar SAT-Chromosomen. Beide Arten haben eine in der jeweiligen Gattung häufige Chromosomenzahl.

Das untersuchte Material von *Centrosema virginianum* besitzt 2n = 22 Chromosomen (Abb. 5). Lewis et al. 1962 (nach Fedorov 1969) stellten bei Pflanzen aus dem südlichen Nordamerika 2n = 18 fest. Eventuell weist die kubanische Sippe akzessorische Chromosomen auf.

Die Chromosomenzahl von *Erythrina cubensis*, 2n = 42 (Abb. 7), wurde bisher noch nicht veröffentlicht. Es ist die gleiche Zahl wie bei fast allen Arten der Gattung.

Bei *Mucuna pruriens*, 2n = 22 (Abb. 8), und *Sophora tomentosa*, 2n = 18 (Abb. 9), können frühere Zählungen bestätigt werden. Beide Arten sind im gesamten Tropengürtel verbreitet. Indische Herkünfte haben die gleichen Chromosomenzahlen wie die untersuchten Exemplare.

Euphorbiaceae

Phyllanthus leonis besitzt die außergewöhnlich hohe Chromosomenzahl 2n = ca. 208 (Abb. 10). Das ist die höchste bisher bekannte Zahl in der Gattung. Ausgehend von der Grundzahl x = 13 (Webster und Ellis 1962) stellt diese in Kuba endemische Sippe die hexodekaploide Stufe dar. Die oben zitierten Autoren nehmen bei *Phyllanthus* eine durch Polyploidisierung gekennzeichnete phylogenetische Entwicklung von baumförmigen Arten (diploid) zu krautigen Arten (tetraploid) an. Das trifft im vorliegenden Fall sicher nicht zu, denn die Art gehört zu den holzigen Vertretern der Gattung. Eine weitere Untersuchung der vielen kubanischen Arten könnte vielleicht auch diese Frage klären.

Apocynaceae

Urechites lutea besitzt wie die im ersten Teil der Arbeit untersuchte Art *Echites umbellata* 2n = 12 Chromosomen (Abb. 11), die aber wesentlich größer sind und gut die Morphologie zeigen. Die Zahl bestätigt die Vermutung, daß sich auf Kuba mehrere Sippen mit dem möglicherweise ursprünglichen Komplementen = 6 erhalten haben.

Asclepiadaceae

Die Chromosomenzahl von *Marsdenia linearis*, 2n = 22 (Abb. 12), wird bei den meisten Arten dieser Familie angegeben. Es ist die erste Zählung bei *Marsdenia*.

Convolvulaceae

Das kubanische Material von *Ipomoea alba* hat die gleiche Chromosomenzahl von 2n = 30 (Abb. 13) wie die Herkünfte aus Peru (Doe 1967) und Argentinien (Jones 1968).

Von *Turbina corymbosa* war bisher offenbar noch keine Chromosomenzahl bekannt. Die Art besitzt ebenfalls 2n = 30 Chromosomen (Abb. 14). Bei den Convolvulaceae ist diese Zahl sehr häufig.

Labiatae

Bei *Hyptis capitata* stellte ich 2n = 32 Chromosomen fest (Abb. 15) im Gegensatz zur Angabe von Chuang et al. 1963 mit 2n = 30 (nach Index 1963 aus Fedorov 1969). Es wäre möglich, daß auch bei dieser weit verbreiteten

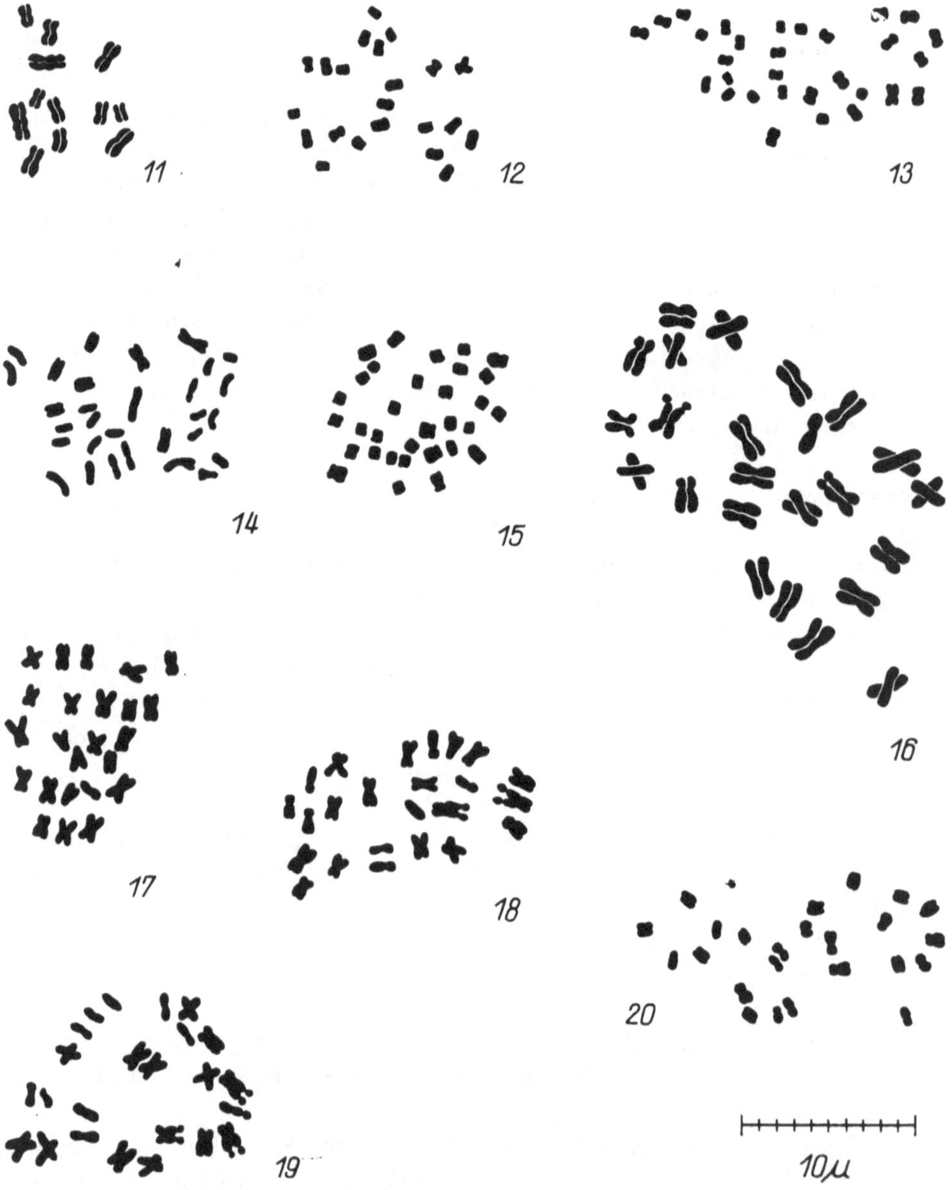

Abb. 11–20

Art	Familie	Chromos.-Zahl	Herkunft	Herbarbeleg-Nr.
Coix lacryma-jovi L.	Gramineae	2n = 20	Pinar del Rio, C. Abraham, 500 m s. Guanito. Bachtal im offenen Pinus-Wald	463/67
Picrodendron macrocarpum (A. Rich.) Britt.	Picrodendrac.	2n = 48	Oriente, Trockenwald bei Laguna Baconao	8.22/68
Abrus praecatorius L.	Legum.	2n = 22	Havanna, Rio Alama Via monumental. Ruderalstelle	1.185/68
Canavalia maritima (Aubl.) Thomas	Legum.	2n = 22	Havanna, Inst. de Oceanologia, Strandzone	1.19/67
Centrosema virginianum (L.) Benth.	Legum.	2n = 22	Pinar del Rio, C. Abraham, 500 m s. Guanito. Bachtal im offenen Pinus-Wald	461/67
Crotalaria maypurensis HBK.	Legum.	2n = 16	Pinar del Rio, Remates. Laguna Allatraz Chico sw. Guane. Devastierter Kiefern-Palmen-Wald	343/67
Erythrina cubensis C. Wright	Legum.	2n = 42	Guanahacabibes, Playa Antonio Hundezahnhochplateau 300 m n. der Küste, 18 km w. El Beral	303/67
Mucuna pruriens (L.) DC.	Legum.	2n = 22	Las Villas, Soledad, offenes Gelände ne des Botan. Gartens	
Sophora tomentosa L.	Legum.	2n = 18	Isla de Pinos, Strand bei El Colony	4.183/68
Phyllanthus leonis Allain	Euphorb.	2n = ca. 208	Oriente, Bez. Yateras. Sierra de Manueg. La Vuelta, Quellgebiet des Sagua de Tanamo. Bachtal	932/68
Urechites lutea (L.) Britt.	Apocyn.	2n = 12	Oriente, Bez. Yateras; Sierra de Manueg. 1 km ne Gupeyal. Bewaldetes Bachtal	774/68
Marsdenia linearis Decne.	Asclepiad.	2n = 22	Oriente, Bez. Yateras, Sierra de Manueg. Xerophiler Buschwald auf O-W-Höhenzug (Serpentin) 3 km w. Gupeyal	823/68
Ipomoea alba L.	Convolv.	2n = 30	Havanna – Marianao, Ciudad Libertad. Ruderalstelle	4.140/68
Turbina corymbosa (L.) Raf.	Convolv.	2n = 30	Oriente, Bez. Yateras, Sierra de Manueg. La Vuelta, Kulturlandschaft im Quellgebiet d. Sagua de Tanamo	909/68
Hyptis capitata Juss.	Labiat.	2n = 32	Oriente, Teich im Tropenwald 2 km se Tabajo unterhalb des Yunque de Baracoa	1179/68

Fortsetzung

Art	Familie	Chromos.-Zahl	Herkunft	Herbar-beleg-Nr.
Solanum jamaicense Mill.	Solanac.	2n = 24	Oriente, Bez. Yateras, Sierra de Manueg. Offener Buschwald am fels. Gratweg 2 km w. Gupeyal	662/68
Solanum moense Britt. et Wils.	Solanac.	2n = 48	Oriente, Bez. Yateras; Sierra de Manueg. Feuchte Bachsenke 500 m se Gupeyal	536/68
Solanum torvum	Solanac.	2n = 24	Oriente Bez. Yateras, Sierra de Manueg. Buschvegetation um Gupeyal (alte Brandfläche)	580/68
			Oriente Bez. Yateras, Sierra de Manueg. Kalkhügel bei La Municion	729/68
Solanum jamaicense Mill.	Solanac.	2n = 24	Las Villas. Grupo de Trinidad. Bewaldetes Bachtal La Marinosa 4 km nw. des Topes de Collantes	1233/68
Cucumis dipsaceus Ehrb. ex Spach	Cucurb.	2n = 24	Oriente. Dornbusch-Hänge 2 km westl. von Imias	1192/68

Art geographisch getrennte aneuploide Rassen existieren. Es war mir leider nicht möglich, die Arbeit von Chuang einzusehen.

Solanaceae

Solanum jamaicense hat 2n = 24 Chromosomen (Abb. 16 und 19). Dieselbe Zahl stellte Heiser (nach Fedorov 1969) fest. Die beiden hier untersuchten Sippen zeigen kein übereinstimmendes zytologisches Bild. Bei den Pflanzen aus Gupeyal konnte ich nur ein satellitentragendes Paar im Chromosomensatz feststellen, während die Sämlinge aus den Aufsammlungen von Las Villas zwei Paare SAT-Chromosomen besitzen. Bei der letztgenannten Sippe ist außerdem ein heterobrachiales Chromosom mit negativer Heterochromasie bemerkenswert, das sich – deutlich schwächer gefärbt – in allen Präparaten nachweisen läßt.

Interessant ist die Chromosomenzahl von 2n = 48 bei *Solanum moense*, weil in der näheren Verwandtschaft dieser Art bisher kein Auftreten polyploider Sippen bekannt war. Frühere Zählungen liegen für diese Art offenbar nicht vor.

Die untersuchten Sippen von *Solanum torvum* besitzen übereinstimmend 2n = 24 Chromosomen (Abb. 17 und 18) und haben im Komplement jeweils ein Paar SAT-Chromosomen, die auf Abb. 17 aber nicht dargestellt sind. Ein Auftreten von Heterochromasie habe ich nicht beobachtet. Dieselbe Chromosomenzahl wurde auch schon früher angegeben.

Cucurbitaceae

Bei *Cucumis dipsaceus* kann ich ebenfalls die Zählungen früherer Autoren bestätigen. Die Art hat 2n = 24 Chromosomen (Abb. 20).

Zusammenfassung

Von weiteren 19 Arten der Flora von Kuba wurden die Chromosomenzahlen festgestellt, davon bei 7 Arten zum ersten Mal (*Crotalaria maypurensis* 2n = 16, *Canavalia maritima* 2n = 22, *Erythrina cubensis* 2n = 42, *Phyllanthus leonis* 2n = ca. 208, *Urechites lutea* 2n = 12, *Marsdenia linearis* 2n = 22 und die folgende Art). *Picrodendron macrocarpum* hat 2n = 48 Chromosomen. Die sich daraus ergebenden Möglichkeiten zum Anschluß der Familie werden diskutiert und auf eine auffallende Übereinstimmung mit den Chromosomenzahlen der Hamamelidaceae hingewiesen. Bei *Centrosema virginianum* zählte ich 2n = 22 Chromosomen, während Lewis et al. (1962) 2n = 18 veröffentlichten. Auch bei *Hyptis capitata* konnte die Angabe von Chuang (1963) mit 2n = 30 nicht bestätigt werden, denn die kubanische Sippe hat 2n = 32 Chromosomen. Die Zahlen der restlichen Arten stimmen mit den Angaben anderer Autoren überein.

Summary

Chromosome numbers of plants from Cuba II

Chromosome counts of 19 species are given, 7 counts for the first time (*Crotalaria maypurensis* 2n = 16, *Canavalia maritima* 2n = 22, *Erythrina cubensis* 2n = 42, *Phyllanthus leonis* 2n = ca. 208, *Urechites lutea* 2n = 12, *Marsdenia linearis* 2n = 22 and the following species). *Picrodendron macrocarpum* has 2n = 48 chromosomes. The possible taxonomical joining of the Picrodendraceae on the basis of chromosome number is shortly discussed. A useful connection exists to the Hamamelidaceae. The chromosome numbers of *Centrosema virginianum* (2n = 22 in place of 2n = 18) and *Hyptis capitata* (2n = 32 instead of 2n = 30) disagree with further counts.

Краткое содержание

Хромосомные числа растений с острова Кубы II

Как и в первой части работы приводятся данные о хромосомных числах растений кубинской флоры. Числа установлены для 19 видов; для 7 видов – впервые (*Crotolaria maypurensis* 2n = 16, *Canavalia maritima* 2n = 22, *Erythrina cubensis* 2n = 42, *Phyllanthus leonis* 2n = 208, *Urechiteslutea* 2n = 12, *Marsdenia linearis* 2n = 22 и следующий вид). *Picrodendron macrocarpum* имеет 2n = 48 хромосом. Это число совпадает с хромосомными числами сем. *Hamamelidaceae*, что дает повод к дискуссии о таксономическом положении семейств. У *Centrosema virginianum* обнаружено 2n = 22, у *Hyptis capitata* 2n = 32, в то время как в литературе указывается 18 для первого и 30 для второго видов. Для остальных растений числа совпадали с литературными данными.

Literatur

Cave, M. S., 1958: Index to Plant Chromosome Numbers for 1957. – Chapel Hill.

Doe, J., 1967: In Chromosome numbers of phanerogams. 2. – Ann. Missouri Bot. Garden, *54*, 178–181.

Fedorov, A. A., 1969: Chromosomnije čisla cvetkovich rastenij. – Leningrad.

Fritsch, R., 1970: Chromosomenzahlen von Pflanzen der Insel Kuba. I. – Kulturpflanze *18*, 189–197.

Jones, A., 1968: Chromosome Numbers in *Ipomoea* and related Genera. – J. Hered. *59*, 99–102.

Ornduff, R., 1967: Index to Plant Chromosome Numbers for 1965. – Regnum vegetabile No. 50.
– 1968: Index to Plant Chromosome Numbers for 1966. – Regnum vegetabile No. 55.
– 1969: Index to Plant Chromosome Numbers for 1967. – Regnum vegetabile No. 59.
– 1970: Index to Plant Chromosome Numbers for 1968. – Regnum vegetabile No. 68.
Senn, H. A., 1938: Chromosome number relationships in the Leguminosae. – Bibliogr. Genetica *12*, 175–336.
Webster, G. L., und Ellis, J. R., 1962: Cytotaxonomic studies in the Euphorbiaceae, subtribe Phyllanthinae. – Amer. J. Bot. *49*, 1: 14–18.

Kultur von *Hordeum vulgare* in Erde und in Hydroponik – ein Vergleich

von Herta Sagromsky

(Eingegangen am 5. März 1971)

Für die Beurteilung der Substanzbildung einer Pflanze, bei der auch die Wurzelmasse erfaßt werden soll, ist ihre Anzucht in Nährlösung besonders geeignet. Es wachsen jedoch nicht alle Formen gleichmäßig gut in einem flüssigen Nährmedium, so daß die Eignung zur Kultur im Hydroponikverfahren für jede Form neu erprobt werden muß. Im folgenden ist die Entwicklung der Sommergerstensorte 'Donaria' in Hydroponikkultur mit der in Erde verglichen worden.

Das Saatgut, *Hordeum vulgare*, Sorte 'Donaria', stammte aus dem Sortiment von H. Stubbe[1]. Die Getreidekörner wurden in Petrischalen, 5 cm hoch, auf feuchtem Filtrierpapier angekeimt. 3–5 cm hohe Keimpflanzen kamen einzeln entweder in Töpfe mit gedämpfter Erde oder in solche für Hydroponikkultur. Die Nährlösung war nach van der Crone zusammengesetzt und erhielt zusätzlich Hougland'sche A-Z-Lösung (Ruge 1947). Als Substrat dienten wie in früheren Versuchen (Sagromsky 1969) 3–5 cm dicke Quarzsteine, die zunächst mit konzentrierter Salzsäure behandelt, dann mit Leitungs- und destilliertem Wasser gewaschen waren. Die Erd- und Hydroponikkulturen wurden in eine Gewächshaushalle gestellt, in der sie sich unter gleichen Licht- und Temperaturbedingungen entwickeln konnten. Im April angesetzte Kulturen kamen im Juni zum Schossen und konnten im Juli abgeerntet werden.

Bald nach dem Beginn des Versuches war zu beobachten, daß in Nährlösung gezogene Pflanzen wesentlich besser wuchsen als in Erde. Es bildete sich dort mehr Blattmaterial und auch die Bestockung war in Hydroponikkulturen stärker. In Abbildung 1 steht eine Pflanze, die in Nährlösung kultiviert wurde (A), neben einer solchen gleichen Alters, die in Erde (B) gewachsen war. Die unterschiedliche Entwicklung beider Pflanzen ist deutlich zu erkennen.

Noch besser wird der Vorzug der Hydroponikkultur sichtbar, wenn Frisch- und Trockengewichte von Pflanzen aus den verschiedenen Kulturserien miteinander verglichen werden. In Tabelle 1 ist die Durchschnittsmasse von 10 Pflanzen nach $2^1/_2$ Monate langer Kultur in Erde und in Nährlösung zusammengestellt.

[1] Für die Überlassung dieses Samenmaterials bin ich Prof. Dr. H. Stubbe zu Dank verpflichtet.

Aus den angeführten Werten geht hervor, daß bei Anzucht in Nährlösung wesentlich mehr Masse gebildet wird, als bei Kultur in Erde. Das durchschnittliche Sproßgewicht sowie auch der mittlere Wert für die Wurzelmasse sind in Hydroponikkulturen höher als in Erdkulturen, das Verhältnis Sproß/Wurzel und die Wurzellänge zeigen keine statistisch gesicherten Unterschiede.

A B

Abb. 1. Vergleich einer in Nährlösung gewachsenen Pflanze (A) mit einer in Erde kultivierten (B)

Da, wie aus der Tabelle 1 ersichtlich, das vegetative Wachstum in den beiden Nährmedien sehr unterschiedlich war, konnte erwartet werden, daß auch der Kornertrag durch die beiden Kulturmethoden beeinflußt wird. In der Tabelle 2 sind die durchschnittlichen Ernten von 10 Pflanzen, die in Nährlösung gewachsen, und von solchen aus der Kultur in Erde zusammengestellt.

Tabelle 1

Substanzbildung von Kulturen in Nährlösung und in Erde

Kulturmedium	Frischgewicht Sproß in g	Frischgewicht Wurzel in g	Trockengewicht Sproß in g	Trockengewicht Wurzel in g	Sproß/Wurzel	Wurzellänge in cm
Nährlösung van der Crone	86,47 ± 3,1	28,57 ± 2,0	9,84 ± 0,3	4,10 ± 0,2	3,03	31,0 ± 2,8
Erde	41,30 ± 2,8	13,40 ± 1,2	5,44 ± 0,3	1,95 ± 0,1	3,08	32,0 ± 2,3

Tabelle 2

Vergleich der durchschnittlichen Ernte von je 10 Pflanzen

Kulturmedium	Zahl der Ähren pro Topf	durchschnittliches Korngewicht einer Ähre in g	Tausendkorngewicht in g	Ernte aus 1 Korn in Zahl d. Körner
Nährlösung van der Crone	31,1 ± 1,3	1,04 ± 0,03	49,44	654
Erde	20,6 ± 1,3	1,02 ± 0,02	47,73	440

Aus ihr ist zu entnehmen, daß auch der Kornertrag von Kulturen in Nährlösung höher ist als von solchen in Erde. Bei Hydroponikkulturen wurde das 654fache Korn geerntet, dagegen das 440fache, wenn als Nährsubstrat Erde gewählt war.

Wurden Kulturen in anderen Jahreszeiten angesetzt, dann waren die Pflanzen in Nährlösung ebenfalls stets kräftiger und größer als diejenigen in Erde, wenn eine ausreichende Versorgung mit Licht zur Verfügung stand.[1]

Zusammenfassung

Kulturen von *Hordeum vulgare* in Nährlösung (Hydroponik) waren im vegetativen Wachstum sowie im Kornertrag solchen in Erde überlegen.

Summary

Culture of *Hordeum vulgare* in earth and in Hydroponic – a comparison

Hordeum vulgare L. had greater matter-production and more corn grains per plant when cultivated in nutrition solution than in earth.

Краткое содержание

Сравнение культур *Hordeum vulgare* в земле и методом гидропоники

Культура ячменя в питательном растворе (гидропоника) оказалась и по вегетативному развитию и по урожайности зерна успешнее чем обычная культура в земле.

[1] Frau Maria Wolf danke ich für die Mithilfe bei den Versuchen.

Literatur

Kühle, G., 1970: Zimmerpflanzen ohne Erde. – Radebeul.

Ruge, U., 1947: Übungen zur Wachstums- und Entwicklungsphysiologie der Pflanze. – Berlin-Göttingen

Sagromsky, H., 1969: Stoffproduktion, Sproß-Wurzel-Verhältnis, Pigmentgehalt und Lichtfeld bei Mutanten der Kulturtomate *Lycopersicon esculentum* Miller. – Kulturpflanze *17*, 285–297.

Die archäologischen Reste der Ackerbohne, *Vicia faba* L., und die Genese der Art[1]

von Jürgen Schultze-Motel

(Eingegangen am 15. März 1971)

Zur vollständigen Kenntnis einer Kulturpflanze gehören neben einer umfassenden Erforschung der Morphologie, Anatomie, Physiologie, Systematik und Geographie auch Studien über ihre Entstehung, Entwicklung und Geschichte. Für die historische Fragestellung kommt der Untersuchung archäologischer Reste dabei eine große Bedeutung zu, da sich in diesen Dokumenten der Ablauf der Entwicklung der Art widerspiegelt. Die Art wird somit gleichzeitig auch als ein Komplex gesehen, der eine zeitliche Ausdehnung hat. Bei der Erfassung der archäologischen Reste einer Art muß freilich bedacht werden, daß diese meist nur sehr spärlich vorliegen, da ihre Entdeckung von vielen Zufällen abhängt. Vorher müssen schon mehrere günstige Gegebenheiten zusammengetroffen sein, die überhaupt erst zu einer Konservierung von Pflanzenresten führen. Mannigfache Schwierigkeiten bereitet auch die Datierung, d. h. die genaue zeitliche Einstufung, deren Wichtigkeit in früheren Zeiten zudem nicht immer gebührend beachtet wurde. Sie ist aber unbedingt notwendig, um entsprechende botanische Aussagen treffen zu können. Die Kenntnis der archäologischen Reste der einzelnen Kulturpflanzen-Arten ist verschieden weit vorgeschritten, je nach der wirtschaftlichen Wichtigkeit der betreffenden Art.

Die archäologischen Reste geben uns nur eine Sammlung von Fragmenten, die blitzlichtartig einzelne Stadien erhellen, aus denen mosaikartig ein Bild zusammengesetzt werden muß. Dazu kommen beträchtliche Schwierigkeiten durch den Umstand, daß die Kulturpflanzenreste von Archäologen und Prähistorikern ausgegraben, im übrigen aber mit Recht als Gegenstände der Botanik betrachtet werden, während die meisten Botaniker dieses Gebiet als der Urgeschichte zugehörig ansehen. Das hat dazu geführt, daß dieses Feld lange Zeit sehr vernachlässigt worden ist. Diese Zwischenstellung findet ihren Ausdruck auch darin, daß die einschlägigen Veröffentlichungen teils in botanischen, teils in archäologischen oder prähistorischen Zeitschriften erscheinen, was ihr Auffinden weiter erheblich erschwert. Erst in neuerer Zeit hat sich eine stärkere Zusammenarbeit zwischen Archäologie und Botanik

[1] Mit dieser Arbeit beginnt eine Reihe von Beiträgen, die sich mit Fragen der Abstammung, Herkunft und Gliederung der Ackerbohne befassen.

angebahnt, so daß heute die Wahrscheinlichkeit größer ist, daß derartige Funde geborgen und bald untersucht werden.

Auch von der Ackerbohne (*Vicia faba* L.), die züchterisch intensiv bearbeitet wird, gibt es eine ganze Reihe von archäologischen Funden, die bisher allerdings noch nicht zusammengestellt und ausgewertet worden sind. In der vorliegenden Arbeit ist daher versucht worden, eine entsprechende Darstellung zu geben.

Vorher soll jedoch ein Ackerbohnenfund beschrieben werden, der bisher noch nicht bearbeitet wurde.

Der Fund stammt aus Zitz, Kr. Brandenburg, vom Nordostende des Fiener Bruches. Er wurde vom Museum für Ur- und Frühgeschichte Potsdam (Direktor Dr. B. Gramsch) freundlicherweise zur Verfügung gestellt, wofür auch an dieser Stelle bestens gedankt sei. Das von einer Notbergung herrührende Material fand sich in einer urnenfelderzeitlichen Siedlungsgrube. Eine C^{14}-Bestimmung wurde nicht vorgenommen, da die Datierung in die jüngere Bronzezeit durch die Funde hinreichend gesichert schien (briefliche Mitteilung von B. Gramsch vom 3. 3. 71). Die auffallend flache Grube konnte wahrscheinlich nicht vollständig ausgeräumt werden. Dennoch beträgt die Menge des Fundmaterials 10670 cm^3. Es dürfte sich daher wohl um den umfangreichsten Ackerbohnenfund handeln, der jemals geborgen werden konnte. Der Erhaltungszustand ist dabei gleichzeitig ausgezeichnet, so daß eine statistische Auswertung möglich ist. Die Ackerbohnen sind zwar oft ohne Samenschale, doch finden sich auch sehr zahlreiche intakte Samen (Abb. 1, 2 und 3 links).

Abb. 1. Ackerbohnen von Zitz. Übersichtsbild. Maßstab = 2 cm

Abb. 2. Ackerbohnen von Zitz. Die Einkerbung am Nabel ist deutlich zu erkennen. Maßstab = 2 cm

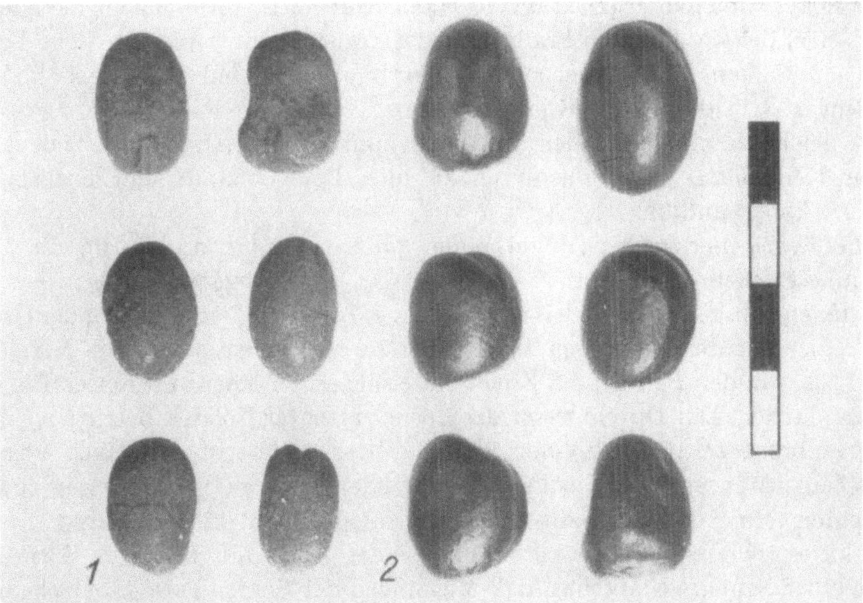

Abb. 3. Ackerbohnen von Zitz (1) im Vergleich mit rezenten Ackerbohnen der var. *minuta* (2). Maßstab = 2 cm

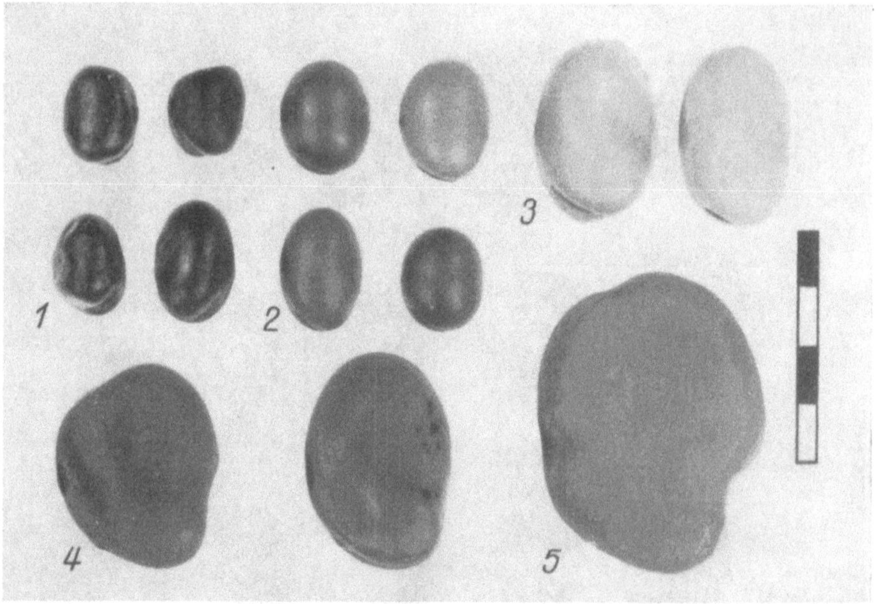

Abb. 4. Die drei unter den heutigen Ackerbohnen unterscheidbaren Samentypen: 1–3 var. *minuta*, 4 var. *equina*, 5 var. *faba*. Maßstab = 2 cm

Ein noch größerer Anteil ist in die Keimblätter zerfallen. Dieser Vorgang wird offenbar noch dadurch gefördert, daß ein großer Teil der Samen Fraßspuren vom Ackerbohnenkäfer (*Bruchus rufimanus*) aufweist, von dem auch in anderen urgeschichtlichen Funden Fraßspuren zu registrieren waren. In dem Falle, daß ein Samen vom Ackerbohnenkäfer angebohrt und ± ausgehöhlt ist, verringert sich die innere Kontaktfläche zwischen den Keimblättern, so daß diese leicht auseinanderfallen. Daher kommt es auch, daß man bedeutend mehr Keimblätter mit Fraßspuren als unzerfallene Samen mit Fraßspuren findet (Abb. 5 und 6).

Die Fraßlöcher in den Ackerbohnen wurden nun benutzt, um die Verkohlungserscheinungen und damit den Wert von Längenmessungen usw. zu beurteilen. Ausgehend von dem Gedanken, daß an eine Veränderung der Größe der Käfer seit der Bronzezeit wohl kaum zu denken ist, wurde ein Vergleich der Löcher in den Bohnen des Zitzer Materials und solcher in rezenten Bohnen vorgenommen. Der Durchmesser der Löcher rezenter Bohnen beträgt 2,5 mm. Bei den bronzezeitlichen Bohnen ergab die Messung überwiegend auch 2,5 mm, daneben waren seltener Löcher mit 2,0 oder 1,5 mm Durchmesser zu beobachten, ohne daß die Samen deshalb entsprechend kleiner waren. Damit scheint es erwiesen, daß die Verkohlung so geringen Einfluß auf die Form und Größe der Samen gehabt hat, daß Messungen der Samen sinnvoll erscheinen. Nur ganz wenige Samen des Zitzer Fundes zeigten blasige Auftreibungen, die eindeutig auf den Vorgang der Verkohlung zurückzuführen sind.

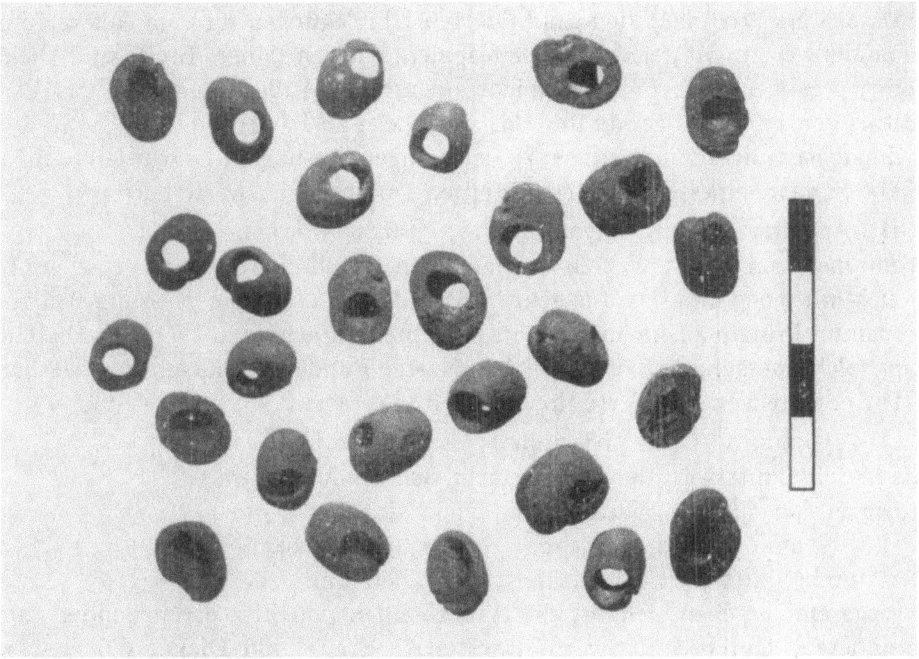

Abb. 5. Ackerbohnen von Zitz, vom Ackerbohnenkäfer angefressen. Maßstab = 2 cm

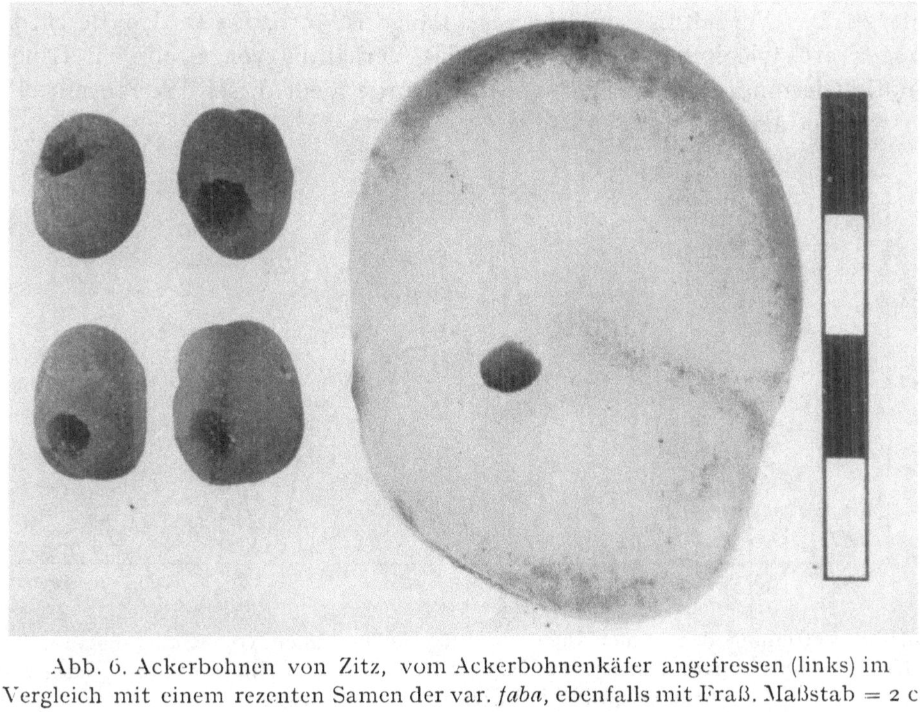

Abb. 6. Ackerbohnen von Zitz, vom Ackerbohnenkäfer angefressen (links) im Vergleich mit einem rezenten Samen der var. *faba*, ebenfalls mit Fraß. Maßstab = 2 cm

Da das Material nach den geschilderten Überlegungen für eine Auswertung nach Meßwerten gut geeignet zu sein schien, wurden Länge, Breite und Dicke von 300 Samen mit einer Schublehre gemessen. Außerdem wurde das Verhältnis von Länge zu Breite und das von Dicke zu Länge ermittelt.

Zunächst einige Bemerkungen zu den Längenmessungen. Es wurden dreimal je 100 Samen gemessen. Die festgestellten Durchschnittswerte betrugen

1) 6,588 mm 2) 6,379 mm 3) 6,860 mm.

Wenn man von diesen Werten abermals den Durchschnitt ermittelt, so ergibt er sich mit 6,609 mm. Daraus geht hervor, daß man mit der Messung von 100 Samen im Prinzip auskommen kann, um einen brauchbaren Wert zu erhalten. Eine solche Messung freilich ist bei den meisten Funden schon nicht realisierbar.

Die entsprechenden Werte für die Breite betragen:

1) 5,236 mm 2) 4,985 mm 3) 5,337 mm.

Als Durchschnittswert der Breite ergibt sich somit 5,186 mm.

Die entsprechenden Werte für die Dicke sind:

1) 5,051 mm 2) 4,832 mm 3) 5,144 mm.

Der Durchschnittswert der Dicke ist also 5,009 mm.

Insgesamt ergeben sich für die Ackerbohnen von Zitz die folgenden (abgerundeten) Durchschnittswerte für Länge, Breite und Dicke: 6,6 × 5,2 × 5,0 mm. Damit liegen die Bohnen im Bereich der anderen urgeschichtlichen Funde (s. unten).

Weiterhin wurde das Verhältnis von Länge zu Breite festgestellt, das 1,3 beträgt. Das Verhältnis von Dicke zu Länge ist 0,76. Da in den Beschreibungen archäologischer Funde meist das Verhältnis von Breite zu Länge (multipliziert mit 100) angegeben wird, wurde auch dieser Wert ermittelt, der 78,5 beträgt.

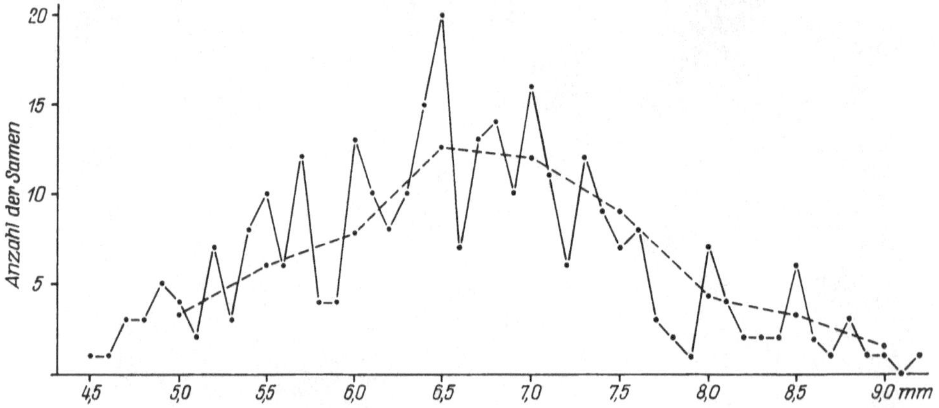

Abb. 7. Verteilung der Samenlängen bei 300 Ackerbohnen von Zitz. Ausgezogene Kurve : Einzelwerte; gestrichelte Kurve : Einzelwerte zu Klassen von 0,5 mm zusammengefaßt (z. B. 4,6–5,0; 5,1–5,5 usw.)

In der Abb. 7 ist die Verteilung der 300 Samenlängen auf die einzelnen Werte dargestellt. Die Samenlänge variiert von 4,5 bis 9,2 mm. Die der ausgezogenen Kurve zugrundeliegenden Werte beruhen auf Größenklassen von je 0,1 mm, die der gestrichelten Kurve auf Größenklassen von je 0,5 mm. Es ist klar zu ersehen, daß es sich um eine eingipfelige Kurve handelt und somit ein Material von einheitlicher Zusammensetzung vorliegt.

Nach der Beschreibung der bronzezeitlichen Ackerbohnen von Zitz soll nun eine Übersicht der archäologischen Funde dieser Art gegeben werden. Bei der Zerstreutheit der Literatur ist die Übersicht möglicherweise nicht vollständig, doch dürften die meisten Nachweise erfaßt worden sein. Die Funde sind nach Ländern geordnet und innerhalb der Länder nach dem Alter, soweit es feststellbar war.

KATALOG ARCHÄOLOGISCHER FUNDE DER ACKERBOHNE, *VICIA FABA* L.

Syrien

Hama, Alter etwa wie der Fund von Apliki, Zypern (Helbaek 1963b), nur erwähnt.

Israel

Beth-Shean, Palestine, frühe Bronzezeit (Feinbrun 1938/39). Samen sehr klein, Länge durchschnittlich 5,5–5,75 mm (Maximum 6,75), Breite 4,6 mm. Index Dicke/Länge = 0,7–0,8. Die Samenschalen waren nicht erhalten, die Samen also ursprünglich etwas größer, dennoch gehören sie zu den kleinsten bekannten Formen.

Lachish (Tell ed-Duweir), Palestine, Eisenzeit (Helbaek 1958). Ein stark beschädigtes Keimblatt einer Leguminose wird mit Vorbehalt zu *Vicia faba* L. f. *celtica* Heer gestellt.

Jordanien

Jericho, vorkeramische Schichten bis mittlere Bronzezeit (Hopf 1969). Die als *Vicia* cf. *faba* bezeichneten Reste sind rundlich und ähneln den von Feinbrun aus Beth-Shean (s. oben) beschriebenen. Sie haben einen mittleren Durchmesser von 5,3 mm und sind damit nur etwas größer als die an derselben Stelle gefundenen Erbsen (*Pisum* cf. *sativum*), deren kleinste einen Durchmesser von 3,0 und deren größte einen Durchmesser von 5,5 mm haben. Die Zugehörigkeit zur Gattung *Vicia* konnte aber durch anatomische Untersuchung der Samenschale einwandfrei nachgewiesen werden.

Cypern

Apliki, späte Bronzezeit (Helbaek 1963b). Etwa 2,5 cm^3 zerbrochene Samen. Nur zwei Fragmente waren groß genug für eine Schätzung der Größe: ein Fragment war etwa 8 mm lang, das andere über 6 mm breit.

Ägypten

Merimde-Benisalâme, Unter-Ägypten, linke Seite des Nil-Deltas zwischen Kairo und Alexandria, auf 5. Jahrt. v. u. Z. taxiert (Werth 1939). Es handelt sich um wenige sehr schlecht erhaltene Samen, die mit Vorbehalt zu *Vicia faba* gestellt wurden. Maße 5 × 4 × 3,5; 4 × 4 × 4; 4 × 3,5 × 2,8; 3,75 × 3,5 × 3; 3,6 × 3,5 × 3,3 mm.

Dra Abbu Negga (Theben), Grab aus der 12. Dynastie, Bronzezeit (Buschan 1895, Neuweiler 1905). Nach Schweinfurth (1884) handelt es sich um zwei Samen, die 10,8 bzw. 6,5 mm messen.

Türkei

Zweite Stadt von Hissarlik (Alt-Troja), Neolithikum (Buschan 1895). Kleinstes und größtes Exemplar: L 4,8/6,4 (Mittel 5,6), B 4,0/5,2 (Mittel 4,4) mm. Vgl. hierzu auch Wittmack (1890) und Lindau (1922).

Griechenland

Sesklo, Spätneolithikum oder möglicherweise frühe Bronzezeit (Renfrew 1966). Die Autorin erwähnt Bohnen von diesem Fundort, die von Wittmack bestimmt worden sind. Das dazugehörige Zitat ist unvollständig.

Knossos, Kreta, minoisch, bronzezeitlich (Netolitzky 1934, Neuweiler 1935). Die kleinsamige Form. Die kurzzylindrischen Samen sind 5–7 mm lang und 4,5–5 mm breit, doch sind ganze Samen selten unter den vielen Bruchstücken.

Hagia Triada, Kreta, minoisch (Netolitzky 1934). Der Befund entspricht dem der Probe von Knossos. Neuweiler (1935) gibt folgende Maße an: Länge 5–6 mm, Breite 5 mm.

Heraclea, Kreta, Bronzezeit (Buschan 1895). Länge des kleinsten und größten Exemplars 4,8/6,8 (Mittel 5,4), Breite (dito) 4,4/4,0 (Mittel 4,2) mm. Neuweiler (1905) sowie Bertsch und Bertsch (1949) geben für diesen Fundort neolithisches Alter an.

Lerna, Argolis, spätneolithisch bis mittelhelladisch (Hopf 1961; 1964). Von der Übergangsschicht Lerna 2–3 (neolithisch bis frühhelladisch) bis in Lerna 5 (mittelhelladisch) fanden sich Ackerbohnen. Während dieser Zeit sind keine wesentlichen Größenschwankungen zu beobachten:

neolithisch/frühhelladisch	6,7 × 6,0 × 5,4 mm
frühhelladisch II	6,1 × 5,4 × 5,0 mm

frühhelladisch III 6,7 × 5,6 × 5,3 mm
mittelhelladisch 6,7 × 5,6 × 5,4 mm
In allen Perioden fanden sich kürzere, rundliche neben längeren, schlanken Samen, ohne daß eine Gruppe scharf abzugrenzen war.

Iolkos, Thessalien, späte Bronzezeit, etwa 1200 v. u. Z. (Renfrew 1966). Mehrere hundert Samen, Länge 6,5–6,9 (Mittelwert 6,7), Breite 5,0–5,9 (Mittelwert 5,45) mm, Index L/B = 1,24. Muster M 60 16 (briefliche Mitteilung von J. M. Renfrew vom 12. 11. 67): Länge 5,0–9,2, Breite 5,0 bis 7,5, Dicke 5,0–6,9 mm.

Jugoslawien

Velem St. Veit bei Pola, Eisenzeit, Hallstatt (Neuweiler 1905). Länge 6,0 bis 8,5, Breite 5,2–6,8 mm. Ein Exemplar wies sogar eine größere Breite auf: 6,0 mm Länge und 6,1 mm Breite. Länge zu Breite in mm 7,25:6,03 = 100:83,1.

Donja Dolina, im Savebette, Bosnien, Bez. Bosnisch Gradiška (Maly 1904). Die Entstehung der Pfahlbauten von Donja Dolina fällt in die Bronzezeit. In voller Blüte stand Donja Dolina am Anfange der Eisenzeit und in der La Tène-Zeit. Eine genaue Datierung der Samen ist also nicht möglich. Die Samen sind ungleich groß, 5,5–8 mm lang und 4,5–6,5 mm breit, rundlich, nur wenig länger als breit.

Pfahlbau Ripač bei Bihać, in der Una; die Pfahlbauten reichen von jüngerer Steinzeit bis La Tène-Periode, die Datierung der Samen ist mithin unsicher (Beck von Mannagetta 1897). Etwa 1 Liter gut erhaltener Samen, zumeist jedoch entschält, oft in die Keimblätter zerfallen, häufig vom „Muffelkäfer" durchbohrt. Die Samen sind rundlich ellipsoidisch, aber doch durchwegs deutlich länger als breit, dabei 5–10 mm lang, kleinere Samen überwiegen.

Grädistia in Istrien, römisch (Neuweiler 1905). Keine weiteren Angaben.

Italien

Monte Loffa, Berg in der Gemeinde Breonio (Verona), Neolithikum (Buschan 1895). Länge (des kleinsten und größten Exemplars) 6,4/8,0 (Mittel 7,4), Breite (dito) 4,8/6,4 (Mittel 5,6) mm. Die Angaben zum Alter dieser Fundstelle bei den einzelnen Autoren (Buschan 1895, Netolitzky 1931, Neuweiler 1905 sowie Bertsch und Bertsch 1949) widersprechen sich derart, daß es sinnlos erscheint, näher darauf einzugehen.

Belverde, Cetona (Siena), eneolitico „umbro" (Oliva 1939). Die kleinsamige Form, z. T. von *Bruchus rufimanus* befallen. Keine Maßangaben.

Torfmoore der Provinz Brescia, Bronzezeit (Neuweiler 1905). Keine weiteren Angaben.

Terramare zu Castione bei Parma, Bronzezeit (Buschan 1895). Länge des kleinsten und größten Exemplars 8,0/8,8 (Mittel 8,4), Breite 6,4/8,0 (Mittel 7,2) mm.

Luni sul Mignone, Etrurien, 13. Jh. v. u. Z., Bronzezeit (Helbaek 1967). Ein Keimblatt: 7,17 × 4,50 mm und zwei Fragmente.

Terramare zu Ambrogio, Bronzezeit (Buschan 1895). Keine weiteren Angaben.

Monte Gurazzo bei Bologna, Etruskischer Tempel, Eisenzeit (Buschan 1895). Länge des kleinsten und größten Exemplars 5,6/7,2 (Mittel 6,6), Breite (dito) 4,0/5,6 (Mittel 5,0) mm.

Forum Romanum, Rom, Eisenzeit (Helbaek 1953b). Kleinsamige Form, nach der Abb. am Nabel anscheinend etwas breiter. Meist in Teilen, nur etwa ein Dutzend einigermaßen erhalten, Samenschale zerstört. Länge ziemlich variabel 6,41–10,25 mm, Breite 5,31–6,69 mm.

Forum Romanum, pre-urban Rome, Eisenzeit (Helbaek 1956). Neben Fragmenten nur 6 ganze Samen der kleinsamigen Form. Diese variierten in der Form ähnlich wie die vorigen.

Aquileja, Grabfund (?), Eisenzeit, römische Kaiserzeit (Buschan 1895). Länge des kleinsten und größten Exemplars 8,0/11,6 (Mittel 9,1), Breite (dito) 5,6/6,4 (Mittel 6,5) mm.

Pompeji, 79 u. Z. (Wittmack 1903). Hier wurden außerordentlich viele Proben (24) gefunden. Die Samen haben durchschnittlich 10 mm Länge und 7,5 mm Breite. Darunter finden sich keine großsamigen Typen.

Zu den Funden aus Italien ist noch eine Bemerkung zu machen. Bei der Beschreibung eines Fundes aus Rom sagt Helbaek (1956), daß die Kenntnisse über die Kultur der Ackerbohne im prähistorischen Italien sehr ungenügend seien. Helbaek hat in sehr vielen bronzezeitlichen Kulturpflanzenfunden, die er in letzter Zeit untersucht hat, keine Spur der Ackerbohne entdecken können. Die aus einigen Terramaren früher beschriebenen Funde bronzezeitlichen Alters hält er sämtlich für zweifelhaft, da diese Plätze manchmal bis weit in das erste Jahrtausend unserer Zeitrechnung besetzt gewesen sind und stratigraphische Fehler demnach nicht auszuschließen seien. Dies habe auch für den von Oliva (1939) beschriebenen Fund zu gelten. In Konsequenz dieser Einschätzung meint Helbaek, daß die Ackerbohne in Italien erst seit der Eisenzeit sicher nachgewiesen ist, eine Ansicht, die er auch in einer anderen Arbeit vertritt (Helbaek 1963b).

Malta

Hal Taxien, ca. 1500 v. u. Z. (Helbaek 1963b). Länge 3,48–7,95 mm. Vgl. Zammit (1930).

Spanien

Almizaraque im Süden der Provinz Almeria, Kupferzeit, etwa 3000 v. u. Z. (Netolitzky 1935). *Vicia faba minor*, die kugelige und kleinsamige Form,

Länge 6,2–8,0 (Mittel 7,2) mm, Breite 4,6–6,0 (Mittel 5,3) mm. Vgl. auch Martínez Santa-Olalla (1946).

El Garcel, Neolithikum (Buschan 1895). Länge des kleinsten und größten Exemplars 5,2/7,6 (Mittel 6,3), Breite (dito) 4,8/4,8 (Mittel 4,7) mm.

Campos bei Murcia, Neolithikum, schon Übergang zur Metallzeit (Buschan 1895). Länge des kleinsten und größten Exemplars 6,4/9,6 (Mittel 8,1), Breite (dito) 6,4/6,4 (Mittel 6,4) mm.

Lugarico viejo bei Murcia, Bronzezeit (Buschan 1895). Länge des kleinsten und größten Exemplars 7,2/9,2 (Mittel 7,9), Breite (dito) 5,6/6,4 (Mittel 6,2) mm.

Ifre bei Murcia, Bronzezeit (Buschan 1895). Länge des kleinsten und größten Exemplars 6,4/7,6 (Mittel 7,1), Breite (dito) 4,0/5,6 (Mittel 4,6) mm.

Portugal

Pepim bei Amarante, Prov. Entre Douro e Minho, äneolithische (Kupfer-) Station (Netolitzky 1935). Länge 8–10 mm (Mittelwert 8,7 mm), Breite im Mittel 5,6 mm. Die Kleinheit der Probe gestattet keine weiteren Schlußfolgerungen. Vgl. hierzu auch A. R. Pinto da Silva in Do Paço (1954).

Pedra de Ouro, „agglomération énéolithique" (A. R. Pinto da Silva und A. N. Teles in Do Paço 1954). 32 Samen und zahlreiche Bruchstücke. Mittelwerte 7,62 × 6,38 × 5,55 mm (12 Messungen). Indices nach Hopf (in Sangmeister und Schubart 1966) L/B = 1,2; L/H = 1,38; B/H = 1,15.

Vila Nova de S. Pedro, eneolithisch (A. R. Pinto da Silva in Do Paço 1954). Samen im Mittel von 10 Messungen: 7,2 × 4,9 × 4,8 mm. Die Kontur der Samen ist elliptisch, häufig etwas keulenförmig, an der Seite des Hilums abgeschnitten, ganz leicht nierenförmig und der Querschnitt fast kreisförmig. Dicke: Länge = 0,66.

Zambujal, kupferzeitlich, frühe Bronzezeit (Hopf in Sangmeister und Schubart 1966). Kleine Saubohne, verkohlt, rundlich-oval, größtenteils in ihre Keimblätter oder kleine Bruchstücke auseinandergefallen, am dicken Ende der leidlich vollständigen Exemplare ist die Grube erkennbar, in der das Würzelchen gesessen hat. Nabel und Samenschwiele sind nicht mehr erkennbar, da die Samenschale abgeplatzt ist. Länge (6,75–8,75) 7,48 mm, Breite (4,75–6,75) 5,68 mm, Dicke (4,50–5,50) 5,10 mm; Indices L/B = 1,32, L/H = 1,47, B/H = 1,11.

Castelo de Faria (Barcelos), Mittelalter, etwa 14. Jahrh. (Netolitzky 1935). Mittellänge 8,3 mm. Neuweiler (1935) nennt hierzu noch die Schwankungen der Länge: 7–9,2 mm.

Quinta da Barrada em Silves, Zeit nicht ersichtlich (Pinto-da-Silva und Teles 1952–3). 22 Samen oder Fragmente der kleinen Form, die den in den anderen Fundstellen Portugals angetroffenen gleichen.

Frankreich

Pfahlbau von Le Bourget im Lac de Bourget, Bronzezeit (Buschan 1895). Kleinstes und größtes Exemplar L 8,0/10,4 (Mittel 8,7) mm, B 6,4/7,6 (Mittel 6,7) mm. Nach Neuweiler (1905) sowie Bertsch und Bertsch (1949) stammt der Fund aus neolithischen Schichten.

Schweiz

Crestaulta bei Surrhein-Lugnetz, Bronzezeit, 12.–10. Jahrh. v. u. Z. (Neuweiler 1946). Die kleinsamige Form, Länge 6–8, Breite 5–6 mm.

Corcelettes, Neuenburger See, Pfahlbau der Bronzezeit (Buschan 1895). Keine weiteren Angaben.

Concise, Pfahlbau im Neuenburger See, Bronzezeit (Neuweiler 1905). Nur ein Samen (Länge 6,1, Breite 5,2 mm).

Petersinsel, Pfahlbau im Bieler See, Bronzezeit (Buschan 1895). Länge des kleinsten und größten Exemplars 7,2/7,2 (Mittel 7,2), Breite (dito) 6,0/6,4 (Mittel 6,3) mm. Neuweiler (1905) gibt folgende Maße an: Länge zu Breite in mm 7,6:6,14 = 100:80,1; Länge 5,8--9,4 mm, Breite 4,9–7,4 mm.

Mörigen, Pfahlbau im Bieler See, Bronzezeit (Neuweiler 1905). Länge zu Breite in mm 8,6:6,6 = 100:76,8. Länge 7,0–9,8 mm, Breite 6,0–7,8 mm.

Montelier, Pfahlbau im Murtensee, Bronzezeit (Heer 1865, Buschan 1895). Neuweiler (1905) gibt folgende Maße an: Länge zu Breite in mm 8,0:6,1 = 100:76,4; Länge 6,5–9 mm, Breite 4,4–5,5 mm.

Pfahlbau „Sumpf" bei Zug, späte Bronzezeit (Neuweiler 1931). Länge 6,2 bis 10 mm (Mittel 7,7), Dicke 5,4–8 mm (Mittel 6,7) mm. Die Breite beträgt im Mittel 86,8% der Länge, sie schwankt zwischen 70 und 100% bei den einzelnen Samen, so daß diese z. T. kugelig, z. T. länglich aussehen. Sie gehören alle der kleinsamigen Form an. Einige Samen sind vom Bohnenkäfer (*Bruchus rufimanus*) angefressen.

Alpenquai in Zürich, Pfahlbau vom Ende der Bronzezeit (Neuweiler 1919). Hier kommt ebenfalls eine langsamige und eine kugelsamige Form vor. 30 große längliche und 20 kurze runde Samen wurden gemessen:

	langsamig			kurzsamig		
	Max.	Min.	Mittel	Max.	Min.	Mittel
Länge	10,2	8	9,2	9	6,6	7,75
Breite	8,5	6	7	8	5	6,5
Index L/B × 100			76,1%			83,9%

Wollishofen bei Zürich, Pfahlbau der jüngeren Bronzezeit (Neuweiler 1919). Ein Samen der kleinen Form.

Salux, Motta di Vallac, späte Bronzezeit oder Hallstattzeit (Neuweiler 1946). Die kleine Form: Länge 7,0–8,2 (Mittel 7,7) mm, Breite 5,0–6,8 (Mittel 6,1) mm.

Crepault bei Ringgenburg-Truns, Herdgrube, Rätersiedlung, La Tène (Neuweiler 1946). Die kleine Form: Länge 7,4–11,8 (Mittel 8,4) mm, Breite 4,8–7,0 (Mittel 5,9) mm.

Niederlande

Warft Jelsum, Eisenzeit (Beijerinck 1929). Ein verkohlter Samen: 6,7 × 6,0 mm (Breite/Länge in Prozent: 90).

Warft Arum, Eisenzeit (Beijerinck 1929). Ein verkohlter Samen: 8,7 × 7,4 mm (Breite/Länge in Prozent: 85).

Warfumer Wierde, Eisenzeit oder später (Westerhoff 1871). Zwei verkohlte Samen.

Niederlande, Römische Kaiserzeit (van Zeist 1970). Stelle noch nicht gesehen (vgl. auch Nachtrag S. 358).

England

Pinacle, Jersey, zunächst als neolithisch beschrieben (Neuweiler 1935). Länge 7,2–9 (Mittel 7,7) mm, Breite 4,2–5,7 (Mittel 5,2) mm. Nach Helbaek (1963b) gehören die Fundschichten der frühen Bronzezeit an (c. 1700–700 v. u. Z.).

Glastonbury Lake Village, Somersetshire, Südengland, frühe Eisenzeit (Helbaek 1953a). Es handelt sich um die kleinsamige Form, die hier (zusammen mit den beiden folgenden Funden) erstmalig in England auftritt. In Glastonbury und Meare Lake fanden sich viele Liter von ausgezeichnet erhaltenen Bohnen, die ihre typische Form erhalten haben: länglich mit fast kreisförmigem Querschnitt, die Wurzel in einer leichten Vertiefung an einem Ende. Bei vielen ist noch die Samenschale und das ovale Hilum erhalten. Maße: Länge 4,76–7,87 (Mittel 6,65) mm, Breite 3,48–6,22 (Mittel 5,13) mm, Dicke 3,48–5,67 (Mittel 4,82) mm. Vgl. hierzu auch Reid (1917) sowie Jessen und Helbaek (1944).

Meare Lake Village, Somersetshire, Südengland, frühe Eisenzeit (Helbaek 1953a). Kleinsamige Form, vgl. den Fund von Glastonbury.

Worlebury, Somersetshire, Südengland, frühe Eisenzeit (Helback 1953a). Kleinsamige Form.

Verulamium, Hertfordshire, Südengland, Römische Zeit (Helbaek 1953a). Kleinsamige Form, keine weiteren Angaben.

Dänemark

Hvidberg/Thy, Bronzezeit (Hatt 1937). Einige von Sarauw bestimmte Abdrücke.

Ohne Ortsangabe, jüngere Bronzezeit (Jessen 1951). Ein Abdruck. Ebenso werden von 2 (?) Fundorten zwei fragliche Abdrücke aus der jüngeren römischen Eisenzeit aufgeführt.

Schweden

Mogetorp, Södermanland, frühes Neolithikum (Scheimann 1958). Drei Abdrücke: 6,8 × 5,2; ca. 6,0 × 4,3 × 4,5?; ca. 6.0 × 4,8 mm. Nur zwei dieser Abdrücke werden als sicher erklärt (in der Tabelle nur einer!). Diese Abdrücke reichen nicht aus, um den Anbau der Ackerbohne im Frühneolithikum Schwedens als sicher anzunehmen.

Litslena, Sneby, Uppland, jüngere Bronzezeit (Hjelmqvist 1955). In einem Lehmstück wurde ein großer, rundlicher Abdruck mit den Abmessungen 8,2 × 6,0 mm festgestellt, der vermutlich zur Saubohne gehört. Der Samen ist etwas länglich und ungefähr so dick wie breit und an einem Ende schief abgeschnitten. In Form und Größe stimmt er mit dem Samen einer altertümlichen kleinsamigen Sorte überein.

Hukbo, Fågelbacken, Västmanland, ältere Eisenzeit (Hjelmqvist 1955). Ein gleichmäßig gerundeter, etwas länglicher und abgeplatteter Abdruck (ca. 10 × 7,2 × 6,3 mm), der an eine rundliche Saubohne erinnert, wenn auch keine Einzelheiten vorhanden sind, die die Bestimmung bestätigen können. Die Bestimmung als Saubohne ist also unsicher.

Dalby, mittelalterlich (Hjelmqvist 1968). Ein Samen, zerfallen, von länglich rundlicher Form und anatomisch besonders durch die Länge der Palisadenzellen (> 100 μ) kenntlich. Dies ist der älteste sichere Nachweis der Saubohne in Schweden.

Deutsche Bundesrepublik

Wasserburg Buchau im Federseeried, Bronzezeit (Bertsch und Bertsch 1949, Bertsch 1950). 100 Samen gemessen, der Index umfaßt alle Werte von 100:64 bis 100:99. Lang- und kurzsamige Formen sind also gleichmäßig durcheinander gemischt. Von 100 Stück messen nur 5 in der Länge 6,1–6,9 mm, alle anderen sind größer, 36 sind 7,0–7,9, 43 sind 8,0–8,9, 14 sind 9,0–9,9 und 2 Samen 10,0–10,2 mm lang. Die kürzeste Bohne von nur 6,1 mm erreicht in der Breite 5,9 mm, die zweitkleinste mißt bei 6,3 mm Länge 6 mm in der Breite.

Siedlung von Neuenbürg, Schwarzwald, jüngere Eisenzeit (Bertsch und Bertsch 1949). Keine näheren Angaben.

Balver Höhle im Hönnetal, Westfalen, jüngere Eisenzeit (Bertsch und Bertsch 1949). Keine näheren Angaben.

Burghöhle im Klusenstein, Hönnetal in Westfalen, Eisenzeit (Buschan 1895). Kleinstes und größtes Exemplar L 6,4/8,8 (Mittel 7,8), B 5,6/8,0 (Mittel 6,4)mm. Bertsch und Bertsch (1949) geben „jüngere Eisenzeit" an.

Honerthöhle, Hönnetal in Westfalen, jüngere Eisenzeit (Bertsch und Bertsch 1949). Keine näheren Angaben.

Karhofhöhle im Hönnetal, Westfalen, Eisenzeit (Buschan 1895). Kleinstes und größtes Exemplar L 8,4/9,6 (Mittel 8,8) mm, B 6,4/6,4 (Mittel 6,6) mm. Bertsch und Bertsch (1949) geben „jüngere Eisenzeit" an.

Boomborg/Hatzum, Emsmündung, frühe vorrömische Eisenzeit (Behre 1968, 1970). Eine genaue Bearbeitung dieses Fundes ist für später vorgesehen. Von *Vicia faba* wurden in größerer Anzahl Stengel, Hülsen und Samen gefunden.

Feddersen Wierde, in allen Siedlungshorizonten des 1.–3. Jahrh. u. Z. (Körber-Grohne 1967). Gefunden wurden verkohlte Samen sowie (unverkohlt) Bruchstücke der Stengel mit Wurzeln und den oberen Enden, Hülsen, Samen und Pollen. Den Hauptanteil bildeten ± dicke Lagen zerbrochener Stengel, zwischen denen sich auch Hülsen fanden, während verkohlte Samen nur vereinzelt und in jeweils geringen Mengen vorkamen. Die Stengelstücke hatten eine Länge von 2–9 cm, waren flachgedrückt, teilweise die unteren Enden mit den Wurzeln vorhanden, teilweise obere Enden mit den Ansatzstellen für die Hülsen erhalten. Gelegentlich waren noch die Randfäden zu sehen, zwischen denen die Hülsen saßen. Die Hülsen gleichen rezenten Hülsen, sie waren nur etwas kleiner. Breite der Hülsen 1,1–1,3 cm, Länge 3,0–4,3 cm. Zur Länge müssen im allgemeinen noch 2–2,5 cm zugerechnet werden, da das proximale Ende der Hülse nicht erhalten geblieben ist. Damit wäre eine Länge von 4,5–7 cm anzunehmen. In den Hülsen fanden sich – soweit feststellbar – je 3–4 Samen. Die Hülsen standen teils einzeln, teils zu zweien, selten zu vier.

Größenmaße verkohlter Feldbohnen aus der Feddersen Wierde

	Länge	Breite	Dicke	B/L %
1. Jh. u. Z.	4,4–7,9 (6,1)	3,3–5,7 (4,5)	3,1–5,5 (4,1)	75
1./2. Jh. u. Z.	4,9–8,9 (6,1)	3,0–5,4 (4,4)	3,0–5,7 (4,1)	72
2. Jh. u. Z.	5,9–6,9 (6,3)	4,4–5,4 (4,9)	4,3–5,3 (4,8)	77

Diese Angaben wurden der Tab. 36 (p. 177) entnommen, die Daten in Tab. 37 (p. 178/9) stehen dazu im Widerspruch.

Aachen, römerzeitlich, zweites Drittel des 1. Jahrh. u. Z. (Knörzer 1967a). Eine verkohlte Samenhälfte: 7,0 × 5,3 × 2,7 mm.

Neuß/Rh., römerzeitlich, 1. Jahrh. u. Z. (Knörzer 1967b). 9 Samen erwähnt (vgl. auch Knörzer 1965, 1967c, 1970). Vgl. Nachtrag S. 358.

Aschberg bei Dillingen a. D., römisches Gebäude, zweites Jahrh. bis etwa 250 (Huber 1936). Etwa 6 Gramm der kleinsamigen Form.

Tuttlingen an der Donau, römischer Keller, 3. Jahrh. (Bertsch und Bertsch 1949). Keine näheren Angaben.

Wurt Hessens bei Wilhelmshaven, 6.–10. Jahrh. (Körber-Grohne 1967). Hier fanden sich Lager unverkohlten Bohnenstrohes.

Warft Elisenhof in Eiderstedt an der Nordseeküste von Schleswig, wikingerzeitliche Siedlung, 9.–10. Jahrh. (Behre 1969, Körber-Grohne 1967).

Reste aller Art, besonders Lager unverkohlten Bohnenstrohes, fanden sich zentnerweise.

Haithabu, frühes Mittelalter (Behre 1969). Nur verkohlte Samen, die z. T. in die Keimblätter zerfallen waren. 23 ganze Samen konnten gemessen werden. L 5,5–8,1 (Mittel 6,54), B 3,8–6,1 (Mittel 4,93), H 3,9–5,95 (Mittel 5,03) mm. Es traten sowohl längliche als auch rundliche Samen auf, wobei die ersteren überwogen. Im Durchschnitt maß die Breite 75% der Länge.

Fahrstedter Wurth bei Marne, Süderdithmarschen (Hartmann 1883). 60 Samen der Saubohne.

Deutsche Demokratische Republik

Dobeneck, Gem. Taltitz, Krs. Plauen, Flurstück „Nasser Acker", Brandgrab der Bronzezeit (Werth 1939). Ein Samen, 6 × 5,5 × 5 mm (ohne Schale). Bertsch und Bertsch (1949) haben von dieser Fundstelle ebenfalls einen Samen untersucht, der 5,8 × 4,2 mm maß. Nach Jäger (1965) gehört der Fund der jüngeren Bronzezeit an (vgl. auch Weber und Richter 1964).

Höhenburg bei Pöhl (Eisenberg bei Pöhl, Kr. Plauen, sächs. Vogtland) frühe Eisenzeit, 700–400 v. u. Z. (Werth 1939). Kleine, gedrungene Form mit sehr geringer Einsenkung der Nabelpartie 7 × 4,3 × 4; 6 × 5,25 × 5; 7,5 × 6 × 6 mm. Nach Jäger (1965) darf für diesen Fund eher spätbronzezeitliches als früheisenzeitliches Alter angenommen werden (vgl. auch Weber und Richter 1964).

Burgwall zu Koschütz, Eisenzeit, Lausitzer Typus (Buschan 1895). Länge des kleinsten und größten Exemplars 5,6/8,0 (Mittel 6,9), Breite (dito) 4,8/7,2 (Mittel 5,5) mm. Jäger (1965) sagt zu den Samen aus dem Burgwall „Heidenschanze" bei Dresden-Coschütz, daß deren Datierung in die Urnenfelderbronzezeit wegen des Übergreifens der damaligen Wallbesiedlung in die frühe Eisenzeit und wegen des Hinzutretens einer slawischen Fundschicht im Hinblick auf das Fehlen einer genauen Dokumentation der Fundumstände in Zweifel zu ziehen ist.

Müschen, Kr. Cottbus, Gräberfeld der Eisenzeit, Lausitzer Typus (Buschan 1895). Kleinstes Exemplar 6,4, größtes Ex. 7,6, Mittel 7,1 mm (vgl. v. Schulenburg 1883, Wittmack 1883). Auf Grund einer neuen Materialdurchsicht wird das Gräberfeld von Müschen in die Urnenfelderbronzezeit datiert. Auch für die Samenfunde ist daher ein entsprechendes Alter anzunehmen (Jäger 1965).

Freiwalde, Kr. Lübben, Spreewald, Gräberfeld der Eisenzeit, Lausitzer Typus (Buschan 1895). Länge (Mittel) 4,8 mm, Breite (Mittel) 4,0 mm. Nach Jäger (1965) ist der Fund besser zur Bronzezeit zu stellen.

Tornow, Kr. Calau, Grab der jüngsten Bronzezeit (Jäger 1965). 167 ± vollständig erhaltene Samen sowie Bruchstücke von mindestens 188 weiteren

Samen. Die Samen sind walzlich. L 4,3–9,6 (Mittel 6,5), B 4,0–6,4 (Mittel 5,3) mm. Mittelwert des Index B/L × 100 = 81.

Lenzersilge, zwischen Wittenberge und Lenzen an der Unterelbe, 900–700 v. u. Z., jüngste Bronzezeit, Montelius Periode V zu VI (Werth 1939). L 6,5–7, B 4,6–5,5, D 4,5–5 mm, also die kleine Form. Der Fundort wird von Bertsch und Bertsch (1949) der älteren Eisenzeit zugerechnet.

Steinsburg am Gleichberg bei Römhild, La Tène (Neuweiler 1935). Kleinsamige Form (vgl. auch Kade 1922).

Braunsdorf bei Merseburg, Hallstattzeit (Schulz 1915a, b, 1918). Nur zwei ganze Samen und ein aus dem Nabel und der angrenzenden Partie bestehendes Stück der Schale eines anderen Samens vorhanden. L 5,5–6,5, D 4–4,5 mm.

Bösenburg bei Eisleben, frühe Eisenzeit (Schultze-Motel und Kruse 1965). Ein beschädigter kleiner Samen.

Schlieben (= Malitzschkendorf, Kr. Herzberg/Elster), Burgwall, Eisenzeit, Lausitzer Typus (Buschan 1895). Länge (Mittel) 6,8 mm, Breite (Mittel) 5,6 mm. Nach Jäger (1965) konnte durch eine neue Bearbeitung der dort gefundenen Siedlungskeramik die Datierung in die frühe Eisenzeit bestätigt werden.

Ostro-Jiedlitz bei Kamenz, Oberlausitz, sog. Heidenschanze, Hallstattzeit (Pax und Hoffmann 1915). Probe 5: 2 Hälften (7 × 5 mm), Probe 6: 2 Stücke 4,75–5 × 4,3 mm, Probe 9: wenige Samen (7,5 × 5 mm).

Nieder-Neundorf, Kr. Niesky, Oberlausitz, Burgwallsiedlung, frühe Eisenzeit (Werth 1934). Nur Bruchstücke, kleine Form, durchschnittlich 7,5 × 5,5 mm groß (vgl. Coblenz 1963).

Kablow bei Königs-Wusterhausen, spätkaiserzeitlich (Schiemann 1957). Ein Samen mit tiefer länglicher Wurzelgrube (5,0 × 3,8 × 3,8 mm).

Vipperow, Kr. Röbel, slawische Siedlung (Wessely 1957). Dick eiförmige, zuweilen quadratisch eckige oder auch kugelige Samen. Die Seitenflächen der Samen sind grubenförmig eingebuchtet. Mittel: 6,5 × 5,2 × 5,2 mm. Die größte Höhe und Breite liegen in der Samenmitte. An drei Fundstellen fanden sich hier insgesamt etwa 1550 Samen.

Tornow, Kr. Calau, slawenzeitlich (Jäger 1966). Ein Samen, walzlich, mit gerundeten Enden, 4,5 mm lang, im Durchmesser 3,5 mm.

Priment, slawisch (Neuweiler 1905). Keine weiteren Angaben.

Österreich

Neuburghorst bei Koblach, Vorarlberg, Urnenfelderzeit (Hofmann 1954). Verkohlte Kotyledonen 7 mm lang, 4 mm breit, 2 mm dick (vgl. Werneck 1961).

Burgschleinitz, Ger.-Bez. Eggenburg, jüngere Bronzezeit (Werneck 1949). Saubohne in drei Größen: a) Zwergsaubohne (*Vicia faba celtica nana*), b) mittlere Saubohne (*V. f. celtica media*), c) große Saubohne (*V. f. celtica maior*). Messungen (Werneck 1961): L 5,0–8,9, B 4,1–6,2, D 4,1–6,2 mm, Index 60–81.

Hallstätter Heidengebirge, 800–700 v. u. Z. (Hofmann 1926). Samenschalen und Stärkekörner von *Vicia faba*, ein Samen rundlich, etwas abgeflacht, mit endständigem Nabel, 10 mm lang und 6 mm breit. Das Material stammt aus Exkrementen.

Hallstätter Salzbergwerk (Fietz 1936). Exkremente im Salzton, darin u. a. Samenschalen von Leguminosen, besonders Träger- und Sanduhrzellen erhalten, auch Palisadenzellen. Auf Grund der Ausbildung und der Größe dieser Elemente sind alle diese Reste als von *Vicia faba* stammend anzusehen.

Hallstätter Salzberg, Hallstattzeit (Hofmann 1928). Unverkohlte Bohnen.

Thunau am Kamp, Holzwiese, Hallstatt, Stufe C (Werneck 1949, 1970). Samen in drei Größen (*Vicia faba celtica nana, media, maior*). Länge (kleinstes und größtes Exemplar) 6,1/7,5 (Mittel 6,8), Breite (dito) 5,3/6,1 (Mittel 5,7), Höhe (dito) 5,3/6,4 (Mittel 5,8) mm.

Dreulach-Hohenthurn bei Arnoldstein, Kärnten, vorgeschrittene Hallstattzeit (Werneck 1961). Länglicher Typus, aber doch Taubenbohne, L 5,8 bis 9,0, B 3,9–7,0, D 4,2–6,8 mm; Index 71–80%.

Wattens, „Himmelreich", Tirol, jüngere Eisenzeit (Werneck 1961). Siedlung beginnt im 3. oder 2. Jahrh. v. u. Z. und endet in der 1. Hälfte des 1. Jahrh. v. u. Z. Angeröstete, gut erhaltene kleine Pferdebohnen, noch nicht gemessen.

Stans bei Schwaz, Tirol, jüngere Eisenzeit (nach dem Ausgräber ungefähr 1. Jahrh. v. u. Z., nach Museum Ferdinandeum mittlere Latène-Zeit, 300 bis 100 v. u. Z., (Werneck 1961). Längliche Form L 6,9–10,0, B 3,9–6,6, D 5,0–7,4, Index 53–79%. Kugelige Form L 6,0–8,6, B 5,2–7,0, D 5,1 bis 7,3, Index 81–103%.

Magdalensberg, 1. Hälfte des 1. Jahrh. v. u. Z., 50–0 (Werneck 1963, 1969). Die Probe stellt eine Mischung von länglichen und kugeligen Samen dar. L 6,7–10,7, B 5,9–7,7, D 5,5–8,3 mm, Index 62–92%.

Lauriacum – Lorch bei Enns, 200–300 u. Z. (Werneck 1954, 1961). Probe A: L 6,2–10,2, B 3,8–7,3, D 4,3–7,7, Index 61–74% (1 Korn 80%), also langsamig, Samen zu einem großen Anteil von *Bruchus rufimanus* angebohrt.

Probe C: L 6,0–9,0, B 4,2–6,3, D 4,9–6,2, Index 59–77%. Typisch langsamig, stark vom Ackerbohnenkäfer befallen.

Probe D: L 6,1–7,8, B 4,6–6,0, D 4,7–6,2, Index 64–84%. Überwiegend langsamig, aber auch runde, kugelige sind vorhanden, stark vom Ackerbohnenkäfer befallen.

Stellfeder, Gemeinde Nenzing, Vorarlberg, spätrömisch (Werneck 1955).

Fundgruppe A: 3 Formenkreise, alle zur Zwergackerbohne gehörend

a) langsamiger großer Formenkreis 9,6–10,9 mm

b) langsamig, mittelgroß 6,9– 9,4 mm
c) kugelig 6,6–10,2 mm

Fundgruppe B: ebenfalls die kleine Form, 6,1–8,6 mm lang. Meist lange Samen, nur wenige kugelige Formen.

Lavant, Osttirol, spätantik, 5.–6. Jahrh. (Werneck 1956). 9 Körner und viele Bruchstücke. L 6,1–10,0, B 4,8–6,6, D 4,9–6,8 mm. Index 60–78%, also langsamiger Formenkreis.

Tscheltschnigkogel bei Warmbad Villach, Kärnten, spätantike Fliehburg aus dem 5. bis 6. Jahrh. u. Z. (Werneck 1939, 1949). Zwergpferdebohne: L 5–10 mm, B 4–8 mm, aber auch fast kugelige Typen von 7–8 mm bis herab zu 3–4 mm sind häufig, einige Samen mit Fraß von *Bruchus rufimanus*. Eine weitere Probe ebenfalls Zwergpferdebohne: L 5–8 mm, B 5 bis 6 mm, D 4,7 mm.

Mittelalterliche Siedlung im römischen Kastell „Piro Torto", verschollenes Dorf Krottendorf in Gem. Zwentendorf/Donau, BH. Tulln, wohl um 1400 (Werneck 1961). Zwei Proben von var. *minuta* Mansfeld, in Fundgruppe II ebenfalls Ackerbohne, mehr kugelige Samen.

Hard, Vorarlberg, Zeitstellung unbekannt (Werneck 1961). Länglicher schmaler Typus: L 8–9,5, B 4,7–5,7, D 5,4–6,7, Index 66,6–74,4%. Kugeliger, kleiner Formenkreis: L 6,0–7,4, B 4,6–6,7, D 5,0–6,9, Index 80–93%.

Polen

Biskupin, pow. Żnin, st. 15a, Neolithikum, Bandkeramik (Klichowska 1967a). Nur in Tabelle erwähnt.

Biskupin, st. 1a, Bronzezeit (Klichowska 1967a). Nur in Tabelle erwähnt.

Biskupin, Kr. Żnin, Hallstattzeit (Burchardówna 1953). Die kleine Form. Messungen nach Jaroń (1938) aus Wasylikowa (1956): L 6–7,4 (Mittel 6,7), B 4,8–7 (Mittel 5,5), D 4,8–6,5 (Mittel 5,5) L/B = 82,1%. Vgl. auch Klichowska (1967a).

Kamieniec bei Toruń, Hallstattzeit (Wasylikowa 1956). 97 Samen der Form *minor*. L 5,07–8,69 (Mittel 6,45), B 4,10–6,55 (Mittel 5,37), D 3,84 bis 6,14 (Mittel 5,22), L:B = 83,1% (Werte nach 20 Messungen).

Słupca, Hallstatt D (Moldenhawer 1958). 4 Samen: 5,0–6,2 × 3,8–4,7 × 3,1 bis 4,3 (nach Tempír 1968).

Smuszewo, pow. Wągrowiec, Hallstatt – Lausitzer Kultur (Klichowska 1962, 1967a). Nur in Tabelle erwähnt, kleine Form.

Strzegom, Kreis Świdnica, Hallstatt (Burchardowna 1953). Das Material wurde bereits von Pax und Hoffmann (1914) beschrieben: Zwergackerbohne, ohne Samenschale, meist 5–8 mm lang und 5–6,5 mm breit. Nach Pax und Hoffmann lassen sich über die Probe archäologisch keine sicheren Angaben machen; es bleibt offen, ob sie in die Hallstattzeit oder slawische Periode gehört.

Szczecin, Hallstattzeit (Klichowska 1967a). Erwähnung der Form *celtica* in Tabelle.

Wolin Pomorski, Galgenberg, Hallstatt – Lausitzer Kultur (Klichowska 1967b, vgl. auch Klichowska 1960a). Die kleine Form.

Wyciąże, Kr. Kraków, La Tène (Moldenhawer 1957/59). Wenige Samen der kleinen Form. L 6,10 (3,1–7,1), B 4,18 (3,2–5,7), D 4,10 (3,7–5,5) mm.

Bruszczewo, Kr. Kościan, 7.–9. Jahrh. (Klichowska 1969c). 520 cm^3 verkohlter Samen und Hälften.

Bonikowo, Kr. Kościan, 8.–10. Jahrh. (Klichowska 1964b).

Bonikowo, Kr. Kościan, vor dem 9. u. 10. Jahrh. (Burchardówna 1953).

Szczecin, frühe Piastenzeit, 9. u. 10. Jahrh. (Burchardówna 1953). 18 Samen (vgl. auch Klichowska 1960a, hier in Tabelle zwei Funde: nicht *minor*).

Czermno, Kr. Tomaszów Lub, frühe Piastenzeit, frühmittelalterlich (Burchardówna 1953).

Wolin-Młynówka, frühmittelalterlich (Klichowska 1967c). 6 Samen (vgl. auch Klichowska 1960a, Fund in Tabelle: nicht *minor*).

Ujście, pow. Chodzież, frühmittelalterlich (Klichowska 1967a). Nur in Tabelle erwähnt.

Santok, pow. Gorzów, frühmittelalterlich (Klichowska 1967a). Nur in Tabelle erwähnt.

Poznań, frühmittelalterlich (Burchardówna 1953). Größere Menge.

Popęszyce, pow. Nowa Sól, frühmittelalterlich (Klichowska 1967a). Nur in Tabelle erwähnt.

Nakło, pow. Wyrzysk, frühmittelalterlich (Klichowska 1967a). Nur in Tabelle erwähnt.

Międzyrzecz Wlkp., zamek, frühmittelalterlich (Klichowska 1967a). Nur in Tabelle erwähnt.

Kruszwica, distr. Inowrocław, frühes Mittelalter (Klichowska 1966b, 1967a). Wenige Samen der Form *minor*.

Bardy, Kr. Kołobrzeg, frühes Mittelalter (Klichowska 1967a, 1969a). Einige Fragmente.

Gardziec, frühmittelalterlich (Klichowska 1960a). Nur in Tabelle erwähnt (nicht *minor*).

Gniezno, frühmittelalterlich (Klichowska 1967a). Nur in Tabelle erwähnt.

Kraków, frühmittelalterlich (Burchardówna 1953).

Wolin Pomorski, frühes Mittelalter, 9. u. 10. Jahrh. (Klichowska 1961b). Vier Funde mit zusammen 18 Samen. Klichowska (1960a) nennt in einer Tabelle von diesem Fundort 2 Funde (nicht *minor*).

Biskupin, Kr. Żnin, frühe Piastenzeit, 9. u. 10. Jahrh. (Burchardówna 1953). 265 Samen.

Giecz, Kr. Środa, frühe Piastenzeit, 9. u. 10. Jahrh. (Burchardówna 1953). Größere Menge.

Opole, 9.–10. Jahrh. (Burchardówna 1953). Die kleinsamige Form.
Budzistów (Old Kołobrzeg), 9.–11. Jahrh. (Klichowska 1960b). Bestimmung fraglich.
Legnica, Castellan's Castle, 10.–12. Jahrh. (Klichowska und Dzięczkowski 1968).
Ostrówek in Opole, 10.–12. Jahrh. (Klichowska 1956b). Die kleinsamige Form.
Gdańsk, 12. Jahrh. (Burchardówna 1953). Größere Menge.
Ostrów Tumski in Wrocław, 12. u. 13. Jahrh. (Klichowska 1961a).
Łęczycą, 12.–13. Jahrh. (Klichowska 1955). Die kleinsamige Form: 6,60 × 5,38 × 4,92 mm.
Wawel Hill in Kraków, 11.–12./13. Jahrh (Klichowska 1964c).
Wawel Castle, Kraków (Klichowska 1956a).
Wolin Pomorski, 12.–14. Jahrh. (Klichowska 1964a).
Skronie, Kr. Kołobrzeg, Begräbnisplatz (Klichowska 1969b). 112 Samen der kleinsamigen Form.
Świelubie, Kr. Kołobrzeg, Begräbnisplatz (Klichowska 1969b). 42 Samen und 4 Fragmente der kleinsamigen Form.

ČSSR

Moravský Krumlov, mittlere Bronzezeit (Tempír 1966). Als Beimischung unter anderen Kulturpflanzen.
Cezavy bei Blučina (okr. Židlochovice), Mähren, jüngere Bronzezeit (Tempír 1966). 29 Stück, Länge 6,5, Breite 5,2, Dicke 5,0 mm. Länge × 100/Breite = 125, Dicke × 100/Breite = 96. Vgl. dazu auch Tempír und Vodák (1959).
Pobedim, okr. Piešt'any, jüngere Bronzezeit (Tempír 1966). Drei Samen. Länge 6,65, Breite 5,40, Dicke 5,45 mm. Länge × 100/Breite = 123, Dicke × 100/Breite = 100.
Tupá Skala, okr. Dolný Kubín, ältere Eisenzeit, jüngere Hallstattzeit (Tempír 1966, 1968).

2 Proben:	Länge	Breite	Dicke	L × 100/B	D × 100/B
	8,17	5,94	6,06	137	102
	8,64	6,53	6,48	132	99

Úvalno, okr. Bruntál, ältere Eisenzeit (Pavelčík 1960, Tempír 1966).

2 Proben:	Länge	Breite	Dicke	L × 100/B	D × 100/B
	5,8–7,6	5,5–6,6	4,6–7,4	138	90
	7,6	5,5	5,0	–	–

Planá-Radná, okr. Plzeň, jüngere Eisenzeit, Hallstatt – La Tène (Tempír 1966). 27 Stück, Länge 6,37, Breite 4,96, Dicke 5,15 mm, L × 100/B = 128, D × 100/B = 104.

Bojnice, okr. Prievidza, Slovakei, 9.–10. Jahrh. (Tempír 1969). Der Fund ist botanisch noch nicht bearbeitet.

Ungarn

Pákozd-Vár, Bronzezeit (Hartyányi, Nováki und Patay 1968). Ein länglich-zylindrischer Samen mit flach abgerundetem oberen Ende.

Lengyel, zunächst als neolithisch beschrieben (Buschan 1895). Länge der Samen (kleinstes und größtes Exemplar) 5,2/8,4 (Mittel 6,7), Breite 5,6/6,4 (Mittel 5,4) mm. Deininger (1891) gibt folgende Zahlen an (kleinstes und größtes Exemplar): Länge 4,0/8,1 (Mittel 6,1), Breite 2,9/6,4 (Mittel 4,7) mm. Bertsch und Bertsch (1949) nennen den Fundort unter „Ältere Eisenzeit", freilich ohne Angabe von Gründen. Nach Hartyányi, Nováki und Patay (1968) gehören die Funde von Lengyel zur Bronzezeit bzw. hauptsächlich zur frühen Eisenzeit.

Aggtelek-Höhle, ebenfalls zunächst als neolithisch beschrieben (Buschan 1895). Staub (1882) beschrieb den Fund als Zwerg-Saubohne von nur 4,4–7,5 mm Länge und gibt an, daß unter den 40 aufgefundenen Samen 10 die Spuren des Bohnenkäfers (*Bruchus*) zeigten. Nach Hartyányi, Nováki und Patay (1968) gehören die Schichten von Aggtelek nicht dem Neolithikum, sondern der frühen Eisenzeit an.

Sághegy, Hallstattzeit (Tempír 1963, 1964; Hartyányi, Nováki und Patay 1968).

3 Proben:

	Länge	Breite	Dicke	Stück
a)	5,87	4,25	4,41	85
b)	6,85	5,06	5,35	115
c)	5,7	3,7	3,5	1

Römische Niederlassung. Aus einer römischen Niederlassung in Ungarn erwähnt Heer (1865) ohne weitere Angaben einen Fund von *Faba vulgaris* var. *celtica nana*, der im Industriemuseum von Lausanne aufbewahrt wird.

Dunaújváros (Dunapentele), römische Zeit (Hartyányi, Nováki und Patay 1968). Ein Samen, als „*Vicia faba* L.?" bezeichnet.

Esztergom-Kovácsi, Zeitstellung nicht feststellbar (Hartyányi, Nováki und Patay 1968). Samen der var. *minor* Beck.

Nagyvázsony-Csepely, 15.–16. Jahrh. (Hartyányi, Nováki und Patay 1968). Gefunden wurden hier 120 cm^3, die Samen waren rundlich oder abgeplattet walzlich, kreisförmig oder quadratisch abgerundet, die Seiten eingedrückt, sich vertiefend.

Pamuk, um 1800 (Hartyányi, Nováki und Patay 1968). Gefunden wurden 40 cm³ stumpf viereckiger Samen, diese keilförmig mit eingedrückten Seiten.

Bulgarien

Sadowetz, am mittleren Lauf des Flusses Wit, Nordbulgarien, 6. Jahrh. u. Z. (Arnaudow 1938). Der Form und Größe nach entsprechen die Samen einer heutigen kleinsamigen Futtersorte. Länge 5,5–9, Breite 3,5–7, Dicke 4–7 mm.

Stărmen, okr. Ruse, frühmittelalterlich (Klichowska 1966a).

UdSSR

Argištichinili, 8.–6. Jahrh. v. u. Z. (Gulkanjan 1966). Ohne nähere Angaben.

Karmir Blur, 7 km von Erevan am linken Ufer des Zanga-Flusses, Urartu-Periode, Ende des 7. bis Anfang des 6. Jahrh. v. u Z. (Tumanjan 1944). Die kleinsamige Form.

Minsk, 6.–8. Jahrh. (Fljaksberger 1929). Kleinsamige Form: 6–7,5 mm lang, von fast kugelig bis eckig.

Belorusskaja SSR, 6.–8. Jahrh. (Fljaksberger 1941). Kleinsamige Form.

Mežotne (Zemgale), Latvijskaja SSR, 11.–13. Jahrh. (Fljaksberger 1941). Die Samen messen 8 × 7 × 6 oder 8 × 7 × 7 mm.

Majkop, „dočečenskogo perioda" (Fljaksberger 1940). Keine näheren Angaben.

Latvijskoj SSR. Rasin'š (1955) erwähnt ohne nähere Angaben einzelne Samen aus dem 12. Jahrh. aus der Lettischen SSR.

Fund unbekannter Herkunft

Basilica Nova, Land?, Zeit? (Neuweiler 1905). Länge 6,5–9,8 mm, Breite 5,5–7,5 mm. Länge zu Breite in mm 8,33 : 6,1 = 100 : 73,2.

Bei der Durchsicht der aufgezählten Funde wird bald klar, daß ein nicht geringer Teil der entsprechenden Angaben zum Vergleich nicht brauchbar ist, sei es, daß Maßangaben überhaupt fehlen, daß die Funde zu wenig umfangreich sind oder manchmal nur aus wenigen, z. T. nur einem Samen oder sogar nur einem Keimblatt bestehen. Dazu kommen vielfach Zweifel an der Richtigkeit der zeitlichen Einstufung, ohne die eine Einschätzung nicht möglich ist.

Von den aufgeführten Funden sind nur die der Steinzeit, Bronzezeit und Eisenzeit in die Karte eingetragen worden. In ihrer Zeitstellung oder Bestimmung unsichere blieben unberücksichtigt. Die jüngeren Funde (seit Beginn unserer Zeitrechnung) sind aus Gründen der besseren Übersichtlichkeit weggelassen worden. Die Signaturen der Karte entsprechen den von Willerding (1970) verwendeten.

Die Karte läßt erkennen, daß viele Funde im Bereich des Mittelmeeres (meist in Küstennähe) liegen und so hat bereits Helbaek (1963b) die Ver-

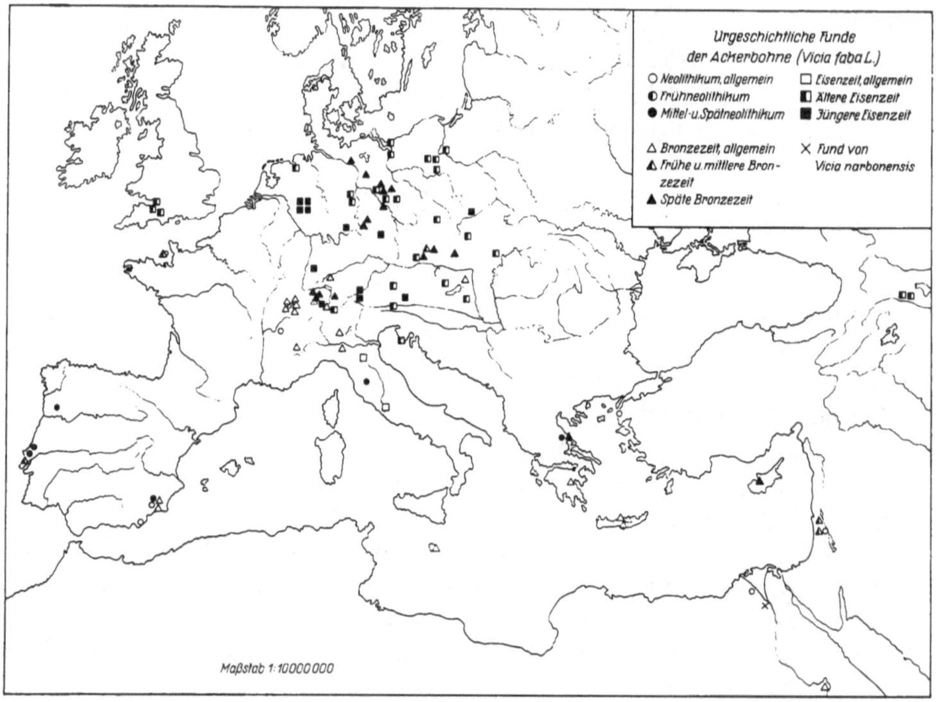

Abb. 8. Urgeschichtliche Funde der Ackerbohne (*Vicia faba* L.)

mutung ausgesprochen, daß die Verbreitung der Ackerbohne mit dem Seeverkehr in Verbindung steht. Kozłowska (1966) weist darauf hin, daß die Art am besten im ozeanischen Klima gedeiht.

Auffällig sind die alten Funde auf der Iberischen Halbinsel, während im Osten die älteren Funde nur bis Troja, Ägypten, Cypern und Jordanien reichen, obwohl im Vorderen Orient doch zahlreiche Ausgrabungen durchgeführt worden sind. Zwar gibt Helbaek an (1953a), daß neolithische Funde der Ackerbohne von Anatolien bis nach Spanien zu verzeichnen wären, doch finden sich in der von Renfrew (1969) zusammengestellten Liste keine Hinweise auf ein Vorkommen der Ackerbohne im Neolithikum von Anatolien oder anderen Gebieten im Vorderen Orient.

Die Funde auf der Iberischen Halbinsel kommen oft zusammen mit Getreidearten vor, für die ein vorderasiatischer Ursprung anzunehmen ist, so daß an ein gemeinsames Einführen dieser Arten gedacht werden muß. Helbaek

(1963b) macht darauf aufmerksam, daß bei der Verbreitung von Kulturpflanzen-Arten offenbar weniger ökologische Gründe als vielmehr ethnische Gesichtspunkte (Vorliebe für bestimmte Speisen) eine Rolle gespielt haben.

Die Häufung der Funde in bestimmten Ländern (z. B. Schweiz) spiegelt nur die Aktivität wider, mit der Ausgrabungen und Bearbeitungen des Fundmaterials vorgenommen wurden. Das Fehlen von Funden in anderen Ländern hat somit keinen Aussagewert für Betrachtungen über die Entwicklung und Verbreitung der Art. Allgemein ist zu erkennen, daß die Funde nach Norden hin immer jünger werden. Einige neolithische bzw. bronzezeitliche Funde in Schweden, Dänemark und Polen sind dabei freilich unberücksichtigt geblieben (vgl. dazu den Katalog).

Außerhalb des in der Karte dargestellten Raumes sind mit der (weiter unten besprochenen) Ausnahme des Fundes einer großsamigen Form keine sicheren Nachweise der Ackerbohne zu verzeichnen. Wohl hat Körber-Grohne (1967) bemerkt, daß die Ackerbohne seit Beginn der Ackerbaukultur in China vertreten sei, doch kann diese Angabe unberücksichtigt bleiben, zumal keine Belege dazu gebracht werden.

Weiter ist hier ein Fund zu besprechen, der von Chang (1968, 1970) genannt wird und den auch Watson (1969) erwähnt. Danach sind in Ch'ien-shan-yang in der Provinz Chekiang (China) in einer spätneolithischen Schicht („Lungshanoid site“) neben Reis folgende Pflanzen festgestellt worden: *Prunus persica, Cucumis melo, Trapa natans, Arachis hypogaea, Sesamum indicum* und *Vicia faba*. Die Angabe über den angeblichen Nachweis der Erdnuß (*Arachis hypogaea*) ist nicht glaubwürdig. Als Heimat der Erdnuß ist Brasilien anzunehmen. In diesem Licht erscheint auch das Vorkommen der *Vicia faba* nicht gesichert. Viel eher wäre daran zu denken, daß hier Reste der Sojabohne, *Glycine max* (L.) Merr., vorgelegen haben. Chang (1970) schreibt, daß die „broad bean“ eine lange Geschichte in Südostasien hätte, was durch einen Fund in Thailand bewiesen würde. Bei neueren Ausgrabungen in Nord-Thailand sind Pflanzenreste geborgen worden, deren Alter nach C^{14}-Analyse auf 7000 v. u. Z. angesetzt wird (Gorman 1969). Ein Teil der Reste zeigt bereits Domestikationsmerkmale. Darunter befinden sich u. a. *Vicia* oder *Phaseolus*. Derartig allgemein gehaltene Angaben können nicht zu weiteren Schlüssen verwendet werden. Dazu wäre erst eine genauere botanische Bearbeitung dieses Materials abzuwarten. Sowohl der Fund in China als auch der in Thailand halten somit einer kritischen Prüfung nicht stand und müssen daher bei Betrachtungen über die Entstehung der Art *Vicia faba* ausscheiden.

Bei der Durchsicht des Kataloges der Ackerbohnenreste fällt auf, daß die Überzahl von ihnen kleinsamig ist, also zur var. *minuta* gehört (vgl. dazu Abb. 3 u. 4). Die wenigen großsamigen Funde und die damit zusammenhängenden Fragen werden weiter unten besprochen. Innerhalb der kleinsamigen Formen hat man nun nach dem Breiten/Längen-Index (bezogen auf 100) wiederum 2 Typen zu unterscheiden versucht, nämlich eine langsamige und eine kurzsamige Form. Ein Samen von 8 mm Länge und 6 mm Breite hat z. B. einen Breiten/Längen-Index von 75. Bei einem Samen von 4,6 mm Länge und 4,0 mm Breite wäre der Index 87. Von den rundlichen (± kugeligen) Samen und den länglichen (schlankeren) Samen hat nun Buschan (1895) gemeint, daß sie verschiedenen geographischen Gebieten zuzuordnen seien. So soll die rundliche Samenform im östlichen Mittelmeergebiet (sowie Ungarn, Schweiz, Italien) vorkommen, während sich die längliche Form vornehmlich auf der Iberischen Halbinsel findet. Aus dieser gleichsam geographischen Zusammengehörigkeit der Funde glaubte Buschan den Schluß herleiten zu dürfen, daß diese zwei Formen von verschiedenen Richtungen her ihren Ausgang genommen haben und somit möglicherweise verschiedenen Ursprungs sind.

Bereits Neuweiler (1905) hat anhand des von Buschan gegebenen Zahlenmaterials gezeigt, daß eine solche Trennung mehr oder weniger willkürlich und damit abzulehnen ist. Doch wurde der von Buschan geäußerte Gedanke der Existenz zweier geographischer Formen von Netolitzky (1931) wieder aufgegriffen und sogar noch weiterentwickelt, indem „drei verschiedene Hauptsorten" angenommen werden. Die erste davon, zu der die Funde aus Troja, Heraklea und Lengyel gerechnet werden, ist durch einen Index von 77,0–78,6 gekennzeichnet. Eine zweite Rasse sei die längliche Pfahlbaubohne von Montelier, Mörigen und Zürich. Diese Rasse, die den Index 75,8–76,8 hat, soll sich von der in Algerien und Marokko wild wachsenden *Vicia pliniana* (Trabut) Muratova herleiten. Diese in ihrer systematischen Stellung sehr problematische Pflanze hat eigenartige trockene Arillargebilde an den Samen. Die Samen sind im übrigen 6–9 mm lang und fast kugelig (subglobosus), ein Merkmal, das bisher meist nicht gebührend beachtet wurde, worauf hier besonders hingewiesen sei. Zur dritten von Netolitzky unterschiedenen Rasse zählen die Funde von der Petersinsel, Zug, Castione und Concise mit dem Index 85,2–87,5, die von *Vicia narbonensis* L. abzuleiten sei. Eine direkte Ableitung der *Vicia faba* von der *Vicia narbonensis* dürfte jedoch kaum in Frage kommen. Vielmehr wird heutzutage eine gemeinsame Ausgangsform für beide Arten angenommen.

Wie Netolitzky versuchte, unter den kleinsamigen urgeschichtlichen Ackerbohnen drei Typen zu unterscheiden, so hat auch Werneck (1949) z. B. bei der Beschreibung des Fundes von Burgschleinitz von drei Größen der Ackerbohne gesprochen. Sie werden als Zwergsaubohne (*Vicia faba celtica nana*), mittlere Saubohne (*V. f. celtica media*) und große Saubohne (*V. f. celtica maior*) bezeichnet, im übrigen aber nicht näher charakterisiert.

Die Möglichkeit der Trennung in zwei Größenklassen (westmediterran – ostmediterran) wird von mehreren Autoren vertreten, so z. B. von Schiemann (1958). Hopf (1961, 1964) betont jedoch bei der Beschreibung der Funde von Lerna, daß eine Unterteilung in eine östliche (runde) und eine westliche (langsamige) Form nicht möglich ist.

Gegen eine Trennung der urgeschichtlichen Ackerbohnen in die zwei Formen sprechen folgende Gründe: 1) das gleichzeitige Vorkommen von runden und länglichen Samen in einem Fund, 2) das nicht ausschließliche Vorkommen von länglichen im Westen und von runden im Osten des Mittelmeergebietes, 3) die große Variabilität der Samen auch bei heutigen Sorten.

Eine scharfe Unterscheidung von langsamigen und rundlichen Formen ist also nicht durchführbar. Damit ist auch eine Herleitung der Ackerbohnen von zwei verschiedenen Ausgangsformen sehr unwahrscheinlich.

Bis jetzt haben wir nur über die kleinsamige Form der Ackerbohne gesprochen, die die Überzahl der archäologischen Funde ausmacht. Bei den heutigen Ackerbohnen lassen sich nach den Samen jedoch drei Typen unterscheiden: var. *minuta* (Alef.) Mansf., var. *equina* Pers. und var. *faba*. Hierzu sei auf Abb. 4 verwiesen. Es erhebt sich somit die Frage, ob auch die beiden Formen mit größeren Samen archäologisch nachzuweisen sind. Bei Durchsicht des Fundkatalogs ergeben sich nur sehr wenige Hinweise auf entsprechende Funde aus Polen und Ungarn. Einige Funde aus Polen, die Klichowska (1960a, 1967a) in Tabellen erwähnt, tragen nicht wie andere in denselben Tabellen genannten Funde den Vermerk „*minor*", so daß hier anscheinend die größeren Formen vorliegen. Diese Funde, die aus mittelalterlichen Schichten stammen, sind aber nicht näher beschrieben. Aus Ungarn haben Hartyányi, Nováki und Patay (1968) aus Nagyvázsony-Csepely (15.-16. Jahrh.) und Pamuk (um 1800) Samen beschrieben, bei denen die Seiten eingedrückt waren, so daß es sich möglicherweise um die größeren Formen gehandelt hat. Nähere Angaben und Bilder fehlen jedoch.

Der einzige zweifelsfreie Fund einer großsamigen Form der Ackerbohne ist von Helbaek (1963a) beschrieben worden. Er stammt aus Tell Bazmosian im Dokan-Tal in Suleimaniyah Liwa (Östliches Iraqi Kurdistan) und gehört der frühen Islamischen Zeit an (etwa 1000 u. Z.). Die von Helbaek als *Vicia faba* var. *megalosperma* bezeichneten Samen sind groß, abgeflacht und an den Seiten eingedellt. Länge 8,0–14,0 (Mittel 10,5), Breite 6,0–10,0 (Mittel 7,3), Dicke 3,8–7,0 (Mittel 5,0) mm. Helbaek betont, daß der Ursprung der großsamigen Form unklar ist. Der älteste ihm bekannte Nachweis sei ein Fund, der bei einer Ausgrabung am Nahrwan Kanal östlich von Khafajah zutage kam. Diese Samen hätten eine maximale Länge von 18 mm gehabt. In der von Helbaek zitierten Literaturstelle (Fuad Safar, Archaeological investigations in the districts of the Greater irrigational projects in Iraq. – Sumer 16, 1960, 3–12, Taf. 1–13, in Arabisch) finden sich nach freundlicher Mitteilung von Herrn Faraj Salman keine Angaben über diesen Bohnenfund.

Es ist nun zu fragen, woran es liegt, das archäologische Funde der großsamigen Form so selten sind. Daß die großsamigen schlechter erhaltungsfähig sind, dürfte kaum anzunehmen sein. Obwohl die Ackerbohnenfunde insgesamt gesehen noch nicht sehr zahlreich sind und somit das Netz der Fundorte noch sehr weitmaschig ist, darf aus dem fast völligen Fehlen von Nachweisen der großsamigen Form doch wohl mit einiger Vorsicht geschlossen werden, daß diese erst in geschichtlicher Zeit entstanden ist. So gibt Kozłowska (1966) die größere Form für Polen erst seit dem frühen Mittelalter an. Die großsamige Form dürfte eine schnelle Verbreitung gefunden haben.

Wenden wir uns nun der *Vicia narbonensis* L. zu, die bei der Frage nach der Abstammung der Ackerbohne eine Rolle spielt. Die Art kommt im Mittelmeergebiet (bis mittleres Frankreich, Italien, Balkanhalbinsel), im Süden der UdSSR, Transkaukasien und Nordafrika vor. Leider sind die archäologischen Funde der *Vicia narbonensis* sehr spärlich und z. T. zweifelhaft.

So hat Schiemann (1941) aus Abu Ghâlib einige kugelige Samen beschrieben, die ihrer Größe nach sowohl zu *Vicia narbonensis* als zu *Pisum elatius* oder kleinsamigen *Pisum sativum* gehören könnten. Eine Unterscheidung an verkohlten Samen ist nicht möglich, zumal wenn die Samenschale fehlt.

Hier sei auch darauf hingewiesen, daß die Samen der *Vicia narbonensis* mit den kleinsamigen Formen der *Vicia faba*, die den Hauptanteil unter den archäologischen Resten darstellen, große Ähnlichkeit haben können. So haben Bertsch und Bertsch (1949) festgestellt, daß bei den Samen der Ackerbohne aus einigen Schweizer Funden und den Samen von *Vicia narbonensis* ein gleiches Verhältnis von Länge zu Breite zu beobachten ist. Wohl gibt es zwischen *Vicia faba* und *Vicia narbonensis* Unterschiede im Nabel, aber da die Samenschale oft zerstört ist, können diese Strukturen nicht zur Bestimmung herangezogen werden. Hopf (1968) hat daher, wie schon Netolitzky (1931), angeregt, die anatomischen Merkmale stärker als bisher zu Rate zu ziehen.

Aus neolithischen Schichten von Beidha (Süd-Jordanien) hat Helbaek (1966) Kulturpflanzen in Form von Abdrücken nachgewiesen. Darunter fand sich ein Abdruck einer *Vicia narbonensis*. Ohne Abbildung und ohne weitere Erklärung und Begründung reicht eine solche Feststellung zum Nachweis dieser Art aber nicht aus.

Der einzige zweifelsfreie Fund von *Vicia narbonensis* ist von Laurent-Täckholm (in Lauer, Laurent-Täckholm und Åberg 1951) beschrieben worden. Er stammt aus Saqqarah, Ägypten (III. Dynastie, etwa 2900 v. u. Z.). Es handelt sich um 6 sehr junge Samen, die noch nicht ihre endgültige kugelige Gestalt erreicht haben. Sie sind 3 mm breit, noch abgeflacht, glatt und schwärzlich. Das Hilum ist eiförmig, 1 mm lang, 0,5 mm breit oder etwas breiter. Die Bestimmung der Samen war nur möglich durch einen Vergleich mit rezentem Material im selben Entwicklungsstadium. Wichtiger als diese Samenreste ist aber der untere Teil einer Hülse, 15 mm lang, der noch Fragmente des unteren Teils des Kelches trägt. Der Rand der Hülse zeigt die charakteristische Sägung, die durch einen Saum von Haaren mit verbreitertem Grund gebildet wird, wobei der obere Teil der Haare abgebrochen ist, so daß nur die Haarbasen zurückbleiben.

Laurent-Täckholm erwähnt außerdem den Fund eines kugeligen Samens von 4,5 mm Durchmesser unter Emmerspreu, die bei Ausgrabungen an der Pyramide von Sahuré, Abu Sir (V. Dynastie) zutage kam. Der Samen wurde von G. Schweinfurth bestimmt, ist aber durch die Zerstörung des Botanischen Museums Berlin-Dahlem dort verlorengegangen.

Das von Laurent-Täckholm beschriebene Material von Saqqarah ist somit der einzige sichere Nachweis von *Vicia narbonensis* in urgeschichtlicher Zeit. Damit ist aber gleichzeitig gesagt, daß mit diesem einzigen Fund keine Beiträge zur Kenntnis der Entwicklung von *Vicia faba* zu erbringen sind.

Mit der Möglichkeit, daß *Vicia narbonensis* und *Pisum sativum* (oder *elatius*) in archäologischen Funden gemeinsam vorkommen, muß durchaus gerechnet werden, obwohl dies bei den bisherigen Funden sicherlich meist nicht bedacht wurde. Werden doch die Arten *Pisum elatius* und *Vicia narbonensis* heute gemeinsam als Unkräuter in Getreidefeldern Anatoliens angetroffen, wo sie in Jahren, in denen durch Witterungseinflüsse das Getreide großenteils auswintert, zusammen mit dem Rest des Getreides geerntet werden, um entweder als Viehfutter oder zum Brotbacken verwendet zu werden (Scheibe 1934). Mit derartiger gemeinsamer Nutzung und vielleicht auch Anbau ist auch in urgeschichtlicher Zeit zu rechnen. Weiterhin gibt es heute noch Mischkulturen zwischen *Vicia faba* und *Pisum* in Abessinien und Afghanistan. Auch das ist bei der Beurteilung und Auswertung archäologischer Funde gebührend zu berücksichtigen, wobei stärker als bisher üblich zur Unterscheidung morphologisch ähnlicher Typen auch anatomische Merkmale heranzuziehen sind.

Weitere Fortschritte bei der Erforschung der Evolution der Kulturpflanzen auf Grund des Studiums archäologischer Reste können nur in enger Zusammenarbeit zwischen Archäologen und Botanikern erzielt werden. In der Botanik sind die Bestimmungsmethoden (morphologisch und anatomisch) ständig zu verbessern. Weiter ist auf eine Verbesserung der Beschreibungen und der Abbildungen in den einschlägigen Veröffentlichungen zu achten. Die Archäologen haben bei den Ausgrabungen die genauen Fundumstände auch der Kulturpflanzenreste zu registrieren. Daß auch der Datierung allgemein große Aufmerksamkeit gewidmet werden sollte, ist eine selbstverständliche Forderung, denn nur gut datierte Funde kommen für weitere Auswertung und Schlußfolgerung in Betracht. Kürzlich hat Kühn (1968) ein Beispiel beschrieben, das diese Forderung unterstreicht. In einem Felde bei Brno (ČSSR) fanden sich verkohlte Samen auf der Oberfläche bis zu 40 cm Tiefe. Kühn gelang es, den Nachweis zu führen, daß die Samen, darunter auch *Vicia faba*, von einem Druschplatz stammen mußten, der im Jahre 1949 abgebrannt war.

Erst wenn sowohl die Belange der Datierung wie die mit der Bestimmung zusammenhängenden vielfältigen Probleme kritischer als bisher üblich behandelt werden, dürfen wir hoffen, mit der Zeit zu einem Material zu gelangen, das genauere Antwort auf die gestellten Fragen geben kann.

Die Samenmessungen führte Fräulein J. Roloff durch; die Zeichnungen fertigte Herr W. Kilian, die Fotos Frau G. Terpe an. Allen Genannten sei für ihre Mitarbeit der beste Dank ausgesprochen.

Zusammenfassung

Nach der Beschreibung eines jungbronzezeitlichen Fundes der Ackerbohne (*Vicia faba* L.) von Zitz, Kr. Brandenburg, werden die archäologischen Nachweise dieser Art zusammengestellt. Die bis jetzt beschriebenen Reste gehören fast ausschließlich der var. *minuta* an. Eine scharfe Unterscheidung von langsamigen und rundlichen Formen ist dabei nicht durchführbar. Damit ist auch eine Herleitung der Art von zwei verschiedenen Ausgangsformen sehr unwahrscheinlich. Der bisher einzige Fund der großsamigen var. *faba* stammt aus dem Irak (etwa 1000 u. Z.).

Summary

The archaeological remains of the broad bean (*Vicia faba* L.) and the evolution of the species

After describing remains of broad beans from late bronze age layers in Zitz/Brandenburg, a catalogue is given comprising the archaeological finds of this species. The remains described up till now belong almost exclusively to the var. *minuta*. A sharp distinction between a long-seeded and a roundish form is not possible. Thus the evolution of the species from two different initial forms is very improbable. The only find of the large-seeded var. *faba* comes from Iraq (c. 1000 A. D.).

Краткое содержание

Археологические находки конских бобов *Vicia faba* L. и генезис вида

Описывается находка конских бобов (*Vicia faba* L.) позднего периода бронзы из местечка Циц (рай. Бранденбург) и дается сводка археологических находок этого вида. До сих пор описанные остатки относятся почти без исключения к var. *minuta*. Четкого различия форм с удлиненными и с округленными семенами обнаружить не удалось. Таким образом, предположение о происхождении вида от двух различных исходных форм становится очень мало вероятным. Единственная находка крупносемянной формы var. *faba* известна из Ирака (около 1000 г. н. э.).

Literatur

Arnaudow, N., 1938: Untersuchung über Pflanzenreste aus den Ausgrabungen bei Sadowetz in Bulgarien. – Godišnik na sofijskija universitet, II. fis.-mat. fak. Kniga 3 (estestvena istorija), *34*, 1937–1938, 33–51.

Beck von Mannagetta, G. Ritter, 1897: Die botanischen Objecte aus dem Pfahlbaue von Ripač (p. 114–123). In: Radimský, W., L. Glück, J. N. Woldřich und G. Ritter Beck von Mannagetta, Der prähistorische Pfahlbau von Ripač bei Bihać. – Wiss. Mittheil. aus Bosnien u. d. Hercegovina *5*, 29–123, Taf. I–XLVII.

Behre, K.-E., 1968: Botanische Untersuchungen von archäologischen Grabungen im norddeutschen Küstengebiet. – Acta Museorum Agriculturae *1–2*, 73.

– 1969: Untersuchungen des botanischen Materials der frühmittelalterlichen Siedlung Haithabu (Ausgrabung 1963–1964). – Berichte über die Ausgrabungen in Haithabu, Bericht *2*, 7–55, Tab. 1.

– 1970: Die Entwicklungsgeschichte der natürlichen Vegetation im Gebiet der unteren Ems und ihre Abhängigkeit von den Bewegungen des Meeresspiegels. – Probleme der Küstenforschung im südlichen Nordseegebiet *9*, 13–47, 4 Klapptafeln, 6 Taf., Tab. 3 bis 7.

Beijerinck, W., 1929: De subfossiele Plantenresten in de Terpen van Friesland en Groningen. 1. Teil: Vruchten, zaden en bloemen, 1–78, Wageningen.

Bertsch, K., 1950: Nachträge zur vorgeschichtlichen Botanik des Federseerieds. – Veröff. Württ. Landesstelle f. Naturschutz u. Landschaftspflege *19*, 88–127.

Bertsch, K., und F. Bertsch, 1949: Geschichte unserer Kulturpflanzen. 2. Aufl., 275 Seiten. – Stuttgart.

Burchardówna, H., 1953: Rośliny uprawne w pradziejach Polski. Les plantes cultivées dans la préhistoire de la Pologne. – Przegląd Archeologiczny *9*, 153–176.

Buschan, G., 1895: Vorgeschichtliche Botanik der Cultur- und Nutzpflanzen der alten Welt auf Grund prähistorischer Funde. XII + 268 Seiten. – Breslau.

Chang, K.-C., 1968: The Archaeology of Ancient China. – Revised and enlarged edition. – New Haven and London.

– 1970: The beginnings of agriculture in the Far East. – Antiquity *44*, 175–185, Table I.

Coblenz, W., 1963: Die Ausgrabungen auf dem Burgwall von Nieder-Neundorf. – Arbeits- und Forschungsberichte zur sächsischen Bodendenkmalpflege *11/12*, 9–58.

Deininger, E. von, 1891: Pflanzenreste der prähistorischen Fundstätte von Lengyel (p. 256–281). In: M. Wosinsky, Das prähistorische Schanzwerk von Lengyel. Seine Erbauer und Bewohner. Dritter (Schluß-) Theil. – Budapest.

Do Paço, A., 1954: Sementes pre-históricas do Castro de Vila Nova de S. Pedro. – Academia Portuguesa da História, Anais II Série, *5*, 279–359.

Feinbrun, N., 1938/39: New data on some cultivated plants and weeds of the early bronze age in Palestine. – Palestine J. Bot., Jerusalem Series *I*, 238–240.

Fietz, A., 1936: Vorzeitliche Kulturreste aus dem Hallstätter Salzbergwerke. – Österr. bot. Z. *85*, 69–72.

Fljaksberger, K., 1929: Semena kul'turnych rastenij VI–VIII veka iz-pod Minska. – Priroda No. 5, 470–473.

– 1940: Archeologičeskie nachodki chlebnych rastenij v oblastjach, prilegajuščich k černomu morju. – Kratkie soobščenija o dokladach i polevych issledovanijach instituta istorii material'noj kul'tury vyp. *8*, 117–119.

– 1941: Labības V, X–XIII gadsimteņos Latvijas PSR teritorijā. Zernovye chleba v V, X–XIII veka n. ė. na territorii Latvijskoj SSR. – Lauksaimniecības izmēģinājumi un pētījumi Nr. *3*, 249–262.

Gorman, C. F., 1969: Hoabinhian: A pebble-tool complex with early plant associations in Southeast Asia. – Science *163*, No. 3868, 671–673.

Gulkanjan, V. O., 1966: O nekotorych sel'skochozjajstvennych kul'turach iz Argišti-chinili. – Istoriko-filologičeskij Žurnal Akademija Nauk Armjanskoj SSR *4* (35), 103–116.

Hartmann, R., 1883: Über die alten Dithmarscher Wurthen und ihren Packwerkbau. – Marne.

Hartyányi, B. P., G. Nováki, und Á. Patay, 1968: Növényi mag- és terméslelетek Magyarországon az újkőkortól a XVIII. századig. Samen- und Fruchtfunde in Ungarn von der Jungsteinzeit bis zum XVIII. Jahrhundert. – Magyar Mezögazdasági Múzeum Közleményei 1967–1968, Mitteilungen des Ungarischen Landwirtschaftlichen Museums, 5–84.

Hatt, G., 1937: Landbrug i Danmarks Oldtid. – Kopenhagen.

Heer, O., 1865: Die Pflanzen der Pfahlbauten. – Neujahrsblatt der Naturforsch. Gesellschaft auf das Jahr 1866 (Zürich), 1–54, 1 Taf.

Helbaek, H., 1953a: Early crops in Southern England. – Proceedings of the Prehistoric Society for 1952, New Series, Vol. *XVIII*, Pt. 2, No. 12, 194–233, pl. XX to XXIV.

– 1953b: [Plant remains from Forum Romanum] Appendix I. in: Einar Gjerstad, Early Rome I. Stratigraphical researches in the Forum Romanum and along the Sacra Via. – Acta Inst. Romani Regni Sueciae, ser. in 4°, *XVII*, 1, 155–157.

– 1956: Vegetables in the funeral meals of pre-urban Rome. Appendix I. in: Einar Gjerstad, Early Rome II. The Tombs. – Acta Inst. Romani Regni Sueciae, ser. in 4°, *XVII*, 2, 287–294.

– 1958: Plant economy in ancient Lachish (p. 309–317). In: Olga Tufnell, Lachish IV (Tell Ed-Duweir). The Bronze Age. Text; dazu plate 15 im Band „Plates".

– 1963a: Isin Larsan and Horian food remains at Tell Bazmosian in the Dokan Valley. – Sumer *19*, 27–35.

– 1963b: Late Cypriote vegetable diet at Apliki. – Opuscula Atheniensia, Skr. utg. av Sv. Inst. i Athen, Ser. 4, *8*, 171–186.

– 1966: Pre-pottery neolithic farming at Beidha – a preliminary report. – Palestine Exploration Quarterly *98*, 61–66.

– 1967: Agricoltura preistorica a Luni sul Mignone in Etruria. – Acta Instituti Romani Regni Sueciae, Series in 4°, *25*, 279–282.

Hjelmqvist, H., 1955: Die älteste Geschichte der Kulturpflanzen in Schweden. – Opera Botanica *1* (3), 1–186.

– 1968: Einige mittelalterliche Pflanzenfunde. Res Mediaevales Ragnar Blomqvist Kal. Mai. MCMLXVIII oblata. – Archaeologica Lundensia *III*, 179–194.

Hofmann, E., 1926: Vegetabilische Reste aus dem Hallstätter Heidengebirge. – Österr. bot. Z. *75*, 162–165.

– 1928: Die pflanzlichen Funde aus der vorgeschichtlichen Grube. In: E. Hofmann und F. Morton, Der prähistorische Salzbergbau auf dem Hallstätter Salzberg. – Wiener Prähist. Z. *15*, 88–96.

– 1954: Urgeschichtliche Pflanzenreste vom Neuburghorst bei Koblach-Vlbg. – Jahrbuch des Vorarlberger Landesmuseumsvereins, Jahresgabe zum *97*. Vereinsjahr, 36–39.

Hopf, M., 1961: Pflanzenfunde aus Lerna/Argolis. – Züchter *31*, 239–247.

– 1964: Nutzpflanzen vom Lernäischen Golf. – Jahrbuch des Röm.-German. Zentralmuseums Mainz 9, 1962, 1–19, Taf. 1–5.

– 1968: *Vicia faba* L. – Acta Museorum Agriculturae *1–2*, 74.

Hopf, M., 1969: Plant remains and early farming in Jericho (p. 355–359). In: P. J. Ucko and G. W. Dimbleby (ed.), The domestication and exploitation of plants and animals. – London.

Huber, J. A., 1936: Der Körnerfund vom Aschberg (bei Dillingen a. D.). Ein Beitrag zur Geschichte der Brotfrüchte unserer Heimat. – Schwabenland *3*, 426–432.

Jäger, K.-D., 1965: Verkohlte Samen aus einem bronzezeitlichen Grabgefäß von Tornow, Kr. Calau. Ein Beitrag zur Anbaugeschichte der Ackerbohne (*Vicia faba* L.) in Mitteleuropa. – Ausgrabungen u. Funde *10*, 131–138, Taf. 20b, 21 c.

– 1966: Die pflanzlichen Großreste aus der Burgwallgrabung Tornow, Kr. Calau (p. 164–189, Taf. 41–44, Beilage 12 u. 13). In: J. Herrmann, Tornow und Vorberg. Ein Beitrag zur Frühgeschichte der Lausitz. – Schriften der Sektion für Vor- und Frühgeschichte d. Dt. Akad. d. Wissensch. zu Berlin, 21.

Jaroń, B., 1938: Szczątki roślinne z wczesnego okresu żelaznego w Biskupinie (Wielkopolska), p. 30, „Gród prasłowiański w Biskupinie". – Poznań.

Jessen, K., 1951: Oldtidens korndyrkning i Danmark. – Viking, Tidsskrift for norrøn arkeologi *15*, 15–37.

Jessen, K., and H. Helbaek, 1944: Cereals in Great Britain and Ireland in prehistoric and early historic times. – Det Kongelige Danske Videnskabernes Selskab, Biologiske Skrifter III, Nr. 2, 1–68.

Kade, C., 1922: Vorgeschichtliche Getreidefunde von der Steinsburg. – Praehist. Z. *XIII*. und *XIV*. Band 1921, 1922, 83–94.

Klichowska, M., 1955: Szczątki roślinne z Grodziska Łęczyckiego. – Studia Wczesnośredniowieczne *3*, 371–375, Tab. 150.

– 1956 a: Szczątki roślinne odkryte na Wawelu w 1954 r. Remains of plants discovered at Wawel Castle in 1954. – Sprawozdania Archeologiczne *2*, 108–111.

– 1956 b: Materiał roślinny z Opola z X–XII w. Plant remains from the 10th–12th cent. found in Opole. – Materiały Wczesnośredniowieczne *4*, 179–209.

– 1960a: Szczątki roślinne wykopalisk archeologicznych w Województwie Szczecińskim. Archeological remainders of plants from the province Szczecin. – Przyroda Polski Zachodniej *4*, 11–18.

– 1960b: Znaleziska roślinne ze starego Kołobrzegu. Plant finds from the old Kołobrzeg. – Sprawozdania Archeologiczne *11*, 97–101, 1 Falttabelle.

– 1961a: Wyniki badań materiałów botanicznych z prac wykopaliskowych na Ostrowie Tumskim we Wrocławiu w latach 1950–1955. The results of the examination of the botanical materials encountered during excavation works at Ostrów Tumski in Wrocław, in 1950–1955. – Sprawozdania Archeologiczne *12*, 111–121, 5 Falttabellen.

– 1961b: Wczesnośredniowieczne szczątki roślinne odkryte w Wolinie na stanowisku wykopaliskowym 4 w latach 1953–1955. Frühmittelalterliche Pflanzenreste, aufgedeckt auf Grabungsstelle 4 in Wolin in den Jahren 1953–1955. – Materiały Zachodnio-Pomorskie 7, 457–461, Tab. 1 u. 2.

– 1962: Odciski zbóż i roślin strączkowych na ceramice kultury pomorskiej. Empreintes de grains et de légumineux sur la poterie de la civilisation poméranienne. – Przegląd Archeologiczny *14*, 142–151, 4 Taf.

– 1964a: Wyniki badań próbek botanicznych ze stanowiska 5 w Wolinie Pomorskim z 1958 roku (Materiały roślinne z warstw datowanych na ostatnie ćwierćwiecze wieku XII do wieku XIV). Examination of botanic samples collected from site 5 at Wolin Pomorski in 1958. – Sprawozdania Archeologiczne *16*, 410–412.

– 1964b: Sprawozdanie z badań materiałów botanicznych ze stanowiska 1 w Bonikowie w 1959 roku. Report on the examination of botanic materials obtained from site 1 at Bonikowo in 1959. – Sprawozdania Archeologiczne *16*, 415–417.

Klichowska, M., 1964c: Jakie owoce i nasiona roślin znaleziono w Krakowie na Wawelu w czasie prac archeologicznych w latach 1950 i 1954. Fruits and plant seeds found on the Wawel Hill in Cracow in archaeological excavations of 1950 and 1954. – Sprawozdania Archeologiczne *16*, 429–434.
– 1966a: Wykopaliska w Styrmen w świetle badań botanicznych. Les fouilles de Stărmen à la lumière des recherches botaniques. – Slavia Antiqua *13*, 315–320.
– 1966b: Szczątki roślinne z wykopalisk archeologicznych w Kruszwicy, Pow. Inowrocław, z lat 1959–1964. Plant remains from excavations carried out at Kruszwica, Distr. Inowrocław, in 1959–1964. – Sprawozdania Archeologiczne *18*, 387–390.
– 1967a: Możliwości konsumpcyjne zbóż i motylkowych w Północno-Zachodniej Polsce od neolitu do końca XII w. Les possibilités de consommation des céréales et des papilionacées en Pologne du Nord-Ouest depuis le néolithique jusqu' à la fin du XIIe siècle. – Studia z Dziejów Gospodarstwa Wiejskiego *9* (3), 31–47.
– 1967b: Wzgórze Wisielców w Wolinie Pomorskim w świetle badań botanicznych. Der Galgenberg in Wolin im Lichte botanischer Forschungen. – Materiały Zachodniopomorskie *11*, 1965, 571–576.
– 1967c: Szczątki roślinne ze stanowiska archeologicznego Wolin-Młynówka. Pflanzenreste aus der archäologischen Fundstelle Wolin-Mühlenberg. – Materiały Zachodniopomorskie *11*, 1965, 577–579.
– 1969a: Wyniki badań polepy z Bard, Pow. Kołobrzeg, z 1964 roku. Results of the examination of daub from Bardy, Kołobrzeg District. – Sprawozdania Archeologiczne *20*, 453–454.
– 1969b: Szczątki roślinne z cmentarzysk kurhanowych w Skroniu i w Świelubiu, pow. Kołobrzeg. Plant remains from the cemeteries of burial mounds at Skronie and Świelubie, Kołobrzeg district. – Sprawozdania Archeologiczne *20*, 455–456.
– 1969c: Rośliny uprawne i dziko rosnące z Grodziska z VII–IX wieku w Bruszczewie, Pow. Kościan. Cultivated and wild growing plants from the earthwork of the 7th–9th centuries at Bruszczewo, Kościan District. – Sprawozdania Archeologiczne *20*, 461–464.
– und A. Dzięczkowski, 1968: Szczątki roślinne z grodu Kasztelańskiego w Legnicy. Plant remains from a Castellan's Castle at Legnica. – Sprawozdania Archeologiczne *19*, 473–474.
Knörzer, K.-H., 1965: Römerzeitliche Heilkräuter aus Novaesium (Neuß Rh.) Nachtrag. – Sudhoffs Archiv für Geschichte d. Medizin u. d. Naturwissenschaften *49*, 416–422.
– 1967a: Römerzeitliche Pflanzenfunde aus Aachen. – Archaeo-Physika *2* (Beihefte der Bonner Jahrbücher Bd. *23*), 39–64, Taf. 7–12.
– 1967b: Der römerzeitliche Heilkräuterfund aus Neuß/Rh. – Archaeo-Physika *2* (Beihefte der Bonner Jahrbücher Bd. *23*), 65–75, Taf. 13–15.
– 1967c: Untersuchung der Lagerungsverhältnisse von Pflanzenresten in einer römerzeitlichen Grube bei Neuß/Rh. – Archaeo-Physika *2* (Beihefte der Bonner Jahrbücher Bd. *23*), 76–99, Taf. 16.
– 1970: Römerzeitliche Pflanzenreste aus Neuß/Rh. – Limesforschungen: Novaesium *IV*.
Körber-Grohne, U., 1967: Geobotanische Untersuchungen auf der Feddersen Wierde. Textband: 358 S., Tafelband: 84 Taf. – Wiesbaden.
Kozłowska, A., 1966: The role of cultivated plants in the historical development of material culture in Poland (pp. 594–639). In: W. Szafer (ed.), The vegetation of Poland. – International Series of monographs in pure and applied biology, Division: Botany, Vol. *9*, XXIII + 738 pp., Warszawa.
Kühn, F., 1968: Ein Fund von verkohlten Samen in der Ackerkrume. – Acta Museorum Agriculturae *1–2*, 75.

Lauer, J.-P., V. Laurent-Täckholm et E. Åberg, 1951: Les plantes découvertes dans les souterrains de l'enceinte du Roi Zoser à Saqqarah (IIIe Dynastie). – Bulletin de l'Institut d'Égypte *32*, Session 1949–1950, 121–157, Pl. I–IX.

Lindau, G., 1922: Fossile Samen von Troja. – Praehist. Z. *XIII*. u. *XIV*. Bd., 1921, 1922, 172–176.

Maly, K., 1904: Früchte und Samen aus dem prähistorischen Pfahlbaue von Donja Dolina in Bosnien (p. 165–170). In: Truhelka, Ć., J. N. Woldřich und K. Maly, Der vorgeschichtliche Pfahlbau im Savebette bei Donja Dolina (Bezirk Bosnisch Gradiška). Bericht über die Ausgrabungen bis 1904 (mit Taf. I-LXXXIV und 108 Abb. im Texte). – Wiss. Mitteilungen aus Bosnien und der Herzegowina *9*, 3–170.

Martínez Santa-Olalla, J., 1946: Cereales y plantas de la cultura ibero-sahariana en Almizaraque (Almeria). – Cuadernos de Historia Primitiva *1*, 35–45.

Moldenhawer, K., 1957/1959: Zboża chlebowe, rośliny strączkowe i konopie z okresu lateńskiego i rzymskiego z okolic Krakowa. Céréales légumineux et chanvre de la période de La Tène et de la période romaine provenant de fouilles dans les environs de Cracovie. – Przegląd Archeologiczny *11/12*, 23–30.

– 1958: Wyniki badań materiałów botanicznych 1955 roku na grodzisku i osadzie kultury łużyckiej w Słupcy. – Fontes Archaeolog. Posnanienses *8–9*, 146–149.

Netolitzky, F., 1931: Unser Wissen von den alten Kulturpflanzen Mitteleuropas. – Zwanzigster Bericht 1930 des Deutschen Archäologischen Instituts der Römisch-Germanischen Kommission, 14–76.

– 1934: Pflanzliche Nahrungsmittel und Hölzer aus dem prähistorischen Kreta und Kephallonia. – Buletinul Facultăţii de Ştiinţe din Cernăuţi *8*, 172–178.

– 1935: Kulturpflanzen und Holzreste aus dem prähistorischen Spanien und Portugal. – Buletinul Facultăţii de Ştiinţe din Cernăuţi *9*, 4–8.

Neuweiler, E., 1905: Die prähistorischen Pflanzenreste Mitteleuropas mit besonderer Berücksichtigung der schweizerischen Funde. – Vierteljahrsschrift der Naturforschenden Gesellschaft in Zürich *50*, 23–134.

– 1919: Die Pflanzenreste aus den Pfahlbauten am Alpenquai in Zürich und von Wollishofen sowie einer interglazialen Torfprobe von Niederweningen (Zürich). – Vierteljahrsschrift der Naturforschenden Gesellschaft in Zürich *64*, 617–648.

– 1931: Die Pflanzenreste aus dem spätbronzezeitlichen Pfahlbau „Sumpf" bei Zug. – Vierteljahrsschrift der Naturforschenden Gesellschaft in Zürich *76*, 116–132.

– 1935: Nachträge urgeschichtlicher Pflanzen. – Vierteljahrsschrift der Naturforschenden Gesellschaft in Zürich *80*, 98–122.

– 1946: Nachträge II urgeschichtlicher Pflanzen. – Vierteljahrsschrift der Naturforschenden Gesellschaft in Zürich *91*, 122–136.

Oliva, A., 1939: Nuove tracce dell'alta civiltà dell' eneolitico „umbro" desunte dai ritrovamenti vegetali delle caverne di Belverde. – L'Italia Agricola *76*, 15–24.

Pavelčík, J., 1960: Nález hallstattských plodin v Úvalně (okres Bruntál). – Časopis Slezského Muzea, Acta Musei Silesiae *9*, 16–22.

Pax, F., und K. Hoffmann, 1914: Alte Kulturpflanzen aus Schlesien. – Engler-Fest-Band der Botanischen Jahrbücher für Systematik, Pflanzengeschichte u. Pflanzengeographie *50*, Supplementband, 593–606.

– 1915: Prähistorische Pflanzen aus Schlesien und der Ober-Lausitz. – Botanische Jahrbücher für Systematik, Pflanzengeschichte u. Pflanzengeographie *52*, 346 bis 353.

Pinto-da-Silva, A. R., e A. N. Teles, 1952–3: Nota acerca do conteúdo dum silo descoberto em Silves. – Boletim da Sociedade Portuguesa de Ciências Naturais *4* (2.ª série), 1–3.

Rasin'š, A. P., 1955: Kul'turnye i sornye rastenija po materialam archeologičeskich raskopok v Latvii. – Tezisy dokladov na ob-edinennoj konferencii po archeologii, ėtnografii i antropologii Pribaltiki (sekcija archeologii), 43–46.

Reid, C., 1917: Chapter XXIII. Plants, wild and cultivated (p. 625–630, pl. 96). In: A. Bulleid and H. St. G. Gray, The Glastonbury Lake Village. A full description of the excavations and the relics discovered, 1892–1907. Vol. *II*.

Renfrew, J. M., 1966: A report on recent finds of carbonized cereal grains and seeds from prehistoric Thessaly. – Thessalika, Archaeological Review for Civilization History and Religion of Ancient Thessaly *5*, 21–36, Fig. 1, Pl. I–III.

– 1969: The archaeological evidence for the domestication of plants: methods and problems (p. 149–172). In: P. J. Ucko and G. W. Dimbleby (ed.), The domestication and exploitation of plants and animals. – London.

Sangmeister, E., und H. Schubart, 1966: Grabungen in der kupferzeitlichen Befestigung von Zambujal/Portugal 1964. – Madrider Mitteilungen *6* – 1965, 39–63, Taf. 13–26.

Scheibe, A., 1934: Über Vorkommen und Nutzungsweise der Wilderbse (*Pisum elatius* Stev.) und der „Wildbohne" (*Vicia narbonensis* var. *intermedia* Strobl) in Anatolien. – Züchter *6*, 234–240.

Schiemann, E., 1941: Die Körnerfunde aus Abu Ghâlib. – Mitteilungen des Deutschen Instituts für Ägyptische Altertumskunde in Kairo *10*, 50–59, Taf. 15.

– 1957: Die Kulturpflanzenfunde in den spätkaiserzeitlichen Speichern von Kablow bei Königs-Wusterhausen, Mark. – Berliner Blätter für Vor- u. Frühgeschichte *6*, 100–124, Taf. 1–4.

– 1958: Die Pflanzenfunde in den neolithischen Siedlungen Mogetorp, Ö. Vrå und Brokvarn. In: S. Florin, Vråkulturen. Stenåldersboplatserna vid Mogetorp, Östra Vrå och Brokvarn. – Kungl. Vitterhets Historie och Antikvitets Akademien Stockholm, 249–300, Taf. 1–9.

Schulenburg, W. von, 1883: Über den Topfscherben mit Radverzierung und prähistorische Erbsen von Müschen, Spreewald. – Verhandlungen der Berliner Gesellschaft für Anthropologie, Ethnologie und Urgeschichte Jg. 1883, (66) bis (67).

Schultze-Motel, J., und J. Kruse, 1965: Spelz (*Triticum spelta* L.), andere Kulturpflanzen und Unkräuter in der frühen Eisenzeit Mitteldeutschlands. – Kulturpflanze *13*, 586–619.

Schulz, A., 1915a: Über einen neuen Fund von hallstattzeitlichen Kulturpflanzen- und Unkräuter-Resten in Mitteldeutschland. – Ber. dt. bot. Ges. *33*, 11–19.

– 1915b: Über Kulturpflanzen und Unkräuter Deutschlands in prähistorischer Zeit. I. – Zeitschrift für Naturwissenschaften *85*, 329–341, Taf. 3.

– 1918 Die bis jetzt aus dem Saalegebiete bekannten hallstattzeitlichen Kulturpflanzen. – Mitt. Naturforsch. Ges. Halle *4*, 1917, 16–20.

Schweinfurth, G., 1884: Neue Funde auf dem Gebiete der Flora des alten Ägyptens. – Botanische Jahrbücher für Systematik, Pflanzengeschichte u. Pflanzengeographie *5*, 189–202.

Staub, M., 1882: Prähistorische Pflanzen aus Ungarn. – Botanische Jahrbücher für Systematik, Pflanzengeschichte u. Pflanzengeographie *3*, 281–287.

Tempír, Z., 1963: Počátky pěstování rostlin v Maďarsku. Beginnings of plant production in Hungary. – Vědecké práce zemědělského muzea, 107–140.

– 1964: Beiträge zur ältesten Geschichte des Pflanzenbaus in Ungarn. – Acta Archaeologica Academiae Scientiarum Hungaricae *16*, 65–98.

– 1966: Výsledky paleoetnobotanického studia pěstování zemědělských rostlin na území ČSSR. Ergebnisse der paleoethnobotanischen Untersuchungen des Anbaus von landwirtschaftlichen Kulturpflanzen auf dem Gebiet der ČSSR. – Vědecké Práce Československého zemědělského muzea, 27–144.

– 1968: Bôb obyčajný a hrach siaty v archeologických nálezoch zvyškov pestovaných rastlín na Tupej Skale (Vyšný Kubín). – Zborník Oravského múzea (1), 301–311, 2 Taf.

– 1969: Archeologické nálezy zemědělských rostlin a plevelů na Slovensku. Archeological finds of food plants and weeds in Slovakia. – Agrikultúra, Zborník pol'nohospodárskeho múzea v Nitre *8*, 7–66.

Tempír, Z., und A. Vodák, 1959: Rozbor některých archeologických nálezů pravěkých plodin na území Československa. Analytische Untersuchungen einiger archäologischer Funde von prähistorischen Kulturpflanzen auf dem Gebiete der Tschechoslowakischen Republik. – Vědecké Práce Československé Akademie Zemědělských Věd z dějin zemědělství a lesnictví, 125–146.

Tumanjan, M. G., 1944: Kul'turnye rastenija urartskogo perioda v Arm. SSR. – Izvestija Akademii Nauk Armjanskoj SSR, obščestvennye nauki *1–2*, 73–82.

van Zeist, W., 1970: Prehistoric and early historic food plants in the Netherlands. – Palaeohistoria *14*, 1968, 41–173.

Wasylikowa, K., 1956: Szczątki roślin uprawnych z grodziska halsztackiego w Kamieńcu koło Torunia. Remains of cultivated plants from a Hallstatt fort in Kamieniec near Toruń. – Acta Societatis Botanicorum Poloniae *25*, 479–512, Taf. I–IV.

Watson, W., 1969: Early cereal cultivation in China (p. 397–402). In: P. J. Ucko and G. W. Dimbleby (ed.), The domestication and exploitation of plants and animals. – London.

Weber, R., und J. Richter, 1964: Zur ursprünglichen Vegetation und zum Kulturpflanzenanbau im jungbronzezeitlichen Altsiedelgebiet des mittleren Vogtlandes. – Arbeits- u. Forschungsberichte zur sächsischen Bodendenkmalpflege *13*, 223–256.

Werneck, H. L., 1939: Landwirtschaftliche Sämereien aus der spätantiken Fliehburg auf dem Tscheltschnigkogel bei Warmbad Villach (Kärnten). – Wiener Prähist. Z. *26*, 167–177.

– 1949: Ur- und frühgeschichtliche Kultur- und Nutzpflanzen in den Ostalpen und am Rande des Böhmerwaldes. – Wels. 288 pp. (Schriftenreihe der O.-Ö. Landesbaudirektion.)

– 1954: Kulturpflanzen aus Lauriacum-Lorch bei Enns. – Forschungen in Lauriacum Bd. *II*, 85–96, 4 Taf.

– 1955: Die Reste von Kulturpflanzen in der spätrömischen Ruine von Stellfeder (Gemeinde Nenzing, Vorarlberg). – Jahrbuch des Vorarlberger Landesmuseumsvereins, Jahresgabe zum *98*. Vereinsjahr, 21–25, 3 Taf.

– 1956: Spätantike Reste von Kulturpflanzen in Lavant/Osttirol. – Jahrb. Landesmus. Ferdinandeum, 131–134.

– 1961: Ur- und frühgeschichtliche sowie mittelalterliche Kulturpflanzen und Hölzer aus den Ostalpen und dem südlichen Böhmerwald. (Nachtrag 1949–1960). – Archaeologia Austriaca *30*, 68–117.

– 1963: Die Kulturpflanzen aus den Grabungen auf dem Magdalensberg. – Carinthia I, Mitteilungen des Geschichtsvereines für Kärnten *153*, 112–128.

– 1969: Pflanzenreste aus der Stadt auf dem Magdalensberg bei Klagenfurt in Kärnten. – Kärntner Museumsschriften *48*, 31 pp., Tabellen I–V, 4 Taf.

Werneck, W. L., 1970: Versuch einer Übersichtsdarstellung ur- und frühgeschichtlicher Kulturpflanzenfunde im Ostalpenraum (Beitrag zur Ausbreitungsgeschichte der wichtigsten Kulturpflanzen). – Jahrbuch des Oberösterreichischen Musealvereines *115*. Band, I. Abhandlungen, 239–250.

Werth, E., 1934: Kultur- und andere Pflanzenreste aus einer früheisenzeitlichen Burgwallsiedlung der Oberlausitz. – Ber. dt. bot. Ges. *52*, 619–626.

– 1939: Emmer und Gerste aus dem 5. Jahrtausend v. Chr. und andere vorgeschichtliche Kulturpflanzenfunde. – Ber. dt. bot. Ges. *57*, 453–462.

Wessely, I., 1957: Frühgeschichtliche Pflanzenreste aus der slawischen Siedlung Vipperow, Kreis Röbel. – Bodendenkmalpflege in Mecklenburg, Jahrbuch *1955*, 142–154.

Westerhoff, R., 1871: Over boonen, vlas en haver uit onze terpen of wierden; een erste kleine bijdrage tot de flora dezer merkwaardige heuvelen. – Bijdr. t. d. Gesch. en Ondh. v. d. Prov. Groningen Dl. VIII, Groningen.

Willerding, U., 1970: Vor- und frühgeschichtliche Kulturpflanzenfunde in Mitteleuropa. – Neue Ausgrabungen und Forschungen in Niedersachsen 5, 287–375.

Wittmack, D. L., 1883: Prähistorische Saubohnen von Müschen (Spreewald). – Verhandlungen der Berliner Gesellschaft für Anthropologie, Ethnologie u. Urgeschichte Jg. *1883* (248).

Wittmack, L., 1890: Samen aus den Ruinen von Hissarlik. – Verhandlungen der Berliner Gesellschaft für Anthropologie, Ethnologie u. Urgeschichte Jg. *1890*, (614)–(620).

– 1903: Die in Pompeji gefundenen pflanzlichen Reste. – Botanische Jahrbücher für Systematik, Pflanzengeschichte u. Pflanzengeographie *33*, Beiblatt Nr. 73, 38–66.

Zammit, T., 1930: Prehistoric Malta. The Tarxien Temples. – London.

Nachtrag bei der Korrektur

Zu S. 328: In Salamis, Cypern, fanden sich in Schichten des 6. bis 5. Jahrh. v. u. Zr. verkohlte Ackerbohnen mit folgenden Abmessungen: Länge 5,7–7,2 (Mittel 6,1) mm, Breite 4,0–5,1 (Mittel 4,7) mm, Dicke 5,0 mm (ein intakter Samen, sonst nur Keimblätter). Die Fundumstände deuten auf eine Verwendung als Totenspeise.

Renfrew, J., 1970: (I) Carbonized seeds and fruits from the Necropolis of Salamis. Appendix IX (pp. 318–328). In: Salamis Vol. 4, Excavations in the Necropolis of Salamis II (Text) by Vassos Karageorghis. – Nicosia.

Zu S. 333: Außer römerzeitlichen Funden von Valkenburg und Ouddorp nennt van Zeist (1970) aus den Niederlanden noch folgende Fundorte: Paddepoel, Dorestad, Hoogelande/Prov. Zeeland (13. Jahrh.) und Wadwerder Wierde bei Usquert. Alle Funde gehören zur kleinsamigen Form.

Zu S. 335: In der im Literaturverzeichnis bereits aufgeführten Arbeit von Knörzer (1970), die erst jetzt zugänglich war, werden über 50000 römerzeitliche Ackerbohnen aus Neuß/Rh. erwähnt. Die von 29 Fundstellen stammenden Samen haben folgende Maße: Länge 7,42 (6,3–8,3) mm, Breite 5,70 (4,8–6,7) mm, Dicke 5,98 (5,5–6,5) mm.

Zu S. 337: Unter jungbronzezeitlichen Kulturpflanzenresten von Nebra (Unstrut) war die Ackerbohne mit etwa 400 cm^3 vertreten. Die Samen sind 5,4–8,6 mm lang.

Schultze-Motel, J., im Druck: Jungbronzezeitliche Kulturpflanzenreste aus Nebra (Unstrut). – Jahresschrift für mitteldeutsche Vorgeschichte.

Phytochemische Untersuchungen an Pflanzen der kubanischen Flora

von Emilio Alemán Frías[1], Otto Aurich[2], Lilia Ezcurra Ferrer[1], Manuel Gutiérrez Vázquez[1], Christian Horstmann[2], Julio López Rendueles[1], Edith Rodríguez Graquitena[1], Eugenio Roquel Casabella[1] und Klaus Schreiber[3]

(Eingegangen am 15. März 1971)

In früheren Mitteilungen wurde über phytochemische Untersuchungen an Pflanzen der einheimischen Flora und des Gaterslebener Sortiments berichtet (Aurich et al., 1965, 1966, 1967). In Zusammenarbeit zwischen der Akademie der Wissenschaften der Republik Kuba und der Deutschen Akademie der Wissenschaften zu Berlin war es möglich, solche „Screening"-Untersuchungen auch an kubanischen Pflanzen durchzuführen.

Die kubanische Flora erscheint in doppelter Hinsicht interessant: Erstens kommt in Kuba eine große Menge volksmedizinisch genutzter Pflanzen vor (Roig y Mesa, 1945), die chemisch und pharmakologisch bisher kaum untersucht wurden, und zweitens umfaßt die kubanische Flora etwa 50% endemischer Arten (vgl. Hermano Alain, 1964), so daß bei einer phytochemischen Untersuchung sowohl in naturstoffchemischer als auch in chemotaxonomischer Hinsicht interessante Resultate zu erwarten sind.

Die vorliegende Mitteilung enthält die Ergebnisse, die bei der orientierenden Prüfung von 1165 Pflanzenarten aus 149 Familien auf Alkaloide und Saponine erhalten wurden. Das Pflanzenmaterial wurde auf zahlreichen Exkursionen in viele floristisch interessante Gebiete Kubas beschafft. Einen Überblick über die Fundorte gibt Tabelle 1. Von allen untersuchten Pflanzenproben – mit Ausnahme der in den Botanischen Gärten gesammelten – wurden Belegexemplare herbarisiert, die sich im Herbarium des Zentralinstitutes für Genetik und Kulturpflanzenforschung in Gatersleben (GAT) befinden. Für die chemische Prüfung war es notwendig, einfache Methoden anzuwenden, um das umfangreiche Material mit einem vernünftigen Zeit- und Kostenaufwand zu bewältigen. Die Untersuchung auf Alkaloide erfolgte nach zwei Verfahren:

a. 5 g Trockenmaterial wurden mit 1proz. Salzsäure extrahiert und die gereinigten, alkalisierten Extrakte mit n-Butanol ausgeschüttelt (vgl. Euler u. Farnsworth 1962; Webb 1949).

[1] Institut für Biologie der Akademie der Wissenschaften Kubas in Marianao, La Habana.

[2] Zentralinstitut für Genetik und Kulturpflanzenforschung der Deutschen Akademie der Wissenschaften zu Berlin in Gatersleben

[3] Institut für Biochemie der Pflanzen der Deutschen Akademie der Wissenschaften zu Berlin in Halle, Weinbergweg 2

b. Bei Proben, die wegen schwieriger Sammelbedingungen nur als Herbarmaterial zur Verfügung standen, wurde ein von Raffauf und von Reis Altschul (1968) angegebenes Verfahren in etwas modifizierter Form – im folgenden als „Mikromethode“ bezeichnet – angewendet. Hierzu wurden 100 mg Trockenmaterial mit alkalischem Äthanol extrahiert, die eingeengten Ansätze mit Salzsäure aufgenommen, gereinigt und nach dem Alkalisieren mit Chloroform ausgeschüttelt.

Die nach beiden Methoden erhaltenen Extrakte wurden dünnschichtchromatographisch geprüft (Farnsworth u. Euler 1962) und die mit Dragendorff-Reagens Orangefärbung gebenden Substanzen als „Alkaloide“ bezeichnet, obgleich nicht nur diese und einfache tertiäre Amine, sondern auch eine Reihe stickstofffreier Verbindungen (Farnsworth, Pilewski u. Draus 1962, Furgiuele, Farnsworth u. Buckley 1962) positiv reagieren können (vgl. auch Euler u. Farnsworth 1962, Farnsworth und Euler 1962).

Zum Nachweis von oberflächenaktiven Substanzen – im folgenden als „Saponine“ bezeichnet – diente ein einfacher Schaumtest (Arthur 1954).

Die Ergebnisse dieser Untersuchungen sind in Tabelle 2 aufgeführt.

UNTERSUCHUNGSMETHODIK

Aufarbeitung des Pflanzenmaterials

Soweit möglich wurden die Pflanzenproben sofort nach der Ernte 10 min auf etwa 110° erhitzt, anschließend bei 70–80° getrocknet und fein gemahlen. Das auf längeren Exkursionen gesammelte Material mußte allerdings zunächst luftgetrocknet werden; die endgültige Trocknung wurde dann ebenfalls bei 70–80° im Trockenschrank vorgenommen. Für die Mikromethode wurde feingepulvertes Herbarmaterial verwendet.

Prüfung auf Alkaloide

Methode a: 5 g Trockendroge wurden mit soviel 1proz. Salzsäure versetzt, daß ein dünner Brei entstand (50–80 ml je nach Beschaffenheit des Pflanzenmaterials). Die Mischung wurde 3 Std. unter öfterem Umschütteln auf dem siedenden Wasserbad erhitzt und nach dem Erkalten scharf abgesaugt. Zur Reinigung wurde der salzsaure Extrakt zweimal mit je 10 ml Äther/Benzol (1:1) ausgeschüttelt, anschließend mit 10proz. Natronlauge alkalisiert und mit 3 ml n-Butanol extrahiert. Dabei auftretende Emulsionen wurden durch Zentrifugieren beseitigt. Von der Butanolphase wurden 0,06 ml (entsprechend 0,1 g Trockendroge) zur dünnschichtchromatographischen Prüfung verwendet.

Methode b (Mikromethode): 0,1 g Trockendroge wurde mit 2 ml Äthanol unter Zusatz von 2 Tropfen konz. Ammoniaklösung über Nacht bei Raumtemperatur extrahiert. Nach Filtration dampfte man auf dem Wasserbad zur Trockne ein, nahm den Rückstand in 5 ml 1proz. Salzsäure auf und schüttelte zur Reinigung zweimal mit je 5 ml Chloroform aus. Die wäßrige Phase wurde mit Ammoniak auf pH 9 gebracht, zweimal mit wenig Chloroform extrahiert und der gesamte Extrakt auf einen Startpunkt aufgetragen.

Dünnschichtchromatographie: Aliquote Anteile der Butanol- bzw. Chloroformextrakte (entsprechend 0,1 g Trockendroge) chromatographierte man aufsteigend an Kieselgel G (E. Merck, Darmstadt) mit Methanol/konz. Ammoniaklösung (99:1) als Laufmittel; Laufstrecke 10 cm. Der Nachweis erfolgte mit Dragendorff-Reagens, modifiziert nach Munier (vgl. Romeike 1959).

Prüfung auf Saponine

0,02 g Trockendroge wurden in einem Reagensglas von 16 mm Durchmesser mit 5 ml Wasser 1 min zum Sieden erhitzt. Nach dem Abkühlen schüttelte man kräftig und bestimmte nach 3 min die Schaumhöhe.

Tabelle 1

Fundorte

Provinz Oriente

1	Sukkulenten- und Dornbuschgebiet bei Maisí
2	Tal des Río La Maya
3	Tal des Río Jauco
4	bei Tabajo (durch Prof. S. Danert)
5	in Gran Tierra
6	Sierra de Maguey, Bezirk Yateras
7	Tal des Río Angostura
8	Meseta de Santa María Loreto bei Guantánamo
9	Trockenbuschgebiet bei Baconao
10	Laguna de Baconao
11	Trockenwald bei Laguna Baconao
12	bei Playa Borrachos
13	zwischen Playa Borrachos und Hacienda del Pilar
14	Trockenbuschgebiet bei Playa Berraco
15	Trockenbuschgebiet zwischen Playa Juragua und Siboney
16	Gran Piedra, Regen- und Nebelwald
17	Carmen II bei San Germán
18	unbebautes Gelänge vor Motel „Versalles“, Santiago de Cuba

Provinz Las Villas

19 Sierra de Escambray, Straße zwischen Minas Carlota und Crucecita
20 Sierra de Escambray, bei San Blas
21 Sierra de Escambray, Topes de Collantes
22 Camino Castaño bei Cumanayagua
23 Soledad
24 Botanischer Garten der Provinz Las Villas in Soledad, kultiviert
25 Botanischer Garten der Provinz Las Villas in Soledad, Wildpflanzen
26 Straße zwischen Playa Rancho Luna und Arimao
27 Straßenrand am Flughafen von Cienfuegos

Provinz Matanzas

28 Strand bei Playa Larga (Südküste)
29 Straße zwischen Playa Larga und San Tomás
30 Straße zwischen Playa Larga und Blanquizal
31 Península de Hicacos
32 an der Vía-Blanca-Brücke bei Bacunayagua
33 Lomas de Galindo (zwischen Canasí und Matanzas)

Provinz La Habana

34 Loma de Grillo (bei Madruga)
35 Weidegelände bei Las Vegas
36 Loma de Candela (zwischen Las Vegas und Madruga)
37 Kalkhügel bei Jibacoa
38 Busch- und Hundezahnkalk-Gebiete entlang der Vía Blanca
39 Berghang zwischen Santa Cruz del Norte und Hershey
40 Lomas de Tapaste
41 Küstengebiet bei Batabanó
42 Managua
43 Campo Florido
44 Vía Monumental
45 Tal des Río Alamar
46 Botanischer Garten der Universität Havanna in Calabazar
47 Finca „Clodomira" in Guajay
48 Stadtgebiet von Havanna
49 Finca „Cucalambé" (bei Bejucal)
50 Estación Experimental Agronómica in Santiago de las Vegas
52 Laguna de Ariguanabo
53 Hügel südlich der Laguna de Ariguanabo

Isla de Pinos (verwaltungsmäßig zur Provinz La Habana gehörig)

54 bei Hotel „El Colony"
55 Sierra de la Cañada
56 an der Straße von Hotel „El Colony" nach Santa Bárbara
57 bei Santa Bárbara
58 durch Herrn Ing. Acuña

Provinz Pinar del Rio

59 bei Soroa
60 Sierra de los Organos, in der weiteren Umgebung von Viñales
61 Trockenbusch bei Motel La Ermita, Viñales
62 Laguna Alcatraz Grande bei Guane

Erläuterungen zu Tabelle 2

Spalte 1: Familie, Gattung, Art

Splate 2: Pflanzenorgane; folgende Abkürzungen werden verwendet: Blä = Blätter, Blü = Blüten, Bra = Brakteen, FrH = Fruchthülsen, Frü = Früchte, Ges = Gesamtpflanze, Hol = Holz, Inf = Infloreszenzen, Kno = Knospen, Mes = Mesokarp, Pse = Pseudobulben, Rhi = Rhizom, Rin = Rinde, Sam = Samen, Spr = Sproßorgane, Ste = Stengel, Wur = Wurzeln, WuK = Wurzelknollen, Zwi = Zwiebeln

Spalte 3: Ergebnisse des Alkaloidtests
M = Mikromethode
–, Sp, +, + +, + + + } relative Mengenangaben (Sp = Spuren)
Die Ziffern geben die Anzahl der Flecke im Chromatogramm an, die Mengenangaben beziehen sich auf den stärksten Fleck.

Spalte 4: Ergebnisse des Saponintests. Die Zahlen geben die Schaumhöhe in mm an. –: keine Schaumbildung.

Spalte 5: Fundorte. Siehe Tabelle 1

Tabelle 2

Untersuchungsergebnisse

Familie, Art	Organ	Alk.	Sap.	Fundort
Acanthaceae				
Anthacanthus tetrastichus Wr. ex Griseb.	Spr.	–, M	–	9
Anthacanthus tetrastichus Wr. ex Griseb.	Spr.	–, M	–	14
Barleriola solanifolia (L.) Oerst.	Spr.	–	–	39
Barleriola saturejoides (Griseb.) Maza	Spr.	–, M		13
Beloperone guttata Brandegee	Blä.	–	–	48
dto.	Ste.	–	–	48
dto.	Inf.	–	–	48
Blechum brownei Juss.	Spr.	Sp. 1	–	49
Blechum brownei Juss.	Blä.	–, M	–	14
Dicliptera vahliana Nees	Blä.	+ 1	–	40
dto.	Ste., Wur.	Sp. 1	–	40

Familie, Art	Organ	Alk.	Sap.	Fundort
Eranthemum nervosum (Vahl) R. Br.	Blä.	–	–	48
dto.	Ste.	–	–	48
dto.	Inf.	–	–	48
Justicia roigii Britt. ex Alain	Blä.	–	–	60
dto.	Ste.	Sp. 1	–	60
Pachystachys coccineus (Aubl.) Nees	Blä.	+ + + 5	–	50
Ruellia paniculata L.	Spr.	–	–	35
Ruellia parvifolia Urb.	Blä.	–, M	9	13
dto.	Ste.	–, M	9	13
Ruellia tuberosa L.	Blä.	–	–	40
dto.	Ste.	–	–	40
dto.	Wur.	–	–	40
Sanchezia nobilis Hook. f.	Blä.	–	–	24
Stenandrium droserioides Nees	Spr.	–	–	55
Stenandrium droserioides Nees	Ges.	–	–	33
Thunbergia alata Boj.	Spr.	Sp. 1	–	2
Thunbergia fragrans Roxb.	Spr.	Sp. 1	–	48
Thunbergia fragrans Roxb.	Spr.	Sp. 1	–	45
Thunbergia fragrans Roxb.	Spr.	Sp. 1	–	40
Thunbergia grandiflora Roxb.	Blä.	–	–	48
dto.	Ste.	–	–	48
dto.	Blü.	+ 2	–	48
Aizoaceae				
Mollugo nudicaulis Lam.	Ges.	+ + 3 M	–	33
Sesuvium portulacastrum L.	Spr.	–	–	48
Alismaceae				
Sagittaria lancifolia L.	Spr.	Sp. 1	–	30
Amaranthaceae				
Achyranthes aspera L.	Blä.	+ 1	1	53
dto.	Ste.	–	1	53
dto.	Wur.	–	7	53
Achyranthes indica (L.) Mill.	Blä.	–	–	48
dto.	Ste.	–	4	48
dto.	Wur.	+ 3	–	48
Acnida cuspidata Bert.	Ges.	–	–	41
Amaranthus spinosus L.	Spr.	–	–	41
Amaranthus viridis L.	Ges.	Sp. 1	–	49
Celosia argentea L.	Spr.	–	–	40
Chamissoa altissima (Jacq.) H. B. K.	Spr.	–	–	20
Chamissoa altissima (Jacq.) H. B. K.	Spr.	–	–	22
Iresine celosia L.	Spr.	–	–	49
Iresine celosia L.	Spr.	–	–	22
Iresine celosia L.	Spr.	–	3	6
Iresine celosia L.	Spr.	+ 1	–	38

Familie, Art	Organ	Alk.	Sap.	Fundort
Iresine celosia L.	Spr.	–	–	31
dto.	Wur.	–	3	31
Philoxerus vermicularis (L.) R. Brown	Spr.	–	5	48
Philoxerus vermicularis (L.) R. Brown	Spr.	–	–	38
Amaryllidaceae				
Agave underwoodii Trelease	Blä.	Sp. 1 M	56	9
Curculigo scorzonaerifolia (Lam.) Benth.	Spr.	Sp. 1	–	55
Furcraea cubensis Vent.	Blä.	–	41	33
Furcraea hexapetala (Jacq.) Urb.	Blä.	+ + 1	12	24
Furcraea tuberosa Ait.	Blä.	–	35	24
Hymenocallis praticola Britt. & Wils.	Spr.	+ 4	–	38
dto.	Zwi.	+ + 4	–	38
Hypoxis wrightii (Baker) Brackett	Spr.	–	–	55
Anacardiaceae				
Anacardium occidentale L.	Blä.	–	7	57
dto.	Ste.	–	–	57
Comocladia dentata Jacq.	Blä.	–	–	43
Comocladia platyphylla A. Rich.	Blä.	–	–	25
Comocladia platyphylla A. Rich.	Blä.	–	–	26
Comocladia platyphylla A. Rich.	Blä.	–	–	2
dto.	Ste.	–	–	2
Comocladia platyphylla A. Rich.	Blä.	–, M	–	17
dto.	Ste.	–, M	–	17
Mangifera indica L.	Blä.	Sp. 1	–	48
dto.	Blü.	Sp. 1	–	48
dto.	Frü.	–	4	48
Metopium venosum (Griseb.) Engler	Blä.	–, M	3	46
Rhus copallina L. var. *leucantha* DC.	Blä.	+ 1	–	60
dto.	Ste.	–	–	60
dto.	Wur.	–	–	60
dto.	Frü.	Sp. 1	–	60
Spondias mombin L.	Blä.	–, M	–	14
dto.	Ste.	–, M	–	14
dto.	Blü.	–, M	–	14
Annonaceae				
Annona glabra L.	Blä.	Sp. 2	3	57
dto.	Ste.	–	–	57
Annona reticulata L.	Blä.	+ 3	25	50
Annona reticulata L.	Blä.	+ + 2	–	19
dto.	Ste.	–	–	19
dto.	Frü.	+ 1	2	19
Annona sclerophylla Safford	Blä.	+ 1 M	8	46
Oxandra lanceolata (Sw.) Baill.	Blä.	Sp. 2	–	24
dto.	Ste.	–	–	24
Xylopia aromatica (Lam.) Mart.	Blä.	+ + 3	–	57
dto.	Ste.	–	1	57

Familie, Art	Organ	Alk.	Sap.	Fundort
Apocynaceae				
Aganosma acuminata G. Don	Blä.	–	5	24
Allamanda cathartica L.	Blä.	Sp. 2	–	48
dto.	Ste.	–	–	48
Allamanda cathartica L.	Blä. Blü.	+ 1	–	57
dto.	Ste.	–	–	57
dto.	Wur.	–	–	57
Alstonia macrophylla Wall.	Blä.	+ + + 5	2	24
Alstonia venenata R. Br.	Blä.	+ + 3	3	24
dto.	Frü.	–	5	24
Alstonia scholaris R. Br.	Blä.	+ + + 4	–	24
Angadenia berterii (A. DC.) Miers	Blä.	Sp. 1	1	6
dto.	Ste.	–	–	6
dto.	Wur.	–	2	6
Angadenia berterii (A. DC.) Miers	Spr.	–	–	57
Angadenia berterii (A. DC.) Miers	Spr.	–	3	57
Angadenia berterii (A. DC.) Miers	Blä.	–	–	33
dto.	Ste.	–	–	33
Angadenia violacea	Blä.	–, M	2	17
dto.	Ste.	–, M	–	17
Beaumontia grandiflora Wall.	Blä.	–	–	24
Cameraria latifolia L.	Blä.	–, M	1	46
Cameraria latifolia L.	Spr.	–, M	2	13
Carissa bispinosa Desf.	Blä.	–	5	24
Carissa carandas L.	Blä.	Sp. 1	7	24
Carissa congesta Wight	Blä.	Sp. 3	8	24
Carissa edulis Vahl	Spr.	–	4	24
dto.	Frü.	–	–	24
Carissa spinarum DC.	Blä.	–	–	24
dto.	Frü.	–	–	24
Ecdysanthera utilis Hay	Blä.	–	–	24
dto.	Ste.	–	–	24
Echites rubro-venosa Linden	Spr.	Sp. 1	–	24
Echites umbellata Jacq. var. *umbellata*	Spr.	Sp. 1	–	31
Echites umbellata Jacq. var. *umbellata*	Spr.	+ 1	2	60
Forsteronia corymbosa (Jacq.) G. Meyer	Blä.	–	3	6
dto.	Ste.	–	–	6
Forsteronia corymbosa (Jacq.) G. Meyer	Blä.	+ 1	7	30
dto.	Ste.	+ 1	3	30
Mascarenhasia arborescens A. DC.	Blä.	–	14	24
dto.	Ste.	–	16	24
Mesechites rosea (A. DC.) Miers	Blä.	–	4	43
Mesechites rosea (A. DC.) Miers	Spr.	–	4	1
Neobracea bahamensis (Britt.) Britt.	Blä.	+ 1, M	5	15
dto.	Ste.	–, M	4	15
Ochrosia elliptica Labill.	Blä.	+ + + 4	–	24
dto.	Frü.	+ 2	–	24

Familie, Art	Organ	Alk.	Sap.	Fundort
Odontadenia grandiflora K. Schum.	Blä.	–	–	24
Plumeria clusioides Griseb.	Blä.	–	4	33
dto.	Ste.	–	4	33
Plumeria filifolia Griseb.	Blä.	–, M	4	9
dto.	Ste.	–, M	1	9
Plumeria filifolia Griseb.	Blä.	–, M	4	14
dto.	Ste.	–, M	12	14
Plumeria lanata Britt.	Blä.	–, M	6	14
dto.	Ste.	–, M	8	14
Plumeria obtusa L.	Blä.	–	2	55
dto.	Ste.	–	–	55
Plumeria rubra L.	Blä.	–	–	48
dto.	Sam.	+ 2	–	48
Plumeria stenophylla Urb.	Blä.	–, M	3	14
dto.	Ste.	–, M	5	14
Plumeria tuberculata Lodd.	Blä.	–	–	38
dto.	Ste.	–	–	38
Rauwolfia canescens L., no Desc.	Spr.	+ + 2	–	38
Rauwolfia tetraphylla L.	Spr.	+ + + 5	–	1
Rauwolfia tetraphylla L.	Blä.	+ + + 3	–	38
dto.	Ste.	+ 2	–	38
Rauwolfia tetraphylla L.	Spr.	+ + + 7	–	27
Rauwolfia tetraphylla L.	Spr.	+ + + 6	–	26
Rhabdadenia biflora (Jacq.) Muell. Arg.	Blä.	–	–	54
dto.	Ste.	–	1	54
Strophanthus amboensis Engl. & Pax.	Blä.	–	–	24
dto.	FrH.	–	3	24
dto.	Sam.	–	–	24
Strophanthus curmonti Sacleux	Spr.	–	–	24
Strophanthus divaricatus (Lour.) Hook et Arn.	Blä.	–	2	24
dto.	FrH.	–	–	24
Strophanthus sarmentosus DC. var. *senegambiensis*	Blä.	–	–	24
dto.	Ste.	–	2	24
dto.	Sam.	+ 2	1	24
Strophanthus wightianus Wall.	Blä.	–	–	24
Tabernaemontana apoda Wr. ex Sauv.	Blä.	+ + + 6	–	22
dto.	Ste.	+ + 5	–	22
Tabernaemontana divaricata R. Br.	Blä.	+ + + 7	–	24
Tabernaemontana wallisiana Steud.	Blä.	+ + 2	–	24
Thevetia peruviana (Pers.) K. Schum.	Blä.	+ + 3	–	48
Thevetia peruviana (Pers.) K. Schum.	Blä.	–	–	50
Thevetia peruviana (Pers.) K. Schum.	Blä.	–	–	24
Thevetia peruviana (Pers.) K. Schum.	Wur.	–	–	48
dto.	Mes.	Sp. 1	2	48
dto.	Sam.	–	–	48
Urechites lutea (L.) Britt.	Blä.	+ 1 M	–	14
Vallaris heynii Spreng.	Blä.	+ 1	–	24

Familie, Art	Organ	Alk.	Sap.	Fundort
Vinca rosea L.	Spr.	+ + + 6M	–	48
Wrightia lanitii Merr.	Frü.	–	–	24
Aquifoliaceae				
Ilex cassine L.	Blä.	–	22	30
dto.	Ste.	–	18	30
Ilex macfadyenii (Walp.) Rehder	Blä.	–	5	6
dto.	Ste.	–	1	6
Ilex repanda Griseb.	Blä.	–, M	2	16
dto.	Ste.	–, M	4	16
Araceae				
Anthurium venosum Griseb.	Spr.	–	1	60
dto.	Rhi.	–	–	60
Philodendron lacerum (Jacq.) Schott.	Blä.	–	–	20
Philodendron lacerum (Jacq.) Schott.	Blä.	Sp. 1	–	6
Araliaceae				
Dendropanax arboreus (L.) Dec. & Planch.	Blä.	–	–	20
Dendropanax arboreus (L.) Dec. & Planch.	Blä.	–	–	24
dto.	Ste.	–	4	24
Dendropanax arboreus (L.) Dec. & Planch.	Blä.	+ 2	–	40
dto.	Ste.	–	–	40
Didymopanax morototoni (Aubl.) Dec. & Planch.	Blä.	Sp. 1	13	6
Schefflera digitata J. R. et G. Forst.	Blä.	–	–	48
dto.	Ste.	–	–	48
dto.	Inf.	–	–	48
Aristolochiaceae				
Aristolochia pentandra Jacq.	Spr.	–	–	34
Asclepiadaceae				
Asclepias curassavica L.	Ges.	–	1	19
Asclepias curassavica L.	Blä.	+ 1	–	53
dto.	Ste.	–	–	53
dto.	Wur.	–	–	53
Cynanchum caribaeum Alain	Spr.	Sp. 1	–	26
Cynanchum salinarum (Wr. ex Griseb.) Alain	Spr.	Sp. 1	–	31
Cynanchum savannarum Alain	Spr.	–	3	54
Sarcostemma clausum (Jacq.) Roem. & Schult.	Spr.	–	–	30
Sarcostemma clausum (Jacq.) Roem. & Schult.	Blä.	–, M	–	10
dto.	Ste.	–, M	–	10
dto.	Blü.	–, M	–	10
Stapelia grandiflora Mass.	Spr.	–, M	3	46

Familie, Art	Organ	Alk.	Sap.	Fundort
Aspidiaceae				
Aspidium sp.	Spr.	–	4	59
Balsaminaceae				
Impatiens balsamina L.	Spr.	–	–	27
Basellaceae				
Boussingaultia leptostachys Moq. in DC.	Spr.	–	–	49
Boussingaultia leptostachys Moq. in DC.	Spr.	–	1	27
Batidaceae				
Batis maritima L.	Spr.	–	–	41
Batis maritima L.	Spr.	–	–	54
Begoniaceae				
Begonia cubensis Hassk.	Blä.	–, M	5	16
dto.	Ste.	–, M	–	16
Begonia wrightiana A. DC.	Spr.	–	–	7
Begonia wrightiana A. DC.	Spr.	–	–	6
Berberidaceae				
Mahonia tenuifolia (Lindl.) Loud. ex Fedde	Blä.	+ + + 4	–	24
dto.	Ste.	+ + + 4	–	24
Bignoniaceae				
Catalpa punctata Griseb.	Blä.	–, M	5	11
dto.	Ste.	–, M	4	11
Crescentia cujete L.	Blä.	+ 2	4	50
Cydista diversifolia (H. B. K.) Miers	Blä.	–	45	60
dto.	Ste.	–	5	60
Distictis gnaphalanda (A. Rich.) Urb.	Blä.	Sp. 1	18	23
dto.	Ste.	–	–	23
Enallagma latifolia Small	Blä.	–	5	24
Jacaranda arborea Urb.	Blä.	–, M	1	24
Jacaranda coerulea (L.) Griseb.	Blä.	+ 1, M	–	14
dto.	Frü.	–, M	–	14
Kigelia pinnata DC.	Blä.	–	–	24
dto.	Frü.	–	–	24
Spathodea campanulata Beauv.	Spr.	–	–	20
Spirotecoma apiculata (Britt.) Alain	Blä.	–, M	–	46
Spirotecoma spiralis (Wr. ex Griseb.) Pichon	Blä.	–, M	5	14
dto.	Ste.	–, M	5	14
Spirotecoma spiralis (Wr. ex Griseb.) Pichon	Blä.	–, M	2	14
dto.	Ste.	–, M	4	14
Spirotecoma spiralis (Wr. ex Griseb.) Pichon	Blä.	–, M	3	46

Familie, Art	Organ	Alk.	Sap.	Fundort
Tabebuia angustata Britt.	Blä.	–, M	–	9
dto.	Ste.	–, M	–	9
Tabebuia arenicola Britt.	Blä.	–, M	4	14
dto.	Ste.	–, M	8	14
dto.	Blü.	–, M	5	14
Tabebuia dubia (Wr. ex Sauv.) Britt. ex Seibert	Blä.	–	–	6
dto.	Ste.	–	–	6
Tabebuia dubia (Wr. ex Sauv.) Britt. ex Seibert	Blä.	–, M	–	46
Tabebuia heterophylla (DC.) Britt.	Blä.	–	–	24
dto.	Ste.	–	–	24
Tabebuia hypoleuca (Wr. ex Sauv.) Urb.	Blä.	–, M	2	16
dto.	Ste.	–, M	–	16
Tabebuia lepidophylla (A. Rich.) Greenm.	Blä.	–	–	57
dto.	Ste.	–	3	57
dto.	Frü.	–	1	57
Tabebuia lepidophylla (A. Rich.) Greenm.	Blä.	–	–	54
dto.	Ste.	–	–	54
Tabebuia lepidota (H. B. K.) Britt.	Blä.	–	5	24
dto.	Ste.	–	5	24
Tabebuia lepidota (H. B. K.) Britt.	Blä.	–	4	33
dto.	Ste.	–	–	33
Tabebuia leptoneura Urb.	Blä.	–	–	30
dto.	Ste.	–	–	30
Tabebuia libanensis Urb.	Blä.	–, M	4	46
Tabebuia litoralis Urb.	Blä.	–, M	5	14
dto.	Ste.	–, M	6	14
Tabebuia myrtifolia (Griseb.) Britt.	Spr.	–, M	3	14
Tabebuia pachyphylla Britt.	Spr.	–	2	6
Tabebuia pachyphylla Britt.	Blä.	–, M	–	46
dto.	Ste.	–, M	–	46
Tecoma stans (L.) H. B. K.	Spr.	+ 4	–	48
dto.	Frü.	+ + + 2	–	48
Tecoma stans (L.) H. B. K.	Blä.	+ 4	–	44
dto.	Frü.	+ + + 7	–	44
Bixaceae				
Bixa orellana L.	Blä.	+ 2	–	49
dto.	Frü.	+ 1	–	49
Blechnaceae				
Blechnum occidentale L.	Spr.	–	1	19
Bombacaceae				
Ceiba pentandra (L.) Gaertn.	Blä.	–	3	24
Chorisia insignis H. B. K.	Blä.	Sp. 1	–	48

Familie, Art	Organ	Alk.	Sap.	Fundort
dto.	Ste.	+ 1	–	48
dto.	Blü.	Sp. 1	–	48
Boraginaceae				
Bourreria cassinifolia (A. Rich.) Griseb.	Blä.	–	2	33
dto.	Ste.	–	–	33
Bourreria divaricata (DC.) G. Don	Blä.	–	–	43
dto.	Ste.	–	–	43
Bourreria microphylla Griseb.	Spr.	–	–	33
Bourreria revoluta H. B. K.	Spr.	–	–	24
Bourreria succulenta Jacq. var. *revoluta* O. E. Schulz	Blä.	–	–	26
dto.	Ste.	–	–	26
Bourreria succulenta Jacq. var. *succulenta*	Blä.	Sp. 1	–	28
dto.	Ste.	–	–	28
dto.	Frü.	–	–	28
Bourreria virgata (Sw.) G. Don s. l.	Blä.	–, M	–	14
dto.	Ste.	–, M	–	14
Cordia acuñae (Mold.) Alain	Spr.	–	–	6
Cordia alba Roem. & Schult.	Blä.	–	40	24
Cordia alliodora (R. & P.) Cham.	Blä.	–, M	–	11
dto.	Ste.	–, M	–	11
Cordia angiocarpa A. Rich.	Blä.	+ 1	–	24
dto.	Ste.	+ 2	–	24
Cordia collococca L.	Blä.	–	–	48
dto.	Ste.	–	–	48
Cordia collococca L.	Blä.	–, M	–	11
dto.	Ste.	–, M	–	11
Cordia collococca L.	Blä.	–, M	–	16
dto.	Ste.	–, M	–	16
Cordia curbeloi Alain	Blä.	–, M	2	11
dto.	Ste.	–, M	–	11
Cordia dentata Poir.	Blä.	Sp. 1	–	45
Cordia gerascanthus L.	Blä.	–	–	24
dto.	Ste.	–	–	24
Cordia glabra Cham.	Blä.	–	1	24
dto.	Ste.	–	–	24
Cordia globosa (Jacq.) H. B. K.	Blä.	–	–	32
dto.	Ste.	–	–	32
Cordia grisebachii Urb.	Blä.	–, M	–	46
Cordia leucosebestena Griseb.	Blä.	–	26	24
dto.	Ste.	+ 2	–	24
Cordia lineata (L.) R. & S.	Spr.	–	–	60
Cordia sebestena L.	Blä.	+ 2, M	–	48
Cordia tremula Griseb.	Blä.	–	–	24
dto.	Ste.	–	–	24
Ehretia tinifolia L.	Blä.	–	–	32
dto.	Ste.	–	1	32
Ehretia tinifolia L.	Blä.	–, M	–	11

Familie, Art	Organ	Alk.	Sap.	Fundort
dto.	Ste.	–, M	–	11
Ehretia tinifolia L.	Blä.	–, M	–	17
dto.	Ste.	–, M	1	17
dto.	Frü.	–, M	3	17
Heliotropium angiospermum Murray	Blä.	–	–	48
dto.	Ste.	Sp. 1	–	48
dto.	Inf.	+ 3	–	48
Heliotropium curassavicum L.	Spr.	+ + + 2	–	48
Heliotropium humifusum H. B. K.	Ges.	–	–	43
Heliotropium humifusum H. B. K.	Ges.	–	–	38
Heliotropium humifusum H. B. K.	Ges.	–, M	–	33
Heliotropium indicum L.	Spr.	+ 2	1	24
Heliotropium indicum L.	Blä.	–, M	–	10
dto.	Ste.	–, M	–	10
Heliotropium microphyllum Sw.	Spr.	–	–	1
Heliotropium microphyllum Sw.	Spr.	+ + 1, M	–	14
Heliotropium procumbens Mill.	Spr.	–	–	24
dto.	Wur.	+ + 2	–	24
Rochefortia grandiflora Eck.	Blä.	–	–	24
dto.	Ste.	–	–	24
Rochefortia stellata Britt. & Wils.	Blä.	–, M	–	15
dto.	Ste.	Sp 1, M	–	15
Tournefortia bicolor Sw.	Blä.	–	–	6
dto.	Ste.	+ + 1	–	6
Tournefortia bicolor Sw.	Blä.	–	–	6
dto.	Ste.	–	–	6
Tournefortia bicolor Sw.	Blä.	–, M	–	18
dto.	Ste.	–, M	–	18
dto.	Frü.	–, M	–	18
Tournefortia bicolor Sw.	Spr.	–, M	8	13
Tournefortia bicolor Sw.	Blä.	+ 1, M	1	14
dto.	Ste.		2	14
Tournefortia gnaphalodes (L.) R. Br.	Blä.	–	–	38
dto.	Ste.	–	–	38
Tournefortia hirsutissima L.	Spr.	–	–	6
Tournefortia hirsutissima L.	Blä.	–	–	59
dto.	Ste.	–	–	59
Tournefortia maculata Jacq.	Blä.	–	4	7
dto.	Ste.	Sp. 1	–	7
Tournefortia maculata Jacq.	Blä.	Sp. 1	–	35
dto.	Ste.	–	–	35
Bromeliaceae				
Aechmea nudicaulis (L.) Griseb.	Blä.	–	2	24
Bromelia pinguin L.	Blä.	–	–	49
Bromelia pinguin L.	Frü.	–	7	24
Catopsis berteroniana (Schult.) Mez	Spr.	–	–	60
Guzmania lingulata (L.) Mez	Spr.	–	–	7

Familie, Art	Organ	Alk.	Sap.	Fundort
Pitcairnia cubensis (Mez) L. B. Smith	Blä.	–, M	–	46
Tillandsia balbisiana Schult.	Ges.	–	1	33
Tillandsia fasciculata Sw.	Ges.	–	–	2
Tillandsia fasciculata Sw.	Ges.	–	–	60
Tillandsia recurvata L.	Ges.	–	–	23
Tillandsia recurvata L.	Ges.	–, M	–	14
Tillandsia spec.	Ges.	–, M	4	13
Tillandsia usneoides L.	Ges.	–	–	8
Brunelliaceae				
Brunellia comocladifolia H. & B.	Blä.	–, M	–	16
dto.	Ste.	Sp. 1, M	5	16
Burseraceae				
Bursera glauca Griseb.	Blä.	–, M	25	14
dto.	Ste.	–, M	5	14
Butomaceae				
Limnocharis flava (L.) Buchen.	Spr.	–	–	48
Buxaceae				
Buxus crassifolia (Britt.) Urb.	Blä.	+ + 1, M	5	46
Buxus ekmanii Urb.	Blä.	+ 2, M	–	46
Buxus flaviramea (Britt.) Howard	Blä.	+ + + 3	–	33
dto.	Ste.	+ + + 1	–	33
Buxus glomerata Muell. Arg.	Blä.	+ + + 4, M	–	14
dto.	Ste.	+ + 4, M	–	14
Cactaceae				
Consolea macracantha (Griseb.) Berger	Spr.	Sp. 1, M	1	9
Dendrocereus nudiflorus (Engelm.) Britt. & Rose	Spr.	–, M	1	15
Harrisia fernowi Britt.	Spr.	–, M	6	9
Lemaireocereus hystrix (Haw.) Britt. & Rose	Spr.	Sp. 1	92	1
Lemaireocereus hystrix (Haw.) Britt. & Rose	Spr.	–, M	70	9
Melocactus acunai León	Spr.	–	–	1
Opuntia dillenii (Ker-Gawl.) Haw.	Spr.	–	–	1
Pilocereus brooksianus (Britt. & Rose) Knuth.	Spr.	Sp. 1, M	16	9
Selenicereus urbanianus (Gurke & Weingart) Britt. & Rose	Spr.	–	–	1
Selenicereus urbanianus (Gurke & Weingart) Britt. & Rose	Spr.	–	–	38
Campanulaceae				
Laurentia longiflora (L.) Endl.	Ges.	+ + 4	–	59
Lobelia cliffortiana L.	Ges.	+ + 3	3	24
Lobelia cliffortiana L.	Ges.	+ + + 4	–	48
Lobelia imberbis (Griseb.) Urb.	Blä.	+ + + 3	–	6

Familie, Art	Organ	Alk.	Sap.	Fundort
dto.	Ste.	+ + + 3	–	6
dto.	Wur.	+ + + 3	–	6
Lobelia oxyphylla Urb.	Blä.	+ + 2, M	–	16
dto.	Ste.	+ + 1	–	16
Siphocampylus manettiaeflorus Hook.	Blä.	+ + + 4, M		46
Siphocampylus ruber Alain	Blä.	+ + + 3, M	–	46
Canellaceae				
Canella winterana (L.) Gaertn.	Blä.	+ 2, M	–	11
dto.	Ste.	Sp. 2, M	3	11
Capparidaceae				
Capparis cynophallophora L.	Blä.	–	2	24
Capparis cynophallophora L.	Blä.	–, M	1	14
dto.	Ste.	Sp. 1, M	1	14
Capparis cynophallophora L.	Ges.	+ 1	1	34
Capparis ferruginea L.	Blä.	–, M	–	15
dto.	Ste.	–, M	–	15
Capparis ferruginea L.	Blä.	+ 1, M	–	14
dto.	Ste.	+ 1, M	–	14
Capparis flexuosa L.	Blä.	–, M	2	14
dto.	Ste.	–, M	1	14
Capparis flexuosa L.	Blä.	–, M	2	17
dto.	Ste.	–, M	–	17
dto.	Frü.	–, M	4	17
Gynandropsis gynandra (L.) Briquet	Spr.	–, M	–	14
dto.	Frü.	–, M	–	14
Gynandropsis gynandra (L.) Briquet	Blä.	Sp. 1, M	–	48
Polanisia viscosa (L.) DC.	Spr.	–	–	48
dto.	Wur.	–	–	48
Polanisia viscosa (L.) DC.	Spr.	Sp. 1	–	48
dto.	Wur.	+ 1	–	48
Caprifoliaceae				
Viburnum villosum Sw.	Blä.	+ 2, M	2	16
dto.	Ste.	–, M	4	16
Celastraceae				
Elaeodendron attenuatum A. Rich.	Blä.	–	4	24
dto.	Ste.	–	18	24
Elaeodendron attenuatum A. Rich.	Blä.	–, M	–	11
dto.	Ste.	–, M	–	11
Maytenus buxifolia (A. Rich.) Griseb.	Blä.	+ + + 5	5	33
dto.	Ste.	+ + + 3	10	33
Rhacoma aquifolia (Griseb.) Urb.	Blä.	–, M	2	14
dto.	Ste.	–, M	–	14
Rhacoma pungens (C. Wr.) Maza	Blä.	–. M	–	14

Familie, Art	Organ	Alk.	Sap.	Fundort
dto.	Ste.	–, M	2	14
Schaefferia frutescens Jacq.	Blä.	–, M	1	8
dto.	Ste.	–, M	3	8
Chenopodiaceae				
Atriplex pentandra (Jacq.) Standl.	Spr.	+ 1	–	1
Chenopodium ambrosioides L.	Spr.	+ 2	–	5
Salicornia perennis Mill.	Spr.	–	–	41
Suaeda linearis Moq.	Spr.	+ + 2	–	38
Suaeda linearis Moq.	Ges.	+ + 1	–	31
Suaeda linearis Moq.	Spr.	–	–	41
dto.	Wur.	+ 1	–	41
Chloranthaceae				
Hedyosmum crassifolium Urb.	Spr.	–	–	6
Hedyosmum grisebachii Solms	Blä.	+ + 2, M	7	16
dto.	Ste.	+ 1, M	–	16
dto.	Inf.	+ 1, M	3	16
Clusiaceae				
Calophyllum antillanum Britt.	Blä.	–	–	48
dto.	Ste.	–	–	48
Clusia minor L.	Spr.	–	–	59
Clusia rosea Jacq.	Spr.	–	2	57
dto.	Frü.	–	–	57
Clusia tetrastigma Vesque	Blä.	–	5	6
dto.	Ste.	–	6	6
Rheedia aristata Griseb.	Blä.	Sp. 1	6	48
Rheedia aristata Griseb.	Spr.	–	5	33
Rheedia fruticosa Wr.	Spr.	–	1	33
Rheedia ruscifolia Griseb.	Blä.	–	1	6
dto.	Ste.	–	3	6
Clethraceae				
Clethra cubensis A. Rich.	Blä.	–, M	–	16
dto.	Ste.	–, M	7	16
Combretaceae				
Buchenavia capitata (Vahl) Eichl.	Blä.	–	4	24
Bucida spinosa (Northrop) Jennings	Spr.	–	2	54
Conocarpus erecta L.	Blä.	–	–	54
dto.	Ste.	–	–	54
Conocarpus erecta L.	Spr.	–	–	38
Laguncularia racemosa (L.) Gaertn. f.	Blä.	–	–	54
dto.	Ste.	–	–	54
Laguncularia racemosa (L.) Gaertn. f.	Rin.	–	4	41
Quisqualis indica L.	Spr.	+ 2, M	–	48

Familie, Art	Organ	Alk.	Sap.	Fundort
Quisqualis indica L.	Blä.	–, M	–	17
dto.	Ste.	–, M	–	17
Terminalia intermedia (A. Rich.) Urb.	Blä.	–	–	24
Terminalia nipensis Alain	Blä.	–, M	–	46
Terminalia orientensis Monachino	Blä.	–, M	–	46
Commelinaceae				
Callisia repens L.	Spr.	–	–	25
Commelina elegans H. B. K.	Spr.	–	–	49
Rhoeo discolor (L'Hér.) Hance	Blä.	–	–	48
Compositae				
Acanthospermum hispidum DC.	Blä.	–	4	60
dto.	Ste. Wur.	–	1	60
Ageratum houstonianum Mill.	Blä. Blü.	–	–	25
dto.	Ste. Wur.	–	–	25
Ageratum houstonianum Mill.	Blä.	–	–	60
dto.	Ste. Wur.	Sp. 1	–	60
Ageratum maritimum H. B. K.	Spr.	–	–	54
Ageratum maritimum H. B. K.	Ges.	–	–	38
Ambrosia hispida Pursh.	Spr.	–	–	1
Ambrosia paniculata Michx.	Blä.	–	–	45
Ambrosia paniculata Michx. var. *cumanensis* (H. B. K.) O. E. Schulz	Spr.	Sp. 1	–	52
Ambrosia paniculata Michx. var. *peruviana* (Willd.) O. E. Schulz	Spr.	–	–	40
dto.	Wur.	–	–	40
Ambrosia paniculata Michx. var. *peruviana* (Willd.) O. E. Schulz	Spr.	–	–	42
Aster exilis Ell.	Spr.	–	4	29
Aster grisebachii Britt.	Ges.	–	5	60
Baccharis halimifolia L. var. *angustior* DC.	Spr.	–	4	60
Baccharis scoparioides Griseb.	Spr.	–	6	6
dto.	Wur.	–	11	6
Bidens cynapiifolia H. B. K.	Ges.	–	5	40
Bidens pilosa L. var. *pilosa*	Spr.	–	–	6
Bidens pilosa L. var. *radiata* Sch.-Bip. in Webb. & Bert.	Blä.	–	–	48
dto.	Ste.	–	–	48
dto.	Wur.	–	–	48
dto.	Blü.	–	–	48
Bidens pilosa L. var. *radiata* Sch.-Bip. in Webb. & Bert.	Blä. Blü.	–	–	6

Familie, Art	Organ	Alk.	Sap.	Fundort
dto.	Ste.	–	–	6
dto.	Wur.	–	–	6
Borrichia arborescens (L.) DC.	Spr.	–	–	38
Borrichia arborescens (L.) DC.	Spr.	–	5	38
Brickelia diffusa (Vahl) A. Gray	Spr.	–	–	20
Calyptocarpus vialis Less.	Ges.	–	5	48
Chaptalia nutans (L.) Polak	Wur.	–	–	6
Chaptalia shaferi Britt. & Wils.	Spr.	–	–	7
Cirsium mexicanum DC.	Blä.	–	–	43
Conyza bonariensis (L.) Cron.	Spr.	–	–	36
Conyza canadensis (L.) Cron. var. *pusilla* (Nutt.) Cron.	Blä. Blü.	–	–	40
dto.	Ste. Wur.	–	–	40
Conyza canadensis (L.) Cron. var. *pusilla* (Nutt.) Cron.	Spr.	+ 1	–	40
dto.	Wur.	–	–	40
Eclipta alba (L.) Hassk.	Spr.	–	–	36
Elephantopus mollis H. B. K.	Wur.	–	–	19
Elvira biflora (L.) DC.	Ges.	–	–	43
Emilia sonchifolia (L.) DC.	Spr.	Sp. 2	–	48
dto.	Wur.	+ + 3	–	48
dto.	Blü.	–	–	48
Erechtites hieracifolia (L.) Raf.	Spr.	–	–	6
Eupatorium aromatisans DC.	Blä.	+ 1	–	49
dto.	Ste.	–	2	49
Eupatorium ayapanoides Griseb.	Blä.	–, M	1	46
Eupatorium capillifolium (Lam.) Small	Spr.	–	–	52
Eupatorium capillifolium (Lam.) Small	Blä.	+ 3	–	60
dto.	Ste.	–	–	60
Eupatorium havanense H. B. K.	Blä.	–	–	32
dto.	Ste.	–	–	32
Eupatorium hygrophilum Alain	Spr.	–	–	6
Eupatorium hypoleucum Griseb.	Blä.	–	–	6
dto.	Ste.	–	–	6
dto.	Wur.	–	1	6
Eupatorium macrophyllum L.	Blä. Inf.	–	–	60
dto.	Ste.	–	–	60
Eupatorium odoratum L.	Blä.	–	–	48
dto.	Ste.	+ 2	–	48
dto.	Blü.	+ 3	–	48
Eupatorium odoratum L.	Blä.	Sp. 1	7	33
dto.	Ste.	–	–	33
Eupatorium villosum Sw.	Spr.	Sp. 1	–	49
Eupatorium villosum Sw.	Spr.	–	3	42
Eupatorium villosum Sw.	Spr.	–	–	60
Eupatorium villosum Sw.	Blä.	Sp. 1	4	30
dto.	Ste.	–	–	30

Familie, Art	Organ	Alk.	Sap.	Fundort
Eupatorium villosum Sw.	Blä.	–	–	20
Flaveria linearis Lag.	Ges.	–	–	38
Flaveria trinervia (Spreng.) C. Mohr	Spr.	–	–	48
Gnaphalium attenuatum DC.	Spr.	–	–	6
Gochnatia microcephala (Griseb.) Jervis & Alain var. *microcephala*	Blä.	+ + 1, M	2	14
dto.	Ste.	–, M	4	14
Gundlachia corymbosa (Urb.) Britt.	Ges.	–	4	6
Gundlachia cubana Britt. & Blake	Blä.	–	7	6
dto.	Ste.	–	3	6
dto.	Wur.	–	–	6
Helenium amarum (Raf.) Rock	Spr.	–	–	62
Helenium quadridentatum Labill.	Ges.	–	–	48
Helenium scaposum Britt.	Ges.	–	–	54
Iva cheiranthifolia H. B. K.	Spr.	–	–	45
Iva cheiranthifolia H. B. K.	Spr.	–'	–	54
dto.	Wur.	–		54
Lachnorhiza piloselloides A. Rich.	Spr.	+ + 1	–	33
Lagascea mollis Cav.	Spr.	+ 1	–	49
Lagascea mollis Cav.	Blä.	+ 2	–	48
dto.	Ste. Wur.	–	–	48
Liabum wrightii Griseb.	Blä.	–	–	16
dto.	Ste.	–	·	16
Melampodium divaricatum (L. C. Rich.) DC.	Spr.	–	–	60
Melanthera deltoidea L. C. Rich. ex Michx.	Blä. Blü.	+ 1	–	48
Mikania alba Taylor	Blä.	–	–	6
dto.	Ste.	–	9	6
Mikania micrantha H. B. K. var. *micrantha*	Spr.	+ 2	3	33
Mikania ranunculifolia A. Rich.	Spr.	Sp. 1	–	52
Mikania ranunculifolia A. Rich.	Spr.	–	2	54
Mikania ranunculifolia A. Rich.	Spr.	–	–	59
Mikania ranunculifolia A. Rich.	Spr.	Sp. 1	–	40
Milleria quinqueflora L.	Ges.	–	–	49
Milleria quinqueflora L.	Blä.	–	2	60
dto.	Ste. Wur.	+ + 2	–	60
Neurolaena lobata (L.) Cass.	Blä. Blü.	Sp. 1	–	19
dto.	Ste.	–	–	19
Parthenium hysterophorus L.	Blä.	+ 2	4	48
dto.	Ste.	Sp. +	–	48
dto.	Wur.	+ 3	4	48
dto.	Blü.	+ 3	–	48
Pectis floribunda A. Rich.	Spr.	–	–	60
dto.	Wur.	–	–	60
Pectis floribunda A. Rich.	Spr.	–	–	29
Pectis floribunda A. Rich.	Spr.	–	–	21

Familie, Art	Organ	Alk.	Sap.	Fundort
Pluchea carolinensis (Jacq.) G. Don in Sweet	Spr.	Sp. 1	–	53
Pluchea carolinensis (Jacq.) G. Don in Sweet	Blä.	Sp. 1	–	54
dto.	Ste.	–	–	54
Pluchea carolinensis (Jacq.) G. Don in Sweet	Blä.	Sp. 1	–	40
dto.	Ste.	–	–	40
Pluchea purpurascens (Sw.) DC.	Spr.	Sp. 1	1	52
Pluchea purpurascens (Sw.) DC.	Blä.	–, M	–	10
dto.	Ste.	–, M	–	10
dto.	Blü.	–, M	–	10
Pluchea rosea Godfrey	Blä.	Sp. 1	–	54
dto.	Ste.	–	–	54
Porophyllum ruderale (Jacq.) Cass.	Spr.	–	–	20
dto.	Wur.	–	–	20
Pseudelephantopus spicatus (Juss.) Rohr	Ges.	–	–	49
Pseudelephantopus spicatus (Juss.) Rohr	Spr.	–	–	35
dto.	Wur.	–	–	35
Senecio plumbeus Griseb.	Blä.	+ 1	–	6
dto.	Ste.	+ 1	–	6
Senecio polyphlebius Griseb.	Blä.	+ + 1	–	6
dto.	Ste.	+ + + 3	–	6
Senecio polyphlebius Griseb.	Spr.	+ + + 1	–	6
dto.	Wur.	–	–	6
Senecio subsquarrosus Greenm.	Blä.	–, M	–	46
Shafera platyphylla Greenm.	Spr.	–	11	6
Solidago sempervirens L.	Spr.	–	40	29
Sonchus oleraceus L.	Spr.	Sp. 1	–	48
dto.	Wur.	–	–	48
Spilanthes insipita Jacq.	Blä.	Sp. 1	–	32
dto.	Ste. } Wur. }	–	–	32
Synedrella nodiflora (L.) Gaertn.	Ges.	–	–	49
Tagetes erecta L.	Spr.	+ 1	–	48
Trixis radialis (L.) Kuntze	Spr.	Sp. 1	–	53
Verbesina alata L.	Blä.	+ + 2	–	35
dto.	Ste. } Wur. }	+ 3	5	35
Verbesina alata L.	Wur.	+ + + 9	–	60
Vernonia acuñae Alain	Blä.	Sp. 1	–	6
dto.	Ste.	–	–	6
dto.	Wur.	–	–	6
Vernonia cinerea (L.) Less.	Spr.	+ + 4	6	48
dto.	Wur.	–	–	48
Vernonia cubensis Griseb.	Blä.	–	3	61
dto.	Ste.	Sp. 2	1	61
Vernonia cubensis Griseb.	Blä. } Blü. }	–	1	60
dto.	Ste.	–	–	60

Familie, Art	Organ	Alk.	Sap.	Fundort
Vernonia fallax Gleas.	Blä. Blü.	Sp. 1	3	21
dto.	Ste.	–	–	21
Vernonia menthaefolia (Poepp. ex Spreng.) Less.	Ges.	–	–	49
Vernonia menthaefolia (Poepp. ex Spreng.) Less.	Blä.	+ 2	–	49
dto.	Blü. Kno.	Sp. 1	–	49
Vernonia menthaefolia (Poepp. ex Spreng.) Less.	Spr.	–	3	23
Vernonia menthaefolia (Poepp. ex Spreng.) Less.	Spr.	Sp. 1	–	20
Vernonia menthaefolia (Poepp. ex Spreng.) Less.	Blä. Inf.	–	1	19
dto.	Ste.	–	–	19
Viguiera dentata (Cav.) Spreng.	Blä.	+ 1	–	48
dto.	Blü.	+ 2	–	48
Viguiera dentata (Cav.) Spreng.	Blä.	Sp. 1	–	40
dto.	Ste.	Sp. 1	–	40
Viguiera dentata (Cav.) Spreng.	Spr.	–	–	35
Wedelia gracilis L. C. Rich. in Pers.	Spr.	–	–	29
Wedelia rugosa Greenm.	Blä.	–	–	40
dto.	Ste. Wur.	–	–	40
Wedelia rugosa Greenm.	Blä.	–	–	59
dto.	Ste. Wur.	–	–	59
Wedelia trilobata (L.) Hitchc.	Blä.	–	–	54
dto.	Ste.	+ 1	2	54
Xanthium chinense Mill.	Blä.	Sp. 1	–	48
dto.	Ste.	–	–	48
dto.	Wur.	–	2	48
dto.	Frü.	Sp. 2	–	48
Connaraceae				
Connarus reticulatus Griseb.	Blä.	–, M	–	46
Convolvulaceae				
Aniseia martinicensis (Jacq.) Choisy	Spr.	+ + 2	–	29
Cuscuta americana L.	Spr.	+ 2	6	1
Evolvulus arbuscula Poir. var. *canus* (Spreng.) v. Ooststr.	Spr.	–, M	4	14
dto.	Wur.	Sp. 1, M	3	14
Evolvulus nummularius L.	Spr.	+ + 3	5	60
Ipomoea alba L.	Spr.	+ + + 4	6	20
Ipomoea alba L.	Blä.	+ 1	6	48

Familie, Art	Organ	Alk.	Sap.	Fundort
dto.	Ste.	Sp. 1	2	48
dto.	Blü.	+ 3	–	48
dto.	Frü.	+ + 1	1	48
Ipomoea angulata Lam.	Spr.	+ + 2	4	20
Ipomoea asarifolia (L.) Sweet	Spr.	–	–	29
Ipomoea congesta R. Br.	Spr.	+ 1	7	49
Ipomoea congesta R. Br.	Blä.	+ + 1	7	45
dto.	Ste.	+ + + 1	4	45
Ipomoea congesta R. Br.	Blä.	+ + 1	4	38
dto.	Ste.	+ + 1	1	38
Ipomoea crassicaulis (Benth.) Robinson	Blä.	–, M	1	14
dto.	Ste.	–, M	–	14
dto.	Blü. Kno.	–, M	–	14
Ipomoea kentocarpa Hochst.	Spr.	+ 1		48
Ipomoea microdactyla Griseb.	Spr.	Sp. 1	–	60
Ipomoea nil (L.) Roth	Spr.	–	–	49
Ipomoea pes-caprae (L.) Sweet	Blä.	+ 1	–	48
dto.	Sam.	–	2	48
Ipomoea purpurea (L.) Lam.	Spr.	+ 1	4	48
dto.	Wur.	–	1	48
Ipomoea quamoclit L.	Spr.	+ 1	2	60
Ipomoea ramonii Choisy	Spr.	Sp. 1	–	48
dto.	Blü.	+ + 3	–	48
Ipomoea ramonii Choisy	Spr.	Sp. 1	–	48
Ipomoea tiliacea (Willd.) Choisy	Blä.	+ 1	–	48
dto.	Ste.	–	–	48
Ipomoea triloba L.	Spr.	Sp. 1	–	29
Ipomoea tuba (Schlcht.) G. Don	Blä.	Sp. 1	–	31
dto.	Ste.	–	2	31
dto.	Frü.	–	–	31
Ipomoea tuba (Schlcht.) G. Don	Blä.	–, M	13	46
Jacquemontia jamaicensis (Jacq.) Hall. f.	Spr.	+ 1	–	43
Jacquemontia jamaicensis (Jacq.) Hall. f.	Spr.	–, M	–	14
Jacquemontia nodiflora (Desv.) G. Don	Spr.	–	–	30
Jacquemontia nodiflora (Desv.) G. Don	Ste.	–, M		13
Jacquemontia pentantha (Jacq.) G. Don	Spr.	–	–	29
Jacquemontia pentantha (Jacq.) G. Don	Blä.	–, M	–	14
dto.	Ste.	–, M	1	14
Merremia aegyptia (L.) Urb.	Blä.	–, M	–	14
dto.	Ste.	–, M	–	14
Merremia dissecta (Jacq.) Hall. f.	Spr.	–	–	31
Merremia quinquefolia (L.) Hall. f.	Spr.	+ 1	–	1
Merremia umbellata (L.) Hall. f.	Blä.	+ 1	–	48
dto.	Blü.	–	–	48
Merremia umbellata (L.) Hall. f.	Spr.	Sp. 1	–	45
Turbina corymbosa (L.) Raf.	Spr.	+ + 2	–	43
dto.	Blü.	–	–	43

Familie, Art	Organ	Alk.	Sap.	Fundort
Turbina corymbosa (L.) Raf.	Blä.	–	2	21
dto.	Ste.	–	–	21
Crassulaceae				
Kalanchoe prismata	Spr.	–, M	1	16
Cruciferae				
Lepidium virginicum L.	Spr.	+ 2	–	48
dto.	Wur.	+ 2	–	48
Nasturtium officinale R. Br.	Spr.	Sp. 2	–	19
Cucurbitaceae				
Anguria pedata (L.) Jacq.	Spr.	+ + 2	–	1
Cayaponia racemosa (Sw.) Cogn.	Blä.	–	–	56
dto.	Ste.	Sp. 1	–	56
dto.	Frü.	+ + 2	–	56
Cayaponia racemosa (Sw.) Cogn.	Spr.	Sp. 1	–	60
Cayaponia racemosa (Sw.) Cogn.	Spr.	–	–	20
Citrullus vulgaris Schrad.	Spr.	–	–	41
dto.	Frü.	–	1	41
Cucumis dipsacus Ehrenb. ex Spach.	Blä.	–, M	2	14
dto.	Ste.	–, M	–	14
dto.	Frü.	–, M	–	14
dto.	FrH.	–, M	–	14
Melothria guadalupensis (Spreng.) Cogn.	Spr.	–	–	48
dto.	Frü.	+ 1	–	48
Melothria guadalupensis (Spreng.) Cogn.	Spr.	–	–	49
Momordica balsamina L.	Spr.	+ 2	1	35
Momordica charantia L.	Blä.	–	3	48
dto.	Ste.	+ + 1	4	48
dto.	Frü.	–	–	48
Momordica charantia L.	Spr.	+ + 2, M	5	48
Cupressaceae				
Cupressus benthamii Endl.	Blä.	–, M	4	16
dto.	Ste.	–, M	5	16
Cycadaceae				
Microcycas calocoma (Miq.) A. DC.	Blä.	+ + 3	15	24
Microcycas calocoma (Miq.) A. DC.	Blä.	+ + 1		48
Zamia angustifolia Jacq.	Blä.	–, M		46
Zamia floridana A. DC.	Blä.	–	–	24
Zamia kickxii Miq.	Blä.	–	–	24
Zamia latifoliata Preneloup	Blä.	–, M	--	46
Zamia multifoliata A. DC.	Blä.	–, M		46

Familie, Art	Organ	Alk.	Sap.	Fundort
Cyperaceae				
Cladium jamaicense Crantz	Spr.	–	–	54
Cyperus alternifolius L.	Spr.	–	2	25
Cyperus alternifolius L.	Spr.	–	2	20
dto.	Wur.	–	1	20
Cyperus alternifolius L.	Spr.	–	–	22
Cyperus alternifolius L.	Blä.	Sp. 1	3	48
dto.	Ste.	Sp. 1	–	48
dto.	Frü.	–	–	48
Cyperus ligularis L.	Spr.	Sp. 1	–	54
dto.	Wur.	+ 1	–	54
Cyperus planifolius L. C. Rich.	Ges.	–	–	38
Cyperus sesquiflorus (Torr.) Mattf. & Kükenth.	Ges.	–	–	59
Eleocharis interstincta (Vahl) R. & S.	Spr.	–	–	19
dto.	Wur.	–	–	19
Lagenocarpus guianensis Nees	Spr.	–	2	54
Rhynchospora corymbosa (L.) Britt.	Spr.	–	1	57
Rhynchospora exaltata Kunthe	Spr.	–	–	7
Scleria cubensis Boeckl.	Blä.	–	–	7
Scleria pterota Presl.	Ges.	–	–	59
Cyrillaceae				
Cyrilla nipensis Urb.	Blä.	Sp. 1, M	–	46
Cyrilla racemiflora L.	Blä.	–	30	57
dto.	Ste.	–	50	57
Cyrilla racemiflora L.	Spr.	–	24	60
Purdiaea cubensis (A. Rich.) Planch. var. *albosepala* M. Vict.	Blä.	–	5	56
dto.	Ste.	–	4	56
Purdiaea nipensis M. Vict. & León	Blä.	–, M	–	46
Danaeaceae				
Danaea nodosa (L.) J. E. Sm.	Spr.	–	2	6
Davilliaceae				
Nephrolepis biserrata Schott	Spr.	–	–	56
Dichapetalaceae				
Tapura cubensis (Poepp. & Endl.) Griseb.	Blä.	–	–	24
dto.	Ste.	–	–	24
Tapura cubensis (Poepp. & Endl.) Griseb.	Blä.	+ 1	–	7
dto.	Ste.	–	1	7
Dilleniaceae				
Davilla rugosa Poir.	Blä.	–	5	19
dto.	Ste.	–	–	19

Familie, Art	Organ	Alk.	Sap.	Fundort
dto.	Frü.	–	3	19
Davilla rugosa Poir.	Blä.	–	–	61
dto.	Ste.	–	–	61
Davilla rugosa Poir.	Blä.	–	–	60
dto.	Ste.	–	–	60
dto.	Inf.	–	–	60
Dioscoreaceae				
Rajania baracoensis R. Knuth	Spr.	–	–	6
Rajania psilostachya (Knuth) Uline ex R. Knuth	Spr.	–	3	60
Rajania wrightii Uline ex R. Knuth	Spr.	–	–	33
Ebenaceae				
Diospyros caribaea (A. DC.) Standl.	Blä.	–	25	43
dto.	Ste.	–	11	43
dto.	Frü.	–	3	43
Diospyros crassinervis (Krug & Urb.) Standl.	Spr.	–	10	33
Diospyros discolor Willd.	Spr.	–	8	48
Diospyros grisebachii (Hiern.) Standl.	Blä.	–, M	17	15
dto.	Ste.	–, M	8	15
Diospyros grisebachii (Hiern.) Standl.	Spr.	–	6	24
Maba caribaea Hiern.	Spr.	–	–	24
Elaeocarpaceae				
Muntingia calabura L.	Spr.	+ 1	3	45
Muntingia calabura L.	Spr.	–	–	32
Muntingia calabura L.	Blä.	–	3	59
dto.	Ste.	–	1	59
Sloanea curatellifolia Griseb.	Blä.	Sp. 1, M	3	46
Ericaceae				
Befaria cubensis Griseb.	Blä.	+ 1	7	60
dto.	Ste.	–	2	60
Kalmiella aggregata Small	Spr.	Sp. 1	4	56
Lyonia densiflora Urb.	Blä.	–, M	6	16
dto.	Ste.	–, M	1	16
dto.	Kno.	–, M	2	16
Lyonia longipes Urb.	Blä.	–, M	4	46
Lyonia myrseinefolia (A. Rich.) Urb.	Blä.	–	7	6
Vaccinium alainii Acuña & Roig	Blä. Blü.	–	7	6
dto.	Ste.	–	1	6
dto.	Wur.	–	2	6
Erythroxylaceae				
Erythroxylon alaternifolium A. Rich.	Spr.	+ + 3	6	33
Erythroxylon areolatum L.	Blä.	+ + + 4	–	24

Familie, Art	Organ	Alk.	Sap.	Fundort
Erythroxylon areolatum L.	Wur.	+ + 3	5	43
Erythroxylon areolatum L.	Blä.	–, M	–	11
dto.	Ste.	–, M	4	11
dto.	Blü.	–, M	2	11
Erythroxylon brevipes DC.	Blä.	–, M	5	46
Erythroxylon coca Lamk.	Spr.	+ + + 4	–	4
Erythroxylon coriaceum Britt. & Wils.	Blä.	–, M	20	46
Erythroxylon havanense Jacq.	Blä.	+ + 2	–	40
dto.	Ste.	+ + 2	–	40
Erythroxylon havanense Jacq.	Spr.	+ + 3, M	–	14
Erythroxylon longipes O. E. Schulz	Blä.	–, M	7	46
Erythroxylon minutifolium Griseb.	Spr.	–, M	2	13
Erythroxylon rotundifolium Lunan	Blä.	Sp. 1, M	–	11
dto.	Ste.	+ + + 3, M	–	11
Euphorbiaceae				
Acalypha alopecuroides Jacq.	Spr.	–	–	23
Acalypha havanensis Muell.	Ges.	–	–	48
Acalypha membranacea A. Rich.	Blä.	–	–	60
dto.	Blü. } Ste. }	–	–	60
Adelia ricinella L.	Blä.	–, M	2	14
dto.	Ste.	–, M	1	14
Alchornea latifolia Sw.	Blä.	Sp. 1	5	24
dto.	Ste.	–	5	24
Alchornea latifolia Sw.	Blä.	+ 1, M	–	16
dto.	Ste.	+ 1, M	1	16
Argythamnia candicans Sw.	Blä.	–, M	–	46
Argythamnia cubensis Britt. & Wils.	Blä.	–, M	2	11
dto.	Ste.	+ 1, M	–	11
Argythamnia cubensis Britt. & Wils.	Blä.	–, M	1	14
dto.	Ste.	–, M	1	14
Bonania cubana A. Rich.	Blä.	–, M	–	46
Caperonia castaneifolia (L.) St. Hil.	Ges.	–	2	29
Chamaesyce brasiliensis (Lam.) Small.	Spr.	–	–	48
Chamaesyce buxifolia (Lam.) Small.	Spr.	+ + 1	–	48
Chamaesyce buxifolia (Lam.) Small.	Blä.	Sp. 2	–	54
dto.	Ste.	+ 3	–	54
Chamaesyce centunculoides (H. B. K.) Millsp.	Ges.	–	–	48
Chamaesyce hirta (L.) Millsp. var. *hirta*	Spr.	–	–	23
Croton betulinus Vahl	Blä.	–, M	2	8
dto.	Ste.	–, M	1	8
dto.	Blü.	–, M	5	8
Croton brevifolius	Blä.	+ + + 4, M	2	46
Croton glandulosus L.	Blä.	+ 3	–	57
dto.	Ste. } Wur. }	+ + 2	–	57
Croton glandulosus L.	Spr.	–	2	60
Croton litoralis Urb.	Spr.	+ + + 5	3	1

Familie, Art	Organ	Alk.	Sap.	Fundort
Croton litoralis Urb.	Blä.	+ + + 7, M	2	14
dto.	Ste.	Sp. 1, M	2	14
Croton lobatus L.	Blä.	+ 1	–	48
dto.	Wur.	–	4	48
Croton lobatus L.	Blä.	+ 1	2	36
dto.	Ste. Wur.	–	1	36
Croton lobatus L.	Spr.	Sp 1	–	48
Croton lucidus L.	Blä.	–	–	26
dto.	Ste.	–	–	26
Croton lucidus L.	Blä.	Sp 1	–	1
dto.	Ste.	+ 1	–	1
Croton lucidus L.	Blä.	–	–	32
dto.	Ste.	–	–	32
Croton lucidus L.	Blä.	–	–	38
dto.	Ste.	–	–	38
Croton monogynus Urb.	Blä.	+ + + 4	–	6
dto.	Ste.	+ + 3	–	6
Croton myricifolius Griseb.	Spr.	–, M	4	15
Croton nephrophyllus Urb.	Spr.	–, M	–	13
Croton nummulariaefolius A. Rich.	Ges.	–	–	43
Croton nummulariaefolius A. Rich.	Ges.	–	4	33
Croton origanifolium Lam.	Blä.	+ + + 3	–	32
dto.	Ste.	+ 4	–	32
dto.	Wur.	+ + 3	–	32
Croton pachysepalus Griseb.	Blä.	–, M	–	12
dto.	Ste.	–, M	–	12
Croton rosmarinifolius Griseb.	Blä.	+ 2, M	1	14
dto.	Ste.	–, M	2	14
Croton stenophyllus Griseb.	Spr.	+ + 2, M	7	15
Ditta myricoides Griseb.	Blä.	–, M	5	46
Drypetes laterifolia (Sw.) Krug & Urb.	Blä.	–	–	24
Euphorbia helenae Urb.	Blä.	–	–	6
dto.	Ste.	–	–	6
Euphorbia heterophylla L.	Blä.	+ 1	–	48
dto.	Ste.	–	–	48
dto.	Wur.	–	–	48
Euphorbia heterophylla L.	Ges.	+ 2	–	37
Euphorbia heterophylla L.	Spr.	Sp 1	–	40
Euphorbia heterophylla L.	Ges.	–	–	42
Euphorbia lactea Haw.	Spr.	–	–	48
dto.	Frü.	Sp 1	–	48
Euphorbia pulcherrima Willd.	Blä.	Sp 1	–	48
dto.	Ste.	–	–	48
dto.	Bra.	–	–	48
dto.	Frü.	–	–	48
Garcia nutans Rohr	Blä.	–, M	–	46
Grimmeodendron eglandulosum (A. Rich.) Urb.	Blä.	+ 2, M		14

Familie, Art	Organ	Alk.	Sap.	Fundort
dto.	Ste.	Sp 1, M	2	14
Gymnanthes lucida Sw.	Blä.	–, M	–	11
dto.	Ste.	–, M	–	11
Gymnanthes lucida Sw.	Blä.	–, M	4	14
dto.	Ste.	–, M	7	14
Gymnanthes lucida Sw.	Blä.	–, M	1	14
dto.	Ste.	–, M	–	14
Gymnanthes lucida Sw.	Spr.	–	3	33
Gymnanthes recurva Urb.	Blä.	–, M	4	46
Hippomane manzinella L.	Blä.	–, M	–	11
dto.	Ste.	–, M	–	11
Hippomane manzinella L.	Blä.	–, M	–	46
Hura crepitans L.	Blä.	–	–	48
Hyeronima ovata Urb.	Blä.	Sp 1, M	7	16
dto.	Ste.	Sp 1, M	3	16
Jatropha angustifolia Griseb.	Blä.	–	3	57
dto.	Ste.	–	4	57
Jatropha curcas L.	Spr.	–	–	35
Jatropha gossypifolia L.	Blä.	+ 1	2	48
dto.	Ste.	–	–	48
dto.	Wur.	–	2	48
Jatropha integerrima Jacq.	Blä.	Sp. 1	–	48
Jatropha tupifolia Griseb.	Spr.	–	–	6
Julocroton argenteus (L.) Didrichs	Blä.	–	–	48
dto.	Ste. Wur.	–	–	48
Lasiocroton bahamensis Pax & Hoffm.	Blä.	–, M		13
dto.	Ste.	–, M		13
Lasiocroton bahamensis Pax & Hoffm.	Blä.	–, M	1	14
dto.	Ste.	Sp. 1, M	1	14
dto.	Frü.	–, M	–	14
Lasiocroton bahamensis Pax & Hoffm.	Blä.	–, M	2	14
dto.	Ste.	–, M	2	14
Leucocroton revolutus Wr.	Spr.	–	–	33
Leucocroton saxicola Britt.	Blä.	–, M		46
Leucocroton virens Griseb.	Blä.	–, M	2	46
Moacroton lanceolatus Alain	Blä.	–, M	–	46
Phyllanthus angustifolius Sw.	Spr.	–, M	3	46
Phyllanthus cinctus Urb.	Blä.	–, M	–	46
Phyllanthus epiphyllanthus L.	Spr.	–	5	3
Phyllanthus mirificus Webster	Blä.	–	2	6
Phyllanthus myrtilloides Griseb.	Spr.	–	–	6
Phyllanthus orbicularis H. B. K.	Spr.	–	1	33
Phyllanthus pachystylus Urb.	Blä.	–	–	6
dto.	Ste.	–	3	6
Phyllanthus shaferi Urb.	Blä.	–, M	–	46
Platygyne hexandra (Jacq.) Muell.-Arg.	Blä.	Sp. 1	–	26
Platygyne volubilis Howard	Spr.	–	–	6
Sapium adenodon Griseb.	Blä.	–, M	–	46

Familie, Art	Organ	Alk.	Sap.	Fundort
Sapium daphnoides Griseb.	Blä.	–, M	4	16
dto.	Ste.	–, M	2	16
Sapium erythrospermum (Griseb.) Muell.-Arg.	Blä.	–, M	11	46
Sapium jamaicense Sw.	Blä.	–, M	8	16
dto.	Ste.	–, M	5	16
Sapium leucogynum Br.	Blä. Frü.	–	–	60
dto.	Ste.	–	–	60
Savia bahamense Britt.	Blä.	–, M	8	15
dto.	Ste.	–, M	4	15
Sebastiana corniculata (Vahl) Pax var. *tragioides* (Mart.) Pax	Spr.	–	–	60
Sebastiana corniculata (Vahl) Pax var. *tragioides* (Mart.) Pax	Spr.	–	–	60
Elephoglossaceae				
Elephoglossum spec.	Spr.	–	–	6
Fagaceae				
Quercus virginiana Mill.	Blä.	Sp. 1	–	40
dto.	Ste.	–	–	40
Quercus virginiana Mill.	Spr.	–	2	60
Flacourtiaceae				
Casearia aculeata Jacq.	Blä.	–	–	60
dto.	Ste.	Sp. 1	2	60
Casearia crassinervis Urb.	Blä.	–, M		46
Casearia hirsuta Sw.	Blä.	–	–	19
dto.	Ste.	Sp. 1	–	19
Casearia hirsuta Sw.	Blä.	–	–	56
dto.	Ste.	–	–	56
Casearia ophiticola M. Vict.	Blä.	–, M	–	46
Casearia spinescens (Sw.) Griseb.	Blä.	Sp. 1	–	35
Casearia sylvestris Sw. var. *sylvestris*	Blä.	–	5	2
dto.	Ste.	–	–	2
Casearia sylvestris Sw. var. *sylvestris*	Blä.	–	1	60
dto.	Ste.	–	–	60
Lunania cubensis Turcz.	Blä.	Sp. 1, M	9	16
dto.	Ste.	Sp. 1, M	–	16
Samyda microphylla Urb.	Blä.	Sp. 1, M	2	46
Gentianaceae				
Bisgoeppertia scandens (Spreng.) Urb.	Spr.	Sp. 1	–	6
Eustoma exaltatum (L.) Griseb.	Ges.	Sp. 2	–	31
Lisianthus glandulosus A. Rich.	Ges.	+ 1	4	6
Schultesia guianensis (Aubl.) Malme	Spr.	Sp. 2	–	60

Familie, Art	Organ	Alk.	Sap.	Fundort
Gesneriaceae				
Gesneria binghamii Morton	Blä.	–, M	16	16
dto.	Ste.	–, M	3	16
Gesneria duchartreoides (Wr. ex Sauv.) Urb.	Blä.	–	–	6
Gesneria lopezii Morton	Spr.	–	6	2
Gesneria pallida Morton	Spr.	–	2	7
Gesneria viridiflora (Dcne.) Kuntze	Blä.	–, M	2	16
dto.	Ste.	–, M	–	16
Rhytidophyllum exsertum Griseb.	Blä.	–	3	40
dto.	Ste.	–	1	40
Rhytidophyllum rupincula (Urb.) Morton	Spr.	–	–	60
Rhytidophyllum villosulum (Urb.) Morton	Blä.	–	2	6
dto.	Ste.	Sp. 1	1	6
dto.	Wur.	–	2	6
Rhytidophyllum villosulum (Urb.) Morton	Blä.	–, M	3	16
dto.	Ste.	–, M	5	16
dto.	Blü.	–, M	3	16
Rhytidophyllum villosulum (Urb.) Morton	Blä.	–, M	–	8
dto.	Ste.	–, M	–	8
Gleicheniaceae				
Dicranopteris pectinata (?)	Spr.	–	9	6
Goodeniaceae				
Scaevola wrightii (Griseb.) Maza	Blä.	–	–	6
dto.	Ste.	–	4	6
Gramineae				
Andropogon bicornis L.	Spr.	–	–	59
Andropogon caricosus L.	Spr.	–	–	45
Aristida neglecta León	Spr.	–	–	49
Arthrostylidium capillifolium Griseb.	Spr.	–	3	33
Bambusa vulgaris Schrad.	Spr.	–	–	49
Cenchrus echinatus L.	Ges.	Sp. 1	–	49
Chloris ciliata L.	Spr.	–	–	2
Chloris inflata Link.	Spr.	–	–	45
Chloris radiata (L.) Sw.	Ges.	–	–	48
Coix lacrima-jobi L.	Spr.	–	1	19
Eleusine indica (L.) Gaertn.	Spr.	+ 1	–	48
dto.	Wur.	–	–	48
Gynerium saggitatum (Aubl.) Beauv.	Spr.	–	–	59
dto.	Inf.	+ 1	–	59
Imperata brasiliensis Trin.	Spr.	–	–	55
Lasiacis divaricata (L.) Hitchc.	Spr.	–	–	43
Panicum fasciculatum Sw.	Ges.	–	–	40
Panicum maximum Jacq.	Blä.	–	–	48
Panicum xalapense H. B. K.	Spr.	Sp. 1	–	6

Familie, Art	Organ	Alk.	Sap.	Fundort
dto.	Wur.	–	–	6
Paspalum fimbriatum H. B. K.	Spr.	–	–	48
dto.	Wur.	–	–	48
Paspalum vaginatum Sw.	Spr.	–	–	38
Pennisetum orientale Pers. var. *triflorum* (Nees) Stapf	Spr.	–	–	48
Setaria geniculata (Lam.) Beauv.	Spr.	+ 2	–	36
Tricholaena repens (Willd.) Hitchc.	Spr.	–	–	48
dto.	Wur.	–	–	48
dto.	Inf.	+ 4	–	48
Guttiferae				
Mammea americana L.	Blä.	–	–	24
Haemodoraceae				
Xiphidium coeruleum Aubl.	Spr.	–	–	24
Xiphidium xanthorrhizon C. Wr.	Spr.	–	–	56
Hydrophyllaceae				
Nama jamaicense L.	Ges.	+ + 1	–	48
Hypericaceae				
Ascyrum hypericoides L.	Blä.	–	1	60
dto.	Ste. } Wur. }	–	–	60
Ascyrum hypericoides L.	Blä.	+ 1, M	–	16
dto.	Wur.	Sp. 1, M	1	16
Hypericum fasciculatum Lam.	Blä.	–	2	6
dto.	Wur.	–	–	6
Hypericum fasciculatum Lam.	Spr.	–	–	57
dto.	Wur.	–	–	57
Hypericum incurvum Urb.	Spr.	–	1	54
dto.	Wur.	–	9	54
Hypericum styphelioides A. Rich.	Spr.	–	8	62
Hypericum styphelioides A. Rich.	Blä.	–	–	54
dto.	Ste.	–	–	54
dto.	Wur.	–	2	54
Illiciaceae				
Illicium cubense A. C. Smith	Blä.	–, M	2	16
dto.	Ste.	–, M	3	16
Labiatae				
Hyptis actinocephala Griseb.	Spr.	–	–	57
Hyptis capitata Jacq.	Ges.	–	–	6
Hyptis mutabilis (L. C. Rich.) Briq.	Spr.	–	–	2
Hyptis mutabilis (L. C. Rich.) Briq.	Blä.	–	3	20

Familie, Art	Organ	Alk.	Sap.	Fundort
dto.	Ste. Wur.	–	–	20
Hyptis pectinata (L.) Poit.	Spr.	–	–	49
dto.	Wur.	Sp. 1	–	49
Hyptis pectinata (L.) Poit.	Spr.	–	–	48
Hyptis pectinata (L.) Poit.	Spr.	–	–	42
Hyptis radiata Willd.	Spr.	–	–	29
Hyptis suaveolens (L.) Poit.	Blä.	–	–	30
dto.	Ste.	–	–	30
dto.	Wur.	–	–	30
Hyptis suaveolens (L.) Poit.	Blä.	–	–	20
dto.	Ste.	–	–	20
Hyptis verticillata Jacq.	Spr.	–	1	42
Hyptis verticillata Jacq.	Spr.	–	–	20
Leonotis nepetaefolia (L.) R. Br.	Spr.	–	–	60
Ocimum gratissimum L.	Blä. Blü.	+ 1	2	50
Ocimum gratissimum L.	Spr.	Sp. 1	1	1
Ocimum sanctum L.	Spr.	+ 1	2	44
Ocimum sanctum L .	Spr.	–	–	50
Ocimum sanctum L.	Spr.	–	–	39
Ocimum sanctum L.	Spr.	–	–	59
dto.	Wur.	–	–	59
Ocimum sanctum L.	Blä. Blü.	–	–	60
dto.	Ste.	–	–	60
Salvia aspera Mart. & Gal.	Blä.	–, M		46
Salvia cubensis Britt.	Blä.	–, M	–	46
Salvia micrantha Vahl	Spr.	–	–	49
Salvia occidentalis Sw.	Ges.	–	2	6
Salvia scabrata Britt. & Wils.	Blä.	–	–	6
dto.	Ste.	–	–	6
Teucrium cubense Jacq.	Spr.	–	2	50
dto.	Inf.	+ 3	–	50
Teucrium cubense Jacq.	Blä.	–	–	37
dto.	Ste. Wur.	–	–	37
Lauraceae				
Cassytha filiformis L.	Spr.	–	5	62
Cassytha filiformis L.	Spr.	+ + 3	–	30
Cinnamomum cassia Blume	Spr.	+ 1	1	50
dto.	Rin.	–	5	50
Misanteca triandra Mez	Blä.	+ 1	2	24
dto.	Ste.	–	11	24
Nectandra antillana Meisn.	Blä.	–, M	8	12
dto.	Ste.	Sp. 1, M	9	12
Nectandra coriacea (Sw.) Griseb.	Blä.	Sp. 1	3	24
dto.	Ste.	–	2	24

Familie, Art	Organ	Alk.	Sap.	Fundort
Nectandra coriacea (Sw.) Griseb.	Blä.	+ 1	–	32
dto.	Ste.	–	–	32
Nectandra coriacea (Sw.) Griseb. .	Blä.	–	–	40
dto.	Ste.	–	–	40
Ocotea cuneata (Griseb.) Urb.	Blä.	–, M	–	16
dto.	Ste.	+ + 1, M	2	16
Ocotea cuneata (Griseb.) Urb.	Blä.	–, M	7	46
Ocotea leucoxylon (Sw.) Mez	Blä.	+ + + 5	7	6
dto.	Ste.	+ + + 5	3	6
Ocotea leucoxylon (Sw.) Mez	Blä.	+ + + 3, M	–	16
dto.	Ste.	+ + + 4, M	2	16
Persea americana Mill.	Blä.	–	–	48
dto.	Ste.	–	–	48
dto.	Blü.	–	4	48
Phoebe elongata (Vahl) Nees	Blä.	–	–	60
Phoebe elongata (Vahl) Nees	Blä.	+ 1	–	30
dto.	Ste.	Sp. 1	2	30
Phoebe montana (Sw.) Griseb.	Blä.	–, M	5	16
dto.	Ste.	–, M	–	16
Leguminosae				
Abrus precatorius L.	Spr.	+ + 2	–	44
Acacia cowellii (Britt. & Rose) León	Blä.	–, M	–	15
dto.	Ste.	–, M	–	15
Acacia farnesiana (L.) Willd.	Blä.	+ + 4	–	48
dto.	Frü.	–	–	48
Acacia macracanthoides Bert.	Blä.	–, M	2	18
dto.	Ste.	–, M	4	18
Acacia moniliformis Griseb.	Blä.	–, M	1	46
Aeschynomene americana L.	Spr.	+ 1	1	42
Aeschynomene americana L.	Blä.	+ + 1	–	60
dto.	Ste. Wur.	+ + 1	–	60
Aeschynomene americana L.	Blä.	–	–	20
dto.	Ste.	+ + 1	–	20
Albizzia cubana Britt. & Wils.	Blä.	+ 1	20	24
dto.	Ste.	+ 2	22	24
Albizzia cubana Britt. & Wils.	Blä.	Sp. 1, M	20	11
dto.	Ste.	–, M	18	11
Albizzia lebbeck (L.) Benth.	FrH.	–	6	44
dto.	Sam.	+ 1	8	44
Andira inermis H. B. K.	Blä.	–	–	24
dto.	Ste.	Sp. 1	1	24
Andira jamaicensis (W. Wr.) H. B. K.	Blä.	–	5	6
dto.	Ste.	–	3	6
Ateleia cubensis Griseb.	Blä.	+ + 3, M	–	15
dto.	Ste.	+ + 4, M	–	15
Baryxylum inerme Pierre	Blä.	–	4	48
dto.	Ste.	–	–	48

Familie, Art	Organ	Alk.	Sap.	Fundort
dto.	Frü.	–	2	48
Bauhinia cumanensis H. B. K.	Spr.	–	1	43
dto.	Frü.	–	1	43
Belairia spinosa A. Rich.	Blä.	–, M	–	14
dto.	Ste.	–, M	4	14
Brya ebenus (L.) DC.	Spr.	–	–	62
Brya ebenus (L.) DC	Spr.	Sp. 1	2	54
Brya ebenus (L.) DC.	Spr.	–	1	60
Caesalpinia clementis (Britt.) León	Blä.	Sp. 1, M	2	14
dto.	Ste.	–, M	2	14
Caesalpinia clementis (Britt.) León	Spr.	–, M	–	14
Caesalpinia glandulosa Bertero	Spr.	–	1	1
Caesalpinia pauciflora (Griseb.) C. Wright	Blä.	–	2	1
dto.	Ste.	–	–	1
Caesalpinia paucijuga Ben.	Blä.	–	–	24
Caesalpinia vesicaria L.	Blä.	Sp. 1	3	24
dto.	Ste.	–	4	24
Caesalpinia vesicaria L.	Blä.	–	2	26
Caesalpinia vesicaria L.	Blä.	–	–	1
dto.	Ste.	–	–	1
dto.	Sam.	–	1	1
Caesalpinia vesicaria L.	Blä.	–	2	26
dto.	Ste.	–	–	26
Cajanus indicus Spreng.	Spr.	Sp. 1	–	49
Calliandra colletioides Griseb.	Spr.	–, M	5	13
Calliandra colletioides Griseb.	Blä.	–, M	–	46
Calliandra nipensis (Britt. & Rose) Morton	Blä.	–, M		46
Calliandra orientalis (Britt. & Rose) León	Blä.	+ + 2, M	8	11
dto.	Ste.	–, M	3	11
Calopogonium coeruleum (Benth.) Hemsl.	Spr.	Sp. 1	–	49
dto.	Frü.	Sp. 1	–	49
Calopogonium coeruleum (Benth.) Hemsl.	Spr.	Sp. 1	2	60
Canavalia ekmanii Urb.	Blä.	–, M	–	16
dto.	Ste.	–, M	–	16
Canavalia gladiata (Jacq.) DC.	Frü.	+ 1	1	19
Canavalia maritima (Aubl.) Thouars	Blä.	+ + + 2	–	48
dto.	Sam.	Sp. 1	–	48
Cassia aeschynomene DC.	Blä.	+ 1	1	60
dto.	Ste.	–	–	60
Cassia alata L.	Blä.	+ 1	–	48
Cassia bucherae (Moldenke) León	Blä.	–, M	3	46
Cassia clarensis (Britt.) Howard	Spr.	–	2	29
dto.	Wur.	–	–	29
Cassia diffusa DC.	Blä.	+ + 3	4	57
dto.	Ste. } Wur. }	Sp. 1	–	57
Cassia diffusa DC.	Blä.	Sp. 1	–	56
dto.	Ste.			
	Wur.	Sp. 1	–	56

Familie, Art	Organ	Alk.	Sap.	Fundort
Cassia diphylla L.	Spr.	–	7	62
Cassia diphylla L.	Ges.	+ + 1	–	59
Cassia emarginata L.	Blä.	+ + 3, M	–	14
dto.	Ste.	+ 1, M	1	14
dto.	Blü.	+ + 3, M	–	14
Cassia glaberrima (Britt.) León comb. nov.	Ges.	Sp. 1	3	6
Cassia hispidula Vahl	Spr.	–	2	62
Cassia hispidula Vahl	Spr.	–	1	56
Cassia insularis (Britt. & Rose) Howard	Blä.	Sp. 1	6	23
dto.	Ste.	–	4	23
Cassia insularis (Britt. & Rose) Howard	Blä.	–, M	–	16
dto.	Ste.	–, M	4	16
dto.	Blü.	–, M	5	16
Cassia javanica L.	Blä.	–, M		46
Cassia ligustrina L.	Blä.	+ 2	2	48
Cassia ligustrina L.	Blä.	–	–	33
dto.	Ste.	–	3	33
Cassia lineata Sw.	Blä.	–	2	54
dto.	Ste.	–	2	54
Cassia lineata Sw.	Ste.	–, M	2	16
dto.	Wur.	–, M	4	16
dto.	Blü.	–, M		16
dto.	Frü.	–, M	2	16
Cassia occidentalis L.	Blä.	+ 1	–	48
dto.	Ste.	+ 1	–	48
dto.	Wur.	Sp. 1	–	48
Cassia occidentalis L.	Spr.	–	5	44
Cassia occidentalis L.	Blä.	Sp. 1	2	35
dto.	Ste.	–	–	35
dto.	Wur.	–	–	35
dto.	Frü.	–	–	35
Cassia spectabilis DC.	Frü.	+ + + 2	1	19
Cassia spectabilis DC.	Blä.	+ + 4	–	20
dto.	Ste.	+ + 5	–	20
Cassia stenophylla Benth.	Blä.	–, M	8	13
dto.	Ste.	–, M	2	13
Cassia tagera L.	Spr.	–	2	57
Cassia tora L.	Ges.	–	–	49
Cassia tora L.	Blä.	–, M	2	14
dto.	Ste.	–, M	–	14
dto.	Wur.	–, M	3	14
Cassia uniflora Mill.	Spr.	–	–	40
dto.	Wur.	–	2	40
Cassia uniflora Mill.	Blä.	–	–	26
Cassia uniflora Mill.	Spr.	–	–	20
dto.	Ste.	–	–	20
Centrosema plumieri (Turp.) Benth.	Spr.	Sp. 1	–	48
Centrosema plumieri (Turp.) Benth.	Spr.	+ 1	–	36
Centrosema pubescens Benth.	Spr.	–	–	1

Familie, Art	Organ	Alk.	Sap.	Fundort
Centrosema virginianum (L.) Benth.	Spr.	+ 2	1	49
Clitoria rubiginosa Juss.	Spr.	Sp. 1	–	61
Clitoria ternatea L.	Blä.	+ + 1	–	32
dto.	Ste.	+ + 1	–	32
Crotalaria incana L.	Blä.	+ + 2	1	60
dto.	Ste. Wur.	+ 1	1	60
dto.	Frü.	+ + 3	2	60
Crotalaria mucronata Desv.	Blä.	+ + 2	–	54
dto.	Ste.	+ 1	–	54
Crotalaria mucronata Desv.	Blä.	–	5	56
dto.	Ste.	–	–	56
dto.	Frü.	+ 3	–	56
Crotalaria pumila Ortega	Ges.	+ + 2	2	38
Crotalaria retusa L.	Blä.	+ + 2	–	49
dto.	Frü.	+ + 3	–	49
Crotalaria retusa L.	Blä.	–, M	–	16
dto.	Ste.	–, M	5	16
dto.	Wur.	–, M		16
dto.	Blü.	–, M	–	16
Dalbergia brownii (Jacq.) Urb.	Blä.	–, M	8	14
dto.	Ste.	–, M	4	14
dto.	Blü.	–, M	10	14
Dalbergia ecastophyllum (L.) Taub.	Blä.	–	–	54
dto.	Ste.	–	2	54
Dalea domingensis DC.	Blä.	–	5	37
dto.	Ste.	–	4	37
Delonix regia (Bojer) Raf.	Spr.	+ + 2	–	48
dto.	Wur.	Sp. 1	2	48
dto.	Kno.	–	–	48
dto.	Blü.	Sp. 1	–	48
Desmanthus virgatus (L.) Willd.	Blä.	+ 1	–	48
dto.	Ste.	–	–	48
dto.	Wur.	+ + + 3	4	48
dto.	Frü.	+ 1	–	48
Desmodium adscendens (Sw.) DC.	Spr.	Sp. 1	1	6
Desmodium axillare (Sw.) DC. var. *acutifolium* (Kuntze) Urb.	Ges.	–	–	59
Desmodium barbatum (L.) Benth. & Oerst.	Spr.	–	2	60
Desmodium barbatum (L.) Benth. & Oerst.	Spr.	Sp. 1	–	20
Desmodium canum (J. F. Gmel.) Schinz & Thellung	Blä.	–	7	25
dto.	Ste.	–	2	25
Desmodium canum (J. F. Gmel.) Schinz & Thellung	Blä.	Sp. 2	–	40
dto.	Ste.	–	–	40
Desmodium canum (J. F. Gmel.) Schinz & Thellung	Ges.	–	–	59
Desmodium scorpiurus (Sw.) Desv.	Spr.	Sp. 1	–	49

Familie, Art	Organ	Alk.	Sap.	Fundort
Desmodium tortuosum (Sw.) DC.	Spr.	–	–	36
Dichrostachys glomerata (Forsk.) Chiov.	Blä.	–	3	19
dto.	Ste.	Sp. 1	–	19
dto.	Frü.	Sp. 1	2	19
Dichrostachys glomerata (Forsk.) Chiov.	Spr.	–	4	59
Dolichos lablab L.	Blä.	Sp. 1	–	48
dto.	Ste.	Sp. 1	–	48
dto.	Blü.	+ 2	3	48
dto.	Frü.	+ 2	–	48
Eriosema crinitum (H. B. K.) G. Don	Spr.	–	–	60
Eriosema violaceum (Aubl.) G. Don	Spr.	–	–	60
Erythrina glauca Willd.	Blä.	+ + + 2, M	–	9
dto.	Ste.	+ + + 2, M	–	9
Erythrophleum guineense Don	Blä.	–, M	7	46
Galactia cuneata Alain	Blä.	–, M	1	14
dto.	Ste.	–, M	1	14
dto.	Wur.	–, M	5	14
Galactia maisiana Alain	Blä. } Frü. }	–	–	1
dto.	Ste.	–	–	1
Galactia rudolphioides (Griseb.) Benth. & Hook.	Spr.	–	6	6
Galactia striata (Jacq.) Urb.	Spr.	Sp. 1	2	30
Hebestigma cubensis H. B. K.	Spr.	–	–	24
Indigofera suffruticosa Miller	Spr.	–	–	49
Indigofera suffruticosa Miller	Blä. } Frü. }	Sp. 1	2	40
dto.	Ste.	–	–	40
Indigofera suffruticosa Miller	Spr.	–	1	59
dto.	Wur.	–	1	59
Indigofera suffruticosa Miller	Spr.	–	3	13
Leucaena glauca (L.) Benth.	Blä.	–	–	39
dto.	Ste.	+ 1	–	39
Leucaena glauca (L.) Benth.	Spr.	Sp. 1	2	31
Lysiloma bahamensis Benth.	Blä.	–, M	10	10
dto.	Ste.	–, M	13	10
Lysiloma latisiliqua (L.) Benth.	Spr.	+ + 1	37	24
Macroptilium atropurpureum (Moc. & Sessé) Urb.	Blä.	+ + 5	–	48
Macroptilium lathyroides (L.) Urb.	Blä.	–	–	36
dto.	Ste.	–	–	36
dto.	Wur.	–	–	36
Macroptilium lathyroides (L.) Urb.	Ges.	+ + + 1	–	59
Macroptilium lathyroides (L.) Urb.	Spr.	–	–	42
Macroptilium lathyroides (L.) Urb.	Blä.	+ 1	–	30
dto.	Ste.	+ 1	–	30
Macroptilium lathyroides (L.) Urb.	Ges.	–, M	2	16
Macroptilium longepedunculatum (Mart.) Urb.	Spr.	–	–	30
Mimosa pigra L.	Blä.	+ 2	–	48

Familie, Art	Organ	Alk.	Sap.	Fundort
dto.	Ste.	Sp. 1	–	48
Mimosa pigra L.	Blä.	–	–	41
Mimosa pudica L.	Blä.	+ 3	–	48
dto.	Ste.	+ 3	–	48
dto.	Kno.	+ 2	1	48
dto.	Blü.	+ 3	3	48
dto.	Frü.	+ + 3	–	48
Mucuna pruriens (L.) DC.	Frü.	–	6	22
Mucuna pruriens (L.) DC.	Spr.	Sp. 1	–	21
Notodon gracilis (Griseb.) Urb.	Blä.	–, M		46
Parkinsonia aculeata L.	Spr.	+ 1	4	48
dto.	Frü.	+ 2	5	48
Parkinsonia aculeata L.	Blä.	+ 2, M	4	48
Phaseolus lunatus L.	Spr.	Sp. 1	–	21
Pictetia marginata Sauvalle	Blä.	–, M	4	14
dto.	Ste.	–, M	8	14
Pictetia spinifolia (Desv.) Urb.	Blä.	–, M	5	46
Piscidia piscipula (L.) Sarg.	Blä.	–	–	24
dto.	Ste.	–	–	24
Pithecollobium arboreum (L.) Urb.	Spr.	+ + 1	22	43
Pithecollobium arboreum (L.) Urb.	Blä.	+ 2	15	57
dto.	Ste.	+ + 1	15	57
Pithecollobium arboreum (L.) Urb.	Spr.	–, M	9	16
Pithecollobium arboreum (L.) Urb.	Spr.	+ + 2	18	33
Pithecollobium dulce (Roxb.) Benth.	Blä.	–, M	9	15
dto.	Ste.	Sp. 1, M	15	15
Pithecollobium hystrix (A. Rich.) Benth.	Spr.	–	–	33
Poeppigia procera Presl.	Blä.	–, M	65	8
dto.	Ste.	–, M	25	8
Prosopis juliflora (Sw.) DC.	Spr.	+ + + 1, M	–	11
dto.	Frü.	+ + 1, M	–	11
Rhynchosia minima (L.) DC.	Spr.	+ 1	4	44
Rhynchosia minima (L.) DC.	Spr.	Sp. 1	1	20
Rhynchosia reticulata (Sw.) DC.	Spr.	Sp. 1	1	26
Rhynchosia reticulata (Sw.) DC.	Spr.	–	–	43
Sesbania emerus (Aubl.) Urb.	Ges.	+ 1	–	35
Sesbania sesban Fawcett & Rendle	Spr. Frü.	Sp. 1	–	6
Sophora tomentosa L.	Blä.	+ + + 8	–	54
dto.	Ste.	+ + + 5	–	54
dto.	Wur.	+ + + 4	4	54
Stylosanthes hamata (L.) Taubert	Spr.	–, M	–	14
Tephrosia cinerea (L.) Pers.	Spr.	Sp. 1	3	48
Tephrosia cinerea (L.) Pers.	Spr.	–	–	38
dto.	Wur.	–	–	38
Vigna luteola (Jacq.) Benth.	Spr.	–	–	48
Vigna luteola (Jacq.) Benth.	Blä.	–, M	2	15
dto.	Ste.	–, M	1	15

Familie, Art	Organ	Alk.	Sap.	Fundort
Lentibulariaceae				
Utricularia juncea Vahl	Inf.	Sp. 2	4	62
Liliaceae				
Aloe barbadensis Mill.	Blä.	–	–	1
Dracaena cubensis M. Victorin	Ste.	–	–	50
Smilax balbisiana Kunth	Blä.	–	1	6
dto.	Frü. } Ste. }	–	--	6
Smilax balbisiana Kunth	Blä.	+ 1	1	54
dto.	Ste.	–	–	54
Smilax balbisiana Kunth	Spr.	+ 2	–	23
Smilax havanensis Jacq.	Blä.	–	4	23
dto.	Ste.	–	2	23
Smilax havanensis Jacq.	Wur.	–	8	33
dto.	WuK.	Sp. 1	–	33
Smilax populnea Kunth	Blä.	–, M	–	16
dto.	Ste.	–, M	–	16
Smilax populnea Kunth	Blä.	–, M	–	16
dto.	Ste.	–, M	–	16
Loganiaceae				
Buddleja americana L.	Blä. } Blü. }	–	–	19
dto.	Ste.	–	–	19
Buddleja americana L.	Blä.	–	4	21
dto.	Ste.	–	–	21
Polypremum procumbens L.	Spr.	Sp. 1	6	57
Loranthaceae				
Dendropemon emarginatus (Sw.) Steud.	Blä.	–, M	3	14
dto.	Ste.	–, M	1	14
Dendropemon longipes Urb.	Blä.	–, M	–	14
dto.	Ste.	–, M	1	14
Dendropemon purpureus (L.) Krug & Urb.	Blä.	–, M	4	14
dto.	Ste.	–, M	3	14
Dendropemon purpureus (L.) Krug & Urb.	Blä.	–, M	1	14
dto.	Ste.	–, M	3	14
Dendrophthora buxifolia (Lam.) Eichl.	Spr.	+ 2	4	6
Dendrophthora constricta (Griseb.) Eichl.	Blä.	–, M	–	16
dto.	Ste.	Sp. 1	–	16
Dendrophthora leptostachya (DC.) Eichl.	Spr.	–	–	6
Dendrophthora oocarpa Krug & Urb.	Spr.	–, M	3	14
Phoradendron gundlachii Krug & Urb.	Blä.	–, M	4	16
dto.	Ste.	–, M	4	16
Phoradendron randiae (Bello) Britt.	Spr.	–	–	1

Familie, Art	Organ	Alk.	Sap.	Fundort
Lycopodiaceae				
Huperzia recurvata	Spr.	+ + 4, M	–	16
Lycopodium cernum L.	Spr.	+ + + 4	8	6
Lycopodium cernum L.	Ges.	+ + 4	–	57
Lythraceae				
Cuphea cordifolia (Sw.) Koehne	Spr.	–	1	43
Cuphea grisebachiana Koehne	Ges.	–	–	59
Cuphea melanium (L.) R. Br.	Ges.	–	4	29
Cuphea micrantha H. B. K.	Blä.	–, M	2	16
dto.	Ste.	–, M	2	16
Cuphea micrantha H. B. K.	Spr.	–	3	33
Cuphea mimuloides C. & S.	Spr.	Sp. 1	6	60
Cuphea parsonsia (L.) R. Br.	Blä.	–, M	2	16
Cuphea pseudosilene Griseb.	Spr.	–	–	56
Ginoria americana Jacq.	Spr.	+ + 6	1	19
Ginoria americana Jacq.	Spr.	–	1	33
Ginoria americana Jacq.	Blä.	–	–	33
Ginoria ginorioides (Griseb.) Britt.	Blä.	+ + + 3		24
dto.	Ste.	+ 2	–	24
Ginoria koehneana Urb.	Spr.	+ 3	8	14
Lagerstroemia speciosa Pers.	Blä.	Sp. 1	–	48
dto.	Ste.	–	1	48
dto.	Rin.	+ + 4, M		48
dto.	Blü.	Sp. 1	–	48
Lagerstroemia indica L.	Blä.	–	–	48
dto.	Ste.	–	–	48
Magnoliaceae				
Magnolia cubensis Urb.	Spr.	+ 4, M	2	16
Talauma minor Urb.	Blä.	+ + + 3, M	4	46
Talauma minor Urb. var. *oblongifolia* León	Blä.	+ + 1	–	6
Malpighiaceae				
Banisteria laurifolia L.	Blä.	–, M	–	15
dto.	Ste.	+ 2, M	–	15
Banisteria laurifolia L.	Blä.	–, M	8	11
dto.	Ste.	–, M	2	11
Bunchosia linearifolia P. Wils.	Blä.	–, M	–	11
dto.	Ste.	–, M		11
Bunchosia linearifolia P. Wils.	Blä.	–, M	–	46
Bunchosia media (Ait.) DC.	Blä.	Sp. 1	–	40
dto.	Ste.	–	–	40
Byrsonima bucherae Moldenke	Blä.	–, M	–	46
Byrsonima crassifolia (L.) H. B. K.	Blä.	–	4	24
dto.	Ste.	–	2	24
Byrsonima crassifolia (L.) H. B. K.	Blä.	–	3	57

Familie, Art	Organ	Alk.	Sap.	Fundort
dto.	Ste.	–	2	57
Byrsonima pinetorum Griseb.	Blä.	–	9	57
dto.	Ste.	–	3	57
Byrsonima pinetorum Griseb.	Blä.	+ 1	12	61
dto.	Ste. Wur.	–	1	61
Malpighia coccigera L.	Spr.	–	2	56
Malpighia coccigera L.	Blä.	–, M		46
Malpighia coccigera L.	Spr.	–	–	33
Malpighia cubensis H. B. K.	Spr.	–	–	55
Malpighia domingensis Small	Blä.	–, M	–	15
dto.	Ste.	–, M	–	15
Malpighia linearis Jacq.	Blä.	–, M	–	9
dto.	Ste.	–, M	–	9
Stigmaphyllon microphyllum Griseb.	Blä.	–, M	4	12
Stigmaphyllon sagraeanum A. Juss.	Blä.	–	7	44
Stigmaphyllon sagraeanum A. Juss.	Spr.	–	3	19
Stigmaphyllon sagraeanum A. Juss.	Blä.	–	–	7
dto.	Ste.	Sp. 1	2	7
Stigmaphyllon sericeum Wr.	Blä.	–, M	5	15
dto.	Ste.	–, M	–	15
Tetrapteris aequalis Sw.	Blä.	–, M	–	18
dto.	Ste.	–, M	2	18
dto.	Blü.	–, M	2	18
Tetrapteris aequalis Sw.	Blä.	–, M	–	14
dto.	Ste.	–, M	–	14
Tetrapteris aequalis Sw.	Blä.	–, M	2	18
dto.	Ste.	–, M	3	18
dto.	Frü.	–, M	5	18
Thryallis glauca (Cav.) Kuntze	Blä.	–	–	48
dto.	Ste.	Sp. 1	–	48
Triopteris ovata Cav.	Blä. Blü.	–	–	35
dto.	Ste.	Sp. 1	–	35
Triopteris ovata Cav.	Blä.	–, M	–	15
dto.	Ste.	–, M	–	15
Triopteris rigida Sw.	Blä.	Sp. 1	1	23
dto.	Ste.	+ 1	–	23
Triopteris rigida Sw.	Blä.	–, M	–	14
dto.	Ste.	–, M	–	14
Malvaceae				
Abutilon hirtum (Lam.) Sw.	Blä.	Sp. 1	–	49
dto.	Ste.	–	–	49
Anoda acerifolia (Zucc.) DC.	Ges.	–	–	49
Atkinsia cubensis (Britt. & Wils.) Howard	Blä.	–	–	24
dto.	Ste.	–	5	24
Bastardia viscosa (L.) H. B. K.	Blä.	–	–	44
Gossypium barbadense L.	Blä.	–, M	–	14

Familie, Art	Organ	Alk.	Sap.	Fundort
dto.	Ste.	–, M	–	14
Hibiscus brasiliensis L.	Blä.	Sp. 1	2	30
dto.	Ste.	+ + 1	–	30
Hibiscus costatus A. Rich.	Spr.	Sp. 1	–	57
Hibiscus costatus A. Rich.	Blä.	–	–	60
dto.	Ste.	–	–	60
Hibiscus cryptocarpus A. Rich.	Blä.	–, M	4	11
dto.	Ste.	–, M	2	11
Hibiscus rosa-sinensis L.	Blä.	+ 1	–	48
dto.	Ste.	–	–	48
dto.	Rin.	–	–	48
dto.	Wur.	–	–	48
Kosteletzkya sagittata Presl.	Blä.	–	–	29
dto.	Ste.	–	–	29
dto.	Wur.	–	–	29
Malachra alceifolia Jacq.	Blä. Blü.	Sp. 1	–	27
dto.	Ste.	–	–	27
dto.	Wur.	–	2	27
Malachra fasciata Jacq.	Spr.	–	–	20
dto.	Wur.	–	3	20
Malachra radiata L.	Spr.	+ + 2	–	52
Malachra radiata L.	Blä.	+ 1	–	60
dto.	Ste.	–	–	60
Malvastrum corchorifolium (Desv.) Britt.	Blä.	–, M	4	14
dto.	Ste.	–, M	2	14
Malvastrum spicatum (L.) Gray	Spr.	–	–	49
Pavonia cryptocalyx Urb.	Blä.	–, M	4	15
dto.	Ste.	–, M	2	15
Pavonia heterostemon Urb.	Blä.	–, M	–	15
dto.	Ste.	–, M	2	15
Pavonia spinifex Sav.	Blä.	–, M	–	9
dto.	Ste.	–, M	–	9
Pavonia spinifex Sav.	Spr.	–, M	–	14
dto.	Wur.	–, M	–	14
Sida acuta Burm. f.	Spr.	+ 1	–	49
Sida cordifolia L.	Blä.	+ 2	–	20
Sida jamaicensis L.	Blä.	Sp. 1	–	20
dto.	Ste.	Sp. 1	–	20
Sida maculata Cav.	Spr.	Sp. 1	–	26
Sida rhombifolia L.	Blä.	–	–	40
dto.	Ste.	Sp. 2	–	40
dto.	Wur.	–	–	40
Sida veronicaefolia Lam.	Ges.	–	–	53
Urena lobata L.	Spr.	–	–	19
Urena lobata L.	Spr.	–	–	6
Urena lobata L.	Spr.	–	–	57
dto.	Wur.	–	–	57
Urena sinuata L.	Blä.	+ 1	–	57

Familie, Art	Organ	Alk.	Sap.	Fundort
dto.	Ste.	Sp. 1	1	57
dto.	Wur.	–	–	57
Wissadula amplissima (L.) R. E. Fries	Blä.	–	–	20
dto.	Ste.	–	–	20
Wissadula periplocifolia (L.) Presl.	Ges.	–	–	1
Marcgraviaceae				
Marcgravia evenia Krug & Urb.	Blä.	Sp. 1, M	–	16
dto.	Ste.	Sp. 2, M	3	16
Marcgravia rectiflora Tr. & Pl.	Blä.	–	2	6
dto.	Ste.	–	6	6
dto.	Blü.	–	–	6
Marcgravia rectiflora Tr. & Pl.	Spr.	–	4	20
Martyniaceae				
Martynia annua L.	Blä.	–	–	21
dto.	Ste.	–	–	21
dto.	Frü.	–	–	21
Melastomataceae				
Acisanthera quadrata Juss.	Spr.	–	–	61
Chaetolepis cubensis (A. Rich.) Triana	Spr.	–	4	62
Chaetolepis cubensis (A. Rich.) Triana	Spr.	–	–	56
Clidemia hirta (L.) D. Don	Blä.	–	9	19
dto.	Ste.	–	–	19
Clidemia strigillosa (Sw.) DC.	Blä.	+ 1	2	57
dto.	Ste.	–	–	57
Conostegia xalapensis (Bonpl.) D. Don	Blä. } Frü. }	Sp. 1	1	60
dto.	Ste.	–	–	60
Heterotrichum umbellatum (Mill.) Urb.	Blä.	–, M	4	16
dto.	Ste.	–, M	–	16
Miconia androsaemifolia Griseb.	Blä.	–	4	57
dto.	Ste.	–	2	57
Miconia androsaemifolia Griseb.	Blä.	Sp. 1	1	56
dto.	Ste.	–	–	56
Miconia baracoensis Urb.	Blä.	–	–	6
dto.	Ste.	–	–	6
Miconia delicatula A. Rich.	Blä. } Blü. }	+ 1	–	57
dto.	Ste.	–	–	57
dto.	Wur.	–	–	57
Miconia delicatula A. Rich.	Blä.	–	–	57
dto.	Ste.	–	–	57
dto.	Frü.	–	–	57
Miconia dodecandra (Desv.) Cogn.	Spr.	–	2	6
Miconia dodecandra (Desv.) Cogn.	Blä.	–	2	6
dto.	Ste.	–	1	6

Familie, Art	Organ	Alk.	Sap.	Fundort
Miconia laevigata (L.) DC.	Spr.	–	–	19
Ossaea muricata (Griseb.) Wr. ex Sauv.	Blä.	–	4	6
dto.	Ste.	–	1	6
Ossaea pauciflora (Naud.) Urb.	Spr.	–	–	6
Ossaea pauciflora (Naud.) Urb.	Spr.	–	–	6
Ossaea rufescens (Griseb.) Wr. ex Sauv.	Spr.	–	–	6
Pachyanthus longifolius Jennings	Blä.	Sp. 1	1	57
dto.	Ste.	–	1	57
Tetracygia bicolor (Mill.) Cogn.	Spr.	Sp.	2	57
Tibouchina longifolia (Vahl) Baillon	Spr.	–	–	20
Tibouchina longifolia (Vahl) Baillon	Blä. Blü.	–	2	19
dto.	Ste.	–	2	19
Tibouchina longifolia (Vahl) Baillon	Ges.	–	–	6
Meliaceae				
Cedrela odorata L.	Blä.	–	–	24
dto.	Frü.	–	–	24
Guarea guara (Jacq.) P. Wils.	Blä.	Sp. 1	–	50
Guarea guara (Jacq.) P. Wils.	Blä.	–	–	6
dto.	Ste.	–	2	6
dto.	Frü.	–	–	6
Melia azedarach L.	Blä.	–, M	–	9
dto.	Ste.	+ + 1, M	–	9
Swietenia mahagoni (L.) Jacq.	Blä.	–	10	13
Trichilia havanensis Jacq.	Blä.	+ 1	–	53
Trichilia hirta L.	Blä.	–	–	1
dto.	Frü.	–	–	1
Trichilia hirta L.	Ste.	Sp. 1	3	32
dto.	Frü.	–	–	32
Trichilia hirta L.	Blä.	–	–	35
dto.	Ste.	–	–	35
Menispermaceae				
Cissampelos parcira L.	Blä.	+ + + 2	–	1
dto.	Ste.	+ + 8	–	1
Cissampelos pareira L.	Spr.	+ + + 6, M	12	16
Moraceae				
Cecropia peltata L.	Blä.	–	–	24
Chlorophora tinctoria (L.) Gaud. ♂	Blä.	–	–	37
dto.	Ste.	–	–	37
Chlorophora tinctoria (L.) Gaud. ♀	Blä.	–	–	37
dto.	Ste.	–	–	37
Ficus aurea Nutt.	Blä.	–	–	48
Ficus benjamina L.	Blä.	–	–	40
dto.	Ste.	+ 1	–	40
dto.	Frü.	Sp. 1	–	40

Familie, Art	Organ	Alk.	Sap.	Fundort
Ficus elastica L.	Spr.	–	–	48
Ficus jacquinifolia A. Rich.	Blä.	–, M	–	16
dto.	Ste.	–, M	4	16
Ficus subscabrida Warb.	Blä.	–	–	20
dto.	Frü.	–	–	20
Trophis racemosa (L.) Urb.	Blä.	Sp. 1	–	20
Trophis racemosa (L.) Urb.	Blä.	–	1	24
dto.	Ste.	–	–	24
Musaceae				
Strelitzia reginae Ait.	Blä.	–, M	4	46
Myricaceae				
Myrica cerifera L.	Blä.	–	5	60
dto.	Ste.	–	1	60
dto.	Wur.	–	5	60
Myrica orientensis	Blä.	–, M	5	16
dto.	Ste	–, M	2	16
Myrsinaceae				
Ardisia dentata (A. DC.) Mez	Blä.	–	10	59
dto.	Ste.	–	3	59
Myrtaceae				
Amomis caryophyllata (Jacq.) Krug & Urb.	Spr.	–	–	50
Amomis caryophyllata (Jacq.) Krug & Urb.	Blä.	–, M	–	46
Amomis pilotoana Urb.	Blä.	–, M	3	46
Calyptranthes decandra Griseb.	Blä.	–	–	24
dto.	Ste.	–	1	24
Calyptranthes decandra Griseb.	Spr.	–	4	33
Eugenia aeruginea DC.	Blä.	–	–	2
dto.	Ste.	–	–	2
Eugenia angustifolia L.	Blä.	–	3	24
dto.	Ste.	Sp. 2	3	24
Eugenia axillaris (Sw.) Willd.	Blä.	+ 2	4	24
dto.	Ste.		4	24
Eugenia axillaris (Sw.) Willd.	Blä.	–	–	55
dto.	Ste.	–	–	55
Eugenia axillaris (Sw.) Willd.	Spr.	–	2	33
Eugenia buxifolia (Sw.) Willd.	Blä.	+ 1	4	24
Eugenia buxifolia (Sw.) Willd.	Spr.	Sp. 1	–	40
Eugenia cowellii Britt. & Wils.	Spr.	–, M	4	15
Eugenia ligustrina (Sw.) Willd.	Blä.	Sp. 1	22	24
dto.	Ste.	–	1	24
Eugenia monticola (Sw.) DC.	Blä.	–, M	2	11
dto.	Ste.	–, M	–	11
Eugenia punicifolia (H. B. K.) DC.	Blä.	–	5	57
dto.	Ste.	–	5	57

Familie, Art	Organ	Alk.	Sap.	Fundort
Eugenia scaphophylla Wr.	Blä.	–	–	6
dto.	Ste.	–		6
Eugenia scaphophylla Wr.	Blä.	–, M	3	16
dto.	Ste.	–, M	–	16
Gomidesia lindeniana Berg.	Blä.	–, M	12	16
dto.	Ste.	–, M	–	16
dto.	Frü.	–, M	6	16
Jambosa vulgaris DC.	Spr.	–	–	49
dto.	Inf.	Sp. 2	2	49
Jambosa vulgaris DC.	Spr.	–	–	59
Myrica splendens (Sw.) DC	Blä.	–, M	2	8
dto.	Ste.	–, M	1	8
Myrtus matanzasia Urb.	Spr.	–	5	33
Psidium minutifolium Krug & Urb.	Blä.	–, M	5	46
Nyctaginaceae				
Boerhaavia diffusa L.	Spr.	Sp. 1	–	49
Boerhaavia diffusa L.	Spr.	–	–	48
Boerhaavia erecta L.	Blä.	–	–	48
dto.	Ste.		–	48
dto.	Wur.	–	–	48
Boldoa purpurascens Cav. ex Lag.	Blä. Blü.	+ 1	–	50
Boldoa purpurascens Cav. ex Lag.	Blä.	–, M	–	11
dto.	Ste.	–, M	–	11
Bougainvillea glabra Chois.	Blä.	+ + + 1	–	48
dto.	Ste.	–	–	48
dto.	Inf.	+ 1	15	48
Mirabilis jalapa L.	Spr.	–	–	40
Neea shaferi Standl.	Spr.	–, M	12	13
Pisonia aculeata L.	Blä.	–	13	19
dto.	Ste.	–	3	19
Pisonia aculeata L.	Spr.	+ 1	2	1
dto.	Frü.	Sp. 1	8	1
Pisonia macranthocarpa Donn. Smith	Blä. Blü.	–	6	19
dto.	Ste.	–	5	19
Pisonia macranthocarpa Donn. Smith	Blä.	–, M	6	16
dto.	Ste.	–, M	–	16
Torrubia discolor (Spreng.) Britt.	Blä.	–, M	5	14
dto.	Ste.	–, M	4	14
Torrubia discolor (Spreng.) Britt.	Blä.	–, M		46
Torrubia obtusata (Jacq.) Britt.	Blä.	–, M	4	14
dto.	Ste.	–, M	6	14
Torrubia rufescens (Griseb.) Britt. s. l.	Blä.	–, M	9	46
Ochnaceae				
Ouratea elliptica (A. Rich.) Maza	Blä.	–	4	56
dto.	Ste.	–	3	56

Familie, Art	Organ	Alk.	Sap.	Fundort
dto.	Frü.	–	–	56
Ouratea ilicifolia (DC.) Baillon var. *savannarum* (Britt. & Wils.) Dwyer	Spr.	–	1	33
Oleaceae				
Forstiera segregata (Jacq.) Krug & Urb.	Blä.	–, M	10	14
dto.	Ste.	–, M	4	14
Linociera bumeloides Griseb.	Blä.	–, M	9	12
dto.	Ste.	–, M	12	12
Linociera domingensis (Lam.) Knobl.	Blä. } Blü. }	–	–	6
dto.	Ste.	–	2	6
Onagraceae				
Jussiaea linifolia Vahl	Spr.	Sp. 1	–	60
Jussiaea linifolia Vahl	Spr.	–	–	29
Jussiaea peruviana L. var. *peruviana*	Spr.		2	62
Jussiaea peruviana L. var. *peruviana*	Blä.	–	–	60
dto.	Ste. } Wur. }	–	–	60
Jussiaea suffruticosa L. var. *ligustrifolia* (H. B. K.) Griseb.	Spr.	+ 1	–	48
Jussiaea suffruticosa L. var. *ligustrifolia* (H. B. K.) Griseb.	Spr.	–	–	40
Orchidaceae				
Bletia purpurea (Lam.) DC.	Pse. } Wur. }	–	–	19
Cattleyopsis lindenii (Lindl.) Cogn.	Ges.	–, M	4	15
Centrogonium spec.	Spr.	–	–	6
Dendrobium moschatum Sw.	Blä.	–	3	24
Epidendrum cochleatum L.	Spr.	–	–	6
Epidendrum cochleatum L.	Blä.	–	–	6
dto.	Pse. } Wur. }	-	–	6
Epidendrum cochleatum L.	Ges.	–	–	16
Epidendrum monticola Fawc. & Rendle	Blä.	–, M	2	16
dto.	Wur.	–, M	2	16
Epidendrum nocturnum Jacq.	Spr.	–	2	6
Epidendrum plicatum Lindl.	Blä.	–	–	33
dto.	Pse.	–	–	33
Epidendrum polybulbon Sw.	Spr.	–	–	6
Epidendrum teretifolium Sw.	Ges.	–	4	6
Erythrodes plantaginea (L.) Fawc. & Rendle	Spr.	–	–	6
Habenaria eustachia Rchb. f.	Spr.	–	–	6
Habenaria repens Nutt.	Spr.	–	–	60
Neourbania adendrobium (Rchb. f.) Fawc. & Rendle	Blä.	–	–	6

Familie, Art	Organ	Alk.	Sap.	Fundort
dto.	Ste.	–	–	6
Oncidium altissimum (Jacq.) Sw.	Blä.	–	–	24
Oncidium usneoides Lindl.	Blä.	–, M	–	16
dto.	Ste.	+ 1, M	2	16
Phaius tankervilliae (Banks) Blume	Blä.	–	1	6
dto.	Inf.	+ + 2	2	6
Phaius tankervilliae (Banks) Blume	Spr.	–	–	6
Pleurothallis cubensis Lindl.	Blä.	Sp. 1, M	3	16
dto.	Wur.	–, M	5	16
Pleurothallis velaticaulis Rchb. f.	Blä.	–	12	6
dto.	Wur.	–	2	6
Polystachia luteola (Sw.) Hook.	Blä.	–, M	–	16
dto.	Wur.	–, M	4	16
dto.	Blü.	–, M	–	16
Spiranthes lanceolata (Aubl.) León comb. nov.	Spr.	–	3	55
Spiranthes wrightii (Rchb. f.) Schltr.	Spr.	–	–	6
Stelis ophioglossoides (Jacq.) Sw.	Spr.	–	5	7
Tetramicra eulophiae Rchb. f.	Spr.	Sp. 1	–	54
Vanilla claviculata Sw. fide Fawcett & Rendle	Spr.	–	–	6
Vanilla eggersii Rolfe	Spr.	–, M	–	15
Vanilla wrightii Rchb. f.	Spr.	–	–	6
Palmae				
Bactris cubensis Burret	Blä.	–	–	6
Coccothrinax acuminata Sarg.	Blä.	–	–	24
Coccothrinax crinata Becc.	Blä.	Sp. 1	3	24
Coccothrinax fragrans Burret	Blä.	–	–	24
Coccothrinax garberi Sarg.	Blä.	–	4	24
Coccothrinax littoralis León	Blä.	+ 2	–	37
Coccothrinax martii (Griseb. & Wendl.) Becc.	Blä.	–	–	24
Coccothrinax miraguama (H. B. K.) Becc.	Blä.	Sp. 1	–	24
Coccothrinax miraguama (H. B. K.) Becc.	Blä.	–	4	33
dto.	Frü.	–	4	33
Copernicia torreana León	Blä.	–	6	33
dto.	Frü.	–	1	33
Roystonea regia (H. B. K.) O. F. Cook	Frü.	–	1	48
Thrinax microcarpa Sarg.	Blä.	–	10	24
Thrinax morrisii H. Wendl.	Blä.	–	2	24
Thrinax wendlandiana Becc.	Blä.	+ 1	5	24
Papaveraceae				
Argemone mexicana L.	Spr.	+ + 4	–	43
Passifloraceae				
Passiflora foetida L.	Spr.	–	3	26
Passiflora foetida L. var. *gossypifolia*	Spr.	+ 2, M	–	48
dto.	Wur.	+ 1, M	–	48

Familie, Art	Organ	Alk.	Sap.	Fundort
Passiflora foetida L. var. *santagiana*	Blä.	–, M	–	18
dto.	Ste.	–, M	2	18
Passiflora foetida L.	Spr.	–	3	33
Passiflora rubra L.	Spr.	–	–	60
Passiflora sexflora Juss.	Spr.	–	–	6
Passiflora sexflora Juss.	Blä.	–, M	–	16
Passiflora suberosa L.	Spr.	+ + 3	–	44
Passiflora suberosa L.	Spr.	+ + 1	–	43
Passiflora suberosa L.	Blä.	+ + 3	–	6
dto.	Ste.	+ 2	–	6
Passiflora suberosa L.	Spr.	+ 3	–	26
Passiflora suberosa L.	Blä.	+ + 5, M	–	48
Phytolaccaceae				
Agdestis clematidea Moc. & Sessé	Spr.	–	–	48
Petiveria alliacea L.	Spr.	Sp. 1	–	48
Phytolacca dodecandra l'Hérit.	Blä.	–, M	2	46
Phytolacca rivinoides Kunth & Bouché	Blä.	–	11	6
dto.	Ste.	–	3	6
Phytolacca rivinoides Kunth & Bouché	Blä.	–	8	60
dto.	Ste.	Sp. 2	1	60
dto.	Wur.	–	7	60
Rivina humilis L.	Blä.	Sp. 1	–	48
dto.	Ste.	+ + 2	–	48
dto.	Wur.	+ 1	2	48
dto.	Blü.	+ 3	–	48
Rivina humilis L.	Blä.	+ 3	–	40
dto.	Ste. Wur.	+ + 2	–	40
Rivina humilis L.	Blä.	+ 1	–	39
dto.	Ste.	Sp. 1	–	39
Trichostigma octandrum (L.) Walt.	Blä.	–, M	–	8
dto.	Ste.	–, M	–	8
dto.	Blü.	–, M	7	8
Picrodendraceae				
Picrodendron macrocarpum (A. Rich.) Britt.	Blä.	–, M	8	11
dto.	Ste.	–, M	15	11
Pinaceae				
Juniperus lucayana Britt.	Blä.	–	–	50
Juniperus lucayana Britt.	Spr.	–	–	24
Pinus caribaea Morelet	Blä.	–	3	57
dto.	Ste.	–	7	57
Pinus cubensis Griseb.	Spr.	–	5	6

Familie, Art	Organ	Alk.	Sap.	Fundort
Piperaceae				
Peperomia hernandiaefolia (Vahl) A. Dietr.	Spr.	Sp. 1	–	6
Peperomia magnoliaefolia (Jacq.) A. Dietr.	Spr.	–	–	7
Piper aduncum L.	Blä.	Sp. 1	–	19
dto.	Ste.	–	1	19
Piper aduncum L.	Blä.	Sp. 1	–	7
dto.	Ste.	–	2	7
Piper aduncum L.	Spr.	+ 1	–	32
Piper auritum H. B. K.	Spr.	Sp. 1	–	60
Piper banacoanum Trel.	Blä.	–	–	60
dto.	Ste.	+ 2	–	60
Piper richardianum C. DC.	Blä.	+ 1, M	–	15
dto.	Ste.	+ 2, M	–	15
Pothomorphe umbellata (L.) Miq.	Spr.	Sp. 1	–	7
Plantaginaceae				
Plantago major L.	Spr.	–	–	36
dto.	Wur.	–	–	36
Plumbaginaceae				
Plumbago scandens L.	Blä.	Sp. 1	–	48
dto.	Wur.	–	–	48
dto.	Blü. Frü.	–	6	48
Podaxaceae				
Podaxis pistillaris L. ex Fr.	Ges.	–, M	1	14
Polygalaceae				
Polygala grandiflora Walt. var. *angustifolia*	Spr.	+ 1	25	29
Polygala longicaulis H. B. K.	Spr.	Sp. 1	5	60
Polygala oblongata (Britt.) Blake	Blä.	–, M	34	16
dto.	Ste.	–, M	–	16
Polygala paniculata L.	Ges.	+ + 1	30	6
Polygala squamifolia C. Wright	Spr.	Sp. 1	14	62
dto.	Wur.	–	41	62
Polygala squamifolia C. Wright	Spr.	–	–	57
Polygala squamifolia C. Wright	Spr.	–	4	54
Polygala uncinata C. Wright	Spr.	+ + 5	30	56
Polygala uncinata C. Wright	Blä.	+ 2	5	56
dto.	Ste.	–	–	56
Securidaca elliptica Turcz.	Spr.	–	–	19
Securidaca elliptica Turcz.	Blä.	–, M	–	11
dto.	Ste.	–, M	–	11
Securidaca elliptica Turcz.	Blä.	–, M	1	8
dto.	Ste.	–, M	1	8
dto.	Blü.	–, M		8

Familie, Art	Organ	Alk.	Sap.	Fundort
Polygonaceae				
Coccoloba armata Griseb. Cat.	Spr.	–	–	33
Coccoloba caesia Ekman ex Schmidt	Blä.	–, M	4	46
Coccoloba rufescens Wr. ex Lindl.	Spr.	–, M	3	16
Coccoloba rugosa Desf.	Blä.	+ + 4	2	24
Coccoloba rugosa Desf.	Blä.	+ + 4		24
dto.	Hol.	–	–	24
dto.	Rin.	–	–	24
Coccoloba shaferi Britt.	Blä.	–	3	6
dto.	Ste.	–	–	6
Coccoloba uvifera L.	Blä.	+ 1	–	48
Coccoloba uvifera L.	Blä.	+ 1	–	1
Coccoloba venosa L.	Blä.	–	3	24
dto.	Ste.	+ + 2	–	24
Polygonum punctatum Ell.	Blä.	–	–	25
dto.	Ste.	–	6	25
Polypodiaceae				
Adiantum capillus-veneris L.	Spr.	–	–	20
Adiantum tenerum Sw.	Spr.	–	3	23
Adiantum teucrum	Spr.	–	–	1
dto.	Rhi.	–	–	1
Adiantum villosum L.	Spr.	–	1	20
Adiantum villosum L.	Spr.	–	–	22
Doryopteris pedata (L.) Fée	Spr.	–	2	7
Dryopteris oligophylla Maxon	Spr.	–	7	59
dto.	Rhi.	–	–	59
Dryopteris resinifera	Spr.	–	3	6
Polypodium phylitidis L.	Blä.	+ 1	5	20
dto.	Rhi.	–	5	20
Tectaria heracleifolia (Willd.) Underw.	Spr.	–	–	20
Pontederiaceae				
Eichhornia crassipes (Mart.) Solms	Blä.	–	–	52
dto.	Wur.	–	–	52
Eichhornia crassipes (Mart.) Solms	Spr.	Sp. 1	–	48
Portulaccaceae				
Portulacca oleracea L.	Spr.	–	–	48
Portulacca pilosa L.	Spr.	–	–	39
Psilotaceae				
Psilotum nudum (L.) Griseb.	Spr.	–	–	30
Pteridaceae				
Acrostichum aureum L.	Spr.	–	–	54
Odontosoria uncinata	Spr.	–	3	6

Familie, Art	Organ	Alk.	Sap.	Fundort
Odontosoria wrightiana	Spr.	–	3	6
Odontosoria wrightiana	Spr.	–	–	56
Pteridium caudatum (L.) Maxon	Blä.	–	5	6
dto.	Ste.	–	3	6
Ranunculaceae				
Clematis dioica L.	Spr.	–	–	23
Rhamnaceae				
Auerodendron acuminatum (Griseb.) Urb.	Blä.	Sp. 1	–	24
Auerodendron cubense (Britt. & Wils.) Urb.	Blä.	–, M	2	14
dto.	Ste.	–, M	8	14
Colubrina reclinata (L'Hér.) Brong.	Blä.	–, M	9	14
dto.	Ste.	–, M	20	14
Gouania lupuloides (L.) Urb. var. *lupuloides*	Blä.	+ 1	15	30
dto.	Ste.	+ 2	2	30
Gouania lupuloides (L.) Urb. var. *aptera* Urb.	Spr.	Sp. 1	25	26
Gouania polygama (Jacq.) Urb.	Blä. Blü.	+ + 1	28	60
dto.	Ste.	–	–	60
Rhamnidium nipense Urb.	Blä.	–, M	4	46
Rhizophoraceae				
Rhizophora mangle L.	Blä.	–	–	31
dto.	Ste.	–	–	31
dto.	Frü.	–	–	31
Rosaceae				
Chrysobalanus pellocarpus G. F. W. Meyer	Blä.	+ 2	15	54
dto.	Ste.	Sp. 1	2	54
dto.	Frü.	+ 1	–	54
Chrysobalanus pellocarpus G. F. W. Meyer	Blä.	Sp. 1	3	56
dto.	Ste.	Sp. 1	–	54
dto.	Frü.	Sp. 1	2	54
Chrysobalanus pellocarpus G. F. W. Meyer	Blä.	+ 2	9	61
dto.	Ste. Blü.	Sp. 2	4	61
Hirtella americana L.	Blä.	–	–	55
dto.	Ste.	–	1	55
Hirtella triandra Sw.	Spr.	–	–	2
Rubiaceae				
Aliberta edulis A. Rich.	Blä.	–	–	24
dto.	Ste.	–	1	24
Ameioua corymbosa H. B. K.	Spr.	–	3	60
Borreria laevis (Lam.) Griseb.	Ges.	–	–	43
Borreria spinosa (L.) C. & S.	Spr.	–	2	61

Familie, Art	Organ	Alk.	Sap.	Fundort
Borreria thymocephala Griseb.	Spr.	Sp. 1	10	57
Borreria thymocephala Griseb.	Spr.	Sp. 2	4	54
Calycophyllum candidissimum (Vahl) DC.	Spr.	–	–	20
Casasia calophylla A. Rich.	Blä.	–	7	24
dto.	Ste.	–	3	24
Catesbaea parviflora Sw.	Spr.	+ + 2	4	33
Chiococca alba (L.) Hitchc.	Spr.	+ 1	5	60
Chiococca alba (L.) Hitchc.	Spr.	–	–	33
Chiococca alba (L.) Hitchc.	Spr.	+ + 3	–	34
Chiococca parvifolia Wullschl. ex Griseb.	Blä.	+ + + 1	–	6
dto.	Ste.	+ + 2	2	6
Coccocypselum guianense (Aubl.) K. Schum.	Spr.	–	7	62
Coccocypselum guianense (Aubl.) K. Schum.	Spr.	–	–	60
Declieuxia fruticosa (Willd. ex R. & S.) Kuntze var. *mexicana* (DC.) Standl.	Spr.	–	–	60
Diodia lippioides Griseb.	Spr.	–	1	61
Diodia rigida (Willd.) R. & S.	Spr.	–	2	60
Diodia simplex Sw.	Blä.	–	–	60
Erithalis fruticosa L.	Blä.	–, M	–	14
dto.	Ste.	–, M	–	14
Erithalis vaccinifolia (Griseb.) Wr. ex Sauv.	Blä.	–, M	3	14
dto.	Ste.	–, M	2	14
Erithalis vaccinifolia (Griseb.) Wr. ex Sauv.	Spr.	–, M	4	15
Exostema caribaeum (Jacq.) R. & S.	Spr.	–, M	6	14
Exostema caribaeum (Jacq.) R. & S.	Blä.	+ 1, M	5	14
dto.	Ste.	Sp. 1, M	7	14
Exostema ellipticum Griseb.	Spr.	–, M	16	16
Exostema spinosum (Le Vavass.) Krug & Urb.	Spr.	–, M	6	14
Faramea occidentalis (L.) A. Rich.	Spr.	–, M	2	16
Faramea occidentalis (L.) A. Rich.	Blä.	–, M	4	8
dto.	Ste.	–, M	2	8
Genipa americana L.	Blä.	–	2	24
Gonzalagunia brachyantha (A. Rich.) Urb.	Blä.	–, M	4	16
dto.	Ste.	–, M	–	16
Gonzalagunia sagraeana Urb.	Blä.	–	–	59
dto.	Ste.	–	–	59
Guettarda calyptrata A. Rich.	Blä.	–	1	33
dto.	Ste.	–	–	33
dto.	Frü.	–	–	33
Guettarda calyptrata A. Rich.	Spr.	–	5	33
Guettarda cueroensis Britt.	Blä.	–, M	34	15
dto.	Ste.	–, M	6	15
Guettarda ferruginea Wr. ex Griseb.	Blä.	–	7	6
Guettarda leonis Alain	Blä.	–, M	5	46
Guettarda rigida A. Rich.	Spr.	+ 2	3	33
Guettarda undulata Griseb.	Spr.	–, M	6	14
Guettarda undulata Griseb.	Blä.	–, M	3	14
dto.	Ste.	–, M	2	14
Hamelia patens Jacq.	Spr.	–	–	20

Familie, Art.	Organ	Alk.	Sap.	Fundort
Hamelia patens Jacq.	Blä. Frü.	+ + + 2	–	1
dto.	Ste.	+ + + 2	–	1
Hamelia patens Jacq.	Blä.	+ + + 1	2	39
dto.	Ste.	+ + + 2	–	39
Hamelia patens Jacq.	Spr.	+ + + 2	–	40
dto.	Frü.	+ + + 2	–	40
Hamelia patens Jacq.	Spr.	+ + 2	2	24
Hamelia patens Jacq.	Blä.	+ + + 3, M	–	48
Isertia haenkeana DC.	Blä.	+ + 4	14	60
dto.	Ste.	+ 1	1	60
Mitracarpus glabrescens (Griseb.) Urb.	Blä.	–, M	3	16
dto.	Ste.	+ 1, M	5	16
Mitracarpus squarrosus C. & S.	Spr.	–	5	33
Morinda royoc L.	Blä.	–	–	44
Morinda royoc L.	Spr.	–	6	43
Morinda royoc L.	Blä.	–	–	54
dto.	Ste.	–	–	54
dto.	Wur.	–	10	54
Morinda royoc L.	Blä.	–	–	39
dto.	Ste.	–	–	39
dto.	Frü.	–	–	39
Palicourea crocea (Sw.) R. & S.	Blä.	+ 1, M	5	16
dto.	Ste.	–, M	–	16
Palicourea domingensis (Jacq.) DC.	Blä.	+ + + 4	1	60
dto.	Ste.	+ 4	–	60
Pentas coccinea Stapf.	Blä.	–, M	–	47
dto.	Ste.	–, M	–	47
Portlandia lindeniana (A. Rich.) Britt.	Blä.	+ 3	8	60
dto.	Ste.	+ 1	4	60
Psychotria berteriana DC.	Blä.	–	–	6
dto.	Ste.	–	–	6
Psychotria costivenia Griseb.	Spr.	–	2	43
Psychotria cuspidata Bredem. ex R. & S.	Blä.	+ + + 3	4	6
dto.	Ste.	–	–	6
Psychotria horizontalis Sw.	Blä.	–	–	22
dto.	Ste.	–	1	22
Psychotria ligustrifolia (Northr.) Millsph.	Spr.	–	–	33
Psychotria pendula (Jacq.) Urb.	Spr.	–	–	6
Psychotria pendula (Jacq.) Urb.	Blä.	–, M	–	16
dto.	Ste.	–, M	–	16
Psychotria pinetorum Urb.	Blä. Frü.	–	–	60
Psychotria pubescens Sw.	Spr.	Sp. 1	–	59
Psychotria pubescens Sw.	Blä.	+ + 4	2	60
dto.	Ste.	Sp. 1	–	60
dto.	Rin.	+ 2	–	60
dto.	Wur.	Sp. 1	2	60
Psychotria pubescens Sw.	Blä.	+ 2, M	3	48

Familie, Art	Organ	Alk.	Sap.	Fundort
Psychotria revoluta DC.	Blä.	–	2	60
dto.	Ste.	–	3	60
Psychotria toensis Britt. & Wils.	Blä.	–	9	6
Psychotria uliginosa Sw.	Blä.	–	–	7
Psychotria undata Jacq.	Blä.	–, M	8	8
dto.	Ste.	–, M	2	8
dto.	Blü.	–, M	5	8
Psychotria undata Jacq.	Blä.	Sp. 1	3	34
dto.	Ste.	–	–	34
dto.	Wur.	–	–	34
Rachicallis americana (Jacq.) Hitchc.	Spr.	Sp. 1	–	38
Randia spinifex (R. & S.) Standl.	Blä.	–, M	4	46
Richardia brasiliensis Gómez	Spr.	Sp. 1	–	43
Richardia brasiliensis Gómez	Spr.	–	–	59
Rondeletia brachycarpa C. Wright	Blä.	–	13	24
Rondeletia camarioca Wr. ex Sauv.	Blä.	–	4	33
dto.	Ste.	–	2	33
Rondeletia camarioca Wr. ex Sauv.	Spr.	–	3	33
Rondeletia canellifolia Britt.	Blä.	–, M	2	46
Rondeletia combsii Greenm.	Spr.	–	2	33
Rondeletia correifolia Griseb.	Blä.	–	10	61
dto.	Ste.	–	6	61
Rondeletia lindeniana A. Rich.	Blä.	–, M	30	16
dto.	Ste.	–, M	5	16
Rondeletia naguensis Britt. & Wils.	Spr.	–, M	22	16
Rondeletia odorata Jacq.	Spr.	–	9	24
Rondeletia odorata Jacq.	Blä. Blü. }	–	11	20
Rondeletia odorata Jacq.	Blä.	–	3	32
dto.	Ste.	+ 2	–	32
Rondeletia odorata Jacq.	Blä.	–	4	60
dto.	Ste.	–	4	60
Rondeletia odorata Jacq.	Blä.	–	4	33
dto.	Ste.	–	2	33
Rondeletia pachyphylla Krug & Urb.	Wur.	–	1	6
Schmidtottia shaferi (Standl.) Urb.	Blä.	–, M	–	46
Siemensia pendula (Wr. ex Griseb.) Urb.	Blä.	–	2	60
dto.	Ste.	–	–	60
dto.	Blü.	–	2	60
Strumpfia maritima Jacq.	Blä.	–, M	4	14
dto.	Ste.	–, M	5	14
Tocoyena cubensis Britt. ex Standl.	Spr.	–	2	6
Rutaceae				
Amyris balsamifera L.	Blä.	–, M	–	14
dto.	Ste.	–, M	–	14
Amyris balsamifera L.	Blä.	–, M	2	15
dto.	Ste.	–, M	6	15
Amyris lineata C. Wright	Blä.	–, M	–	46

Familie, Art	Organ	Alk.	Sap.	Fundort
Helietta glaucescens Urb.	Blä.	–, M	–	46
Helietta leonis	Blä.	+ + + 2, M	23	46
Murraya paniculata (L.) Jacq.	Blä.	Sp. 1	–	48
Pilocarpus racemosus Vahl	Blä.	+ + + 4, M	1	46
Spathelia brittonii P. Wilson	Blä.	+ 1	–	60
dto.	Ste.	+ + 1	–	60
Spathelia cubensis P. Wilson	Blä.	+ 1, M	5	46
Spathelia pinetorum M. Vict.	Blä.	–, M	20	46
Spathelia vernicosa Planchon	Blä.	–, M	5	46
Zanthoxylum dumosum A. Rich.	Spr.	–	–	33
Zanthoxylum fagara (L.) Sargent	Blä.	+ 3, M	–	9
dto.	Ste.	Sp. 2, M	–	9
Zanthoxylum lomincolum (Urb.) Alain	Blä.	–, M	15	46
Zanthoxylum phyllopterum (Griseb.) C. Wright	Blä.	–, M	5	46
Sapindaceae				
Allophylus cominia (L.) Sw.	Blä.	–	–	24
Allophylus cominia (L.) Sw.	Blä.	–	5	60
dto.	Ste.	–	2	60
Allophylus cominia (L.) Sw.	Blä.	+ + 1	2	30
dto.	Ste.	–	2	30
Allophylus roigii	Blä.	Sp. 1	–	58
dto.	Ste.	–	–	58
Cupania cubensis Maza & Molinet	Blä.	–	–	24
dto.	Ste.	–	–	24
dto.	Frü.	–	–	24
Cupania glabra Sw. var. *glabra*	Blä.	+ + 2	–	30
dto.	Ste.	–	1	30
Cupania macrophylla A. Rich.	Blä.	Sp. 1	1	59
dto.	Ste.	–	–	59
dto.	Frü.	–	–	59
Hypelate trifoliata Sw.	Blä.	–, M	67	46
Matayaba oppositifolia (A. Rich.) Britt.	Blä.	+ 1	1	24
Paullinia pinnata L.	Blä.	–, M	5	8
dto.	Ste.	–, M	5	8
Sapindus saponaria L. var. *angustifolia*	Blä.	–, M	–	13
dto.	Ste.	–, M	10	13
Serjania caracasana (Jacq.) Willd.	Blä.	–, M	3	16
dto.	Ste.	–, M	2	16
Serjania crassinervis Radlk.	Blä.	+ 1, M	–	9
dto.	Ste.	–, M	8	9
Serjania diversifolia (Jacq.) Radlk.	Blä.	Sp. 1	–	49
dto.	Ste.	–	–	49
Serjania diversifolia (Jacq.) Radlk.	Blä.	–	–	45
dto.	Ste.	–	–	45
Serjania diversifolia (Jacq.) Radlk.	Spr.	–	–	43
Serjania diversifolia (Jacq.) Radlk.	Blä.	+ 1	3	26
dto.	Ste.	+ 1	2	26
Thouinia canescens Radlk.	Blä.	–, M	18	14

Familie, Art	Organ	Alk.	Sap.	Fundort
dto.	Ste.	–, M	3	14
Thouinia trifoliata Poit.	Blä.	+ 2	3	24
dto.	Ste.	–	6	24
Thouinia trifoliata Poit.	Blä.	Sp. 1	2	24
dto.	Ste.	+ 1	4	24
Thouinia trifoliata Poit.	Blä.	–, M	8	46
Thouinidium pulverulentum (Griseb.) Radlk.	Blä.	–, M	–	9
dto.	Ste.	–, M	5	9
Sapotaceae				
Bumelia celastrina H. B. K.	Spr.	–, M	2	13
Bumelia glomerata Griseb.	Ste.	+ 1, M	–	9
Bumelia retusa Sw.	Blä.	–	5	24
dto.	Ste.	–	–	24
Chrysophyllum oliviforme L.	Spr.	–	–	19
Chrysophyllum oliviforme L.	Blä.	–	1	24
Chrysophyllum oliviforme L.	Spr.	–	–	33
Dipholis salicifolia (L.) A. DC.	Blä.	+ 2	3	24
dto.	Ste.	+ 1	–	24
Manilkara cubensis	Blä.	–, M	45	46
Mimusops elengi L.	Blä.	+ + 1	1	48
Sideroxylon foetidissimum Jacq.	Blä.	Sp. 1	3	24
dto.	Ste.	+ + 1	1	24
Schizaeaceae				
Aneimia adiantifolia (L.) Sw.	Spr.	–	2	26
Aneimia adiantifolia (L.) Sw.	Spr.	–	–	2
Aneimia adiantifolia (L.) Sw.	Ges.	–	1	37
Scrophulariaceae				
Angelonia angustifolia Benth.	Blä.	–, M	–	16
dto.	Ste.	Sp. 1, M	–	16
Angelonia pilosella Kickx.	Spr.	–	1	61
Angelonia pilosella Kickx.	Spr.	+ 2	1	60
Bacopa monnieri (L.) Pennell var. *monnieri*	Spr.	–	52	29
Buchnera elongata Sw.	Spr.	–	–	62
Capraria biflora L.	Spr.	+ 2	–	48
dto.	Wur.	–	–	48
Capraria biflora L.	Wur.	Sp. 1	–	31
Gerardia albida (Britt. & Penn.) Penn.	Spr.	–	–	60
Gerardia purpurea L.	Spr.	Sp. 2	2	56
Hemianthus callitrichoides Griseb.	Blä.	+ 1, M	20	10
Scoparia dulcis L.	Spr.	–	3	54
Scoparia dulcis L.	Spr.	+ 1	–	60
Stemodia maritima L.	Ges.	Sp. 2	5	31
Stemodia maritima L.	Blä.	–, M	1	10
dto.	Ste.	–, M	5	10
Stemodia maritima L.	Blä.	–, M	18	10

Familie, Art	Organ	Alk.	Sap.	Fundort
Selaginellaceae				
Selaginella uncinata Spring	Spr.	–	–	33
Simarubaceae				
Alvaradoa amorphoides Liebm. subspec. *psilophylla* (Urb.) Cronquist	Blä. Blü.	–	3	21
dto.	Ste.	+ + 1	4	21
Picramnia pentandra Sw.	Blä.	–	–	37
dto.	Ste.	–	3	37
Picramnia pentandra Sw.	Spr.	–	–	60
Picramnia pentandra Sw.	Blä.	–	8	38
dto.	Ste.	–	3	38
dto.	Frü.	–	–	38
Simaruba glauca DC.	Blä.	–	–	24
Simaruba glauca DC.	Spr.	–, M	4	14
Suriana maritima L.	Blä.	–	–	1
dto.	Ste.	–	–	1
Suriana maritima L.	Blä.	–	2	54
dto.	Ste.	–	2	54
Solanaceae				
Brunfelsia jamaicensis Griseb.	Blä.	–	–	49
Brunfelsia nitida Benth.	Frü.	+ + + 2	–	48
Brunfelsia shaferi Britt. & Wils.	Blä. Frü.	+ + 1	–	6
Cestrum diurnum L.	Spr.	+ 2	16	49
Cestrum diurnum L.	Blä.	–	14	45
Cestrum hirtum Sw.	Spr.	–	20	6
Cestrum laurifolium L'Hér	Blä.	–, M	4	46
Espadaea amoena A. Rich.	Blä.	+ 1	7	24
dto.	Ste.	Sp. 1	–	24
Henoonia brittonii (Small) Monachina	Spr.	–, M	4	15
Henoonia brittonii (Small) Monochina	Blä.	–, M	–	14
dto.	Ste.	–, M	1	14
Lycianthes lenta (Cav.) Bitter	Spr.	+ 1	3	40
Lycianthes lenta (Cav.) Bitter	Spr.	Sp. 1	–	40
dto.	Frü.	+ + 2	5	40
Margaranthus solanaceus Schlecht.	Ges.	+ + 1	1	48
Nicandra physalodes (L.) Gaertn.	Blä.	–	–	48
dto.	Ste.	+ 3	–	48
Physalis angulata L.	Spr.	+ 1	–	48
dto.	Wur.	+ + 6	–	48
dto.	Frü.	+ 2	–	48
Physalis ignota Britt.	Blä.	+ 1	–	48
dto.	Ste.	+ 1	–	48
dto.	Wur.	+ + + 5	–	48

Familie, Art	Organ	Alk.	Sap.	Fundort
dto.	Frü.	+ 2	–	48
Schwenckia americana L.	Spr.	+ + 3	2	48
dto.	Wur.	+ + + 6	3	48
Schwenckia americana L.	Blä.	+ + + 3	–	48
dto.	Ste.	+ + 2	–	48
dto.	Wur.	+ + + 6	2	48
Solandra longiflora Tuss.	Blä.	+ + 2	4	60
dto.	Ste.	+ + + 3	–	60
Solanum aculeatum (Jacq.) O. E. Schulz	Spr.	+ + 2	–	1
Solanum aculeatum (Jacq.) O. E. Schulz	Spr.	Sp. 1, M	6	14
Solanum antillarum O. E. Schulz	Blä.	+ + + 3	4	37
dto.	Ste.	Sp. 2	2	37
dto.	Wur.	+ + 4	3	37
Solanum antillarum O. E. Schulz	Blä.	+ + + 2	1	59
dto.	Ste.	+ + + 4	–	59
dto.	Wur.	+ + + 4	–	59
Solanum antillarum O. E. Schulz	Blä.	+ + + 3	–	30
dto.	Ste.	+ + 3	–	30
dto.	Frü.	+ + + 3	–	30
Solanum antillarum O. E. Schulz	Spr.	+ + 1, M	6	16
Solanum antillarum O. E. Schulz	Blä.	+ + + 2, M	–	16
dto.	Ste.	+ 1, M	–	16
Solanum bahamense L.	Spr.	+ + + 2	2	1
Solanum bahamense L.	Blä.	+ + 3	30	38
dto.	Ste.	+ + 2	7	38
dto.	Wur.	+ + + 3	3	38
dto.	Frü.	+ + 3	56	38
Solanum bahamense L.	Spr.	+ + 1	20	30
dto.	Wur.	+ + 2	2	30
Solanum bahamense L.	Ste.	+ 1	3	30
dto.	Wur.	+ + 2	7	30
Solanum bahamense L.	Blä.	+ + 3	12	26
Solanum ciliatum Lam.	Spr.	+ 1, M	2	8
Solanum elaeagnifolium Cav.	Blä.	+ 1	2	48
dto.	Ste.	+ 1		48
dto.	Wur.	–	–	48
Solanum erianthum D. Don	Blä.	+ + + 2	–	49
dto.	Frü.	+ + + 1	3	49
Solanum erianthum D. Don	Spr.	+ + + 2	–	49
Solanum erianthum D. Don	Blä.	+ + + 2	–	36
dto.	Ste.	+ + 2	1	36
Solanum erianthum D. Don	Blä.	+ + 2, M	1	48
Solanum guanicense Urb.	Spr.	+ + + 3	–	41
Solanum guanicense Urb.	Spr.	+ 2	–	48
Solanum havanense Jacq.	Blä.	+ + 3	3	40
dto.	Ste.	+ + + 4	2	40
Solanum havanense Jacq.	Spr.	+ + + 1, M	3	34
Solanum havanense Jacq.	Wur.	+ + 3, M		34
Solanum jamaicense Mill.	Spr.	+ 1	–	20

Familie, Art	Organ	Alk.	Sap.	Fundort
Solanum jamaicense Mill.	Blä.	+ + 2	7	19
dto.	Ste.	+ 2	6	19
dto.	Frü.	+ + 3	11	19
Solanum jamaicense Mill.	Blä.	+ + 2	5	56
dto.	Ste.	+ 1	–	56
Solanum jamaicense Mill.	Blä.	+ + + 1	5	59
dto.	Ste.	–	4	59
dto.	Wur.	+ + + 2	1	59
Solanum nigrum L.	Spr.	+ + 1	–	50
dto.	Frü.	+ + 2	5	50
Solanum nigrum L.	Blä.	+ 1	2	48
dto.	Frü.	+ 2	3	48
Solanum torvum Sw.	Blä.	Sp. 1	–	44
Solanum torvum Sw.	Blä.	+ 1	5	19
dto.	Ste.	–	2	19
Solanum torvum Sw.	Blä.	+ + 2	4	56
dto.	Ste.	+ 1	4	56
dto.	Frü.	+ + 2	17	56
Solanum umbellatum Mill.	Blä.	+ + + 1	–	60
dto.	Ste. } Wur. }	+ + + 1	–	60
Staphyleaceae				
Turpinia paniculata Vent.	Blä.	Sp. 1, M	–	16
dto.	Ste.	–, M	–	16
Sterculiaceae				
Ayenia euphrasifolia Griseb.	Ges.	–, M	5	14
Guazuma tomentosa H. B. K.	Spr.	Sp. 1	4	49
Guazuma tomentosa H. B. K.	Frü.	–	–	45
Helicteris semitriloba Bertero	Blä.	–	–	1
dto.	Ste	–	–	1
Helicteris semitriloba Bertero	Blä.	–, M	–	15
dto.	Ste.	–, M	–	15
Melochia nodiflora Sw.	Spr.	Sp. 1	1	22
Melochia pyramidata L.	Spr.	+ 1	–	43
Melochia savannarum Britt.	Spr.	–	4	56
Melochia tomentosa L.	Blä.	–	–	1
dto.	Ste.	–	–	1
Melochia villosa (Mill.) Fawc. & Rendle	Spr.	–	–	60
Waltheria americana L.	Ges.	–	1	49
Taxaceae				
Podocarpus angustifolius Griseb.	Spr.	–	1	24
Podocarpus cubensis	Blä.	–	–	24
Podocarpus ekmanii Urb.	Spr.	–	1	6
Podocarpus ekmanii Urb.	Blä.	–, M	–	46
Podocarpus victorinianus Carabia	Blä.	Sp. 2, M	–	46

Familie, Art	Organ	Alk.	Sap.	Fundort
Theaceae				
Bonnetia cubensis (Britt.) Howard	Blä.	–	10	6
Laplacea ekmanii O. C. Schmidt	Blä.	–, M	28	16
dto.	Ste.	–, M	15	16
Ternstroemia peduncularis DC. s. l.	Blä.	–	45	33
dto.	Ste.	–	38	33
dto.	Frü.	–	36	33
Theophrastaceae				
Deherainia cubensis (Radlk.) Mez	Blä.	Sp. 1	23	53
dto.	Wur.	+ 1	51	53
Deherainia cubensis (Radlk.) Mez	Spr.		13	34
Jacquinia armillaris Jacq.	Blä.	–	22	24
dto.	Ste.	–	10	24
dto.	Frü.	–	1	24
Jacquinia barbasco (Loefl.) Mez	Blä.	Sp. 1	4	24
Jacquinia berterii Spreng.	Blä.	–, M	35	14
dto.	Ste.	–, M	–	14
Jacquinia berterii Spreng.	Spr.	Sp. 1, M	38	14
Jacquinia brunnescens Urb.	Blä.	+ 1	30	33
dto.	Ste.	–	9	33
Jacquinia stenophylla Urb.	Blä.	–, M	6	11
dto.	Ste.	–, M	4	11
Jacquinia stenophylla Urb.	Blä.	–, M	4	14
dto.	Ste.	–, M	3	14
Jacquinia stenophylla Urb.	Blä.	–, M	5	14
dto.	Ste.	–, M	–	14
Thymeleaceae				
Linodendron aronifolium Griseb.	Blä.	Sp. 1	–	6
dto.	Ste.	–	–	6
Linodendron cubanum (A. Rich.) Urb.	Blä.	–, M		46
Tiliaceae				
Corchorus hirsutus L.	Spr.	–	–	1
Corchorus hirsutus L.	Blä.	Sp. 1	3	26
dto.	Ste.	–	–	26
Corchorus hirsutus L.	Spr.	–, M	4	13
Corchorus hirsutus L.	Blä.	–	–	14
dto.	Ste.	–, M	2	14
Corchorus siliquosus L.	Spr.	–	–	35
Corchorus siliquosus L.	Blä.	–	5	30
dto.	Ste.	–	–	30
Tetralix nipensis Urb.	Blä.	–, M	3	46
Triumfetta bartramia L.	Blä. Blü.	–	–	20
dto.	Ste.	–	–	20
dto.	Wur.	–	–	20

Familie, Art	Organ	Alk.	Sap.	Fundort
Turneraceae				
Piriqueta cistoides (L.) Meyer	Spr.	–	–	29
Turnera diffusa Willd.	Spr.	–	5	1
Turnera diffusa Willd.	Spr.	–, M	15	13
Turnera ulmifolia L.	Spr.	+ 1	–	43
Turnera ulmifolia L.	Blä.	–	–	38
dto.	Ste.	Sp. 1	–	38
dto.	Wur.	–	–	38
Ulmaceae				
Phyllostylon brasiliensis Capanema	Blä.	–, M	–	9
dto.	Ste.	+ 1, M	–	9
Trema lamarckiana (R. & S.) Blume	Spr.	–	–	6
Trema lamarckiana (R. & S.) Blume	Blä.	–	–	30
dto.	Ste.	–	1	30
Trema lamarckiana (R. & S.) Blume	Blä.	–, M	–	11
dto.	Ste.	–, M	1	11
Trema micrantha (L.) Blume	Spr.	–	–	59
Umbelliferae				
Apium leptophyllum (Pers.) F. Muell.	Spr.	Sp. 2	–	48
Centella erecta (L. f.) Fern.	Spr.	–	8	62
Eryngium nasturtiifolium Juss.	Spr.	–	–	48
Urticaceae				
Fleurya cuneata (A. Rich.) Wedd. var. *ovata* Wedd.	Spr.	+ 1	–	60
Pilea forsythiana Wedd. var. *robustior* Wedd.	Blä.	–, M		46
Pilea mayarensis Morton	Spr.	–	–	7
Pilea microphylla (L.) Liebm.	Spr.	–	–	53
Pilea spec.	Blä.	–, M	–	16
dto.	Ste.	–, M	–	16
Urera baccifera (L.) Gaud.	Blä.	–	–	53
Urera baccifera (L.) Gaud.	Ste. Blü.	–	–	20
Valerianaceae				
Valeriana scandens L. var. *scandens*	Spr.	–	–	60
Verbenaceae				
Avicenna nitida Jacq.	Blä.	–	–	54
dto.	Ste.	–	–	54
Bouchea prismatica (L.) Kuntze var. *longirostra* Grenz.	Ges.	–	–	37
Callicarpa floccosa Urb.	Blä.	–, M	1	16
dto.	Ste.	–, M	1	16
Callicarpa leonis Mold.	Blä.	Sp. 1, M	2	14

Familie, Art	Organ	Alk.	Sap.	Fundort
dto.	Ste.	–, M	2	14
Callicarpa roigii Britt.	Blä.	–	–	50
dto.	Frü.	–	–	50
Citharexylum caudatum L.	Blä.	–	–	56
dto.	Ste. Frü.	–	–	56
Citharexylum tristachyum Turcz.	Blä.	–, M	4	16
dto.	Ste.	–, M	–	16
Clerodendrum aculeatum (L.) Schlecht. var. *gracile* Griseb. ex Mold.	Spr.	+ 2	4	1
Clerodendrum cubense Schau.	Spr.	Sp. 1	1	48
Clerodendrum nipense Urb. var. *nipense*	Blä.	–	7	6
Clerodendrum splendens G. Don	Blä.	+ + 5	–	48
dto.	Blü.	+ + 5	–	48
Clerodendrum tuberculatum A. Rich.	Spr.	–	13	24
Duranta repens L.	Blä.	–	2	21
dto.	Ste.	–	17	21
Lantana camara L. var. *aculeata* (L.) Mold.	Blä.	Sp. 1	2	48
dto.	Blü.	–	–	48
Lantana camara L. var. *camara*	Blä.	Sp. 1	3	20
Lantana camara L. var. *camara*	Spr.	–	3	19
Lantana involucrata L.	Blä.	Sp. 1	1	54
dto.	Ste.	–	–	54
Lantana involucrata L.	Spr.	–	1	32
Lantana parvifolia Desf.	Spr.	–	–	1
dto.	Wur.	–	–	1
Lantana reticulata Pers.	Blä.	–	–	44
dto.	Frü.	–	–	44
Lantana reticulata Pers.	Blä.	–	–	32
dto.	Ste.	–	–	32
Lantana trifolia L.	Spr.	–	–	48
dto.	Frü.	+ 1	–	48
Lippia alba (Mill.) N. E. Br.	Spr.	Sp. 1	2	49
Lippia micromera Schau. var. *helleri* (Britt.) Mold.	Spr.	–, M	–	14
Petitia urbanii Ekm.	Blä.	–, M	2	14
dto.	Ste.	–, M	2	14
Phyla betulaefolia (H. B. K.) Greene	Blä.	–, M	–	8
dto.	Ste.	–, M	–	8
dto.	Wur.	–, M	2	8
dto.	Blü.	–, M	–	8
Phyla nodiflora (L.) Greene var. *nodiflora*	Blä.	–, M	–	10
Priva lappulacea (L.) Pers.	Ges.	–	–	49
Priva lappulacea (L.) Pers.	Ges.	–	–	40
Pseudocarpidium shaferi Britt. s. l.	Blä.	–, M	1	14
dto.	Ste.	–, M	1	14
Stachytarpheta jamaicense (L.) Vahl	Blä.	–	–	49
dto.	Ste. Inf.	–	–	49

Familie, Art	Organ	Alk.	Sap.	Fundort
dto.	Wur.	–	–	49
Tectona grandis L. f.	Blä.	–	3	22
Tectona grandis L. f.	Frü.	–	–	22
Verbena rigida Spreng.	Blä.	Sp. 1, M	–	16
dto.	Ste. Wur.	–, M	–	16
Vitex umbrosa aut., no Sw.	Blä.	–	–	48
dto.	Ste.	–	–	48
dto.	Frü.	–	–	48
Violaceae				
Hybanthus havanensis Jacq.	Blä.	–, M	1	14
dto.	Ste.	–, M	3	14
Vitaceae				
Cissus caustica Tuss.	Blä.	–, M	–	13
dto.	Ste.	–, M	–	13
Cissus caustica Tuss.	Blä.	–, M	–	14
dto.	Ste.	–, M	–	14
Cissus grisebachii Planch.	Blä.	–, M	–	16
dto.	Ste.	–, M	–	16
Cissus sicyoides L.	Blä.	Sp. 1	–	40
dto.	Ste.	–	–	40
Cissus sicyoides L.	Blä.	+ 1	–	35
dto.	Ste.	+ 1	–	35
Cissus sicyoides L.	Spr.	–	–	48
Cissus sicyoides L.	Spr.	+ 2	–	60
Cissus trifoliata L.	Spr.	–	–	1
Xyridaceae				
Xyris jupicai L. C. Rich.	Spr.	–	–	61
Zingiberaceae				
Alpinia speciosa (Wendl.) Schum.	Blä.	–	–	48
dto.	Inf.	–	–	48
Hedychium coronarium König	Spr.	–	–	59
dto.	Rhi.	–	–	59
Zingiber officinalis Rosc.	Spr.	–	–	60
Zygophyllaceae				
Guajacum officinale L.	Blä.	+ + 2	65	50
Kallstroemia maxima (L.) T. & G.	Spr.	–	–	49
Tribulus cistoides L.	Blä.	Sp. 2	3	48
dto.	Ste.	Sp. 1	–	48

Herrn Ing. J. Acuña Galé von der Estación Experimental Agronómica in Santiago de las Vegas und Herrn Dr. J. Bisse, Friedrich-Schiller-Universität, Jena, z. Zt. Botanischer Garten der Universität von Havanna in Calabazar, danken wir für die Bestimm ung des Pflanzenmaterials. Außerdem sind wir den genannten Herren sowie Herrn Dr. J. T. Roig y Mesa von der Estación Experimental Agronómica in Santiago de las Vegas sowie Herrn Valiente vom Botanischen Garten der Provinz Las Villas in Soledad für die Überlassung von Pflanzenmaterial zu Dank verpflichtet. Frau Sigrid Horstmann danken wir für ihre Hilfe beim Sammeln des Pflanzenmaterials und bei der Anlage und Betreuung des Herbars.

Zusammenfassung

In Zusammenarbeit zwischen der Akademie der Wissenschaften Kubas und der Deutschen Akademie der Wissenschaften zu Berlin wurden 1165 Pflanzenarten aus 149 Familien der kubanischen Flora nach Standardverfahren orientierend auf Alkaloide und Saponine untersucht. Die Ergebnisse sind in Tabelle 2 aufgeführt.

Summary

Phytochemical investigations in plants of the Cuban flora

In cooperation of the Academy of Sciences of Cuba with the German Academy of Sciences at Berlin 1165 species from 149 plant families of the Cuban flora have been preliminarily investigated by standard methods with regard to the occurrence of alkaloids and saponins. The results are compiled in table 2.

Краткое содержание

Фитохимические исследования на растениях кубинской флоры

В рамках сотрудничества Кубинской и Германской академий наук исследуются 1165 видов растений кубинской флоры из 149 семейств. Стандартными методами проводился ориентировочный анализ на содержание алкалоидов и сапонинов. Результаты анализов приводятся в табл. 2.

Literatur

Alain, Hno. (Dr. E. E. Liogier), 1964: Flora de Cuba. Bd. 5, S. 316. – La Habana.

Arthur, H. R., 1954: A Phytochemical Survey of Some Plants of North Borneo. – J. Pharmacy Pharmacol. 6, 16–72.

Aurich, O., G. Osske, K. Pufahl, A. Romeike, H. Rönsch, K. Schreiber und G. Sembdner, 1965: Phytochemische Untersuchungen an Pflanzen der einheimischen Flora und des Gaterslebener Sortiments, I. Mitteilung. – Kulturpflanze *13*, 621–714.

Aurich, O., S. Danert, K. Pufahl, A. Romeike, H. Rönsch, K. Schreiber und G. Sembdner, 1966: Phytochemische Untersuchungen an Pflanzen der einheimischen Flora und des Gaterslebener Sortiments, II. Mitteilung. – Kulturpflanze 14, 447–494.

Aurich, O., S. Danert, A. Romeike, H. Rönsch, K. Schreiber und G. Sembdner, 1967: Phytochemische Untersuchungen an Pflanzen der einheimischen Flora und des Gaterslebener Sortiments. III. Mitteilung. – Kulturpflanze *15*, 205–242.

Euler, K. L., and N. R. Farnsworth, 1962: A Comparison of Certain Alkaloid Screening Procedures. – Lloydia *25*, 296–311.

Farnsworth, N. R., and K. L. Euler, 1962: An Alkaloid Screening Procedure Utilizing Thin-layer Chromatography. – Lloydia *25*, 186–195.

Farnsworth, N. R., N. A. Pilewski and F. J. Draus, 1962: Studies on False-positive Alkaloid Reactions with Dragendorff's Reagent. – Lloydia *25*, 312–319.

Furgiuele, A. R., N. R. Farnsworth, and J. P. Buckley, 1962: False-positive Alkaloid Reactions Obtained with Extracts of Piper methysticum. – J. Pharmacy Pharmacol. *16*, 115–117.

Raffauf, R. F., and S. von Reis Altschul, 1968: The Detection of Alkaloids in Herbarium Material. – Econ. Bot. *22*, 267–269.

Roig y Mesa, J. T., 1945: Plantas medicinales, aromaticas y venenosas de Cuba. – La Habana, 2 Bände.

Romeike, A., 1959 in: Linskens, H. F. (Herausgeber), Papierchromatographie in der Botanik, 2. Aufl. S. 353–382. – Berlin – Göttingen – Heidelberg.

Webb, J. L., 1949: An Australian Phytochemical Survey I. Alkaloids and Cyanogenetic Compounds in Queensland Plants. – Commonwealth Sci. and Ind. Res. Org., Australia, Bull. No. 241.

Aleuronschichten und Aminosäuregehalt bei der Gerste

von Joachim Kruse, Siegfried Danert, Peter Hanelt, Johannes Helm, Christian O. Lehmann, Armin Rudolph, Friedrich Scholz, Jürgen Schultze-Motel und Manfred Siegel

(Eingegangen am 15. März 1971)

Unter den Gräsern sind einige Gattungen bekannt, deren Karyopsen in der Aleuronschicht mehr als eine Zellage aufweisen (*Hordeum*, *Bromus*, *Brachypodium*, *Arrhenatherum*, *Oryza*). Bei der Gerste ist man bereits im vergangenen Jahrhundert auf diese Eigentümlichkeit aufmerksam geworden (ausführliche Literaturhinweise bei Sawicki, 1951). Lauck (1907) zeigte auf, daß die Anzahl der Aleuronschichten bei den Gerstensorten verschieden sein kann, er bildet Kornquerschnitte von Sippen mit 2, 3 und 5 Aleuronlagen ab. Nach Orlov (1929, 1931, 1936) sind Gersten mit 3 und mehr Aleuronschichten besonders in Ostasien verbreitet, während für äthiopische Gersten nur 2 Aleuronlagen charakteristisch sind (Abb. 1 u. 2). Wie Trofimovskaja (1969) betont, können diese Unterschiede aber nur im Sinne einer Häufungstendenz gewertet werden und eignen sich nicht zur Begründung selbständiger Arten. Daß die Schichtzahl der Aleuronlagen keine Bindung zu den infraspezifischen Taxa von *Hordeum vulgare* erkennen läßt, hat Sawicki (1951) nachgewiesen. Die Entwicklungsgeschichte des Endosperms bei der Gerste hat Gordon (1917) untersucht, ihre Ergebnisse sind wiederholt ergänzt worden. Im befruchteten Embryosack wird das Endosperm in Form eines Nucellartapetums angelegt, das anschließend zu einem Zelltapetum wird. Die erste Periklinalteilung trennt die spätere Aleuronschicht von einer inneren Zellage, die den Mehlkörper hervorbringt. Die Mehrschichtigkeit im Aleurongewebe kommt zustande, unmittelbar bevor das Korn die volle Größe erreicht hat. Postel (1957) untersuchte das Aminosäurespektrum in differenzierten Zonen von Gerstenkaryopsen. Durch eine vorsichtige Schälung des Kornes erreichte er eine weitgehende Trennung der Aleuronschichten vom Mehlkörper. In der Mantel-Fraktion waren allerdings auch Außenschichten des Mehlkörpers enthalten. Nach seiner Feststellung ist das Spektrum der Aminosäuren in beiden Fragmenten qualitativ verschieden. Im Bereich der Aleuronschichten ist der Anteil an essentiellen Aminosäuren höher als im Mehlkörper. Von ganz besonderem Interesse sind aber die wesentlichen quantitativen Unterschiede der Eiweiße in beiden Fraktionen. Obwohl das Verhältnis der Gewichtsanteile von Aleuronschichten und Mehlkörper innerhalb des Endosperms sehr stark zugunsten des Mehlkörpers verschoben ist, beträgt das quantitative Verhältnis der Eiweiße etwa 1:1. Die Stärke der Aleuronschichten reicht bei der Gerste

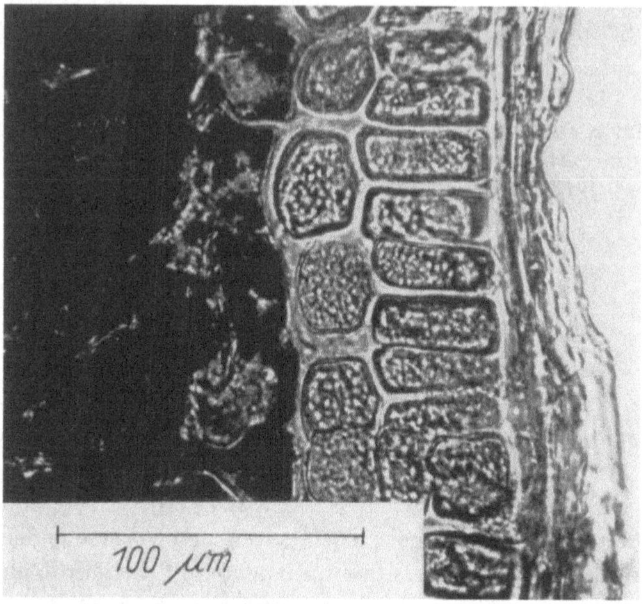

Abb. 1. Gerste mit zweischichtiger Aleuronzone

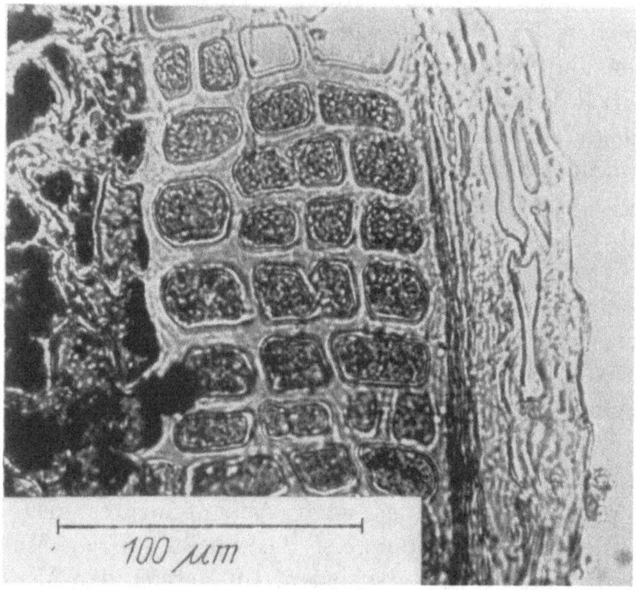

Abb. 2. Gerste mit vierschichtiger Aleuronzone

von ca. 40 µm bis 130 µm. Die große Amplitude in der Ausdehnung und in der Zellgröße legt die Vermutung nahe, daß sich eine dicke Aleuronzone positiv auf den Gesamtgehalt an Aminosäuren, aber auch auf die quantitativen Anteile der einzelnen Aminosäuren auswirken könnte. Wir haben die Frage geprüft, ob anatomische Methoden als diagnostisches Merkmal zur Auslese von Sippen mit positivem Aminosäuregehalt geeignet sind.

Bei vielen Gerstensippen kommt es vor, daß vom Mehlkörper, dessen Zellen im allgemeinen zentripetal gestreckt sind, am äußeren Rand Zellen abgeschieden werden, die ihrem Inhalt nach eine große Ähnlichkeit mit den Aleuronzellen aufweisen (Abb. 3). Bei Jodreaktion erfolgt eine Gelbfärbung, die auf eine

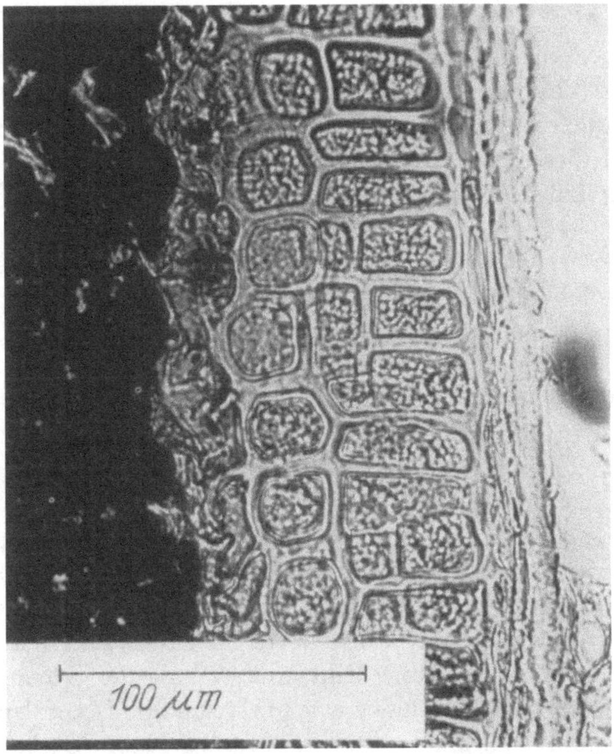

Abb. 3. Unter der zweischichtigen Aleuronzone ist die Intermediärschicht erkennbar

Eiweißkonzentration hinweist. Stärkekörner werden nicht abgelagert. Auch in der Form nähern sich diese Randzellen des Mehlkörpers den Aleuronzellen. Wir bezeichnen diese von der Aleuronschicht und dem eigentlichen Mehlkörper begrenzte Zellzone im folgenden als Zwischen- oder Intermediärschicht. Bei vielen Sippen ist die Zwischenschicht fast regelmäßig ausgeprägt, in anderen Taxa tritt sie nur ausnahmsweise auf. Eine Prüfung des Standard-Sortimentes der gegenwärtig in der DDR zugelassenen Gerstensorten ergab ein unterschiedliches Auftreten der Intermediärschicht. In einigen Sorten konnte sie nicht nachgewiesen werden, in anderen ist sie sehr weit verbreitet, bei einigen Gruppen beträgt das Verhältnis von Körnern mit und ohne Zusatzschicht etwa 50:50. Die Vermutung, es könne sich hier um ein Merkmal handeln, das einen Einfluß auf den Aminosäuregehalt hat, bisher züchterisch aber noch nicht genutzt worden ist, liegt nahe. Wir haben daher auch solche Sippen in die Untersuchung einbezogen, die sich durch eine vorhandene bzw. fehlende Intermediärschicht auszeichnen.

MATERIAL UND METHODE

Das Untersuchungsmaterial entstammt den Beständen des Kulturpflanzensortimentes des Zentralinstitutes für Genetik und Kulturpflanzenforschung Gatersleben. Einen sehr großen Anteil haben Sippen aus den Mannigfaltigkeitszentren. Selbst diese Primitivsorten sind durch die Erhaltungsmaßnahmen so weit selektiert, daß sie in ihren morphologischen Merkmalen relativ einheitlich sind.

Einige vorbereitende Untersuchungen dienten der Erfassung repräsentativer Werte. Die Ausdehnung der Aleuronschicht ist mit Ausnahme der Keimscheibe in allen Zonen der Gerstenkaryopse annähernd gleichwertig. Zur Ermittlung der Dicke von Aleuronlagen und Zwischenschichten wurden die Querschnitte aus der Kornmitte entnommen. Bei der Messung sind gewisse Fehlerquellen kaum vermeidbar, da die Zellen der inneren Aleuronlage in zentripetaler Richtung konvex gewölbt sind und unterschiedlich weit in den Mehlkörper hineinragen. Es können also nur mittlere Werte erfaßt werden.

Weitere Vorprüfungen betrafen die Variationsbreite in der Ausdehnung der Aleuronschicht und der Intermediärschicht innerhalb einer Sippe. Die Untersuchung von 100 Körnern verschiedener Hochzucht- und Primitivsorten ergab, daß für ein Screening 5 Karyopsen ausreichen, um zu annähernd charakteristischen Werten zu gelangen. Eine Einquellung der Samen hat übrigens keinen Einfluß auf die Schichtdicke, wie unsere anatomischen Untersuchungen an ungequollenen, 5 Stunden und 19 Stunden lang gequollenen Samen ergaben.

Auf der Grundlage von jeweils 5 Einzelkornproben konnten die Schichtdicke und die Anzahl der Aleuronlagen bei über 1500 Sippen des Gaterslebener Gerstensortimentes ausgewiesen werden. Aus diesem Material haben wir Sippen mit unterschiedlichen Eigenschaften für weitere Analysen ausgelesen. Die Selektion erfolgte nach folgenden Merkmalen:

1. Geringe Schichtzahl, geringe Radialausdehnung der Aleuronzellen
2. Geringe Schichtzahl, hohe Radialausdehnung der Aleuronzellen
3. Hohe Schichtzahl, geringe Radialausdehnung der Aleuronzellen
4. Hohe Schichtzahl, hohe Radialausdehnung der Aleuronzellen.

Für spezielle Fragestellungen wählten wir aus allen Gruppen außerdem Körner mit vorhandenen bzw. fehlender Intermediärschicht aus.

Zur Analyse des Rohproteingehaltes des Aminosäurespektrums sowie für Nachkommenschaftsprüfungen haben wir nur solche Körner berücksichtigt, deren Aleuronschichten-Ausmaße sich dem Mittelwert der betreffenden Sorte stark näherte. Jedes Korn ist also anatomisch untersucht worden.

Parallel zu den hier mitzuteilenden Ergebnissen laufen Kreuzungsversuche mit Sippen unterschiedlicher Aleuronschichten, über die später berichtet werden soll.

Durch einen Vergleich der biochemischen Analysen mit den metrisch erfaßten anatomischen Befunden soll festgestellt werden, ob positive Korrelationen zwischen der Ausdehnung der Aleuronschichten und dem quantitativen und qualitativen Eiweißgehalt (Rohprotein und Aminosäuren) bestehen.

ERGEBNISSE

Die von Orlov nachgewiesenen Unterschiede in der Anzahl der Aleuron-Lagen zwischen asiatischen und äthiopischen Gersten treffen auch für die von uns untersuchten Sippen zu. In die Gruppe der ostasiatischen Gersten haben wir auch die zentralasiatischen Sippen einbezogen. Bei den zentral- und ostasiatischen Gersten kommen im Durchschnitt mehr als drei Zellagen in der Aleuronschicht vor, während sich die äthiopischen Gersten durch 2–3 Zellagen auszeichnen.

Für einige untersuchten Sippen wird in Abb. 4 die Ausdehnung der Aleuronschicht mitgeteilt. Bei äthiopischen Gersten liegt das Maximum zwischen 80

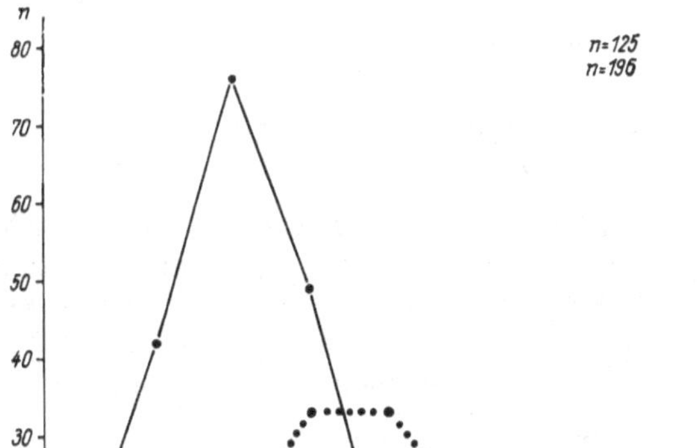

Abb. 4. Bei den äthiopischen Gersten ist die Aleuronzone durchschnittlich schmaler als bei den ost- und zentralasiatischen. —— = Äthiopien, ···· = Zentral- u. Ostasien

und 89 μm, bei den zentral- und ostasiatischen ist der Anteil mit einer zwischen 90 und 109 μm liegenden Schichtdicke eindeutig höher.

Um die Variationsbreite der Aleuronschichtdicke näher zu charakterisieren, wurden die Körner von einzelnen Ähren geprüft. In das Programm wurden sowohl zweizeilige als auch mehrzeilige Gersten aufgenommen. Bei mehrzeiligen Gersten erwies sich, daß im Korn der Mitteleährchen die Schichtdicke durchschnittlich etwas größer ist als an den Seitenährchen. Was die Verteilung der Körner in der Ähre betrifft, variiert die Schichtdicke ebenso wie bei Untersuchung von willkürlich ausgewählten Körnern einer Nummer. Die Höhe der Ansatzstelle an der Ähre hat also keinerlei Einfluß auf die Dicke der Aleuronschicht.

Von ausgewählten Sippen mit unterschiedlicher Aleuronschichtdicke haben wir Einzelkörner untersucht, um durch Nachkommenschaftsprüfungen Aufschluß über Vererbung der Aleuronschichtdicke zu erhalten. Die embryohaltigen Kornfraktionen gelangten unter Vorkultur zur Aussaat, aus den aufgezogenen Pflanzen wurden die einzelnen Ähren untersucht und mit dem Ausgangskorn in Beziehung gebracht. Die Ergebnisse sind in Abb. 5 wieder-

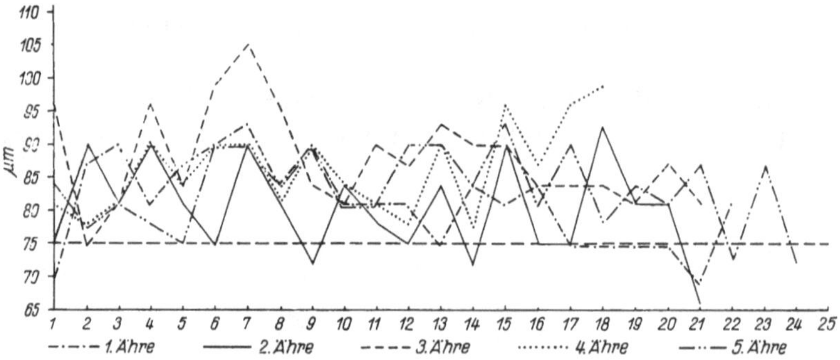

Abb. 5. Schichtdicke aufeinanderfolgender Karyopsen (Abszisse) der ersten bis fünften Ähre von einer Pflanze (zweizeilige Gerste). Die waagerechte unterbrochene Linie gibt die Schichtdicke des Kornes an, aus dem die Pflanze hervorgegangen ist

gegeben. Die Stärke der Aleuronschicht im Ausgangskorn ist durch die gestrichelte Linie gekennzeichnet. In den 5 Ähren, die zur Untersuchung gelangten, variiert die Aleuronschicht relativ stark. Beziehungen in der Entstehungsfolge der einzelnen Ähren einer Pflanze und dem Ausgangskorn im Hinblick auf die Stärke der Aleuronlagen lassen sich nicht nachweisen. Die durchschnittlich höher liegenden Werte führen wir auf den günstigeren Einzelpflanzenabstand zurück (20 × 10, normalerweise beträgt der Einzelpflanzenabstand bei der Anzucht zur Saatgutvermehrung 20 × 5 cm).

Auch für die Rohprotein-Untersuchungen wählten wir Einzelkörner mit einer annähernd gleichwertigen Ausdehnung der Aleuronschichten aus, so daß in dem zur Analyse gelangten Material die Variationsbreite stark eingeengt wurde. In Abb. 6 sind die Ergebnisse – geordnet nach der Stärke der Aleuronschicht der untersuchten Sippen – angeführt. Wie der unregelmäßige Verlauf der Kurve für den Rohproteingehalt bei diesen Sippen zeigt, existieren keine unmittelbaren Beziehungen zwischen Rohproteingehalt und Aleurondicke.

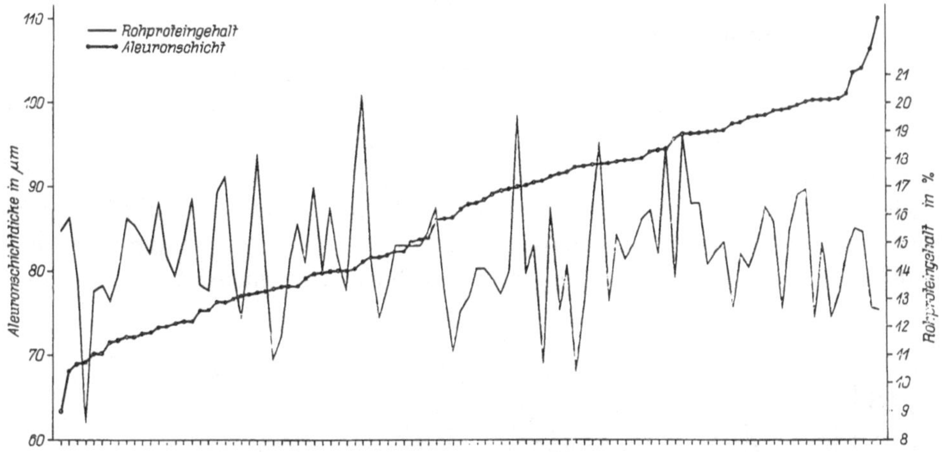

Abb. 6. Rohproteingehalt und Aleuronschichtdicke. Die aufsteigende Kurve kennzeichnet die Schichtdicke von 102 untersuchten Gerstensippen. Eine Korrelation zum Rohproteingehalt ist nicht vorhanden

Bei den in die Prüfung einbezogenen Gersten ist die Tausendkornmasse verschieden. Um die absoluten Werte relativieren zu können, haben wir den Rohproteingehalt auf Einzelkörner bezogen. Auch die berechneten Ergebnisse ließen keine Korrelationen zwischen Rohproteingehalt und Aleuronschicht erkennen.

Die Dicke der Aleuronschichten liegt bei den in die Analyse einbezogenen Sippen zwischen 68 und 110 μ. Der Eiweißgehalt pro Korn (Rohprotein) zeigt bei den untersuchten Nummern eine Variationsbreite zwischen 0,0035 und 0,0095 g pro Korn. Es konnten Sippen festgestellt werden, bei denen der Rohproteingehalt verhältnismäßig hoch ist (0,0075 g pro Korn), obwohl die Schichtdicke nur bei 64 μ liegt. Andererseits haben wir Sippen erfaßt, deren Rohproteingehalt ca. 0,004 g pro Korn beträgt bei einer Ausdehnung der Aleuronschicht von 108 μ. Auch für andere Extreme (niedriger Rohproteingehalt geringe Schichtdicke; hoher Rohproteingehalt große Schichtdicke) lassen sich Belege erbringen. Eine Häufung ist nicht erkennbar.

Ausgehend von der Überlegung, daß trotz der festgestellten Unabhängigkeit zwischen Rohprotein und Aleuronschichtdicke einzelne Aminosäuren möglicherweise bevorzugt in der Aleuronschicht oder im Mehlkörper liegen könnten, erfolgten qualitative und quantitative Analysen der Aminosäuren. Auch hierbei wurden nur Einzelkörner mit bekannter Schichtdicke in die Analyse einbezogen.

Ein sehr auffälliges Merkmal der Karyopsen vieler Gerstensippen ist die Intermediärschicht, die entwicklungsgeschichtlich dem Mehlkörper angehört. Die Annahme liegt nahe, daß es sich hier um eine Eigenschaft handeln könnte, die züchterisch bisher noch nicht berücksichtigt worden ist. Da etwa 50% des Gesamteiweißes in den Außenlagen des Endosperms abgelagert werden, könnte eine Selektion von Formen mit ausgeprägten Zwischenschichten zu einer Qualitätssteigerung führen.

In das Untersuchungsprogramm wurden daher auch Gerstensippen aufgenommen, bei denen die Zusatzschicht bei etwa 50% aller Körner vorhanden ist. Es wurden Fraktionen mit und ohne Zusatzschicht in die Analyse einbezogen.

Die Analysenergebnisse für einige essentielle Aminosäuren sind in Abb. 7 u. 8 wiedergegeben. Die Säulen charakterisieren die Ausdehnung der Aleuronschicht. Die dunkel gehaltenen Anteile (Intermediärschicht) einiger Säulen

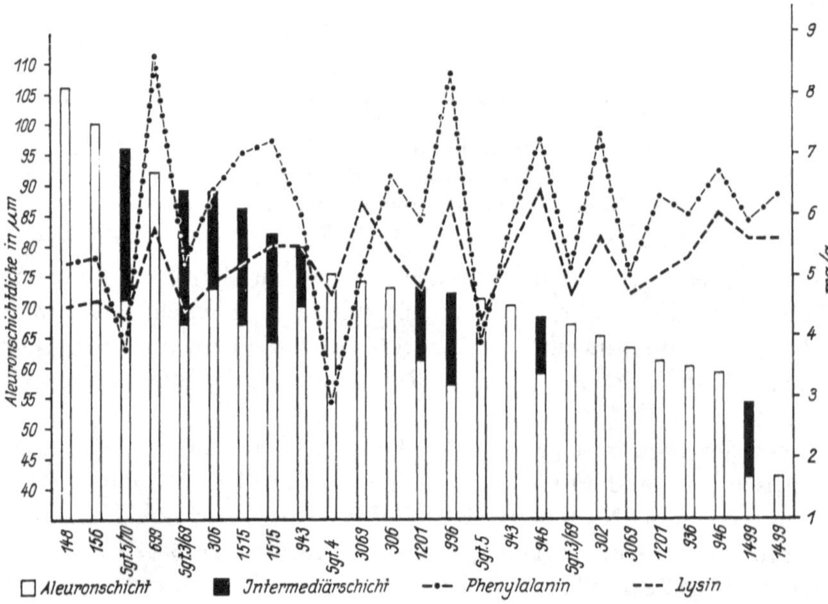

Abb. 7. Aminosäuren-Anteile (Lysin und Phenylalanin) und Schichtdicke. Die Ausdehnung der Aleuronzone und der Intermediärschichten ist durch Säulen gekennzeichnet. In die Analyse wurden u. a. Karyopsen derselben Sippen mit fehlender und vorhandener Intermediärschicht einbezogen (vgl. die Nummern am Grund der Säulen). Die Dicke der Aleuronschicht läßt keine unmittelbaren Beziehungen zu den Ergebnissen der quantitativen Aminosäurenanalysen erkennen

machen deutlich, daß die Zwischenschicht verhältnismäßig große Ausmaße erreicht. Die durch Nummern gekennzeichneten Sippen, bei denen Fraktionen mit und ohne Zusatzschicht in die Analyse einbezogen wurden, kommen an verschiedenen Stellen des Säulendiagramms vor.

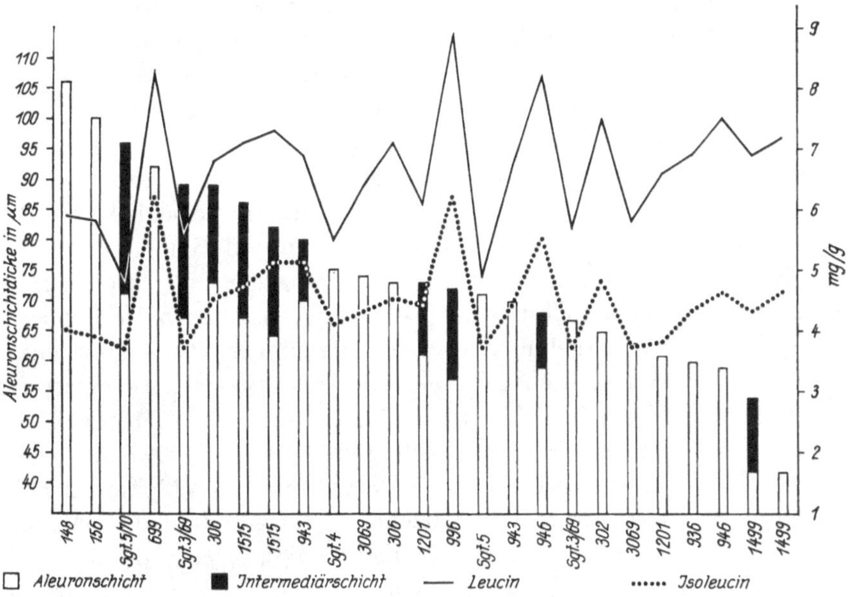

Abb. 8. Aminosäuren-Anteile (Leucin und Isoleucin) und Schichtdicke. Weitere Erläuterungen unter Abb. 7.

Zur Kennzeichnung der quantitativen Analysen werden die Ergebnisse für einige essentielle Aminosäuren mitgeteilt. Eine Korrelation zwischen den Aminosäuren und der Dicke der Aleuronschicht ist nicht nachweisbar. Gleiche Sippen, bei denen eine Zusatzschicht fehlt oder vorhanden ist, weisen annähernd übereinstimmende Werte auf. Ähnliche Ergebnisse, wie sie hier für die Analyse von Lysin, Phenylalanin, Leucin und Isoleucin mitgeteilt werden, sind auch dem Kurvenverlauf nach für andere Aminosäuren charakteristisch.

DISKUSSION DER ERGEBNISSE

Die von Orlov postulierten Merkmalsdifferenzen zwischen ostasiatischen und abessynischen Gersten können nach unseren Untersuchungen auch auf die Ausdehnung der Aleuronschicht bezogen werden. Die Unterschiede sind nicht absolut, wie der Kurvenverlauf in Abb. 4 zum Ausdruck bringt. Auch die zentralasiatischen Sippen sind im Vergleich zu den äthiopischen durch eine größere Schichtdicke gekennzeichnet. Bei westasiatischen Gersten ist eine Häufung bestimmter Schichtdicken nicht so markant.

Sawicki machte darauf aufmerksam, daß für die einzelnen Varietäten von *Hordeum vulgare* keine bestimmten Aleuronschichtdicken charakteristisch sind. Dieses Merkmal geht also über die Varietätsgrenzen hinaus. Diese Untersuchungsergebnisse entsprechen auch weitgehend unseren Befunden. Lediglich bei den zentralasiatischen Varietäten *atroviolaceum* und *trifurcatum* ergaben sich überdurchschnittlich hohe Werte, die offenbar mit der geografischen Bindung dieser Formengruppen im Zusammenhang stehen. Weniger plausibel ist uns das Verhalten der *erectum*-Gersten, die eine gleiche Tendenz wie die beiden oben genannten Varietäten zeigen. Als taxonomisches Merkmal ist die Aleuronschichtdicke für die *erectum*-Gersten nicht verwendbar.

Sawicki prüfte die Aleuronschichtdicke unter verschiedenen Anbaubedingungen in räumlich und klimatisch getrennten Gebieten Polens. Die Vergleichswerte differierten unbeträchtlich. Einige der von Sawicki untersuchten Sorten standen auch uns zur Verfügung. Wir haben die Beobachtung gemacht, daß unsere Ergebnisse von den Messungen etwas abweichen, die Sawicki mitteilt. Wir stellten bei diesen Sorten etwas höhere Werte für die Aleuronschichten fest. Die Differenz liegt bei etwa 20 μm. Dennoch glauben wir nicht, daß unter unseren Klimabedingungen die Schichtdicke wesentlich verschieden ist. Möglicherweise sind die Unterschiede durch eine verschiedene Untersuchungstechnik bedingt. Ergänzend sei mitgeteilt, daß von uns auch Sippen analysiert wurden, die unter Freilandbedingungen während der Vegetationszeit und im Gewächshaus während des Winters unter Zusatzlicht angezogen wurden. Die Ergebnisse waren nahezu gleich. Ein so tiefgreifender Unterschied in der Aufzucht unter künstlichem Zusatzlicht hatte also keinen unmittelbaren Einfluß auf die Ausprägung der Schichten.

Wie unsere mitgeteilten Untersuchungsergebnisse zeigen, hat die Ausdehnung der Aleuronschicht keinen eindeutigen Selektionswert für die Gerstenzüchtung. Weder mit dem Rohproteingehalt noch mit einzelnen Aminosäuren ist die Schichtdicke korreliert. Die in der Einleitung aufgeworfene Frage, die übrigens auch im Anschluß an einen Vortrag von Munck (1970) zur Diskussion gestellt wird, muß also negativ beantwortet werden.

Von Postel liegen Untersuchungsergebnisse vor, die einen Vergleich der Aminosäuren im Mehlkörper und in den geschälten Außenfraktionen, in denen die Aleuronschicht enthalten ist, zum Inhalt haben. Das Eiweiß ist danach im Gerstenkorn in der Aleuronschicht, aber auch in den äußersten Lagen des Mehlkörpers besonders konzentriert. In Anbetracht dieser Feststellung ist das Fehlen einer eindeutigen Korrelation zwischen der Schichtdicke und der Eiweißkonzentration des Gesamtkornes überraschend, so daß die Annahme nahe liegt, daß die Eiweißkonzentrationen der Aleuronschicht oder auch anderer Gewebe des Kornes größeren Schwankungen unterliegen, wobei Sippen mit 2 Aleuronlagen teilweise die gleiche Eiweißkonzentration aufweisen wie solche mit 4 Schichten. Möglicherweise sind Gersten mit mehrschichtigen Aleuron-Lagen und großen Einzelzellen zur Quantitätssteigerung des Eiweißes durch höhere Stickstoffgaben besonders geeignet.

Ergänzende Untersuchungen an *Hordeum spontaneum* und *Hordeum agriocrithon* ergaben, daß in diesen Sippen die Aleuronschichtdicke verhältnismäßig niedrig ist. Ganz offensichtlich sind unter züchterischem Einfluß Änderungen in der Ausdehnung und in der Anzahl der Aleuronschichten erfolgt, ohne daß auch biochemisch eine entsprechende Eiweißmehrproduktion stattgefunden hat.

Von Interesse ist die Intermediärschicht, die vom Mehlkörper abgegeben wird. In manchen Sippen grenzen die radial verlängerten stärkeführenden Zellen des Mehlkörpers unmittelbar an die Aleuronschicht. Offenbar erfolgt die Entstehung der Zwischenschicht relativ spät. Bei einigen Sippen kommen in der Intermediärschicht übrigens auch antikline Teilungen vor. Ob dieser Zellage eine besondere Funktion zukommt, ist offenbar bisher nicht untersucht worden. Da sie nicht bei allen Sippen gegenwärtig ist, liegt die Annahme einer zufälligen Bildung nahe. Die Intermediärschicht ist möglicherweise Ausdruck eines bestimmten Entwicklungsstadiums während der Kornbildung. Es könnte sich um junge Mehlkörperzellen handeln, die auf einem frühen Entwicklungsstadium stehen geblieben sind und daher nicht in die Stärkespeicherung einbezogen werden, zumal die Stärkebildung im Mehlkörper von der Mitte nach außen fortschreitet. Der granulierte Zellinhalt wäre danach keine Eigentümlichkeit der Zwischenschicht, sondern wäre auch in den langgestreckten Zellen nachweisbar, wenn es nicht zur Ablagerung der Stärkekörner käme, die die Granulate überdecken.

Gegenwärtig laufen genetische Untersuchungen, um den Erbgang der Aleuronschicht und der Intermediärschicht zu prüfen.

Zur Sortencharakterisierung sind Anzahl der Zellagen und die Zellgröße in der Aleuronschicht wertvoll. Als primäres Selektionskriterium zur Züchtung eiweißreicher Gerstensorten sind diese Merkmale nicht ausreichend.

Für ihre gewissenhafte Mitarbeit bei den Untersuchungen danken wir Frau G. Raulf, Frau M. Matthes, Frau U. Nagel und Fräulein J. Roloff.

Zusammenfassung

Die Anzahl und die Ausdehnung der Aleuronschichten können als relativ konstantes Sortenmerkmal angesehen werden. Der Rohproteingehalt und der prozentuale Anteil der Aminosäuren sind nicht mit der Dicke der Aleuronschichten korreliert.

Summary

Aleuron layers and content of amino-acids in barley

The number and the extension of aleuron layers can be reputed as a relative constant character of varieties. The content of gross proteins and the quantitative percentage of amino-acids are not correlated with the thickness of aleuron layers.

Краткое содержание

Алейроновые слои и содержание аминокислот у ячменя

Число и размеры алейроновых слоев могут рассматриватъся как относительно константный сортовой признак. Содержание сырого протеина и доля аминокислот коррелируют с толщиной алейронового слоя.

Literatur

Gordon, M., 1922: The development of endosperm in cereals. – Proc. Roy. Soc. of Victoria *34* (n. s.), 105–116.

Lauck, 1907: (Versammlungsprotokoll). – Jb. Vers. u. Lehranst. für Brauerei in Berlin 1906, *9*, 352–357.

Munck, L., 1970: Increasing the nutritional value in cereal protein. – Improving plant protein by nuclear techniques. Internat. Atomic Energy Agency, Vienna.

Orlov, A. A., 1929: Barley of Ethiopia and Erythraea. – Trudy prikl. bot., Genet., selekc. *20*.

– 1931: The most important agronomical and botanical forms of barley (*Hordeum sativum* Jess.) studied on the background of the collections of barleys in the possession of the Institute of Plant Industry and the principal varieties of spring barley in USSR. – Trudy prikl. Bot., Genet., Selekc. *27*.

– 1936: *Hordeum* L. – In Wulff, E. V. (edit.): Kulturnaja flora. – Moscow, Leningrad.

Postel, W., 1957: Studien über exogene Aminosäuren in differenzierten Zonen von Gerstenkaryopsen ökologisch verschiedener Standorte. – Z. Pflanzenzüchtung *37*, 113–126.

Sawicki, J., 1951: Studies on the structure of the aleurone layer in varieties of the cultivated barley *Hordeum sativum* Jessen. – Extr. Bull. de l'Acad. Polonaise des Sci. et des Lettr., sér. B, 1950, 101–148.

Trofimovskaja, A. Ja., 1969: Selektions-Merkmale bei Gerste in den von N. I. Vavilov ermittelten Genzentren. – In Brežnev, D. D., P. P. Žukovskij, N. V. Cicin und N. R. Ivanov (edit.): N. I. Vavilov und die Landwirtschaftswissenschaften (russ.).

Aufnahme und Umwandlung von 1-^{14}C-Glycin und ^{35}S-Methionin sowie ihr Einbau in das Protein durch Wurzeln intakter, etiolierter Erbsenkeimlinge und durch bestimmte isolierte Entwicklungsabschnitte der Wurzeln solcher Keimlinge

von Conrad Polter

(Eingegangen am 5. April 1971)

1. Einleitung

Aus der Korrelation des Gesamtorganismus herausgelöste, isolierte Wurzelspitzen weisen beim Wachstum in vitro parallel laufende Änderungen von Wachstum und Proteinstoffwechsel auf (Polter 1969a, 1970). Diese wurden als Ausdruck der physiologischen Umstellung des isolierten Organs unter den Wachstums- und Entwicklungsbedingungen in vitro gedeutet. Bei jungen Keimlingen ändern sich die Ernährungsbedingungen der Wurzeln aber auch ohne Isolierung mit der Intensität des Nährstoffstromes aus den Samenkörnern. Da die Wurzeln intakter Keimlinge ihnen gebotene Aminosäuren aus Nährlösungen leicht aufnehmen und gegenüber Aminosäuren das gleiche Verhalten zeigen wie kultivierte Wurzeln (Polter 1969b, 1970), wird im folgenden mit radionuklidmarkierten Aminosäuren geprüft, wie der Aminosäureumsatz in der Wurzel des intakten Keimlings vor sich geht und wie im Vergleich hierzu in verschiedenen kurzfristig isolierten Entwicklungsabschnitten der Wurzeln. Bei isolierten Entwicklungsabschnitten ist selbst die korrelative Beeinflussung durch jüngere oder ältere Teile des gleichen Organs ausgeschaltet; die Unterbrechung der Stoffströme verursacht andererseits aber leicht untypische Stoffwechseländerungen. Im Gegensatz zu in vitro wachsenden Wurzeln sind für diese isolierten Wurzelabschnitte Vitalitätskriterien viel schwerer angebbar. Deshalb war hierbei die Beschränkung auf Kurzzeitversuche erforderlich.

2. Material und Methode

a) Objekte

Keimlinge der Erbsensorte 'Maiperle' wurden im Dunkelthermostaten in Petrischalen steril bei 27 °C angezogen (Polter 1966, 1969a). Unter keimfreien Arbeitsbedingungen wurden ausgewählte Keimlinge in sterilisierte Petrischalen mit radionuklidhaltiger Aminosäurelösung eingebracht. Die Aminosäure wurde in mineralischer Nährlösung nach Bonner und Addicott (1937) gelöst. Die Keimlinge wurden mit Perlongaze so befestigt, daß nur die Wurzeln in die Flüssigkeit eintauchen konnten. Die fertigen Kulturansätze kamen in steril belüftbare geschlossene Systeme (Exsikkatoren mit vor- und nachgeschalteten Waschflaschen mit KOH bzw. Wasser). Die Geschwindigkeit, mit der die Wurzeln in die Nährlösung hineinwuchsen und die Abwesenheit von Trübungen in den Nährlösungen stellten für diese Versuche ausreichende Qualitätskriterien dar.

Für die Gewinnung von isolierten Entwicklungsabschnitten von Wurzeln wurden Keimlinge einheitlicher Wurzellänge ausgewählt und unter sterilen Bedingungen mit Spezialmessern (vgl. Polter 1969a) in folgende Abschnitte zerlegt: I = 0–2 mm, II = 2–5 mm, III = 5–10 mm. Die Abschnitte wurden mit keimfreiem Wasser mehrfach gewaschen und in komplette Nährlösung nach Bonner und Addicott (1937) in sterilisierte Kulturgefäße überführt. Zum Versuchsbeginn wurde den Kulturen die keimfreie Lösung mit radionuklidmarkierter Aminosäure zugesetzt. Die übrigen Kulturbedingungen entsprachen denen bei intakten Keimlingen.

Da von früheren Untersuchungen her bekannt war, daß Penicillin in höherer Konzentration das Wachstum von Erbsenwurzeln stärker beeinflußt (Polter 1967) als den Aminosäureumsatz in ihnen (Polter und Müller-Stoll 1968b), wurden auch Versuche mit isolierten Entwicklungsabschnitten der Wurzeln in Anwesenheit von Penicillin unter sonst identischen Bedingungen ausgeführt.

b) Präparation der Wurzeln nach dem Versuch und Analyse des Umsatzes der radionuklidmarkierten Aminosäuren

Die Reinigung und Präparation der Wurzeln, Bestimmung von Bezugsgrößen, einschließlich der Bestimmung des Proteins und der löslichen Aminosäuren sowie Fraktionierung und Messung der Radioaktivität wurden wie bereits beschrieben vorgenommen (Polter 1970).

3. Wurzelwachstum etiolierter Keimlinge in Lösungen mit 1-^{14}C-Glycin

Die ^{14}C-markierte Aminosäure wurde in Mengen, die in inaktiver Form keine Beeinflussung des Wurzelwachstums verursachen, verwendet (20 mcg/ml mit 0,5 mcC/ml). Bis zu 5 Tage lang wurde der mittlere stündliche Zuwachs ermittelt. Er blieb während dieser Zeit unter den gewählten Bedingungen nahezu konstant. Für Kulturen, deren Wurzeln in Nährlösung mit 1-^{14}C-Glycin hineinwuchsen, wurde ein mittlerer stündlicher Längenzuwachs der Wurzel von 0,41 $\pm$ 0,02 mm ermittelt, die Kontrollen in Lösung mit inaktivem Glycin wiesen 0,42 $\pm$ 0,02 mm auf. Diese Werte stimmen überein und sind gegenüber solchen von Wurzeln, die in dampfgesättigter Luft wachsen, etwas vermindert. Dies dürfte der unterschiedlichen Sauerstoff-Versorgung zuzuschreiben sein. Da Erbsenkeimlinge die Einwirkung mancher Faktoren auf ihre Wurzeln nicht nur mit Änderung der Wachstumsgeschwindigkeit der Wurzel, sondern auch oder statt dessen mit Änderung der Wurzelstruktur beantworten, wurde 5 Tage lang unter Bedingungen wie bei den Längenwachstumsversuchen der Proteingehalt 20 mm langer Spitzen der wachsenden Wurzeln analysiert. Mit 60 $\pm$ 2,9 mg/100 Wurzelspitzen bei den 1-^{14}C-Glycin-Kulturen und 61 $\pm$ 2,3 mg/100 Wurzelspitzen bei den Kulturen mit inaktivem Glycin wurde auch hier sehr gute Übereinstimmung zwischen beiden Ansätzen erzielt.

Ergänzend wurde geprüft, wie sich nach verschieden lange dauernder Kultur der Keimlinge in Lösungen mit 1-^{14}C-Glycin der Gesamtprotein-Gehalt 20 mm langer Wurzelspitzen auf verschiedene Entwicklungsabschnitte der Wurzel verteilt. Während die Wurzelsegmente 0–2 mm, 2–5 mm und 10–20 mm innerhalb der Fehlergrenze bei Ansätzen mit radioaktiver und inaktiver Aminosäure im Protein-Gehalt übereinstimmten, war dieser im Wurzelsegment 5–10 mm, in dem hauptsächlich Differenzierungsvorgänge ablaufen, geringfügig aber signifikant um 10 bis 20% gegenüber den Kontrollen vermindert. Wahrscheinlich muß man hier bereits eine geringe Störung der Differenzierungsvorgänge, die in der Wurzel von Proteinbildung begleitet sind, annehmen. Deshalb darf die eingesetzte Radionuklid-Konzentration bei meinem Objekt als gerade noch zulässiger Grenzwert für Versuche unter physiologischen Bedingungen angesehen werden.

Mit papierchromatographischer Methode (vgl. Polter und Müller-Stoll 1968a) wurde noch geprüft, ob nach 5-tägigem Wachstum der Keimlinge die Aminosäurenzusammensetzung der Proteine der vier oben angeführten Entwicklungsabschnitte der Wurzeln durch die radionuklidmarkierte Aminosäure beeinflußt wird. Es sollte geklärt werden, ob sich Anhaltspunkte für Änderungen der Proteinspektren unter dem Einfluß der radioaktiven Strahlung ergeben. Berücksichtigt man einschränkend die Fehlergrenze der Methode (ca. 10%), so ergeben sich keine über diese hinausgehenden Veränderungen in der Aminosäurenzusammensetzung der Proteine, auch nicht beim Segment 5.–10. mm der Wurzel. Damit ist eine sich spezifisch auf die Synthese bestimmter Proteine auswirkende Strahlenbelastung zwar wegen der hohen Fehlergrenze der Methode nicht völlig ausgeschlossen, aber doch unwahrscheinlich. Eine Beeinflussung des Protein-Gehaltes eines Organteiles kann durch radioaktive Strahlung auf verschiedenem Wege verursacht werden. Auf Grund der in den älteren Wurzelteilen vorgefundenen Proteingehalte kann eine Förderung hydrolytischer Prozesse im Wurzelsegment III weitgehend als unwahrscheinlich ausgeschlossen werden. Deshalb wurde eine Synthese-Beeinflussung vermutet. Ursache hierfür könnte Substratmangel oder gehemmte Substratverarbeitung sein. Mit Leucin als Farbstandard wurde in den Wurzelspitzen der Gehalt an ninhydrinpositiven Stoffen untersucht (Extraktion erfolgte in diesem Fall mit 5% Trichloressigsäure). Die 20 mm langen Wurzelspitzen enthalten bei den Kulturen, die in Nährlösung mit radionuklid-haltiger Aminosäure eintauchen, gleich viel ninhydrinpositive lösliche Verbindungen wie die Wurzeln der Keimlinge aus Lösungen mit inaktiver Aminosäure. Auch die Verteilung der ninhydrinpositiven Stoffe über die 20 mm langen Wurzelspitzen entsprach sich innerhalb der Fehlergrenze bei beiden Keimlingsgruppen vollständig. Substratmangel muß deshalb als Ursache für die geringe Hemmung der Protein-Bildung im Wurzelsegment III ebenfalls ausgeschlossen werden. Man darf eine Beeinflussung der Ribosomen oder der anderen zur Protein-Synthese erforderlichen Nucleinsäure-Strukturen für am wahrscheinlichsten halten.

4. WACHSTUMSVORGÄNGE BEI ISOLIERTEN ENTWICKLUNGSABSCHNITTEN VON ERBSENWURZELN IN NÄHRLÖSUNG NACH BONNER UND ADDICOTT

Das 2 mm lange Spitzensegment, welches die Wurzelhaube, das Meristem und einen Wurzelabschnitt mit schwach gestreckten Zellen enthält, ist in der Nährlösung im Prinzip zu unbegrenztem Wachstum fähig. Allerdings besteht für so kleine Wurzelspitzenisolate eine erhebliche lag-Phase des Wachstums (Brown und Wightman 1952, Wightman und Brown 1953). Bei Wurzelspitzen verschiedener Erbsensorten setzt das Wachstum zu unterschiedlichen Zeiten nach der Isolierung ein (Polter, unveröffentlicht). Für die Auswertung der vorliegenden Versuche mußte die Dauer der lag-Phase neu bestimmt werden (Abb. 1). Im Mittel beginnt das Meristemwachstum etwa 40 Stunden nach der Isolierung, die Streuung ist sehr groß (Abb. 1A). Einzelne Wurzelisolate wachsen nach der Isolierung sofort weiter (Abb. 1B), bei vielen beträgt die Dauer der lag-Phase mehr als 80 Stunden (Abb. 1C). Für die Zellstreckung

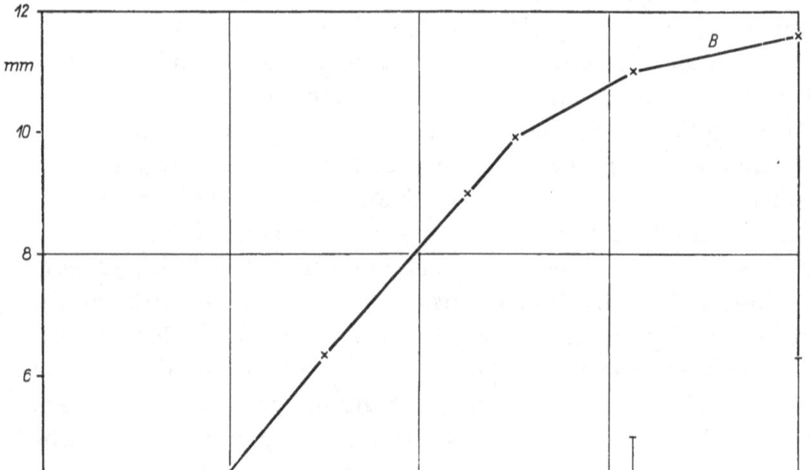

Abb. 1. Längenwachstum von isolierten 2 mm langen Wurzelspitzen in Nährlösung nach Bonner und Addicott. Schwarze Symbole = mittlerer Zuwachs von 50 Wurzelspitzen mit Standardabweichung; Kreuze = minimaler und maximaler Zuwachs einer Wurzelspitze.

gibt es unter den gewählten Bedingungen und bei der verwendeten Sorte keine lag-Phase von erwähnenswerter Länge.

Durch die Isolierung vermindert sich der Protein-Gehalt aller untersuchten Wurzelsegmente deutlich. In 30 Stunden verliert das Wurzelsegment 0–2 mm bis zu 20% seines Proteins, der Abschnitt 2–5 mm sogar bis zu 25%, das Segment 5–10 mm bis zu 15% und der Abschnitt 10–20 mm bis zu 7% des vorher vorhandenen Proteingehaltes. Die Menge der löslichen ninhydrinpositiven Substanzen vermindert sich in den Wurzelsegmenten nach der Isolierung mindestens in gleichem Umfang wie das Protein, meist jedoch stärker, besonders beim Wurzelsegment I.

Durch die Strahlung von 1-^{14}C-Glycin (getestet wurden bis zu 4 mcC/ml Nährlösung) wurde keine Beeinflussung des Längenwachstums isolierter Wurzelsegmente hervorgerufen. Hierbei wurden Versuchszeiten bis maximal 80 Stunden berücksichtigt. Die isolierungsbedingten Änderungen des Protein-Gehaltes der Wurzelsegmente und ihres Gehaltes an ninhydrinpositiven Stoffen werden durch 1-^{14}C-Glycin in genannter Aktivität und Konzentration nicht signifikant modifiziert. Geringfügige Änderungen können allerdings durch die relativ große Streuung, die bei den genannten Stoffkonzentrationsänderungen zu beobachten ist, verdeckt werden.

^{35}S-Methionin (bis 4 mcC/ml Nährlösung) beeinflußt das Längenwachstum isolierter Wurzelsegmente bei bis zu 30 Stunden dauernder Einwirkung ebenfalls nicht nennenswert. Der Protein-Gehalt der Wurzelabschnitte und ihr Gehalt an ninhydrinpositiven Verbindungen verringert sich in radionuklidhaltiger Nährlösung dagegen deutlich stärker als bei den Kontrollen in inaktiven Methionin-Lösungen. Bei letzteren unterschieden sich die Werte nicht gesichert von denen von Wurzelsegmenten in methionin-freier Nährlösung. Bei allen vier untersuchten Wurzelabschnitten verminderte sich der Protein-Gehalt unter dem Einfluß von ^{35}S-Methionin, am stärksten bei den ersten beiden Wurzelsegmenten, die durch die Isolierung bereits die stärksten Protein-Verluste erfahren (Segment: I = 60 bis 75%, II = 50 bis 70%, III = 75 bis 80%, IV = 85 bis 90% des Ausgangswertes). Entsprechendes gilt auch für die löslichen ninhydrinpositiven Substanzen. Geprüft wurde auch noch, wie sich die Wurzelsegmente bei gemeinsamer Einwirkung von 1-^{14}C-Glycin und ^{35}S-Methionin verhalten. Im wesentlichen wurden hierbei die gleichen Verhältnisse wie bei der Einwirkung von ^{35}S-Methionin allein vorgefunden. Zusammenfassend ergibt sich damit, daß isolierte Entwicklungsabschnitte von Erbsenkeimlingswurzeln durch 1-^{14}C-Glycin und ^{35}S-Methionin in ähnlich unterschiedlicher Weise wie in vitro wachsende Erbsenwurzeln beeinflußt werden (vgl. Polter 1970).

5. AUFNAHME RADIONUKLID-MARKIERTER AMINOSÄURE DURCH ERBSENWURZELN

a) Keimpflanzen

Aus methodischen Gründen konnte die Stoffaufnahme intakter Keimlinge nur aus der zeitlichen Abnahme der Radioaktivität in der Nährlösung bestimmt werden. Diese Werte werden mit zunehmender Kulturdauer zunehmend etwas fehlerhafter, da der Aminosäureaufnahme eine Ausscheidung von radioaktiven Metaboliten gegenübersteht. Der Verlauf der Stoffaufnahme läßt sich aber mit hinreichender Genauigkeit bestimmen. In 120 Stunden nehmen Keimlinge über ihre Wurzeln über 83% der eingesetzten markierten Aminosäure auf (Abb. 2A).

b) Isolierte Entwicklungsabschnitte von Keimlingswurzeln

Verschiedene Entwicklungsabschnitte der Erbsenwurzel nehmen von 1-^{14}C-Glycin aus Nährlösungen im isolierten Zustand unterschiedlich viel und unterschiedlich schnell auf (Abb. 2B). Der zeitliche Verlauf der Aufnahme von Aminosäuren ist von der Speicherkapazität der Wurzelgewebe (vgl. Polter und Müller-Stoll 1968b) und von den unterschiedlichen Veränderungen, denen die verschiedenen Entwicklungsabschnitte in verschiedenen Aminosäurelösungen ausgesetzt sind, abhängig. Beim ersten Wurzelabschnitt (0–2 mm) wirken sich bei längerer Versuchszeit (mehr als 40 Stunden) vor allem nach dieser Zeit einsetzende Wachstumsvorgänge aus. Bei den anderen Wurzelabschnitten scheint der Verlauf der Stoffaufnahme in erster Linie durch das Verhältnis von Initialadsorption zur Akkumulationsphase charakterisiert zu sein. Hierbei wirkt sich besonders die Speicherfähigkeit der Gewebe für die Aminosäure aus. Zumindest für das 2. Wurzelsegment spielen Wachstumsvorgänge für die Stoffaufnahme wahrscheinlich aber auch noch eine erhebliche Rolle. Bezieht man die in bestimmten Zeitintervallen von den Wurzelsegmenten aufgenommenen Stoffmengen auf die im entsprechenden Zeitabschnitt im Mittel noch in der Nährlösung vorhandene Aminosäure und stellt diese Werte graphisch dar (Abb. 2C), ergeben sich für die drei ersten Wurzelabschnitte Graphiken mit jeweils unterschiedlichem, charakteristischem Kurvenverlauf für jedes Wurzelsegment. Beim Wurzelsegment I nimmt die auf die vorhandene Stoffmenge bezogene Glycin-Aufnahme nach der 40. Stunde leicht und nach der 60. Stunde deutlich zu. Obwohl am Zustandekommen dieser Erscheinung der Stoffwechsel der Aminosäuren beteiligt sein könnte, ist die Parallelität zum Einsetzen der Wachstumsprozesse sehr auffällig. Wenn diese Interpretation von Zusammenhängen richtig ist, darf man annehmen, daß der Verlauf der auf die vorhandene Stoffmenge bezogenen Stoffaufnahme beim Wurzelsegment II ebenfalls eine

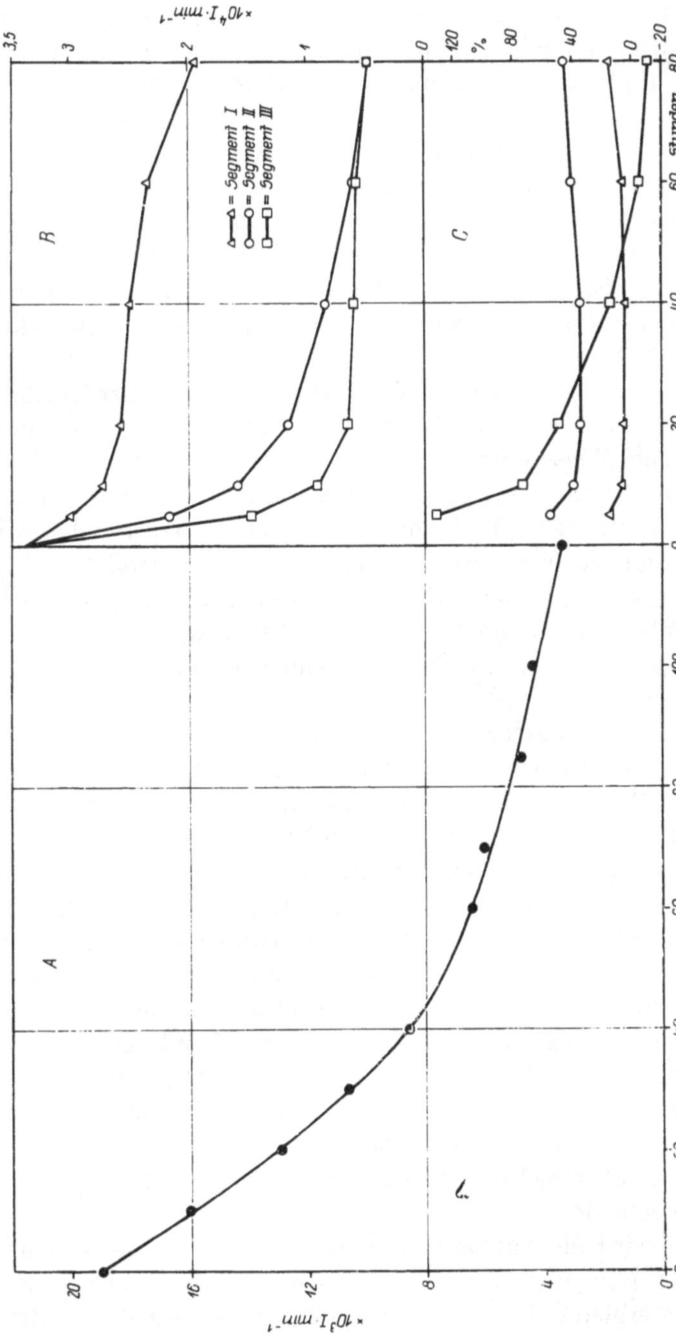

Abb. 2. Aufnahme von $1\text{-}^{14}C$-Glycin durch Wurzeln von Erbsenkeimlingen. Dargestellt ist die Radioaktivität von Nährlösungen in Impulsen pro Minute und ml nach verschieden lange dauerndem Eintauchen von Wurzeln intakter Keimlinge (A), bzw. Aufenthalt isolierter Wurzelabschnitte (B). Nach verschiedenen Versuchszeiten wurde die von isolierten Wurzelsegmenten aufgenommene Radioaktivität in Prozent der zum entsprechenden Zeitpunkt noch in der Nährlösung befindlichen Radioaktivität dargestellt (C). Schwarze Symbole = Wurzeln intakter Keimlinge; leere Symbole = isolierte Entwicklungsabschnitte von Wurzeln.

lag-Phase des Stoffwechsels in diesem Entwicklungsabschnitt der Wurzel, also für die Vorgänge des Streckungswachstums, anzeigt, die aus der zeitlichen Registrierung des Wachstumsverlaufes nicht abzulesen war. Sie beträgt etwa

20 Stunden. Beim Wurzelsegment III wird die Stoffaufnahme dagegen dem Anschein nach bei den verwendeten Stoffkonzentrationen zu allen Zeiten des Versuches von der Stoffkonzentration im Außenmedium bestimmt.

Für die Aufnahme von ^{35}S-Methionin ergeben sich bei den drei Wurzelsegmenten I bis III bei graphischer Darstellung der Stoffaufnahme gegen die Versuchszeit zunächst typische Kurven vom Verlauf dieser Stoffaufnahme (Abb. 3A). Auch diese radioaktive Aminosäure wird von den älteren Wurzelsegmenten fast vollständig aus der Nährlösung aufgenommen (Segment I = 15%, II = 73%, III = 96% der eingesetzten Menge). Beim Wurzelsegment III befindet sich dann im Wurzelgewebe fast dreißigmal so viel radioaktive Substanz wie in der Nährlösung.

Nach mehr als 32 Stunden wird beim Wurzelsegment I und nach mehr als 64 Stunden auch bei den übrigen beiden Wurzelabschnitten viel radioaktive Substanz in untypischer Weise wieder an die Nährlösung abgegeben (Abb. 3B). Offensichtlich führt nach dieser Zeit die Strahlenbelastung durch die im Gewebe stark angereicherte radioaktive Verbindung zu einer massiven Schädigung der plasmatischen Grenzflächen, woraus sich die starke Stoffabgabe zu diesem Zeitpunkt erklärt. Danach dürfen Versuche, bei denen isolierte Erbsenwurzelsegmente ^{35}S-Methionin in angegebener Menge aufnehmen können, höchstens 30 Stunden als Stoffwechselmodell-Versuche betrachtet werden.

Die Interpretation für den zeitlichen Verlauf der ^{35}S-Methionin-Aufnahme durch Erbsenwurzelsegmente wird noch durch den nachfolgend beschriebenen Versuch gestützt. Man läßt intakte Erbsenkeimlinge mit ihren Wurzeln verschieden lange, bis maximal 120 Stunden lang, in Nährlösungen mit 1-^{14}C-Glycin hineinwachsen, wobei die Radionuklidaktivität so gewählt wird, daß sie die Stoffaufnahme der Wurzeln nicht beeinträchtigt. Präpariert man von diesen Wurzeln anschließend die entsprechenden Entwicklungsabschnitte und bringt sie in Nährlösungen mit 4 mcC/ml ^{35}S-Methionin, so ist bei 30 Stunden Verweildauer in der Lösung die nach dieser Zeit nachweisbare Methionin-Aufnahme aus der Lösung um so geringer, je länger sich die Keimlinge vorher mit ihren Wurzeln in Nährlösung mit 1-^{14}C-Glycin befunden hatten. Offensichtlich setzt in Abhängigkeit von der Dauer der voraufgegangenen Strahleneinwirkung die Schädigung der plasmatischen Grenzflächen früher ein. Der Effekt ist numerisch nicht groß, aber sicher erfaßbar. Die Strahlenwirkungen beider Radionuklide summieren sich.

Durch Penicillin G wird die Aufnahme von 1-^{14}C-Glycin bei allen Wurzelsegmenten verändert (vgl. auch Polter und Müller-Stoll 1968b). Beim Wurzelsegment I unterbleibt der wachstumsbedingte Anstieg der Stoffaufnahme nach der 40. Versuchsstunde. Von Segment II und III wird die Aminosäure unter dem Einfluß von Penicillin schneller aufgenommen als sonst (Abb. 3C). Auch das Streckungswachstum wird dem Anschein nach unter diesen Bedingungen beeinflußt (Abb. 3D). Wahrscheinlich sind diese

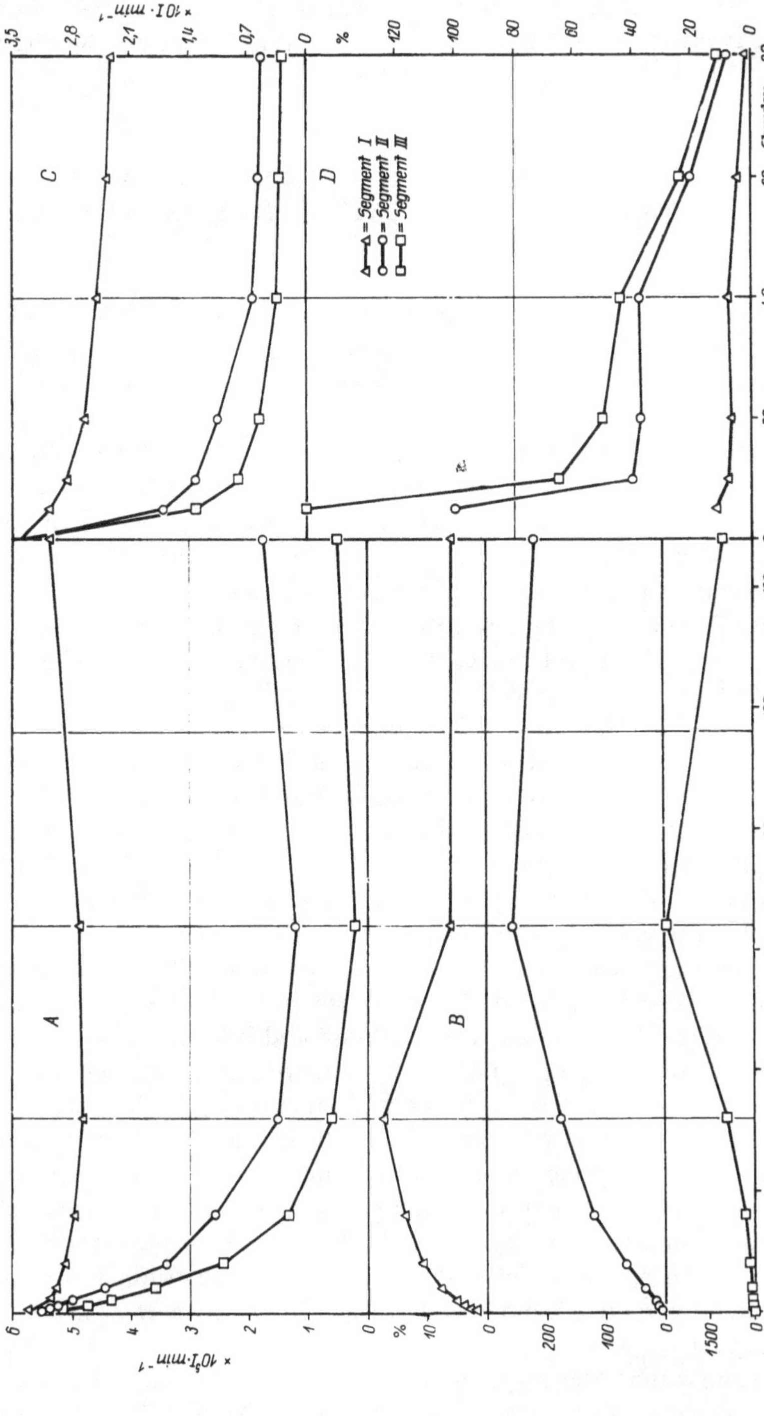

Abb. 3. Aufnahme von ^{35}S-Methionin oder 1-^{14}C-Glycin zusammen mit Penicillin G durch isolierte Entwicklungsabschnitte von Erbsenkeimlingswurzeln. Dargestellt ist die Radioaktivität von Nährlösungen in Impulsen pro Minute von solchen mit ^{35}S-Methionin (A) und solchen mit 1-^{14}C-Glycin und Penicillin (C). Die von den Wurzelabschnitten aufgenommene Radioaktivität wurde in Prozent der jeweiligen Radioaktivität in der Nährlösung für ^{35}S-Methionin-Versuche (B) und 1-^{14}C-Glycin-Penicillin-Versuche (D) dargestellt.

Effekte auf die Oberflächenaktivität des Penicillin zurückzuführen, denn oberflächenaktive Stoffe wirken allgemein wachstumshemmend (Nethery 1967).

6. VERTEILUNG VON 1-^{14}C-GLYCIN INNERHALB DER KEIMPFLANZE NACH AUFNAHME DURCH WURZELN INTAKTER KEIMLINGE

Unter den von mir gewählten Versuchsbedingungen ließ sich die Verteilung der Aminosäure innerhalb der Pflanze nicht genau erfassen. Dies ist hauptsächlich darin begründet, daß die von verschiedenen ^{14}C-Quellen stammenden $^{14}CO_2$-Mengen verschiedener Organe der Pflanzen nicht getrennt voneinander aufgefangen werden konnten. Aber auch die in verschiedenen Pflanzenteilen nachgewiesenen Gesamtradioaktivitäten streuten bei Parallelproben sehr stark, selbst bei Anwendung verschiedener Bezugsgrößen. Hier handelt es sich aber um methodische Meßschwierigkeiten, denn die spezifische Radionuklidaktivität im Protein verschiedener Organe wies nach übereinstimmenden Versuchszeiten nur sehr geringe Streuung auf. Dies wäre sicher nicht der Fall, wenn die Verteilung der Radioaktivität auf die Pflanzenorgane wirklich starken Schwankungen unterliegen würde.

Es wird als indirektes Maß für die Verteilung der Aminosäure im etiolierten Keimling aus genannten Gründen die spezifische Protein-Radioaktivität in den Organen des Keimlings nach 120 Versuchsstunden angegeben. Hierbei ist natürlich zu berücksichtigen, daß die Werte für die Cotyledonen zu niedrig ausfallen, da in ihnen zu diesem Zeitpunkt hauptsächlich Protein abgebaut und nur wenig synthetisiert wird. Synthetisiert werden in den Cotyledonen vor allem spezifische Enzyme für den Reservestoffabbau. Cotyledonen 2 Tage alter Erbsenkeimlinge bauen aber nach Injektion von u-^{14}C-Leucin in 24 Stunden immerhin 50% davon in Cotyledonen-Protein ein. In weiteren 6 Tagen verminderte sich dieser Wert nur auf 40% (Larson und Beevers 1965). In den ersten 5 Tagen der Keimung verminderte sich dagegen der Proteingehalt der Cotyledonen keimender Erbsen noch nicht nennenswert (Lehmann und Garz 1962). Danach wäre der Wert für die spezifische Radioaktivität im Cotyledonen-Protein gegenüber dem Meßwert ungefähr zu verdoppeln, um Rückschlüsse auf die Aminosäureverteilung im Keimling zuzulassen. Zu berücksichtigen bleibt allerdings dann noch, daß die in die Cotyledonen transportierte Aminosäure in ihnen sicher durch entsprechende Aminosäure, die aus den Proteinen hydrolytisch freigesetzt wird, stärker verdünnt wird, als in den anderen Organen.

Aus den Ergebnissen ist klar zu erkennen, daß sich selbst nach 120 Stunden noch der überwiegende Teil der aufgenommenen radioaktiven Aminosäure in der Wurzel befindet. Da Glycin in der intakten Pflanze vorwiegend in den

Tabelle 1

Spezifische Radionuklidaktivität der Proteine verschiedener Organe etiolierter Erbsenkeimlinge nach 120 Stunden Eintauchen der Wurzeln in Lösungen mit 1-^{14}C-Glycin

Organ	Impulse/min × mg Protein	Impulse/min × Mol Protein-Gly + Protein-Ser.	Spezifische Radioaktivität; Organe in % der Wurzel
Wurzel	30121	36688	100
Sproßknospe	1677	2025	5,6
Cotyledonen	320	386	1,1

Blättern gebildet und von dort aus den übrigen Organen zugeleitet wird, ist es verständlich, daß es, über die Wurzel aufgenommen, vorwiegend in ihr verbleibt und nur zu einem kleinen Teil, wohl mit dem aufgenommenen Wasser, in die oberirdischen Organe transportiert wird. Glycin wird (siehe S. 461) von Erbsenwurzeln schnell bis zu einem Gleichgewicht in Serin umgewandelt. Für Serin gilt hinsichtlich Syntheseort und Verteilung in der Pflanze das gleiche wie für Glycin. Deshalb wurde in Tab. 1 die gemessene Impulsrate auf den molaren Glycin + Serin-Gehalt der entsprechenden Organproteine bezogen. In der Praxis können wir davon ausgehen, daß sich von Erbsenkeimlingen durch die Wurzel aufgenommenes Glycin und seine Hauptstoffwechselprodukte in der Größenordnung der Stoffaufnahme in der Wurzel befinden bzw. dort metabolisiert werden.

7. STOFFWECHSEL DER RADIONUKLIDMARKIERTEN AMINOSÄUREN IN DER WURZEL

Der Stoffwechsel von 1-^{14}C-Glycin und von ^{35}S-Methionin verläuft in Wurzeln von Erbsenkeimlingen im Prinzip in gleicher Weise wie für in vitro wachsende Erbsenwurzeln beschrieben wurde (Polter 1970). Deshalb sollen nur einige ergänzende Angaben mitgeteilt werden.

Das Verhältnis von löslichem ^{14}C-Serin zu ^{14}C-Glycin wurde in Wurzeln, Sproßknospen und Cotyledonen sehr unterschiedlich gefunden. Während in der Wurzel lösliches ^{14}C-Serin immer in größeren Mengen nachweisbar war, fand sich im Sproß sehr wenig und in den Cotyledonen nur eine Spur. Danach scheint es zu stimmen, und zwar für alle drei Organe, daß die Bildung von ^{14}C-Serin aus 1-^{14}C-Glycin in den Kompartimenten der Protein-Synthese erfolgt. Transportiert wird deshalb ganz vorwiegend das aus der Nährlösung aufgenommene Glycin, nicht dagegen das in der Wurzel gebildete ^{14}C-Serin.

Im Wurzelsegment I wird Glycin weniger intensiv metabolisiert als in den übrigen Wurzelabschnitten. Es wird weniger Serin gebildet und auch andere Aminosäuren und Malat entstehen in geringeren Mengen aus 1-^{14}C-Glycin als in den älteren Wurzelteilen. In löslicher Form lassen sich gebildete ^{14}C-Aminosäuren nur in sehr geringer Menge nachweisen. Wahrscheinlich begrenzt in diesem Wurzelabschnitt (im isolierten Zustand bestimmt, vielleicht aber auch am intakten Keimling) die Aminosäureversorgung die Protein-Synthese, weshalb gebildete ^{14}C-Aminosäuren, einschließlich Serin, sofort in das Protein eingebaut werden.

Die übrigen Wurzelsegmente zeigten keine deutlichen Unterschiede im Stoffwechsel des 1-^{14}C-Glycin, soweit dies eine halbquantitative Auswertung von Radioautogrammen von papierchromatographischen Trennungen erkennen ließ. Auffällig war allerdings, daß ^{14}C-Homoserin und ^{14}C-γ-Aminobuttersäure im ersten Wurzelsegment nie, im zweiten nur selten in Spuren, im dritten wenig und nur im vierten Wurzelabschnitt immer nachzuweisen waren (vgl. hierzu Oaks 1966). Dies entspricht der Erkenntnis, daß für die ältesten Teile der

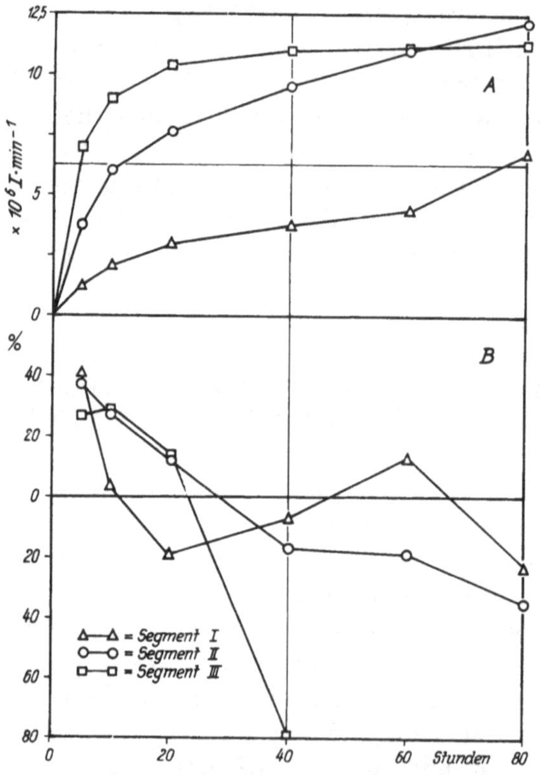

Abb. 4. $^{14}CO_2$-Bildung durch isolierte Wurzelabschnitte in Nährlösungen mit 1-^{14}C-Glycin. Dargestellt ist die Radioaktivität in Impulsen pro Minute vom $BaCO_3$ eines Ansatzes (A). Ferner wurde die $^{14}CO_2$-Bildung zur 1-^{14}C-Glycin-Aufnahme in Beziehung gesetzt (B). Die Werte über der Null-Linie bedeuten einen Überschuß an aufgenommener Radioaktivität, die Werte unter der Null-Linie ein Überwiegen der $^{14}CO_2$-Bildung.

Wurzeln junger Erbsenkeimlinge im Gegensatz zu den Wurzelspitzen, relativ hohe Konzentrationen an Nicht-Protein-Aminosäuren charakteristisch sind (Lawrence et al. 1959).

Wurzeln von Erbsenkeimlingen oxydieren, ähnlich wie in vitro wachsende Wurzeln, sehr schnell einen großen Teil des von ihnen aufgenommenen 1-^{14}C-Glycin zu $^{14}CO_2$. Dieser Faktor ist zweifellos an der Begrenzung des Aminosäuretransportes in die oberirdischen Organe bei intakten Keimlingen beteiligt. Bei der Untersuchung der verschiedenen isolierten Entwicklungsabschnitte der Wurzel ergibt sich, daß die Intensität des oxydativen Aminosäureumsatzes ungefähr der Größe der Stoffaufnahme folgt, also von ihr wohl zum Teil abhängig ist (Abb. 4A). Die potentielle Fähigkeit, Glycin oxydativ umzusetzen, scheint bei den Plasmen verschiedener Erbsenwurzelabschnitte in ähnlichem Umfang vorhanden zu sein. Bei den älteren beiden Wurzelsegmenten, mit großer Speicherfähigkeit für Aminosäuren, begrenzt unter meinen Versuchsbedingungen das Aminosäureangebot in der Wurzel den oxydativen Umsatz mehr als 20 Stunden hindurch noch nicht (Abb. 4B). Erst nach dieser Zeit wird mehr Glycin veratmet als neu aufgenommen. Beim ersten Wurzelsegment ist dagegen der oxydative Aminosäureumsatz nach 10 Stunden bereits größer als die Stoffaufnahme. Erst wenn nach etwa 40 Stunden die lag-Phase des Wachstums überwunden wird, und Wachstumsprozesse stärker einsetzen, übersteigt vorübergehend die Stoffaufnahme wieder den oxydativen Stoffverbrauch.

Von gewisser Bedeutung wird für den zeitlichen Ablauf der Aminosäureoxydation zweifellos auch die Geschwindigkeit des Stofftransportes innerhalb der Kompartimente der Zelle sein und vielleicht auch der Verlauf einer Anpassung des oxydativen Stoffwechsels an das in der angebotenen Höhe für den Organismus ungewöhnliche Oxydationssubstrat.

8. DER POOL AN LÖSLICHEN RADIOAKTIVEN SUBSTANZEN IN DEN WURZELN

Da 1-^{14}C-Glycin von den Wurzeln mit großer Geschwindigkeit aufgenommen wird und weiterhin mit hoher Geschwindigkeit oxydativ umgesetzt wird, bestimmt hauptsächlich das Gleichgewicht zwischen diesen beiden Vorgängen die Größe des pool an löslicher Substanz in den Wurzeln intakter Keimlinge. Da in der wachsenden Wurzel Aminosäuren in Stoffströmen transportiert werden und nicht alle Abschnitte der wachsenden Wurzel Aminosäuren mit gleicher Intensität aufnehmen können, und weiterhin nicht mit gleicher Intensität speichern können, bestehen zwischen den einzelnen Wurzelentwicklungsabschnitten und zwischen gleichen Abschnitten zu verschiedenen Versuchszeiten doch erhebliche Unterschiede in der Größe des ^{14}C-Aminosäure-pool.

Wird Wurzelgewebe, welches vollständig in der radioaktiven Nährlösung zugewachsen ist und sich mit ihr hinsichtlich der ^{14}C-Verteilung im Gleichgewicht befindet (dies ist bei meiner Versuchsanstellung nach ca. 70 Stunden der Fall), untersucht, erhält man deutliche Hinweise dafür, daß die pool-Konzentration an Aminosäuren in den verschiedenen Wurzelabschnitten von der Stoffverteilung in der Wurzel abhängt (Abb. 5A, B). Zu diesem Zeitpunkt wird nämlich die longitudinale Verteilung der Radioaktivität in der Wurzel nicht mehr vollständig durch die Stoffaufnahme überdeckt.

Betrachtet man zunächst die Absolutgröße des pool an löslicher Radioaktivität in verschiedenen Wurzelabschnitten, so folgt diese der Größenordnung nach

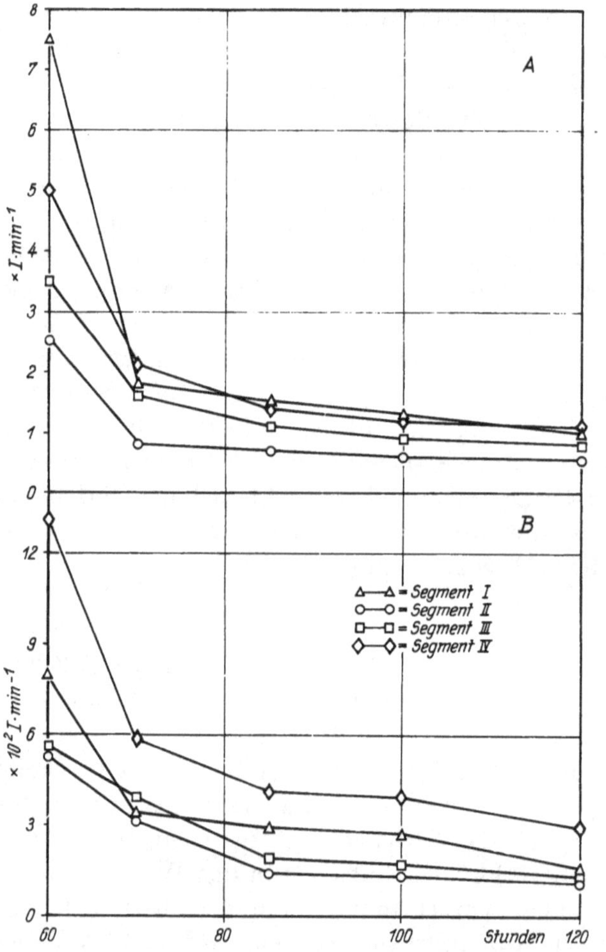

Abb. 5. Radioaktivität im pool der löslichen Substanzen von verschiedenen Entwicklungsabschnitten von Keimlingswurzeln, die in intaktem Zustand verschieden lange in Nährlösungen mit 1-^{14}C-Glycin eingetaucht hatten. Dargestellt ist die Radioaktivität der löslichen Verbindungen von jeweils 1 mm Wurzel in Impulsen pro Minute (A) und die Radioaktivität der löslichen ninhydrinpositiven Stoffe, die 1 mg Leucin nach Umsatz mit Ninhydrin farbgleich sind (B).

dem Volumen der vorhandenen Gewebemengen. Von Wurzelsegment II über III bis IV nimmt die pool-Größe stetig zu und zwar entsprechend dem Ausmaß der Vakuolisierung. Hieraus ergibt sich, daß, zunehmend mit dem Verlauf der Zelldifferenzierung, Aminosäure in den Vakuolen gespeichert wird. Dies gilt für Aminosäure, die aus der Umgebung durch die Wurzel aufgenommen wurde, dürfte aber auch unabhängig vom Ursprung der Aminosäure gelten, da zum Zeitpunkt dieser Untersuchung in den Wurzeln trotz Aufnahme aus der Nährlösung nur noch physiologische Aminosäurekonzentrationen vorliegen. Außer bei Wurzelsegment IV, wo wahrscheinlich ehemals bereits gebundene ^{14}C-Substanzen durch Stoffwechsel wieder freigesetzt werden, finden wir im Wurzelgewebe der Segmente I bis III eine strenge Parallelität zwischen der löslichen ^{14}C-Radioaktivität bezogen auf das Wurzelvolumen und derselben, bezogen auf die Menge ninhydrinpositiver löslicher Verbindungen (Abb. 5A, B). Auffällig ist die hohe pool-Größe an löslichen ^{14}C-Verbindungen im ersten Wurzelsegment. Da die Wurzelspitzen eindeutig die geringste Stoffaufnahme aufweisen, kann diese ^{14}C-Radioaktivität nur aus einem zu dieser Spitze gerichteten Stoffstrom aus den älteren Wurzelteilen stammen. Da wir die Stoffwechselprodukte des 1-^{14}C-Glycin in der Wurzel kennen und zu allen Versuchszeiten neben dem gefütterten ^{14}C-Glycin hauptsächlich ^{14}C-Serin vorhanden ist, werden entweder diese beiden Aminosäuren zur Wurzelspitze transportiert oder $^{14}CO_2$ und ^{14}C-Malat. Die Größenordnung des ^{14}C-Transportes spricht dafür, daß in der Wurzel hauptsächlich die Aminosäuren transportiert werden.

Bedingt durch die relativ große Geschwindigkeit, mit der 1-^{14}C-Glycin von Wurzeln aufgenommen wird, erreicht der pool der löslichen radioaktiven Verbindungen in isolierten Wurzelspitzen, in denen er relativ klein ist, bereits in weniger als 5 Stunden ein Maximum. Bei den älteren Wurzelabschnitten mit größerer Speicherfähigkeit für Aminosäuren wird bei isolierten Wurzelsegmenten unter den von mir gewählten Bedingungen in 7 bis 10 Stunden ein Maximum der löslichen Radioaktivität erzielt (Abb. 6A). Die spezifische, d. h. auf die Menge der löslichen ninhydrinpositiven Substanzen bezogene, Radioaktivität der löslichen Verbindungen weist in der Versuchszeit ebenfalls ein Maximum auf. Bei den ersten beiden Wurzelsegmenten ist dieses zeitlich aber um etwa 10 Stunden verschoben (Abb. 6B). Dies bedeutet, daß in diesen beiden Wurzelsegmenten I und II nach der Isolierung Prozesse einsetzen oder weiterlaufen, die zur Bildung ninhydrinpositiver Verbindungen führen. Durch diese ninhydrinpositiven Verbindungen wird die aufgenommene radionuklidmarkierte Aminosäure verdünnt. Bei der Bildung der genannten ninhydrinpositiven Stoffe muß es sich nicht um die Synthese von Aminosäuren handeln. Es können auch niedermolekulare, lösliche ninhydrinpositive Stoffe durch den Abbau von Protein entstehen. Beim Wurzelsegment III wurde dies nicht in nennenswertem Umfang beobachtet.

Beim isolierten ersten Wurzelsegment vergrößert sich von der 60. Versuchsstunde ab der pool an löslichen radioaktiven Verbindungen deutlich. Dies

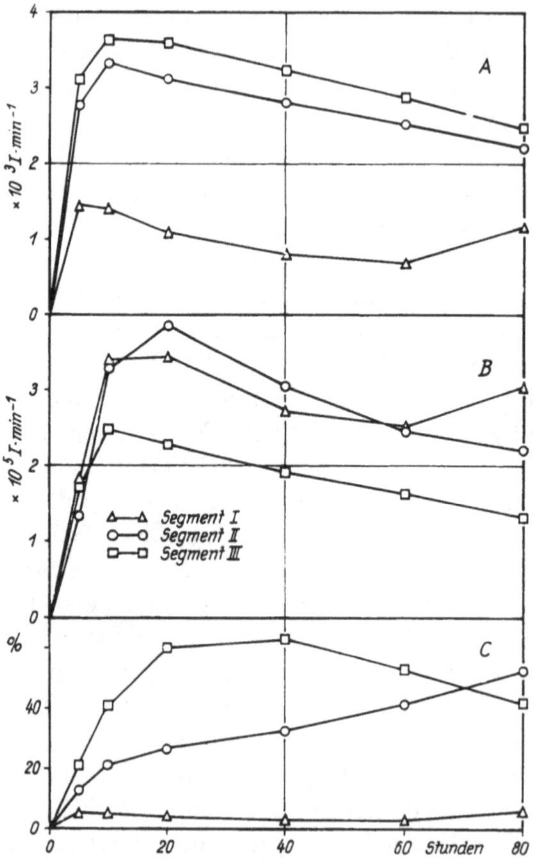

Abb. 6. Radioaktivität im pool der löslichen Substanzen bei verschiedenen Entwicklungsabschnitten von Wurzeln nach verschieden lange dauerndem Aufenthalt in Nährlösungen mit 1-^{14}C-Glycin. Dargestellt ist die Radioaktivität der löslichen Verbindungen eines Segmentes in Impulsen pro Minute (A), die Radioaktivität der löslichen, ninhydrinpositiven Stoffe, die 1 mg Leucin nach Umsatz mit Ninhydrin farbgleich sind (B) und die Radioaktivität im pool der löslichen Substanzen in Prozent der jeweils zum gleichen Zeitpunkt in der Nährlösung befindlichen Radioaktivität (C).

zeigt, in Übereinstimmung mit den bisherigen Befunden, das Einsetzen des Wachstums an. Der verstärkten Stoffaufnahme nach dieser Zeit geht keine entsprechend intensive Eigensynthese an ninhydrinpositiven Verbindungen parallel. Deshalb steigt zu diesem Zeitpunkt auch die „spezifische" Radioaktivität im Wurzelgewebe an. Daraus ergibt sich, daß auch das wachsende Wurzelmeristem Aminosäuren nur in sehr geringem Umfang bildet.

Setzt man die Größe des pool an löslicher Radioaktivität zu verschiedenen Versuchszeiten zur Konzentration an radioaktiver Substanz in der Nährlösung in Beziehung und stellt diese Werte graphisch dar über der Versuchszeit

(Abb. 6C), ergibt sich für jedes Wurzelsegment ein sehr typisches Verhalten. Nach der 40. Versuchsstunde nimmt beim Segment I die pool-Größe, mit der Nährlösung im Gleichgewicht gedacht, relativ zu. Das gleiche vollzieht sich beim ersten Wurzelsegment nach 60 Stunden. Beim dritten Wurzelabschnitt nimmt die relative pool-Größe nach der 40. Versuchsstunde deutlich ab. Bei Segment I und II wird diese Veränderung der relativen pool-Größe der löslichen radioaktiven Substanzen sicher durch Wachstumsprozesse verursacht. Das deutet wieder darauf hin, daß es auch für das Wurzelsegment II hinsichtlich des Stoffwechsels nach der Isolierung eine lag-Phase gibt. Für das Verhalten von Segment III sind mehrere Deutungen möglich. Entweder ist nach der 40. Versuchsstunde die Stoffaufnahme gegenüber vorher behindert, oder der nichtoxydative Aminosäureverbrauch steigt relativ zur Aufnahme an. Beides ist unwahrscheinlich. So bleibt als wahrscheinliche Deutung, daß das Streckungswachstum zu diesem Zeitpunkt endgültig abgeschlossen ist. Dann bestimmen nur Nährlösungskonzentration und Verbrauch der Aminosäure die pool-Größe der löslichen radioaktiven Verbindung, während vor dieser Zeit noch Wachstumsvorgänge Einfluß auf diese Größe haben.

^{35}S-Methionin, bzw. aus dieser Verbindung abstammende lösliche ^{35}S-Radioaktivität, reichert sich in isolierten Wurzelsegmenten löslich sehr viel stärker an als ^{14}C-Radioaktivität aus 1-^{14}C-Glycin. Dies ist darauf zurückzuführen, daß durch Oxydation keine radioaktive Verbindung aus den Zellen entfernt wird. Unter den von mir verwendeten Versuchsbedingungen konnten von der zum Versuch eingesetzten ^{35}S-Radioaktivität nach geeigneten Zeiten bei Segment I maximal 14%, bei Segment II bis 70% und bei Abschnitt III sogar 87% löslich in den Geweben vorgefunden werden. Damit speichert Wurzelabschnitt III z. B. bis zum 25fachen der zum entsprechenden Zeitpunkt in der Nährlösung befindlichen Radioaktivität. Als Ort hierfür kann in den Zellen wohl nur die Vakuole in Betracht gezogen werden.

Die starke Anreicherung der strahlenden Verbindung führt offensichtlich zu einer Schädigung der plasmatischen Grenzflächen, denn bei den ersten beiden Wurzelsegmenten vermindert sich der pool an löslicher Substanz nach 32 Stunden, bei den älteren Wurzelabschnitten etwas später, in untypischer Weise (Abb. 7A). Besonders deutlich erkennt man dies wieder, wenn man die pool-Größe an ^{35}S-Verbindungen auf die jeweilige Radioaktivität in der Nährlösung bezieht (Abb. 7C). Vermutlich kommt es in dieser Zeit zu einer unphysiologischen Stoffabgabe aus den Geweben als Ausdruck einer Membranschädigung. Dennoch kann nach der 64. Versuchsstunde die spezifische Radioaktivität der löslichen Substanzen (bezogen auf die Menge ninhydrinpositiver Stoffe) bei den älteren Wurzelsegmenten deutlich ansteigen (Abb. 7B). Dies ist darauf zurückzuführen, daß die inaktiven ninhydrinpositiven Verbindungen stärker als die ^{35}S-Radioaktivität vermindert werden. Als Ursache kann man an Syntheseblockierung oder bevorzugte Ausscheidung bestimmter Stoffe denken.

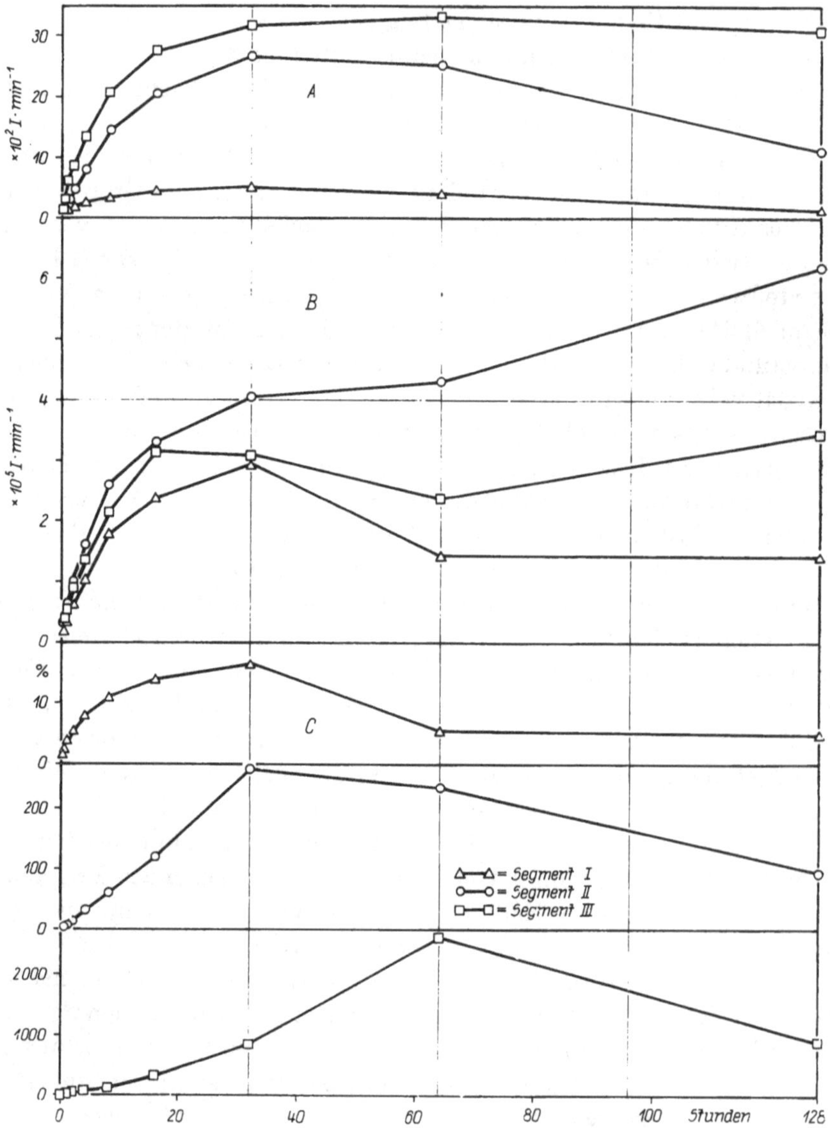

Abb. 7. Radioaktivität im pool der löslichen Substanzen bei verschiedenen Entwicklungsabschnitten von Wurzeln nach verschieden lange dauerndem Aufenthalt in Nährlösungen mit ^{35}S-Methionin. Dargestellt ist die Radioaktivität der löslichen Verbindungen eines Segmentes in Impulsen pro Minute (A), die Radioaktivität der löslichen Verbindungen, die 1 mg Stickstoff enthalten (B) und die Radioaktivität im pool der löslichen Substanzen in Prozent der jeweils zum gleichen Zeitpunkt in der Nährlösung befindlichen Radioaktivität (C).

In Kurzzeitversuchen wurde gefunden, daß sich der ^{35}S-Methionin-pool nach der Initialphase der Stoffaufnahme (15 min bei Segment I und II, 60 min bei Segment III) linear vergrößert (Abb. 8A). Im Wurzelsegment II werden besonders hohe spezifische Radionuklidaktivitäten erreicht (Abb. 8B). Dies zeigt, daß der in diesem Wurzelsegment bei der Isolierung vorhandene pool an löslichen Substanzen am stärksten von der potenziellen Speicherfähigkeit dieses Segmentes für Aminosäuren abweicht, bzw. dieser Zustand in der kurzen Zeit, die für die Präparation der Wurzelsegmente erforderlich ist, eintritt.

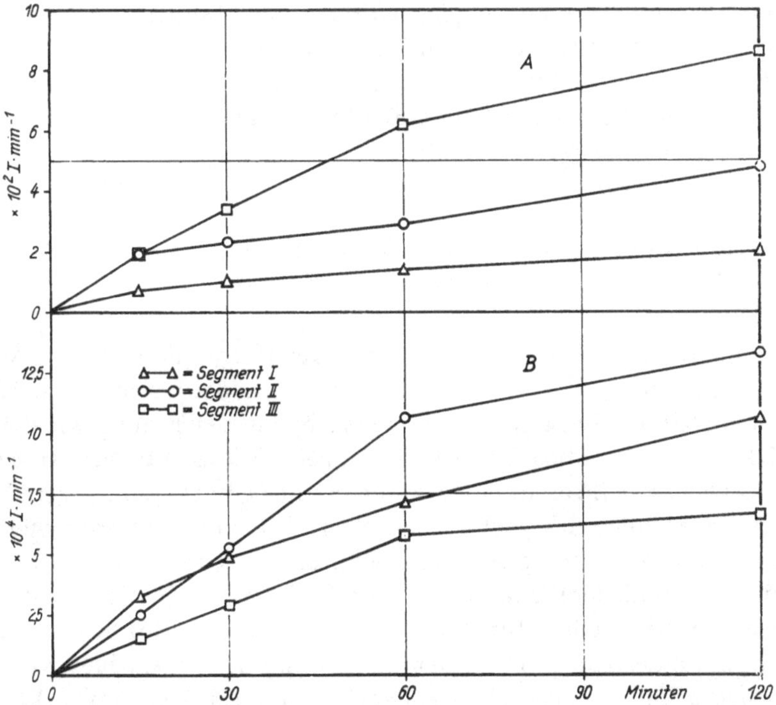

Abb. 8. Radioaktivität im pool der löslichen Substanzen bei verschiedenen Entwicklungsabschnitten von Wurzeln nach verschieden lange dauerndem Aufenthalt in Nährlösungen mit ^{35}S-Methionin. A und B entsprechen Abb. 7.

Dies darf man wohl als Hinweis dafür werten, daß dieser Wurzelabschnitt am intakten Keimling normalerweise vorwiegend durch Stoffzufuhr aus den älteren Wurzelteilen mit Aminosäuren versorgt wird. Aus Untersuchungen an Wurzeln, die am intakten Keimling 1-^{14}C-Glycin aufnehmen konnten und als isolierte Wurzelsegmente zusätzlich ^{35}S-Methionin, ergibt sich, daß die pool-Größe an löslichen radioaktiven Verbindungen in verschiedenen Wurzelabschnitten nach Stoffaufnahme des isolierten Organteiles sehr erheblich von den pool-Größen abweichen kann, die sich am intakten Keimling im betreffenden Entwicklungsabschnitt der Wurzeln einstellen. Hauptursache für diesen Unterschied dürfte der Stofftransport in der intakten Wurzel sein. Aus Nährlösungen aufgenommene Aminosäuren werden im intakten Keimling weitgehend in den normalen Stofftransport einbezogen.

In Anwesenheit von Penicillin G in der Nährlösung ist beim Kurzzeitversuch mit isolierten Wurzelsegmenten der pool an löslichen radioaktiven Substanzen nach 1-^{14}C-Glycin-Aufnahme im ersten Wurzelsegment geringer, in den älteren Wurzelabschnitten höher als in penicillinfreier Nährlösung. Die spezifische Radioaktivität ist bei allen Wurzelsegmenten geringer als bei den Kontrollen ohne Penicillin. Offensichtlich wird bei den älteren Wurzelabschnitten eine Permeabilitätsbeeinflussung der plasmatischen Membranen der Zellen durch Penicillin von verstärkter Bildung ninhydrinpositiver Verbindungen begleitet. Diese dürften aus hydrolytischen Prozessen stammen. Beim ersten Wurzelabschnitt ist vor allem mit starker Strukturschädigung der Membranen zu rechnen.

9. EINBAU VON AMINOSÄUREN IN DAS PROTEIN VERSCHIEDENER WURZELABSCHNITTE

In 20 mm langen Wurzelspitzen intakter Keimlinge, die mit ihren Wurzeln in Nährlösung mit 1-^{14}C-Glycin eintauchen, verändern sich die in Protein eingebauten Radioaktivitäten mit der Versuchszeit gleichsinnig wie die Größe des pool der löslichen radioaktiven Verbindungen. Diese zeitlichen Änderungen der Intensität der in Protein eingebauten Radioaktivität sind gegenüber den zeitlichen Änderungen des pool der löslichen Radioaktivität aber zuerst zeitlich um mehrere Stunden verschoben. Beim Zustandekommen dieser Erscheinung spielen verschiedene Faktoren, wie z. B. der zeitliche Verlauf der Stoffaufnahme und die mittlere turn-over-Rate des Proteins eine Rolle. Nach der 70. Versuchsstunde bildet sich in den dann völlig in radioaktiver Nährlösung gewachsenen 20 mm langen Wurzelspitzen ein stabiles, konstantes Verhältnis von pool-Größe der löslichen radioaktiven Verbindungen und der Proteinradioaktivität aus (Abb 9A). Dies zeigt, daß der Stoffwechsel der radioaktiven Verbindungen sich jetzt unter normalen physiologischen Bedingungen vollzieht.

Für jedes Wurzelsegment hat das Verhältnis dieser beiden Werte eine andere numerische Größe, die gut reproduzierbar wiedergefunden wurde (Abb. 9B). Es nimmt mit dem Segmentabstand von der Spitze der Wurzel der prozentuale Anteil der löslichen Radioaktivität in ähnlichem Umfang wie das Volumen der betreffenden Wurzelsegmente zu. Dies läßt vermuten, daß auch unter physiologischen Bedingungen sich ein erheblicher Teil der vorhandenen Aminosäuren bei den älteren Wurzelsegmenten in der Vakuole befindet.

Vergleicht man den Radioaktivitätseinbau in die Proteine verschiedener Entwicklungsabschnitte der Wurzel nach 85 Versuchsstunden, weil dann die Werte als repräsentativ für die jeweilige Proteinzusammensetzung angesehen werden dürfen, erhält man charakteristische Unterschiede der spezifischen Radioaktivität des Proteins dieser Wurzelteile (Abb. 10). Immer hatte das

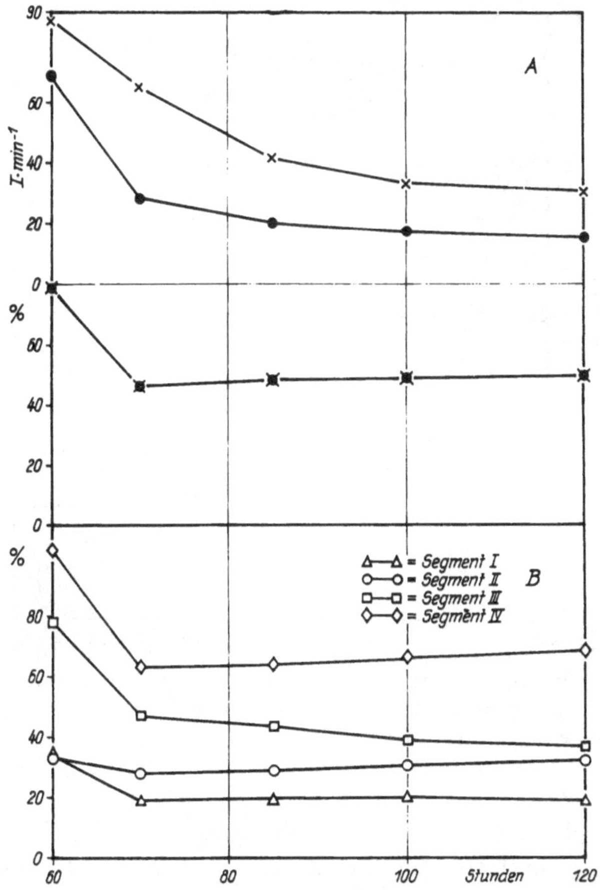

Abb. 9. Radioaktivität im pool der löslichen Substanzen in Prozent der Radioaktivität im Protein bei Wurzeln von Keimlingen, die intakt verschieden lange in Nährlösungen mit 1-^{14}C-Glycin eintauchen konnten, bei 20 mm langen Wurzelspitzen (A) und einzelnen Wurzelabschnitten (B). Kreuze = Radioaktivität im Protein in Impulsen pro Minute und Wurzelspitze; schwarze Kreise = Radioaktivität der löslichen Verbindungen in Impulsen pro Minute und Wurzelspitze; schwarze Kreise mit Kreuz = Radioaktivität der löslichen Verbindungen in Prozent der Protein-Radioaktivität.

erste Wurzelsegment die größte Einbaurate aufzuweisen und das 2. Wurzelsegment die geringste. Zum dritten und vierten Wurzelabschnitt steigt die spezifische Radioaktivität zu dieser Zeit wieder an. Die unterschiedliche Entstehungszeit der Organteile, im Hinblick auf die jeweilige Radioaktivität in der Nährlösung, dürfen wir nach der Gleichgewichtseinstellung in erster Näherung vernachlässigen, da wir zu diesem Zeitpunkt nur noch in Anwesenheit der radioaktiven Aminosäuren gewachsene Wurzelgewebe un-

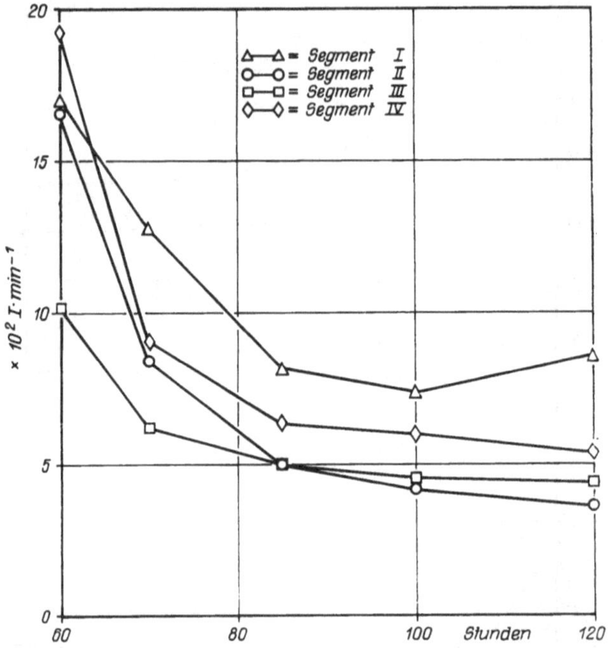

Abb. 10. Spezifische Protein-Radioaktivität verschiedener Entwicklungsabschnitte von Keimlingswurzeln, die intakt verschieden lange in Nährlösungen mit 1−^{14}C-Glycin eingetaucht haben. Dargestellt sind Impulse pro Minute und mg Protein.

tersuchen und wir bereits wissen, daß die jüngeren Wurzelsegmente aus den älteren Wurzelabschnitten sekundär mit Aminosäuren, unter denen sich dann auch radioaktive befinden, versorgt werden. So spiegelt der unterschiedliche Radioaktivitätseinbau bei den verschiedenen Wurzelsegmenten in erster Linie eine unterschiedliche quantitative Zusammensetzung des Proteins wieder. Hierbei ist bemerkenswert, daß die gefundenen Unterschiede in der Tendenz mit früher analytisch ermittelten Unterschieden in der Aminosäurenzusammensetzung der Hauptproteinfraktionen übereinstimmen (Polter und Müller-Stoll 1968a). Damals war gefunden worden, daß das Protein des Wurzelsegmentes mit dem Meristembereich mehr Glycin und Serin als das Protein der älteren Wurzelabschnitte enthält. Daraus ergibt sich andererseits, daß in der Streckungszone der Wurzel Proteine anderer Aminosäurenzusammensetzung als im Meristem gebildet werden (vgl. Polter und Müller-Stoll 1969). Es ist natürlich auch möglich, daß zusätzlich Proteine, die in der meristematischen Wachstumsphase gebildet wurden, während des Streckungswachstums metabolisiert werden.

Daß sich der Proteinstoffwechsel in den verschiedenen Wurzelsegmenten etwas voneinander unterscheidet, ergab sich auch aus den an Protein-Hydrolysaten nach chromatographischer Trennung ermittelten ^{14}C-Glycin/

^{14}C-Serin-Verhältnissen. Von der 70. Versuchsstunde ab ist dieses Verhältnis in jedem Wurzelsegment sehr konstant, die einzelnen Wurzelabschnitte unterscheiden sich aber in den Werten etwas voneinander. Besonders deutlich hebt sich das Wurzelsegment II in dieser Hinsicht von den anderen ab. Es wurden im Mittel folgende ^{14}C-Glycin/^{14}C-Serin-Verhältniswerte gefunden: Segment I = 55,6% : 44,4%; Segment II = 62,2% : 37,8%; Segment III = 57,4% : 42,6%; Segment IV = 58,4% : 41,6%). Die hohe Konstanz der Einbauverhältnisse zeigt, daß sich der Proteinstoffwechsel der Keimlingswurzeln in der Zeit zwischen der 60. und 120. Versuchsstunde nicht ändert. Zur näheren Charakterisierung des Radioaktivitätseinbaus in das Wurzelprotein etiolierter Erbsenkeimlinge wurde geprüft, wieviel Prozent der eingebauten Radioaktivität bei langen Versuchszeiten nicht in Form von Glycin oder Serin im Protein vorhanden sind. Ähnlich wie bei in vitro wachsenden Wurzeln (vgl. Polter 1970) erwiesen sich viele Protein-Aminosäuren radioaktiv markiert. In der Intensität fanden sich gegenüber den in vitro wachsenden Wurzeln einige Unterschiede. Bei Methionin, Arginin, Threonin und Asparaginsäure wurde nach 60 Versuchsstunden Radioaktivität in der Größenordnung von 2 bis 13% der Glycin/Serin-Radioaktivität vorgefunden (Tab. 2). Glutaminsäure, Phenylalanin und Prolin blieben meist deutlich unter 1% der Glycin/Serin-Radioaktivität. Nur bei der Protein-Glutaminsäure erreichte die Radioaktivität im Wurzelsegment IV z. T. bis 1,5%, blieb bei den jüngeren Wurzelabschnitten aber immer unter 1%. Die Protein-Prolin-Radioaktivität erreichte im ersten Wurzelsegment den Wert von 1% einige Male. Im Valin, Lysin, Alanin, Tyrosin, Leucin und Isoleucin des Proteins konnte nicht immer sicher Radioaktivität nachgewiesen werden. Wenn es der Fall war, blieben die Werte deutlich unter 0,5% der Glycin/Serin-Radioaktivität. Über Cystein, Tryptophan und Histidin können keine Aussagen gemacht werden.

Tabelle 2

^{14}C-Radioaktivität in einigen Aminosäuren von Proteinhydrolysaten verschiedener Wurzelsegmente nach 1-^{14}C-Glycin-Fütterung intakter Keimlinge über die Wurzel. (Die Werte sind in Prozent der jeweiligen Glycin/Serin-Radioaktivität angegeben).

Wurzelabschnitt	I	II	III	IV
Aminosäure				
Methionin	5	13	8	7
Arginin	4	5	5	2
Threonin	2	7	5	3
Asparaginsäure	3	3	2	3

Isolierte Erbsenwurzelspitzen (0–2 mm) bauen Radioaktivität aus 1-^{14}C-Glycin nur zögernd in ihr Protein ein. Nach Überwindung der lag-Phase des Wachstums, wird dieser Radioaktivitätseinbau sehr viel intensiver (Abb. 11 A) und es vergrößert sich auch die spezifische Radioaktivität des Proteins dieses

Wurzelabschnittes stark (Abb. 11B). Dies zeigt, daß jetzt im Verlaufe des einsetzenden Meristemwachstums neue Proteine gebildet werden. Bei den isolierten älteren Wurzelabschnitten folgt der Radioaktivitätseinbau in das Protein der jeweiligen Höhe der Radioaktivität im pool der löslichen Verbindungen, allerdings um 10 Stunden verzögert (Abb. 11). Einmal wirken sich hier die zeitlichen Änderungen in der Aminosäurebildung aus, die sich an den zeitlichen

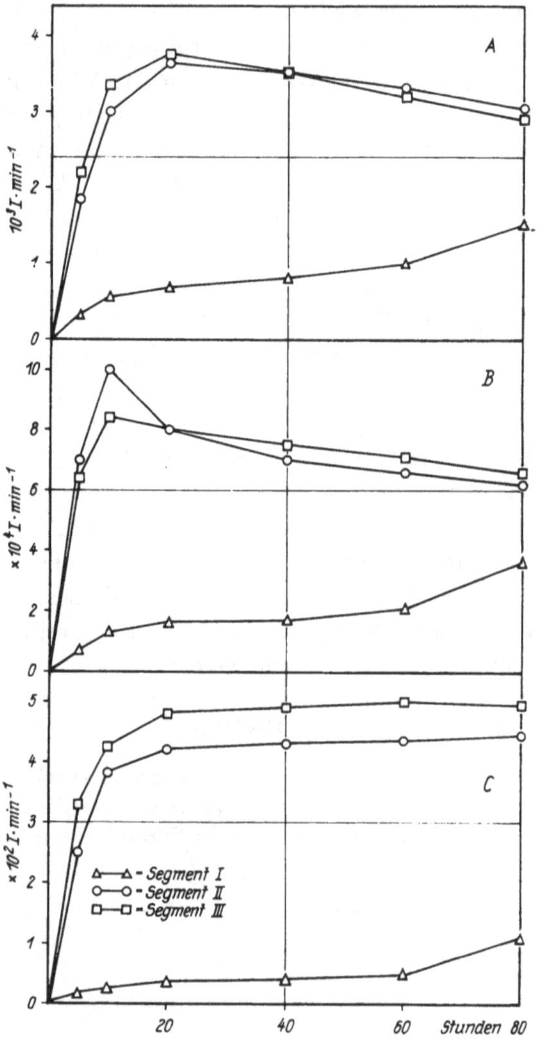

Abb. 11. Radioaktivität im Protein verschiedener Entwicklungsabschnitte von Wurzeln nach verschieden lange dauerndem Aufenthalt in Nährlösungen mit 1-^{14}C-Glycin. Dargestellt ist die Radioaktivität des Proteins eines Segmentes (A), die Radioaktivität von 1 mg Protein (B) und die Radioaktivität der Zellwandtrümmer eines Wurzelsegmentes (C), jeweils in Impulsen pro Minute.

Änderungen der spezifischen Radioaktivität im pool der löslichen Verbindungen ablesen lassen (vgl. Abb. 6 B). Andererseits scheint sich der Proteinstoffwechsel in den älteren Wurzelabschnitten nach der Isolierung ebenfalls mit der Versuchszeit etwas zu verändern, was besonders Wurzelsegment III vermuten läßt. Wahrscheinlich muß man selbst für Segment III hinsichtlich des Proteinstoffwechsels nach der Isolierung eine kurze Phase mit gebremster Aktivität annehmen. Ob die Ursachen hierfür im enzymatischen Apparat der Proteinsynthese zu suchen sind, ist allerdings fraglich. Da die spezifische Proteinradioaktivität in den älteren Wurzelabschnitten ihr Maximum immer deutlich vor dem absoluten Radioaktivitätsmaximum im Protein erreicht (Abb. 11B), darf man vermuten, daß nach der Isolierung einzelne Aminosäuren die Proteinsynthese limitieren und deren Synthese erst im isolierten Organteil ansteigen muß, bevor die Proteinsynthese und damit der Radioaktivitätseinbau im Protein die maximal mögliche Höhe erreichen kann (maximal für die gewählten Bedingungen).

Ein kleiner Teil des Zellproteins haftet bei der Proteinisolierung fest an den Zellwänden. Dieses „Zellwandprotein“ wurde bei den Versuchen mit isolierten Wurzelsegmenten getrennt analysiert (Abb. 11C). Auffällig war an diesen Werten, daß außer beim Wurzelsegment I, bei dem die Radioaktivität in dieser Proteinfraktion den Wachstumsvorgängen folgt, sich diese nach der 20. Versuchsstunde bei den übrigen Wurzelabschnitten auffällig wenig verändert. Wenn auch eine gewisse Verfälschung des Versuchsergebnisses durch fest adsorbierte Radioaktivität nicht auszuschließen ist, ergibt sich doch aus den Werten, daß dieses Protein eine geringere turn-over-Rate aufweist als im Mittel die übrigen Zellproteine.

Als Kriterium, inwieweit sich isolierte Wurzelsegmente von identischen Bereichen intakter Wurzeln im Proteinstoffwechsel unterscheiden, wurde geprüft, ob sich zwischen Protein-Radioaktivität und Radioaktivität im pool der löslichen radioaktiven Verbindungen der isolierten Wurzelsegmente bei längerer Versuchsdauer Gleichgewichte ausbilden und welche prozentuale Verteilung der Radioaktivitäten hierbei auftritt (Abb. 12). Gleichgewichte zwischen beiden Werten erhält man beim Segment I vorübergehend nach 60 Versuchsstunden (danach dürfen die Werte bei der gewählten Versuchsdurchführung wegen dann einsetzender Wachstumsprozesse nicht mehr verglichen werden), bei Segment II nach 40 Stunden und beim Segment III nach 20 Stunden. Es finden sich beim Segment I 60%, beim Segment II 56% und beim Segment III 51% der Zellradioaktivität im Protein. Diese Werte zeigen sehr deutlich, daß sich isolierte Wurzelsegmente stark von entsprechenden Abschnitten von Wurzeln intakter Keimlinge abweichend verhalten. Es zeigt sich an diesem Beispiel, daß dem Stofftransport im intakten Organ eine regulierende Funktion für den gesamten Stoffwechsel zukommt.

Isolierte Erbsenkeimlingswurzelsegmente wandeln genau wie intakte Erbsenkeimlingswurzeln und in vitro wachsende Wurzeln ^{14}C-Glycin mit großer Ge-

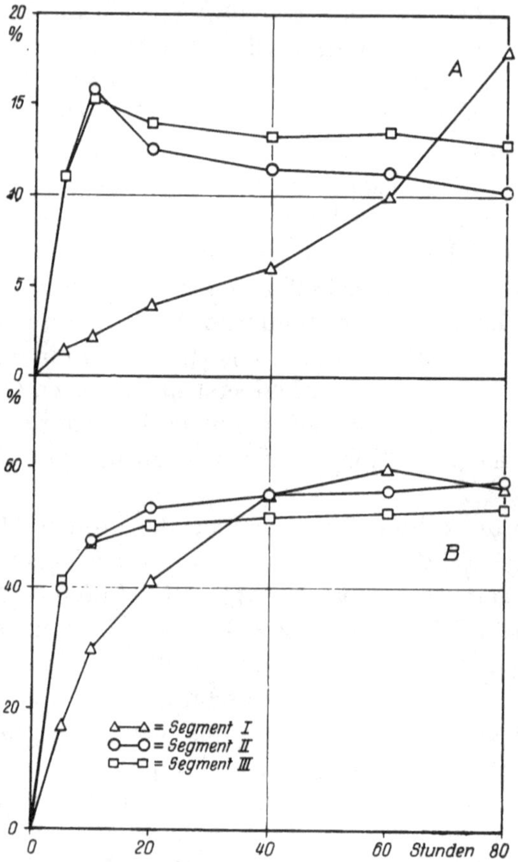

Abb. 12. Radioaktivität im Protein verschiedener Entwicklungsabschnitte von Wurzeln nach verschieden lange dauerndem Aufenthalt in Nährlösungen mit 1-^{14}C-Glycin. Dargestellt ist der Gehalt an ^{14}C-Glycin + ^{14}C-Serin in Prozent des Protein-Glycin + Protein-Serin nach chromatographischer und autoradiographischer Analyse (A) und die Radioaktivität des Proteins in Prozent der insgesamt in den Wurzelsegmenten vorhandenen Radioaktivität (B).

schwindigkeit teilweise in ^{14}C-Serin um und bauen wie die intakte Wurzel beide Komponenten in bestimmtem Verhältnis in das Protein ein. Weiterhin werden bei längerer Versuchsdauer auch in isolierten Wurzelabschnitten aus 1-^{14}C-Glycin verschiedene ^{14}C-Aminosäuren gebildet und in das Protein inkorporiert, und zwar mit zunehmender Versuchsdauer in zunehmendem Maße. Am langsamsten verlaufen diese Prozesse im ersten Wurzelsegment. Eine merkliche Beschleunigung der genannten Vorgänge stellt man beim ersten Wurzelsegment nach Beendigung der Wachstums-lag-Phase fest. Bei den Wurzelabschnitten II und III wird nach 5 Versuchsstunden bereits ^{14}C-Glycin und ^{14}C-Serin in nahezu konstantem Verhältnis in das Protein inkorporiert (Tab. 3).

Auffällig abweichend von den Verhältnissen bei intakten Keimlingen sind aber die Gleichgewichtsmengen von ^{14}C-Glycin/^{14}C-Serin, die inkorporiert werden. Während in den Proteinen der unterschiedenen Entwicklungsabschnitte der Wurzel intakter Keimlinge verschiedene ^{14}C-Glycin/^{14}C-Serin-Verhältnis-Werte gefunden wurden, erreichen die isolierten Entwicklungsabschnitte nach unterschiedlichen Versuchszeiten alle fast identische Endwerte für das genannte Verhältnis. Dies zeigt, daß an der intakten Pflanze korrelative Steuermechanismen auf den Proteinstoffwechsel der Wurzel einwirken, wobei Art und Menge der in bestimmten Entwicklungszuständen der Zellen zu bildenden Proteine beeinflußt werden.

Die Radioaktivitätsverteilung in den übrigen Protein-Aminosäuren isolierter Wurzelsegmente läßt ebenfalls Unterschiede zu den Verhältnissen in der intak-

Tabelle 3

Protein-Glycin und Protein-Serin-Radioaktivität in verschiedenen isolierten Wurzelsegmenten nach 1-^{14}C-Glycin-Fütterung.
Alle Werte sind in Prozent der Summe der Radioaktivität im Protein-Glycin und Protein-Serin angegeben.
Es bedeutet jeweils die erste Zahl den Prozentsatz der Glycin-Radioaktivität und die zweite Zahl den entsprechenden Prozentsatz der Serin-Radioaktivität

Segment	Versuchsstunden					
	5	10	20	40	60	80
I	89/11	68/32	61/39	56/44	53/47	51/49
II	53/47	55/45	55/45	55/45	54/46	54/46
III	53/47	54/46	55/45	55/45	55/45	55/45

ten Keimlingswurzel erkennen (Tab. 4). Diese Einzelheiten dürfen aber nicht überbewertet werden, da die Radioaktivitätsbestimmungen an papierchromatographisch getrennten Hydrolysaten vorgenommen wurden und deshalb mit einem relativ großen Meßfehler belastet sind. Bezieht man die Radioaktivität in den einzelnen chromatographisch getrennten Aminosäuren auf im Densitometer (ERI 10) gemessene Farbintensitäten der Ninhydrin-Komplexe der entsprechenden Verbindungen, erhält man für die meisten Aminosäuren deutlich höhere spezifische Radioaktivitäten beim Protein der Wurzelsegmente II und III als beim Protein des ersten Wurzelsegmentes (Tab. 5). Dies zeigt, daß der 1-^{14}C-Glycin-Stoffwechsel im Segment I allgemein weniger intensiv verläuft als in den älteren Wurzelabschnitten. Wahrscheinlich bilden die meristematischen Wurzelspitzen in vivo nie alle zu ihrem Wachstum nötigen Aminosäuren selbst. Die Radioaktivität der Aminosäuren des Proteins durchläuft unter den gewählten Bedingungen deutlich zeitabhängige Maximumskurven. Für verschiedene Protein-Aminosäuren wird das Maximum zu unterschiedlichen Versuchszeiten erreicht. Einmal wird sich hierbei die Geschwindigkeit,

Tabelle 4

Radioaktivität von Eiweißaminosäuren verschiedener isolierter Wurzelsegmente (I, II, III) zu verschiedener Versuchszeit nach Aufnahme von 1-^{14}C-Glycin.
Alle Werte sind in Prozent der Glycin-Radioaktivität der Eiweißpräparate angegeben

Aminosäure	Versuchszeit in Stunden																	
	5			10			20			40			60			80		
	I	II	III	I	II	III	I	II	III	I	II	III	I	II	III	I	II	III
Serin	12	90	88	48	83	85	65	82	83	80	81	83	89	84	82	96	84	81
Cystein	0,7	2,7	2,0	1,1	3,9	3,8	1,4	5,0	4,9	2,0	7,0	6,0	3,0	8,1	6,7	4,0	8,6	7,4
Lysin	0,2	2,0	1,7	0,6	2,5	2,3	0,8	3,3	3,4	1,8	3,9	3,9	2,1	4,0	4,9	3,1	3,9	6,4
Asparaginsäure	0,5	2,1	2,6	1,0	3,6	4,2	1,2	5,6	4,9	1,6	6,6	5,6	2,4	6,9	6,2	3,1	6,5	7,0
Threonin	0,4	2,0	2,5	0,9	2,5	2,7	1,5	3,0	3,1	1,7	3,4	3,2	1,9	3,8	3,3	2,2	4,3	3,8
Glutaminsäure	0,5	2,5	1,0	1,1	3,1	1,6	1,5	3,6	1,9	2,0	4,1	2,4	2,3	4,2	2,7	2,8	4,1	3,1
Alanin	0,8	2,4	2,2	0,9	2,7	2,9	1,1	3,1	3,2	1,3	3,3	3,5	1,5	3,5	3,8	1,7	4,0	4,0
Valin	0,8	1,8	1,7	0,9	2,6	2,2	1,0	2,7	2,3	1,2	2,8	2,4	1,5	2,8	2,6	2,0	2,8	3,0
Arginin	0,3	1,2	1,2	0,5	1,3	1,2	0,7	1,6	1,5	1,0	1,6	1,7	1,5	1,8	1,9	2,0	1,8	2,1
Histidin	0,1	0,7	0,4	0,2	0,8	0,7	0,3	0,8	1,2	0,7	1,0	1,5	1,2	1,5	2,0	1,9	2,4	2,8
Methionin	0,2	0,3	0,4	0,3	0,7	0,7	0,5	0,8	0,9	0,7	1,0	1,0	1,1	1,1	1,3	1,5	1,1	1,6
Phenylalanin	0,2	0,6	0,4	0,3	0,7	0,5	0,5	0,8	0,6	0,6	0,9	0,7	0,7	1,2	0,8	0,8	1,4	1,1
Tyrosin	0,2	0,3	0,5	0,3	0,7	0,7	0,4	1,0	0,8	0,5	1,4	0,9	0,6	1,8	1,0	0,7	2,1	1,1
Leucin	0,0	0,3	0,4	0,1	0,5	0,5	0,2	0,6	0,6	0,3	0,7	0,6	0,6	1,0	0,6	1,0	1,2	0,7
Isoleucin	0,1	0,3	0,5	0,2	0,4	0,7	0,2	0,5	0,8	0,5	0,8	0,9	0,7	1,0	1,0	0,7	1,4	1,2

Tabelle 5

Radioaktivität der Aminosäuren chromatographisch getrennter Eiweißhydrolysate isolierter Wurzelsegmente (I, II, III) bezogen auf die Farbintensität ihrer Ninhydrin-Komplexe, in Impulsen pro cm² Kurvenfläche (ERI 10)

	Versuchszeit in Stunden																	
	5			10			20			40			60			80		
Aminosäure	I	II	III	I	II	III	I	II	III	I	II	III	I	II	III	I	II	III
Glycin	90	648	672	98	1384	887	109	1156	778	127	933	702	180	643	605	329	477	502
Serin	35	418	378	37	472	529	61	460	501	93	375	404	160	317	327	206	283	267
Lysin	1	7	9	6	9	10	3	11	13	2	14	16	2	16	10	2	15	9
Asparaginsäure	2	14	10	3	31	23	4	30	29	7	30	29	8	21	26	14	20	25
Threonin	1	19	17	3	28	27	3	20	26	6	17	24	9	13	14	18	10	13
Glutaminsäure	1	7	10	1	13	15	1	14	17	2	16	11	2	10	9	5	10	7
Alanin	1	25	16	1	27	20	3	20	24	4	18	22	5	16	21	23	15	12
Valin	3	10	8	9	16	16	3	14	12	3	14	12	4	11	10	11	7	10
Arginin	2	15	15	6	17	21	7	16	23	8	15	26	10	15	14	16	15	12
Histidin	2	8	8	1	11	12	1	15	23	3	17	27	7	18	27	12	24	27
Methionin	4	6	9	3	9	9	3	10	10	4	16	10	7	12	7	8	10	6
Phenylalanin	1	8	3	1	12	6	2	10	5	3	8	5	4	8	5	13	10	6
Tyrosin	2	6	5	4	8	8	3	14	9	2	10	8	4	10	8	14	10	10
Leucin	1	1	2	1	1	2	1	2	2	1	3	3	1	3	2	3	2	2
Isoleucin	2	2	2	1	3	2	1	3	4	2	5	4	2	4	3	2	3	2

mit der aus 1-^{14}C-Glycin/^{14}C-Serin bzw. $^{14}CO_2$ stammende Radioaktivität im jeweiligen Wurzelabschnitt in die betreffenden Aminosäuren eingebaut wird, auswirken. Daneben können sich aber hierin auch unterschiedliche Metabolismusraten verschiedener während der physiologischen Differenzierung auftretender Proteine andeuten.

Nach Aufnahme von ^{35}S-Methionin bauen isolierte Wurzelsegmente die Aminosäure entsprechend der pool-Größe der radioaktiven Verbindung langsam in das Protein ein (Abb. 13 A). Beim ersten Wurzelsegment fällt beim Vergleich mit den Ergebnissen der bisherigen Untersuchungen ein wachstumsbedingter starker Anstieg des Einbaues nach einer lag-Phase, wie bei der Inkorporation von Radioaktivität in das Protein nach 1-^{14}C-Glycin-Fütterung

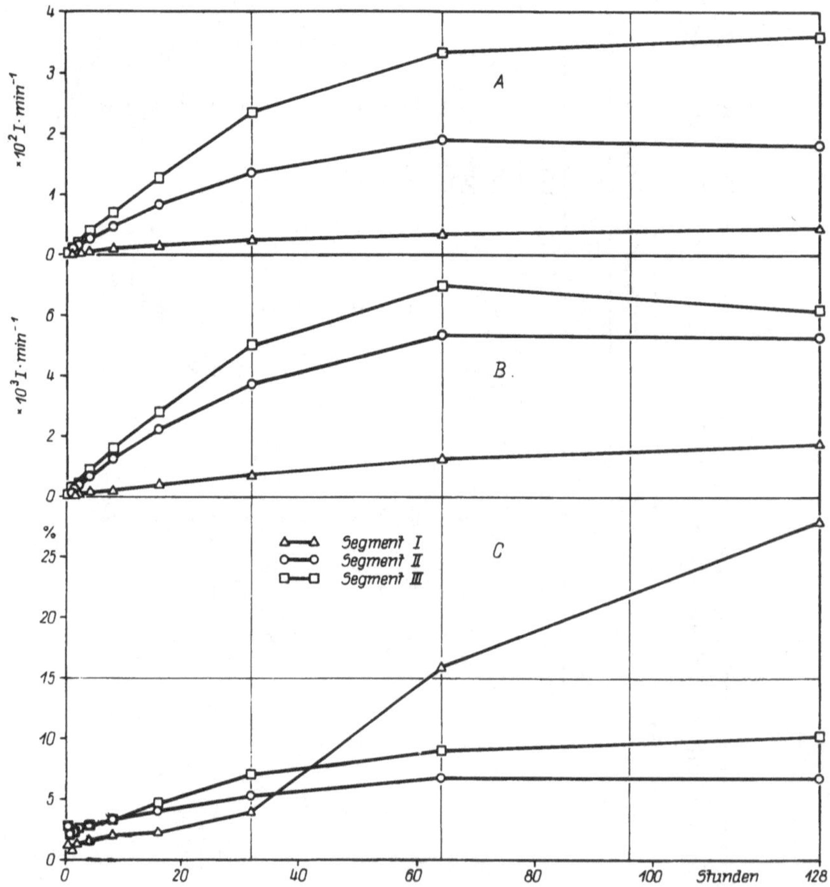

Abb. 13. Radioaktivität im Protein verschiedener **Entwicklungsabschnitte** von Wurzeln nach verschieden lange dauerndem Aufenthalt in Nährlösungen mit ^{35}S-Methionin. Dargestellt ist die Radioaktivität des Proteins eines Segmentes (A), die Radioaktivität von 1 mg Protein (B) und die Radioaktivität des Proteins in Prozent der insgesamt in den Wurzelsegmenten vorhandenen Radioaktivität (C).

weg. Dies steht durchaus in Übereinstimmung mit den bisherigen Versuchsergebnissen. Die spezifische Radioaktivität steigt aber während der gesamten Versuchszeit (bis 128 Stunden) im ersten Wurzelsegment stetig an (Abb. 13B). Da kein Teilungswachstum auftritt, muß das Protein des ersten Wurzelabschnitts in Anwesenheit von ^{35}S-Methionin langsam metabolisiert werden. Wahrscheinlich vollziehen sich unter diesen Bedingungen einige Prozesse des Streckungswachstums. Maximal bauen das zweite Wurzelsegment unter meinen Versuchsbedingungen 7% und das dritte Wurzelsegment 10% der zum entsprechenden Zeitpunkt in der Zelle vorhandenen Radioaktivität ein. Bei der Beurteilung dieser Werte ist zu berücksichtigen, daß die pool-Größe an löslicher Radioaktivität aus bereits genannten Gründen, nach ^{35}S-Methionin-Fütterung viel größer ist, als nach 1-^{14}C-Glycin Fütterung. Deshalb wird sie nie zum begrenzenden Faktor für den Radioaktivitätseinbau. Beim ersten Wurzelabschnitt steigt der prozentuale Anteil der in der Zelle vorhandenen Radioaktivität, der in Protein eingebaut wird, nach der 32. Versuchsstunde kräftig an (Abb. 13C). Betrachtet man aber die Absolutwerte der Radioaktivität im Protein, erkennt man, daß es sich um eine Scheinzunahme der Radioaktivität im Protein handelt, die durch Veränderung der Bezugsgröße vorgetäuscht wird. Es vermindert sich nämlich der pool der löslichen radioaktiven Verbindungen in der betreffenden Zeit stark. Dies wurde bereits als vermutlich durch Schädigung plasmatischer Grenzschichten hervorgerufen interpretiert. Wenn zu diesem Zeitpunkt noch Prozesse der Zellstreckung ablaufen, könnten sie auch daran beteiligt sein.

Penicillin beeinflußt den Einbau von 1-^{14}C-Glycin bzw. daraus in der Wurzel entstehenden Verbindungen in das Protein isolierter Entwicklungsabschnitte der Wurzel bei kurzen Versuchszeiten nur geringfügig (vgl. auch Polter und Müller-Stoll 1968b). Der Radioaktivitätseinbau wird bei allen Wurzelabschnitten von Penicillin etwas gehemmt. Da das Meristemwachstum unterbunden wird, bleibt der Radioaktivitätseinbau in das Protein beim ersten Wurzelsegment einige Zeit hindurch in der Größenordnung wie in der Wachstums-lag-Phase. Dann vermindert sich die Radioaktivität des Proteins dieses Wurzelabschnittes. Bei langer Penicillin-Einwirkung kommt es offensichtlich zum Protein-Abbau in den Zellen. Da sich die spezifische Radionuklidaktivität des Proteins, besonders im ersten Wurzelabschnitt, bei langer Penicillin-Einwirkung stark vermindert, hat es den Anschein, daß die in der ersten Versuchsphase gebildeten Proteine schneller wieder abgebaut werden als die bei der Isolierung der Wurzelsegmente bereits vorhandenen. Ob es sich hier um eine Proteinfraktion mit besonders hoher turn-over-Rate handelt oder darum, daß diese Proteine unter den Versuchsbedingungen nicht in typischer Weise gefaltet werden konnten und deshalb einem beschleunigten Abbau unterliegen, läßt sich vorläufig nicht sagen. Die Befunde weisen jedenfalls darauf hin, daß Radioaktivitätseinbau in Protein noch nicht automatisch die Bildung physiologisch aktiven Proteins nachweist. Unter dem Einfluß von Penicillin ändert sich auch das Gleichgewichtsverhältnis zwischen Radioaktivität im Protein und Radioaktivität im pool der löslichen radioaktiven Verbindungen. Dies ist, wenn die Wirkung des Penicillins in einer Beeinflussung von Grenzschichten besteht, nicht verwunderlich.

10. DISKUSSION

Für das Studium des pflanzlichen Proteinstoffwechsels mit radioaktiv markierten Aminosäuren eignen sich Leguminosen-Keimlinge besonders gut. Bei ihnen ist die Veratmung von Reserveeiweiß eine normale Begleiterscheinung der Keimung. Enzyme zum oxydativen Umsatz von Aminosäuren sind im gesamten Keimling vorhanden. Werden Keimlinge mit ^{14}C-markierten Aminosäuren gefüttert, die im Organismus leicht oxydiert werden, vermindert sich die Gefahr, daß durch Stoffkonzentration und bzw. oder radioaktive Strahlung der Proteinstoffwechsel des Keimlings in untypischer Weise verändert wird. Für Erbsenkeimlingswurzeln erwies sich 1-^{14}C-Glycin als sehr geeignet zur Untersuchung des Proteinstoffwechsels, da Stoffkonzentration und Radionuklidaktivität innerhalb weiterer Grenzen als bei anderen Aminosäuren vertragen werden (u-^{14}C-Prolin, u-^{14}C-Leucin, ^{35}S-Methionin, ^{35}S-Cystein). Im Prinzip weist 1-^{14}C-Glycin in Wurzeln von Erbsenkeimlingen den gleichen Stoffwechsel wie in Erbsenwurzeln beim in vitro Wachstum auf (Polter 1970). Hierdurch erweist sich diese Aminosäure auch als dazu geeignet den Protein-Stoffwechsel in vitro wachsender Wurzeln mit demjenigen von Keimlingswurzeln zu vergleichen.

Für begrenzte Zeit zeigen auch isolierte Entwicklungsabschnitte von Erbsenkeimlingswurzeln nach 1-^{14}C-Glycin-Gabe einen durch die Aminosäure wenig beeinflußten Stoffumsatz. Somit können durch den Vergleich mit dem intakten Organ in gewissem Umfang wirklich spezifische Stoffwechselaktivitäten in den einzelnen Wurzelbereichen ermittelt werden. Problematisch ist dies allerdings, selbst bei Verwendung von 1-^{14}C-Glycin, bei den Wurzelspitzen, da bei ihnen eine auftretende Wachstums-lag-Phase isolierungsbedingt ist. Da aber diese Wachstums-lag Phase in 2 mm langen Wurzelspitzen durch 1-^{14}C-Glycin nicht meßbar verlängert wird, zeigt auch dies die gute Eignung der Verbindung für Versuche unter diesen Bedingungen. Über die Ursachen der Wachstums-lag-Phase bei Erbsenwurzelspitzen sind wir noch nicht informiert. Bei Maisembryonen konnte ein komplexes Aminosäuregemisch (Oaks und Beevers 1964), bei cotyledonen-losen Erbsenkeimlingen, Askorbinsäure, Arginin, Glycin und Adenin mit Erfolg zur Überwindung einer Wachstums-lag-Phase eingesetzt werden (Fries 1951, 1953, 1955). Dem Anschein nach führt also in der Regel die Unterbrechung von Stoffströmen bei den Meristemen zum Wachstumsblock. 1-^{14}C-Glycin erwies sich für die Durchführung von Proteinstoffwechseluntersuchungen bei Erbsenwurzeln auch deshalb als geeignet, weil die Aminosäure zu denen gehört, die in intakte Erbsenwurzeln sehr schnell eindringen. Beim Vergleich mit anderen Aminosäuren wurde nur Prolin noch etwa schneller aufgenommen. Ähnlich schnell nehmen Senfkeimlinge Glycin auf (Wright 1962), ebenso Möhrenkalli (Birt und Hird 1958, Jacobi und Sutcliffe 1962). Die Tatsache, daß unterschiedliche pflanzliche Gewebe und verschiedene Pflanzenarten Aminosäuren hinsichtlich der Geschwindigkeit in einer wenig variierenden bestimmten Reihenfolge aufnehmen, deutet darauf hin, daß die Geschwindigkeit der Aufnahme wohl nicht in erster Linie durch die carrier-Systeme der Pflanzen beeinflußt wird, sondern eher durch Stoffgrößen der Aminosäuren selbst. Ein Einfluß der Molekülgröße und Ladung (Birt und Hird 1958) ist wahrscheinlich. Da eine Anordnung der Aminosäuren nach ihrer Wasserlöslichkeit mit einer Ordnung der Aminosäuren nach der Geschwindigkeit, mit der sie von Pflanzengeweben aufgenommen werden, übereinstimmt, dürfte dieser Eigenschaft auch eine Bedeutung zukommen. Vielleicht wird von ihr das Verhalten der Aminosäuren in der Vakuole beeinflußt. Geschwindigkeit des Stoffumsatzes, Lipoidlöslichkeit und andere Eigenschaften sind aber sicher ebenfalls von Bedeutung.

Die Aminosäureaufnahme von Wurzeln ist aber nicht nur eine Funktion von Milieu- und Organismuskonzentration. Von manchen Aminosäuren sollen unphysiologische Konzentrationen in den Zellen nach Aufnahme aus dem Medium zur Schädigung der Permeabilitätseigenschaften der Zellmembranen führen (vgl. Street 1966). Dann kann eine solche Aminosäure ihre Aufnahme in die Pflanze selbst beeinflussen, was mehrfach beschrieben wurde (Oaks 1965a, Fekete u. a. 1967, Holleman und Key 1967). Für Erbsenwurzeln ist Methionin eine derartige Aminosäure, ebenso Leucin. Wachstumshemmungen durch Aminosäuren, die aus der Nährlösung aufgenommen wurden, entsprächen damit ungefähr den Wachstumshemmungen, die durch oberflächenaktive Stoffe verursacht werden (Nethery 1967). Veränderte Zellpermeabilität kann leicht zum Verlust von Stoffen, die limitierende Faktoren für das Wachstum sind, führen.

Von Ratner u. a. (1963) wurde beobachtet, daß Wachstum und Proteinsynthese von Wurzeln und Keimlingen vor allem durch solche Aminosäuren gehemmt werden, die nicht in Stoffwechselprozesse einbezogen werden. Diese Beobachtung bestätigt sich für die von mir untersuchten Erbsenwurzeln im Prinzip auch. Das intensiv von Erbsenwurzeln metabolisierte $1-^{14}C$-Glycin gestattet Untersuchungen unter fast natürlichen Bedingungen, ^{35}S-Methionin und einige andere Aminosäuren wie $u-^{14}C$-Leucin, $u-^{14}C$-Prolin, ^{35}S-Cystein verändern den Proteinstoffwechsel der Wurzel und beeinflussen die Wachstumsvorgänge der Wurzel. Hier wird sicher in erster Linie die Stoff- und Radionuklid-Konzentration in den Kompartimenten der Proteinsynthese wirksam. Es ist wahrscheinlich so, daß eine Aminsoäure, die zur Stoffwechselmessung verwendet werden soll, wenn sie repräsentative Ergebnisse liefern soll, schnell in genügender Menge in alle Kompartimente der Zelle eindringen muß. Ebenso schnell müssen aber dort ihre Konzentrationen durch Stoffwechselprozesse auf physiologische Werte herabgesetzt werden. Für Erbsenwurzeln erfüllt 1-^{14}C-Glycin diese Anforderungen mit für Versuche hinreichender Genauigkeit. Der die Stoffkonzentration schnell einregulierende Stoffwechselprozeß ist in diesem Fall der intensive oxydative Umsatz der Verbindung. Entfernung von Stoffüberschüssen wurde auch von anderen Autoren als besonders wesentlich für Untersuchungen mit Aminosäuren über den Proteinstoffwechsel von Pflanzen erkannt (Boswell 1950, Younis 1960, Ratner und Ukhina 1963).

Die Abhängigkeit des Radioaktivitätseinbaus in Protein vom pool der löslichen radioaktiven Verbindungen in der Wurzel ist oft schwer zu beurteilen, da es neben dem Protein-Vorstufen-pool einen stoffwechselinaktiven pool an löslichen radioaktiven Stoffen geben kann (Oaks 1965a, b, 1966). Bei manchen pflanzlichen Objekten soll Aminosäure, die aus dem Außenmedium aufgenommen wird, durchweg nicht in den Aminosäurevorstufen-pool gelangen (Steward u. a. 1958, Steward und Durzan 1965, Steward und Bidwell 1966). Gerade Glycin und Serin gehören zu den Aminosäuren, für die Organe mancher Pflanzen in verschiedenen Kompartimenten der Zelle einen pool haben (Smith u. a. 1961, Hellebust und Bidwell 1963, Bassham u. a. 1964, Chang und Tolbert 1965). Die vorliegenden Ergebnisse gestatten aber die Annahme, daß für Glycin in der Erbsenwurzel keine nennenswerten Diffusionsbarrieren vorhanden sind. Diese Verbindung scheint jedenfalls in die Kompartimente der Proteinsynthese bei Erbsenkeimlingswurzeln gut eindringen zu können. Unterschiedliches Verhalten hinsichtlich des Einbaus in Protein vom Mais konnte Oaks (1965a, 1966) zwischen Glycin, Serin, und Alanin einerseits und Leucin, Prolin, Threonin, Valin, Arginin und Lysin andererseits beobachten. Die Aminosäuren der letzten Gruppe gehören zu denjenigen, von denen Erbsenwurzeln keine Überschüsse in der Zelle vertragen. Bei ihnen scheinen Synthese und Verbrauch in vivo besonders genau quantitativ aufeinander eingestellt zu sein, wodurch gleichzeitig eine allgemeine Verteilung der Verbindung in der Zelle eingeschränkt wird. Nach kurzer Einbau-lag-Phase, die zur Auffüllung des pool an löslichen radioaktiven Substanzen bei Stoffaufnahme aus dem Außenmedium benötigt wird, werden diese Verbindungen linear in Protein inkorporiert (Oaks 1965a, 1966). Bei den genannten Aminosäuren der anderen Gruppe, die in Erbsen stärker metabolisiert werden, erfolgt die Einstellung einer steady-state-Konzentration langsamer. Es liegen noch nicht genügend vergleichbare Untersuchungen über die Eignung von bestimmten radioaktiv-markierten Aminosäuren zur Messung des Proteinstoffwechsels vor, um Ergebnisse schon verallgemeinern zu können. Es zeichnet sich aber als Tendenz ab, daß Aminosäuren der Leucin-Gruppe vor allem zur kurzfristigen Untersuchung bestimmter Reaktionen innerhalb des Proteinstoffwechsels von Wurzeln geeignet sind, während für länger dauernde Versuche, bei denen der Proteinstoffwechsel während des Wachstums der Wurzel unter physiologischen Bedingungen analysiert werden soll, Aminosäuren der Glycin-Gruppe angewendet werden sollten.

Der pool an löslichen radioaktiven Verbindungen in Wurzeln wird bei Aufnahme radioaktiver Aminosäure aus dem Nährmedium in bestimmten Bereichen der Wurzel nicht nur von der Stoffaufnahme der betreffenden Wurzelabschnitte, sondern auch von der Stoffleitung maßgeblich beeinflußt. Von basalen Wurzelpartien des Maiskeimlings aufgenommenes Leucin wird zur Wurzelspitze transportiert (Oaks 1965a). Auch andere Verbindungen, besonders Zucker, werden in der Wurzel zur Spitze geleitet (vgl. Street 1966). Der in der Wurzel vorhandene Gradient an löslichen organischen Verbindungen (vgl. z. B. Timofeyewa 1963) ist zum Teil auf diesen Stofftransport zurückzuführen. Zu einem bestimmten Zeitpunkt nach Fütterung von 1-^{14}C-Glycin an Erbsenkeimlinge, in vitro wachsende Wurzeln (Polter 1970) und isolierte Entwicklungsabschnitte von Erbsenkeimlingswurzeln ergab sich die Größe des pool an löslichen radioaktiven Verbindungen in den ersten drei Wurzelsegmenten bei Wurzeln intakter Keimlinge in Segment I : II : III = 2 : 1 : 2,5, bei in vitro wachsenden Wurzeln in Segment I : II : III = 1 : 1,2 : 3,5, bei isolierten Wurzelabschnitten in Segment I : II : III = 1 : 4 : 4,5. Diese Werte zeigen deutlich, daß es besonders bei Wurzeln intakter Erbsenkeimlinge, in etwas geringerem Umfang aber auch bei in vitro wachsenden Erbsenwurzeln (vgl. Polter 1970), einen apikal gerichteten Aminosäuretransport in der Wurzel gibt. Weiterhin ergibt sich, daß Streckungs- und Differenzierungszone der Wurzel besonders stark an der Stoffaufnahme beteiligt sind, was für anorganische Ionen an Lupinenwurzeln auch bereits bewiesen wurde (Potapow und Sumyanova 1966). Da das zweite Wurzelsegment relativ viel Aminosäure aufnimmt, an der intakten Wurzel aber einen relativ geringen pool löslicher radioaktiver Verbindungen aufweist, findet man hierin eine Bestätigung der Nährstoffkonkurrenz, die für sich teilende und sich streckende Wurzelzellen postuliert wurde (Van't Hof 1965). Stärker verallgemeinert betrachtet handelt es sich um eine Bestätigung für das Phänomen der Lenkung der Stoffströme zu den Orten intensivster Proteinsynthese (vgl. van Die 1963).

Da bei Wurzeln intakter Keimlinge, die vollständig mit ihren Wurzeln in radioaktive Aminosäurelösung eintauchen, mehr von der Aminosäuremenge, die bestimmte Wurzelpartien aufgenommen haben, abgeleitet wird, als bei in vitro wachsenden Wurzeln, zeigt dies, daß die Einstellung bestimmter Aminosäure-pool-Größen in den Zellen bestimmter Wurzelzonen auch durch die oberirdischen Organe beeinflußt wird. So ist über die Steuerung der Aminosäure-pool-Größen auch eine Steuerung der Proteinsynthese in Wurzeln durch die oberirdischen Organe anzunehmen (vgl. auch Ratner und Ukhina 1963). Es ist allerdings damit zu rechnen, daß weitere Steuerungsprinzipien, etwa bestimmte Wirkstoffe, vorhanden sind, wie dies umgekehrt für die Steuerung der Proteinsynthese in Weizensprossen durch einen Wurzelfaktor bereits gezeigt wurde (King und Jing 1963).

An der Einregulierung bestimmter Aminosäure-pool-Größen für die Proteinsynthese in den einzelnen Wurzelbereichen ist neben der Stoffleitung die Intensität der Aminosäuresynthese in den betreffenden Wurzelabschnitten und bei Fütterung von Aminosäuren über das Außenmedium der oxydative Aminosäureumsatz beteiligt. Ob die Aminosäureoxydation auch dann die Aminosäure-pool-Größe mit einreguliert, wenn keine unphysiologisch hohen Konzentrationen an Aminosäuren (wie nach Aufnahme aus dem Nährmedium) vorhanden sind, läßt sich noch nicht übersehen. Die hohe Effektivität des Vorganges und die Tatsache, daß auch aus Böden Aminosäure in nennenswerter Menge aufgenommen werden kann, deutet darauf hin, daß es sich um einen Mechanismus handeln kann, der bei der Pflanze zur Erhaltung bestimmter Stoffgleichgewichte normalerweise in Funktion ist. Einschränkend muß aber erwähnt werden, daß bei allen von mir untersuchten Wurzelgeweben die Fähigkeit zum oxydativen Aminosäureabbau bei drei daraufhin getesteten ^{14}C-Aminosäuren von Glycin über Prolin bis Leucin stark abnimmt. Um Anhaltspunkte für den Einfluß der Aminosäurebildung auf die Größe des pool an löslichen radioaktiven Verbindungen in Erbsenwurzelabschnitten zu erhalten, wurde die absolut vorhandene Radioaktivität der löslichen Substanzen mit der spezifischen Radioaktivität der entsprechenden Wurzelteile nach Auffüllung des pool verglichen. Die spezifische Radioaktivität, d. h. die auf die Menge der vorhandenen ninhydrinpositiven Stoffe bezogene Radioaktivität der löslichen Verbindungen, betrug bei Wurzeln intakter Keimlinge für die Segmente I : II : III = 1,6 : 1 : 1,1, bei in vitro wachsenden Wurzeln (vgl. Polter 1970) für die Segmente I : II : III = 1 : 1,1 : 1,1 und für isolierte Entwicklungsabschnitte von Keimlingswurzeln für die Segmente I : II : III = 1,6 : 1,6 : 1. Die entsprechenden Werte der absolut vorhandenen Radioaktivität löslicher Substanzen betragen für Wurzeln intakter Keimlinge für die Segmente I : II : III = 2,1 : 1 : 2,4, für in vitro wachsende Wurzeln für die Segmete I : II : III = 1 : 1,1 : 3,6 und für isolierte Entwicklungsabschnitte von Keimlingswurzeln für die Segmente I : II : III = 1 : 3,4 : 4,4. Daraus ergibt sich, daß es nicht nur bei in vitro wachsenden Wurzeln und Wurzeln intakter Keimlinge einen zur Wurzelspitze gerichteten Stoffstrom gibt, sondern daß in diesem neben aufgenommener radioaktiver Aminosäure auch nicht radioaktive ninhydrinpositive Substanz transportiert wird. Dies gilt vor allem für Wurzeln intakter Keimlinge. Die nicht radioaktiven Verbindungen stammen zum Teil aus dem dritten Wurzelabschnitt, in gewissem Umfang aber auch aus dem zweiten. Ein Vergleich von Stoffkonzentrationsänderungen unter Einbeziehung des Protein ergibt, daß ein Teil der neu auftretenden nicht radioaktiven ninhydrinpositiven Substanzen aus dem Proteinabbau stammen kann. Bei dem anderen Teil dürfte es sich um neu synthetisierte Aminosäure handeln. Diese Annahme verträgt sich auch mit der Vorstellung, nach der Aminosäuresynthese und Aminosäurebedarf in der Wurzelspitze deren Synthese in den übrigen Wurzelabschnitten regulieren (Oaks 1966).

Bei isolierten Wurzelsegmenten wird der Einbau von Radioaktivität aus radioaktiven Aminosäuren in das Protein deutlich von der Größe des pool an löslichen radioaktiven Verbindungen in der Zelle beeinflußt. Isolierte Erbsenwurzelsegmente bauen radioaktive Aminosäure nach der Isolierung aber stärker in Protein ein als der Proteinbildung entspricht. Dies ist auf Proteinstoffwechsel zurückzuführen. In besonderem Maße läßt sich Protein-Metabolismus für das zweite und dritte Wurzelsegment nachweisen.

Der Radioaktivitätseinbau in der Spitzenzone, besonders der Streckungszone der Wurzel unterscheidet sich bei intakten Keimlingen von demjenigen in vitro wachsender Wurzeln (vgl. Polter 1970). In der Streckungszone der Wurzel intakter Keimlinge konnte unter sonst gleichen Bedingungen nicht die gleiche Höhe der spezifischen Protein-Radioaktivität wie bei in vitro wachsenden Wurzeln erzielt werden. Der Vergleich der Höhen der spezifischen radioaktiven Markierungen der löslichen Substanzen läßt die Annahme zu, daß die intensive Zuleitung inaktiver Aminosäure aus den Cotyledonen bei intakten Keimlingen der Hauptgrund für die geringere Intensität des Radioaktivitätseinbaus in das Protein dieses Wurzelabschnittes ist. Bei älteren Wurzelabschnitten besteht dieser Unterschied nicht, da diese bei in vitro wachsenden Wurzeln selbst genügend Aminosäuren synthetisieren.

Der Radioaktivitätseinbau in Protein vollzieht sich bei Wurzeln intakter Keimlinge im Prinzip auf gleiche Weise wie bei in vitro wachsenden Wurzeln (Polter 1970). Im einzelnen bestehen allerdings zwischen beiden Objekten geringe Unterschiede. Diese scheinen aber durch Veränderungen im Ablauf der Wachstumsprozesse, der Stoffleitung und anderer Vorgänge, die auf die Steuerung des Proteinstoffwechsels Einfluß haben, verursacht zu sein. Aus 1-^{14}C-Glycin oder ^{35}S-Methionin stammende Radioaktivität wird von Wurzeln intakter Erbsenkeimlinge, von in vitro wachsenden Wurzeln und isolierten Entwicklungsabschnitten von Erbsenkeimlingswurzeln in prinzipiell gleicher Weise in andere Verbindungen überführt. Man findet immer einen schnellen Umsatz des Glycins in Serin. Es variiert nur die Geschwindigkeit etwas mit der sich die Reaktion vollzieht. Sie ist z. B. im Meristem etwas langsamer als in anderen Wurzelteilen. Weiterhin wird von allen genannten Wurzeln und Wurzelteilen ein großer Anteil des Glycins zu CO_2 oxydiert und ein relativ kleiner Anteil der Radioaktivität von Glycin wird auf nicht geklärten Wegen, vielleicht z. T. über $^{14}CO_2$ in andere Aminosäuren überführt. Hierbei bestehen zwischen den unter unterschiedlichen Bedingungen wachsenden Wurzeln wieder kleine Unterschiede. Übereinstimmend bei den Objekten werden alle diese Aminosäuren zu einem hohen Prozentsatz in Protein eingebaut. Das Verhältnis in dem ^{14}C-Glycin und ^{14}C-Serin bei bestimmten Organteilen in Protein eingebaut werden, ist für verschiedene Wurzelabschnitte unterschiedlich aber in der Zeit ziemlich konstant. In vitro wachsende Wurzeln, isolierte Entwicklungsabschnitte und Wurzeln intakter Keimlinge bauen in topographisch gleiche Wurzelbereiche beide Aminosäuren in etwas unterschiedlichem

Verhältnis ein. Auch hierbei können korrelative Steuerungsvorgänge wirksam sein.

^{35}S-Methionin beeinflußt den Proteinstoffwechsel von Wurzeln intakter Keimlinge in fast gleicher Weise wie den in vitro wachsender Wurzeln. Auch die Beeinflussung des Proteinstoffwechsels durch radioaktive Strahlung, die früher ausführlich für in vitro wachsende Wurzeln diskutiert wurde (Polter 1970), gilt mit geringen quantitativen Abweichungen für den Proteinstoffwechsel intakter Wurzeln und denjenigen von isolierten Wurzelabschnitten.

Zusammenfassung

An etiolierten Erbsenkeimlingen wurde der Aminosäurestoffwechsel und der Einbau von Aminosäuren in Wurzelproteine untersucht. Sie wurden mit den Wurzeln unterschiedlich lange in mineralische Nährlösung nach Bonner und Addicott mit 1-^{14}C-Glycin eingetaucht. Zum Vergleich wurden verschiedene Segmente von Keimlingswurzeln unterschiedlichen Entwicklungsszutandes in kompletter Nährlösung nach Bonner und Addicott mit 1-^{14}C-Glycin oder ^{35}S-Methionin inkubiert, ergänzend auch mit 1-^{14}C-Glycin und Penicillin. Es wurde die Abnahme der Radioaktivität in der Nährlösung, die Radioaktivität im pool der löslichen Substanzen und im Protein nach verschiedenen Versuchszeiten bestimmt. Bei den Versuchen mit 1-^{14}C-Glycin wurde auch die Radioaktivität der ausgeschiedenen CO_2-Menge bestimmt. Alle Bereiche der Erbsenwurzel oxydieren einen großen Teil des aufgenommenen 1-^{14}C-Glycins zu $^{14}CO_2$. Einen anderen Teil dieses 1-^{14}C-Glycins verwandeln alle Zonen der Erbsenwurzel in ^{14}C-Serin, allerdings in 2 mm langen Wurzelspitzen mit geringerer Geschwindigkeit als in anderen Wurzelteilen. Ein kleiner Teil der Radioaktivität aus 1-^{14}C-Glycin wird durch den Wurzelstoffwechsel in eine größere Zahl anderer Aminosäuren inkorporiert. Von diesen, wie auch vom ^{14}C-Serin, bauen Wurzeln einen großen Teil in der Versuchszeit in Protein ein. Genau wie ich es früher bereits für in vitro wachsende Wurzeln beschrieben habe, beeinflußt 1-^{14}C-Glycin Wachstum und Entwicklung von Erbsenwurzeln nicht. ^{35}S-Methionin hemmt dagegen das Wurzelwachstum, besonders das Meristemwachstum 2 mm lang isolierter Wurzelspitzen. Aus dem Vergleich der Protein-Radioaktivität mit der Radioaktivität im pool der löslichen Verbindungen und mit der Radioaktivität in der Nährlösung konnte bei Versuchen mit intakten Keimlingen und solchen mit isolierten Wurzelteilen kalkuliert werden, daß verschiedene Entwicklungsabschnitte der Wurzeln Aminosäuren unterschiedlich schnell aufnehmen, daß es eine bevorzugte Richtung für den longitudinalen Aminosäuretransport in der Wurzel gibt, daß verschiedene Wurzelpartien unterschiedliche Mengen Protein bilden und metabolisieren. Durch zusätzlichen Vergleich mit in vitro wachsenden Wurzeln konnte kalkuliert werden, in welchem Umfang der Proteinstoffwechsel der Wurzel bei der intakten Pflanze von anderen Pflanzenteilen beeinflußt wird.

Summary

Uptake and metabolism of 1-^{14}C-glycine and ^{35}S-methionine and their incorporation into protein by roots of intact etiolated pea seedlings and by distinct isolated developmental segments of roots of such seedlings

The amino acid metabolism and incorporation of amino acids into root proteins of etiolated pea seedlings was investigated. These were dipped with their roots during different periods of time into mineral solution from Bonner and Addicott with additional 1-^{14}C-glycine. For comparison isolated segments of seedling roots, different in developmental stage, were incubated in complete Bonner and Addicott medium with additional 1-^{14}C-glycine or ^{35}S-methionine respectively and also with 1-^{14}C-glycine together with penicillin. The diminution of radioactivity in the culture medium, the radioactivity of the pool of soluble substances and that of protein were estimated after different times of experiment. In the experiments with 1-^{14}C-glycine also radioactivity of CO_2-output was estimated. All zones of pea roots oxidize a great part of 1-^{14}C-glycine, which they have taken up, to CO_2. Another part of 1-^{14}C-glycine becomes transformated in all root parts to ^{14}C-serine, but in meristematic 2 mm long root tips much more slowly than in other root segments. A small part of radioactivity from 1-^{14}C-glycine becomes incorporated into a great lot of other amino acids by root metabolism. From these and from the ^{14}C-serine roots incorporate a great part into protein during experimental time. 1-^{14}C-glycine does not influence growth and development of pea roots, just as we have this formerly shown for in vitro growing roots. But ^{35}S-methionine inhibits pea root growth, especially meristematic growth of 2 mm long pea root tips. By comparison of protein radioactivity with radioactivity in the pool of soluble substances and with radioactivity of the culture medium in experiments with intact seedlings and such with isolated root parts it could be calculated that different developmental segments of roots take up amino acids with different velocity, that there is a favoured direction of longitudinal transport of amino acids in roots and that different root parts synthesize and metabolize different quantities of protein. By additional comparison with in vitro growing roots it could be calculated in what extent the protein metabolism of roots from intact plants is influenced by other plant parts.

Краткое содержание

Усвоение и превращение 1-^{14}C-глицина и ^{35}S-метионина и их включение в структуру протеина интактными корешками этиолированных проростков гороха, а также определенными изолированными участками корешков различных стадий развития

На этиолированных проростках гороха исследовались обмен аминокислот и их включение в структуру корешковых протеинов. Корешки погружались на различное время в минеральный питательный раствор Боннера и Эддикота с прибавшением 1-^{14}C-глицина. Для сравнения сегменты корешков, на различных стадиях развития, инкубировались в комплетном растворе Боннера и Эддикота 1-^{14}C-глицином или ^{35}S-метионином, а дополнительно – 1-^{14}C-глицином и пенициллином. В различные сроки определялись уменьшение радиоактивности в растворе, радиоактивность в комплексе растворимых веществ и в протеине. В опытах с 1-^{14}C-глицином определялась также радиоактивность выделенного количества CO_2. Все участки корешка окисляют значительную часть усвоенного 1-^{14}C-глицина до $^{14}CO_2$. Другая часть этого глицина превращеатся во всех зонах корешков в ^{14}C-серин, однако, в верхушках корешков длиной в 2 мм – медленее, чем в прочих зонах. Небольшая часть радиокативности 1-^{14}C-глицина, благодаря корневому обмену веществ, переходит во многие другие аминокислоты. Значителтьная часть этих последних, как и ^{14}C-серина, включаются корешками в течение опыта в состав протеина. Как уже описано для корешков растущих in vitro, 1-^{14}C-глицин не влияет на рост и развитие корешков гороха. Однако рост корешков задерживается ^{35}S-метионином, в особенности рост меристемы их двухмиллиметровых изолированных верхушек. Путем сравнения радиоактивности протеина с радиоактивностью в комплексе растворимых соединений и с радиоактивностью в питательном растворе в опытах с интактными проростками и изолированными частями корешков можно сделать следующие выводы: усваивание аминокислот участками корешков различных стадий развития происходит с различной скоростью; в корешке существует некое предпочтительное направление для транспорта аминокислот; различные части корешков образуют и метаболизируют различные количества протеина. Добавочное сравнение с корешками, растущими in vitro показало, в каких размерах обмен протеинов у интактных растений может находиться под влиянием прочих органов растения.

Literatur

Bassham, J. A., B. Morawiecka, and M. Kirk, 1964: Protein synthesis during photosynthesis. – Biochem. biophys. Acta (Amst.) *90*, 542–552.

Birt, L., and F. J. R. Hird, 1958: Kinetic aspects of the uptake of amino acids by carrot tissues. – Biochem. Jour. *70*, 286–292.

Bonner, J., and F. T. Addicott, 1937: Cultivation in vitro of excised pea roots. – Bot. Gaz., Chicago *99*, 144–170.

Boswell, J. G., 1950: Metabolic systems in the „root" of Brassica napus L. – Ann. Bot. (Lond.) N. S. *14*, 521–543.

Brown, R., and F. Wightman, 1952: The influence of mature tissue on division in the meristem of the root. – J. exp. Bot. *3*, 252–263.

Chang, W. H., and N. W. Tolbert, 1965: Distribution of ^{14}C in serine and glycine after $^{14}CO_2$ photosynthesis by isolated chloroplasts. Modification of serine-^{14}C degradation. – Plant Physiol. *40*, 1048–1052.

Die, J. van, 1963: Pathways of translocation and metabolic conversions of root absorbed ^{14}C-(u)L-glutamic acid in tomato plants. – Acta Bot. Neerl. *12*, 169–280.

Fekete, M., Edith Cseh, and B. Böszörmenyi, 1967: Effect of preloading on alanine absorption by wheat roots. – Physiol. Plantarum (Cph.) *20*, 400–407.

Fries, N., 1951: The influence of amino acids on growth and lateral root formation in cotyledonless pea seedlings. – Experientia (Basel) *7*, 378–379.

– 1953: Limiting factors in the growth of the pea seedling root. – Physiol. Plantarum *6*, 292–300.

– 1955: Further experiments on the responce of decotylised pea seedlings to arginine. – Physiol. Plantarum *8*, 164–173.

Hellebust, J. A., and R. G. S. Bidwell, 1963: Sources of carbon for the synthesis of protein amino acids in attached photosynthesizing wheat leaves. – Can. J. Bot. *41*, 985–994.

Holleman, J. M., and J. L. Key, 1967: Inactive and protein precursor pools of amino acids in the soybean hypocotyl. – Plant Physiol. *42*, 29–36.

Jacoby, B., and J. F. Sutcliffe, 1962: Effects of chloramphenicol on the uptake and incorporation of amino acids by carrot root tissue. – Jour. exp. Bot. *13*, 335–347.

King, C. C., and S. T. Jing, 1965: Action of Amino acids from roots of wheat seedlings on the protein synthesis of shoots. Acta Biol. exp. Sinica *8*, 594–602, Ref.: Ber. wiss. Biol. 229, 91.

Larson, L. A., and H. Beevers, 1965: Amino acid metabolism in young pea seedlings. – Plant Physiol. *40*, 424–432.

Lawrence, J. M., K. M. Day, and J. E. Stephenson, 1959: Nitrogen mobilization in pea seedlings. – Plant Physiol. *34*, 668–674.

Lehmann, K. und J. Garz, 1962: Untersuchungen über den Umsatz der phosphathaltigen Substanzen und des Eiweißes in den Kotyledonen keimender Erbsen. – Flora (Jena) *152*, 516–522.

Nethery, A. A., 1967: Mitotic inhibition by surface-active agents. – Plant Physiol. *42*, 646.

Oaks, Ann, 1965a: The soluble leucine pool in maize root tips. – Plant Physiol. *40*, 142–149.

– 1965b: The effect of leucine on the biosynthesis of leucine in maize root tips. – Plant Physiol. *40*, 149–155.

– 1966: Transport of amino acids to maize root. – Plant Physiol. *41*, 173–176.

Oaks, Ann, and H. Beevers, 1964: The requirement for organic nitrogen in Zea mays embryos. – Plant Physiol. *39*, 37–43.

Polter, C., 1966: Einfluß verschiedener Kulturbedingungen auf Wachstum, Entwicklung, Sauerstoffverbrauch und andere Eigenschaften der Wurzeln von *Pisum sativum* L.. – Kulturpflanze *14*, 97–127.

Polter, C. 1967: Einfluß von Penicillin in hoher Konzentration auf Wachstum und Sauerstoff-Aufnahme von Erbsenwurzeln bei Kultur in vitro. – Kulturpflanze *15*, 293–309.
– 1969a: Änderungen des Entwicklungsverlaufes der Zellen von Erbsenwurzeln bei Kultur in vitro nach Erstisolierung. – Kulturpflanze *17*, 205–224.
– 1969b: Einfluß von Aminosäuren auf das Wachstum in vitro kultivierter Wurzeln von *Pisum sativum* L. – Kulturpflanze *17*, 163–178.
– 1970: Aufnahme und Umwandlung von 1-^{14}C-Glycin und ^{35}S-Methionin sowie ihr Einbau in das Protein durch isolierte Erbsenwurzeln bei Kultur in vitro. – Kulturpflanze *18*, 23–50.
Polter, C. und W. R. Müller-Stoll, 1968a: Die Aminosäuren-Zusammensetzung des sedimentierbaren Plasma-Proteins verschiedener Segmente der Keimlingswurzel von *Pisum sativum*. – Kulturpflanze *16*, 97–110.
– – 1968b: Einfluß von Penicillin in hoher Konzentration auf Aufnahme und Einbau von ^{35}S-Methionin in isolierte Wurzeln von *Pisum sativum*. – Kulturpflanze *16*, 111–125.
– – 1969: Über das Verhalten der in Acrylamid getrennten löslichen Proteine aus Erbsenwurzeln bei verlängerter Elektrophorese-Dauer. – Z. Naturforschg. *24*b, 1180 bis 1183.
Potapov, N. G., and K. E. Sumyanova, 1966: Significance of growth zones of the lupine root for absorption and transformation of nitrates. (Russisch, engl. Zusammenf.). – Fiziol. Rast. *13*, 231–235.
Ratner, E. I., and S. F. Ukhina, 1963: Transformation of externally absorbed amino acids in roots of maize. (Russisch, engl. Zusammenf.). – Fiziol. Rast. *10*, 393–399.
Smith, D. C., J. A. Bassham, and M. Kirk, 1961: Dynamic of the photosynthesis of carbon compounds II. Amino acid synthesis. – Biochem. biophys. Acta (Amst.) *48*, 299–313.
Steward, F. C., and R. G. S. Bidwell, 1966: Storage pools and turnover systems in growing and non-growing cells: experiments with ^{14}C-sucrose, ^{14}C-glutamine and ^{14}C-asparagine. Jour. exp. Bot. *17*, 726–741.
Steward, F. C., R. G. S. Bidwell, and E. W. Yemm, 1958: Nitrogen metabolism, respiration and growth of cultured plant tissue. I. Experimental design, techniques and recorded data. II. The interpretation of specific activity data in tracer experiments. III. Nitrogen metabolism and respiration of carrot tissue explants as revealed by experiments with ^{14}C-labelled substrates, IV. The impact of growth on protein metabolism and respiration of carrot tissue explants. General discussion of results. – Jour. exp. Bot. *9*, 11–51; 285–305.
Steward, F. C., and D. J. Durzan, 1965: Metabolism of nitrogenous compounds. In: Plant Physiology, a Treatise, edit. by F. C. Steward, Bd. 4A, S. 379–686. New York und London.
Street, H. E., 1966: The physiology of root growth. – Ann. Rev. Plant Physiol. *17*, 315–344.
Timofeyeva, A. A., 1963: Localization of organic compound synthesis in the root system of maize. – Fiziol. Rast. *10*, 698–703.
Van't Hof, J., 1965: Cell population kinetics of excised roots of Pisum sativum. – J. Cell Biol. *27*, 179–189.
Wightman, F., and R. Brown, 1953: The effects of thiamin and nicotinic acid on meristematic activity in the pea roots. – Jour. exp. Bot. *4*, 184–196.
Wright, D. E., 1962: Amino acid uptake by plant roots. – Arch. Biochem. Biophys. 97, 174–180.
Younis, A. E., 1960: Uptake and utilization of L-glutamic acid by radish root slices. – Physiol. Plantarum (Kbh.) *13*, 104–111.

II. DAS INSTITUT IM JAHRE 1970

A. KOLLOQUIEN; VORTRAGSABENDE

16. 3. 1970 Sagromsky, H.: Chlorophyllgehalt und Substanzbildung.

6. 4. 1970 Künzel, G.: Zur Beurteilung der Frequenz von Chromosomenaberrationen nach mutagener Behandlung von Saatgut.

21. 4. 1970 Knietsch, A. M.: Die Hybridisierung somatischer tierischer Zellen in vitro.

27. 4. 1970 Dr. R. Löther, Deutsche Akademie für Ärztliche Fortbildung, Berlin: Lenins philosophisches Erbe und die moderne Phylogenetik.

25. 5. 1970 Prof. Dr. med. habil. A. Knapp, Direktor der Klinik und Poliklinik für Hautkrankheiten der Ernst-Moritz-Arndt-Universität, Greifswald: Vitaminabhängige Enzympolymorphosen.

1. 6. 1970 Bergmann, H., G. Lerch und K. Müntz (vorgetragen von K. Müntz): Ergebnisse physiologischer Untersuchungen zu Problemen des Kaffeeanbaus in Kuba (aus der Tätigkeit einer Arbeitsgruppe unseres Institutes in Kuba 1967–1969).

8. 6. 1970 Peisker, M., und P. Apel (vorgetragen von M. Peisker): Modellvorstellungen zum Photosynthesegaswechsel unter besonderer Berücksichtigung des Einflusses von Sauerstoff auf die Photosynthese.

15. 6. 1970 Hofemeister, J.: Zur Wirkung von R-Plasmiden in unterschiedlichen Bakterienwirten.

6. 7. 1970 Prof. Dr. M. Siniscalco, Department of Human Genetics University of Leiden: Somatic cell hybrids and their potential for genetic studies in Man.

20. 7. 1970 Müller, A. J.: Gegenwärtige Vorstellungen zur Entstehungsweise spontaner Mutationen.

27. 7. 1970 Wobus, U.: Gewebespezifische Genaktivitäten und Proteine in der Speicheldrüse von *Chironomus*.

29. 7. 1970 Dr. K. Nagel, Bundesanstalt für Pflanzenbau und Samenprüfung, Wien: Mutationsversuche bei Weizen.

14. 9. 1970 Stephan, U.: Funktion des Eisens bei der Chlorophyllsynthese.

21. 9. 1970 Adler, K.: Aufbau und Arbeitsweise der zentralisierten Literaturdokumentation der Forschungsgruppe Photosynthese und Ertragsbildung.

19. 10. 1970 Prof. Dr. J. Zuzycki, Laboratorium für Pflanzenphysiologie der Universität Kraków: Mechanismus und biologische Bedeutung der Chloroplastenverlagerungen.

26. 10. 1970 Scholz, F., und G. Künzel (vorgetragen von F. Scholz): Zur Problematik der Hybridgerste.

1. 11. 1970 Dr. J. Sybenga, Institut für Genetik der Landwirtschaftlichen Hochschule Wageningen: Die Beeinflussung des Paarungsverhaltens der Chromosomen und ihre Anwendungsmöglichkeiten in der Polyploidiezüchtung.

9. 11. 1970 Döbel, P.: Elektronenmikroskopische Untersuchungen über die Wirkung von Triäthylenmelamin auf den Interphase- und Prophase-Zellkern von *Vicia faba.*

7. 12. 1970 Dr. M. Ashburner, Department of Genetics University of Cambridge: The genetic and hormonal control of puffing in *Drosophila.*

10. 12. 1970 Dr. L. Nátr, Forschungsanstalt für Getreidebau, Kromeriz: Photosynthese und Ertragsbildung bei Getreide.

VORTRAGSABENDE

11. 3. 1970 Solistenkonzert: Detlev Dathe, Bariton
Am Flügel: Herbert Kaliga

22. 4. 1970 Konzert des Berliner Streichquartetts.

30. 9. 1970 Klavierabend: Eva Ander

28. 10. 1970 Solistenkonzert: Siegfried Lorenz, Bariton
Am Flügel: Herbert Kaliga.

12. 12. 1970 „Adventskonzert im Kerzenschein": Konzertorchester Halberstadt.

15. 12. 1970 Braun, Volker, Berlin: Lyrik.

B. VERZEICHNIS DER VERÖFFENTLICHUNGEN AUS DEM INSTITUT 1970

Apel, Peter, und Christian O. Lehmann: Untersuchungen über die Beziehung zwischen Fahnenblattfläche und Einzelährenertrag bei Weizen und Gerste. – Kulturpflanze *18* (1970) 99–105.

Bergmann, Harry, Gerhard Lerch und Klaus Müntz: Über die physiologische Wirkung von Sonne und Schatten auf *Coffea arabica* L. 'Caturra' unter Freilandbedingungen in Kuba. II. Stoffwechsel von Jungpflanzen. – Z. Pflanzenphysiol. *63* (1970) 444–460.

Bergmann, Harry, Gerhard Lerch, Klaus Müntz, Jorge Ramon und Alfred Travieso: Efecto fisiologico del cultivo de posturas de café en Cuba, al sol y bajo sombra. – Serie Biologica (La Habana) *25* (1970) 27 pp.

Bergner, Hans, Horst Münchow, Martin Zacharias und Friedrich Scholz: Proteinqualität verschiedener Gersten- und Sojabohnenformen – ermittelt durch N-Bilanz – und Blutharnstoffkonzentrationsuntersuchungen an wachsenden Albinoratten. – Arch. Tierernähr. *20* (1970) 63–68.

Böhme, Helmut: Untersuchungen an reparaturdefekten Mutanten von *Proteus mirabilis.* – Studia biophysica *19* (1970) 159–162.

Böhme, Helmut, und Barbara Adler: Reparatur von DNS-Schäden. In: Geissler, E. (Herausg.). – Desoxyribonucleinsäure – Schlüssel des Lebens. Akademie-Verlag, Berlin, 1970, 125–140.

Danert, Siegfried: Infragenerische Taxa der Gattung *Solanum* L. – Kulturpflanze *18* (1970) 253–297.

Döbel, Peter: Strukturanomalien von Interphase- und Prophasezellkernen von *Vicia faba* als Folge der Behandlung mit Triäthylenmelamin. – Biol. Zbl. *89* (1970) 481–495.

Faraj Salman, Abdul Ghani: Einfluß von Licht auf die Koremienbildung und ihre kreisförmige Anordnung. II. Bei *Penicillium claviforme* mut. *olivicolor* Abé et Ura und einer Varietät davon. – Kulturpflanze *18* (1970) 89–97.
– Induktion einer endogenen Rhythmik der Koremienbildung durch Alkohol bei einer Mutante von *Penicillium claviforme* Bainier und einer Varietät davon. – Biochemie u. Physiologie d. Pflanzen *161* (1) (1970) 42–49.
– Einfluß von Licht auf die Koremienbildung von Schimmelpilzen sowie ihre rhythmische Anordnung. – Dissertation Martin-Luther-Universität, Halle-Wittenberg, 1970.
Fritsch, Reinhard: Chromosomenzahlen von Pflanzen der Insel Kuba. I. – Kulturpflanze *18* (1970) 189–197.
Fucik, Vladimir, Arnd Michaelis and Rigomar Rieger: On the induction of segment extension and chromatid structural changes in *Vicia faba* chromosomes after treatment with 5-azadeoxycytidine. – Mutation Research *9* (1970) 599–606.
Grebenščikov, Igor: Über einen extremen Fall der Benachteiligung von F_2-Maisbastarden gegenüber den Eltern bei Fritfliegenbefall. – Kulturpflanze *18* (1970) 17–22.
Hanelt, Peter: Vorkommen und Vergesellschaftung von *Nanophyton erinaceum* (Pall.) Bge. in der Mongolischen Volksrepublik. – Arch. Naturschutz und Landschaftsforsch. *10* (1970) 19–40.
– Die Typisierung von *Papaver nudicaule* L. und die Einordnung von *P. nudicaule* hort. non L. – Kulturpflanze *18* (1970) 73–88.
– Revision der mongolischen Taxa von *Papaver* L. sect. Scapiflora Rchb. sowie Studien zur Systematik und Evolution dieser Sektion (Autorreferat). – Biol. Rundschau *8* (1970).
Hanelt, Peter, und Dieter Mettin: Über die systematische Stellung temperater und meridionaler Sippen der Gattung *Vicia* L. – Feddes Repert. *81* (1970) 147–161.
– Zur systematischen Stellung von *Vicia oroboides* Wulf. – Kulturpflanze *18* (1970) 179–188.
Helm, Johannes: Die wiederaufgefundene „Chorographie der Elbe" von Johannes Kentmann (um 1560). – Sächs. Heimatblätter *16* (1970) 151–153.
Hofemeister, Jürgen: Die Wirkung von Resistenz-(R-)Plastiden in Bakterien: Mechanismus, Expressivität und Spezifität der R222-Resistenzwirkung in *Proteus mirabilis* und *Echerichia coli*. – Dissertation Martin-Luther-Universität, Halle-Wittenberg, 1970.
Hofemeister, Jürgen, und Rigomar Rieger: Bau und Verteilung der Chromosomen. In: Geissler, E. (Herausg.). – Desoxyribonucleinsäure – Schlüssel des Lebens. Akademie-Verlag, Berlin, 1970, 51–69.
Koblitz, Helmut: Enzymbeeinflussungen in pflanzlichen Gewebestämmen durch Gibberellin und Antigibberellin. – Ergebn. exper. Medizin *1* (1970) 39–57.
Künzel, Gottfried: A critical note on the estimation of chromosome aberration frequencies following seed treatments with mutagenic chemicals. – Barley Newsletter *13* (1970) 54–56.
Kruse, Joachim, und Hans Meusel: Zur Blattfolge und Blattbildung einiger Cynareen-Gattungen I. *Echinops*. – Feddes Repert. *80* (1969) 339–356.
Lerch, Gerhard, Klaus Müntz, Harry Bergmann und Jorge Ramon: Café 'Caturra', Crecimiento y desarrollo en el vivero experimental del Wajay. II. Crecimiento. – Serie Biologica (La Habana) *24* (1970) 22 pp.
– Über die physiologische Wirkung von Sonne und Schatten auf *Coffea arabica* L. 'Caturra' unter Freilandbedingungen in Kuba. I. Samenkeimung und Wachstum der Jungpflanzen. – Kulturpflanze *18* (1970) 109–132.

Müntz, Klaus, Harry Bergmann und J. Ramon Cuevas: Die Anwendung von Triphenyltetrazoliumchlorid zur Schnellprüfung der Keimfähigkeit bei Samen von *Coffea arabica* L. – Kulturpflanze *18* (1970) 11–16.

Nicoloff, Hristo, Rigomar Rieger and Arnd Michaelis: Influences of the Titan-Yellow (Thiazol) on the induction of chromatid aberrations by 2, 3, 5-trisethylen-imino-1,4-Benzochinon (Trenimon). – Genetics and Plant Breeding *3* (1970) 325–332.

Nover, Ilse, und Christian O. Lehmann: Resistenzeigenschaften im Gersten- und Weizensortiment Gatersleben. 13. Prüfung von Wintergersten-Neuzugängen auf ihr Verhalten gegen Gelbrost (*Puccinia striiformis* West). – Kulturpflanze *18* (1970) 107–108.

Rieger, Rigomar, and Arnd Michaelis: Intrachromosomal clustering of chromatid aberrations induced by maleic hydrazide and ethyl alcohol: studies with a knew karyotype of *Vicia faba*. – Mutation Research *10* (1970) 162–164.

Rieth, Alfred: Süßwasseralgenarten in Einzeldarstellung. II. *Oocardium stratum* nach Material aus Kuba. – Kulturpflanze *18* (1970) 51–71.

– Eine revidierte Liste der bisher beschriebenen Arten der Gattung *Ochromonas*. – Kulturpflanze *18* (1970) 199–208.

Sagromsky, Herta: Zur Bedeutung von Chlorophyll b für die Substanzproduktion höherer Pflanzen. – Photosynthetica *4* (1) (1970) 9–14.

Sagromsky, Herta, und Vladimir I. Saakov: Ein Vergleich verschiedener Extraktionsmittel für Plastidenpigmente. – Kulturpflanze *18* (1970) 241–251.

Schmidt, Peter: Umsetzung von 2,4 : 3,5-Di-O-benzyliden-al-D-xylose mit Grignard-Verbindungen und Strukturaufklärung der Reaktionsprodukte. Dissertation Universität Rostock, 1970.

Scholz, Günter: Physiologische Untersuchungen an der Mutante *chloronerva* von *Lycopersicon esculentum* Mill. III. Über die Komplexbildung des ‚Normalisierungsfaktors' mit Eisen und Kupfer. – Biochem. Physiol. Pflanzen (BPP) *161* (1970) 358–367.

Schöneich, Jörg, Arnd Michaelis und Rigomar Rieger: Coffein und die chemische Induktion von Chromatidabberrationen bei *Vicia faba* und Ascitestumoren der Maus. – Biol. Zbl. *89* (1970) 49–63.

Schubert, Rudolf, und Siegfried Danert: Über die Vegetationsverhältnisse in zwei Naturschutzgebieten Kubas. Teil I: Das Naturschutzgebiet von El Beral. – Arch. Naturschutz und Landschaftsforsch. *9* (1970) 271–299.

Schumann, Ursula und Helmut Koblitz: Über Verwertung und Umbau von Aminosäuren im Stoffwechsel pflanzlicher Gewebekulturen. – Ergebn. exper. Medizin *I* (1970) 58–74.

Stubbe, Hans und Jörg Schöneich: Moderne Genetik und ihre Bedeutung für die Menschheit. – Priroda No. 7 (1970) 48–56.

Tschäpe, Martina: Untersuchungen über den Einfluß der Temperatur während der Dunkelperiode auf den Photosynthese-Gaswechsel in der nachfolgenden Lichtperiode. – Flora, Jena, Abt. B, *159* (1970) 429–434.

Usmanov, Pulat D., und Andreas J. Müller: Primenenie embrion-testa dlja analiza embrionalnych letalej, inducirovannych obluceniem pylcevych zeren *Arabidopsis thaliana* (L.) Heynh. – Genetika, Moskva *6* No. 7 (1970) 50–60.

Wobus, Ulrich: Hormone kontrollieren Genaktivitäten. – Wiss. u. Fortschr. *20* (1970) 252–255.

Wobus, Ulrich, Reinhard Panitz and Edgar Serfling: Tissue specific gene activities and proteins in the Chironimus salivary gland. – Molec. Gen. Genetics *107* (1970) 215–223.

C. VORTRÄGE VON MITARBEITERN BEI WISSENSCHAFTLICHEN VERANSTALTUNGEN ANDERER INSTITUTIONEN

Apel, Peter: Photosynthese und Ertragsbildung. Forschungsanstalt für Getreidebau, Kroměříž (17. Juni 1970).

Baudisch, Walter: Studies on the relations between the gene loci and the synthesized products in the salivary gland of *Acricotopus lucidus*. Internat. Symposium über Struktur und Funktion des Zellkerns. Institut für Entwicklungsbiologie der Akademie der Wissenschaften, Moskau (18. September 1970).

– Physiologische Differenzierung und Puffing-Phänomen der Speicheldrüsen von Chironomiden. Institut für Entwicklungsbiologie der Akademie der Wissenschaften, Moskau (22. September 1970).

Benedix, Erich Heinz: Die Verteilung der Giftstoffe bei höheren Pilzen. Deutscher Kulturbund, Fachgruppe Mykologie, Dresden (19. März 1970).

Böhme, Helmut: Genetische Untersuchungen an Reparaturmutanten von *Proteus mirabilis*. Biologische Fakultät der Universität Jerewan (3. Juni 1970).

Böhme, Helmut, und Barbara Adler (vorgetragen von Helmut Böhme): Der Einfluß von Manganchlorid auf zelluläre Reparaturprozesse bei *Proteus mirabilis*. Symposium „Molecular Mechanisms of Genetic Processes". Institut für Allgemeine Genetik der Akademie der Wissenschaften in Moskau (2. Juni 1970).

Döbel, Peter: Zum Stand der Erforschung pflanzlicher Riesenchromosomen. Institut für Biochemie der Pflanzen der DAW, Halle (6. Juni 1970).

Hanelt, Peter: Revision der mongolischen Taxa von *Papaver* L. sect. Scapiflora Rchb. sowie Studien zur Systematik und Evolution dieser Sektion. Martin-Luther Universität Halle-Wittenberg, Halle, Sektion Biowissenschaften (15. Januar 1970).

– Probleme der Gen-Ökologie. Martin-Luther-Universität Halle-Wittenberg, Halle, Sektion Biowissenschaften (28. Januar 1970).

Hofemeister, Jürgen: Zur Wirkung von Resistenz-(R-)Plasmiden in Bakterien. Martin-Luther-Universität Halle-Wittenberg, Halle, Sektion Biowissenschaften (13. Juli 1970).

Koblitz, Helmut: Chemie und Biochemie der Zellwand höherer Pflanzen. Technische Universität Dresden. Sektion Forstwirtschaft, Bereich Pflanzenchemie, Tharandt (16. März 1970).

– Möglichkeiten und Probleme bei der Anwendung des biologischen Systems „isoliert kultivierte Pflanzenzelle". Kolloquium zur Biochemie der in vitro kultivierten Pflanzenzelle. Gesellschaft für Zell- und Gewebezüchtung der DDR in der Deutschen Gesellschaft für experimentelle Medizin. Zentralinstitut für Genetik und Kulturpflanzenforschung Gatersleben (17. Juli 1970).

– Problematik der Gewebekultur. Zentraler Arbeitskreis für Pflanzenentwicklung und Ertragsbildung. Ernst-Moritz-Arndt-Universität Greifswald, Sektion Biologie (30. September 1970).

Meister, Armin, Adler, Klaus und Otto Machold (vorgetragen von Klaus Adler): Spektroskopische Eigenschaften von Chlorophyll-Protein-Komplexen des Photosystems I und II. Institut für Pflanzenphysiologie der Akademie der Wissenschaften, Sofia (28. September 1970).

Michaelis, Arnd: Studies with „synthetic" karyotypes of *Vicia faba*. Institut für experimentelle Botanik der Akademie der Wissenschaften, Prag (5. November 1970).

Müller, Andreas J.: Untersuchungen zur chemischen Mutagenese bei höheren Pflanzen. Martin-Luther-Universität Halle-Wittenberg, Halle, Sektion Biowissenschaften (24. Januar 1970).

– Gegenwärtige Vorstellungen zur Entstehungsweise spontaner Mutationen. Martin-Luther-Universität Halle -Wittenberg, Halle, Sektion Biowissenschaften (31. Januar 1970).

– Beeinflussung der mutagenen Wirkung alkylierender Agenzien bei *Arabidopsis thaliana* durch Modifikation der Vor- und Nachbehandlungsbedingungen. Institut für experimentelle Botanik der Akademie der Wissenschaften, Prag (1. Juni 1970).

Müntz, Klaus: Algen als Weltnahrungsquelle. Urania Vortragszentrum, Grassi-Museum, Leipzig (16. Juni 1970).

Rieger, Rigomar: On the inter- and interchromosomal distribution of chemically induced chromatid aberrations: Studies with „synthetic" karyotypes of *Vicia faba*. Symposium „Molecular Mechanisms of Genetic Processes". Institut für Allgemeine Genetik der Akademie der Wissenschaften in Moskau (2. Juni 1970).

– On the chemical induction of chromatid aberrations and localization of aberration hot-spots. Biologische Fakultät der Universität Jerewan (11. Juni 1970).

Romeike, Anneliese, und Helmut Koblitz (vorgetragen von Anneliese Romeike): Versuche zur Enzymatik der Tropanalkaloide an Gewebekulturen und isolierten Wurzeln von Datura. Kolloquium zur Biochemie der in vitro kultivierten Pflanzenzelle. Gesellschaft für Zell- und Gewebezüchtung der DDR in der Deutschen Gesellschaft für experimentelle Medizin. Zentralinstitut für Genetik und Kulturpflanzenforschung Gatersleben (17. Juli 1970).

Sagromsky, Herta: Ein Vergleich verschiedener Extraktionsmittel für Plastidenpigmente. Institut für Pflanzenphysiologie der Akademie der Wissenschaften, Sofia (28. September 1970).

– To the function of Plastid Pigments. Institut für experimentelle Botanik der Akademie der Wissenschaften, Prag (20. November 1970).

– Zur Physiologie der Plastidenpigmente. Martin-Luther-Universität Halle-Wittenberg, Halle, Sektion Biowissenschaften (9. Dezember 1970).

Schmidt, Peter: Umsetzungen von 2,4:3,5-Di-O-benzyliden-al-D-xylose mit Grignard-Verbindungen und Strukturaufklärung der Reaktionsprodukte. Universität Rostock, Sektion Chemie (17. Dezember 1970).

Scholz, Friedrich: Erfahrungen mit induzierten eiweißreichen Mutanten der Gerste. – Weiterbildungsveranstaltung der Getreidezüchter der DDR, Magdeburg (20. Februar 1970).

– Erfahrungen und Gedanken zur Nutzung induzierter Mutationen, insbesondere bei Gerste. Hochschule für Landwirtschaft, Warschau (23. Oktober 1970).

Schöneich, Jörg, und Rigomar Rieger (vorgetragen von Jörg Schöneich): Molekulare Entstehungsmechanismen chromosomaler Strukturumbauten – Befunde und Spekulationen. Herbsttagung Genetik, Potsdam-Cecilienhof (16. November 1970).

Serfling, Edgar: Speziesunterschiede ribosomaler RNA bei Insekten. IV. Sowjetisches Symposium über Entwicklungsbiologie. Institut für Cytologie und Genetik der Akademie der Wissenschaften, Nowosibirsk (30. Oktober 1970).

Wobus, Ulrich: Grundlagen und Probleme der Molekulargenetik. Institut für Getreidezüchtung Bernburg (10. April 1970).

– Die Wirkung der Hormone auf der Transkriptionsebene. Arbeitstagung über die Wirkungsweise der Hormone. Biologische Gesellschaft, Sektion Tierphysiologie, Jena (1. November 1970).

– Gewebespezifische Genaktivitäten und Proteine in der Speicheldrüse von *Chironomus*. Herbsttagung Genetik, Potsdam-Cecilienhof (18. November 1970).

Zacharias, Martin: Vergleichende Untersuchung der Variabilität zwischen dem Welt- und Mutantensortiment der Sojabohne. Institut für Cytologie und Genetik der Sibirischen Abt. Akademie der Wissenschaften Nowosibirsk (21. Mai 1970).

– Züchterische Fortschritte durch induzierte Mutationen am Beispiel der Sojabohne. Institut für Genetik und Cytologie der Akademie der Wissenschaften, Minsk (26. Mai 1970).

Kolibri 360 GmbH
Ferdinand-Jühlke-Straße 7
99095 Erfurt, Deutschland
produktsicherheit@kolibri360.de